Chengshi Lvdi Shengtai Guocheng

yu

Guihua Sheji

城市绿地生态过程与规划设计

石铁矛　高畅　周媛　著

Shitiemao Gaochang Zhouyuan Zhu

中国建筑工业出版社

序 言

新近读到石铁矛教授所领导的沈阳建筑大学科研团队著的关于城市绿地生态效应、过程与设计的专著，深为该书内容科学性与实践性的深度融合所折服。让我不禁回想起十余年前我们共同探索景观生态学在城市规划和设计中的应用途径，聚焦于城市建筑、城市绿地和生态景观研究的跨学科征程。在国家自然科学基金和辽宁省自然科学基金的资助下，团队中高畅、李绥等一批青年教师和科技骨干迅速成长，他们熟练掌握了景观生态学的空间格局分析与计算流体力学模型的应用，将研究尺度与边界条件逐步拓展，将模拟同实证、分析与设计紧密结合，从而取得有充分科学依据和应用前景的系列成果。

本书所展示的丰富案例从宏观、中观和微观三个尺度上对城市绿地生态效应场（包括温度、湿度、释氧、SO_2 扩散以及 PM2.5 等效应场），在各种参数条件下的动态变化进行了详尽地模拟。从而提出了优化空间布局的适宜规划设计，在城市化过程中尽力提升城市绿地的数量与生态效益，服务于建立人地和谐、生态可持续的新型城市的伟大目标。

相信本书的出版必将有力地推进城市建筑规划设计界与生态景观研究界的交流和合作；学科交叉是创新的重要途径，研以致用是我们有关科研和教学活动的基石。

也希望本书的作者们继续努力，不久的将来有更加成熟的、高水平的科技成果产出，录此预祝。

肖笃宁

2018 年 5 月 1 日

前 言

城市绿地与城市蔓延

本书的写作目的，主要在于讨论在城市蔓延进程中绿地的量、空间结构与其生态效应问题，就像我们景观格局研究从阻止气候变化演进到适应气候变化，我们阻止不了城市蔓延对绿地空间的挤压，但应该最大限度地提升绿地的量与效应。这就是本书出版的初衷。纵观全球，近年来城市的发展与规划的理论与方向推陈出新，从生态城市到可持续发展城市、低碳城市、健康城市等，以及在此过程中温室气体排放问题和 PM2.5 的困扰，使得我们必须不断地思考人、城市与自然的关系，进而达到平衡与良性循环。本书从绿地的效应与过程入手，探讨作为城市中自然要素的绿地与城市、人的关系。

城市绿地生态效应场与景观格局

要解决目前自然和人类的不和谐发展问题，需构建一个满足城市居民和城市生态环境需求、可持续的绿地系统。城市绿地与环境交互作用产生的三维生态效应空间称为生态效应场，包括温度效应场、湿度效应场、气体效应场等。本书涉及的生态效应场包括温度效应场、湿度效应场、释氧效应场、SO_2 扩散效应场、PM2.5 等。城市绿地景观格局不仅需要适应气候环境，同时还需要通过合理的空间分布来缓解因城市化引起的环境问题，加强城市绿地景观格局的优化研究，改善城市生态环境质量，用规划的手段提高绿地的效率，模拟其过程，导向更适宜的设计。

城市绿地效应、过程与设计的跨界手法

（1）利用“3S”技术，解译 QuickBird遥感影像，提取城市绿地的分布信息；测定主要树种光合固碳释氧能力，结合实地样方调查，计算城市绿地固碳释氧量；利用计算流体力学 FLUENT 软件对绿地释氧功能进行动态模拟，结合 GIS 空间分析功能，揭示城市绿地释氧效应场的空间变化特征及其分布规律，构建基于动态释氧效应场的城市绿地空间优化布局；构建基于定量分析的城市绿地适宜空间布局。

（2）运用遥感（RS）与地理信息系统（GIS）空间分析技术，结合计算流体力学模型（Computational Fluid Dynamics，简称 CFD）以及多目标区位配置模型（Multi-Objective Location Allocation，简称 MOLA）基于不同季节城市大气环境效应对绿地景观格局进行优化分析。

（3）在城市气象条件的影响下，研究商业街区空间形态、建筑空间布局形式、街区建筑下垫面物理特性、污染源特性及强度等因素能够对可吸入颗粒物的扩散效应产生重要的影响。结合 CAD 和 SketchUp 建模软件，建立研究区域的基本模型，利用 FLUENT 软件对街区可吸入颗粒扩散的水平及垂直格局进行动态模拟，揭示在城市气候特征下可吸入颗粒的扩散范围、空间变化特征及分布规律，提出基于可吸入颗粒物扩散控制的城市商业街区空间布局优化方法。

本书研究的尺度与结构

尺度:以城市尺度为宏观尺度，分别在宏观（城市尺度）、中观（公园尺度）、微观（居住小区、街道、庭院尺度）三个尺度上对各效应场在各种参数条件下详尽模拟，分析优化，提出适宜的规划设计。

结构：

（1）释氧效应场与城市绿地空间布局；

（2）大气环境效应场与城市绿地格局优化；

（3）滞尘效应场与居住小区空间布局；

（4）最后介绍城市绿地生态效应、过程与设计的案例，结合理论及实践设计，亦从宏观、中观和微观三个尺度论证其理论方法的可操作性与经验反思。

目 录

第 1 章

城市绿地生态规划设计

第1章

第1章　城市绿地生态规划设计

城市绿地生态规划设计

1.1　生态学源起与发展

生态的定义最早是由德国动物学家恩斯特·赫克尔（Ernst Haeckel）于1869年提出，并于1886年创立生态学，生态学才被公认为生物学中的一个独立领域，他认为“我们可以把生态理解为关于生物有机体与其外部世界，亦即广义的生存条件间相互关系的科学”。当时的生态学一般仅限于对动物的研究。1889年，他又进一步指出：“生态学是一门自然经济学，它涉及所有生物有机体关系的变化。”按其发展历程，可把生态学的发展概括为三个阶段：萌芽期、成长期和现代生态学的发展期。

1.1.1　公元前2000年到文艺复兴的萌芽期

生态学的萌芽期大约由公元前2000年到公元14~16世纪欧洲文艺复兴时期。这一时期以古代思想家、农学家对生物与环境相互关系的描述为主，以朴素的整体观为其特点，如亚里士多德对动物栖息地的描述与按主要栖息地对动物类群的划分；安比杜列斯（Empedocles）对植物营养与环境关系的关注等。从公元15世纪到20世纪40年代，可以说是生态学的成长期，在这一阶段奠定了生态学许多基本概念、理论和研究方法。例如玻意耳（Boyle）（1627—1691）的低压对动物效应的研究；Humboldt（1769—1859）结合气候与地理因素的影响，而对物种分布规律的描述；托马斯·罗伯特·马尔萨斯（Thomas Robert Malthus）于1798年发表的《人口原理》等。这一时期可以说是生态学建立、理论形成、生物种群和群落由定性向定量描述、生态学实验方法发展的辉煌时期。

1.1.2　工业革命与生态环境意识

工业革命以前，人类数千年主要是农业生产，手工业很少，原始的手工业对环境的污染很小，而在农业生产中主要是靠天吃饭，使用农家肥，不使用农药、化肥，因而对环境没有什么影响，或者说对环境的影响能被环境的自我净化作用消除掉。随着社会的发展，工业在国民生产中所占比重越来越大，机器、能源大量使用，为了提高农作物产量，农业生产大量使用化肥、农药。在工业生产创造巨大财富的同时，产生了大量废液、废气、废渣；在农作物产量剧增的同时，引起了农作物含农药残留量高、土壤土质恶化、益虫灭绝等问题。这些都使生态平衡受到破坏，产生了日益严重的环境污染，严重威胁着人类的生存与发展。自20世纪50~60年代起，西方国家相继出现了伦敦烟雾、洛杉矶光化学烟雾、水俣病、骨痛病等一系列公害事件。

20世纪60年代末到70年代初，由于环境、资源、人口、粮食等问题的日益严峻，人类开始重新审视自己既定的观念和发展模式，在《增长的极限——罗马俱乐部关于人类困境的报告》一书中，科学家建立了世界发展的原始数学模型，通过系统分析和计算机技术进行处理，探索全球关切的五种主要趋势：加速工业化、快速的人口增长、普遍的营养不良、不可再生资源的耗尽以及恶化的环境。他们得到了如下结论：如果在世界人口、工业化、污染、粮食生产和资源消耗方面现在的趋势继续下去，这个行星上增长的极限有朝一日将在今后100年中发生。最可能的结果将是人口和工业生产力双方有相当突然的和不可控制的衰退。

巴里·康芒纳（Barry Commoner）的《封闭的循环——自然、人和技术》也是一部很有影响的专著。该书对于人、自然和技术的关系进行了深刻的阐述，并试图找出环境危机的真正含义。康芒纳发现，"在生物圈中的人的生活出了第一个大错。我们破坏了生命的循环，把它的没有终点的圆圈变成了人工的直线性的过程，石油是从地下取来裂解成燃料的，然后在引擎中燃烧，最后变为有毒难闻的烟气，这些烟气又散发到空气里，这条线的终点是烟。其他因为有毒的化学品、污水、垃圾堆而出现的各种对生物圈循环的破坏，都是我们强行毁坏了生态结构的罪证，而这个生态结构在几百万年里一直维持着这个行星上的生命"。康芒纳想通过书中的分析，发现人类的哪些活动破坏了生命的循环，以及为什么破坏了它。环境危机在生态圈中的各种明显的表现，追溯它们所反映的生态上的压力以及在生产技术上和在科学的基础上造成这些压力的错误，最后追溯到各种驱使我们走向自我毁灭的各种经济的、社会的和政治的力量。"一旦懂得了环境危机的根源，我们就可以开始管理这项巨大的使环境延存的事业。"

1.1.3 从《人类环境宣言》到《二十一世纪议程》

面对这样的忧患，促使人们去改变过去一味追求技术，追求产品增长，忽视生存环境的发展模式，开始注重人与自然的协调关系，可持续发展的理论逐渐成为整个国际社会，包括各国政府都认可的发展方向。

1972年，联合国第一次人类环境会议在瑞典斯德哥尔摩召开，通过了著名的《人类环境宣言》（简称《宣言》），《宣言》指出："保护和改善人类环境是关系到世界各国人民的幸福和经济发展的重要问题，也是世界各国人民的迫切希望和各国政府的责任”。“为了这一代和将来世世代代的利益，地球上的自然资源，其中包括空气、水、土地、植物和动物，特别是自然生态类中具有代表性的标本，必须通过周密计划或适当管理加以保护。”

1992 年 6 月，联合国“环境与发展”全世界首脑会议在里约热内卢召开，会议通过了《里约环境与发展宣言》和《二十一世纪议程》等重要文件，与会各国一致承诺把走环境保护、可持续发展的道路作为未来长期的、共同的发展战略。世界各国都相继制订了各种环境保护政策与法规。《里约环境与发展宣言》再次重申：“为了实现可持续的发展，使所有人都享有较高的生活素质，各国应当减少和消除非持续性的生产和消费方式，减少和消除不合理的自然资源开发与利用方式。”

在这样的背景下，生态学家重新审视自己的学科，比较有代表性的是奥德姆（E.P.Odum）在《生态学——科学与社会之间的桥梁》（1997）中提到的“起源于生物学的生态学越来越成为一门研究生物、环境及人类社会相互关系的独立于生物学之外的基础学科，一门研究个体与整体关系的科学”。自 20 世纪 70 年代以来，以 Odum 的《生态学基础》为标志，生态学获得了前所未有的迅速发展，如今，生态学已成为一个在同其他学科相互渗透与相互交叉的过程中不断扩大自己学科内容和学科边界的综合性学科，其分支学科不下一百门。这一阶段也成为现代生态学的发展期。在这一阶段，生态学不断地吸收相关学科，如物理、数学、化学、工程等的研究成果，逐渐向精确方向前进，并形成了自己的理论体系。这一阶段生态学发展具有以下特点：一是整体观的发展，二是研究对象的多层次性更加明显，三是生态学研究的国际性，四是生态学在理论、应用和研究方法各个方面获得了全面的发展。

1.1.4 综合化、交叉化的发展趋势

目前，生态学的发展正朝着综合化、交叉化方向，可以发现，现在的生态学除了保留其是研究生物有机体与其生存环境间相互关系的核心命题外，还在以下的方面扩展内涵。

（1）把研究生物体与环境间的相互关系扩展到研究生命系统与环境间的相互关系。

（2）人类是生命系统中最重要的部分，也是许多生态系统的结构成分。现代生物学更加着重研究人与环境间的相互关系。

（3）在研究人与环境的相互关系时，涉及社会和经济的层面。

（4）不仅要研究和阐释生物与环境间的一般相互关系，更要揭示之间相互作用的基本规律及其原理。要用生态学原理解决人类面临的生存和发展问题。

总之，生态学的发展及其研究领域、研究范围的扩展深刻反映了人类对环境不断关注、重视的过程。生态学将朝着人与自然普遍的相互作用问题的研究层次发展，将影响人类认识世界的理论视野和发展方向。正是在这样的生态学大背景下，揭开了本书——《城市绿地生态过程与规划设计》的序幕。

1.2　景观生态学理论与发展

1.2.1　景观生态学发展概况

景观生态学从 19 世纪末开始，经历了萌芽阶段（19 世纪 80 年代至 20 世纪 30 年代）和形成阶段（20 世纪 40~70 年代），20 世纪 80 年代初，以 1982 年国际景观生态学会（International Association for landscape Ecology，IALE）的成立为标志进入其发展阶段（林超，1991；陈昌笃，1992）。

1. 起源

德国特罗尔（C.Troll）于 1939 首先提出景观生态学的概念，并发展了一系列的相关概念，Troll 认为："景观生态学的概念是由两种科学思想结合而产生出来的，一种是地理学的（景观），另一种是生物学的（生态学）。景观生态学表示支配一个区域不同地域单元的自然—生物综合体的相互关系的分析"（Troll 1983），但是直到 20 世纪 80 年代，它才开始发展成为一门相对独立、渐为国际学术界公认的生态学分支学科。其标志性的著作是 Zev Naveh 和 Arthur S. Lieberman 的《景观生态学：理论与应用》（*Landscape Ecology：Theory and Application*），其中提出，景观生态学是基于系统论、控制论和生态系统学之上的跨学科的生态地理科学，是整体人类生态系统科学的一个分支。直到现在，有关景观和景观生态学概念还是存在诸多争议，我们一般可以认为，生态学意义上的景观，比风景和地貌意义上的景观概念有更广而深的内涵和外延，它是指多个生态系统或土地利用方式的镶嵌体，景观生态学则是研究景观格局和景观过程及其变化的科学。

2. 景观生态学在欧洲的发展

在 20 世纪 80 年代以前，景观生态学主要在欧洲发展，而德国、荷兰和捷克斯洛伐克又是景观生态学研究的中心。欧洲景观生态学的一个重要特点是强调整体论和生物控制论观点，并以人类活动频繁的景观系统为主要研究对象，注重实际应用，与规划、管理和政府有着密切而明确的关系，同时发展一系列新的研究方法。如 I.S.Zonneveld 利用航片、卫片解译方法，从事景观生态学研究，C.G.Leeuwen 等人发展了自然保护区和景观生态学管理的理论基础和实践准则，而 Ruzicka 倡导的"景观生态规划"（LANDEP），形成了自己的一套完整方法体系，在区域经济规划和国土规划中发挥了巨大作用。

3. 景观生态学在北美的发展

在北美，景观生态学从 20 世纪 80 年代初开始逐渐兴起，并通过先进的技术手段和创新性的研究方法获得迅速发展，与欧洲景观生态学的地理学起源不同，北美景观生态学明确强调空间异质性的重要性，与"格局—过程"学说和后来由此发展起来的"斑块动态"理论有密切的联系。相比于欧洲，北美景观生态学更大的兴趣在于景观格局和功能等基本问题上，并不是都结合到具体的应用方面。其次，欧洲学派主要侧重于人类占优势的景观；而北美学派同时对研究原始状态的景观也有着浓厚的兴趣。景观生态学在北美兴起，在很大程度上促进了整个生态学科在理论、方法和应用诸方面的长足发展。景观生态学进入真正的繁荣时期。

早期的景观生态学和植被科学十分密切，主要是利用航片、各种照片和地图资料来研究景观的结构和动态，以区域地理和植被调查方法为特点。随着科学和技术的迅速发展，尤其是遥感技术和地理信息系统（GIS）的发展，现代景观生态学在研究宏观尺度上景观结构、功能和动态诸方面的方法也发生了显著变化。而北美景观生态学的蓬勃兴起，不但使该领域在概念和理论上焕然一新，而且还发展了一系列以空间格局分析和动态模拟模型为特点的景观生态学数量方法。对于任何学科来讲，其研究内容决定其研究方法的类型和发展方向；研究方法上的成熟和创新不但充实和完善已存在的研究内容，而且往往能够提出先前未能考虑到或不能解决的新问题，从而拓宽和深化研究领域。景观生态学方法的发展正是体现了这样一种关系。由于相关技术的发展，从根本上拓展了景观生态学的研究广度和深度。

4. 相关著作和理论

在 Naveh 和 Lieberman 的《景观生态学：理论与应用》之后，理查德·福曼（R.T.T.Forman）和哥德隆（M.Godron）于 1986 年出版了《景观生态学》一书，该书的出版对于景观生态学理论研究与景观生态学知识的普及作出了极大的贡献。进入 20 世纪 90 年代以后，景观生态学研究更是进入了一个蓬勃发展的时期。其中影响较大的有 M.G.Turner 和 R.H.Gardner 的《景观生态学的定量方法》（1990）和 Forman 的《土地镶嵌—景观与区域的生态学》（1995）。《景观生态学的定量方法》一书对景观生态学的研究的进一步定量化起了很大的促进作用；而《土地镶嵌—景观与区域的生态学》一书，一方面更系统、全面、详尽地总结了景观生态学的最新研究进展，另一方面还就土地规划与管理的景观生态应用研究进行了阐述，同时，作者结合持续发展的观点，从景观尺度讨论了创造可持续环境等前沿性问题。

近年来，等级理论、分形理论、渗透理论、尺度观点以及一系列空间格局分析方法和动态模拟途径在景观生态学中的应用，为该学科增添了新的内容和特点。同时景观生态学经济观念与生态学研究相互融合，生态学家越来越重视经济因素在自然保护中的作用，自然生态价值的经济学量化也正引起人们的重视。景观文化的研究也日渐深入。现在，景观生态学已成为现代生态学最丰富，发展最快、影响最广的学科之一。它不只是一门新兴学科，而且代表了集多方位现代生态学理论和实践为一体的、突出格局—过程—尺度—等级观点的一个新的生态学范式。

1.2.2 景观生态学中的基本概念

1. 景观

景观：在生态学中，广义的景观包括从微观到宏观不同尺度上的，具有异质性或斑块性的空间单元，我们通常所指的景观，尤其是应用到景观设计中的景观概念，主要是指狭义景观，其表示从几十千米到几百千米范围内，由不同生态系统组成的，具有重复性格局的异质性地理单元。而反映气候、地理、生物、经济、社会和文化综合特征的景观复合体相应的称为区域。狭义景观和区域即人们通常所说的宏观景观。

2. 景观生态学

景观生态学：景观生态学是研究景观单元的类型组成、空间配置及其与生态学过程相互作用的综合性学科。强调格局、过程、尺度间的相互关系是景观生态学的核心。用较为通俗的话讲，相比于群落生态学或生态系统生态学，景观生态学是在较大尺度上研究不同生态系统的空间格局和相互关系的学科。

景观生态学的研究内容主要有三个部分：景观结构、景观功能、景观动态。

景观结构指景观组成单元的类型、多样性及其空间关系。比如一个景观系统中各组分（生态系统或土地类型）的面积、形状、丰富度、他们的空间格局及其中能量、物质、物种的空间分布等。

景观功能是指景观结构和生态学过程之间的相互关系，也可以理解为在一定景观结构下各景观结构单元之间及其内部能量、物质、生物体等生态元素的运动过程。

景观动态是指景观结构和景观功能随时间的变化，景观动态的内容包括景观结构单元的组成成分、多样性、形状和空间格局的变化，以及由此导致的能量、物质和生物在分布与运动方面的差异。

3. 格局、过程、尺度

景观生态学中的格局，往往是指空间格局，即斑块和其他组成单元的类型、数目以及空间分布与配置等。空间格局可粗略地描述为随机型、规则型和聚集型。与格局不同，过程则强调事件或现象发生、发展的程序和动态特征。与格局相关的还有空间异质性和斑块性的概念，空间异质性（Spatial Heterogeneity）是指生态学过程和格局在空间分布上的不均匀性及其复杂性。这一名词在生态学领域应用广泛，其涵义和用法亦有多种。具体讲，空间异质性一般可理解为是空间斑块性（Patchiness）和梯度（Gradient）的总和。而斑块性则主要强调斑块的种类组成特征及其空间分布与配置关系，比异质性在概念上更为具体化。

尺度一般是指对某一研究对象或现象在空间上或时间上的量度，分别称为空间尺度和时间尺度，此外，组织尺度（Organizational Scale）的概念，即在由生态学组织观中最小可辨识单元所代表的特征长度、面积或体积：在景观生态学中，尺度往往以粒度（Grain）和幅度（Extent）来表达。

4. 斑块—廊道—基质模式

斑块—廊道—基质概念由 Forman 和 Gordon 于 1986 年提出，Forman 的著作《土地镶嵌—景观与区域的生态学》较全面地介绍了斑块、廊道和基底模式,Forman 和 Godron 认为，组成景观的结构单元不外有三种：斑块、廊道和基底。斑块泛指与周围环境在外貌或性质上不同，但又具有一定内部均质性的空间部分。具体地讲，斑块包括植物群落、湖泊、草原、农田、居民区等。因而其大小、类型、形状、边界以及内部均质程度都会显现出很大的不同。廊道是指景观中与相邻两边环境不同的线性或带状结构。常见的廊道包括农田间的防风林带、河流、道路、峡谷和输电线路等。廊道类型的多样性，导致了其结构和功能方法的多样化。其重要结构特征包括：宽度、组成内容、内部环境、形状、连续性以及与周围斑块或基底的作用关系。廊道常常相互交叉形成网络，使廊道与斑块和基底的相互作用复杂化。基底是指景观中分布最广、连续性也最大的背景结构，常见的有森林基底、草原基底、农田基底、城市用地基底等。在许多景观中，其总体动态常常受基底所支配。近年来以斑块、廊道和基底为核心的一系列概念、理论和方法逐渐形成了现代景观生态学的一个重要方面。Forman 称之为景观生态学的"斑块—廊道—基底模式"。这一模式为我们提供了一种描述生态学系统的"空间语言",使得对景观结构、功能和动态的表述更为具体、形象。而且，斑块—廊道—基底模式还有利于考虑景观结构与功能之间的相互关系，比较它们在时间上的变化。

1.2.3 景观生态学的主要理论

1. 等级理论和景观复杂性

等级理论（Hierarchy Theory）是 20 世纪 60 年代以来逐渐发展形成的、关于复杂系统的结构、功能和动态的系统理论。它的发展是基于一般系统论、信息论、非平衡态热力学、数学以及现代哲学的有关理论。等级理论最根本的作用在于简化复杂系统，以便达到对其结构、功能和行为的理解和预测。许多复杂系统，包括景观系统在内，大多可视为等级结构。将这些系统中繁多相互作用的组分按照某一标准进行组合，赋之于层次结构，是等级理论的关键一步。某一复杂系统是否能够被由此而化简或其化简的合理程度常称为系统的"可分解性"。近年来，等级系统理论对景观生态学的兴起和发展起了重大作用。其最为突出的贡献在于，它大大增强了生态学家的"尺度感"，为深入认识和理解尺度的重要性以及发展多尺度景观研究方法起了显著的促进作用。

2. 种、面积关系和岛屿生物地理学理论

景观中斑块面积的大小、形状以及数目，对生物多样性和各种生态学过程都会有影响。例如，物种数量（S）与生境面积（A）之间的关系常表达为：

$$S=cA^z \tag{1-1}$$

式中 c 和 z 为常数。应用上述关系式时，须注意两个重要前提：①所研究生境中物种迁移（Immigration）与绝灭（Extinction）过程之间达到生态平衡态；②除面积之外，所研究生境的其他环境因素都相似。尽管在生境斑块研究中常常难以同时满足这两条要求，但种－面积关系已被广泛地应用于岛屿生物地理学、群落生态学以及正在迅速发展的景观生态学中。考虑到景观斑块的不同特征，种与面积的一般关系可表达为：

物种丰富度（或种数）=*f*（生境多样性、干扰、斑块面积、
演替阶段、基底特征斑块隔离程度）　　（1-2）

一般而言，斑块数量的增加常伴随着物种的增加。岛屿生物地理学理论将生境斑块的

面积和隔离程度与物种多样性联系在一起，成为许多早期北美景观生态学研究的理论基础。因此，可以认为，它对斑块动态理论以及景观生态学的发展起了重要的启发作用。岛屿生物地理学理论的一般数学表达式为：

$$dS/dt=I-E \quad (1\text{-}3)$$

式中的 S 为物种数，t 为时间，I 为迁居速率（是种源与斑块间距离 D 的函数），E 为绝灭速率（是斑块面积 A 的函数）。岛屿生物地理学理论的最大贡献之一，就是把斑块的空间特征与物种数量巧妙地用一个理论公式联系在一起，这为此后的许多生态学概念和理论奠定了基础。

岛屿为自然选择、物种形成和进化及生物地理学和生态学诸领域地理论和假定的发展和检验提供了一个重要的自然实验室，虽然岛屿生物地理学的研究对象是海洋岛和陆桥岛，但其理论被广泛应用到岛屿状生境中，因此岛屿生物地理学的应用极为广泛，其影响之大，争议之多，都是其他生态学理论难以比拟的。

3. 复合种群理论

美国生态学家理查德·莱文思（Richard Levins）在 1970 年创造了复合种群（Metapopulation）一词，并将其定义为“由经常局部性绝灭，但又重新定居而再生的种群所组成的种群”。换言之，复合种群是由空间上相互隔离但又有功能联系（繁殖体或生物个体的交流）的两个或两个以上的亚种群（Subpopulations）组成的种群斑块系统。亚种群生存在生境斑块中，而复合种群的生存环境则对应于景观镶嵌体。“复合”一词正是强调这种空间复合体特征。关于种群的空间异质性及其遗传学效应，早在 20 世纪 40 和 50 年代期间就已有研究，这些早期研究为复合种群理论的发展奠定了重要的基础。然而，需要指出的是所有种群都生存在空间异质性大小程度不同的生境中，但它们不全是复合种群。复合种群理论有两个基本要点：一是亚种群频繁地从生境斑块中消失（斑块水平的局部性绝灭）；二是亚种群之间存在生物繁殖体或个体的交流（斑块间和区域性定居过程），从而使复合种群在景观水平上表现出复合稳定性。因此，复合种群动态往往涉及三个空间尺度，即①亚种群尺度或斑块尺度（Subpopulation or Patch Scale）。在这一尺度上，生物个体通过日常采食和繁殖活动发生非常频繁的相互作用，从而形成局部范围内的亚种群单元。②复合种群和景观尺度。在这一尺度上，不同亚种群之间通过植物种子和其他繁殖体传播，或动物运动发生较频繁的交换作用。这种经常靠外来繁殖体或个体维持生存的亚种群所在的斑块称为“汇斑块”，而提供给汇斑块生物繁殖体和个体的称为“源斑块”。③地理区域尺度。这一尺度代表了所研究物种的整个地理分布范围，即生物个体或种群的生长和繁殖活动不可能超越这一空间范围。在这一区域内，可能有若干个复合种群存在，但一般来说它们很少相互作用。但在考虑很大的时间尺度时（如进化或地质过程），地理区域范围内的一些偶发作用也会对复合种群的结构和功能特征有显著影响。在复合种群动态的研究中，数学模型一直起着主导作用。Levins 发展了最早也最有代表性的复合种群动态模型（斑块占有率模型），这类复合种群动态模型的数学形式为：

$$dp/dt=mp(1-p)-ep \quad (1\text{–}4)$$

式中，p 是表示被某一物种个体占据的斑块比例，m 和 e 分别是与所研究物种的定居能力和灭绝速率有关的常数。这一表达式可以推广到物种竞争，或捕食者与猎物系统（其对应的数学模型则成为微分方程组）。复合种群理论，是关于种群在景观斑块复合体中运动和消长的理论，也是关于空间格局和种群生态学过程相互作用的理论。因此，它是等级斑块动态理论在种群生态学中的体现。目前，虽然关于复合种群动态的野外实验研究才刚刚开始，但显而易见，这些研究对于检验、充实和完善复合种群理论是十分必要的。而这一理论对景观生态学和保护生物学均都具有重要的意义。

4. 景观连接度、中性模型和渗透理论

景观连接度是对景观空间结构单元相互之间连续性的量度，它包括结构连接度和功能连接度。前者指景观在空间上直接表现出的连续性，后者是以所研究的生态学对象或过程的特征尺度来确定的景观连续性。景观连接度对生态学过程的影响，具有临界阈限特征。渗透理论已被广泛地应用于景观生态学研究之中，在景观生态学中主要考虑能量、物质和生物在景观镶嵌体中的运动。生态学中的不少现象，都在不同程度上表现出临界阈限特征。因此，渗透理论对于研究景观结构（特别是连接度）和功能之间的关系，颇具启发性和指导意义。自20世纪80年代以来，渗透理论在景观生态学研究中的应用日益广泛，并逐渐地作为一种景观中性模型而著称。生态学中性模型是指不包含任何具体生态学过程或机理的，只产生数学上或统计学上所期望的时间或空间格局的模型。景观中性模型的最大作用就是为研究景观格局和过程的相互作用提供一个参照系统。通过比较真实景观和随机渗透系统的结构和行为特征，可以检验有关景观格局和过程关系的假设。

5. 等级斑块动态理论

新的景观生态学理论认为，景观作为一个复杂系统，一直处于复杂变化之中，完全不符合传统生态学强调平衡、稳定、匀质及确定性的理论特征，在此背景下，等级斑块动态理论发展起来，并成为生态学中一个新的科学范式。

所谓范式，是指一个科学群体所共识并运用的由世界观、置信系统以及一系列概念、方法和原理组成的体系。科学家依循范式来定义和研究问题，并寻求其答案，简单来说，范式可理解为大家达成共识的“核心观念”。

具体到生态学来说，其发展过程中出现过平衡范式、多平衡范式以及非平衡范式。

平衡范式是基于自然均衡观的思想，认为自然在不受人类干扰的情况下总是处于稳定平衡状态。各种不稳定因素和作用相互抵消，从而使整个系统表现出自我调节，自我控制的特征。平衡范式强调生态系统的平衡和稳定性。但是近年来的研究表明，自然界并非处于均衡状态。经典的平衡范式往往难以解释实际的生态学现象，于是生态学家开始寻求多平衡或非平衡范式。

多平衡范式是指一个生态系统中有多种平衡状态，气候变化及干扰可使其从一种平衡状态过渡到另一种平衡状态。此范式已经得到许多实际研究的支持。

非平衡范式强调生态学系统的非平衡动态、开放性以及外部环境对系统的作用。现代生态学强调格局—过程—尺度观点，显然超越了传统的平衡范式。它强调空间异质性、人为和自然干扰过程以及不同时空尺度上空间格局与生态过程的相互作用。

生态学中长期以来就存在平衡和非平衡、稳定性和不稳定性的争议，近年来大量的研究表明，平衡范式、非平衡范式及多平衡范式都不能提供一个能将异质性、尺度和多层次关联作用整合为一体的概念框架。由此发展起来了新的等级斑块动态理论和等级斑块动态范式。

斑块动态的理论，可追溯到 1947 年英国生态学家 Watt 提出的“格局与过程”学说。Watt 认为，生态学系统是斑块镶嵌体，斑块的个体行为和镶嵌体综合特征决定生态系统的结构和功能。这种思想在苏联地植物学中也存在已久（如植物小群落、镶嵌群落或复合群落等概念）。其后，特别是 20 世纪 70 年代以来，斑块动态概念被广泛地运用到种群和群落生态学的理论与实践研究之中，并逐渐发展成为生态学中一新理论。Wu 和 Loucks 在总结前人研究工作的基础上，进而提出了等级斑块动态范式。等级斑块动态范式的要点包括：①生态学系统是由斑块镶嵌体组织的等级系统；②生态学系统的动态是斑块个体行为和相互作用的总体反映；③格局—过程—尺度，即过程产生格局，格局作用于过程，而两者关系又依赖于尺度；④非平衡观点，即非平衡现象在生态学系统中普遍存在，局部尺度上的非平衡和随机过程往往是系统稳定性的组成部分；⑤兼容机制。兼容是指小尺度上、高频率、快速度的非平衡态过程，被整合到较大尺度上稳定过程的现象。而这种在较大尺度上表现出来的“准稳定性”往往是斑块复合体的特征，因而称之为“复合稳定性”。等级斑块动态范式最突出的特点，就是空间斑块性和等级理论的有机结合，以及格局、过程和尺度的辩证统一。因此，这一理论的发展还有赖于也同时有利于复合种群动态以及景观生态学研究。

6. 景观格局分析

景观生态学最突出的特点是强调空间异质性、生态学过程和尺度的关系。生态学中长期以来缺乏把空间格局、生态学过程和尺度结合到一起来研究的理论和方法，而景观生态学的一系列研究方法正是强调这三者的相互关系。这一特点也已成为景观生态学与其他生态学科的主要区别之一。

研究景观格局的目的，因为空间格局影响生态过程（如种群动态、动物行为、生物多样性、生态生理和生态过程等），而格局与过程往往是互相联系的，我们可以通过研究空间格局来更好地理解生态学过程。因为结构一般比功能容易研究，如果可以建立两者间的可靠关系，那么，在实际应用中格局的特征可用来推测过程的特征（如利用景观格局特征进行生态检测和评价）。当然，格局—过程关系常常是很复杂的（比如，非线性关系、多因素的反馈作用、时滞效应以及一种格局对应于多种过程的现象）。因此，从格局到过程的推绎仍然是景观生态学面临的一大挑战。但既然格局与过程相互作用，我们只有将两者结合起来才能更全面地了解所研究的生态学现象。研究景观的结构（即组成单元的特征及其空间格局）是研究景观功能和动态的基础。空间格局分析方法是指用来研究景观结构组成特征和空间配置关系的分析方法。

景观数据包括非空间的和空间的，而空间数据又可分为点格局指数、定量空间数据和定性空间数据。景观生态学中的空间分析方法有多种，它们分别适应于不同的研究目的和数据类型。笼统地讲，这些方法可分为两大类：格局指数和空间统计学方法。前者主要用于空间上非连续的类型数据变量数据，而后者主要用于空间上连续的数值数据，以下分别对这两种分析方法和相关问题进行介绍。

景观格局特征可以在三个层次上进行分析：单个斑块，由若干个斑块组成的斑块类型，以及包括若干斑块类型的整个景观镶嵌体。因此，景观格局指数亦相应的分为斑块水平指数、斑块类型水平指数以及景观水平指数。虽然景观指数数目繁多，但大多属于以下几类。

（1）信息论类型，如景观多样性指数、景观优势度指数、景观均匀度指数、景观聚集度指数。

（2）面积与周长比类型，如斑块形状指数、景观形状指数、平均斑块形状指数。

（3）简单统计学指标类型，如斑块数、斑块密度、边界总长度、边界密度、斑块丰富度、斑块丰富度密度、最大斑块指数、平均斑块面积。

（4）分维类型，如平均斑块分维数和面积加权斑块分维数。

这些指数相互之间的相关性往往很高，因此，同时采用多种指数（尤其是同一类型的指数）会造成信息的重叠。有一些专门用于格局计算的景观软件，如 Franstats，是由美国俄勒冈州立大学开发的，软件最新版本共能计算景观指数 66 个，是目前最为常用的景观指数软件包。

7. 空间统计学方法

许多景观格局的数据以类型图来表示，也就是说，景观格局是以空间非连续型变量来表示的。景观指数方法可以用来分析这类景观数据，以描述空间异质性的特征，比较景观格局在空间上或时间上的变化。而在实际景观中，异质性在空间上往往是连续的，即斑块与斑块之间的变化不总是截然分明的，而同一斑块内部也并非是完全匀质的。例如动植物、土壤水分、温度等因素在空间上的分布往往表现出连续性，而不是陡然变化。对于存在有某种环境梯度的景观这种异质性的空间连续性更是显著，因此我们必须认识到，将景观格局用类型图来表示必然有客观的和主观的误差存在。例如，斑块的类型和边界的划分取决于景观的物理学和生态学特征、分类和划界标准以及所采用的工具和方法。由于这些原因造成的分类和划界差异必然会影响景观指数的数值。景观生态学家对这一问题研究尚少。从另一方面而言，了解空间异质性在景观中是如何连续变化的，即是否具有某种趋势或统计学规律，是理解景观结构本身及其与生态学相互作用的重要环节。这就要求景观格局以连续变量来表示（如土壤养分、水分分布图、植物密度分布图、生物量图、地形图），或通过抽样产生点格局数据来表示。这时，景观指数方法不再适宜，而下面所介绍的空间统计学方法正是为解决这些问题发展起来的。

景观格局的最大特征之一就是空间自相关性。所谓空间自相关性就是指，在空间上越靠近的事物或现象就越相似。景观特征或变量在临近范围内的变化往往表现出对空间位置的依赖关系。时间和空间上的相关性是自然界存在秩序、格局、和多样性的根本原因之一。然而，空间自相关性的存在使得传统的统计学方法不宜用来研究景观的空间特征，因为传统统计学方法（如方差分析、回归分析等）的最根本假设包括取样的独立性和随机性。然而，景观异质性往往以梯度和斑块镶嵌体的形式出现，表现出不同程度的空间自相关性。因此，在取样时只要样点相距不远，这些样点就不应该看作是随机样本，那么，传统的统计学方法也就不宜采用了。正因如此，空间自相关性曾被认为是生态学分析中的一大障碍，然而，生态学变量在空间上如何关联，又如何变化正是景观格局研究的核心之一，又是理解和预测生态学过程和功能的基础。例如，景观中沿某一方向的高度自相关性可能预示某种生态学过程在起着重要作用。显然，我们需要不受自相关性限制的统计学方法，空间统计学正是提供这样的一系列方法。

空间统计学的目的是描述事物在空间上的分布特征（如随机的，聚集的或有规则的），以及确定空间自相关性关系是否对这些格局有重要影响。空间统计学方法有许多种，例如：空间自相关分析、趋势面分析、谱分析、半方差分析以及克瑞金空间差值法等。

1.3　景观生态规划理论

1.3.1　景观设计的几个发展阶段

1. 古典园林

在古代社会，城市中很少有公共的绿地，绿地空间主要通过园林来实现。如西方之古罗马别墅庄园、中世纪城堡庭院、伊斯兰池庭花园、法国古典主义园林、英国风景式园林等，又如东方中国之自然山水园、日本池泉回游式庭院等。由于当时城市规模小，较少存在污染问题，因此用造园手段就能基本满足居民的使用要求。人们对于园林的生态价值无需、也很少考虑。园林的主要功能是满足上层社会的审美需要。

2. 工业化背景下的城市公园

近代大工业生产诞生以来，城市规模急剧增加，人口迅速膨胀，并且伴随着日益严重的污染、交通等问题，造成了城市中生存环境的恶化，城市公园是对工业化带来的种种城市问题的回应，从19世纪初开始，城市公园在欧美城市中大量涌现，揭开了西方现代园林发展的序幕。相对于古典园林，现代的城市公园有以下特点。

（1）其服务对象不再局限于有限阶层，由于整个城市的环境恶化，使整个市民阶层对城市绿地产生了使用需求。在美国19世纪下半期，政府为市民修建公益性的城市公园运动在许多大城市开展起来。除了单一的公园外，在19世纪下半叶还出现了将城市公园、公园大道与城市中心连接成一体的公园系统思想。

（2）工业化带来的恶果促进的人们对于城市绿化生态功能的认识。城市绿地的生态功能，净化空气、减少噪声等，成为城市中绿地设计的重要内容。

（3）从园林风格上讲，工业生产带来的问题使人们产生了对大自然的向往，城市公园发展早期主要在英国，自然风景园风格成为其园的主要风格。作为对机械文明的一种抵抗。后来尽管城市公园和花园大量涌现，但并没有形成新的风格，而是以折中主义的混杂风格为主。发展出了罗宾逊的趋向简单与自然化的庭院设计，以及趋向于几何化的规整设计。反映出当时虽然城市公园已经在功能和服务对象上与古典园林大不相同，但在设计实践和观念上正处于逐步成熟的阶段。

这个阶段城市公园设计的代表作品是美国景观之父弗雷德里克·劳·奥姆斯特德（Frederick Law Olmsted）所设计的纽约中央公园，1857年完成，纽约中央公园按照当时流行的自然风格进行设计，与当时大城市的恶劣环境形成了鲜明的对比，满足了广大市民追求自然的需求，这个设计也使Olmsted一举成名，Olmsted同时是美国景观专业的创始人，坚持将自己称为景观设计师，并把景观设计和传统的造园区别开来，并在哈佛大学成立了景观设计专业。景观规划设计从此走上了独立的道路并发展为一门新的学科。从1860年到1900年，Olmsted等景观规划师所做的城市绿地、广场、校园、居住区等项目的规划设计，也奠定了景观规划设计学科的基础。

在Olmsted及其追随者的影响下，当时美国的景观设计以自然主义的设计为主，相对排斥追求秩序和几何形式的古典风格园林，但此后美国的景观设计经历了维多利亚折中主义、城市美化运动及新古典主义的多元影响，其设计风格处于混杂和摇摆中，并没有形成与现代社会相协调的成熟风格和模式。

现在主义的景观建筑在二战以后逐渐形成，主要是受现代建筑和现代艺术理论的影响，认为功能是设计的起点，从而使景观建筑摆脱了纯粹风景或图案式的先验主义，而与场地现状和社会文化相适应，从而赋予景观设计理性的支点，正如詹姆斯·罗斯（James Rose）所说的："我们不能生活在画中，而作为一组画来设计的景观掠夺了我们活生生的生活区域的使用机会。"他最为关心的是空间的利用而不是规划中的图案或所谓的风景秩序。而"加州花园学派"的领导人物托马斯·丘奇（Thomas Church）的作品中真正鼓舞人心的也不是构成的秩序，而是自由的设计语言以及在设计本身、场地和雇主要求之间的巧妙平衡。劳伦斯·哈普林（Lawrence Halprin）是美国第二代设计师中最具代表性的人物，他的作品体现了现代主义景观建筑学进展的各个方面，包括设计的社会作用、对适应自然系统的强调，以及功能和过程对形式产生的重要性等。20世纪60年代起，社会民主所带来的公众参与决策制度促进了美国社会的变革，L.Harprin是景观界对于这一变革的倡导者，Harprin的公司改变了设计程序，以适应新的社会现实，通过讨论会和信息反馈等方式使公众参与到设计中，并将他们的意愿体现在设计作品中。现代主义景观建筑设计通过对社会因素和功能的进一步强调，加强了与社会发展的结合。

3. 景观生态学与景观科学结合的景观生态规划

其实，生态的思想在 F.L.Olmsted 的作品中就已经体现了出来，在欧洲，设计与生态的关系从苏格兰植物学家和设计师、现代城镇规划的创始人帕特里克·格迪斯（Patrick Geddes）的作品中也有所反映。自从 Olmsted 提出城市景观规划以来，将生态原则与景观设计相结合，使自然与城市生活相融合，“创造性地利用景观，使城市环境变得自然而适于居住”，一直是伊恩·伦诺克斯·麦克哈格（Ian Lennox McHarg），C.A.Smyser，M.Hough 等设计师追求的目标。其中 I.McHarg 的《设计结合自然》，更是掀起了 20 世纪景观规划史上的一次重大革命，他认为“景观规划的目标是寻求一个生态最适的土地和资源利用状态”。并第一次把城市与自然的融合建构在一种明晰的科学分析上，认为规划要从研究城市的自然特性入手，重新建立人类的生活准则和生活目标，McHarg 的理论使景观规划担负起后工业时代设计人类整体生态系统的任务，从而使景观专业在 Olmsted 奠定的基础上又大大扩展了研究和应用范围，他在著作中强调的既不是设计，也不是自然本身，而是把重点放在两者的结合上。他寻求的是如何最充分地利用自然所提供的潜力。

与自己的规划理论向适应，McHarg 创造出了著名的千层饼模式，他一反土地和城市规划中功能分区的做法，强调土地利用规划应遵从自然的固有价值和自然过程，即土地的适宜性，并因此完善了以因子分层分析和地图叠加技术为核心的规划方法论。

麦克哈格的理论也有明显弱点，主要是它过于强调垂直自然过程而忽视了水平自然过程，即重视发生在某一景观单元内的生态关系，而忽略发生在景观单元之间的生态流，McHarg 的规划模式着重研究某一景观单元内地质—土壤—水文—植被—动物与人类活动及土地利用之间的垂直过程，其次，McHarg 的规划理论中过分强调人类活动和土地利用规划的自然决定论，将规划完全看成是一个认识和适应自然的过程，因此，它被视为自然决定论和技术崇拜论的模式，而遭到了一些学者的批评。Litton 和 Kieiger（1971）就认为这种模式并不能有效解决问题，反而会产生误导。

随着信息技术、系统科学、空间技术、生物技术的发展，使人类在理论上和技术上都能以更强有力的方式处理面临的景观生态问题，在此科技背景下，景观生态学迅速发展起来。而景观设计中，景观生态学和景观设计学的紧密结合产生了全新的设计理论：景观生态设计。以信息社会为背景的景观生态设计，并不是对单个景观元素的设计，而是对整体景观的各元素进行安排和协调，它在一定尺度对景观资源的再分配，通过研究景观格局对生态过程的影响，在景观生态分析、综合及评价的基础上，提出景观资源的优化利用方案。它强调景观的资源价值和生态环境特性，其目的是协调景观内部结构和生态过程及人与自然的关系，正确处理生产与生态、资源开发与保护、经济发展与环境质量的关系，进而改善景观生态系统的功能，提高生态系统的生产力、稳定性和抗干扰能力。景观生态规划是建立合理景观结构的基础，它在自然保护区设计、土地持续利用以及改善生态环境等方面有着重要意义。景观生态规划主要具有以下几条原则。

自然优先原则。保护自然景观资源（森林、湖泊、自然保留地等）和维持自然景观过程及功能，是景观生态规划进行的前提，是景观资源持续利用的基础。

整体化原则。景观生态规划的目标是整体系统，而不是单个对象，同时景观生态规划的目标也不应只是生态最优，而是包括经济、文化、社会等因素在内的整体优化。这也是尤其要注重的一点，景观生态规划并不是生态决定论。

持续性原则。景观生态规划以可持续发展为基础，立足于景观资源的可持续利用和生态环境的改善，保证社会经济的可持续发展。因为景观是由多个生态系统组成具有一定结构和功能的整体，是自然与文化的复合载体，这就要求景观生态规划必须从整体出发，对整个景观进行综合分析，使区域景观结构、格局和比例与区域自然特征和经济发展相适应，谋求生态、社会、经济效益的协调统一，以达到景观的优化利用。

1.3.2 景观生态学原理在景观规划设计中的应用

1. 斑块大小和数量原理

景观中斑块的面积、形状以及数目对物种多样性以及生态过程都有影响，Forman 对于斑块面积做过总结，大的斑块对于地下蓄水和湖泊水质有保护作用，同时有利于生态敏感种的生存，为景观中其他组成成分提供种源，能维持更近于自然的生态干扰体系，在环境变化情况下，对物种灭绝过程有缓冲作用，而小斑块可以作为物种传播和物种局部灭绝后重新定居的生境和“踏板”，从而起到增加景观连接度的作用。

斑块形状和边缘效应，斑块的边缘部分由于受外界影响而表现出与斑块中心部分不同的生态学特征现象，有些生态敏感种需要稳定的环境条件，往往生活在斑块中心地区，有物种适应多变的环境条件，往往生活在斑块的边缘，同时，斑块的边缘形状对于生态过程也有影响，形状比较紧密的斑块有利于保蓄能量，而边缘形状比较复杂的斑块有利于和外界进行物种、物质和能量的交流，通常认为，相对理想的斑块形状应具有一个较大的核心区和比较复杂的边缘形状，这样有利于生态敏感种的保护，也可以加强斑块与外界的交流。

斑块数目和位置，从保护物种的角度出发，两个大型斑块是必不可少的，四到五个斑块可以较为长期和有效地保护某一物种。从位置上讲，孤立斑块不利于物种的保存，斑块最好与大陆（种源）相邻或相连，或有几个斑块相邻，这样当某一斑块的物种灭绝后，有可能被来自相邻斑块的同种个体所占据，有利于物种的整体保存。

2. 廊道

人类活动使自然景观相互隔离，景观功能受阻，尤其是在城市景观中，这种现象更为突出。用线性廊道加强斑块之间及斑块和种源之间的联系，是现代景观规划的重要方法，实验证明，廊道可以有效加强物种、物质的空间运动和原本孤立斑块间物种的生存和延续。如美国华盛顿州在进行城市规划时就将零散分布的动植物公园和郊外的天然生物群落区直接联系起来，可以使野鸭等野生动物从天然栖息区进入城市公园区。

廊道对于生物群体而言，主要具有五种作用：通道、隔离带、源、汇和栖息地。就其本身而言，一般将其分为三种类型，线状廊道、带状廊道和河流廊道，线状廊道与带状廊道的区别主要体现在宽度上，带状廊道较宽，每边都有边缘效应，可以包含一个内部生境，河流廊道是指沿河分布而不同于周围基质的植被带，其为人们所熟知的作用是控制水流和矿质养分的流动，比如通过岸边植被缓冲带的建立，可以有效吸收径流中残存的农药、养分等，从而减少水体中的污染物含量，Peterjohn 和 Correll（1984）调查了氮和磷在地表径流和浅层地下水中通过农田和河边植被缓冲带的情况，结果表明氮在岸边植被带的滞留率为 89%，在农田的滞留率仅为 8%。从景观格局影响景观过程的角度来分析，在进行规划中对于廊道的建立和保护，要从以下几个方面考虑。

（1）廊道的曲度和宽度

考虑廊道的曲度主要是与物种移动有关，一般来讲，廊道越直，距离越短，生物在其中的移动速度也越快。廊道的宽度对于物种穿越或沿廊道的迁移具有重要意义，为了满足某些物种，特别是生境敏感种的迁徙需要，廊道必须要达到必要的宽度。

（2）廊道的连通性

连通性是指廊道如何连接或者在空间上怎样连续的量度，可简单地用单位长度上的断点数来度量，廊道有无断开是确定通道和屏障功能效率的重要因素。

（3）廊道的数目原理

增加廊道数目有利于加强廊道的生态功能，减少物种被截流或者分割的风险。而在条件许可的情况下，构建廊道相互连接的廊道网络，将有效加强整个景观系统的连通性，有利于其中物种和能量、物质的流动。

（4）廊道的位置原理

为了避免生物和景观多样性的降低，需要在影响生物群落的重要地段和关键点建立合理廊道来加强景观的连接度水平。在法国，由于高速公路的修建影响了物种的流动，为保护蟾蜍和鹿等野生动物，在它们经常出没的地方修建了隧道和桥梁来保护。

3. 景观生态规划的格局理论

1995 年，Forman 在《Land Moasic》中提出了两个景观整体模式，作为景观生态规划的总体原则，分别是不可替代格局和最优景观格局。

景观规划中作为第一优先考虑保护或建成的格局是：几个大型斑块作为水源涵养所必须的自然地；有足够宽的廊道用以保护水系和满足物种空间运动的需要；而在建成区或开发区里有一些小的自然斑块和廊道，用以保护景观的异质性。此格局可作为任何景观规划的基础格局。根据这一格局，又发展出了最优景观格局。

集中与分散结合的景观格局被认为是生态学意义上的最优景观格局，这一模式强调规划师应将土地利用分类集聚，并在发展区和建成区内保留小的自然斑块，同时沿主要的自然边界地带分布一些人类活动的“飞地”。

集中与分散结合的景观格局有许多生态优越性，同时可满足人类活动的需要。包括边界地带的飞地可为城市居民提供游憩度假的机会；细质地的景观为就业、居住和商业活动的集中区；高效的交通廊道连接建成区和作为生产或资源基地的大型斑块。这一理想的景观格局适用于任何类型的景观，包括自然景观及城市农田等人工景观。它包括以下 7 种景观生态属性——大型自然植被斑块、粒度、风险扩散、基因多样性、交错带、小型自然植被斑块、廊道。主要是通过集中使用土地，确保大型自然植被斑块的完整，以充分发挥其在景观中的生态功能；引导和设计自然斑块以廊道或碎部形式分散渗入人为活动控制的建筑地段或农业耕作地段；沿自然植被斑块和农田斑块的边缘，按距离建筑区的远近布设若干分散的居住处所，愈远愈分散，在大型自然植被斑块和建筑斑块之间也可增加些农业小斑块。显然，这种规划原则的出发点是管理景观中存在着多种组分，包含着较大比重的自然植被斑块，可以通过景观空间结构的调整，使各类斑块大集中、小分散，确立景观的异质性来实现生态保护，以达到生物多样性保持和高度的视觉多样性。

1.4 城市绿地的景观生态规划

1.4.1 城市绿地发展脉络

1. 工业革命及其以前时期

伴随着社会发展及城市规划理论和景观规划理论的发展，西方城市的绿地系统也经历了一个不断演化的历程，中世纪的欧洲城市多呈封闭型，城市通过城墙、护城河及自然地形基本上与郊野隔绝，城内布局十分紧凑密实。仅有少量的私人或宫廷园林作为绿地，城市公共游憩场所除了教堂广场、市场、街道，常常转向城墙以外。

工业革命以来，城市公园的兴起促成了城市绿地格局的改变，1843 年，英国利物浦市动用税收建造了公众可免费使用的伯肯海德公园（Birkinhead Park），标志着第一个城市公园的正式诞生。从而在城市中开辟了专为市民使用的绿地空间。19 世纪下半叶，欧洲、北美掀起了城市公园建设的第一次高潮。

1880 年，F.L.Oimsted 等人设计的波士顿公园体系，突破了美国城市方格网格局的限制。该公园体系以查尔斯河谷、沼泽、泥滩、荒草地所限定的自然空间为界限，利用 200~1500 英尺宽的带状绿化，将数个公园连成一体，在波顿中心地区形成了景观优美、环境宜人的公园体系。构成了著名的波士顿“蓝宝石项链”（图 1-4-1），如今，该公园体系两侧分布着世界著名的学校、研究机构、学术馆和富有特色的居住区等。波士顿公园体系的成功，对城市绿地向系统性方向发展产生了深远影响。1900 年的华盛顿城市规划、1903 年的西雅图城市规划，以城市中的河谷、台地、山脊为依托，形成了城市绿地的自然框架体系。此后，该规划思想在美国发展成为城市绿地系统规划的一项主要原则。如肯萨斯市（Kansas City）和辛辛那提（Cincinnati）等。

2. 20 世纪初到二战以前

在 19 世纪末，20 世纪初，由于城市环境的过度恶化，导致了人们对于城市模式的质

图 1-4-1　波士顿的“蓝宝石项链”（现状）
资料来源：Google 地图

疑，并出现了一些探讨城市合理模式的理论和实践，较有影响的有索里亚·伊·马塔（Arturo Soria Y Mata）的“带形城市”理论，霍华德的“田园城市”理论（1898），以及盖兹的“进化的城市”理论（1915），以及沙里宁的“有机疏散”理论。

霍华德认为现代大城市是一个病体，它提出田园城市的设想来解决这一社会问题。“田园城市”直径不超过 2km，城市本身为农业用地所包围，农田面积比城市大 5 倍，人们可以步行到达外围绿化带和农田。城市中心是由公共建筑环抱的中央花园（面积 60hm^2），外围是宽阔的林荫大道（内设学校、教堂等），加上放射状的林间小径，整个城市鲜花盛开、绿树成荫，形成城市与乡村田园相融的健康环境。在这一思想指导下，英国于 1908 年建造了第一座田园城市莱契华斯（Letchworth）（图 1-4-2），于 1924 年建造了第二座田园城市韦林（Wellwyn）。

图 1-4-2　莱契华斯（Letchworth，1904）
资料来源：李敏．城市绿地系统人居环境规划 [M]. 北京：中国建筑工业出版社，1999.

芬兰建筑师伊利尔·沙里宁（E.Saarinen）的“有机疏散”（Organic Decentralization）理论是为了缓解城市发展过分集中问题而提出城市发展及布局的理论，城市只能发展到一定的限度。城市作为一个有机体，和生命有机体的内在机制一致，不能听其自然蔓延发展，要把城市的人口和工作岗位分散到可供合理发展的，离开城市中心的地域上去，老城周围会生长出独立的新城，老城则会衰落并需要彻底改造。沙里宁按照自己的理论进行了大赫尔辛基规划（1918），将城市规划为一个城区联合体，城市一改集中布局而变为既分散又联系的城市有机体。绿带网提供城区间的隔离、交通通道，并为城市提供新鲜空气。有机疏散理论对二战后的城市规划具有极为重要的影响。

3. 二战以后的城市绿地

二战以后，西方城市开始重建，各城市在旧城区建设中大力拓建绿地，同时以英国的《新城法案》（The New Town Act，1946）为标志，许多国家开始采取措施疏解大城市人口、建立新城，城市绿地的发展进入城市公园运动之后的又一个高潮。城市中绿地面积大大增加，如华沙、莫斯科等城市，绿地面积从每人十几平方米增加到七十多平方米，而且城市建设中十分注重绿地的合理布局，尽量利用绿地将城市绿地连接为整体，绿色城市的理想模式，开始在城市绿地建设中付诸实践，其中比较有代表性的有莫斯科、华沙、平壤、华盛顿、巴黎、堪培拉、新加坡等。其中，莫斯科在1935年制定了第一个市政建设总体规划，其中规定在莫斯科外围建立10km宽的森林绿化带，并将城市公园的面积增加到142km^2。在1960年调整市域边界时，将郊区森林公园的面积从230km^{2}扩大到1727km^2，平均宽度10~15km，北部最宽处达28km。至20世纪70年代建设已具规模，有八条绿化带伸向市中心，将市内各公园与市区周围的森林公园带连为一体。1971年，莫斯科总体规划采用环状、楔状相结合的绿地系统布局模式，将城分隔为多中心结构。分八片布局发展，每片约100万居民，各区之间以绿地系统呈带状或楔形相分割，并以快速交通干道花园环路相联系。城市园林绿地正以每年300~400hm^{2}的速度递增。1991年，莫斯科通过了新的总体规划，在各个方面强调了生态环境的观念，提出把建设“生态环境优越的莫斯科地区”作为城市发展追求的最终目标之一。在城市绿地建设方面，首先要建立包括大面积森林绿地、河谷绿地、城市公园、广场、林荫路在内的城市绿地系统；其次要发展特别保护区系统；另外还要发展和完善现有的疗养基地和体育运动基地体系。按照规划要求，2000年莫斯科市的人均绿地比1991年还要增加约30%（图1-4-3）。

图1-4-3 莫斯科绿地系统规划
资料来源：吴人韦．国外城市绿地的发展历程．城市规划，22（6），39-43.

4. 20世纪70年代及以后

从20世纪70年代开始，随着环境意识的兴起，生态观念在城市绿化中凸现。城市绿地建设开始呈现出新的特点。较有影响的是美国麻理兰州的圣查理（ST. Charles，1970）新城，北距华盛顿30km，规划人口75万，由15个邻里组成5个村，每村都有自己的绿带，且相互联系形成网状绿地系统。澳大利亚的城市依托优越的土地资源条件，在生态思想的影响下，规划并建成了“自然中的城市”。城市绿地系统规划（1971年规划，1978年批准实施）以河流、湿地为骨架，形成了“楔向网状”布局结构。

20 世纪 80 年代以来，随着景观生态学的迅速发展，景观生态规划的理论开始形成并在城市绿地系统规划中体现出来，城市绿地规划的目的从单纯供人们使用和改善空气质量变为维持整个生态系统的协调运转，保护物种多样性和维持城市中物质能量的合理流动循环，为人类生活提供相对自然的生境，有利于人类的身心健康。较有代表性的专家如 Bradshawhethal（1986）、Buckley（1989）等。生态学的理论在城市绿地规划中得到了广泛应用。在城市中引入自然栖息地成为其中的重要内容，并显示出新的绿地规划理论对格局和过程的重视。

1984 年，在大伦敦议会（GLC）领导下开展了大伦敦地区野生生物生境的综合调查。借助航空像片，对内城大于 0.5hm^2，外城大于 1hm^2 的所有地点做了调查，第一次提供了野生生物的生境范围、质量和分布的资料。在此基础上，评价了每一地点的保护价值，绘制了 1 ： 10000 的不同生境的地图。并提出以下 5 类地点或大区应受到重视和保护：有都市保护意义的地点、有大区保护意义的地点、有地方保护意义的地点、生物走廊和农村保护区域。并在伦敦城区进行了相关的实践，确定了有保护意义的地点达 1300 余处，包括森林、灌丛、河流、湿地、农场、公共草地、公园、校园、高尔夫球场、赛马场、运河、教堂绿地等。如在海德公园湖滨建立禁猎区，在摄政公园（Regent's Park）建立苍鹭栖息区。通过保护，目前伦敦有狐、鼹、獾、美洲豪猪、灰松鼠等小型哺乳动物及三十余种鸟类，城市综合生态环境质量明显改善。

澳大利亚的墨尔本市于 20 世纪 80 年代初全面展开了以生态保护为重点的公园整治工作。其中雅拉河谷公园，占地 1700 公顷，河流贯穿，其间有灌木丛、保护地、林地、沼泽地等生境。为培育生物多样性、保护本地生物免受外来干扰，有关部门采取了一系列具体措施，如搭建篱笆、禁止放牛、限定牧区、设定游客免入区等。据观测，目前公园内至少有植物 841 种，哺乳类动物 36 种，鸟类 226 种，爬行动物 21 种，两栖动物 12 种，鱼 8 种。生物多样性十分丰富，其中本地种质资源占 80% 以上。

同时，景观生态学的相关理论与方法为城市绿地生态格局的构建以及区域绿地生态规划提供理论支撑。扩散廊道（Dispersal Corridors）、栖息地网络（Habitant Network）以及城市、区域及国家的生态网络（Ecological Networks）等都在城市景观规划建设中。最具有代表性的是 20 世纪 80 年代大哥本哈根的扩散廊道体系规划，其中为鸟类迁徙沿波尔河规划的城市扩散廊道，将三块湿润草地、一个湖泊、一片林地相互连通作为鸟类重要的栖息地。在规划中，通过扩大湿地水面，丰富适生植物的种类，降低农田化肥等有机物的污染，减少周边城市居民活动对栖息地的影响等措施，增加鸟的种类，从而为鸟类的迁徙、栖息、繁衍创造适宜的生境。

1.4.2　城市绿地的发展趋势

随着生态学和景观生态规划理论的发展，城市绿地系统的发展呈现出以下的发展趋势（图 1-4-4）。

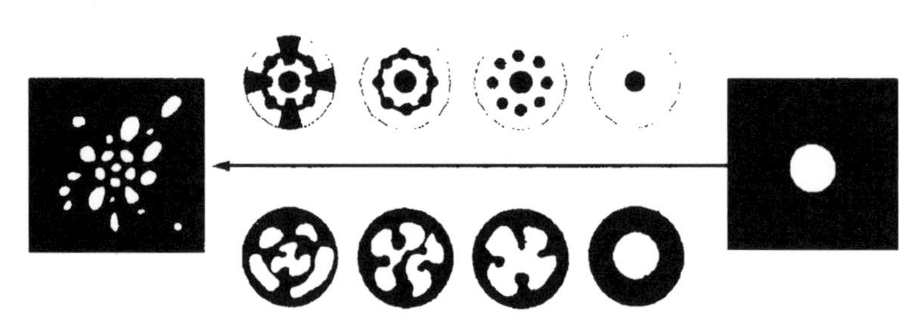

图 1-4-4　城市绿地格局发展示意
资料来源：吴人韦 . 国外城市绿地的发展历程 [J]. 城市规划，1998（6）：39-43.

（1）城市绿地系统的设计元素趋于多元化，景观生态理论强调不将单一元素作为设计对象，而是对景观生态系统的所有元素进行协调，以达到整体优化的目标。城市绿地系统规划、建设的对象正从土地、植物两大要素扩展到水文、大气、动物、细菌、真菌、能源、城市废弃物等城市生态系统的诸多要素。

（2）城市绿地系统的结构趋向网络化和整体化。城市绿地系统由集中到分散，由分散到联系，由联系到融合，呈现出逐步走向网络连接、城郊融合的发展趋势。尤其重要的是把城市绿地建设、环境改善和物种多样性保护纳入整个区域的背景框架下进行考虑，城市中的人与自然的关系在日趋密切的同时，城市中生物与环境的关系渠道也将日趋畅通或逐步恢复。

（3）将生态过程的恢复作为主要目标，完善城市绿地系统的生态功能。以生物与环境的良性关系为基础，以人与自然环境的良性关系为目的，城市绿地系的功能在 21 世纪将走向生态合理化。其中包括：城市绿地系统的生产力（自然与社会生产力）将进一步提高；消费功能（人及生物间的营养关系）进一步优化，还原功能（自维持、降解能力）将得到全面加强。它与城市各组成部分之间的功能耦合关系将更为细密，通过生态功能的加强来保证城市自稳性高和低维持投入的生态过程。

1.4.3　基于景观生态学原理进行城市绿地生态规划方法简述

1. 生态最优化途径及生态因子地图法

“生态最优途径”，其目的是通过对土壤、水文、气候、地质、植被的分析来寻求土地和资源利用的最适状态，这方面最具代表性的著作是 I.McHarg 的《设计结合自然》。McHarg 在书中提到“我们可以因此判别生态系统，机体和土地利用的合适环境。环境在本质上越适合它们，适应过程所做的功就越小，这种适合是一种创造，这是一种最大效益—最小成本的途径。”与生态最适途径相适应，麦克哈格提出了“生态因子地图法”，成为在欧美进行生态规划的基本方法。

但是，McHarg 的理论强调人类可以找到一条明确的最佳行动路线，遵循生态最适的方法进行土地和资源利用，主要有以下两方面的问题：

（1）他强调了一种自然决定论的价值观念，认为人类活动就是一个适应自然的过程，由于对社会、经济因素的忽视，其规划设想往往难以实现；

（2）这种规划方法认为存在着一个准确的“正确”方法可由分析获得，这种理性模式受到了人们的怀疑，现代的认知理论也认为，面对复杂问题，人类不能作出理论上的最佳解决方案，比如采用经济指标或者生态指标等不同的评价标准，都会得出不相容的结论，在规划中，往往并不追求最佳方案，而是以“可接受”，“可行”为标准。

“生态因子地图法”即为 McHarg 依据自己的规划思想提出的实践手段，也就是即通常所讲的“千层饼模式”，在美国也通常被认为是景观生态规划的一种基本方法。McHarg 的生态因子地图法的基本步骤如下：

（1）分析规划目标及确定具体的分析因子。

（2）对一系列生态因子分别进行分析，调查每种因子在区域中的状况和分布，根据规划目标（特定的用地属性）进行适宜性分析，并以颜色深浅区分各因子的适宜性等级，绘制分别的单因子透明地图。

（3）将各单因子图相叠加，得到复合图。

（4）通过分析复合图的因子叠加状况，寻找对于生态因子干扰最小的区域，并由此确定规划方案。

相对于以往的定性分析为主的规划方法，生态因子叠加法第一次提出了一套科学理性的分析程序，并在实践中取得了成功，麦克哈格曾在纽约里斯满区林园大道选线方案中首次尝试，并在对斯塔腾岛的规划中应用此模拟分析，都获得了各方面的满意。相比于其他的生态规划方法，地图法具有方法形象直观，步骤明确有效，综合性强、应变力强的优点，它的出现，在生态适宜度分析方法上具有重要的意义，20 世纪 80 年代以来，随着 GIS、计算机图形处理、图形扫描技术的发展，使生态因子叠加方法更加趋于完善。

但是地图法的缺陷也非常明显，首先，地图重叠法存在一个假定，即各生态因子对于整体生态系统的影响是相同重要的，而实际上，各生态因子之间往往呈现出指数、对数等相对复杂的数学关系，在分析时简单的等权相加必然会造成较大的误差。其次，地图方法的分析过程看似非常客观，但是不同生态因子的影响信息实际上已经被研究者按照主观标准进行了取舍、分类，这样，客观的分析过程是建立在主观标准的基础之上的，评价标准的设置不当，将直接影响到结果的有效性。再次，这种分析方式重视某一景观单元内的生态关系，而水平的生态过程，即不同景观单元内的生态关系则被忽视，麦克哈格着重强调的是同一景观单元内地质—土壤—水文—植被—动物与人类活动及土地利用之间的垂直过程。

在 McHarg 以后，也有一些学者提出了基于生态因子分析法的改进方法，如 Lewis 提出的环境资源分析方法（欧阳志云，白如松，1995）。在其方法中，Lewis 首先分析了区域发展所要利用资源的自然属性，以明确主要资源与辅助资源，然后分析主辅资源的关系。最后，根据主要资源特征，辅以辅助资源特征，对区域资源进行区划，在生态区划的基础上进行适宜性分析，提出生态优化方案。其独到之处在于提出了主要因素与次要因素在优比配置中的不同作用，以避免 McHarg 方法中对不同重要性要素的“平等”处理。

2. 阀限方法

与阀限方法相对应的是以上提到的最小—最大途径阀值方法，阀值方法显然与景观生态学中的临界阀现象和渗透理论密切相关，所谓临界阀现象是指某一事件或过程在影响因素或环境条件达到一定程度时突然进入另一种状态的情形。它往往是一个量变到质变的过程。在规划理论中，发展阀限的概念最初由 Malisz 提出，该方法开始时主要是针对规划中的经济问题，城市用地的发展过程中往往受到客观环境的制约，限制导致了发展过程的间断，而克服这些限制则需要附加的成本，即阀值成本，同时，在某些地域发展中存在某些关键阀限，其阀值成本很高，同时突破它也将对开发战略形成决定性的推动。而现状条件下不可突破的阀限则被称为“顶级阀限”，标志着地域发展的最终极限，包括用地位置、规模、类型等。

阀值分析方法最初的主要局限是在于，它需要将多种因素都折算为一种衡量指标，即阀限费用。因此虽然它会考虑到生态、环境等方面的问题，但是最终还是会落实到开发的经济成本上来，所以阀限理论最初也是依据经济指标来分析。

随着环境问题的日益突出，在景观和城市发展规划中，环境阀限也日益被关注，出现了顶级环境阀限的概念，Kozlowski 认为“顶级环境阀限是一种压力极限，超过这一极限，特有的生态系统将难以回复到原有的条件和平衡”，将会造成整个生态系统或重要组分不可逆的破坏。因此在城市绿地系统的规划中，可以利用环境阀限的方法来确定城市中对于绿地总量的需求，以保证城市的生态状况保持一个相对稳定的状态，在绿地规划的绿地需求量阀限分析时，一般程序如下。

（1）确定分析需要的关键性生态因子，比如碳氧平衡、温度调节、空气净化、水资源利用等，运用生态系统的物质和能量的循环原理，求出它们在生态保持平衡状态时的阀值。

（2）分析各生态因子阀值，同时进行生态相关性分析，求出一个可满足各生态因子需要的生态绿地绿量需求值，作为规划时的数量依据。

（3）依据绿量要求，通过合理的绿地类型分配，计算的城市绿地面积需求值。

（4）依据绿地面积需求值，结合城市其他方面的实际需求及相应的格局规划方法确定城市绿地的具体布局，同时要计算实际规划值和理论值相比后的余量系数，以备实施时调整。

3. 基于景观模型模拟和分析的生态规划方法

（1）区域生态系统模型

景观模型模拟和分析方法的主要内容是通过构建景观系统的模型来对其过程进行模拟和预测，并通过预测结果来确定规划方案，以美国生态学家 E.P.Odum 为代表。

1969 年，Odum 基于生态学中的分室模型，提出了著名的区域生态系统模型，作为其“生态系统发展战略”的理论核心。在该模型中，Odum 根据区域中不同土地利用类型的生态功能，将区域分成 4 个景观单元类型：①生产性单元，主要为农业和生产性的林业用地；②保护性单元，指那些对维护区域生态平衡具有关键生态作用的景观单元，如保护栖息地、防护林地等；③人工单元，指城市化和工业化土地，它们对自然的生态过程往往具有负面影响；④调和性单元，主要从功能而言，即指前述单元类中在系统中起协调作用的观单元。

上述景观分类构成区域生态系统模型第一层次研究的主要内容。该模型的第二层次侧重于各单元类型间物质和能量转移过程和机制的研究。而第三层次则主要以区域生态系统的整体为对象，研究自然和社会经济输入、输出的调控机制，并为区域土地利用的分配提供决策依据。

（2）灵敏度模型

德国学者 Vester 和 Hesler（1980）将系统分析与生物控制论相结合，建立了城市与区域规划的灵敏度模型，其基本思路包括：将一个城市或区域作为一个整体，重点分析系统要素之间的相互关系与相互作用，以把握系统的整体行为；根据系统对要素变化的反应，对系统进行动态调控；运用生物控制论原理，调节系统要素的关系（增强或削弱），以提高系统的自我控制能力（欧阳志云和王如松，1995）。灵敏度模型强调系统要素之间的相互作用及其对系统整体行为的影响，以及在规划过程中公众的广泛参与。灵敏度模型也可以说是生物控制论与计算机技术相结合及其在规划中应用的产物。在灵敏度模型中，将规划对象（一个城市或区域）描述成由相互联系和相互作用的变量构成的“反馈图”，可以通过对构成变量状态的改变模拟整个系统的行为。一旦构筑了“反馈图”就可以在计算机上进行模拟规划，还可以对各种规划方案进行比较，即“政策试验”。灵敏度模型将规划由传统的“野外”搬进了实验室，并将规划变成可测试和可验证的过程。但由于灵敏度模型重点关心的是系统结构与功能的时间动态，对空间关系与空间格局的动态过程则难以反映出来。

系统分析与模拟方法注重以区域的生态持续为目标、从整体把握景观的利用，是比较合理的土地资源优化配置的途径。但由于自然过程的复杂性，尤其是人类活动的干扰更增加了过程模拟和系统模拟的难度，使得该方法难以取得进一步的成果。

4. 景观格局指数分析方法

对于城市绿地格局的分析，主要借用景观生态学中景观格局的分析方法，由于景观生态学还没有形成完善的理论框架，一些核心理论和方法正在发展演变中，同时，也有学者对于景观分析中繁复的统计运算和图形转换背后的实际价值提出了质疑。而用于科学研究中的指数，如何与具体的规划建设活动结合起来并在其中体现出来，也是一个需要深入研究的问题，以下试在有关学者提出的理论框架的基础上对绿地评价指标中绿化量和绿地格局方面的内容做进一步的分析。

（1）格局指标确定的原则

考虑到以上注意问题，对比以往的布局评价方法，对于城市绿地系统格局的评价指标的建立，应考虑以下几方面的原则：

1）客观性原则，评价指数应建立在客观数据的基础上，以定量分析为主，将定量分析和定性研究结合起来，避免过去主要是描述性语言为主的格局表达方式。

2）实用性原则，评价方法充分考虑可操作性，绿地规划中格局分析是以应用为主要目的，同时考虑到我国理论研究和技术应用的总体水平，分析指标要综合考虑可操作性、实用性和直观性，而无需对其进行过于深入的运算和分析。

3）统一性原则，由于景观指数表现出对于分析尺度的较高敏感性，为保证不同城市，尤其是同一城市不同时间的分析结果具有一定的可比性，应保持相对统一分析幅度、粒度和计算方法。

（2）建立格局分析方法中应注意的问题

1）对于景观系统的格局分析，其目的不是为格局而格局，而是通过研究景观格局来研究景观功能和景观动态。基于对景观格局变化的生态学原则即景观格局与过程之间的相互联系的理解与把握来应用格局特征来推测过程特征。通过对城市绿地格局的规划和控制来保证城市生态系统的良性运转。但是由于景观结构和景观功能之间的联系非常复杂，且景观生态学近期发展起来的格局－过程关系理论大多数是研究自然景观的成果，而城市的景观结构和生态过程表现出了许多与自然生态系统截然不同的属性，其关系更需要进行进一步的研究。

2）从系统结构来说，城市景观结构属于有组织复杂系统，Levin 指出，生态系统是典型的复杂适应系统，这也是目前复杂科学的研究热点，如果要对其进行深入分析，需要信息论、系统论以及正在兴起的“混沌”、“分形”、“等级”等方面的理论，景观生态学者正在通过它们加深对景观系统的理解和分析，但距离实际应用还是有相当的距离。数学运算过于复杂，在城市绿地规划中还难以进行有效运用。

3）对于景观格局的分析，主要可分为两大类，格局指数方法和空间统计学方法，格局指数方法主要用于空间上非连续的类型数据变量，空间统计学方法主要用于空间上连续的数值数据（景观格局的一个重要特征就是其空间自相关性即相邻景观单元之间的相似性）。对空间自相关的分析曾是生态学的一大难点，然而生态学变量在空间上关联变化规律正是生态学的研究景观格局分析的核心问题之一。目前已发展出了一系列有效的空间统计学分析方法，包括空间自相关分析、趋势面分析、谱分析、半方差分析等。但是由于自相关分析需要的数学运算和理论都比较复杂，在我国现在的绿地规划实践中不易得到有效运用，而景观指数由于其计算方法比较简单，概念和计算方法都相对直观，同时又能对城市绿地格局的基本情况进行有效的分析。

4）指数的选用，很久以来，景观学者就注意到指数的相关性问题，许多景观指数之间不具备独立的统计学性质，景观指数之间的信息相互叠加。通常增加一个景观指数，并不一定会增加新的信息。同时还要考虑到城市景观格局的具体特点，以及某些指数的理论和计算复杂度问题，来确定究竟采用那些指数。

5）尺度、可塑面积单元以及景观格局分析中的误差问题，景观指数通常都会表现出对于尺度的敏感性，景观指数的计算结果会随着空间幅度和粒度的变化而变化，景观单元的划分方式（即可塑面积单元问题）也会对分析结果产生影响，因此，对城市绿地格局的分析要考虑采用具有合适分辨率的原始图像，另外，误差问题近年来也逐渐为大家所重视。景观格局分析看似进行了一步步严谨的科学运算，实际早有学者对其中复杂运算和图形转换后的误差提出了自己的担心，并对目前格局分析的实际意义表示质疑，在格局分析的各个步骤中都可能产生误差，这些误差还会相互作用、放大，步骤越繁复，误差累计也会越大。在许多景观分析中，由于技术条件和参与人员水平的限制，分析结果无法有效反映景观的实际空间特征，更无法通过格局特征来推测生态过程了。因此作者以为在我国城市绿地规划的格局分析中，一方面要加强技术水平，提高分析精度，另一方面也不必追求过分复杂的分析和数学运算，对分析指数和步骤的选用应以简明实用和有效性为标准。

格局分析的目标是在有限的城市绿量的前提下，通过对城市绿地布局的控制来最大限度地提高城市绿化的生态效益，有利于维护城市生态系统的良性循环和动态平衡。为保证不同城市、不同时间分析结果的可比性，应规定相对统一的数据来源方式、标准、空间幅度、粒度以及数据解译方法和格局计算的标准公式。在保证基本格局指数和分析步骤的前提下，可依据各城市绿地格局的不同特点以及格局分析方法的不同来增加分析内容。

（3）具体指标的确定

由于格局指数之间存在着信息重复的现象，因此对于景观指数的选择也是一个复杂的问题，但理论上存在一系列的景观指数，可以全面描述景观格局而又避免信息叠加。Ritters 对 55 个景观指数进行压缩后选定了 5 个景观指数，认为这 5 个景观指数既相互独立，又能比较全面地描述景观格局的各个方面，分别是：①平均斑块周长面积比（P）；②蔓延度（C）；③相对斑块面积（R）；④分维数（F）；⑤斑块类型数（T）。这种分析结果经实践证明是具有普遍意义的，对于不同尺度的景观、不同的斑块类型、不同大小的分析单元均有效。但我们在确定指标时还要结合应用性指标的具体要求和城市绿地系统的实际情况，作者建议采用以下几方面的指标来对城市绿地系统格局进行评价。

1）城市绿地系统的破碎度。景观系统的破碎化，是城市景观区别于其他自然景观的重要特征，也是城市生态状况恶化的主要原因，大量城市化带来的景观破碎化使城市斑块的面积不断减小，在城市条件下，大面积绿地可以维持更近于自然的生态干扰体系。对于保护对生境破碎化敏感的物种极为重要。如果城市中大面积生态绿地数量缺乏，那么小型绿地的生态效果是极其有限的。

2）城市绿地系统的连通性。种群的稳定除了需要足够数量的生境，它们的生长和繁殖往往需要景观中生境斑块间一定的连续性，所有的生态学过程都在一定程度上受到斑块之间距离和排列格局的影响。通过设置景观廊道来加强景观系统的连通性，也是在城市化背景下完善城市生态功能，保护城市物种多样性的主要手段。

3）绿地系统的均匀度。在大中城市普遍存在绿地的均匀性问题，从某方面讲也是城市景观梯度性的表现，即绿地集中在城市外围及距市中心较远的地区，而繁华的中心城区由于开发强度过大，建筑密集，生态绿地的总面积很小，并且破碎度高，这样虽然城市整体的绿化覆盖率较高，但城市中心区的绿化量严重不足，生态状况很差。同时，在城市中还要考虑市民的使用方便，分布均匀的绿地系统有利于增加市民通达的便利性。

4）绿地形状指数。城市中的人工绿地斑块往往表现出较为规则的几何形状，斑块形状的特点可以用长宽比、周界－面积比以及分维数等特点来描述，形状越趋向于规则的方形或圆形的斑块，其形状越紧密，绿地形状与生态过程之间的关系较为复杂，一般认为，紧密型的绿地斑块有利于储存能量、物质和物种。而松散型的斑块有利各项生态因子与外界的交流。相对理想的斑块形状应具有较大的核心区以保护生态敏感物种，同时具有较为复杂的边界形状，以利于和外界的物质、能量交换。

另外，要考虑绿地格局与城市气候、地形、水文等的联系，城市的绿地的合理布局同这些因素紧密结合，尤其要认真考虑城市的风向和城市绿地的关系，设置城市的进风和排风通道，并在城市的上风向设置足够的氧源绿地。

经过分析，本文所采用的具体的格局指数见表 1-4-1。

5. 基于格局分析的生态规划

景观格局整体优化的方法以 W. Haber 和 R. T. T. Forman 为代表，随着景观生态学对水平生态过程的日益重视，导致了对传统景观规划和生态规划理论的方法的革新。

（1）土地利用分异战略

德国生态学家沃夫岗·哈勃（Wolfgang Haber）基于 Odum 的生态系统发展战略，提出了适宜高密度人口地区的土地利用分异战略（DLU），其步骤如下。

选用的城市绿地景观格局分析指数及其生态学意义　　表 1-4-1

景观指数	缩写、公式	描述
斑块丰富度	$PR=m$	景观中不同斑块类型总数，此指数数值显然与分类标准有关
Shannon—Weaver 多样性指数	$SHD=-\sum_{i=1}^{m}[P_i\ln(P_i)]$	主要用以描述景观结构组成的复杂性，每一斑块类型所占景观总面积比例乘以其对数然后求和取负值
均匀度指数	$E=\frac{H}{H_{\max}}=\frac{-\sum_{k=1}^{n}P_k\ln(P_k)}{\ln(n)}$	表示各斑块在面积上分布的不均匀程度，通常以多样性指数和其最大值的比来表示。E 趋向 1 时，均匀程度最大
蔓延度（聚集度）指数	$CONT=\left[1+\sum_{i=1}^{m}\sum_{j=1}^{n}\frac{P_{ij}\ln(P_{ij})}{2\ln(m)}\right]$	指同一类型斑块的聚集程度，m 是斑块类型总数，P_{ij} 是随机选择的两个相邻栅格细胞属于 i 与 j 的概率
平均斑块形状指数（周长面积比）	$MSI=\frac{\sum_{i=1}^{m}\sum_{j=1}^{n}\left(\frac{0.25P_{ij}}{\sqrt{a_{ij}}}\right)}{N}$	景观中每一斑块周长（m）除以面积（m^2）的平方根，再乘以正方形校正常数，然后对所有斑块加和，再除以斑块总数
平均斑块面积	$MPS=\frac{A}{N}10^6$	景观中所有斑块的总面积除以斑块总数，再乘以 10^6（转换成 km^2）

1）土地利用分类，辨析规划区域内土地利用的主要类型，根据由生境集合而成的区域自然单位（RUN）来划分，并形成可反映土地用途的模型。

2）对由 RUN 构成的景观空间格局进行评价和制图，确定每个 RUN 的土地利用面积百分率。

3）敏感性分析：识别场地中自然和半自然的生境簇，这些生境为敏感地区及具有保护价值的地区。

4）空间联系：对每一个 RUN 中所有生境类型之间的空间关系进行分析，特别侧重于连接度的敏感性以及不定向的或相互依存关系等方面。

5）影响分析：利用以上步骤得到的信息，评价每个 RUN 的影响结构，特别强调影响的敏感性和影响范围。

该方法主要是针对 Odum 的系统分析方法中对景观单元间的相互影响研究不足而提出的，主要利用环境诊断指标（而不是模型模拟）和格局分析对景观整体进行研究和规划。

在利用该规划方法进行工作的过程中，Haber 等人总结出了如下土地利用分异战略：①在一个给定的 RNU 中，占优势的土地类型不能成为唯一的土地类型，应至少有 10% 到 15% 土地为其他土地利用类型；②对集约利用的农业或城市与工业用地，至少 10% 的土地表面必须被保留为诸如草地和树林的自然景观单元类型；③这 10% 的自然单元应或多或少地均匀分布在区域中，而不是集中在一个角落，这个“10% 规则”是一个允许足够（虽然不是最佳）数量野生动植物与人类共存的一般原则；④应避免大片均一的土地利用，在人口密集地区，单一的土地利用类型不能超过 8~10hm^2。

DLU 战略是目前在对过程机制难以定量模拟和把握的情况下较为可行的规划途径。尽管这种途径没有与一个系统的理论（如景观生态学）紧密结合起来，在空间联系的分析上也缺乏方法和手段，但它却为景观生态学的发展及其在区域和景观规划中的应用提供了基础。

（2）景观格局优化方法

1995 年，Forman 在《Land Moasic》一书中，主要针对景观格局的整体优化，系统地总结和归纳了景观格局的优化方法。其方法的核心是将生态学的原则和原理与不同的土地规划任务相结合，以发现景观利用中所存在的生态问题和寻求解决这些问题的生态学途径。该方法主要围绕如下几个核心展开。

1）背景分析：在此过程中，景观的生态规划主要关注景观在区域中的生态作用（如“源”或“汇”的作用），以及区域中的景观空间配置。区域中自然过程和人文过程的特点及其对景观可能影响的分析也是区域背景分析应关注的主要方面。另外，历史时期自然和人为扰动的特点，如频率、强度及地点等，也是重要的内容。

2）总体布局：以集中与分散相结合的原则为基础，Forman 提出了一个具有高度不可替代性的景观总体布局模式（参看 1.3.2）。做为景观规划的一个基础格局（Forman，1995）。

3）关键地段识别：在总体布局的基础上，应对那些具有关键生态作用或生态价值的景观地段给予特别重视，如具有较高物种多样性的生境类型或单元、生态网络中的关键节点和裂点、对人为干扰很敏感而对景观稳定性又影响较大的单元，以及那些对于景观健康发展具有战略意义的地段等。

4）生态属性规划：依据现时景观利用的特点和存在的问题，以规划的总体目标和总体布局为基础，进一步明确景观生态优化和社会发展的具体要求，如维持那些重要物种数量的动态平衡、为需要多生境的大空间物种提供栖息条件、防止外来物种的扩散、保护肥沃土地以免被过度利用或被建筑、交通所占用等，这是格局优化法的一个重要步骤，根据这些目标或要求，调整现有景观利用的方式和格局，将决定景观未来的格局和功能。

5）空间属性规划：将前述的生态和社会需求落实到景观规划设计的方案之中，即通过景观格局空间配置的调整实现上述目标，是景观规划设计的核心内容和最终目的。为此需根据景观和区域生态学的基本原理和研究成果，以及基于此所形成的景观规划的生态学原则，针对前述生态和社会目标，调整景观单元的空间属性。这些空间属性主要包括以下方面：①斑块及其边缘属性，如斑块的大小、形态、斑块边缘的宽度、长度及复杂度等；②廊道及其网络属性，如裂点的位置、大小和数量、“暂息地”的集聚程度、廊道的连通性、控制水文过程的多级网络结构、河流廊道的最小缓冲带、道路廊道的位置和缓冲带等。通过对这些空间属性的确定，形成景观生态规划在特定时期的最后方案。之后，随着对景观利用的生态和社会需求的进一步改变，对该方案进行不断的调整和补充。另外，Forman 还提出了“集中与分散相结合”的景观生态规划格局，作为生态学上的最优景观格局。

Forman 提出的优化景观格局模式为生态学基本理论落实到具体的景观生态规划空间格局形式提供了明确的理论支撑和技术指导。但是，目前大部分的研究主要集中于各类景观要素属性及其相互关系的定性描述中，缺乏相应的可操作的技术方法途径。比如，在湿地景观生态规划中，如何选择及划定湿地核心保护区的空间、缓冲区以及生态廊道的空间范围；在生态保护区内，如何根据生物多样性的特征及保护区的地域特征，识别景观中具有重要战略意义的源地等。

（3）景观安全格局的理论和方法

景观安全格局理论与上文提出的阀限理论密切相关，同时它也是景观格局规划的理论依据。安全格局理论是基于阀限分析的一些局限性提出的，它认为生态过程中存在着一系列的阀限和安全层次，但它不认为这些阀限对于整体生态过程和环境来说是顶级的或绝对的，而只认为它们是维护与控制生态过程的关键性的量或时空布局；它认为景观是有等级层次的，主张建立多层次的景观安全格局，分别在不同层次上维护景观的健康和安全。安全格局理论显示出对于阀限分析方法的进一步深化，同时该理论认为在景观中存在一些关键性的位置，对维护和控制某种景观生态格局起着关键性的作用。并且构建出了“安全格局的表面模型”。

景观安全格局包含以下几部分：①“源地”，对物种扩散具有重要意义的现有自然栖息源地；②缓冲区（带），生态源地或者生态廊道周围，且便于目标物种利用的景观空间；③廊道，生态源地之间便于目标物种迁徙的空间通道；④可能扩散路径，目标物种从生态源地向周围扩散的可能路径，这些空间路径共同构成物种迁徙的潜在生态网络；⑤战略点，景观中利于目标物种迁徙及扩散的具有战略意义的地段。

景观生态规划过程通过该模型转换为对上述空间节点识别的过程，按如下步骤展开：

1）选择栖息源地。通过对目标物种的调查分析，选择空间规模较大且生境较好的栖息地，作为景观生态保护的“源地”。

2）建立最小阻力表面（MCR）和耗费表面。根据景观单元对目标物种迁移的影响，将景观单元按阻力进行分级，并以此作为各景观单元阻力参数的赋值依据，以形成景观阻力表面。当采用多种指标对景观单元进行分级时，每类单元的阻力值可通过下式求得：

$$R_j=\sum_{i=1}^{n}(W_i\times r_{ij}) \tag{1-5}$$

式中，R_j 为第 j 类景观学元的累积阻力；n 为指标数；W_i 为 i 指标的权重；r_{ij} 为第 j 类单元由指标 i 确定的相对阻力。

基于该阻力表面，利用最小耗费距离的算法模型，借助相应 GIS 技术，计算目标物种从“源地”到达每一个景观单元的最小耗费值。

3）识别安全格局组分。依据上述耗费表面，以及有关景观生态原则，识别缓冲区（带）、源地间的廊道、战略点等格局组分的空间属性。

这里的缓冲区可被理解为自然栖息地恢复或扩展的潜在地带，它的范围和边界通过耗费表面中耗费值突变处的耗费等值线确定，而不是传统的规划做法中围绕核心区的一个简单等距离区域。在景观的耗费表面中，廊道应建立在源地间以最小耗费（或最小累积阻力）相联系的路径中，并应针对不同目标物种具备相应宽度的缓冲带。对每个源地而言，与其他源地联系的廊道应至少有一个，两条通道将会增加源地安全性。基于耗费表面，主要有三种地段应予以重视，一是两个或更多个围绕“源地”的耗费等值线圈层间所形成的“鞍点”；二是由于栖息地边缘弯曲而形成的“凹—凸”交合地段；三是多条廊道或扩散路径的交汇处。将上述景观的空间组分相叠合，最终形成针对目标物种的、潜在的且生态上安全的景观利用格局，通过对这些组分的有效调整和维护，将为使景观向着生态优化的方向变化发展起到积极作用。

格局优化方法主要关注景观单元水平方向的相互关联，以及由此形成的整体景观空间结构。并且主张建立多层次安全格局系统，但是目前我们对于景观中的各种生态过程（尤其是人为干扰下的生态过程）尚缺乏足够全面和可靠的认识与把握，许多格局优化所依据的原则和标准还停留在定性的推论阶段。

第 2 章

城市绿地生态效应与生态过程

第2章

城市绿地生态效应与生态过程

城市是人口、政治、经济、文化、宗教等高度密集的载体，是人类活动与自然环境高度复合的独特生态系统。城市生态系统具有开放性、依赖性、脆弱性等特点，极易受到人类活动的干扰和破坏，引起城市生态系统的失衡，导致城市“生态环境危机”的出现。近年来，快速的城市化进程使得大量的人造建筑取代了自然地表，极大地改变了城市的生态环境，影响人类的身体健康和生活环境。绿地是植被生长、占据、覆盖的地表和空间。城市绿地是指用以栽植树木花草、布置配套设施，并由绿色植物所覆盖，且赋以一定功能与用途的场地。城市绿地可以通过植物的蒸腾、蒸散、吸收、吸附、反射等功能，降低温度，增加湿度，固碳释氧，抗污染（吸收粉尘、Cl_2、SO_2、CO等），降低噪声，保护生物多样性等。随着生态城市概念的提出、建设和发展，人们日益注意到城市绿地的生态意义（保护生物多样性）和环境价值（降温增湿、固碳释氧、抗污染、降噪）。目前研究城市绿地的生态环境效应已经成为景观生态学、城市园林生态学以及环境科学的热点。

生态过程是景观中生态系统内部和不同生态系统之间物质、能量、信息的流动和迁移转化的总称，强调事件或现象的发生、发展的动态特征（Forman等，1986；傅伯杰等，2001；邬建国，2007）。现实景观中，景观格局与生态过程是不可分割的客观存在。景观格局是生态过程的载体，格局变化会引起相关的生态过程改变；而生态过程中包含众多塑造格局的动因和驱动力，其改变也会使格局产生一系列的响应。景观格局与生态过程两者相互作用，驱动着景观的整体动态。因此，研究中必须考虑景观格局与生态过程的相互关系与耦合机制，而这正是景观生态学的核心科学问题，理解格局与过程之间的关系是进一步深化景观生态学研究的关键（Tumer，1989；陈利顶等，2008；傅伯杰等，2010）。

王德利（1994）指出，生物之间（非直接接触）的相互作用是通过对生态环境的物质结构改变、能量转化以及信息交换实现的。这种生物之间相互作用的空间称为生态场，并将生态场进一步定义为：生物与生物之间以及生物与环境之间相互作用形成生态势的时空范围。王根轩将其定义为：生物的生命过程与环境相互作用产生的综合生态效应的空间分布。祝宁等（2004）以生态场理论为基础初步提出生物体与环境间相互作用产生空间综合生态效应场，这种生态效应场包括温度效应场、湿度效应场及 CO_2 效应场等。城市生态中研究的绿地服务半径传统上多指绿地的景观可达性，我们认为绿地的服务半径还应包括绿地生态效应可达性。绿地综合生态效应场的研究不止限于本文的水平方向研究，还应注重向三维空间的拓展。城市绿地建设应以综合生态效应场理论为基础，确定“场”空间影响范围及影响强度，合理布局城市绿地。

2.1　绿地固碳释氧效应

2.1.1　国外绿地固碳释氧效应研究

绿地的固碳释氧生态功能对城市的碳氧平衡发挥着重要作用（Nowak et al.，2006）。绿地植物通过光合作用具有固碳释氧的功能，为城市中有效缓解或消除局部区域缺氧、改善区域空气环境质量发挥了重要作用。在城市绿地生态功能的相关研究中，国外运用各种模型对绿地生态功能进行分析与评价（Kong et al.，2007；James et al.，2009），其中 CITYgreen 和 UFORE 模型的应用较为广泛。CITYgreen 主要由城市森林管理模块和生态效益分析模块两部分组成，其中，城市森林管理模块具有城市森林编目以及基础数据的查询检索功能；生态效益分析模块主要包括减少暴雨径流、大气污染物清除、CO_2 贮存与吸收、节能、提供野生动物生境等分析功能。分析模块根据防污治污的等价效应将抽象的生态效益转换成直观的经济价值。CITYgreen 模型可用于城市生态制图、城市森林生态效益分析及规划管理、城市森林动态模拟与预测等，适合于城市森林生态效益的快速评价，并在城市森林规划与管理中发挥辅助决策的作用，但该模型并未考虑到城市森林的减噪、杀菌等方面的生态价值。American Forests（1999、2002）基于 CITYgreen 模型提出城市生态系统分析方法。该方法在分析城市土地利用与植被覆被信息的基础上，对美国近 200 个城市的绿地植被净化、空气质量、碳吸收 / 碳储存等绿地生态效益、野外生物栖息地展开研究，同时计算了绿地植被的经济、生态价值。Nowak et al.（2002）研究了树木固碳释氧能力与维护机械耗氧释碳平衡。Brack（2002）基于 DIS（Decision Information System for Managing Urban Trees）信息系统，对堪培拉城市森林植被对减缓城市大气污染、固碳能力和节约能源等方面的生态效益进行一系列的研究。美国农业部（USDA）森林服务部开发了城市森林效益模型（UFORE，Urban Forest Effects Model），对世界范围内城市森林结构和城市森林效益进行定量化，然后将这些效益转化为经济价值（Nowak et al.，2006），该模型结果能提供树木生长数据，评价城市森林对环境的影响。该模型由 4 个子模块构成：城市森林结构模块（UFORE-A，Anatomy of the Urban Forest）；生物源挥发性有机物排放模块（UFORE-B，Biogenic Volatile Organic Compound（VOC）Emissions）；碳存贮与吸收模块（UFORE-C，Carbon Storage and Sequestration）；空气污染物干沉降模块（UFORE-D，Dry Deposition of Air Pollution）。目前此模型在美国许多城市得到了应用。UFORE 模型与

CITYgreen 模型的功能相似，它们能对不同季节下城市绿地中的各种结构信息以及生态功能进行量化分析与评估。

2.1.2 国内绿地固碳释氧效应研究

工业革命以来，人类活动所造成的大气中温室气体浓度增加以及由此导致的全球温室效应已成为公认的事实。目前 43.9% 的城市化水平的中国每年均以 1.2% 以上的速度增长，中国城市化已经进入了一个快速发展阶段。随着城市化水平的快速推进，人口膨胀、能源危机、资源短缺、环境污染等生态环境问题日益凸现。在这种情况下，许多城市市区空气中 CO_2 含量已超过自然界大气中的 CO_2 正常含量 300×10^{-6} 指标，而我们成年人每天需要吸进 O_2 0.75kg，呼出 CO_2 0.90kg，所以城市居民日益增长的生态需求与城市绿色自然空间减少之间的矛盾日益突出，而植物作为生态系统中的生产者，通过光合作用吸收 CO_2，释放 O_2，从而降低了环境中的 CO_2 浓度，补充了环境中 O_2，这一作用是其他生物所不能替代的，因此，城市中的绿色空间越来越受到人们的重视。

我国对园林植物固碳释氧的研究起步较晚，进入 20 世纪 90 年代后，园林植物固碳放氧的研究有了更深入的发展，并有了一定的研究成果，并将这些研究结果作为城市绿地规划设计的依据。管东生等（1998）在研究广州城市绿地植物生物量和净第一性生产量的基础上，通过对城市绿地碳的贮存、分布和固碳放氧能力的估算，探讨城市绿地对城市碳氧平衡的作用。陈辉等（2002）采用 LI-6400 红外气体分析仪，分别在生长初期、盛期、末期测定鹅掌楸和女贞净光合速率，用重量法测定叶面积，得到女贞的净光合速率、叶面积指数和同化 CO_2 及释放 O_2 的能力均大于鹅掌楸的结论，可为城市绿化树种的选择提供依据。李辉等（1999、1998）采用对比观测法测定绿地中 CO_2 浓度、温度和湿度，对北京市居住区不同类型绿地释氧、固碳及降温增湿作用进行了比较研究；此外，以北京地区五种常用草坪地被植物为材料测定了春、夏、秋三季单位面积草坪的释氧、固碳和吸热降温量，定量评价了 5 种草坪地被植物的生态效益。韩焕金（2005）通过对哈尔滨市 20 种左右主要植物材料的叶面积指数、固碳量、释氧量、滞尘量以及耐荫参数等测定，提出了几个生态性能较优的树种、灌木种，并指出了乔灌草的适用特点。曾曙才等（2003）对广州白云山风景区主要林分类型的生产力及吸碳放氧功能进行了初步研究，各主要林分总生物量、总吸碳量和总释氧量大小顺序为木荷石栎混交林＞木荷林＞中华锥林＞大叶相思林＞马尾松林＞马占相思林＞黧蒴林＞降真香林＞尖叶杜英林＞加勒比松林。王忠君（2010）选择福州植物园 28 种主要植物为测试对象，对植被的固碳释氧效应进行了量化研究，结果表明，福州植物园平均每天固碳量约 157.43t、释放氧气 142.87t，年固碳量约 1.6 万 t、释放氧气 1.4 万 t。吴婕等（2010）以深圳特区各种类型城市植被为研究对象，通过大尺度的样方调查，获得 6 种城市植被类型（郊野林、休闲绿地、道路绿地、居住区绿地、单位附属绿地和生产绿地）的植物组成比例，以占据各城市植被类型 70%

以上的 63 种优势植物作为基底数据，结合航片提取的各类型植被面积和 PnET 的气候模型，基于主要园林植物的光合作用参数，推算出特区各种类型城市植被月、年及单位面积固碳释氧量。结果表明，深圳特区城市植被固碳释氧效应的强度按季节排序为春季>夏季>秋季>冬季。佟潇和李雪(2010)选择沈阳市园林绿化的 5 种要乔木作为试验材料，对其固碳释氧进行了初步量化比较，结果表明，春季单位叶面积日固碳释氧能力为银中杨>大叶朴>稠李>银杏>紫椴。

此外，王祥荣等（2001、2002、2010、2011）基于对上海市区城市绿地生态效应实测分析，探讨了绿地三维生态特征对其生态功能的影响，指出具有相对完善植被群落结构的城市绿地的生态功能远远高于植被群落结构相对单一的绿地和草坪；同时利用 CITYgreen 模型，对 1987、2000、2004 和 2008 年 4 期的 TM 遥感影像分析，从宏观到微观对上海城市空间大尺度、中尺度和小尺度三个层面分别计算绿地年固碳和空气污染物去除两项生态效益，基于基础统计学和 ArcGIS 地统计分析扩展模块对绿地生态效益进行统计分析，从而为上海城市绿地系统生态规划建设提供科学依据。何兴元、陈玮等（2008）基于林木生长的分形原理，根据沈阳城市森林三维绿量的 13 个模拟方程对绿地生态效益的影响因素进行分析；根据 2006 年沈阳 QuickBird 高分辨率遥感影像解译数据，利用 CITYgreen 模型，研究了沈阳市不同类型郁闭度等级的城市森林的固碳和污染物净化效益。祝宁等（2002）对哈尔滨市绿地系统生态功能的分析研究得出：在吸收 CO_2、释放 O_2 的生态效中，片状绿地中乔灌草植被结构>草坪，带状绿地乔灌植被结构能力最强。而植物进行光合作用，吸收 CO_2，释放 O_2 的能力取决于树种光合作用的强弱以及林木的三维绿量；绿地系统的生态功能对城市生态环境的调节应该是三维的，并且它对城市的调节能力是有一定范围阈值的。生态效应场以相应的城市绿地为中心向外辐射扩散，效应场的影响强度由绿地中心到边缘，在城市三维空间上呈梯度变化。因此，对城市绿地生态效应场的测定对绿地生态效应的研究具有重要意义。

2.2　绿地大气环境效应

2.2.1　城市大气环境问题

随着城镇人口的急剧增长和城市规模的不断扩大，城市区域内的土地利用结构和下垫面特征改变，人类活动不断地消耗各种能源，并将产生的热量、水汽和污染物不断地释放到大气中，对城市该区域的大气环境质量造成了重要的影响，城市内部的风场、温度场发生着巨大的改变，空气污染严重，人们已经打破了城市环境与自然环境之间最初的平衡状态（吴良镛，2001），一系列城市问题随之而来，如环境污染、交通拥挤、缺乏绿地、城市生态环境严重恶化等，产生了城市热岛等城市特有的现象，对城市人居环境要素等方面产生了多方面的影响。

1. 城市下垫面形成的独特气候环境效应

城市下垫面主要包括城市不透水面、城市绿地、水体三大类，它们对城市的能量平衡、水分交换、局地环流等大气过程产生不同的影响，从而形成了不同的大气环境效应。城市不透水面主要包括建筑、道路、混凝土下垫面等（李鹍，2008），其蒸发量、蒸腾量小，城市空气的平均绝对湿度和相对湿度都较小。不透水面改变了下垫面的热属性，具有较强的增温效应，是产生城市热岛效应的主要原因之一。由于城市下垫面的热力特性，边界层湍流交换以及人为因素均存在日变化，城市绝对湿度的日振幅比郊区大，白天城区绝对湿度比郊区低，形成“城市干岛”，夜间城市绝对湿度比郊区大，形成“城市湿岛”。“城市干岛”与“城市湿岛”交替的情况在盛夏季节表现最为显著。

绿地是城市景观生态系统中的重要组成部分，具有降温增湿、降低地表风速、形成局部小气候的功能，并形成了对城市热岛效应具有缓解作用的城市“绿岛效应”。植被种类、绿地类型、绿地面积及其空间结构不同，对城市热岛的缓解效应明显不同（Wong and Yu，2005；佟华等，2005；唐罗忠等，2009）。在夏季，城市绿岛中的植被能有效地反射太阳辐射热，大大减少阳光对地面的直射。同时，树木通过叶片蒸发水分，可降低自身的温度，提高附近的空气湿度。在寒冷的冬季，绿地中的树木能减低风速，减弱冷空气的侵入，树林内及其背向的一侧，温度可提高 1~2℃（刘骏和蒲蔚然，2004）。

城市水体主要包括河流、湖泊、湿地、水库、水塘等水面类型，它能起到降温、增湿的作用，利用水体与绿化对温度、湿度的调节功能可以在很大程度上影响一定范围内的人体舒适度（徐竟成等，2007），从而形成一定程度的“湖泊效应”。城市水体的存在，改善了城市内部不透水面的单一形式，它通过水汽平衡影响着城市气候。

2. 城市风环境

城市风环境对城市大气污染物质的扩散、空气质量的改善以及城市的自然通风状况具有重要的作用，它是影响城市人居环境舒适度的一个重要因素。城市中，各种建筑、街道、河流等城市下垫面景观要素的走向、高度或宽度的差异，使城市内部产生不同的风向、风速；同时，由于城市中不同高度的建筑对城市主导风产生阻碍，从而在不同的城市空间产生气流、涡流和绕流等，使城市风环境变化复杂（Chang and Meroney，2003）。良好的城市风环境可以将城市的热量排放出去从而改善热环境，同时，它对空气中的污染物不仅可以进行水平运输，而且还有稀释冲淡的作用。近年来，许多学者关注运用各种数值模拟技术对城市不同尺度下的风环境进行研究，它对气候环境影响下的城市景观格局规划具有重要的研究意义（Capeluto et al.，2003）。

3. 城市空气污染

在城市工业集中，人口密集，化石燃料大量使用以及车辆急剧增长，城市空气污染物排放压力大等原因的综合影响下，城市空气污染严重。城市中的空气污染物质主要包括颗粒污染物、碳氧化合物、氮氧化合物、硫化物等。城市空气污染物的浓度除了取决于污染源排放的总量外，还与排放源高度、通风情况、气象和地形等因素有关（蒋维楣等，2004）。影响空气污染物扩散的因子主要包括风和湍流、气温与大气稳定度、天气形势以及城市下垫面条件等。例如城市上空的热岛效应和粗糙度效应，有利于污染物的扩散，但在一些建筑物背后局地气流的分流和滞留则会使污染物积聚（庞赟佶，2008）。污染物浓度与风速呈显著的负相关关系，风速对污染物的扩散起主要作用，温度、湿度对污染物的扩散也有影响。研究表明，城市绿地具有提高城市空气质量、吸收 SO_2 等多种大气污染物的作用，并且不同的绿地组分、景观空间结构与布局对城市空气污染的调节效果不同。

4. 城市热环境

城市热环境是城市环境在热力场中的综合表现，通过对城市热环境的研究可以揭示城市空间结构和城市规模的发展变化，有助于引导城市的可持续发展。影响城市热环境的因素主要包括城市所在区域气候状况、城市的大气环境状况以及城市的下垫面构成等（李鹍，2008）。城市热岛是城市地表热环境的一个集中反映，因为城市是人类活动最集中的场所，也是地表下垫面最复杂的地方（周淑贞和束炯，1994；陈玉荣，2008）。城市热岛效应改变城市气候，加重城市污染，对城市生态系统产生许多不利的影响。国内外学者对城市热岛效应的特征进行了大量的研究，主要包括城市热岛效应与城市人口、建筑面积、建筑密度、风速、太阳辐射强度等因素的关系等。研究表明，在城市中，城市人口数量与城市热岛强度存在明显的线性关系，同时人工建筑密度与城市热岛强度也存在一定的正相关关系（陈玉荣，2008）。

2.2.2　城市绿地景观格局对城市大气环境效应的影响

1. 城市绿地景观格局对大气环境效应的调节

城市绿地景观是由大小不等、形状各异的绿地景观单元构成的，每一类绿地景观单元都具有特定的结构和功能，绿地景观单元的空间分布称为绿地景观格局（车生泉和宋永昌，2002；王捍卫，2009）。城市绿地景观主要由各种类型的绿地斑块和廊道组成，而城市绿地对大气环境的调节主要是通过城市绿地斑块、廊道的空间布局来实现的（赵红霞和汤庚国）。绿地斑块的数量、大小和空间分布格局对城市大气环境的调节具有很大的影响；增加廊道之间的连通性和连接度，可使城市内的各廊道与斑块之间形成一个有机整体，对形成城市通风廊道、减缓城市热岛效应以及降低城市空气污染具有重要作用。城市中，当绿地覆盖率小于 60% 时，绿地内部结构和空间分布对改善大气环境、提高大气滞尘效果非常重要。不同的城市绿地景观格局对大气污染的吸收效果也不同，其中，在斑优格局、斑匀格局、廊道格局和对照格局四种绿地格局景观中，斑优格局对大气污染物的吸收效果最明显。不同的植被带布局、植被带宽度和植被区面积对区域气候的影响不同，在植被带总面积相同的情况下，合理的植被带的布局能够造成更多降水；同时存在最佳的“植被带宽度”，在合适的植被带宽度下，引起的降水量最高（罗哲贤，1994；魏斌，1997；周志翔等，

2004)。对城市绿地景观空间格局进行定量描述是反映城市绿地对气候环境调节的重要指标。借鉴景观生态学研究方法，运用相关指标对城市绿地景观结构和格局进行分析，将景观结构、格局与大气环境过程相联系，量化不同的绿地空间格局对气候环境特征的调节机制，从而不断地优化绿地景观格局。为了充分发挥城市绿地对气候环境的调节功能，规划中借助于定量分析方法，以城市气候环境特征为研究基础，优化绿地水平空间分布格局，在适宜的城市空间位置合理搭配乔木、灌木和草本组成复层垂直空间布局，构成有效的城市三维绿地空间，以缓解城市生态环境问题。

2. 基于大气环境效应的绿地景观格局优化

城市中，城市气候的变化或大气成分的改变是影响城市绿地景观格局的重要因素，最典型的城市大气环境效应特征主要包括城市风环境、大气污染与热环境。在城市绿地系统规划中，应该根据城市气候环境的变化特点及趋势，确定如何减缓城市的热岛效应，改善城市的气候条件，增加物种多样性的城市生态型绿地景观格局规划，是城市可持续发展的关键所在（许克福等，2008；冯娴慧和周荣，2010）。

（1）城市风环境与绿地景观格局优化

城市绿地的规模、绿带的宽度以及绿地的大小对城市风环境具有重要的影响。规划中，应该从不同的尺度对风环境进行动态的研究分析，以建立合理的绿地景观空间格局。在城市尺度上，李敏、王绍增（2001）提出在微风条件下，城市需要建立微风通道，还需注意城市氧源基地和微风通道的设置以及与风向的关系，并强调不能简单的把交通干道作为城市的微风通道，而是应该建立城市绿廊作为微风通道，且宽度与风速成反比。同时，还应该在城市上风方向营造或保留大片森林与农田作为城市的氧源（杨学成等，2003）。在城市组团尺度上，组团内部也应该根据风环境特点设置相应的绿地作为城市内部通风、排气的绿地斑块及廊道，以减缓城市热岛效应，控制污染物质的扩散。不同季节的城市风环境对绿地景观格局产生不同的影响效应。考虑夏季，城市绿地的布局方向应与城市主导风向保持一致，可以将郊区的气流利用风势引入城市中心地区，从而创造良好的风环境；考虑冬季，在垂直寒风的方向种植防风林带，可以减低风速，减少风沙，改善气候，发挥防风作用。因此，可以根据不同季节的风环境特征引导建立合理的绿地景观格局。在进行城市绿地系统规划时，应该对风在城市内部的变化方式进行分析，了解局部场地条件对风环境的影响，并将其应用到城市绿地景观空间布局规划中，而不是直接利用城市主导风向和风速等参数对城市绿地进行分析和设计（邵天一等，2004）。

（2）城市大气污染与绿地景观格局优化

如何有效地就地处理污染物、阻止污染物的扩散，是城市绿地景观格局规划中关注的重要问题。在城市景观中，绿地斑块平均面积越大、破碎度指数越低，对大气污染净化的作用越大（吴珍珍等，2000）。在研究大气污染与绿地格局的过程中，首先应该找到真正的空气污染源，对污染源物质的空间扩散过程进行深入的分析研究，了解其空间扩散规律，有针对性的采取积极对策，最大程度地降低城市污染。其次在绿地景观格局规划中，应该根据植物的生理特性，有针对性的选择抗污染能力和吸收净化能力较强的植物，并根据污染物质的空间扩散规律规划适宜的绿地景观空间格局，以起到保护和净化城市空气的作用。借助于各种研究手段，分析城市大气污染物质的空间扩散状况，如利用地理信息系统（GIS）的空间插值分析技术获得城市空气污染物质的空间浓度分布等值线，利用大气数值模拟技术分析城市中空气污染物质的三维空间动态扩散过程等，以此量化不同气候条件影响下的典型污染物质的三维空间扩散范围，在此范围之内，依据景观生态学的方法及不同绿化植物对污染物质吸收吸附的生理特性，对城市绿地进行合理的空间布局，以发挥城市绿地的空气净化功能。

（3）城市热岛效应与绿地景观格局优化

如何能有效地减缓甚至消除城市热岛效应，是人们关注的重要环境问题。城市绿地是缓解城市热岛效应的有效措施。各国学者对城市热岛效应与植被覆盖关系做了大量的研究（Wong and Yu，2005；马勇刚等，2006；Huang et al.，2008）。城市中大量绿地与城市温度的降低之间具有紧密的联系，绿地面积的变化直接影响了热岛效应范围的变化，绿地景观格局是影响城市热岛效应分布和强度的重要因素。在城市绿地景观格局规划中，根据城市热岛的热量集中分布区域，构建与城市整体发展相协调的集中景观绿地；根据城市热岛的温度效应，确定城市绿地分布的位置、面积以及绿地空间布局方式；注重绿地景观格局分布的合理性，建立适宜的绿地景观分布距离，以缓解城市热岛效应；加强对城市热岛效应的热场特征的分析，根据热场分布的特点，从可持续发展的战略出发，合理布局集中绿地、生态廊道，采用集中与分散相结合的景观布局方式，有针对、有重点地进行绿地景观的建设，从而实现绿地景观规划由“见缝插绿”向“合理建绿”的转变。

2.2.3　城市大气环境效应评价因子

在城市大气环境问题的研究中，为了能有效地分析城市绿地景观格局影响下的大气环境状况，这就需要建立一定的大气环境效应指标，以评价城市环境状态。在本研究中，通过对沈阳城市绿地景观格局与大气环境效应之间相互影响关系的分析，确定了三种主要的气候指标，包括城市风速、SO_2 浓度、地表温度，它们将作为评价城市绿地景观格局优化的重要指标。

1. 风速指标

即风流动的速度。城市里的风速需要保持在一定的范围内，过快或过慢的风速都会对人类活动及其城市生活产生不利影响。城市空气流动影响着城市生活的方方面面。提高城市风速可以为城市更加快速地排出热量，缓解夏季城市热岛积聚现象。但是风速太大可能对行人产生不适和危险，并在冬季产生不良影响。同时，在城市规划中应该避免形成静风及风速很低的区域，以造成局部热环境不佳的情况（江亿等，2006）。在本研究中，设定夏季主导风向为南风，平均风速为 3m/s，以此来模拟整个城市风环境的分布情况，结合模型模拟的结果，将模拟的风速按照 0.375m/s 为一个区间划分等级，进行各方案之间风速因子的综合对比评价（表 2-2-1）。

城市风速等级描述　　表 2-2-1

等级	风速（m/s）
1	0~0.375
2	0.375~0.75
3	0.75~1.125
4	1.125~1.5
5	1.5~1.875
6	1.875~2.25
7	2.25~2.625
8	2.625~3

2. SO_2 浓度指标

SO_2 是城市的主要污染物之一，对人体健康以及动植物生长危害比较严重。《环境空气质量标准》GB 3095—2012 规定，城市环境中 SO_2 日平均浓度应低于 $0.15mg/m^3$，年平均浓度应低于 $0.06mg/m^3$。SO_2 是一种无色有刺激性气味的气体，其浓度超过 $0.3mg/m^3$ 就可以嗅到，大多是在含硫原料和燃料燃烧以及冶炼过程中产生的。它是目前存在的最普遍、危害最大的一种大气污染物质。本研究中，为了更好地体现城市的 SO_2 空间扩散结构，根据模型模拟的结果以及《环境空气质量标准》GB 3095—2012，将模拟的 SO_2 按照 $0.0258mg/m^3$ 的浓度为一个区间划分等级，进行各方案之间的 SO_2 因子的对比综合评价。其中 1 级为国家大气环境质量中的第 1 级；2 级为国家大气环境质量的第 2 级；3 和 4 级为国家大气环境质量的第 3 级；5~8 级分别为污染严重程度不同的区域，均超出国家标准等级（表 2-2-2）。

城市 SO_2 污染等级描述　　表 2-2-2

等级	SO_2 浓度（mg/m^3）
1	0~0.0258
2	0.0258~0.0517
3	0.0517~0.0775
4	0.0775~0.1034
5	0.1034~0.1292
6	0.1292~0.1551
7	0.1551~0.1809
8	0.1809~0.2068

3. 地表温度指标

地表温度是影响热舒适的最主要因素之一。尽管地表温度主要由城市大气候决定，但一个微气候内部不同区域位置，不同垂直高度的地表温度会有一定的波动。这是由于太阳直接辐射和散射的遮挡情况、城市下垫面结构和布局、下垫面材质、绿化情况以及交通和家庭等人为排热因素的影响所致（钱炜，2003）。在进行大气环境效应评价的过程中，为了更好的体现城市的热环境结构，根据模型模拟的结果，将模拟的地表温度按照 3.25℃一个区间划分等级，进行各方案之间的地表温度指标的综合对比评价（表 2-2-3）。

城市夏季地表温度等级描述　　表 2-2-3

等级	温度（℃）
1	20~23.25
2	23.25~26.5
3	26.5~29.75
4	29.75~33
5	33~36.25
6	36.25~39.5
7	39.5~42.75
8	42.75~46

2.3　绿地滞尘效应

2.3.1　空气中总悬浮颗粒物的危害

大气中的污染物按其存在方式可概括为两大类：气溶胶状态污染物和气态污染物。总悬浮颗粒物（TSP）属于气溶胶状态污染物，是分散在大气中各种粒子的总称。空气中可自然沉降的颗粒物称为降尘，而悬浮在空气中的粒径小于 100μm 的颗粒物通称总悬浮颗粒物（TSP），它主要来源于燃料燃烧时产生的烟尘、生产加工过程中产生的粉尘、建筑和交通扬尘、风沙扬尘以及气态污染物经过复杂物理化学反应在空气中生成的相应的盐类颗粒，这些颗粒物由于其本身的化学组成或作为微生物的载体，对人体是十分有害的，是目前大气质量评价中一个通用的重要污染指标。

当大气处于逆温状态时，污染物就不易扩散，悬浮颗粒物浓度会迅速上升。1952 年 12 月英国伦敦发生烟雾事件时，大气中总悬浮颗粒物的含量比平时高 5 倍，引起居民死亡率激增，4 天内较同期死亡人数增加 4000 余人。由此可见，大气中可吸入颗粒物浓度突然增高，对人类健康能造成急性危害，对患有心肺疾病的老人和儿童威胁更大。悬浮颗粒物还能直接接触皮肤和眼睛，阻塞皮肤的毛囊和汗腺，引起皮肤炎和眼结膜炎或造成角膜损失。此外，悬浮颗粒物还能降低大气透明度，减少地面紫外线的照射强度：紫外线照射不足，会间接影响儿童骨骼的发育。部分地区天总是灰蒙蒙的便与大气总悬浮颗粒物污染严重有着紧密关系。如 2000 年 3~5 月份，华北地区发生 12 次沙尘暴，就有 8 次侵入北京，导致北京多次发生严重的风沙天气，严重地影响了人们的生活。根据晏茹（2001 年）等的统计，南京市 1997~1999 年城区大气总悬浮颗粒物（TSP）各年平均值分别 0.319mg/m^3、0.299mg/m^3 和 0.281mg/m^3，三年平均值为 0.300mg/m^3，超标 50%；降尘的三年平均值为 10.90t/km^2·月，1998 年和 1999 年的平均值均超标，超标率分别为 5.0% 和 11.0%，有逐年上升的趋势。总悬浮颗粒物污染对健康的危害是多方面的、复杂的，应引起人们的足够重视。

2.3.2 滞尘效应

树木的滞尘能力一直是城市绿地设计中的重要依据。国外对树木滞尘能力的研究较早，20 世纪 70 年代就已经开始，并提出了森林植被是颗粒态污染物蓄积库的说法，它们的研究重点集中在树木滞纳放射性颗粒物和衡量金属污染物方面。美国环境保护局在 1976 年就制定了一个典型示范的计划，利用城市木本植物的能力来改善空气质量。我国自 20 世纪 90 年代以来，也有一些学者进行树木滞尘方面的研究，如赵勇等（2002）研究了城市绿地滞尘效应，结果表明乔木树种占滞尘总量的 87.0%，灌木占 11.3%，草坪占 1.7%。吴中能等（2001）、康博文等（2003）分别研究了合肥和陕西的主要绿化树种的滞尘能力，张秀梅等（2001）研究了城市污染环境中适生树种的滞尘能力，柴一新等（2002）对哈尔滨市绿化树种的滞尘效应进行了研究，粟志峰等（2002）研究了不同绿地类型在城市中的滞尘作用。些研究为城市绿地树种的选择和配置提供了依据。

树木具有巨大的吸附面积，对粉尘、烟尘有明显的阻挡、过滤和吸附作用。树木能减少粉尘污染，一方面由于树木的枝冠茂密，具有较强的降低风速的作用，随着风速的降低，空气中携带的大颗粒尘埃便下降到树木的叶片或地面；另一方面是植物叶表面的滞尘作用，由于不同树木叶子表面的结构不同，有的植物叶片多茸毛，有的植物叶片还能分泌黏性的油脂和汁浆，植物叶片在进行光合作用和呼吸作用过程中，能吸收、阻滞、过滤灰尘，空气中的颗粒物在经过树木时，便被附着于叶面及枝丫上。无论以哪种方式，蒙尘的植物经过雨水冲洗，又能恢复吸尘能力，由于植物的叶表面积通常为植物本身占地面积的 20 倍以上，因而树木的滞尘能力是很大的，从这种意义上讲，树木就好像是空气的天然过滤器。李嘉乐等的研究结果表明，北京市绿化覆盖率每增加一个百分点，可在 1km^2 内降低空气粉尘 23kg、降低飘尘 22kg，合计 45kg。12 年生旱柳每年每公顷可滞尘 8t，20 年生家榆每年每公顷可滞尘 10t。不同类型绿地的滞尘效果不同，无论是晴天还是阴天，复层绿带的滞尘效果最好，滞尘率为 46.2%~60.8%；其次为单树种防护林带，滞尘率为 38.9%~46.1%，这与两种绿地较高的绿量有密切的关系。由于多行复层绿带和防护林均为乔灌草结合的复层结构，若总盖度达 95% 以上，则疏透度极低，说明绿地的滞尘作用主要表现为减少粉尘的二次飞扬和对交通污染物的阻滞。而专类园和观赏草坪主要作用在于丰富绿地景观类型、提高景观效果，因而植物由低矮的花灌木和草坪草组成，绿地结构较简单、绿量也相对较小，在滞尘效果上远不如防护林斑块和多行复层绿带，其滞尘率也较低。单行乔木绿带尽管不如多行复层绿带，但由于直接对交通污染起阻滞作用，且在交通引起的颗粒物污染严重的晴天滞尘效果较好，因而在生态环境建设中也起着重要作用。

2.3.3　植物滞尘能力分析

植物是城市绿地系统的重要组成部分，具有显著的环境效能和生态效益，不但有着调节气候、保持水土、杀菌、吸毒等多方面的效应，而且对灰尘具有滞留、吸附、过滤的作用。城市绿化树种的选择一般从美化和遮阴效果考虑，随着工业化城市的迅速发展，环境污染日益严重，人们对绿化树种的环境功能也越来越重视。本文在试验基础上分析探讨了南京市绿化树种的滞尘规律，对城市森林绿化树种的选择和配置，特别是行道树树种的选择和配置具有重要的指导意义。

根据国外研究，灰尘颗粒物通过三种过程沉积在植物表面：在重力影响下的沉降作用、在涡流影响下的碰击作用和在降水影响下的沉积作用（William，1981）。

城市森林的滞尘途径主要有以下几种。

（1）树木可以阻挡气流，降低风速。风速降低后，使灰尘颗粒物在大气中失去了移动的动力，可以促使其降落，减少在大气中停留时间。

（2）树叶每天要蒸腾大量水分，使树冠和森林表面保持较大的湿度。当灰尘通过时，使其吸湿加重，促其沉降，同时湿润的枝叶吸附能力较强，可以捕捉更多的灰尘。

（3）不少树木的芽、花、叶、枝等能分泌多种黏性汁液，对灰尘具有黏着作用；不少叶、花、果有密集的绒毛，对灰尘有阻滞作用。

（4）树木对灰尘具有反复吸收的功能。吸附在树叶和枝、干上的灰尘，经降雨冲洗回到地面，树木又恢复了吸附能力。这样反复作用，不断地把大气尘变为地面尘，减少灰尘对人和其他生物的危害（李树人，1985）。

2.4　绿地效应、过程与格局的数字化研究方法

2.4.1　RS-GIS 技术的应用及发展

1. RS-GIS 技术在绿地效应、过程与格局研究中的应用优势

卫星遥感（RS）资料具有观测空间范围广、资料的时间同步性好、图像显示直观、

能快速获取城市发展现状等地面常规观测方法所不具备的优点，同时，通过遥感方法可获得分辨率较高、时效性较好的城市下垫面及热力场信息，并且能够为大气数值模拟提供时空分辨率更高的数据源和模拟参数。地理信息系统技术（GIS）具有对遥感数据进行图像处理、空间分析及对城市地理、人文信息进行综合分析的功能。遥感和地理信息系统一体化用于研究城市气候特征具有快速、准确、宏观性强、一致性好等优势。随着遥感和地理信息技术的发展，不同卫星的遥感数据为城市下垫面的大气环境研究提供了全面、空间分辨率合理、时效性较高的数据源，如在热环境遥感中经常使用的MODIS数据和陆地卫星（Landsat）的TM数据等（刘闯和葛成辉，2000），而SPOT、QuickBird等高分辨率遥感影像则可以提供高精度的城市下垫面景观格局信息。需强调的是，通过遥感数据获得的城市绿地信息能与具有时空尺度的城市气候、污染物分布等数据相匹配，从而提高了研究的准确性与科学性。

目前，国内外许多学者运用遥感和地理信息系统应用技术方法，围绕风环境、大气污染、城市热环境以及绿地景观格局等进行了多方面的研究，并取得了不少进展。高峻等（2001）运用RS和GIS研究上海城市绿地景观格局。孔繁花等（2002）在RS和GIS的支持下，建立了济南市绿地景观数据库，运用景观多样性等5个指标对济南市绿地景观异质性进行了分析。肖荣波等（2004）运用RS技术对武钢地区的绿地进行研究。李延明等人（2004）采用遥感技术结合实地测定的研究方法，建立北京市不同年份的城市绿色空间专题图和热岛分布图，分析城市绿色空间及热岛效应的演变特点，评价了城市发展及城市绿化对热岛效应的影响。王勇等人（2008）在RS和GIS技术支持下，定量分析了城市绿地格局与城市热岛效应的相关性及其对城市热岛的缓解机制，得出城市热岛效应在给定尺度上与植被盖度呈负相关关系，与绿地斑块密度指数和分维数呈正相关关系的结论。王伟武和陈超（2008）应用GIS空间数据相关分析和空间叠加方法，定量评价了空气污染物质的空间分布与城市人口密度、建设用地比重、道路用地比例、地表温度等影响因子的空间相关程度和总体污染水平的分布特征。现代化的RS和GIS等多种技术的广泛应用，使城市大气环境问题以及城市绿地景观格局的研究过程更加方便快捷，研究结果也更加直观可靠，它们在城市绿地中的应用将逐渐深化，使城市绿地的研究由定性向定量化发展有所突破，将为城市生态环境建设及综合评价提供一定的依据。

2. 基于遥感技术的城市风环境研究

在城市环境问题中，气候特征尤其是风环境特征尤其重要。Oke（1987）提出在城市高密度人口区域，改变城市风环境特征、温、湿度等因素，将会明显的导致城市热岛效应的发生。而城市风环境与热岛效应状况将共同影响空气污染物的扩散状况（Bitan，1992）。虽然城市风环境特征的重要性一直为人们所知，但是却很少将其有效地运用到城市规划中（Oke，1984，2006；Eliasson，2000；Mills，2006）。在20世纪60年代，研究者最初将城市气候知识用于指导德国的城市规划，直到21世纪初城市气候知识才逐步引入到城市规划应用研究中，而在之前的研究中，基本上都是借助于调查以及实地监测的方法对城市风环境进行分析。在 20 世纪 80 年代，随着遥感技术的发展与应用，它被逐步运用到城市气候研究领域中。随着城市人口以及城市密度的持续增长，为了使城市居民获得舒适的空气质量，鲁尔区的市政当局对城市气候进行了系统的调查，基于遥感技术绘制了气候分析图以及综合功能地图，同时也制定了指导城市规划的气候报告（Stock and Beckröge，1985；Stock，1992）。随后，德国巴登内政部出版了《城市建设气候手册》，它提供了区域以及城市规划的气候导则。柏林数字环境图集（柏林城市发展部门，2004）也是基于遥感技术，根据气候特征绘制的气候分析图用以指导城市及环境规划。研究表明，将气候特征的知识以及相关的研究成果转化成适用于城市规划的气候准则，将对改善城市生态环境质量发挥重要的作用。Alcoforado 等（2009）在城市尺度上为城市规划绘制了气候单元图，他利用 Landsat 遥感影像获取城市建筑密度图，同时利用数字地形模型获取了城市通风图，将两者相叠加最终划分出城市通风气候单元，它将直接应用于城市规划中。在国外的相关研究中，将气候环境特征与城市规划相结合的研究较多，将城市风环境研究与遥感技术相结合的技术方法也正在逐步发展中。目前，国内也正逐步地将城市气候特征运用到城市规划，但是还未形成一套成熟的方法体系，在技术方法上，将遥感技术手段运用到城市风环境研究中还较少涉及。

3. 基于遥感技术的城市空气污染扩散研究

随着城市工业化的发展，城市工业企业数量急剧增长，机动车数量不断增加，各种污染问题也随之而来，尤其是城市环境空气质量的恶化，直接威胁到居民的身体健康。进行空气污染扩散模拟将有助环境管理部门进行空气污染的控制与管理决策。近年来，基于 GIS 的空间数据管理、分析和可视化的功能，GIS 空间分析技术被用于城市空气质量分析中。它主要体现在对环境数据的管理、污染源的空间定位、污染排放的估算、污染源与周边环境目标物的关系分析等众多方面。利用 GIS 技术和空气污染扩散技术的集成，对污染源、城市土地利用、产业布局等多种环境及其相关数据进行分析，多方案的污染扩散计算，是分析和确定城市空气污染的来源、贡献和影响的有效途径（王远飞等，2003）。GIS 平台提供了城市大气环境污染分析的操作界面和各种数据管理、分析功能，如利用 GIS 的空间分析技术进行污染源分析着重于污染源的空间分布、能源消耗、等级划分、空间聚集性、排放量估算等；根据空气污染源的监测数据点对城市空气污染扩散进行插值分析，以确定城市污染扩散的空间范围、分布及扩散等级等；定量地描述工业源污染水平的空间分布特征；城市发展的现状特征通过叠加、缓冲区分析等确定污染源与其他空间要素的关系，确定污染排放的影响和贡献特征等。在国外的研究中，研究者更多的是将 GIS 与各种污染扩散模型相耦合对污染物质的空间扩散进行综合分析评价。Moragues and Alcaide（1996）运用 GIS 来评价和定位新的交通基础设施在使用前与使用后所产生的效应，分析结果表明在环境分析评价中，GIS 是一个非常有效的工具。Jensen（1998）建立一个集成 GIS 与污染模型的综合模型来研究交通空气污染以提高城市居民的生活环境质量。Lin and Lin（2002）基于 GIS，综合机动车排放模型、污染物扩散模型、逆向轨迹模型以及相关的数据综合评价交通污染物质的排放以及空间布局。Puliafito 等（2003）利用 GIS 建立模型来确定空气质量。Mavroulidou 等（2004）提出一种根据城市区域的交通状况来快速、直接地对空气质量进行初步评价的方法，这种方法则是矩阵方法与 GIS 的地图叠加方法交互作用的结果。Chu 等（2005）运用 GIS 来提取研究区内的每一个建筑物多边形的高度和坐标，将这些结果输入到计算流体力学软件中研究机动车穿越街道时排放污染物质的扩散状况。Jin and Fu（2005）借助于 GIS 平台，利用机动车排放扩散模型来直观显示从机动车排放源排放的污染浓度。在国内，基于 GIS 的大气污染物的扩散分析中，一方面将 GIS 的空间分析技术与大气污染扩散模型相耦合，不仅可以方便地管理、共享分析和利用空间数据，简洁地实现大气污染扩散中的空间操作，而且将研究结果形象直观地展示出来（王远飞等，2003；陈红梅等，2005；赵伟等，2008）；另一方面则是在 GIS 的地统计分析功能中，通过对监测数据插值画出浓度分布图。最常用的插值方法为克里格（Krigning）插值法，它能综合地考虑变量的结构性和随机性，为研究空间现象和规律提供了实用工具，对于分析城市大气污染空间特征，进行污染物浓度插值具有独特的优势，该方法被广泛应用于污染物扩散分析中。

4. 基于遥感技术的城市热岛效应研究

城市热环境与热岛效应对城市生态环境质量具有重要的影响。城市热岛的精确分析与深入研究需要有高分辨率的卫星影像支撑。由于 TM/ETM 等较高分辨率卫星的投入使用，利用这些卫星影像的研究很快展开（Aniello and Morgan K，1995；Kato and Yamaguchi，2005；Small，2006）。Walter 等（1990）利用 TM 卫星影像数据定性和定量地研究了印第安纳波利斯市的热岛效应状况；Stathopoulou and Cartalis（2007）利用 ETM 影像研究了希腊主要城市白天的城市热岛现象；Ben-Dor and Saaron（1997）利用航拍热红外遥感图像对城市热岛效应的微观结构进行了监测研究；Streuker（2002）用卫星影像研究了美国休斯敦市的城市热环境状况并分析了城市与郊区的温度差异及相关影响。1997 年，美国发起“Urban Heat Island Pilot Project”计划，旨在利用地面观测和遥感技术开展针对夏季城市热岛的研究与治理工作。加拿大也启动了旨在缓解多伦多城市热岛效应的“Cool Toronto Project”计划。日本、西欧也在积极开展类似的研究工作，可见城市热环境及其热效应已成为当前城市气候与环境研究中最为重要的内容之一（陈云浩等，2004）。

我国对城市热岛的研究起步较晚，大规模的研究工作开始于 20 世纪 80 年代中期。利用 RS 技术研究城市热岛则开始于 20 世纪 90 年代初。我国陆续引进了一系列的遥感影像，如 Landsat、SPOT、QuickBird 等。国内也有大量文献来研究城市热岛效应，研究内容主要从如何获取精确的地表温度，如覃志豪提出的单窗算法是针对 TM、ETM+ 遥感数据（覃志豪等，2001），刘志武等（2003）推导出从 ASTER 遥感数据中反演温度算法。Weng（1999）利用 RS 和 GIS 研究了珠江三角洲地区城市扩张格局以及城市扩张对地表辐射温度的影响。

胡远满等人（2002）选用 TM 热红外波段的遥感影像，利用 RS 及 GIS 技术对沈阳市城市热岛效应进行分析研究。陈云浩等人（2002）从格局、过程、模拟与影响四个方面深入研究了上海市热环境演变的现状与规律，借此揭示城市空间结构和城市规模的发展变化，对城市环境、遥感应用等具有重要的参考价值。王文杰等（2006）利用 1978 年以来不同时段的遥感影像对北京城市用地、绿地、城市热岛区面积进行了监测，研究了北京市二十多年来城市化发展与城市热岛效应变化及其关系。宫阿都等（2005）采用 1997 年和 2004 年的 Landsat TM 热红外图像，利用 GIS 技术研究了北京市城市热岛环境的时空变化。结果表明北京市存在明显的城市热岛效应，随着城市规模的扩张，北京市的城市热岛效应有逐年增强的趋势，且人为因素对城市热岛的贡献率逐渐加大。总之，运用遥感技术研究城市热岛效应的理论与方法已经日趋成熟。

目前，人们主要关注于运用 RS-GIS 技术手段对风环境、空气污染、城市热岛以及下垫面信息等特征以及城市绿地景观格局进行定量分析，对城市大气环境特征与城市绿地景观格局之间的“格局—效应”机制的研究却较少涉及。由于 RS-GIS 技术不具备流场分析以及优化设计的功能，不能较好地反馈景观格局与环境效应之间的相互适宜机制。为了更好地研究“格局—效应”机制，可以将 RS-GIS 技术与计算流体力学数值模拟技术（CFD）相结合，对不同时、空尺度下的绿地景观空间格局及大气环境特征进行定量分析，基于量化分析结果对绿地景观格局影响下的城市大气环境特征的动态数值模拟过程深化调整，提高数值模拟的准确性与科学性；综合研究城市环境问题产生和发展的内在驱动力，最终建立优化的城市绿地景观格局。两种技术相互支持、相互弥补对方的不足，既可以反映现状，又能对优化方案进行预测评估，使城市绿地景观格局研究具有更完善和紧密的数字化研究体系。

2.4.2　CFD 数字化模拟技术的应用与发展

计算流体力学（Computational Fluid Dynamic：CFD）技术是近代发展起来的一种有效的流体运动模拟技术，适用于各种传热和流体问题，它通过把描述流体运动的 N-S 方程离散化，再借助计算机强大的数值运算能力求解出流体运动。它可对温度场、速度场、湿度场、浓度场等流场进行分析、计算和预测（Li et al，2006）。利用 CFD 技术进行模拟分析的软件包括 FLUENT，CFX，PHOENICS 等。本研究主要利用的是 FLUENT 软件下的 Airpak，它可以有效解决气流运动等问题，在不规则模型的建模、计算网格的划分、计算结果的精细显示等方面功能强大，尤其是该软件包含了城市热环境、空气污染扩散、城市风速等因素的计算和结果显示，这些功能都较为符合城市人居环境方面的研究要求（李鹍，2008）。从理论上讲，CFD 方法适用于任何热传导和流体问题（江亿，2006）。因此，只要处理得当，在建立城市数字模型时进行合理的取舍，就可以将该方法应用于分析建筑群体、部分城区乃至整个城市的气候适应性模拟（李鹍，2008）。

1. 几种常用的 CFD 软件

目前使用较多的 CFD 软件主要有：Spalding 开发的 Phoenics，Gosman 开发的 TEACH 和 FLOW3D，美国 Creare 公司开发的 FLUENT 和英国 AEA Technology，Harwell，UK 开发的 CFX，日本公司开发的 Star-CD 及布鲁塞尔大学和瑞典航空研究所共同开发的 NUMECA（FINE）;我国也有相应的模拟计算程序，主要有 TEAM，FACI 和 DTFS 等计算程序（翟建华，2005）。其中较为常用的 CFD 模拟软件有 Phoenics，CFX 和 FLUENT。表 2-4-1 所示为国内外常见的专用类环境分析和数值模拟软件及其特点和适用范围。

内外常见 CFD 模拟软件特点及适用范围　　表 2-4-1

软件名称	开发地	主要特点	适用范围
FLUENT	英国 Fluent Europe Ltd.	最为常用的商业 CFD 通用类软件，物理模型丰富，擅长描述复杂几何边界的动力学效应。其子模块 Airpak 是面向工程师和建筑师应用于 HVAC 领域的专业软件	流体流动、传热传质、化学反应和其他复杂物理现象
CFX	英国 AEA Ltd.	商业 CFO 通用类软件，物理模型丰富，优势在于处理流动物理现象简单而几何形状复杂的问题	流体流动、传热、多相流、化学反应和燃烧过程
Phoenics	英国 CHAM Ltd.	商业 CFD 通用类软件，物理模型丰富，网格处理有一定的局限性	传热、流动、化学反应和燃烧过程
STAR-CD	英国 CD Ltd.	基于有限体积法的商业 CFD 通用类软件，适应复杂的非结构化网格计算	流体流动和传热模拟
CFD2000	美国 Adaptive Research Co.	基于有限体积法的商业 CFD 通用类软件，适应复杂的非结构化网格计算	流体流动、传热传质和燃烧过程
WinMISKAM	德国	商业数值模拟软件	主要适用于中尺度模式的流场和浓度场环境模拟
ENVI-met	德国	非商业数值模拟软件	
ADMS-Urban	英国	非商业数值模拟软件	主要用于中大尺度模式城市大气扩散模拟和大气环境评估
AUSSSM	日本	非商业数值模拟软件	主要用于中大尺度模式的城市热导评估
WEST	加拿大	非商业数值模拟软件	主要用于中大尺度模式的地区风能评估

（1）Phoenics 软件

Phoenics 软件包是流行较早的商业化工模拟软件，自 1997 年在中国推广使用以来，以其低廉价格和代理商成功的商业运作模式，在中国高校和研究单位得到了很好的推广。其特点是计算能力强、模型简单、速度快，便于模拟前期的参数初值估算，包含有一定数量的湍流模型、多相流模型、化学反应模型。不足之处是不适合高速可压缩流体的流动模拟，后处理设计尚不完善，软件的功能总量少于其他软件。其最大优点是对计算机内存、运算速度等指标要求相对较低。其边界条件以源项形式表现于方程组中是它的一大特点。该软件的最新版本默认使用 QUICK（Quadratic Upwind Interpolation for Convection Kinetic Scheme）数值求解格式；软件推荐选用格式为 SMART 和 HQUICK 数值求解。由于缺乏使用群体和版本更新速度慢，以及其他新兴软件的不断涌现，使得其实际应用受到很大限制，目前应用较少。

（2）FLUENT 软件

FLUENT 软件于 1998 年进入中国市场，它的世界市场占有率约为 40%（姚征和陈康民，2002），是应用较广的软件之一，在我国具有一定的应用范围和影响力。该软件最大的优势是具有专门的几何模型制作软件 Gambit 模块，并可以与 CAD 连接使用，使得建立几何模型、网格化处理等非常方便，同时具备很多附加条件和附加方程添加接口，使用了目前较先进的离散技术和计算精度控制技术，如多层网格法、快速收敛准则以及光滑残差法等，数学模型的离散化和软件计算方法处理较为得当。不足之处是人机交互性较差，计算中需要使用者输入的选择操作较多，计算机使用界面操作不便，后处理功能效果不佳。

FLUENT 软件包主要具有常用的 6 种湍流数学模型、辐射数学模型、化学物质反应和传递流动模型、污染物质形成模型、相变模型、离散相模型、多相模型、流团移动模型、多孔介质、多孔泵模型等。提供了两种数值计算方法，它们是单个方程计算（Segregate Solver）方法和多方程计算（Coupled Solver）方法（图 2-4-1、图 2-4-2）。

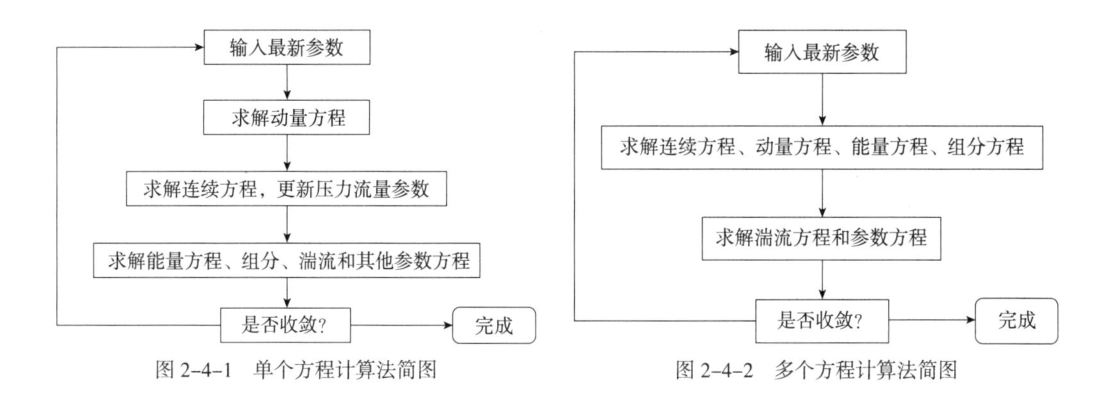

图 2-4-1　单个方程计算法简图

图 2-4-2　多个方程计算法简图

（3）CFX 软件

CFX 软件主要由三部分组成：Build，Solver 和 Analyse。Build 主要是要求操作者建立问题的几何模型，与 FLUENT 不同的是，CFX 软件的前期处理模块与主体软件合二为一，并可以实现与 CAD 建立接口，网格生成器适用于复杂外形的模拟计算；Solver 主要是建立模拟程序，在给定边界条件下，求解方程；Analyse 是后处理分析，对计算结果进行各种图形、表格和色彩图形处理。该平台的最大特点是具有强大的前处理和后处理功能以及结果导出能力，且具有较多的数学模型。同时，CFX 提供了强大的计算结果处理和输出功能，包括 CFX-Visualise，CFX-View，CFX-Linegraph，CFX-Analyse 等 4 部分内容，几乎可以输出计算的各种参数的模拟曲线、图形，可以任意对计算域中的各方位、各剖面进行计算参数的图形展示，非常方便快捷。同时，还可以动画处理计算参数。

通过对各个方面的综合考虑，尤其是对软件掌握的熟练程度，本文选择 FLUENT 软件对绿地释氧效应场进行动态模拟，并结合 GIS 对模拟结果进行分析。

2. 城市不同尺度的模拟

大气数值模拟模式以大气动力学和热力学过程为基础，通过计算机技术模拟大气环流包括大气边界层的物理化学性质特征（王咏薇等，2008）。它可以分为城市边界层模式（Urban Boundary Layer）、城市冠层模式（Urban Canopy Layer）和城市街谷模式（Urban Canyon）（蒋维楣等，2004）。在不同尺度的数值模拟研究中，城市效应及人为活动影响大气运动的可分辨程度及处理方法不同。城市边界层模式属于城市和区域尺度的模拟，其水平分辨率为 1000~2000m，它将忽略城市边界层内不同街谷与建筑物的几何特性、绿地景观的组合特征对于近地层能量、水分交换的影响，以模拟城市边界层及气象环境、大气环境等的变化；城市冠层模式与城市街谷模式属于小区及微尺度的模拟，其水平分辨率为几十到几米，它们将对城市复杂的街谷、建筑、绿地等组合特征进行模拟（佟华，2003；王宝民等，2005）。城市大气环境问题具有典型的多尺度特征，建立适合于不同研究尺度的城市边界层数值模式系统是当前城市气候研究中的前沿问题之一（张惠远等，2006）。已有的模拟模式主要包括 MM5、RAMS、ARPS、CFD 等，它们针对不同尺度的问题而设计，适用于不同的研究尺度。为了能更好地模拟城市中不同类型的下垫面景观组分对城市气候环境的影响，陆面模式的引入使大气模拟模式考虑城市景观的方法更完善，目前比较常用的是 LES 技术、PDF 方法等。在城市绿地系统规划的编制阶段，可以利用大气环境模拟技术对不同尺度下的大气环境特征进行模拟，寻找分布规律，并与对应尺度下的绿地景观格局规划相结合，以建立最优的绿地景观格局模式。

3. CFD 仿真技术在城市风环境中的应用

风在城市中的流动对许多物理过程而言是一个非常重要的因素，它能影响人的健康、舒适性以及人工构筑物的耐久性。比如建筑物的自然通风等（Reichrath and Davies，2002；Mochida et al.，2006）。城市风的流动是很复杂的，需要适宜的方法手段来描述风的流动特征及相关的过程。一般有三种方法来分析城市风环境：①实验分析；②风洞测量；③计算流体力学的数值模型。相对于实验而言，CFD 模拟的优势在于它在计算域内能够提供相关的流动变量的信息，具有很强的可操控性并且没有相似的约束条件（Hooff and Blocken，2010）。然而，CFD 模型的验证是一个关注的焦点，几何模型的运行以及网格划分的精度直接影响着模拟结果的精度，模拟结果的校正与验证的研究是当前需要重点解决的问题。对于城市风流动的 CFD 模拟验证通常采用的方法是将模拟结果与准确的各种监测或测量数据相对比，以此确定模拟的精度。目前，CFD 模型已经广泛用于小尺度范围内的风环境研究中，并建立了模型模拟的准则（Yoshie et al.，2007；Tominaga et al.，2008；Tamura et al.，2008），部分准则对于 CFD 在其他方面的模拟应用都是适用的。同时，还有大量的研究则关注于如何提高 CFD 模型模拟的质量（Blocken et al.，2007；Hargreaves and Wright，2007；Gorlé et al.，2009）。在对城市风环境模拟的研究中，研究者对风向以及建筑物周围的自然通风进行分析，它对评价在城郊和城市环境中的自然通风的适用性具有重要的意义。在这种环境中，周围的建筑不仅是风运行的屏障，同时由于通道效应，还能增加风速（Blocken et al.，2007）。建筑周围这种影响大小的不同则取决于风向。基于 CFD 的风环境研究可以分为三个类型：①研究单体建筑中，风向效应取决于建筑的几何形体以及通风口的位置；②研究组群建筑中自然通风的风向效应取决于建筑群周围的组合效应、建筑的集合形体以及通风口的位置；③城市尺度上的风环境研究。Horan and Finn 利用 CFD 模型从 4 个不同风向对一栋两层建筑自然通风的每小时空气交换速率进行验证，结果表明，不同风向的空气交换速率存在着很大的差异。Isaac 等（2003）利用 CFD 数值模拟技术，将城市气候因素如光照、风等因子运用到城市设计中。Teitel 等（2008）和 Norton 等（2009）利用 CFD 模拟了在一个开敞地形中的农业建筑的自然通风状况，结果表明不同的风向以及建筑的几何形态是影响空气交换速率的重要因素。目前，对于城市通风环境影响的研究较少，但是它将是今后研究的重要方向。在国内，将 CFD 模型运用于建筑以及建筑组群自然通风的研究较多（林彬等，2002；邢永杰，2002；林晨，2006），如李磊等（2004）利用 FLUENT 软件研究了风环境对城市街区大气环境的影响。城市尺度上的风环境的研究则较少涉及。

4. CFD 仿真技术在城市空气污染扩散中的应用

城市中高密度的使用空间使城市的工业污染的排放以及街道峡谷内交通导致的空气污染成为城市大气污染的主要原因。复杂的城市结构导致了空气污染物的复杂扩散。CFD 数值模拟广泛地应用于空气污染物的扩散研究中（Britter and Hanna，2003；Blocken et al，2008；Mensinkand Cosemans，2008），并预测污染源与污染浓度等级之间的关系（Harsham and Bennett，2008）。在空气污染物的扩散研究中，关于复杂的城市结构包括道路结构、街道峡谷以及建筑形状等因素对空气污染扩散影响的研究较多（Meroney et al.，1999；Huang et al.，2000；Tokairin and Kitada，2004；Tsai and Chen，2004）。CFD 数值模拟技术被用于模拟复杂城市环境中的空气污染扩散状况以及不同尺度上空气质量的研究，包括从单独的工业点源到全球性污染源的模拟研究（Baik and Kim，1999；Chang and Meroney，2003；So et al.，2005）。这些研究都是基于处于大气环境中盛行风向主导下的污染物质的空间扩散状况。Mochida 等（2005）对日本仙台市中心城区的非等温条件下的空气污染扩散进行模拟分析。Huang 等（2008）运用 CFD 分析冬天复杂城市区域内非等温条件下由交通引起的空气污染的空间扩散状况，研究表明在冬天空气污染浓度值较高的主要原因在于大气环境条件的相对稳定性。目前，对于空气污染物的扩散研究中，大部分是基于街道峡谷交通污染的扩散分析。Hefny and Ooka（2009）模拟了建筑周围的污染物质扩散。Taseiko 等（2009）

利用CFD模型对城市中不同街道峡谷内的空气污染扩散进行模拟分析，它将为城市建筑规划提供参考依据。

在高密度的城市建成区，在街道水平以及在屋顶水平上的大气风之间的空气交换是非常有限的。近地面的交通排放的污染物以及工业污染排放的污染物在空气中不能有效地稀释和移除，从而导致了街道水平上较高的污染浓度。在这种背景下，城市街道峡谷中植物的种植则与污染物的扩散及交换过程密切相关（Gromke and Ruck，2007）。植被的种植在街道峡谷中的比重较大，它可能会对自然通风以及污染物的扩散具有重要的影响。部分研究者研究关于独立的街道峡谷中植被对自然通风以及污染物扩散的影响。Gross（1987）和Ries and Eichhorn（2001）研究发现在街道峡谷中的植被种植将会导致较低的风速并增加污染物的浓度。Gromke等（2009）结合风洞实验数据以及CFD数值模拟技术对街道峡谷内植物的种植对污染物质的扩散影响进行研究。结果表明在街道峡谷中，在街道迎风面的植物种植会降低污染物浓度，而在街道背风面植物的种植则会增大污染物浓度。因此，需要在综合考虑风向及污染物扩散因素的前提下进行街道内植物的种植，它对街道周边的空气环境质量的改善具有重要的意义。在城市尺度上，大气污染与城市的主导风向也直接影响着城市绿地规模和布局形式，但这方面的研究还较少涉及。在国内基于CFD的数值模拟中，大部分的研究集中在对于街道峡谷内的空气污染物质的扩散（王超等，2006；邱巧玲和王凌，2007；马剑等，2007；王纪武和王炜，2010）。“北京城市规划建设与气象条件及大气污染关系研究”课题组（2004）所著的《城市规划与大气环境》通过对北京城市自然环境和生态环境变化的监测、模拟和评估分析，在开展城市气象要素观测实验、风洞试验、CFD模拟等工作的基础上，建立北京城市规划建设大气环境影响评估指标体系和计算机软件系统，实现对数值模拟结果的可视化分析、评估，为优选、调整、优化城市整体和局部规划提供依据。国家重点基础研究发展规划项目“首都北京及周边地区大气、水、土环境污染机理与调控原理”以城市气象活动为研究基点，进行多尺度城市大气污染研究，掌握其时空分布和扩散、稀释规律。汪光焘等（2005）应用 CFD 等数值模拟方法，以佛山城镇规划为例进行大气环境影响模拟分析。

5. CFD 仿真技术在城市热环境中的应用

城市的大气运动与城市的热环境紧密相关。良好的城市风环境可以将城市的热量排放出去以改善热环境。而城市规划方式对风环境的运行有很大影响，分析风环境与城市之间的关系是热环境研究的重要方向。Tominaga 等（2004）、Block 等（2004）等研究者从人行为、活动高度的风环境与热环境问题展开了研究。在利用 CFD 进行城市热环境的研究中，应该结合风场进行热环境的流体力学分析。Takahashi 等（2004）利用 CFD 技术测量和预测了日本京都的城市热环境。Yoshida 等（2000）模拟研究了三种空间植被覆盖方式对户外热环境的影响。Williamson 等（2001）进行了城市微气候评估及预测过程中的热性能模拟。Willemsen 等（2007）介绍了在荷兰设计风环境舒适性的程序、尺度和公开的研究项目，其中谈到了利用 CFD 模拟并分析各种热环境的办法。这些研究都是从流体力学的角度探讨城市的热环境问题。在国内也有部分研究者利用 CFD 软件对城市热环境进行模拟分析（张辉，2006；余庄，张辉，2007；高芬，2007；李鹍，2008；王翠云，2008）。余庄等（2007）利用 CFD 对城市热环境进行了动态模拟，提出了如何建立 CFD 模拟中的城市数字模型，同时将 CFD 模拟应用在城市规划与城市气候关系的研究中，将复杂的城市转化为可在 CFD 中进行仿真模拟的数字模型，最终得出有科学依据的城市规划布局与城市气候之间的关系。目前，基于 CFD 的城市热环境的研究技术与方法正在逐步发展。

第3章

释氧效应场与城市绿地空间布局——以沈阳市三环以内为例

第3章

释氧效应场与城市绿地空间布局
——以沈阳市三环以内为例

3.1　影像与数据处理

3.1.1　土地利用类型划分

土地利用类型按照《城市用地分类与规划建设用地标准》GB 50137—2011分为：居住用地（R）、公共设施用地（C）、工业用地（M）、仓储用地（W）、交通用地（T）、道路广场用地（S）、市政公用设施用地（U）、绿地（G）、水域和其他用地（农田、林地等）（E）9大类。其中，在这9大类基础上根据需要和实际情况分到了中类共计15个类型。

绿地类型划分

城市绿地分类标准，使得城市绿地系统规划编制以及城市绿地建设与管理逐步走向科学理性化。然而，绿地分类面临的问题很多，诸如林地、耕地、自然保护区、森林公园等。建设部颁布的城市绿地分类牵涉的建成区之外、市域范围内的城市绿地统一划分为其他绿地（G5），没有细化的分类纲目，不利于规划编制与实施。我国一些学者结合大环境绿化的研究探讨绿地分类体系。李敏（2000）提出生态绿地系统类型包括农业绿地、林业绿地、游憩绿地、环保绿地、水域绿地。其农业绿地包括农作物种植地、果菜茶桑园、畜牧草场、鱼塘、花木场圃等；林业绿地包括人工林区、林场、森林公园等；游憩绿地包括城市公园、运动、娱乐、观光绿地、风景名胜区等;环保绿地包括各类防护林地、专用绿地等；水域绿地包括城镇水源地及其净化涵养绿地、河湖塘渠等实用水域及湿地。马锦义（2001）认为城市绿地类型包括园林绿地和农林生产绿地，其园林绿地包括公园绿地、防护绿地、风景名胜区与自然保护区绿地、庭院绿地、交通绿地；农林生产绿地包括农地（城市范围内的粮油菜地、花木圃地、草地、鱼池、荷塘等农牧渔生产绿地）、林地（城市范围内的用材林、薪炭林、经济林等林产绿地）。王木林主张城市森林包括8类：防护林（防风沙林、防洪林、水土保护林、水源涵养林、环境保护林）、公用林地（街心花园、小游园，广场、路边、河边的开放花坛、林地，名树古树、纪念林、纪念馆、小型体育场、庙宇等）、风景林（大型公园、动物园、植物园、体育公园、纪念性公园、森林公园、自然保护区、名胜古迹风景区、自然风景区、狩猎区等）、生产用森林、绿地（竹木用材林、林副产品、药材、蚕桑等林地、果园、苗圃、花圃、草场、菜地、农田、鱼塘等）、企事业单位林地（机关、学校、医院等所属的树林、庭园、花园、疏林草坪、垂直绿化等）、居民区林地（宅旁绿地、庭园、小游园、行道树及路旁林带、垂直绿化、屋顶花园及私人庭院花草、树木等；道路林地）、其他林地、绿地、上述各类林地中未包含的绿地（湿地、河道荒滩等）。

本书将绿地按照《城市绿地分类标准》CJJ/T 85—2002 分为：公园绿地（G1）、生产绿地（G2）、防护绿地（G3）、附属绿地（G4）。并且根据需要和实际情况按照《城市绿地分类标准》CJJ/T 85—2002 分到了中类和小类共计 27 个类型。同时，将依据《城市用地分类与规划建设用地标准》GB 50137—2011 划分到各个土地利用类型里的附属绿地都归到 G4 类，并将属于 E 类的耕地（E2）也划分到城市绿地里作为本文的研究对象。

按植被覆盖类型划分，沈阳市绿地一共分为七种植被类型：单独乔木覆盖（Q）；单独灌木覆盖（G）；单独草本覆盖（C）；乔木与灌木组合覆盖（QG）；乔木与草本组合覆盖（QC）；灌木与草本组合（GC）；乔木、灌木及草本的复合组合覆盖（QGC）。

3.1.2　影像解译与数据统计

本研究首先利用 ERDAS IMAGINES9.1 对 2005 年 QuickBird 影像、TM 影像进行几何校正，基于校正后的地形图及其投影信息，对 QuickBird 和 TM 影像进行几何纠正，坐标系统采用 Transverse Mecator 投影，Krasovsky 椭球体，中央经线为 123°E，然后进行图像增强处理，基于影像解译经验、土地利用现状和规划图（城市总体规划修编 2011—2020）和 2010 年实地调研的 GPS 定点的 371 个绿地样方建立目视解译地物标志，结合地形图信息在 ArcGIS9.0 环境下进行人工目视解译，首先获得研究区土地利用和绿地类型图。表 3-1-1 为本文定义的不同类型绿地的遥感解译标志。

1. 沈阳市土地利用类型解译结果

从表 3-1-2、图 3-1-1 可以得出，研究区土地利用总面积为 45609.42hm^2。根据本文划分的 15 种土地利用类型，沈阳市三环以内共有公共设施用地（C）1649.41hm^2；水域（E1）：1713.88hm^2；耕地（E2）：8127.74hm^2；村镇建设用地（E6）：5427.37hm^2；弃置地（E7）：812.32hm^2；（公园 G1）：1964.41hm^2；生产绿地（G2）：663.31hm^2；防护绿地（G3）：1486.14hm^2；附属绿地（G4）：1551hm^2；工业用地（M）：6695.4hm^2；居住用地（R）：10679.63hm^2；道路广场用地（S）：2769.67hm^2；对外交通用地（T）：1084.94hm^2；市政公用设施用地（U）：297.06hm^2；仓储用地（W）：687.14hm^2。

2. 沈阳市绿地类型解译结果

（1）表 3-1-3、图 3-1-2 显示，按照《城市绿地分类标准》CJJ/T 85—2002 划分解译结果表明：沈阳市三环以内绿地总面积（耕地计算在内）为 13792.60hm^2，占总用地的 30.2%，如果耕地不包括在内，则占总面积的 12.4%。因此，沈阳三环以内绿地率很低，

不同类型绿地的遥感解译标志　　表 3-1-1

	定义	解译标志
公共绿地	指城区内向公众开放的各级、各类公园、小游园、道路街头绿地及道路绿地等	形状比较规整，植被覆盖率高，伴有规划整齐的林荫小道和少量附属建筑，色调较深：街头绿地一般为对称的条状，沿河、湖、堤及道路分布
单位附属绿地	指机关、团体、学校、医院、部队及厂矿等企事业以及公用设施附属的绿化用地	分布于企事业单位内可通过建筑物形状进行判读，如厂房为宽大的长方形，有的组合成“E”形，学校内有操场等
居住区绿地	指居住区内除区级公园和街道树以外的绿化用地	居住区绿地多夹在居民楼之间，而居民楼多数为排列整齐的窄长方形，呈规则分布
生产绿地	指为城市绿化生产苗木、草皮、地被、花卉和种子的圃地	生产绿地主要呈棋盘状，面积较大，纹理呈平行线状
防护绿地	指以隔离卫生和安全为目的的林带及绿地	防护绿地分布在河湖、渠、水库及湖泊四周，及城郊结合处的田边地头，呈条状分布
其他绿地	上述各类绿地以外的所有绿地，主要是未经人工建设，但受保护的自然植被	呈自然生长的植被影像特征

研究区土地利用类型　　表 3-1-2

用地类型	C	E1	E2	E6	E7	G1	G2	G3
面积（hm^2）	1649.41	1713.88	8127.74	5427.37	812.32	1964.41	663.31	1486.14
用地类型	G4	M	R	S	T	U	W	Total
面积（hm^2）	1551	6695.4	10679.63	2769.67	1084.94	297.06	687.14	45609.42

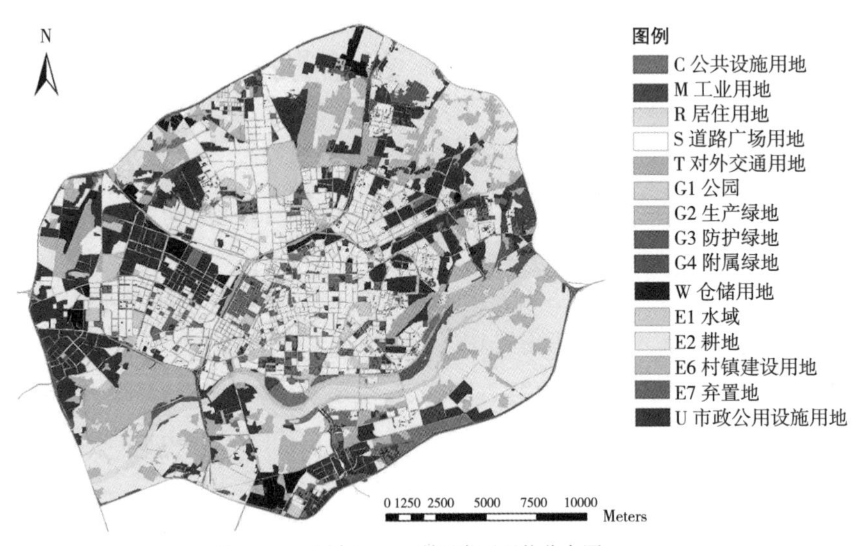

图 3-1-1　研究区土地利用类型现状分布图

按照建设国家生态园林城市绿地率 38% 的标准还有很大差距。其中，公园绿地（G1）面积 1964.41hm^2，占绿地总面积的 14.2%；生产绿地（G2）663.31hm^2，占 4.8%；防护绿地（G3）1486.14hm^2，占 10.8%；附属绿地（G4）1551.00hm^2，占 11.2%；耕地（E2）8127.74hm^2，占 58.9%。

研究区绿地类型　　表 3-1-3

名称	面积（hm^2）	百分比（%）
公园绿地（G1）	1964.41	14.2
生产绿地（G2）	663.31	4.8
防护绿地（G3）	1486.14	10.8
附属绿地（G4）	1551.00	11.2
耕地（E2）	8127.74	58.9
总计	13792.60	

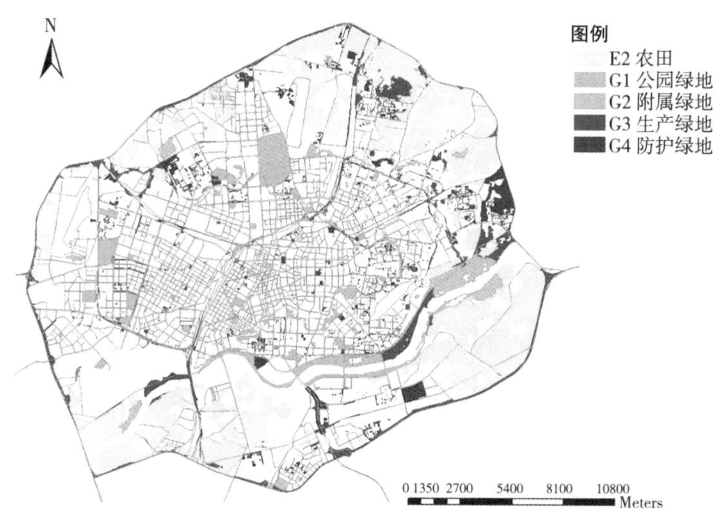

图 3-1-2　研究区绿地类型

（2）绿地覆盖类型的面积及所占比例，如表 3-1-4、图 3-1-3 所示，Q 的面积为 146.3hm^2，占绿地总面积的 2.3%；G 为 1.4hm^2，占 0.2%；C 为 1083.4hm^2，占 17.6%；QG 为 5.16hm^2，占 0.8%；QC 为 1076.2hm^2，占 17.5；GC 为 685.2hm^2，占 10.8%；QGC 为 3126.4hm^2，占 50.8%。在绿地覆盖类型中，QGC 占的比例最大，尤其在生产绿地和防护绿地中占的比例最大，反之在公园绿地中，由于对观赏性的关注，C 所占的比例略高于 QGC，如图 3-1-4、图 3-1-5 所示。

绿地覆盖类型　　表 3-1-4

覆盖类型	面积（hm^2）	百分比（%）
单独乔木（Q）	146.3	2.3
单独灌木（G）	1.4	0.2
单独草本（C）	1083.4	17.6
乔草组合（QC）	1076.2	17.5
乔灌组合（QG）	5.16	0.8
灌草组合（GC）	685.2	10.8
乔灌草组合（QGC）	3126.4	50.8

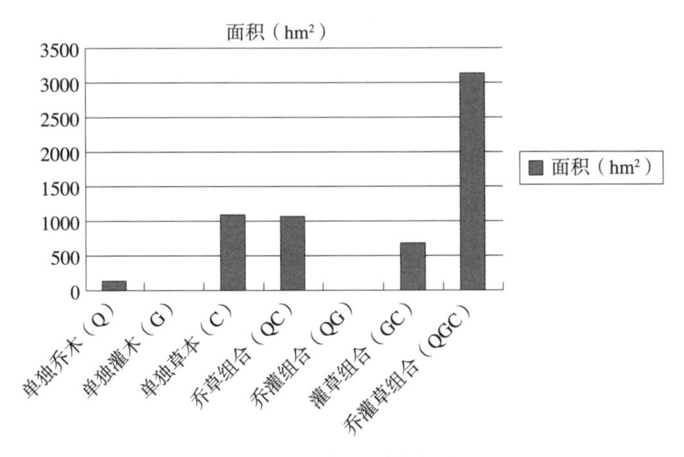

图 3-1-3　绿地覆盖类型

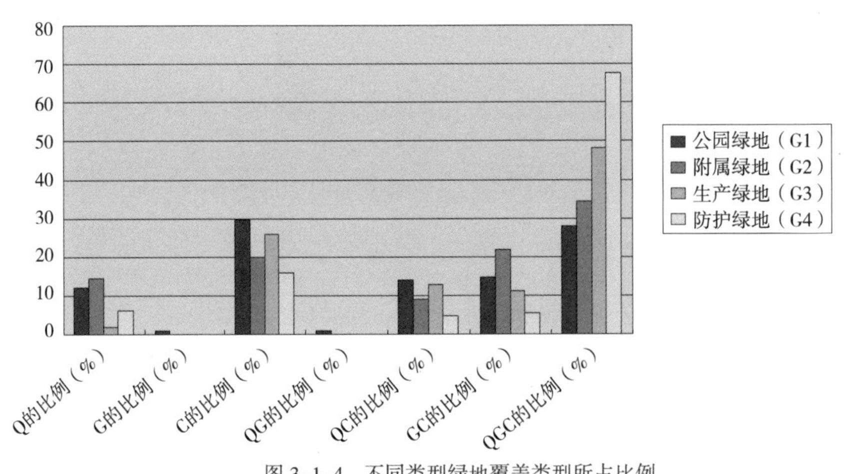

图 3-1-4　不同类型绿地覆盖类型所占比例

图 3-1-5　研究区绿地覆盖类型

图例备注：Q——单独乔木覆盖；G——单独灌木覆盖；C——单独草本覆盖；QG——乔木与灌木组合覆盖；QC——乔木与草本组合覆盖；GC——灌木与草本组合；QGC——乔木、灌木及草本的复合组合覆盖。

此外，不同绿地类型中，绿地覆盖类型的比例差异很大：在所有公园绿地中，占优势的覆盖类型为 QGC 占 27%、C 占 30%、GC 占 14%、QC 占 13%、Q 占 12%，而 G、QC 所占比例很小，均为 2%；在附属绿地中，QGC 占 35%、GC 占 22%、C 占 20%、Q 占 14%、QC 占 9%、G 和 QG 几乎为 0；在生产绿地中，QGC 占 49%、C 占 26%、QC 占 12%、GC 占 11%、Q 占 2%;而防护绿地则以 QGC 混植为主，占 68%、C 占 15%、Q 占 7%、QC 和 QC 分别占 5%。总的来说，在所有绿地类型中，QGC 覆盖类型占的比重最大，G 和 QG 所占的比重最小。

3.1.3　绿地样方调查与空间化

1. 样方设置方法

样方调查的设置方法参照刘常富（2004）对沈阳市城市森林进行调查的方法，样方的设置采用均匀分布的方法。首先对城市绿地进行分类(分类方法见城市绿地类型划分部分)，样方的设置按照类型进行分配，做到按比例进行。

结合沈阳市的实际特点，从 2010 年 7 月 ~2010 年 8 月，利用两个月的时间对沈阳市三环内各种类型城市绿地共计 74 个样地，约 600 个样方（其中有效样方 371 个）进行实地调研，具体分布如图 3-1-6 所示。

调查样方的规格有三种：20m × 20m，40m × 40m，20m × 80m。对于样方大小，按照各种类型进行分配：对于公园绿地，选用 20m × 20m 的样方大小，对于在居民区、企事业单位等被各种建筑物所分割的附属绿地，采用 40m × 40m 的样方设置，对于防护绿地采用 20m × 80m 样方设置。

2. 调查内容与方法

（1）对每个样方进行 GPS 定位记录，记录每个点的空间坐标、实际土地利用 / 覆被类型、绿地景观类型。在绿地调研的同时，对城市各类用地进行了详细的野外考察，与 QuickBird 高分辨率遥感影像进行比对以进行城市土地利用的分类验证。

（2）对样方内的树木进行每木检尺，记载树种名称、郁闭度、垂直结构、树种、地径、胸径、枝下高、树高、冠幅、疏密度等信息，并与影像解译交互进行，获得了准确的绿地信息资料和高精度的影像解译结果（表 3-1-5）。

3. 绿地固碳释氧效应分析及空间化

首先，计算出各样方的单位面积固碳释氧量，结合样方的 GPS 定位记录，在影像解译的属性里赋上每个样方的单位面积

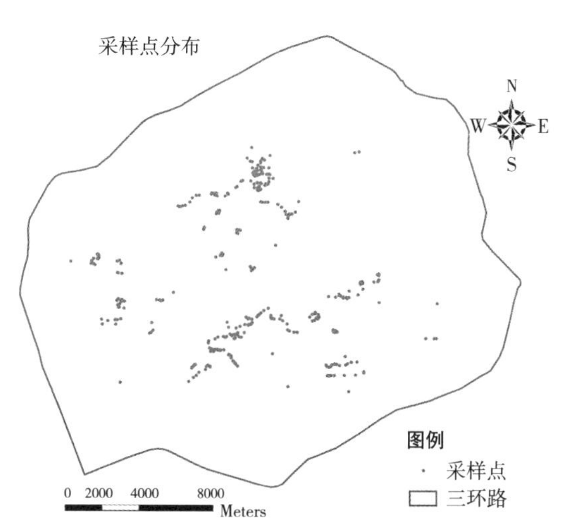

图 3-1-6　三环内调查样方分布

绿地调研样表　　表 3-1-5

调查者：		郁闭度：0.5				样方号：5	面积：	
样地名：青年湖公园		植被垂直结构：QGC				日期：2010.06.26		
种名	株数	地径（cm）	胸径（cm）	枝下高（m）	树高（m）	冠幅（长轴，短轴）（m）	疏密度	健康状况
紫叶稠李	12	—	—	0.7	2.5	（1.5，1.3）	3	中
小叶朴	1	31	29	3.2	7.6	（9.7，7.5）	3	良
国槐	14	51	40	5	25.5	（10.7，8.6）	3	良
加杨	4	62	53	3.3	10.5	（6.3，5.3）	3	中
云杉	4	16	12	2.0	6.0	（3.5，2.8）	3	良
皂角	2	22	15	1.8	6.5	（10，7）	3	良
丁香	1	—	—	—	5	（9，4）	3	中
铺地柏	—	—	—	—	0.9	（6，2）	3	良
银杏	3	32	26	1.9	9.5	（8，6.5）	3	差
栾树	2	13	12	1.3	5.5	（6.5，6.9）	3	差
榆叶梅	4	—	—	—	4	（8，8.3）	3	良
胶东卫矛	8	—	—	—	0.8	（0.5，0.5）	3	良
大叶朴	1	19	17	1.1	6	（6，6.2）	3	良
鸡爪槭	1	47	43	18.5	11	（13.5，14.3）	3	良
黄刺梅	1	—	—	—	3.5	（4.6，5.2）	3	良

备注：123°26′0.3332″；123°26′0.187″；41°46′5.805″；41°46′5.808″；123°26′0.460″；123°26′0.405″；123°26′9.539″；123°26′9.671″；41°46′5.785″；41°46′5.581″；41°46′5.811″；41°46′5.180″

图中标注　面积 7.77 亩，5180m^2

固碳释氧量的值，并结合影像解译结果和样方调查，将相同类型的绿地以样方为标准同样赋值，即可得出各绿地斑块的单位面积固碳释氧量，继而得出各绿地斑块的固碳释氧量，即可得出沈阳市绿地的固碳释氧效应及空间分布状态。

3.2　植物的光合作用与固碳释氧量

3.2.1　树种单位叶面积固碳释氧量计算

在树木光合作用日变化曲线中，其同化量是净光合速率曲线与时间横轴围合的面积，即图 3-2-1 阴影部分。以此为基础，设净同化量为 P，各树种在测定当日的净同化量计算公式为：

$$P=\sum_{i=1}^{j}[(p_{i+1}+p_i)\div 2\times(t_{i+1}-t_i)\times 3600\div 1000] \quad (3-1)$$

其中 P 为测定日的同化总量，单位为毫摩尔 / 每平方米每秒（mmol · m^{-2} · S^{-1}），P_i

指初测点的瞬时光合速率，P_{i+1} 为下一测点的瞬时光合速率，单位为微摩尔每平方米每秒（μmol · m^{-2} · S^{-1}）；t_i 为初测点的瞬时时间，t_{i+1} 为下一测点的时间，单位小时（hr），j 为测试次数，3600 指每小时 3600 秒，1000 指 1 毫摩尔为 1000 微摩尔。

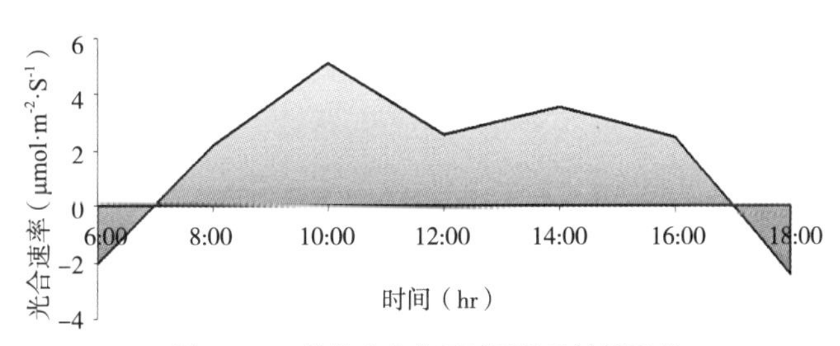

图 3-2-1　植物光合作用日同化量计算示意

用测定日的同化总量换算为测定日固定 CO_2 量为：

$$W_{CO_2}=p \cdot 44/1000 \quad (3-2)$$

式中的 44 为 CO_2 的摩尔质量，W_{CO_2} 为单位面积的叶片固定 CO_2 的质量，单位为 g·m^{-2}·d^{-1}，根据光合作用的反应方程

$$CO_2+4H_2O \longrightarrow CH_2O+3H_2O+O_2 \quad (3-3)$$

可计算出该测定日树木释放氧气的质量为

$$W_{O_2}=p \cdot 32/1000 \quad (3-4)$$

单位为 g · m^{-2} · d^{-1}。

3.2.2　乔、灌、草植物固碳释氧量计算

1. 单株乔、灌植物叶面积计算

Nowak（1994）得出的城市树木叶面积回归模型（单株植物叶面积的求算法），即：

$$Y=\mathrm{Exp}(-4.3309+0.2942H+0.7312D+5.7217Sh-0.0148S)+0.1159 \ (r^2=0.91) \quad (3-5)$$

式中，Y 为总叶面积（m^2）；H 为树冠高（m）；D 为树冠直径（m）；$S=\pi D(D+H)/2$；Sh 为遮阴系数，某一植物树冠垂直投影面积所占地面面积的比例，朱文泉等（2003）对沈阳树木园的研究采用各树种组合后的平均值 0.83（标准差为 0.049）。

2. 单株乔、灌植物固碳释氧量计算

单株植物固碳释氧量（g/d）=$Y\times$ 单株树种单位叶面积固碳释氧量　（3-6）

3. 样方内乔、灌植物固碳释氧量计算

样方内同种植物固碳释氧量（g/d）= 单株植物固碳释氧量 × 株树　（3-7）

以此为依据计算出样方植物固碳释氧总量,并以样方推样地的方法得出样地的总量(或者算出所有样方每平方米固碳释氧量作为平均值)，进而得出每个绿地斑块的固碳释氧量以及整个城市绿地固碳释氧总量，为下一步空间化和模型模拟奠定基础。

4. 固碳释氧总量计算（乔、灌）

方法一：以样方绿地平均固碳释氧密度计算总量

$$固碳释氧总量（g）= 样方绿地平均固碳释氧密度（g \cdot m^{-2} \cdot d^{-1}）\times 面积（m^2）\times 绿色期（d） \quad (3\text{–}8)$$

方法二：以样方绿地固碳释氧量推算样地总量

取样地内样方绿地固碳释氧量，结合影像解译，计算样地的总量，进而得出研究区绿地固碳释氧总量。

方法二较方法一更为精确，但操作麻烦，耗时长，若两者计算结果接近，符合标准差，那方法一更快速和便于推广。

5. 草地固碳释氧量计算

沈阳市常见草坪种类有早熟禾、高羊茅、黑麦草、无芒雀麦、结缕草、地茎景天等，其中早熟禾占到90%左右，本书以早熟禾为研究对象研究草地的固碳释氧量。

6. 耕地固碳释氧量计算

根据实地和资料调查结果，沈阳三环以内耕地以玉米为主，本书以玉米为研究对象研究耕地的固碳释氧量。

3.3 绿地固碳释氧效应与空间分布

3.3.1 沈阳市常用树种的单位叶面积固碳释氧量

（1）本书以宋力（2006）对沈阳常用的21种乔木和21种灌木进行光合测定，得出的主要树种的单位叶面积固碳释氧能力为基础，并查阅相关文献，结合实地样方调查，得出沈阳60种常用树种的单位叶面积固碳释氧能力（表3–3–1），作为研究区固碳释氧效应分析的基础。

（2）沈阳市常见草坪种类有早熟禾、高羊茅、黑麦草、无芒雀麦、结缕草、地茎景天等，其中早熟禾占到90%左右，本文以早熟禾为研究对象研究草地的固碳释氧量：早熟禾单位叶面积固碳能力为9.0g · m^{-2} · d^{-1}；单位叶面积释氧能力为6.55g · m^{-2} · d^{-1}（郭鹏等，2005；马洁等，2006；李辉和赵卫智，1998）。

（3）根据实地和资料调查结果表明，沈阳三环以内耕地以玉米为主，本文以玉米为研究对象研究耕地的固碳释氧量：玉米单位叶面积固碳量为37.35g · m^{-2} · d^{-1}；单位叶面积释氧量为27.17g · m^{-2} · d^{-1}（刘晓英和林而达，2003；魏波等，2007）。

主要树种单位叶面积固碳释氧能力　　表 3-3-1

树种	日固碳量 $g \cdot m^{-2} \cdot d^{-1}$	日释氧量 $g \cdot m^{-2} \cdot d^{-1}$	树种	日固碳量 $g \cdot m^{-2} \cdot d^{-1}$	日释氧量 $g \cdot m^{-2} \cdot d^{-1}$	树种	日固碳量 $g \cdot m^{-2} \cdot d^{-1}$	日释氧量 $g \cdot m^{-2} \cdot d^{-1}$
蒙古栎 *Quercus mongolica*	6.78	4.93	荚蒾 *Viburnum*	8.89	6.46	皂角 *Gleditsia sinensis Lam.*	10.02	7.29
矮紫杉 *Taxus cuspidata*	6.43	6.7	卫矛 *Euonymus*	7.88	5.73	冷杉 *Abies*	6.43	6.7
白桦 *Betula platyphylla*	12.31	10.47	柳树 *Salix*	12.6	9.16	山楂 *Crataegus*	7.15	5.2
白鹃梅 *Exochorda racemosa*	7.81	5.68	榆树 *Ulmus pumila Linn.*	15.61	13.42	国槐 *Robinia pseudoacacia Linn.*	10.8	7.85
白腊 *Fraxinus chinensis Roxb*	8.56	6.22	槭树 *Acer*	4.96	3.6	水腊 *Ligustrum obtusifolium S. Et Z.*	9.25	6.73
白皮松 *Pinus bungeana*	3.53	4.591	小叶丁香 *Syringa microphylla Diels*	7.51	5.46	水曲柳 *Fraxinus mandschurica Rupr.*	12.6	9.16
杨树 *Populus*	12.35	8.98	忍冬 *Lonicera japonica Thunb.*	7.88	5.73	水杉 *Metasequoia*	6.43	6.7
柏树 *Cupressaceae*	12.35	8.98	杏树 *Armeniaca vulgaris Lam.*	6.56	4.84	山桃 *Amygdalus*	7.21	5.24
槐树 *Leguminosae*	10.53	7.66	栾树 *Koelreuteria*	6.84	4.98	黄杨 *Buxus*	4.48	3.26
海棠 *Begonia*	7.21	5.24	灯台树 *Bothrocaryum*	9.72	7.85	杨树 *Populus*	12.35	8.98
锦鸡儿 *Caragana*	10.53	7.66	蒙古栎 *Quercus*	6.78	4.93	银杏 *Ginkgo*	6.86	4.99
锦带花 *Weigela*	5.18	3.77	苹果 *Malus*	7.21	5.24	樱桃 *Cerasus*	9.3	6.76
红瑞木 *Swida*	7.02	5.11	暴马丁香 *Syringa*	8.56	6.22	辽东栎 *Quercus*	6.78	4.93
红松 *Pinus*	6.56	4.59	圆柏 *Sabina chinensis*（*Linn.*）*Ant.*	3.65	2.71	油松 *Pinus*	3.53	2.56
梓树 *Catalpa ovata G.Don*	7.05	5.13	黄刺玫	8.96	6.51	云杉 *Picea*	6.43	6.7
核桃 *Carya*	7.59	5.52	绸李 *Padus*	4.11	2.99	榆叶梅 *Amygdalus*	6.84	4.98
连翘 *Forsythia*	9.49	6.96	椴树 *Tilia*	6.57	4.77	玉兰 *Magnolia*	14.57	10.6
黄檗 *Phellodendron*	7.59	5.52	桑树 *Moraceae*	7.15	5.2	玉米 *Gramineae*	7.26	3.39
山里红 *Crataegus*	7.15	5.2	大叶朴 *Celtis koraiensis Nakai*	10.15	7.38	小叶朴 *Celtis bungeana Bl.*	10.8	7.85
紫叶小檗 *Berberis*	7.05	5.13	绣线菊 *Spiraea*	6.65	4.84	大叶绣线菊 *Spiraea chamaedryfolia Linn.*	6.65	4.84

3.3.2 沈阳市绿地固碳释氧效应分析

以沈阳市60种常用树种的单位叶面积固碳释氧能力为基础，结合实地样方调研，通过叶面积回归模型计算单株树种固碳释氧量，运用Excel软件对海量数据进行统计分析，得出各样方固碳释氧量，继而得出各样方单位面积日固碳释氧量（即日固碳释氧密度），结合GIS计算出不同类型、不同覆盖类型的单位面积固碳量，对沈阳市绿地固碳释氧生态效益进行综合分析并空间化（计算方法及公式见3.2）。通过对样方调查统计分析结果表明，沈阳市绿地单位面积固碳、释氧量分别为122.9g/d·m^2、91.73g/d·m^2。

从表3-3-2、图3-3-1可以得出，公园绿地、附属绿地、生产绿地、防护绿地、耕地单位面积固碳量分别为106.49、96.86、100.89、117.01、37.35（g/d·m^2），平均每日总固碳量分别为2091.9、642.5、1499.4、1814.8、3035.7（t/d）；单位面积释氧量分别为79.41、70.49、73.97、88.79、27.17（g/d·m^2），平均每日总释氧量分别为1559.9、467.57、

各类型绿地日平均固碳释氧量　　表3-3-2

绿地类型	面积（hm^2）	单位面积固碳量（g/d·m^2）	总固碳量（t/d）	单位面积释氧量（g/d·m^2）	总释氧量（t/d）
公园绿地（G1）	1964.41	106.49	2091.9	79.41	1559.9
附属绿地（G2）	663.31	96.86	642.5	70.49	467.57
生产绿地（G3）	1486.14	100.89	1499.4	73.97	1099.3
防护绿地（G4）	1551.00	117.01	1814.8	88.79	1377.1
耕地（E2）	8127.74	37.35	3035.7	27.17	2208.3
总计	13792.60		9084.3		6712.2

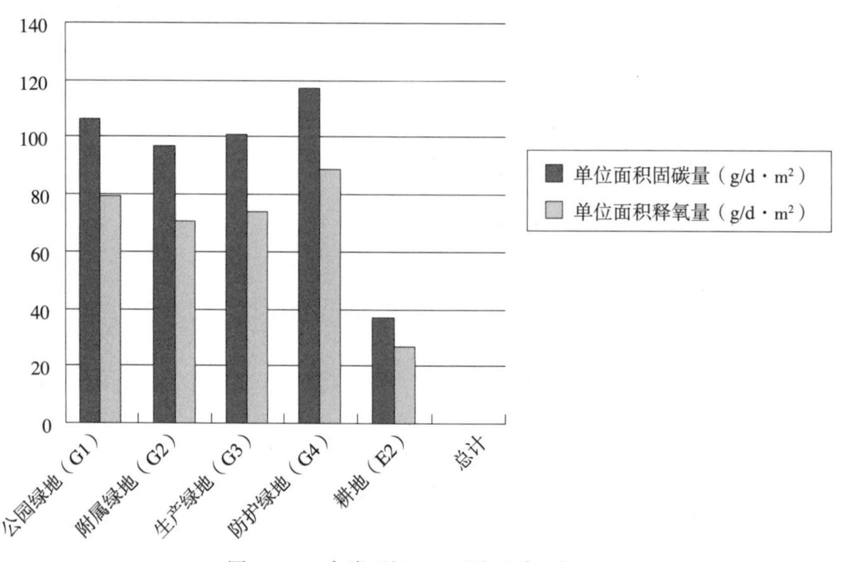

图3-3-1　各类型绿地日平均固碳释氧量

1099.3、1377.1、2208.3（t/d）。因此，沈阳市绿地年固碳总量为 163.5 万吨；释氧总量为 120.9 万吨。以上结果表明，沈阳市平均每日单位面积固碳释氧量从大到小依次为：防护绿地＞公园绿地＞生产绿地＞附属绿地＞耕地。由此可见防护绿地由于其 QGC 覆盖比例高达 68%，相应单位面积固碳释氧量最高，耕地的单位面积固碳释氧量虽然较低，但由于其面积较大，占总绿地面积的 58.9%，年平均固碳释氧总量分别为 45.5、33.1 万吨，其生态效应也不容忽视。研究结果表明，沈阳市三环以内各类型绿地绿地单位面积固碳、释氧量（不包括耕地）分别为：105.3g/d・m^2、78.2g/d・m^2；单位面积固碳、释氧量（包括耕地）分别为：91.7g/d・m^2、68g/d・m^2。该平均值的精度高于估算值，对进一步研究沈阳市绿地固碳释氧以及其他生态功能有一定的参考价值。

公园是城市的“绿肺”，斑块较大，是城市居民进行文化休息以及其他活动的重要场所，对美化城市面貌和平衡城市生态环境、调节气候、净化空气等均有积极作用。在城市生态系统中，公园是城市绿地资源中最重要的具有自净功能的系统，搭起了人与自然进行物质与能量交换的桥梁,其固碳释氧功能对改善周边微环境有着重要的作用。如图 3-3-2 所示，沈阳市三环以内共有公园 24 个，集中分布在南运河和浑河沿线，东部、西部、中部缺乏大型绿地，只有数量极少的小型公园，这些公园约一半左右沿南运河分布。

各个公园的单位面积固碳释氧量和平均每日总固碳释氧量见表 3-3-3、图 3-3-3。24 个公园年固碳、释氧总量分别为 20.9 万吨、15.5 万吨。由图 3-3-3 可以看出，沈阳市三环内公园单位面积固碳释氧量排序如下：北陵公园＞鲁迅公园＞青年公园＞鲁迅儿童公园＞南湖公园＞沈水湾公园＞劳动公园＞万泉公园＞大东公园＞万柳塘公园＞中山公园＞建设公园＞兴华公园＞百鸟公园＞克俭公园＞碧塘公园＞八一公园＞南塔公园＞铁西森林公园＞体育公园＞科普公园＞长青公园＞仙女湖公园＞五里河公园。

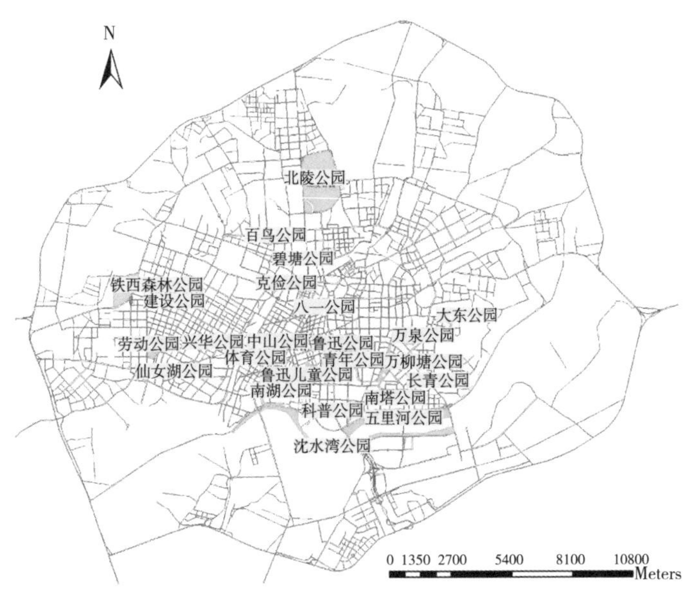

图 3-3-2　沈阳市三环以内 24 个公园空间分布

公园绿地日平均固碳释氧量 表 3-3-3

序号	公园名称	公园绿地面积（hm^2）	固碳总量（t/d）	单位面积固碳量（g/d·m^2）	释氧总量（t/d）	单位面积释氧量（g/d·m^2）
1	北陵公园	289.97	639.0	220.38	473.3	163.24
2	百鸟公园	6.47	8.6	132.70	6.0	92.01
3	鲁迅公园	3.29	6.0	182.84	4.8	145.54
4	克俭公园	5.10	5.7	111.54	4.2	82.81
5	碧塘公园	6.49	6.9	106.04	5.3	81.81
6	铁西森林公园	83.03	68.1	81.97	49.6	59.79
7	建设公园	5.64	7.9	139.72	5.8	102.40
8	劳动公园	28.00	42.9	153.29	34.4	123.00
9	仙女湖公园	4.65	3.1	66.57	2.2	47.44
10	兴华公园	3.24	4.3	133.64	3.3	103.33
11	体育公园	2.14	1.7	77.76	1.2	56.67
12	八一公园	5.29	5.0	94.91	3.7	69.03
13	中山公园	13.05	18.4	141.06	13.5	103.40
14	鲁迅儿童公园	6.39	11.0	172.76	8.8	137.12
15	南湖公园	24.24	38.3	157.97	28.5	117.35
16	沈水湾公园	41.68	64.2	154.11	47.9	114.95
17	大东公园	1.94	2.86	146.89	2.1	110.28
18	青年公园	11.87	20.5	172.93	15.1	126.84
19	科普公园	13.17	10.0	75.72	7.3	55.32
20	万柳塘公园	12.83	18.7	145.59	13.8	107.90
21	万泉公园	23.68	35.7	150.75	27.2	114.80
22	五里河公园	69.81	44.7	63.97	33.0	47.24
23	长青公园	5.22	3.7	71.13	2.8	52.83
24	南塔公园	3.93	3.3	92.73	2.4	68.27
	合计		1070.6		796.2	

注：表中公园绿地面积指的是公园里绿地的面积，不包括公园里的道路、广场等不透水下垫面。

北陵公园是沈阳市三环以内占地面积最大、树木品种和数量最多、最富有特色的公园。古松群是这座公园的主要植物景观，也是目前国内现存的几个主要的古松群之一，古松树龄已有 300~370 年，是历史和文化的见证，具有极重要的社会、生态和科研价值，同时也是北陵公园单位面积固碳释氧量最高的主要原因之一，因此，加强古树名木的保护也是提高城市绿地固碳释氧效益的重要手段之一。

乔灌草覆盖类型及所占比例是决定绿地固碳释氧功能大小的重要因素之一，表 3-3-4、图 3-3-4 揭示了不同覆盖类型公园绿地日平均固碳释氧量，分别为单独乔木（Q）：

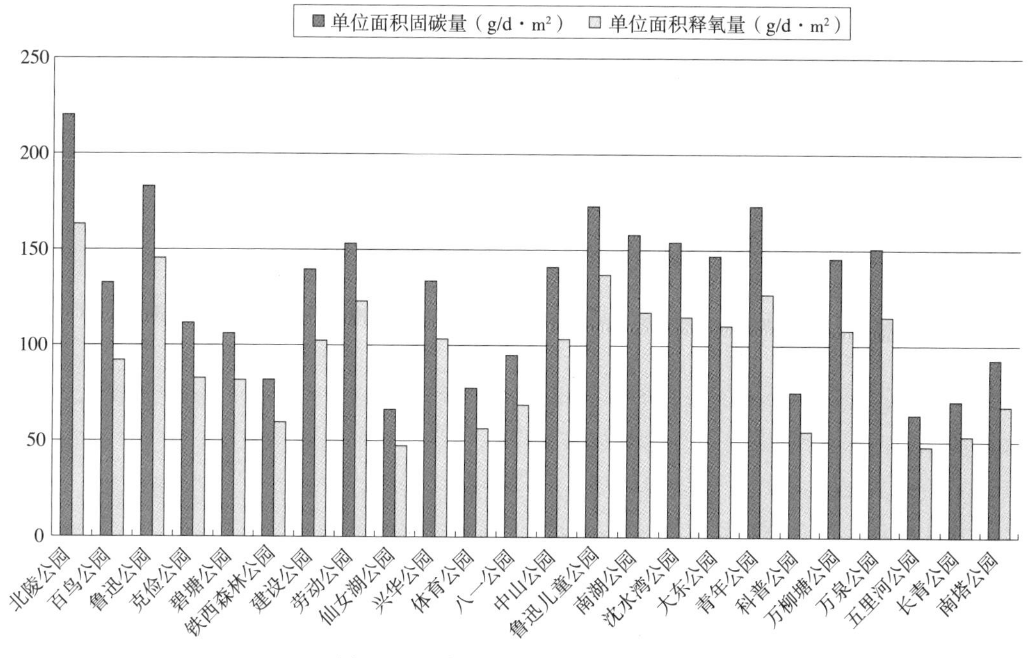

图 3-3-3　公园绿地日平均固碳释氧量

不同覆盖类型公园绿地日平均固碳释氧量　表 3-3-4

覆盖类型	乔木（Q）	灌木（G）	草本（C）	乔木、灌木（QG）	乔木、草本（QC）	灌木、草本（GC）	乔木、灌木、草本（QGC）
单位面积固碳量（g/d · m²）	211.79	125.06	29.92	272.67	113.15	117.17	177.88
单位面积释氧量（g/d · m²）	157.58	92.91	21.75	205.9	84.47	87.31	132.94

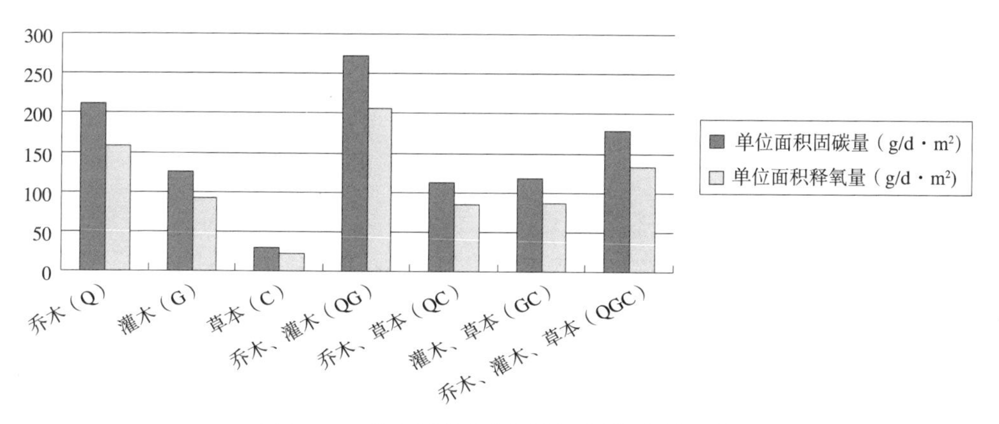

图 3-3-4　不同覆盖类型公园绿地日平均固碳释氧量

211.79、157.58；单独灌木（G）：125.06、92.91；单独草本（C）：29.92、21.75；乔灌组合（QG）：272.67、205.9；乔草组合（QC）：113.15、84.47；灌草组合（GC）：117.17、87.31；乔灌草组合（QGC）：177.88、132.94。不同覆盖类型公园绿地日平均固碳释氧量排序如下：乔灌组合（QG）>单独乔木（Q）>乔灌草组合（QGC）>单独灌木（G）>灌草组合（GC）

>乔草组合（QC）>单独草本（C）。因此，城市绿地的建设，特别是公园绿地应尽量减少设置大量的草坪，尽管草坪的观赏性能和视野都非常好，但是固碳释氧功能较弱，在面积有限的城市绿地中要发挥最大的生态功能，则树种选择、种植密度、覆盖类型的合理搭配都是重要的影响因子。

3.3.3 沈阳市绿地固碳释氧效应空间分布

通过以上计算分析，将各绿地斑块的固碳释氧量通过在GIS中赋属性的方式空间化，即可得到如图3-3-5所示的，沈阳市三环以内固碳释氧效应在空间上的静态分布状态，如图例所示，由深到浅的颜色过渡表示固碳释氧量由多至少的趋势及其在空间上的分布。沈阳三环以内南部、西部、二环以内中心城区及北部的一部分固碳释氧生态功能较低；东部、东北和东南部一部分固碳释氧生态功能较高。西部的工业区，处于秋季的城市上风向，由于绿地的缺乏，固碳释氧效应差，加上工业污染的扩散，对中心城区造成污染，应加强工业区附属绿地的建设，选择固碳释氧和抗污染能力强的树种，合理地选择覆盖类型的搭配方式，在提高固碳释氧生态效益的同时尽可能地减少工业污染对城区的影响。浑河以南的固碳释氧主要是来自耕地，在沈阳建设大浑南的大背景下，应加强公园及附属绿地的建设，以提高浑南新区及整个三环以内城区的生态功能。

3.3.4 小结

（1）沈阳市三环以内绿地总面积（耕地计算在内）为13792.60hm^2，占总用地的30.2%，如果耕地不包括在内，则占总面积的12.4%。其中，耕地（E2）8127.74hm^2 >公园绿地（G1）面积1964.41hm^2 >附属绿地（G4）1551.00hm^2 >防护绿地（G3）1486.14hm^2 >生产绿地（G2）

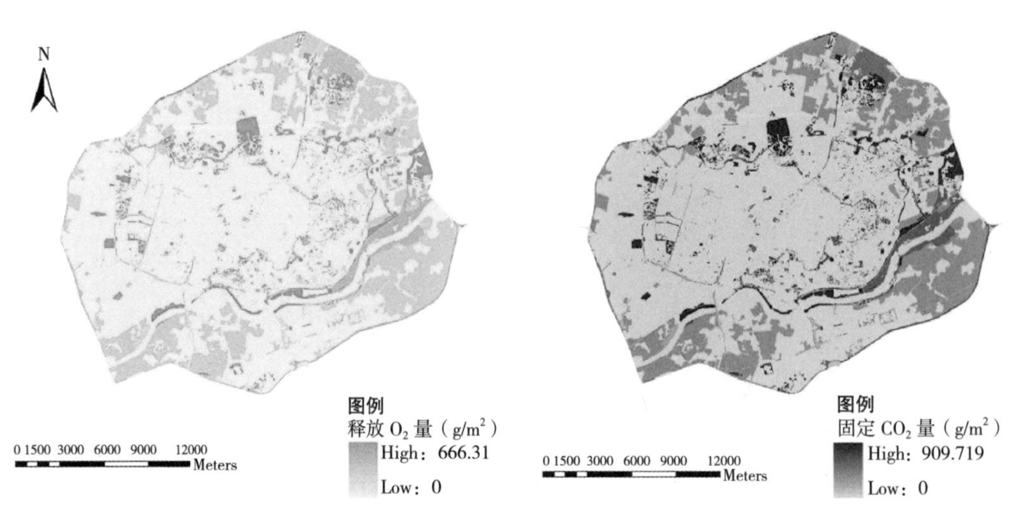

图3-3-5 三环内绿地固碳释氧功能空间分布

663.31hm^2。各类型绿地覆盖类型的面积：乔灌草组合覆盖（QGC）为 3126.4hm^2 ＞单独草本覆盖（C）为 1083.4hm^2 ＞；乔草组合覆盖（QC）为 1076.2hm^2 ＞灌草组合覆盖（GC）为 685.2hm^2 ＞单独乔木（Q）的面积为 146.3hm^2 ＞乔灌组合覆盖（QG）为 5.16hm^2 ＞单独灌木覆盖（G）为 1.4hm^2。在绿地覆盖类型中，乔灌草组合（QGC）占的比例最大，尤其在生产绿地和防护绿地中占的比例最大，反之在公园绿地中，单独草本（C）所占的比例略高于乔灌草组合（QGC）。由此可以看出，沈阳三环以内绿地率相对较低，为了提高其绿地生态功能，除了尽可能的在城市建设过程中增加绿地、提高各个绿地斑块的连通度、通过合理的植物配置提高现有绿地的生态功能，同时还应与城区外的林地、绿地形成生态网络，提高对城区的生态服务功能。

（2）沈阳市三环以内各绿地类型中，平均每日单位面积固碳释氧量从大到小依次为：防护绿地＞公园绿地＞生产绿地＞附属绿地＞耕地。不同绿地类型中的植被覆盖类型及所占比例以及绿地面积等因素对绿地单位面积固碳释氧量具有重要的影响。在城市绿地的建设，尤其是公园绿地建设中，在树种的合理选择、种植密度、植被覆盖类型的合理搭配等方面综合考虑，建立层次丰富、景观完善的绿地植物景观规划，在城市有限的绿地中，尽量发挥城市绿地的最大生态功能。

（3）沈阳市三环以内固碳释氧效应在空间上的静态分布状态表明，受到城市气候环境的影响、区域内绿地的分布情况、区域内产业结构、人口状况等因素的影响，沈阳三环以内不同地区的绿地固碳释氧生态功能存在差异性。在绿地生态规划中，应根据不同区域的发展特点，选择合理的绿地树种以及乔灌草的搭配方式，在提高固碳释氧生态效益的同时尽可能地减少工业污染等对城区的影响。

3.4　绿地释氧效应场 CFD 动态模拟

3.4.1　FLUENT 模型模拟执行过程

1. FLUENT 软件程序结构

FLUENT 程序软件包由以下几个部分组成。

（1）GAMBIT——用于建立几何结构和网格的生成。

（2）FLUENT——用于进行流动模拟计算的求解器。

（3）prePDF——用于模拟 PDF 燃烧过程。

（4）TGrid——用于现有的边界网格生成体网格。

（5）Filters（Translators）——转换成其他程序生成的网格，用于 FLUENT 计算。可以接口的程序包括：ANSYS、I-DEAS、NASTRAN、PATRAN 等。

利用 FLUENT 软件进行流体流动与传热的模拟计算流程如图 3-4-1 所示。首先利用 GAMBIT 进行流动区域的几何形状的构建、边界类型以及网格的生成，并输出用于

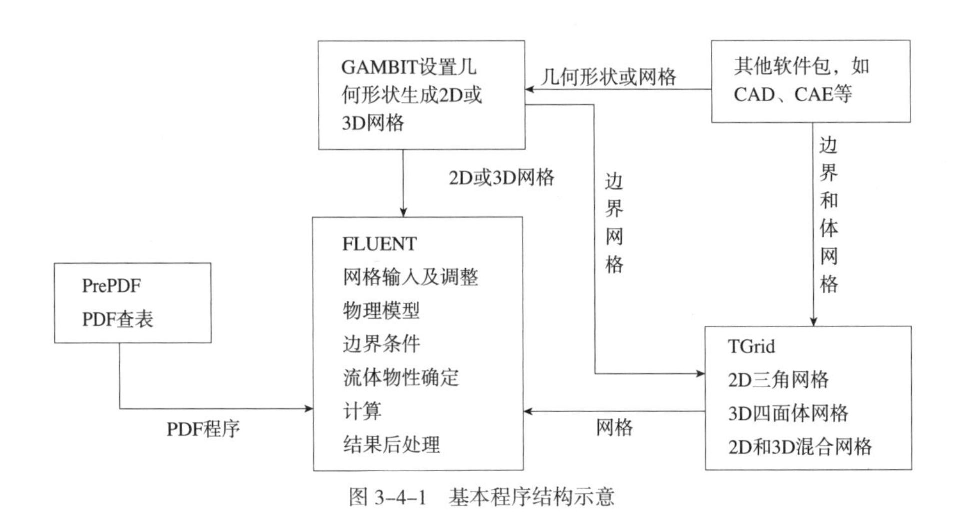

图 3-4-1　基本程序结构示意

FLUENT 求解器计算的格式；然后利用 FLUENT 求解器对流动区域进行求解计算，并进行计算结果的后处理。

2. FLUENT 软件可以求解的问题

FLUENT 软件可以采用三角形、四边形、四面体、六面体及其混合网格，同时可以计算二维和三维流动问题，在计算过程中，网格还可以自适应调整。

FLUENT 软件的应用范围非常广泛，主要范围如下：

（1）可压缩与不可压缩流动问题；

（2）稳态和瞬态流动问题；

（3）无黏流、层流及湍流模型；

（4）牛顿流体及非牛顿流体；

（5）对流换热问题；

（6）导热与对流换热耦合问题；

（7）辐射换热

（8）惯性坐标系和非惯性坐标系下的流动问题；

（9）用 Lagrangian 轨道模型模拟稀疏相（颗粒、水滴、气泡）；

（10）一维风扇、热交换器性能计算；

（11）两相流问题；

（12）带有自由表面的流动问题。

3. 用 FLUENT 软件求解

（1）求解步骤

1）确定几何形状，生成网格（用 GAMBIT，也可以读入其他程序生成的网格）。

2）输入并检查网格。

3）选择求解器。

4）选择求解的方程：层流或湍流（或无黏流），化学组分或化学反应，传热模型等都是可求解方程。确定其他需要的模型，如风扇、热交换器、多孔介质等。

5）确定流体的材料物性。

6）确定边界类型及边界条件。

7）设置求解控制参数。

8）流场初始化。

9）求解计算。

10）保存结果，进行后处理等。

（2）FLUENT 求解器

1）FLUENT2d——二维单精度求解器。

2）FLUENT2ddp——二维双精度求解器。

3）FLUENT3d——三维单精度求解器。

4）FLUENT3ddp——三维双精度求解器。

（3）FLUENT 求解方法的选择

1）非耦合求解。

2）耦合隐式求解。

3）耦合显式求解。

3.4.2　RS-GIS-CFD 联合执行机制

FLUENT 软件模拟释氧效应场执行过程如图 3-4-2 所示。

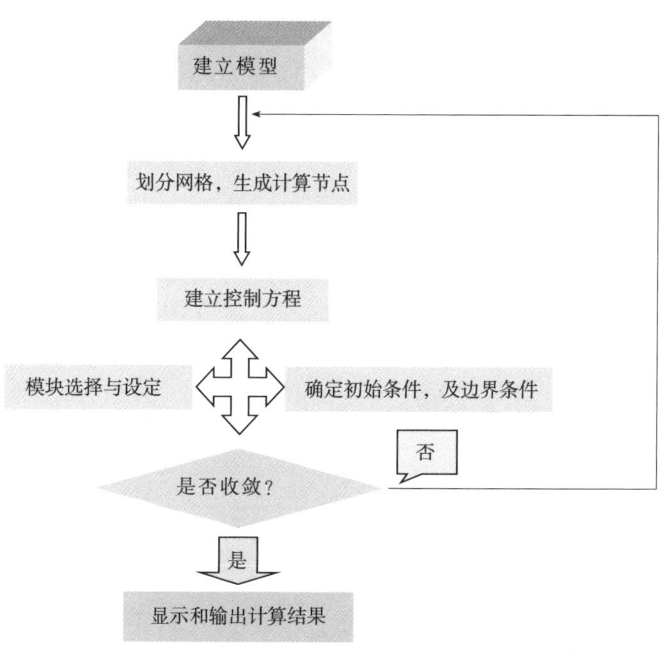

图 3-4-2　FLUENT 动态模拟方法与步骤

1. 模型模拟尺度及范围

沈阳位于中国东北地区南部，辽宁省中部，以平原为主，山地、丘陵集中在东南部，属于温带季风气候，城市中心特点建筑密集，城市主要干道以及街区道路错综复杂，城市绿地较少，对污染物净化能力较弱，人均氧量较低。本研究从宏观城市尺度、中观公园尺度以及微观小区尺度对沈阳市三环以内绿地释氧效应场进行动态模拟。

（1）城市尺度

以沈阳三环以内为宏观城市尺度，对沈阳市各大绿地整体进行释氧分布的动态模拟，以城市主要干道、绿地、河流、湖泊等各种条件为界限，分为不同的区域地块（即为模型中的 Block）。经过忽略细小道路、建筑合并后的模型，依据前文对区域建筑密度，建筑层高，容积率等指标的分析，结合文献中对日本、新加坡，我国武汉、广州、深圳等地区的城市密度分区方法，再将模型各体块分类，以利于下一步边界条件的设置。

（2）公园尺度

结合 GIS 解译、固碳释氧生态功能分析，选取了沈阳市三环以内 5 个主要的公园，即北陵公园、劳动公园、万柳塘公园、青年公园与五里河公园，这些公园的特点表现在均匀分布在沈阳市三环内的各个位置,其周围建筑等级分明,人流密集,为城市的主要活动场所。

（3）小区尺度

本书选择新建的沈阳中海国际社区，位于和平区长白岛，作为微观尺度的模拟对象对居住小区绿地释氧效应场进行动态模拟，在这个尺度之上，可以较为精确地得出释氧效应在不同高度的空间动态分布状况，以作为对宏观、中观两个尺度的模拟分析的补充。本书的初始设计是做一组小区的模拟，但由于工作量太大，暂以一个小区为例阐述不同尺度的模拟结果。

2. 风环境设置

城市气候主要通过大气运动对城市产生影响。而大气运动在城市边界层主要反映为风的作用，因此风环境的设置是 CFD 模拟的重要一环。风环境的设置主要包括风速、风向两个方面。利用 Autodesk 公司推出的 Autodesk Project Vasari 建筑概念设计和分析软件，通过软件分析命令栏中的 Ecotect wind rose 可以对沈阳市的风气候参数进行输出，得到不同季节以及不同时段的风玫瑰图，通过这些风玫瑰图可以得出沈阳市春、夏、秋三个季节中全天、白天、夜间等多个时段的风频率、风速、风向等各种指标参数的统计状况。通过这些图完成的气象分析包括：

（1）春季 3~5 月风玫瑰图（频率）；

（2）春季 3~5 月逐时段风玫瑰（频率）；

（3）夏季 6~8 月风玫瑰图（频率）；

（4）夏季 6~8 月逐时段风玫瑰（频率）；

（5）秋季 9~11 月风玫瑰图（频率）；

（6）秋季 9~11 月逐时段风玫瑰（频率）。

注：逐时段的采样时间段为 6~10 点；10~14 点；14~18 点；18~22 点；22~6 点。逐时间点为 2 点、12 点、16 点、20 点、24 点。

如图 3-4-3 所示，从沈阳市春、夏、秋三季风频率图可以得出以下风环境参数。

（1）春季风频率图，从全天的范围来看，主导风向为南风和西南风。主要风速集中在 9~14m/s。部分最大风速达到 20m/s 以上，表现为西南风。

（2）夏季风频率图，从全天的范围来看，主导风向为南风和西南风。主要风速集中在 11~20m/s。部分最大风速达到 20m/s 以上，表现为南风。

（3）秋季风频率图，从全天的范围来看，主导风向为东南风和东北风。主要风速集中在 9~20m/s。部分最大风速达到 20m/s 以上，表现为东北风。

（4）模拟春季主导风向：东南风。

（5）模拟夏季主导风向：南风。

（6）模拟秋季主导风向：西南风。

（7）模拟风速为常年平均风速，选择边界风速为 3.0m/s 的东风。

3. 物理模型

（1）AutoCAD 软件建立物理模型

本文城市模型使用 AutoCAD 软件绘制。在 CFD 软件精度控制范围内，建立合理准确的城市物理模型是实现城市气候模拟的第一步。对于城市尺度的城市绿地释氧浓度分布模拟分析，建立模型时，一方面，城市空间结构、区域划分，会敏感影响风、热环境表达，同时直接影响氧气浓度分布的模拟结果，所以建立的城市模型必须能够刻

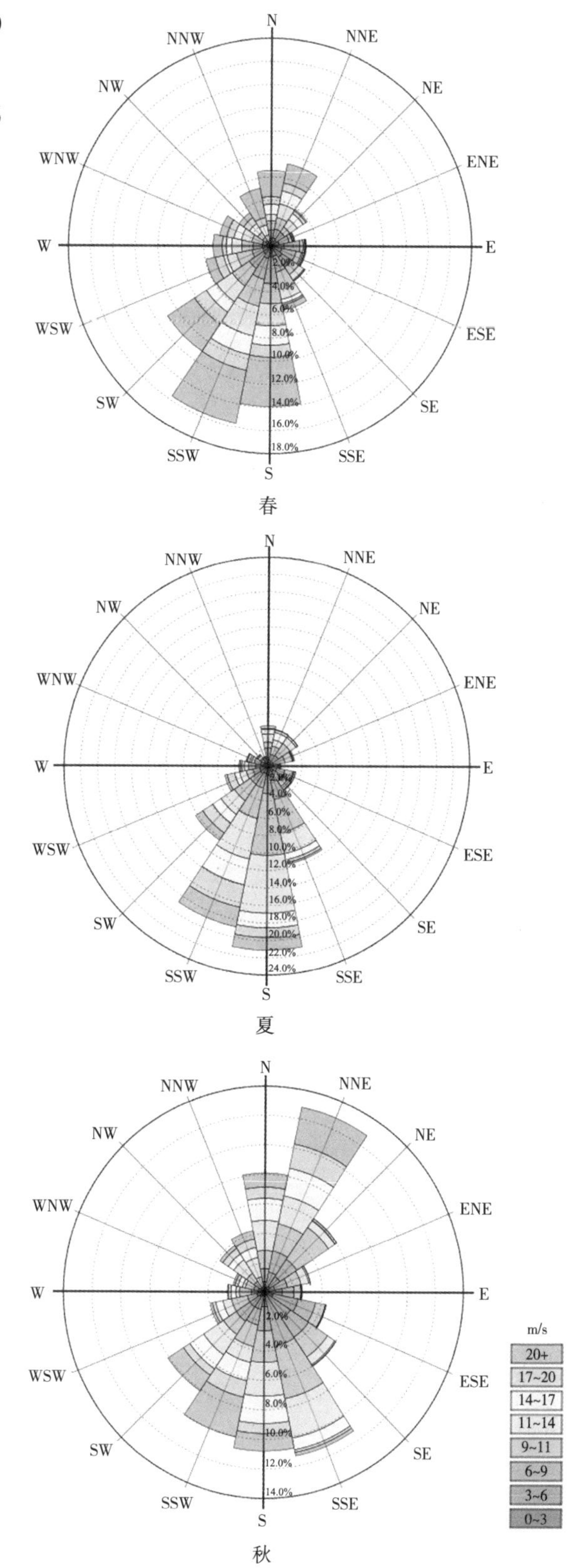

图 3-4-3　沈阳春、夏、秋三季风频率

画城市空间结构的重要特征，以保证模拟真实有意义；另一方面，限于现有计算条件，把复杂的城市空间结构在前处理软件中原样绘制出来是不现实的，过小尺度的网格将无法进行下一步运算。所以有必要依据一定规则把城市模型进行合理简化合并。

（2）城市分级设置

城市是一个复杂的综合体，街道、建筑、生态绿地、水面等交织在一起，结构复杂。如果不进行一定的简化，整个城市的模型建立过程将会是一个不可能完成的过程。就是一般城区要把地物都表示得很清楚也将非常复杂，而且没有必要。此外，计算机硬件及软件的限制，也要求模型不可能无限制的精细，必须有一个适合运行的限制。所以，在建立CFD运行所需的模型之前，我们必须对研究区域有个充分的了解，确定表达的重点，进行适当的整合，去掉不需表达的部分。首先将建筑轮廓上的细部忽略，简化为由基底向上拉伸到实际层高的规则体块。建筑、道路、绿化和水体等的边界也经过了简化处理，使轮廓更规则。以道路为界限，将建筑物分区，对于成片分布达到一定数量的性质相似、距离较近的建筑则根据实际情况以及借鉴他人的研究结果加以合并，即根据建筑间距与建筑高度之间的比值对空气流动的影响程度确定建筑轮廓刻画程度。

考虑到不同区域的建筑高度不同以及绿地的植被覆盖情况不同等因素，组成的数字模型在模拟计算过程中可能表现出的不同特性，根据整个研究区域内的建筑与绿地高度分为5个等级的模块（表3-4-1），即，1级（农田：高度2m）；2级（绿地：高度8m）；3级（低层建筑区：高度3~10m）；4级（多层建筑区：高度10~24m）；5级（高层建筑区：高度大于24m）。

城市模块分级对应参数　　表3-4-1

城市模块分级	分级名称	高度
1级	农田	2m
2级	绿地	8m（平均高度）
3级	低层建筑区	3~10m
4级	多层建筑区	10~24m
5级	高层建筑区	大于24m

4. 数字模型

CFD模拟的工作流程包括简化城市三维模型、建立数字模型、边界条件设置、模型运行演算等几个过程。只需要按照步骤导入各种基础资料和地理信息即可建出相应的数字模型。建立沈阳市的数字模型，首先需要获得沈阳市的数字地图、道路网交通图等资料。在CAD软件中将以数字地图为底图，提取出城市的主要街道、建筑群体和功能区，将他们分别整合，并形成闭合体块。至于水体、河流，根据其外围的形状，形成闭合多边形，高度为0m。绿地根据植被的平均高度设为8m，最后将建立的数字体块导入CFD模拟软件中，并进行整理和调节，初步得到沈阳市的数字模型。

（1）计算域（风洞）

把建筑模型放入模拟风洞之中，为了边界设置的合理，计算域应根据模型尺寸划定。FLUENT 模拟时，首先创建一个城市大空间的 zoom，确定 zoom 的长、宽、高尺寸，一般要适当的大于整个城市模型。用于进行环境模拟的计算域是氧气扩散模拟的核心问题，合理的计算域可以提高模拟计算效率和计算结果的可靠性。根据相关研究，为保证来流的充分发展，计算域应该足够大，每个计算域的尺寸应该根据建立的模型尺度来考虑。其次，在几何模型相应的位置建立进风口和出风口，用于模拟城市在大气候环境下的季节风向。

（2）网格划分与边界定义

1）网格类型

网格分为结构网格和非结构网格两大类。

结构网格节点排列有序，以阵列形式排列，当给出了一个节点的编号后，立即可以得到其相邻节点的编号，与计算机语言自然匹配，便于矩阵演算与操作。结构网格就是网格拓扑，相当于矩形域内均匀网格的网格，可以方便准确地处理边界条件，但在求解具有复杂几何形状的流场时，由于网格的节点排列有序，不能根据几何形状的变化对网格的疏密进行调节，对于应用中经常遇到的复杂几何形状采用结构网格进行足够细致地网格划分很困难。

非结构网格与结构网格不同，节点的位置无法用一个固定的法则给予有序的命名，没有规则的拓扑结构，不受求解域的拓扑结构与边界形状限制，节点和单元的分布是任意的，灵活性较好，并且便于生成自适应网格，能根据流场特征自动调整网格密度，对提高局部区域计算精度十分有利。

非结构网格具有以下四个特点。

①对复杂外形边界流场网格划分适应能力强，很大程度上改善了对复杂边界逼近的程度，对奇异点的处理比较简单，同时网格生成的自动化程度较高。

②根据流场性质自由安排网格节点，即当流场中的物理量变化剧烈处，节点就密集，对于物理量变化平缓处节点相对稀疏。

③随机的数据结构易于网格自适应，可更好地捕捉流场的物理特性。

④采用非结构网格可以大大地减少网格数目和网格生成的时间。

非结构化网格已成为目前 CFD 学科中的一个重要方向。对于非结构网格的应用也存在着一些难点，如具有三阶以上的高精度格式的应用仍处于探索阶段；对于不可压缩流场，压力耦合的求解比较困难等。非结构网格的无规则性也导致了在模拟计算中存储空间增大，寻址时间增长，多层网格技术用于非结构网格也有较多困难。

2）网格质量

网格质量的好坏直接影响着计算结果的正确性和精确性，质量太差的网格甚至会使计算中止。评定网格质量好坏的指标主要有三个方面：节点分布特性、光滑性以及偏斜度。

对于节点分布特性和光滑性还停留在定性的描述上。非结构网格的质量用偏斜度判断时，偏斜度与网格质量好坏的关系见表 3-4-2。

偏斜度与网格质量关系　　表 3-4-2

偏斜度	网格质量
1	变性
0.9~1	差
0.75~0.9	较差
0.5~0.75	一般
0.25~0.5	好
0~0.25	优秀
0	等边形

3）网格划分

计算的第一步就是为数字模型划分计算网格，网格代表计算的精度大小。网格越细，精度越高，但计算速度则会大大降低。此外网格划分过程中对于不规则物体和相互距离太接近的物体往往会产生错误，导致计算被强行中止。此时就需要根据错误报告，调整网格或是模型参数。对于城市分析来说，属于大尺度的研究，网格需要选择合适的精度，在模拟中根据数字模型的重要等级和体块结构来定义模型的网格大小，必要时还需要对局部网格进行加密。

Gambit 是 FLUENT 模拟计算的前期处理软件，具有自动化的非结构化、结构化网格生成能力。支持四面体、六面体以及混合网格，因而可以在模型上生成高质量的网格。另外还提供了强大的网格检查功能，可以检查出质量较差（长细比、扭曲率、体积）的网格。另外，网格疏密可以由用户自行控制，如果需要对某个特征实体加密网格，局部加密不会影响其他对象。

本研究采用结构化网格划分，为提高试验模拟的精确度，对模型进行可多次不同尺寸网格化分，保证每个计算面都能正确的划分网格，根据不同的模块尺度大小，形成一个 5m、10m 、15m、20m 不等的分析网格系统。

5. 参数设置

（1）选择求解器和求解方程

CFD 模拟技术依据的理论核心是计算流体动力学和数值分析方法，它是使用一组微分方程描述空间中流体的流动情况，对计算区域进行离散基础上将微分方程转化为代数方程，求解出微分方程租的数值解，进而获得流场的相关性质。本研究采用 Species Transport 模型，来模拟城市公园绿地中释放的氧气的扩散。模拟的扩散物成分为 O_2。释放源的尺度为实际的公园绿地尺度。运用流体力学条件设定和迭代运算将模型导入 FLUENT 软件，进行流体力学条件设定和迭代运算。控制方程如下。

1）连续性方程

$$\frac{\partial \tilde{u}_i}{\partial x_i}=0 \tag{3-9}$$

它反映了大气流动的质量守恒原理。式中 u_i（i=1，2，3）为 x、y、z 方向的速度分量，波纹符“~”表示瞬时量。

2）动量守恒方程

$$\frac{\partial \bar{U}_i}{\partial t}+\bar{U}_j\frac{\partial \bar{U}_i}{\partial x_j}=\frac{1}{\rho}\frac{\partial \bar{p}}{\partial x_i}-\frac{\partial}{\partial_j}(\overline{u_i u_j})+v\nabla^2\bar{U}_i \tag{3-10}$$

$$j=1,\ 2$$

式中，$\bar{p}$为流体时均压强；ρ，v 为流体密度、运动黏性系数；u_i，u_j 为流体脉动速度在 i、j 方向上的分量；$\overline{u_i u_j}$为流体脉动切应力；x_i，x_j 为 i、j 方向上的坐标；$\bar{U}_i$，$\bar{U}_j$为流体时均速度在 i、j 方向上的分量。

3）标准的 k–ε 方程组

$$\begin{aligned}\frac{\partial k}{\partial t}+\bar{U}_j\frac{\partial k}{\partial x_j}&=\frac{\partial}{\partial x_j}\left(\frac{v_t}{\sigma_k}\frac{\partial k}{\partial x_j}\right)+v_t\left(\frac{\partial \bar{U}_i}{\partial x_j}+\frac{\partial \bar{U}_j}{\partial x_i}\right)\frac{\partial \bar{U}_i}{\partial x_j}-\varepsilon\frac{\partial \varepsilon}{\partial t}+\bar{U}_j\frac{\partial \varepsilon}{\partial x_j}\\&=\frac{\partial}{\partial x_j}\left(\frac{v_t}{\sigma_\varepsilon}\frac{\partial \varepsilon}{\partial x_j}\right)+\frac{\varepsilon}{k}\left[C_{\varepsilon1}v_t\left(\frac{\partial \bar{U}_i}{\partial x_j}+\frac{\partial \bar{U}_j}{\partial x_i}\right)\frac{\partial \bar{U}_i}{\partial x_j}-C_{\varepsilon2}\varepsilon\right]\end{aligned} \tag{3-11}$$

式中，ε 为湍动耗散率；$N_t=C_\mu\frac{k^2}{\varepsilon}$，$C_\mu$=0.09，$C_{\varepsilon1}$=1.44，$C_{\varepsilon2}$=1.92，$\sigma_k$=1.0，$\sigma_\varepsilon$=1.3。

（2）模拟的初始条件设立

根据不同区域的实际情况，设置不同的初始温度，城市公园绿地温度要低于城市的平均温度，绿色植物通过遮挡、蒸散和光合作用削减了 70% 的太阳辐射热，经辐射温度测定，夏季树荫下与阳光直射硬质地面的温差可达 20~40℃之多，本文将实测温度数值设置为温度参数，同时绿地为氧气的释放源，相应的氧气浓度最高，在标准状况下，氧气的密度为 1.429g/L，二氧化碳的密度 1.977g/L，空气的密度 1.29g/L，氧气在标准状况下 22.4L（1mol）空气重量为 1.293 × 22.4=28.963g，1mol 空气中含氧 0.21mol 也就是 22.4 × 0.21=4.704L，其重量是 1.429 × 4.704=6.722g，因此，空气中氧气的质量分数为 6.722/28.963=0.232=23.2%。

绿地中氧气的质量百分数由调研计算得出的数据换算而来，通过计算绿地释放氧气的密度与空气本底的氧气密度之合乘以标准状况下的摩尔体积 22.4L，再除以空气的摩尔质量，计算得出绿地中氧气的质量百分数为 0.235，在 FLUENT 模拟计算中，氧气的质量百分数设置为 0.235，并通过设置进风口和出风口的不同位置和参数及附加其他有关参数，达到模拟城市不同季节的自然气候条件的目的。在本研究的城市街区内部流场计算中，不考虑温度对气流场的影响，不考虑空气的浮升力，而且城市流场近地面气流速度受下垫面影响，数量级不大（20m/s 以下），故可将城市街区内气流运动按不可压缩流动处理。

（3）边界条件的处理

1）入口风速分布

当气流穿过不同的地区和地形带（如海洋、陆地、平原、山地、森林、城市等）时，会产生摩擦力而使风的能量减少，风速降低，其本身的结构（如湍流度、旋涡尺度等）也发生变化。其变化的程度随着距离高度的增加而降低，直到达到一定高度时，地面粗糙度的影响可以忽略，这一受到地球表面摩擦力影响的大气层成为大气边界层。大气边界层的高度随着气象条件、地形和地面粗糙度的不同而有差异，一般情况下，地以上 300m（不超过 1000m）范围内均属于大气边界层的范围，所以这个范围以上风速才不受地表的影响，可以在大气梯度的作用下自由流动。为使模拟计算更接近实际情况，必须考虑风速随高度的变化。在近地面层入口的风速服从指数分布：

$$u=u_0\left(\frac{z}{z_0}\right)^{a} \tag{3-12}$$

式中，u 为 z 高度处的风速；u_0 为参考高度处的风速；z 为距地面的高度；z_0 为参考高度；a 为反映地面粗糙程度的常数，此处取 a=0.2。

由于气象台（a=0.16）与高层建筑（a=0.2）所处的地区可能不同，所以应该对风速进行修正。根据气象学原理，修正后可以得到：

$$u = 0.533u_i \tag{3-13}$$

$$z_0=2$$

式中，u_i 为气象台预报风速。

2）出流面的边界条件

假定出流面上的流动已充分发展，流动已恢复为无建筑物阻碍时的正常流动，故其出口边界相对压力为零；建筑物表面为有摩擦的平滑墙壁。

3）迭代收敛

每组 FLUENT 模拟都需要经过对设置方程的反复计算。在流体力学里，这样的计算只有当运算因子趋于稳定或达到某个区间时才算计算完成，这个过程就是收敛。不同的软件，表示收敛的方式有不同，所有的动态模拟都需要对收敛问题进行考虑并随时调整参数。

6. 模拟结果分析

一般的计算结果需要进行多次的调试和反复计算才能达到比较理想的状态。计算完成后可以按照温度、风速、浓度等子项进行分项的数值显示。可以按照模型的高度和位置选择水平剖面和竖直剖面的数值显示图。FLUENT软件一般可根据数值大小用不同的颜色来直观显示绿地释氧效应场状况。色彩数值图是以后我们分析的基础。还可以形成带颜色的箭头图，用以显示氧气扩散的运行状态。FLUENT 软件的计算结果还存在着进行验证和对比的问题，因此可以根据前述的遥感影像运算图的结果修改部分参数设置并重新计算，以得到比较好的结果。

经过上述的各个步骤，FLUENT 软件可以准确迅速地对研究对象进行氧环境动态模拟，得出释氧效应场的空间分布状况以及在空间中的量，同时对于计算结果可以较为直观地进行分析和判断，对于后期的规划设计提供可靠的依据。

7. GIS 空间分析

GIS 空间分析主要通过空间数据和空间模型的联合分析来挖掘空间目标的潜在信息。它是地理信息系统区别于一般信息系统的主要功能特征。ArcGIS Toolbox 中集成了大量的空间分析工具。本研究主要用到的空间分析方法包括空间叠置分析和空间数据统计。空间叠置分析是 GIS 最常用的提取空间隐含信息的手段之一。它是基于两个或两个以上的图层来进行空间逻辑的交、并、差等运算，并对叠合范围内的属性进行分析评定（范大昭和雷蓉，2005）。空间叠置分析图层的数据结构可以是栅格数据或者矢量数据。空间数据的统计主要包括数据分类与分级、分区统计等，本文主要是根据三季氧气浓度的动态变化及空间分布计算出同氧气浓度等级的面积统计及空间分布。基于矢量数据与栅格数据相结合进行空间叠置，用以将 CFD 模拟的释氧效应场矢量化，按照氧气浓度分成不同的等级，确定其空间分布及范围。

3.4.3　绿地释氧效应场动态模拟与分析

1. 城市、公园、小区三尺度物理模型的建立

（1）宏观城市尺度物理模型的建立

在宏观城市尺度上，如图 3-4-4 所示，以沈阳三环以内为模拟范围，面积为 45609.42hm^2，东西长约 25km，南北长约 24.5km。运用 AutoCAD 软件，将整个研究区域内的建筑与绿地高度分为 6 个等级（详见 3.4.2），即：1 级（农田：高度 2m）；2 级（绿地：高度 8m）；3 级（低层建筑区：高度 3~10m）；4 级（多层建筑区：高度 10~24m）；5 级（高层建筑区：高度大于 24m），图 3-4-5 为城市分级图。

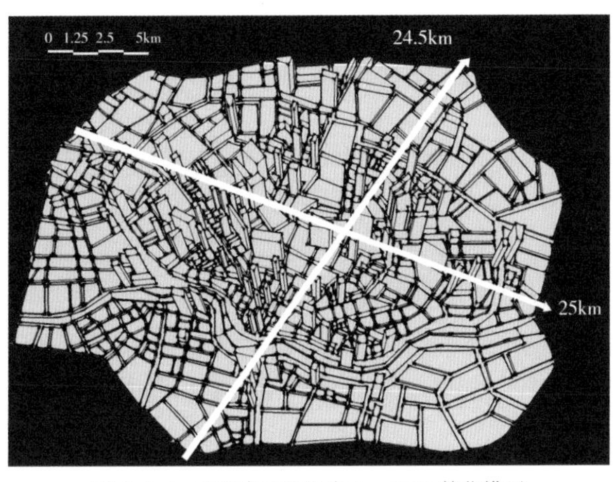

图 3-4-4　沈阳市三环以内 AutoCAD 简化模型

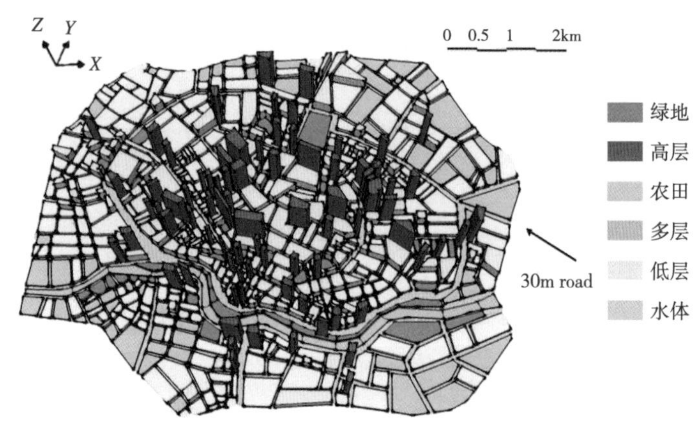

图 3-4-5 沈阳市三环以内城市模块分级

（2）公园尺度物理模型的建立

在中观公园尺度上，选取了沈阳市三环以内 5 个主要的公园，即北陵公园、劳动公园、青年公园、万柳塘公园和五里河公园。模拟的区域包括该公园以及周边一定范围内的区域，以涵盖绿地氧气扩散范围为基准，如图 3-4-6 所示，北陵公园及周边区域模型的范围为东西长 7.3km，南北长 8.9km；劳动公园及周边区域模型的范围为东西长 3.4km，南北长 3km；青年公园及周边区域模型的范围为东西长 2.4km，南北长 1.7km；万柳塘公园及周边区域模型的范围为东西长 4.0km，南北长 4.3km；五里河公园及周边区域模型的范围为东西长 6.7km，南北长 3.3km。公园物理模型的简化及分级原则与城市尺度一样分为 4 个等级，即：绿地，高度 8m；低层建筑区，高度 3~10m；多层建筑区，高度 10~24m；高层建筑区，高度大于 24m，如图 3-4-7 所示。

（3）微观小区尺度物理模型的建立

本文选择新建的沈阳中海国际社区作为微观尺度的模拟对象对绿地释氧效应场进行动态模拟，该小区面积为 13.27hm²。在这个尺度之上，可以较为精确地得出释氧效应场在不同高度的空间动态分布状况，以作为对宏观、中观两个尺度的模拟分析的补充。如图 3-4-8、图 3-4-9 所示，模型模拟的区域为小区的实际边界，由于小区的尺度相对于城市和公园的尺度而言要小很多，因此模型只需要稍微简化，可以精确地建出每栋建筑的模型，尽量还原模拟区域真实的空间尺度。

2. 城市、公园、小区三尺度 Gambit 建模

（1）建立 Gambit 数学模型

运用 FLUENT 软件的前处理模块 Gambit 建立数学模型。把建筑模型放入模拟风洞之中，为了边界设置的合理，计算域应根据模型尺寸划定。如果计算域的设置进行运算后发现出流口湍流扰动严重，有回流产生，则加大计算域，直至回流湍流影响消失。

（2）网格划分

对计算区域进行网格划分是计算机数值模拟计算中最为重要的，也是最难处理的问题之一。最重要是因为网格划分质量的好坏将直接影响到模拟结果的精度、模拟的可靠性以

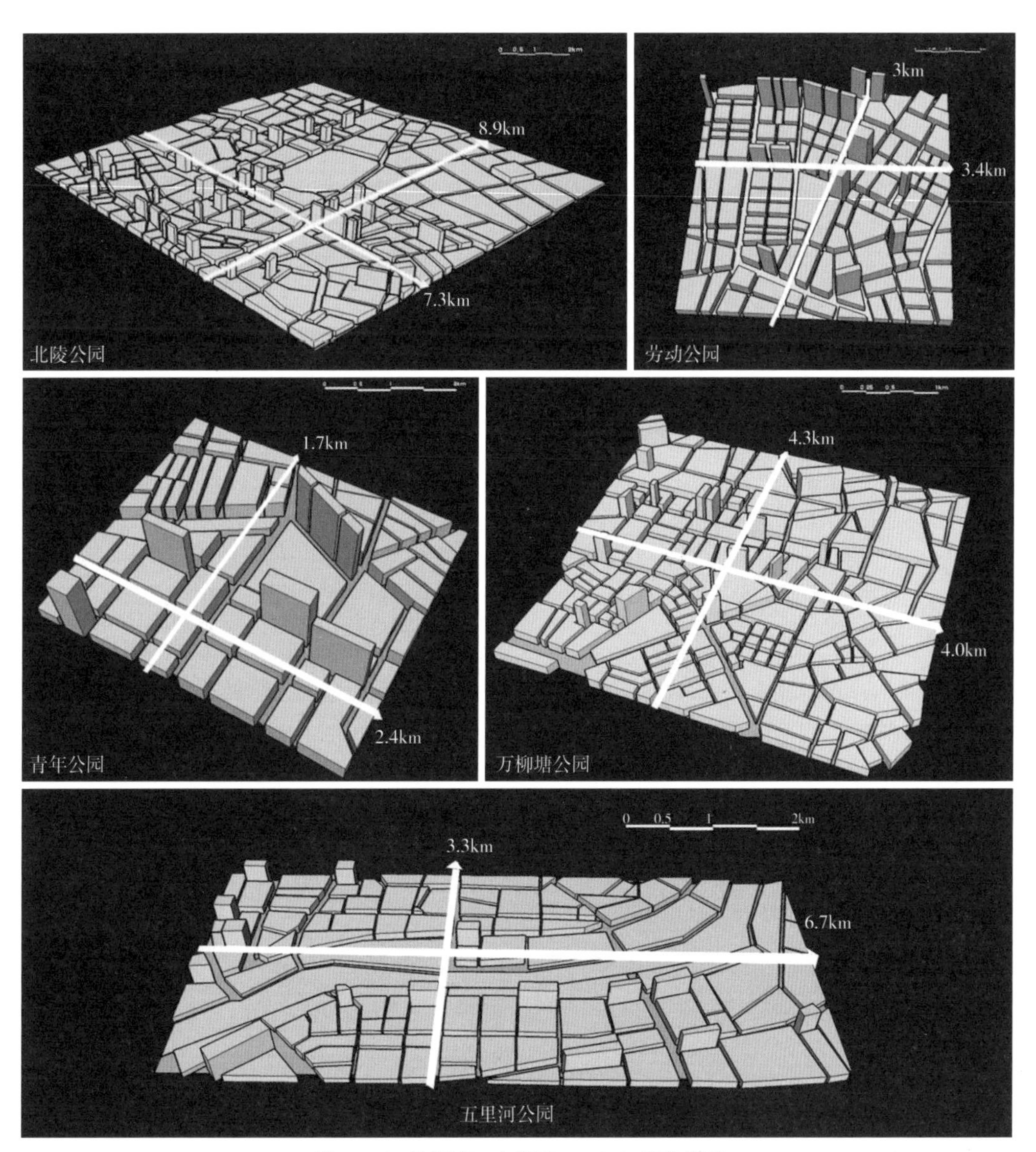

图 3-4-6　沈阳市 5 个公园 AutoCAD 简化模型

及模拟过程中的稳定性和收敛性，而网格划分的数量则影响计算的时间；最难处理是因为对于具有复杂外形的三维实体，特别是对于大尺度的城市空间，要想划分出理想的网格是非常困难的。本研究采用结构化网格划分，为提高模拟的精确度，对模型进行多次不同尺寸网格化分，保证每个计算面都能正确地划分网格，根据不同的模块尺度大小，形成一个 5m、10m、15m、20m 不等的分析网格系统。图 3-4-10 为各个模拟区域的 Gambit 数字模型及划分网格后的计算流域图。

3. FLUENT 软件模拟参数设置

由于沈阳地处严寒地带，冬季植物释氧功能可忽略不计，因此，本文主要模拟春、夏、秋三季的绿地的释氧效应场。以气象数据为基础，结合对沈阳市春夏秋三季风频率图的分

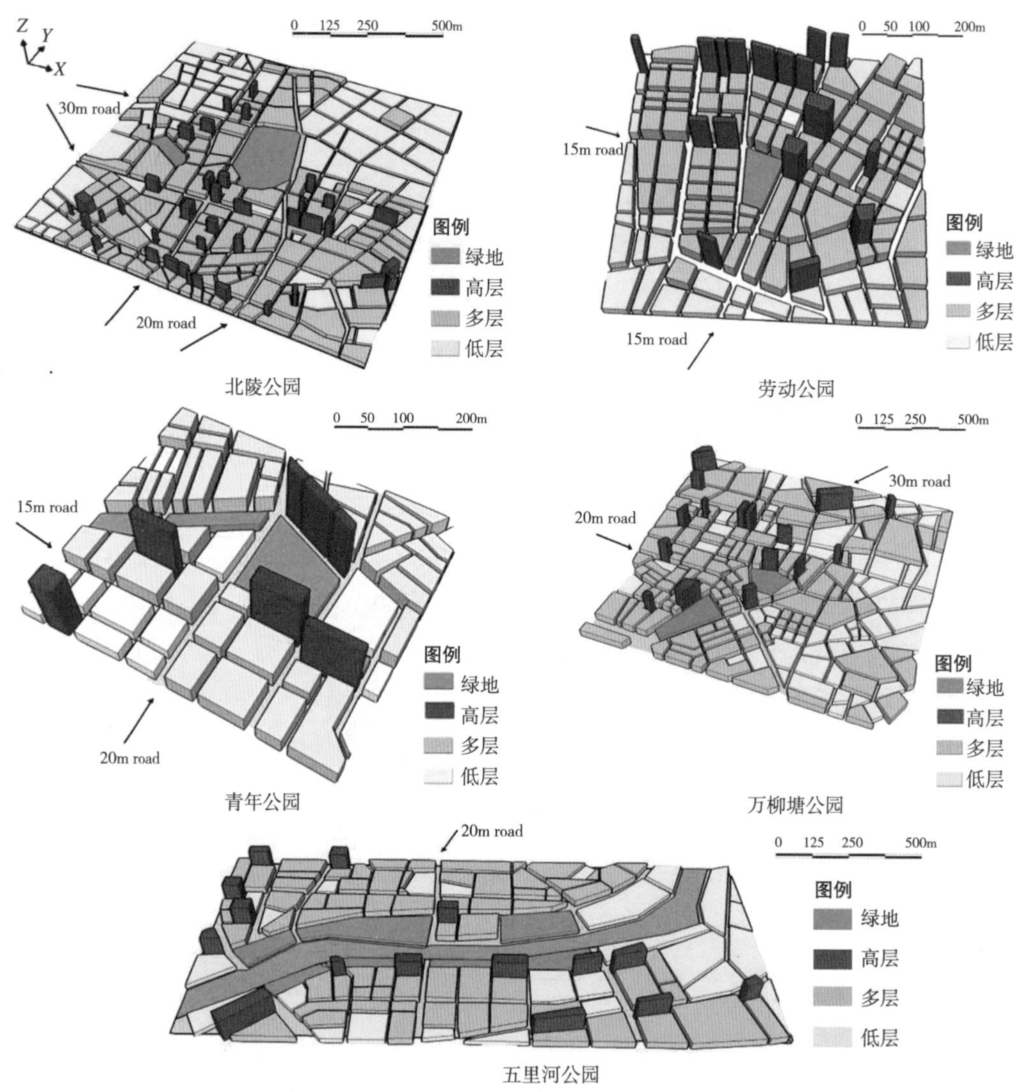

图 3-4-7 沈阳市 5 个公园及周边区域分级

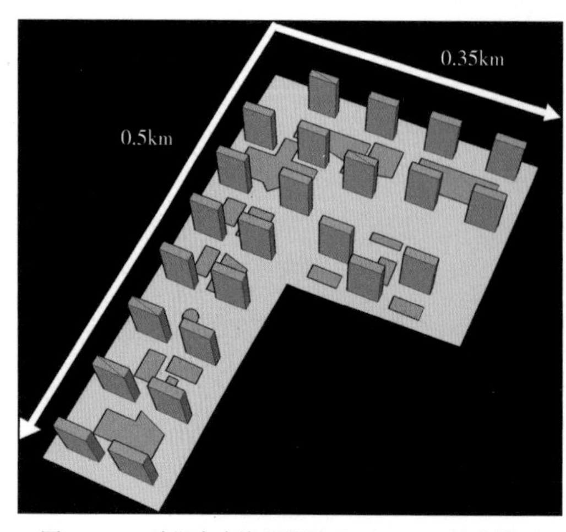

图 3-4-8 沈阳市中海国际社区 AutoCAD 简化模型

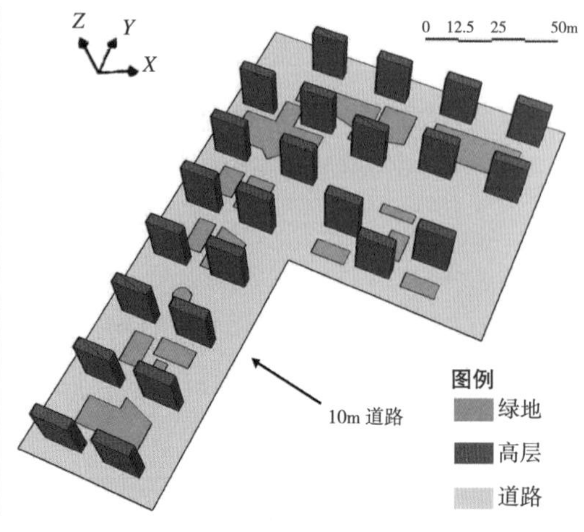

图 3-4-9 沈阳市中海国际社区空间模型

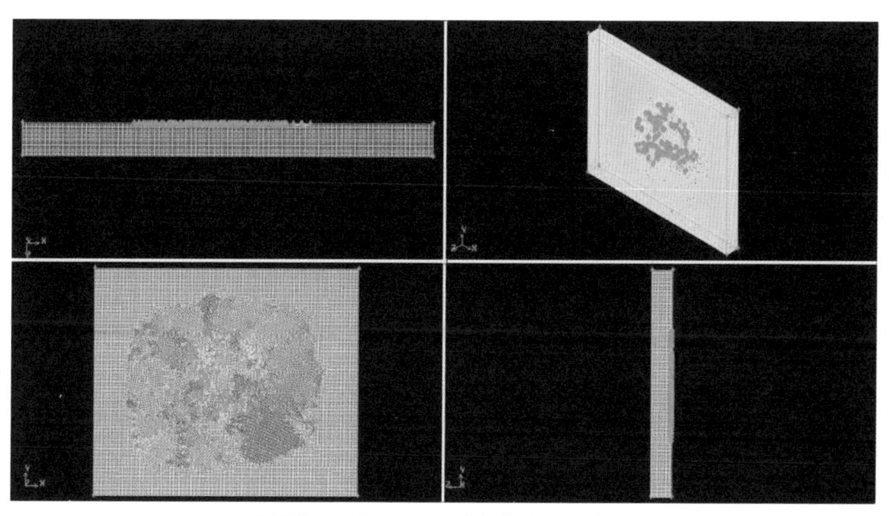

沈阳市三环以内 Gambit 数学模型及网格划分

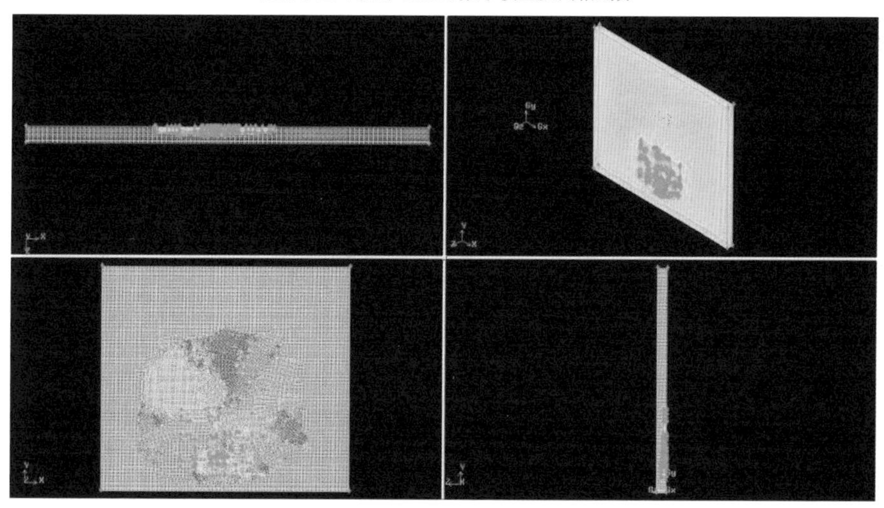

北陵公园及周边区域 Gambit 数学模型及网格划分

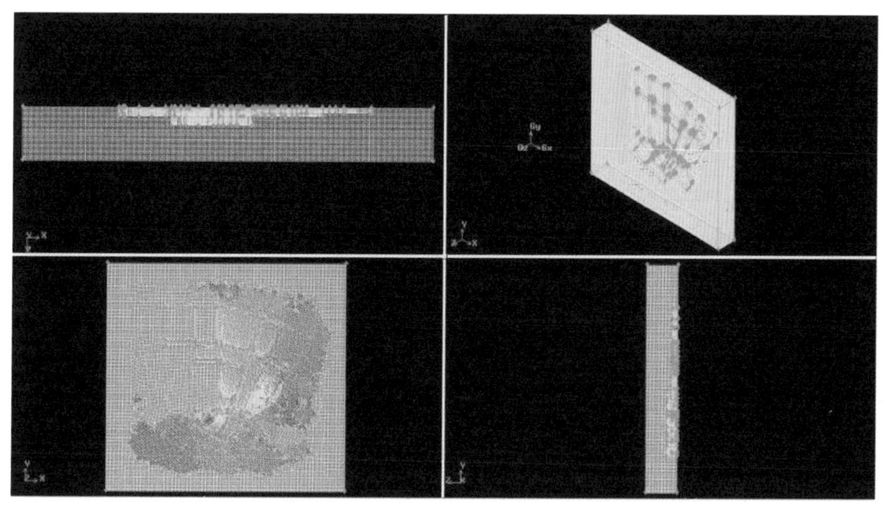

劳动公园及周边区域 Gambit 数学模型及网格划分

图 3-4-10　各个模拟区域的 Gambit 数字模型及网格划分

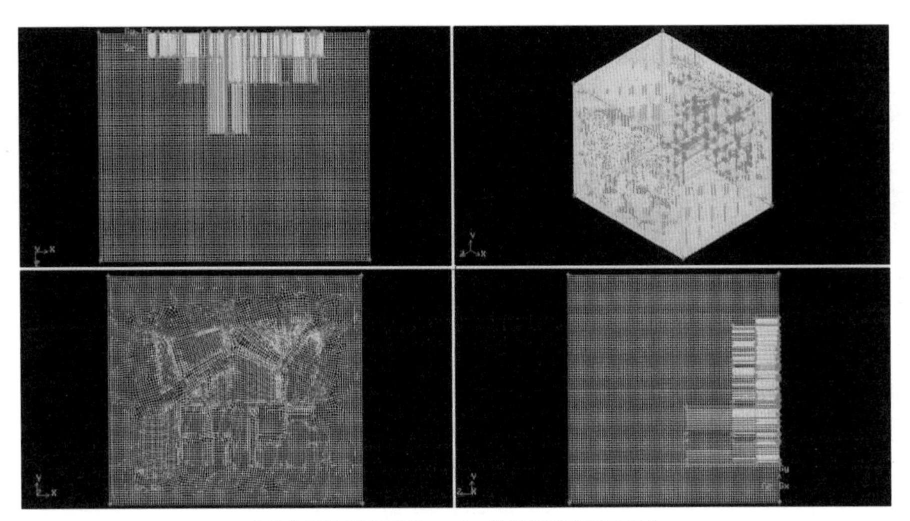

青年公园及周边区域 Gambit 数学模型及网格划分

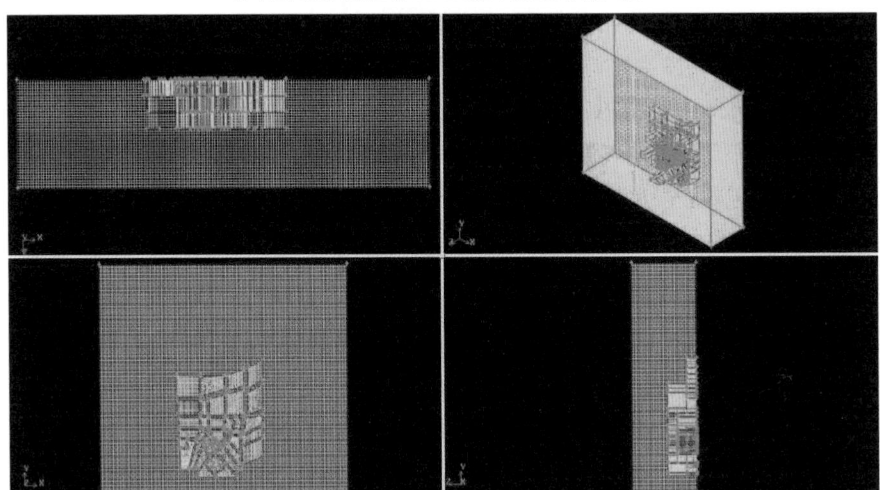

万柳塘公园及周边区域 Gambit 数学模型及网格划分

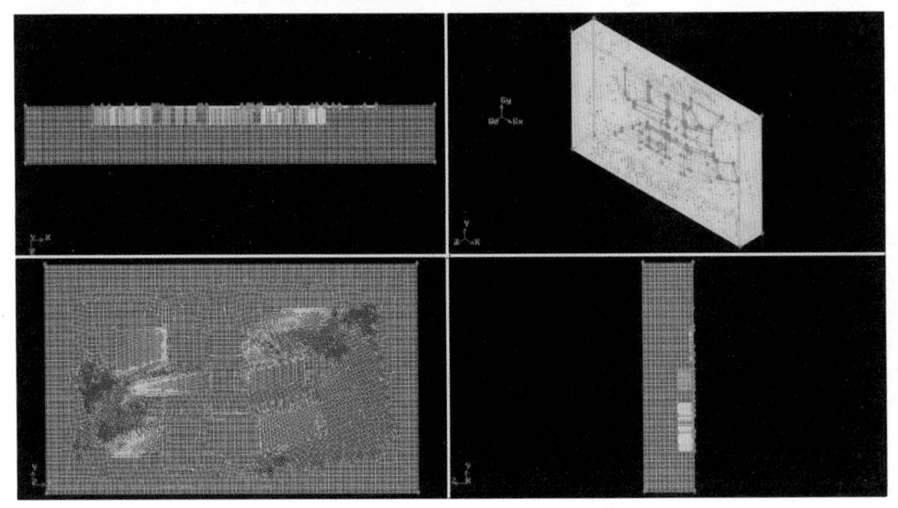

五里河公园及周边区域 Gambit 数学模型及网格划分

图 3-4-10　各个模拟区域的 Gambit 数字模型及网格划分（续）

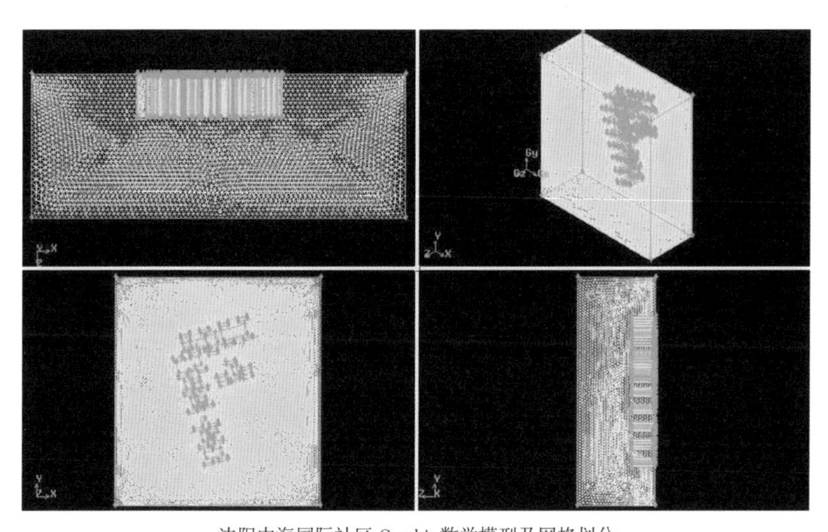

沈阳中海国际社区 Gambit 数学模型及网格划分

图 3-4-10　各个模拟区域的 Gambit 数字模型及网格划分（续）

析，确定春季主导风向为东南风；夏季主导风向为南风；秋季主导风向为西南风。此外，具体模拟过程中，还要设置空气温度、绿地温度、空气中氧气质量百分比、绿地中氧气质量百分比、X 方向风速、Y 方向风速。各模拟区域具体参数设置见表 3-4-3。

4. FLUENT 软件动态模拟结果

（1）三环以内绿地释氧效应场 FLUENT 模拟结果

对于应用 FLUENT 软件模拟绿地释氧效应场，沈阳三环以内尺度非常大，模拟结果在三维空间上的显示非常困难，因此，如图 3-4-11 所示，这个尺度的模拟结果主要阐述的是在风环境下，绿地释氧扩散效应在 2m 高（考虑人体舒适度的高度）平面上的梯度变化。模拟结果显示，在不考虑三环以外绿地释氧效应条件下，沈阳三环以内南部、西部和东南部一部分释氧效应低，在春季尤为明显；东部和北部绿地释氧效应较好；依照氧气扩散规律和范围，沈阳市二环以内的模拟结果较真实，可作为绿地规划的参考。

（2）5 个公园绿地释氧效应场 FLUENT 模拟结果

1）图 3-4-12 所示为北陵公园春、夏、秋三季绿地释氧效应场 FLUENT 模拟结果，分别包括 2m 高平面云图、立面云图、轴测云图和风速矢量图。

2）图 3-4-13 所示为劳动公园春、夏、秋三季绿地释氧效应场 FLUENT 模拟结果，分别包括平面云图、立面云图、轴测云图和风速矢量图。

3）图 3-4-14 所示为青年公园春、夏、秋三季绿地释氧效应场 FLUENT 模拟结果，分别包括平面云图、立面云图、轴测云图和风速矢量图。

4）图 3-4-15 所示为万柳塘公园春、夏、秋三季绿地释氧效应场 FLUENT 模拟结果，分别包括平面云图、立面云图、轴测云图和风速矢量图。

5）图 3-4-16 所示为五里河公园春、夏、秋三季绿地释氧效应场 FLUENT 模拟结果，分别包括平面云图、立面云图、轴测云图和风速矢量图。

各模拟区域参数设置　　表 3-4-3

	空气温度（K）	绿地温度（K）	空气中氧气质量百分数	绿地中氧气质量百分数	X 方向风速（m/s）	Y 方向风速（m/s）
沈阳三环以内（春季）	293.15	291.15	0.232	0.235	1	3
沈阳三环以内（秋季）	289.25	286.75	0.232	0.235	–1	3
沈阳三环以内（夏季）	298.85	294.35	0.232	0.235	0	3
北陵公园（春季）	293.15	291.15	0.232	0.235	0.5	0.5
北陵公园（秋季）	289.25	286.75	0.232	0.235	–0.5	1
北陵公园（夏季）	298.85	294.35	0.232	0.235	0	0.5
劳动公园（春季）	293.15	291.15	0.232	0.235	0.5	1
劳动公园（秋季）	289.25	286.75	0.232	0.235	–0.5	1
劳动公园（夏季）	298.85	294.35	0.232	0.235	0	1
青年公园（春季）	293.15	291.15	0.232	0.235	1	1.2
青年公园（秋季）	289.25	286.75	0.232	0.235	–0.5	1
青年公园（夏季）	298.85	294.35	0.232	0.235	0	1
万柳塘公园（春季）	293.15	291.15	0.232	0.235	1	1.5
万柳塘公园（秋季）	289.25	286.75	0.232	0.235	–1	1.5
万柳塘公园（夏季）	298.85	294.35	0.232	0.235	0	1.5
五里河公园（春季）	293.15	291.15	0.232	0.235	1	1.2
五里河公园（秋季）	289.25	286.75	0.232	0.235	–1	1.5
五里河公园（夏季）	298.85	294.35	0.232	0.235	0	1
中海国际社区（春季）	293.15	291.15	0.232	0.235	0.2	1.2
中海国际社区（秋季）	289.25	286.75	0.232	0.235	–0.4	1.8
中海国际社区（夏季）	298.85	294.35	0.232	0.235	0	0.5

以上 5 个公园绿地三季释氧效应场 FLUENT 模拟结果表明：北陵公园周边用地模块以多层建筑区和低层建筑区为主，高层建筑区占少数，且主要集中在南部和东北部。由于沈阳春、夏、秋季的主导风向分别为东南风、南风和西南风，北陵公园北部、东部、西部又以多层建筑区和低层建筑区为主，因此，北陵公园绿地朝北、东北、西北释氧效应良好；劳动公园周边用地模块以高密度多层建筑区为主，高层建筑较少且主要集中在北部，夏季释氧效应较好，春季和秋季由于受到高密度建筑区阻挡，释氧效应不是很明显，同时由于劳动公园绿地面积小，周边缺少大面积的绿地斑块，对周边释氧贡献不大；青年公园北侧偏东和南部有行列式高密度高层建筑区，北侧的道路方向与春季主导风向东南风基本一致，春季和夏季释氧效应较秋季好，秋季在主导风向西南风方向上受到高层建筑区阻挡，释氧效应较低；万柳塘公园周边建筑密度较高，以多层建筑区为主，北面和西南面均分布着高层建筑区，三季释氧效应秋季优于春季和夏季；五里河公园绿地大致沿浑河呈东西向狭长分布，建筑区密度较低，因此，总体来看五里河公园的春季和夏季释氧效应非常好，且优

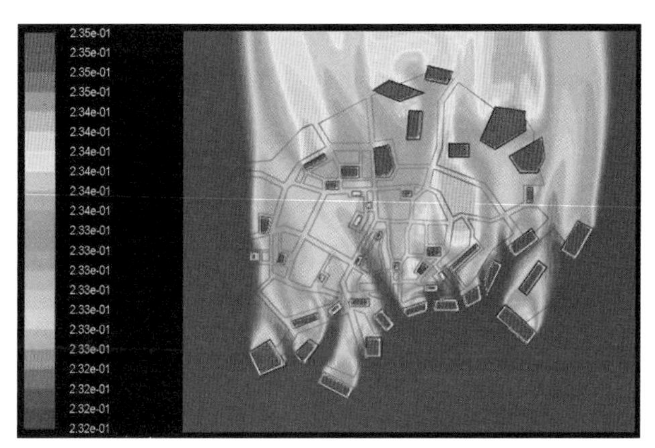

沈阳市三环以内绿地春季释氧效应场 FLUENT 模拟结果

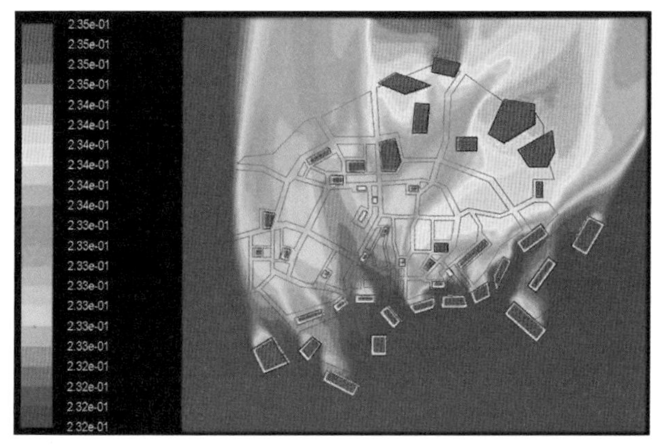

沈阳市三环以内绿地秋季释氧效应场 FLUENT 模拟结果

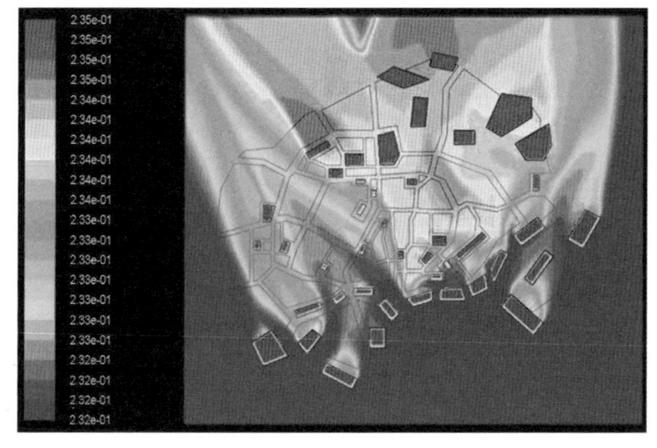

沈阳市三环以内绿地夏季释氧效应场 FLUENT 模拟结果

图 3-4-11　沈阳市三环以内绿地三季释氧效应场 FLUENT 模拟结果

于其他公园，秋季稍弱，同时五里河公园的释氧效应场也应验了“山南水北”这句古语，受城市风环境的影响，浑河以及周边绿地产生的生态效应对浑河以北影响较大，释氧效应良好，对浑河以南区域则影响较弱，释氧效应也较弱。

从以上 5 个公园绿地三季释氧效应场 FLUENT 模拟结果综合来看，绿地氧气扩散的范围与空间分布与主导风向、建筑高度与密度（尤其是主导风向上建筑高度与密度）、道路

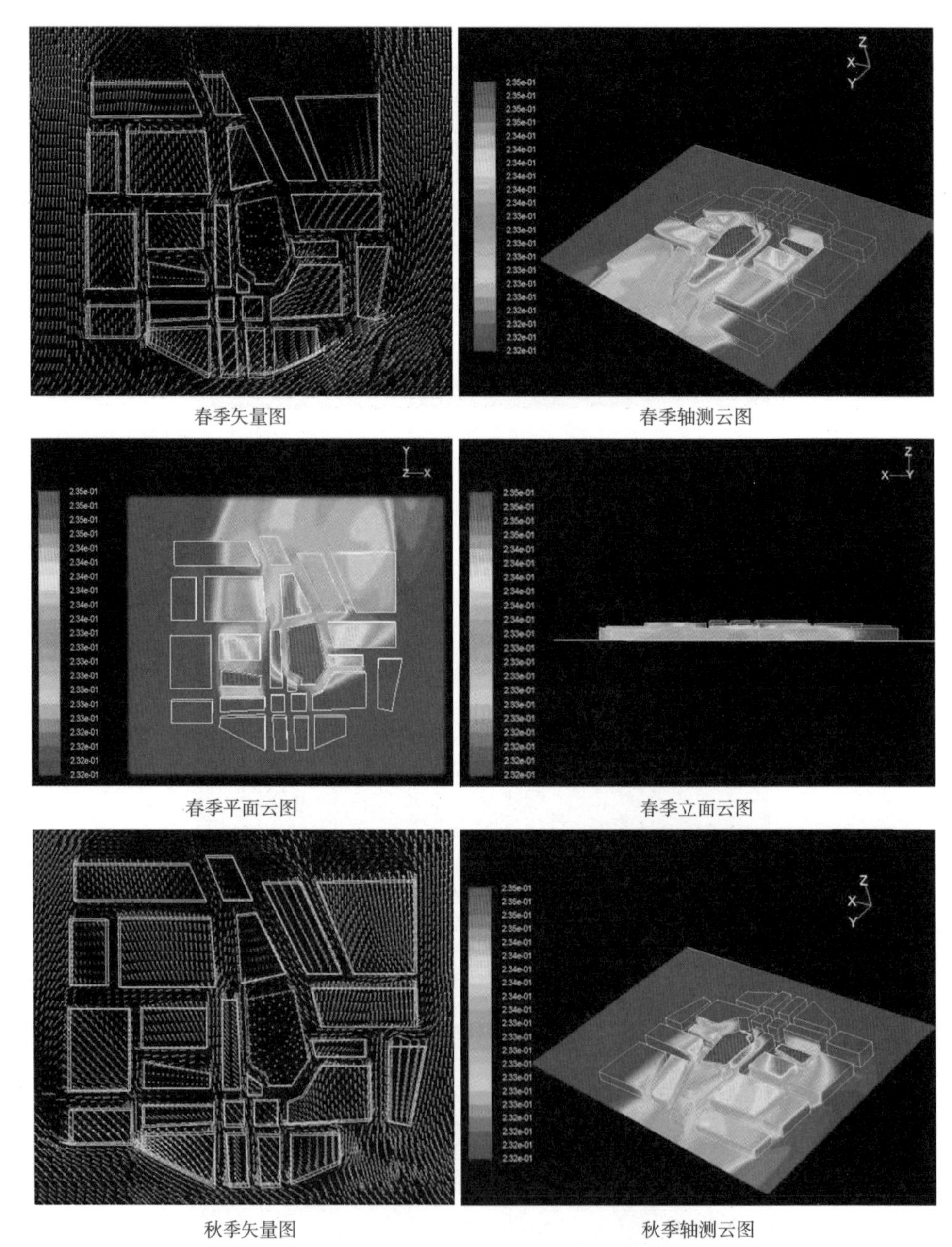

图 3-4-12　北陵公园绿地三季释氧效应场 FLUENT 模拟结果

走向、道路宽度等关系密切。总的来说，主导风向上建筑密度和高度越低、道路越宽、道路走向与主导风向方向一致的情况下，绿地释氧效应越好，空间扩散范围越大。

（3）沈阳某社区绿地释氧效应场 FLUENT 模拟结果

研究案例选择为沈阳一个高层居住小区，最高建筑达 90m。FLUENT 模拟该居住小区的绿地释氧效应场的目的主要是研究绿地在风环境下垂直高度的梯度变化，即在不同高度氧气扩散的范围及空间分布状况。图 3-4-17 所示为中海国际社区夏季绿地释氧效应场

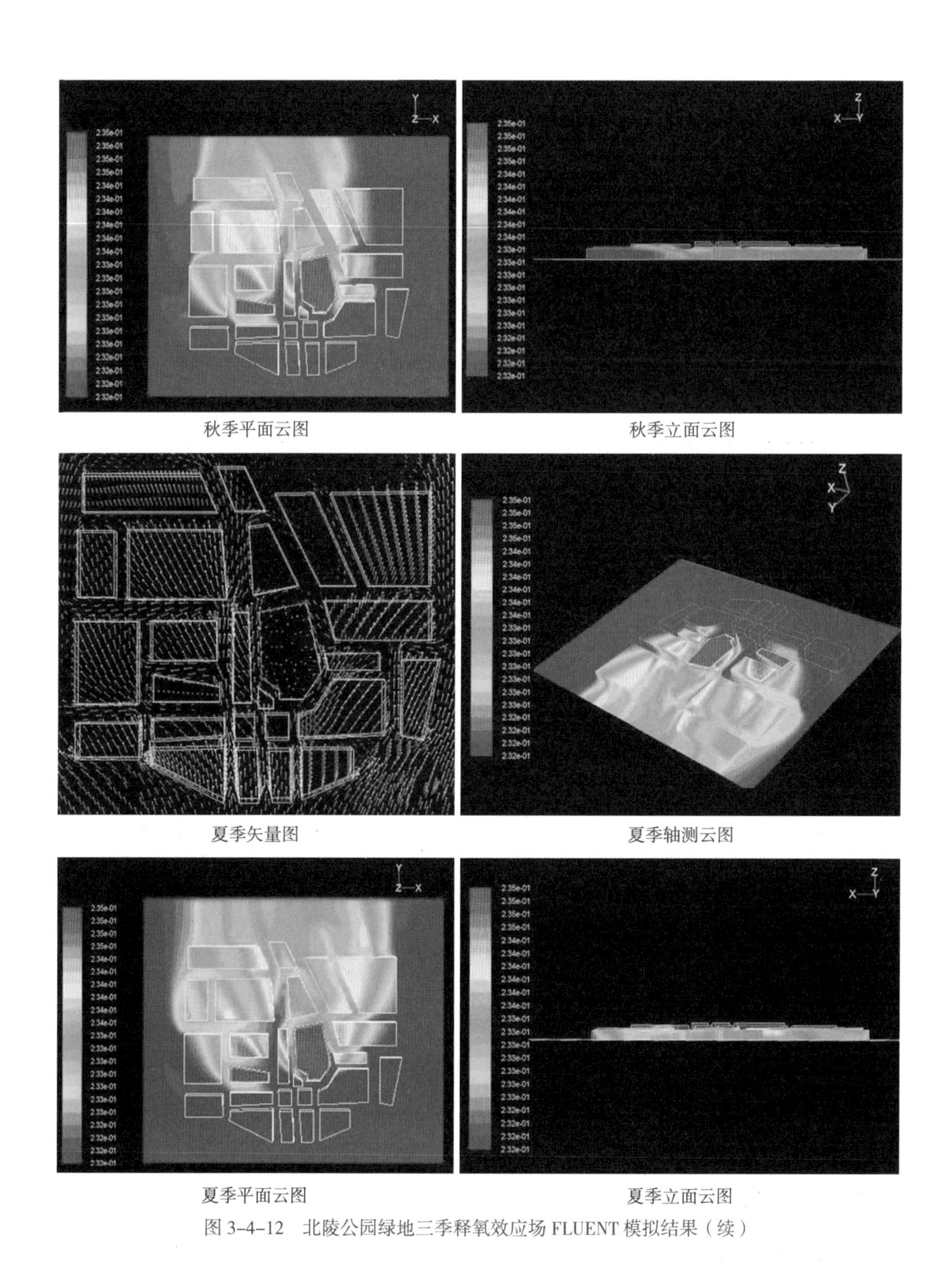
秋季平面云图　　秋季立面云图

夏季矢量图　　夏季轴测云图

夏季平面云图　　夏季立面云图

图 3-4-12　北陵公园绿地三季释氧效应场 FLUENT 模拟结果（续）

FLUENT 模拟结果，分别包括轴测云图、立面云图和风速矢量图。在夏季主导风向为南风的情况下，由于小区建筑的朝向偏西南方向，小区内绿地对园区西面的一排高层建筑区域释氧效应差。释氧效应的强弱与建筑朝向、建筑与绿地的相对位置、建筑疏密、建筑高度关系密切。图 3-4-18 所示为中海国际社区不同高度的绿地释氧效应场（0~90m 高度），以 6m 为间隔，相当于住宅建筑的 2 层左右，又考虑到人的高度为 2m，所以也选择了 2m 高度的释氧效应场。图中可以看出，高度越低释氧效应越好，氧气浓度越高，绿地释氧效应

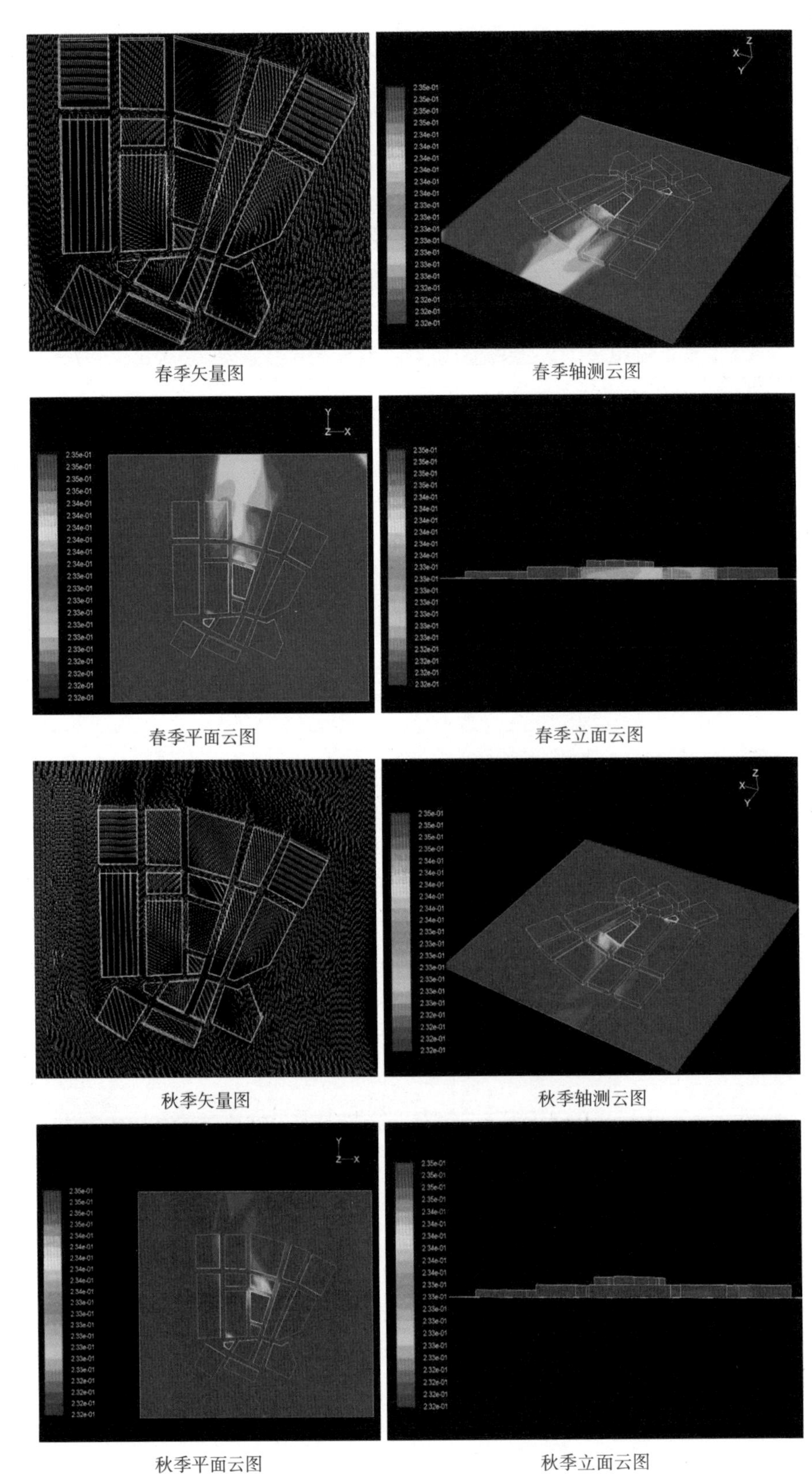

图 3-4-13　劳动公园绿地三季释氧效应场 FLUENT 模拟结果

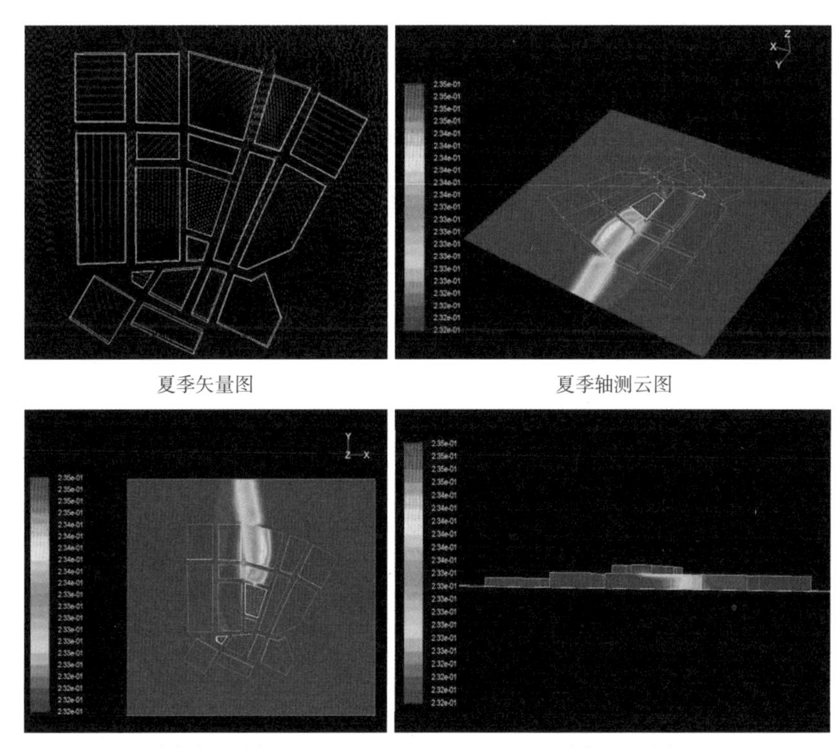

夏季矢量图　　夏季轴测云图

夏季平面云图　　夏季立面云图

图 3-4-13　劳动公园绿地三季释氧效应场 FLUENT 模拟结果（续）

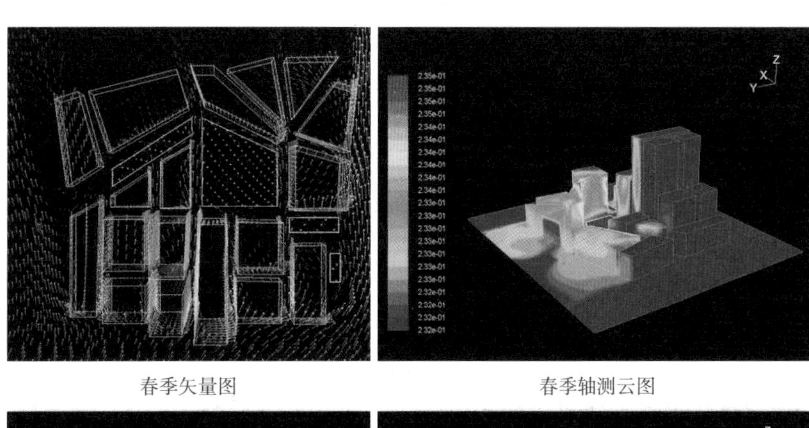

春季矢量图　　春季轴测云图

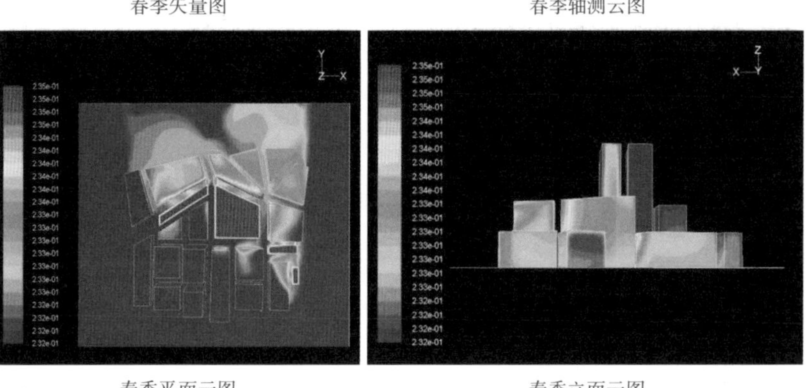

春季平面云图　　春季立面云图

图 3-4-14　青年公园绿地三季释氧效应场 FLUENT 模拟结果

秋季矢量图

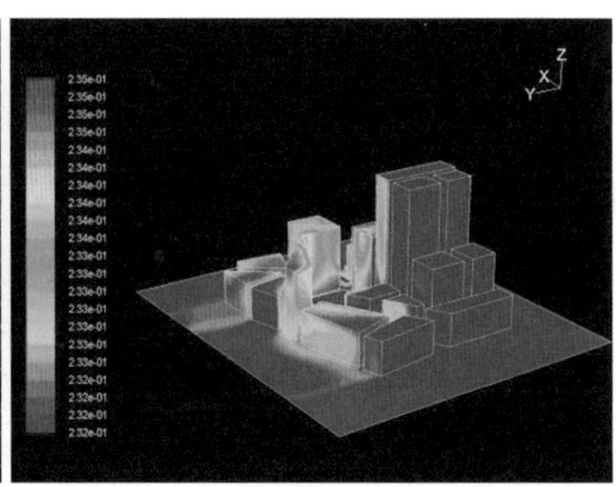

秋季轴测云图

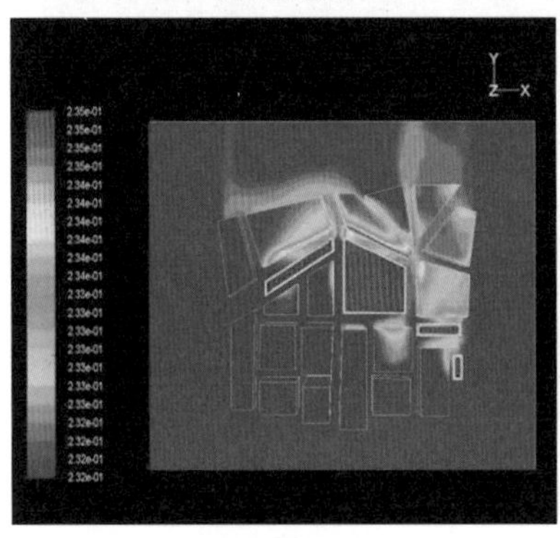

秋季平面云图

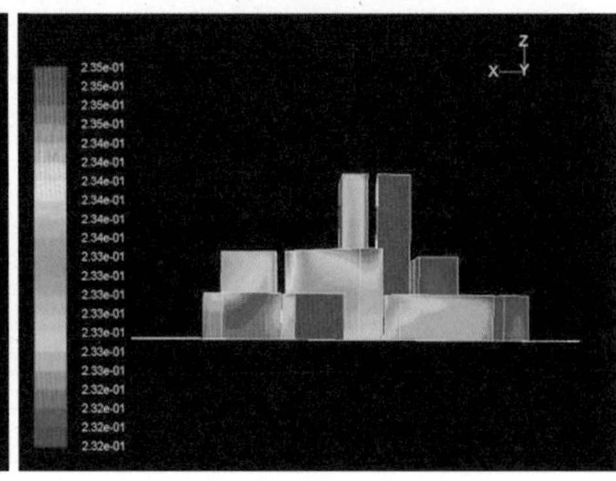

秋季立面云图

夏季矢量图

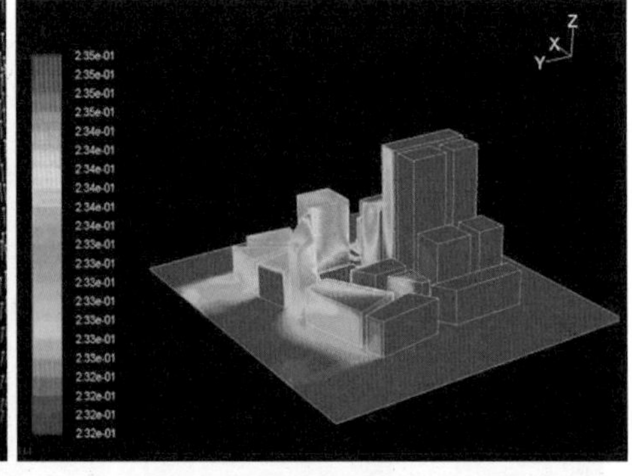

夏季轴测云图

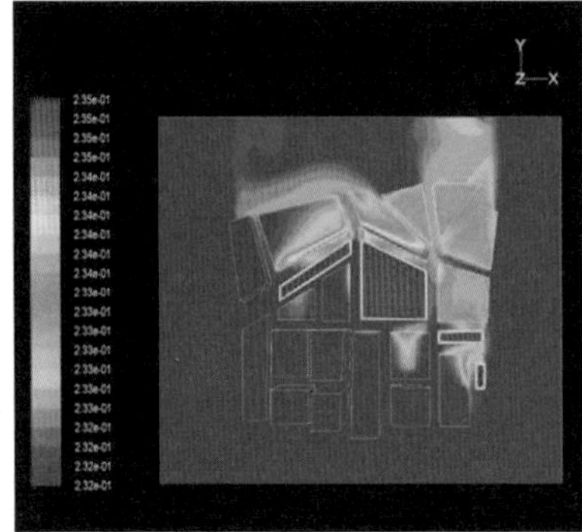

夏季平面云图

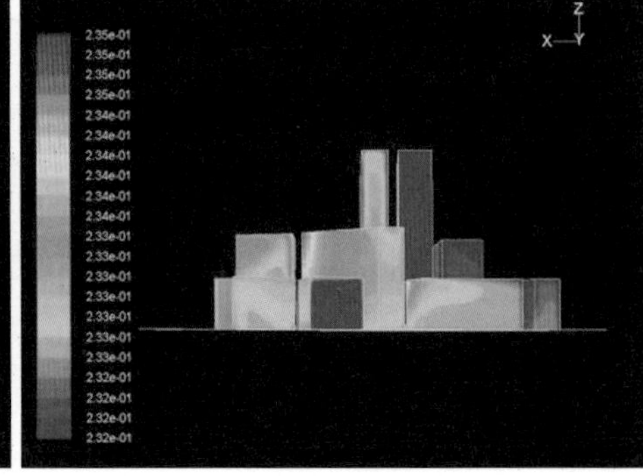

夏季立面云图

图 3-4-14　青年公园绿地三季释氧效应场 FLUENT 模拟结果（续）

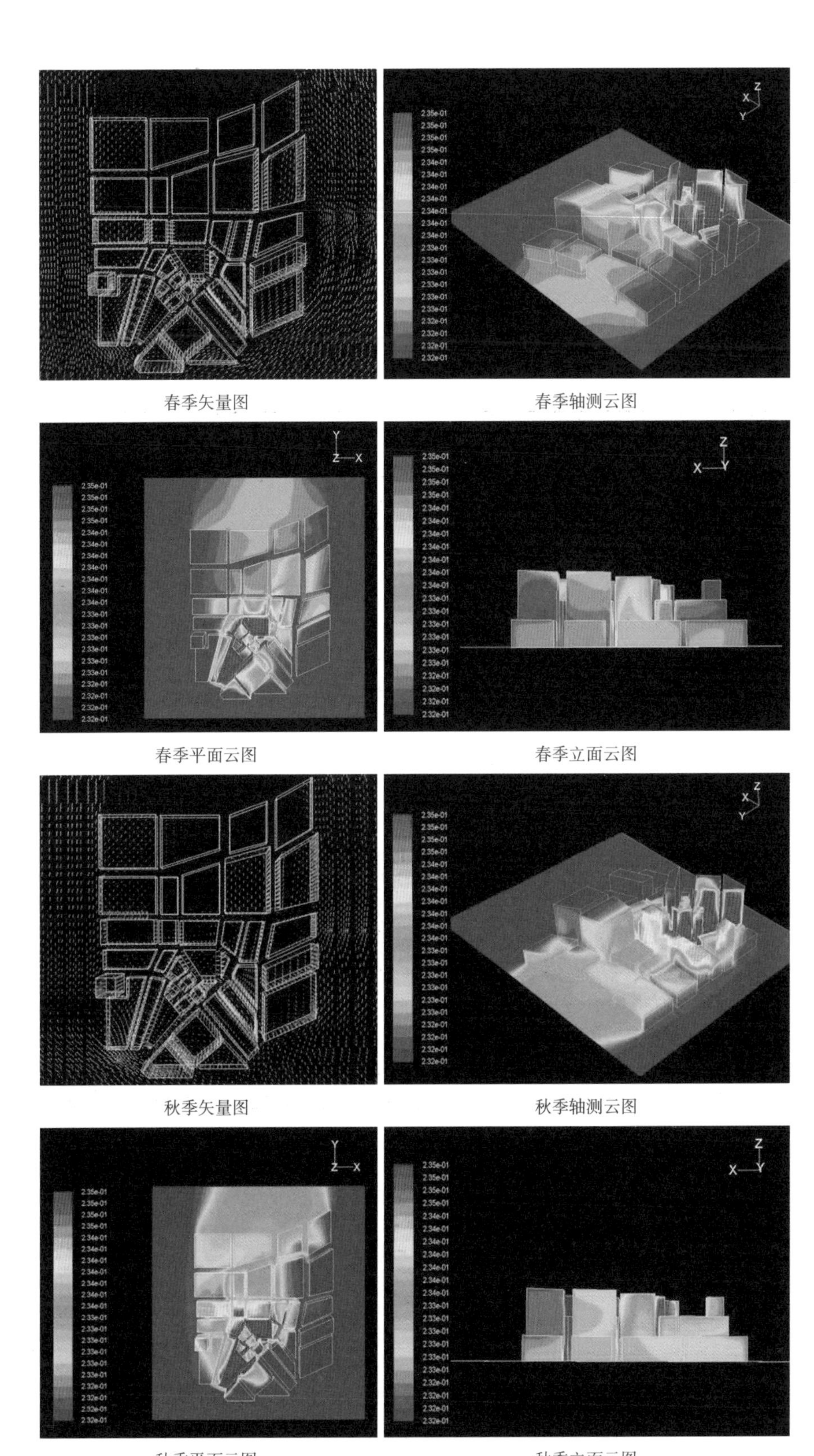
春季矢量图　春季轴测云图

春季平面云图　春季立面云图

秋季矢量图　秋季轴测云图

秋季平面云图　秋季立面云图

图 3-4-15　万柳塘公园绿地三季释氧效应场 FLUENT 模拟结果

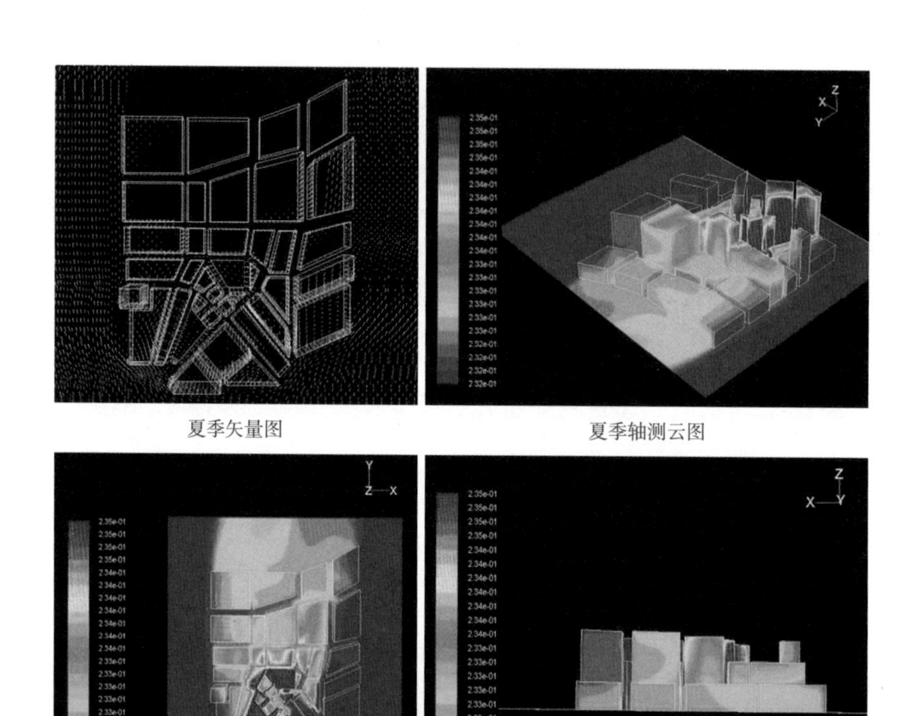

夏季矢量图　　夏季轴测云图

夏季平面云图　　夏季立面云图

图 3-4-15　万柳塘公园绿地三季释氧效应场 FLUENT 模拟结果（续）

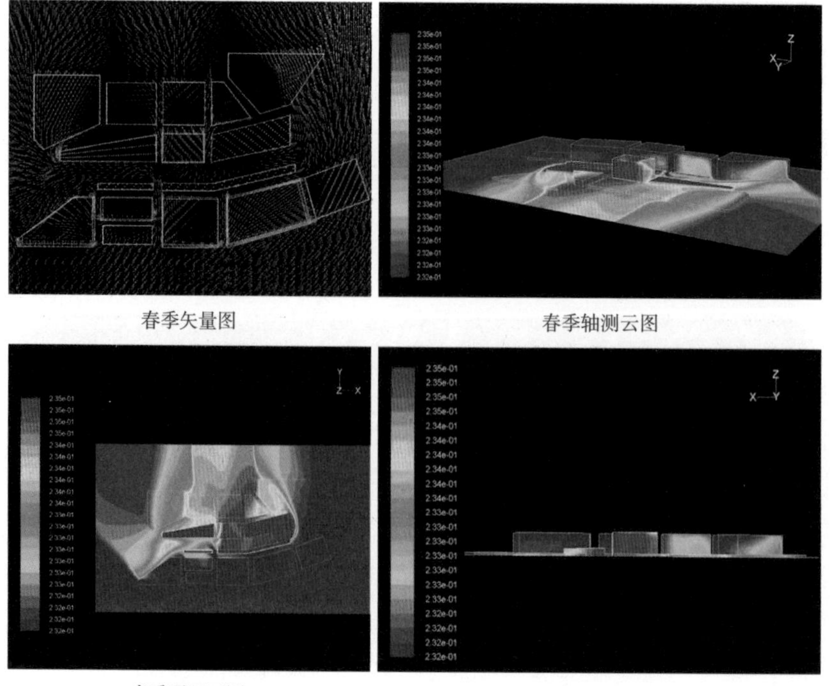

春季矢量图　　春季轴测云图

春季平面云图　　春季立面云图

图 3-4-16　五里河公园绿地三季释氧效应场 FLUENT 模拟结果

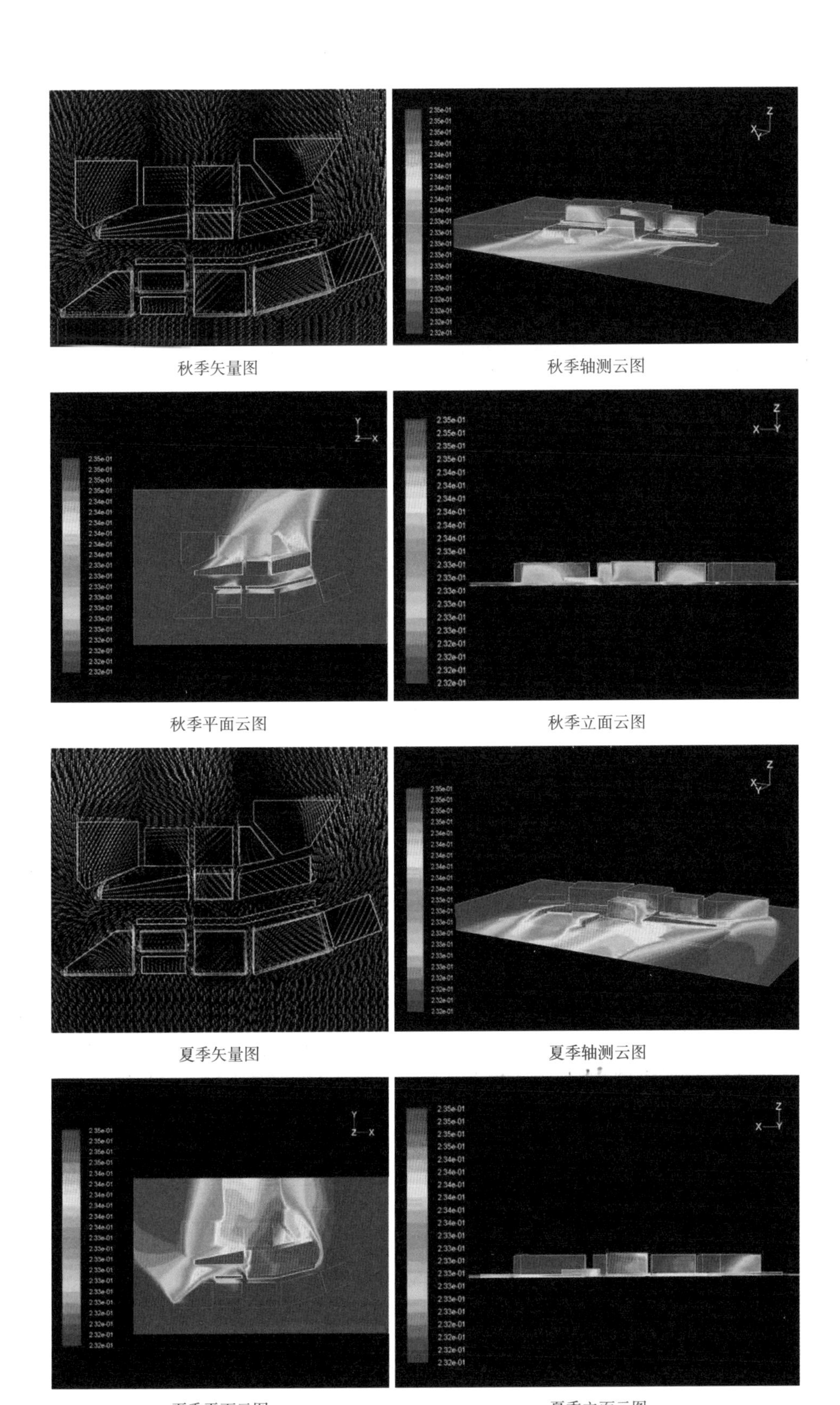

秋季矢量图　秋季轴测云图

秋季平面云图　秋季立面云图

夏季矢量图　夏季轴测云图

夏季平面云图　夏季立面云图

图 3-4-16　五里河公园绿地三季释氧效应场 FLUENT 模拟结果（续）

立面云图

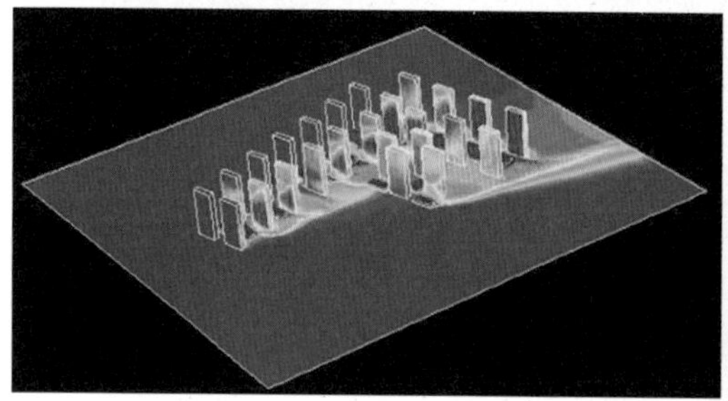

轴测云图

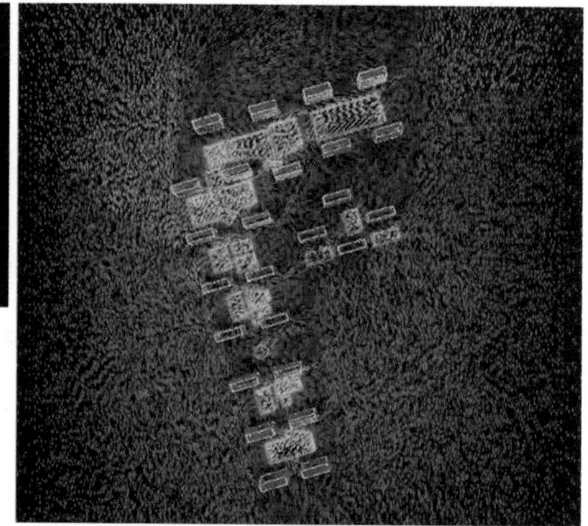

风速矢量图

图 3-4-17　中海国际社区绿地夏季释氧效应场 FLUENT 模拟结果

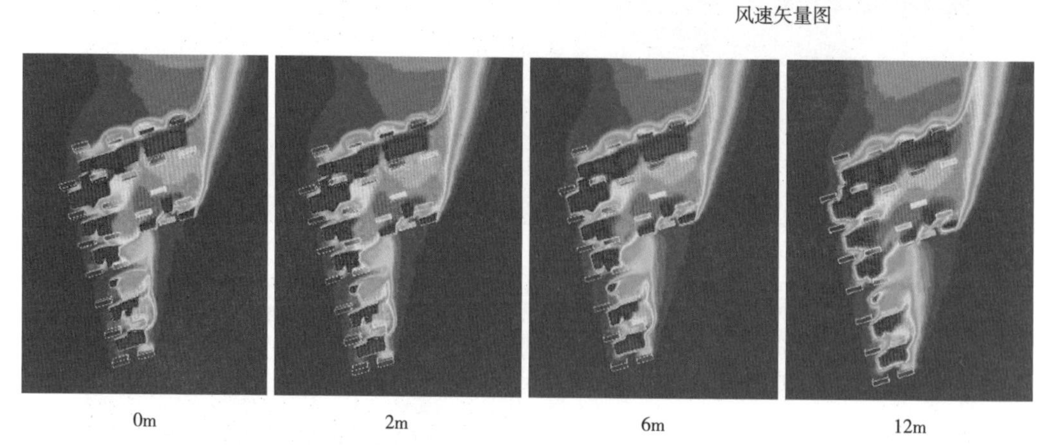

0m　　2m　　6m　　12m

图 3-4-18　中海国际社区绿地夏季不同高度释氧效应场 FLUENT 模拟结果

的影响范围就越大；高度越高则反之。其中，0~24m 高度，释氧效应良好；30~60m 高度，释氧效应次之；60~90m，绿地释氧效应弱，对建筑的影响几乎可以忽略不计。

5. 基于 GIS 的 FLUENT 模拟结果的空间分析

FLUENT 模拟结果数值云图的表达方式，可以用颜色表达氧气浓度在空间中的分布以及空间中任意一点的氧气浓度值，而不能阐述其空间范围，GIS 则有强大的空间统计和

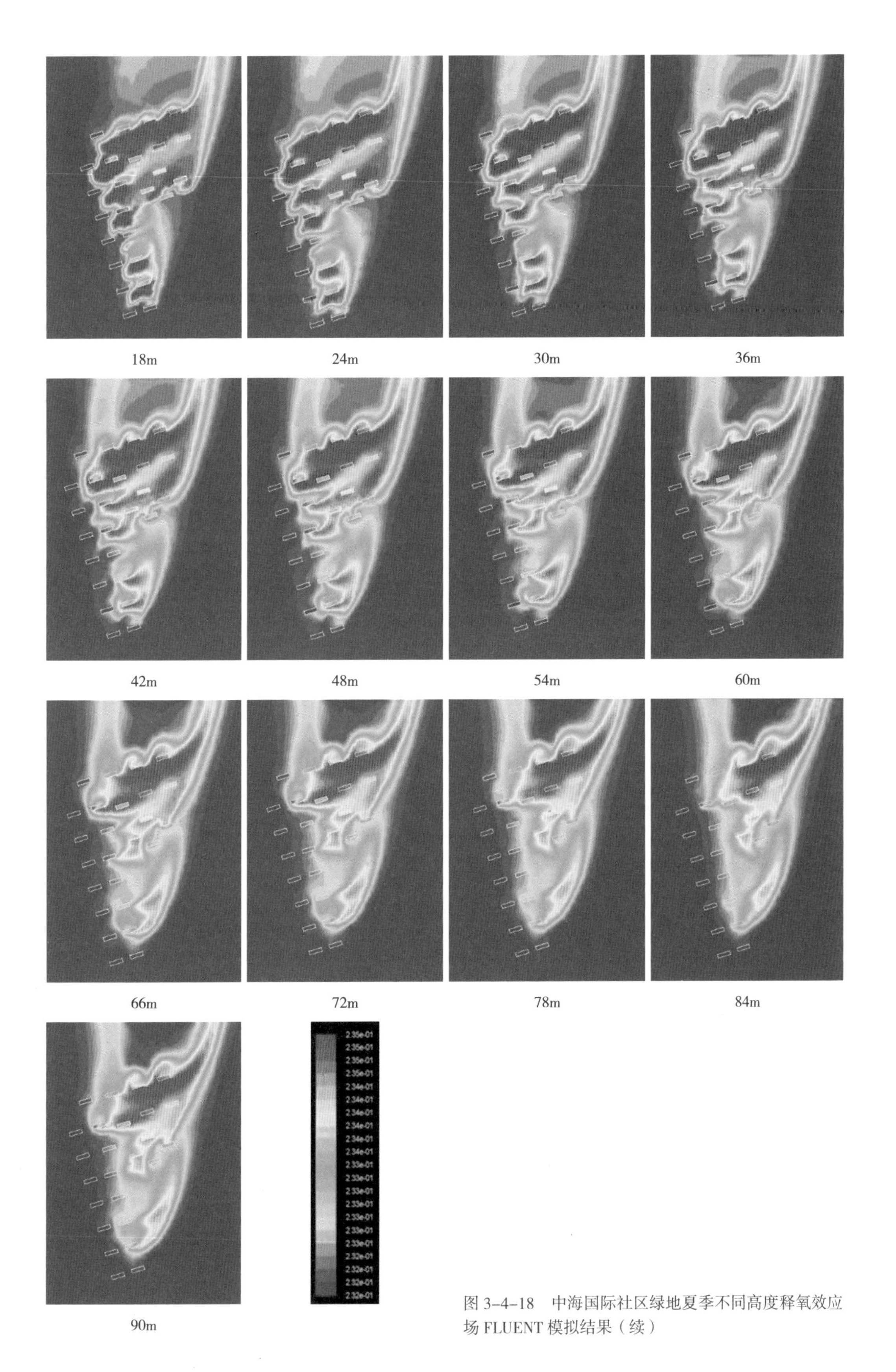

图 3-4-18　中海国际社区绿地夏季不同高度释氧效应场 FLUENT 模拟结果（续）

空间分析功能，两者结合则能达到本研究的目的，即要确定绿地释氧效应场。将 FLUENT 计算得出的各尺度绿地释氧分布图进行校正后导入 GIS 中解译，解译后将释氧浓度分为 5 个等级，由等级 1 到等级 5 氧气浓度递增，其中等级 1 为等于或接近空气中氧气本底浓度，即：1 最低、2 很低、3 较低、4 较高、5 最高。

（1）大尺度（沈阳市三环以内）

如图 3-4-19 为 FLUENT 计算得出的三个季节（春季、夏季、秋季）沈阳市绿地释氧分布通过 GIS 解译的等级图。三环以内释氧效应各等级面积及比较如表 3-4-4、图 3-4-20 所示。在不考虑三环以外绿地释氧效应的前提下，等级 1 表示等于或接近空气中氧气本底浓度。因此，在城市风环境及其他气候因子的影响下，等级 1 为沈阳三环以内绿地三季释氧浓度最低的范围，比较集中在南部和西南部，这两个部分也是沈阳市开发力度较大的部分，建议在建设过程中考虑加建公园或其他形式的城市绿色开放空间。等级 2 的释氧浓度很低的范围，有一半以上位于二环以内，建设密度较大，建议在有条件的基础上增设一些小型的绿地，并尽量与原有的绿地联通，形成绿地生态网络，提高整体的生态效益。等级 3 为释氧浓度较低的范围，几乎都在寸土寸金的城市中心区，加建绿地虽然需要但可能性不大，建议增加现有公园的绿地面积，减少不透水下垫面的比例，增加植被面积，合理配置乔灌草的比例，尽可能让有限的绿地面积发挥最大的生态效益；对于其他类型的绿地，则也是合理配置乔灌草的比例，通过改善道路绿地，增加各破碎绿地斑块之间的连通度。等级 4 和 5 为释氧浓度较高和最高的范围，为研究区内释氧效应较好的区域，则建议在尽可能保留原有绿地的基础上尽量提高单位面积绿地释氧效应。

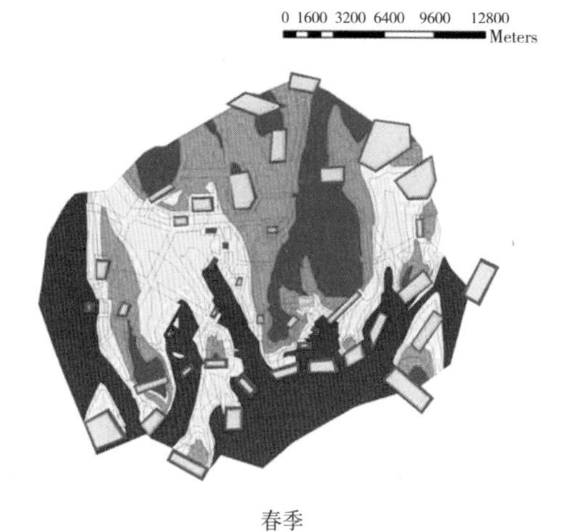

春季

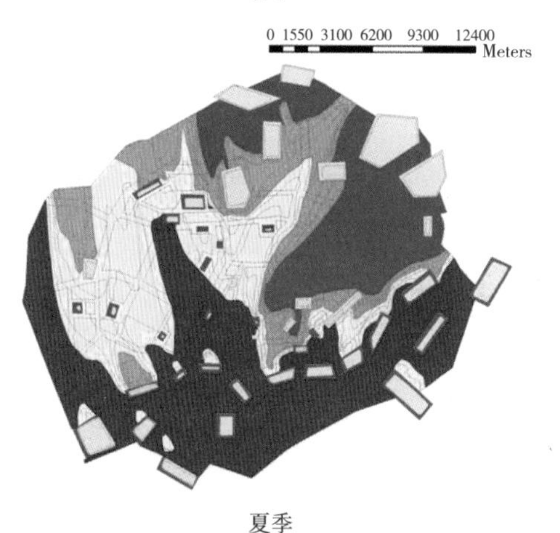

夏季

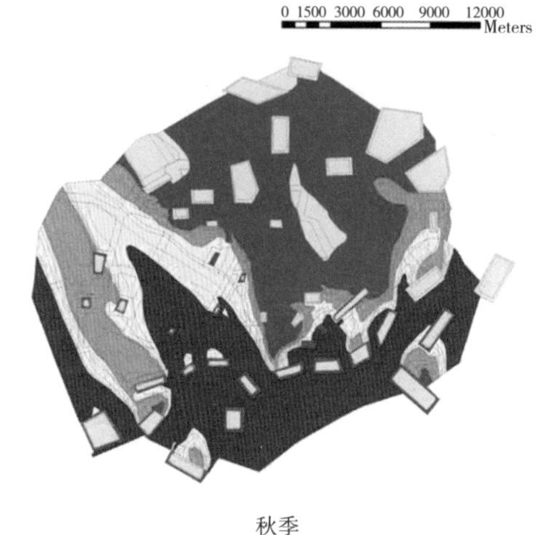

秋季

等级 1 （0.29997，0.30017~0.30062，0.30075）
等级 2 （0.30075，0.30094~0.30133，0.30153）
等级 3 （0.30153，0.30172~0.30211，0.30230）
等级 4 （0.30230，0.30250~0.30288，0.30308）
等级 5 （0.30308，0.30327~0.30366，0.30385）

图 3-4-19 沈阳市三环以内三季释氧效应分级

沈阳市三环以内三季释氧效应分级　　表 3-4-4

	等级 1 面积（hm^2）	等级 2 面积（hm^2）	等级 3 面积（hm^2）	等级 4 面积（hm^2）	等级 5 面积（hm^2）
春季	12240.80	12179.70	9881.30	8440.60	4202.50
夏季	12335.00	7167.30	6072.50	14104.40	7048.70
秋季	14761.80	10951.50	6440.70	9710.10	4861.90

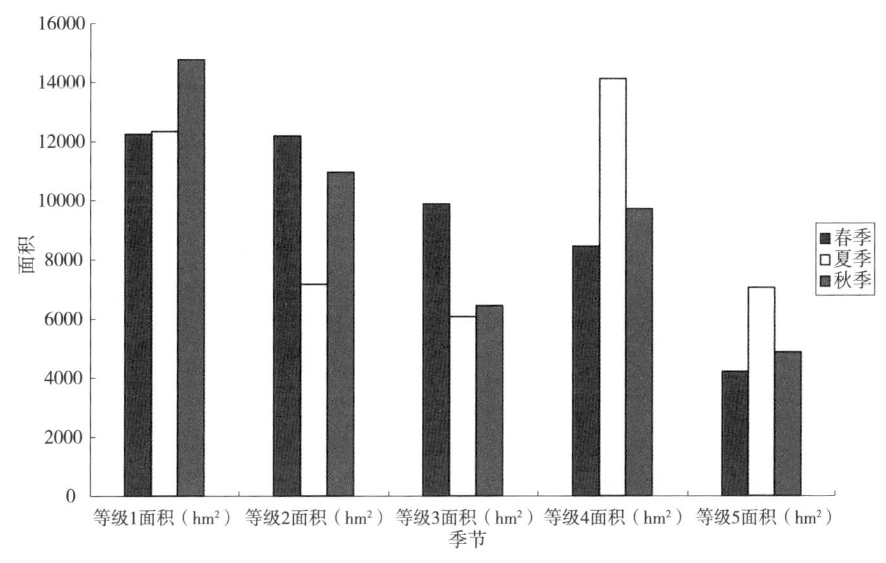

图 3-4-20　沈阳市三环以内三季释氧效应分级

（2）小尺度（中海国际社区）

关于绿地释氧效应场的研究，城市尺度关注的是其影响范围与空间分布，而小区的尺度则更关注人的舒适度。在中国城市化快速发展的当下，高层住区已然成为城市居住空间的发展趋势，住区绿地释氧效应在不同的水平空间和高度空间的分布直接影响居住的舒适性。表 3-4-5 与图 3-4-21 为中海国际社区在 0、6、12、18、24、30、42、60、72、84 和 96m 的不同垂直高度夏季释氧效应等级的分布及面积。

图 3-4-22~ 图 3-4-26 为沈阳中海国际社区夏季释氧效应的分级与在各垂直高度的分布范围，其中氧气浓度从高到低排列为：等级 5 ＞等级 4 ＞等级 3 ＞等级 2 ＞等级 1。研究结果表明，等级 5 为氧气浓度最高的等级，其面积在空间上的梯度变化为高度越高，面积越小，即该等级氧气浓度随高度递减（图 3-4-26）；等级 4 为氧气浓度较高的等级，其面积在空间上的梯度变化在 0~60m 范围内变化不大，60~96m 之间则随高度递减（图 3-4-25）；等级 3 为氧气浓度中等的等级，其面积在空间上的梯度变化为随高度呈波动性递增趋势（图 3-4-24）；等级 2 为氧气浓度较低的等级，其面积在空间上的梯度变化为随高度也呈波动性递增趋势（图 3-4-23）；等级 1 为氧气浓度最低的等级，等于或接近空气中氧气的本底浓度，其面积在空间上的梯度变化总体上为随高度呈上升趋势（图 3-4-22）。总而言之，以沈阳中海国际社区为例可以得出：在微观住区尺度上，绿地释氧效应在垂直梯

沈阳中海国际社区夏季各高度氧气浓度分级　　表 3-4-5

释氧效应等级	等级 1	等级 2	等级 3	等级 4	等级 5
y=0m 的面积（hm^2）	3.89	1.62	0.75	3.62	3.40
y=6m 的面积（hm^2）	3.24	2.02	0.65	3.50	3.85
y=12m 的面积（hm^2）	3.19	1.43	1.23	3.36	4.06
y=18m 的面积（hm^2）	3.12	1.40	1.25	3.46	4.05
y=24m 的面积（hm^2）	3.30	1.54	1.18	3.53	3.73
y=30m 的面积（hm^2）	3.68	1.26	1.44	3.48	3.42
y=42m 的面积（hm^2）	4.01	1.40	1.69	3.46	2.72
y=60m 的面积（hm^2）	4.52	2.12	1.49	2.74	2.40
y=72m 的面积（hm^2）	4.78	2.12	1.81	2.54	2.03
y=84m 的面积（hm^2）	5.07	2.34	1.85	2.41	1.60
y=96m 的面积（hm^2）	5.59	2.55	1.59	2.25	1.30

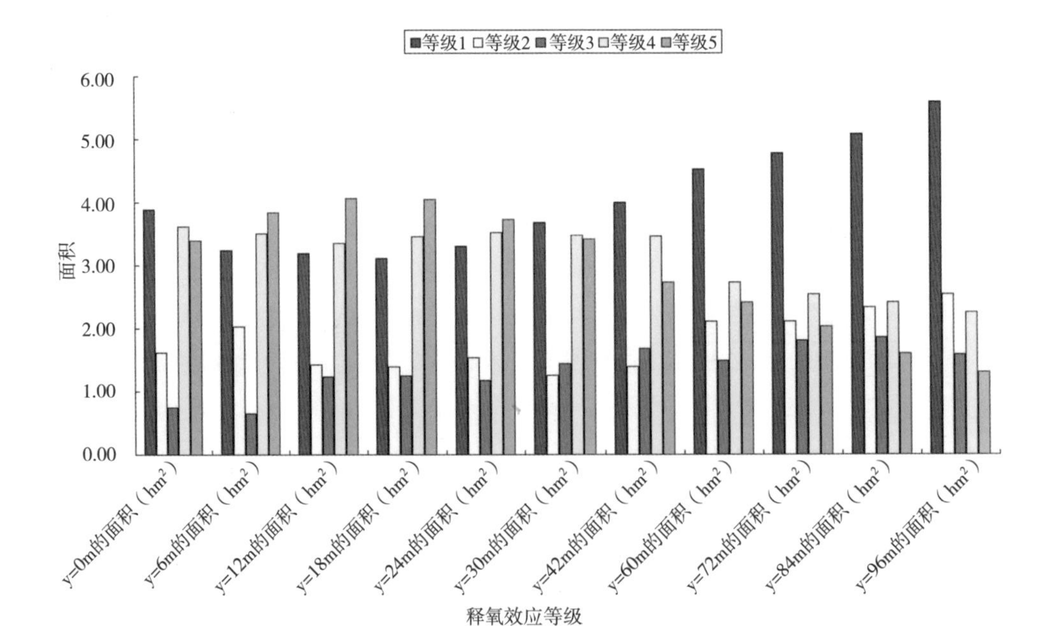

图 3-4-21　沈阳中海国际社区夏季各高度氧气浓度分级

度上为递减趋势，即高度越高，释氧效应场越小。在所有梯度变化趋势图中，等级 4（释氧效应较好的等级）在 60m 的高度往上呈突然递减趋势，因此，在城市风环境的影响下，高层住区在 60m 以上的高度，绿地释氧效应开始减弱，园区绿地释氧效应对 60m 高度以上的空间影响较小。

因此，从绿地释氧效应的角度改善城市微环境的角度来看，像中海国际社区这种高层住区，要想创造更好的人居环境，除了建设园区地面层次的绿地之外，还应该结合避难层、

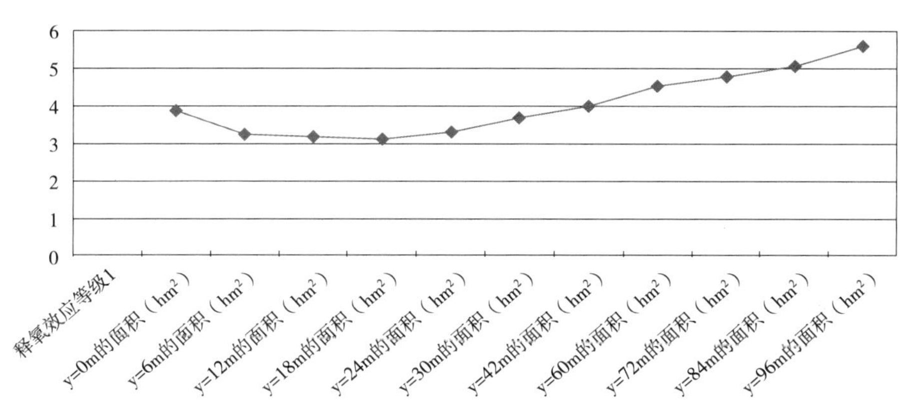

图 3-4-22 沈阳中海国际社区夏季释氧效应等级 1 在各垂直高度范围

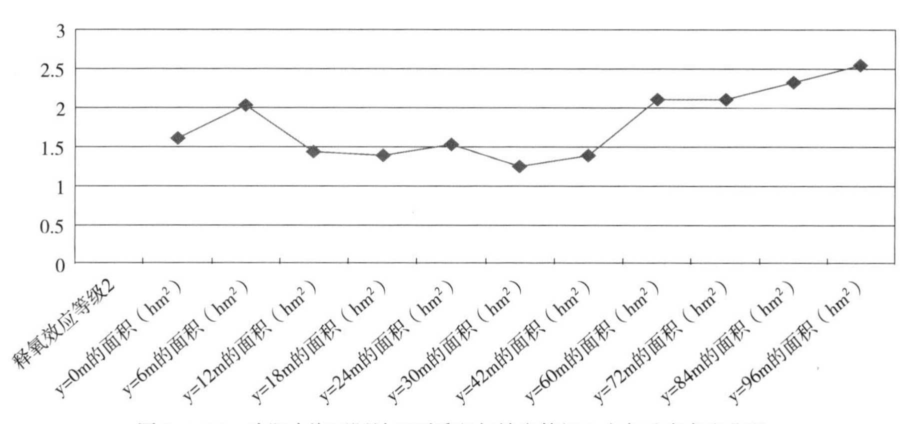

图 3-4-23 沈阳中海国际社区夏季释氧效应等级 2 在各垂直高度范围

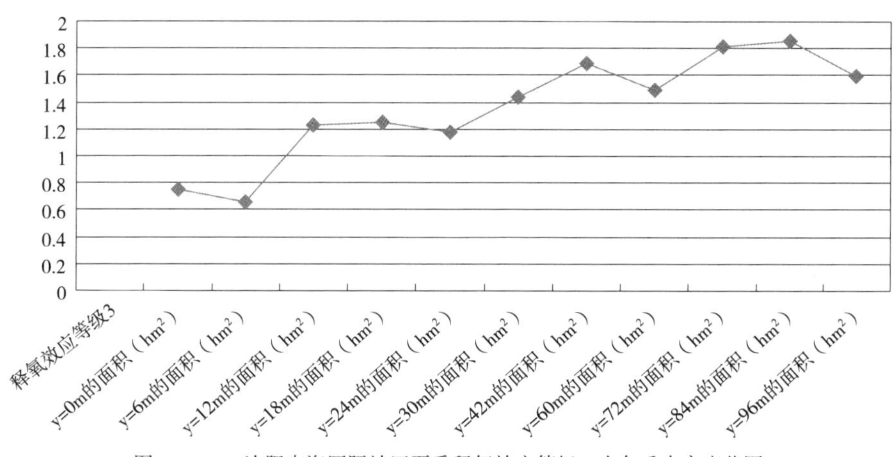

图 3-4-24 沈阳中海国际社区夏季释氧效应等级 3 在各垂直高度范围

屋顶、露台在三维空间上建设绿地，才能达到更好的释氧效应，尤其是对楼层高的区域。同时，在春、夏、秋三季的主导风向上风向，结合园区规划尽可能的多布置一些绿地，也能够有效地改善住区的绿地释氧效应。

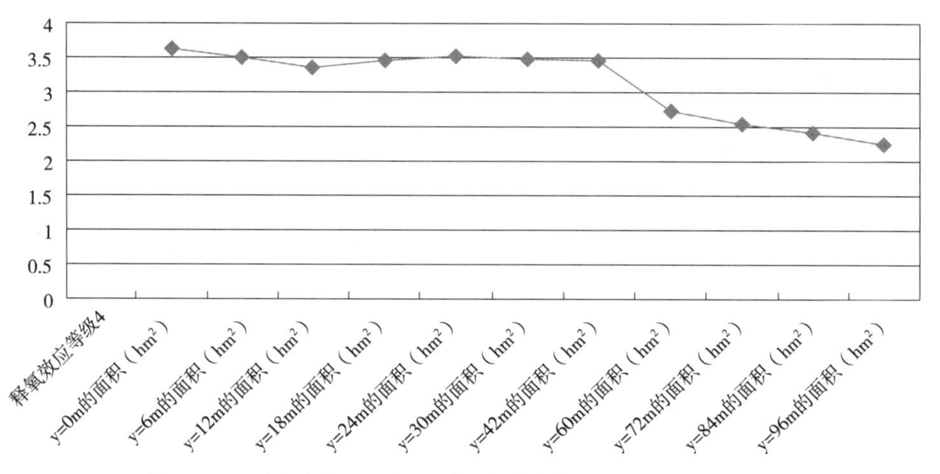

图 3-4-25　沈阳中海国际社区夏季释氧效应等级 4 在各垂直高度范围

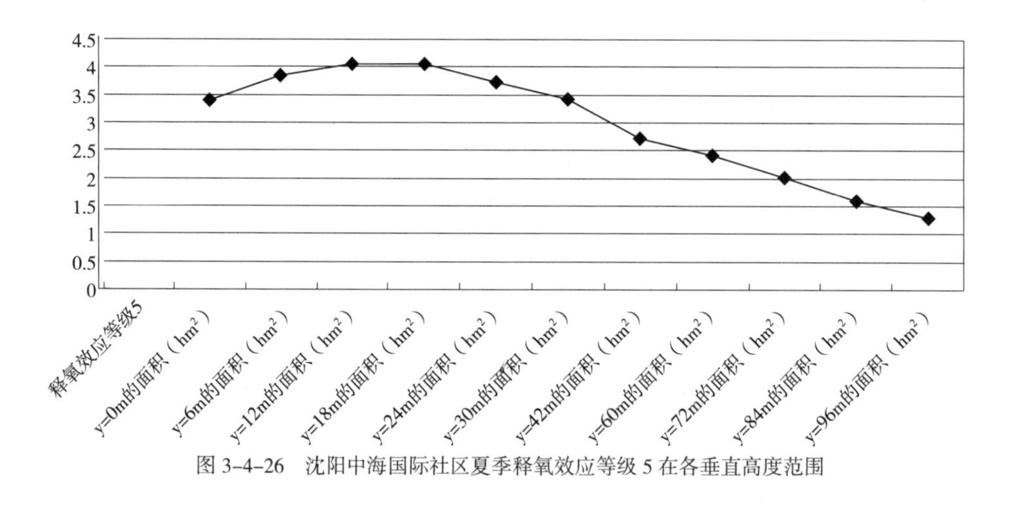

图 3-4-26　沈阳中海国际社区夏季释氧效应等级 5 在各垂直高度范围

3.4.4　FLUEN 模拟精度评价

1. 实地调研与氧气浓度实测

2010 年 6~8 月对沈阳市三环内各种类型的绿地共计 74 个绿地样地、371 个样方进行实地调研，调查样方的规格为 20m × 20m。利用全球定位系统 GPS 对每个样方进行定位记录，记录每个点的空间坐标、实际土地利用 / 覆被类型、绿地景观类型。在绿地调研的同时，对城市各类用地进行了详细的野外考察，与 QuickBird 高分辨率遥感影像进行比对以进行城市土地利用的分类验证。对确定的城市绿地样方，进行公园样方内的植被调查，主要包括公园内的树木的每木检尺、记载树种名称、郁闭度、垂直结构、地径、胸径、枝下高、树高、冠幅、疏密度等绿地信息，从而获得了准确的绿地信息资料。同时，对测点的 O_2 浓度、地表温度进行了实地监测。

2. 模拟精度评价

按照代表性、便利性原则，分别在沈阳市公园、工业区、商业区、居住区、城市广场内共选取 78 个测点进行 O_2 浓度、地表温度的实地监测（图 3-4-27），监测时间选择在植物生长季（2010 年 8 月 2 日至 2010 年 8 月 14 日）及对市民工作与生活影响较大的白天进行，观测点的高度离地 1.5m。每天 8：00~17：00 每 2h 一次对气温进行测定，重复 5 天；每天 14：00~15：00 采用 DR95C-02 型便携式手持测氧仪对大气 O_2 含量进行采样与分析，从而获得不同用地类型的 O_2 监测数据。

本研究中，主要对 FLUENT 软件模拟 O_2、地表温度的结果进行验证。验证数据主要采用各种监测数据，数据验证点主要分布在沈阳市三环范围内的居住区、工业用地、公园绿地、商业用地、街道中，共选取 30 个监测点对模型模拟的结果进行验证。由于在模拟中，未能在有效的时间段对城市风速进行实地监测，因此未对其结果进行验证，但 O_2、地表温度的验证结果表明 CFD 用于模拟绿地释氧效应的研究是可行的。验证结果如图 3-4-28~图 3-4-31 所示。

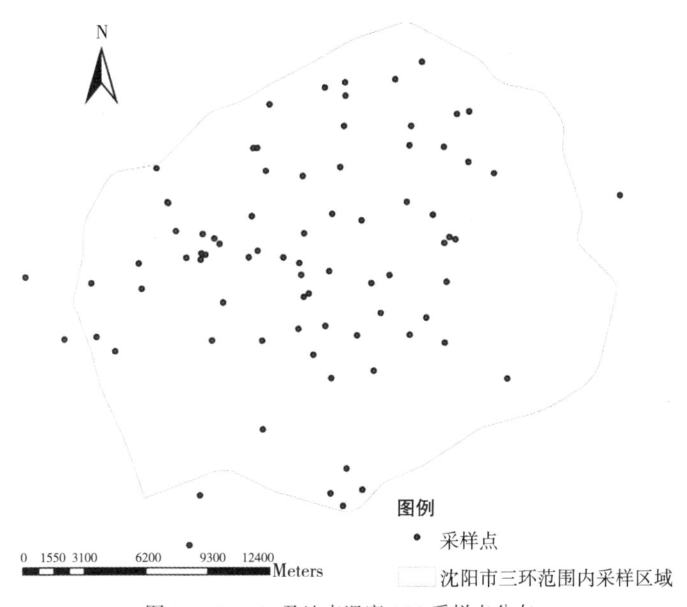

图 3-4-27　O_2 及地表温度 GPS 采样点分布

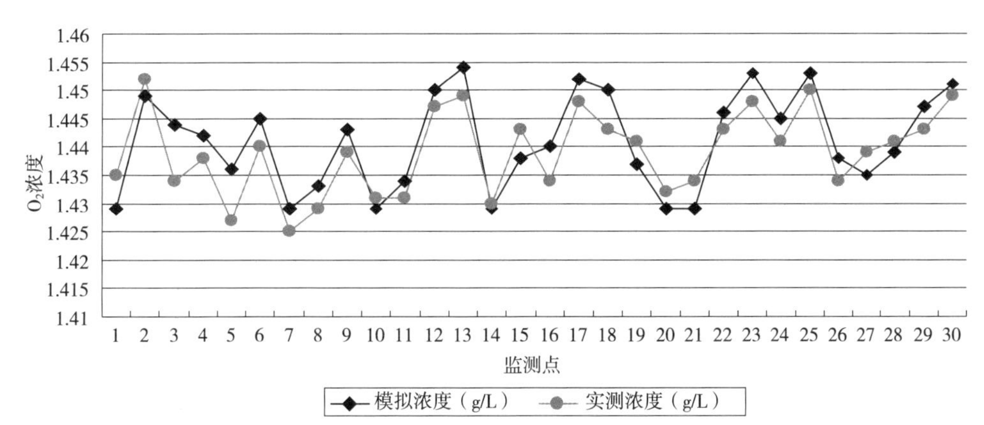

图 3-4-28　O_2 浓度模拟值与实测值之间的对比趋势

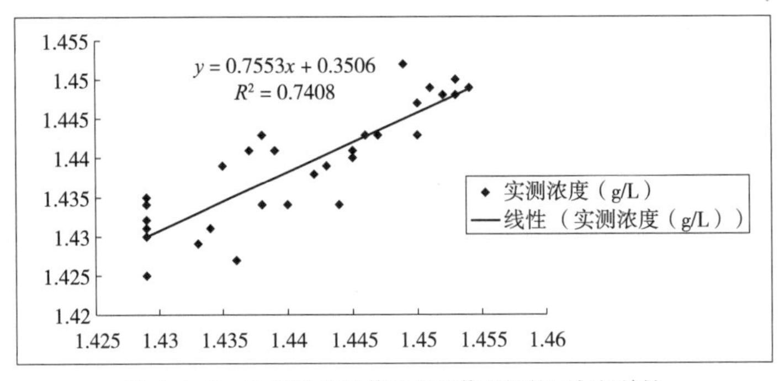

图 3-4-29　O_2 浓度模拟值与实测值之间的回归相关性

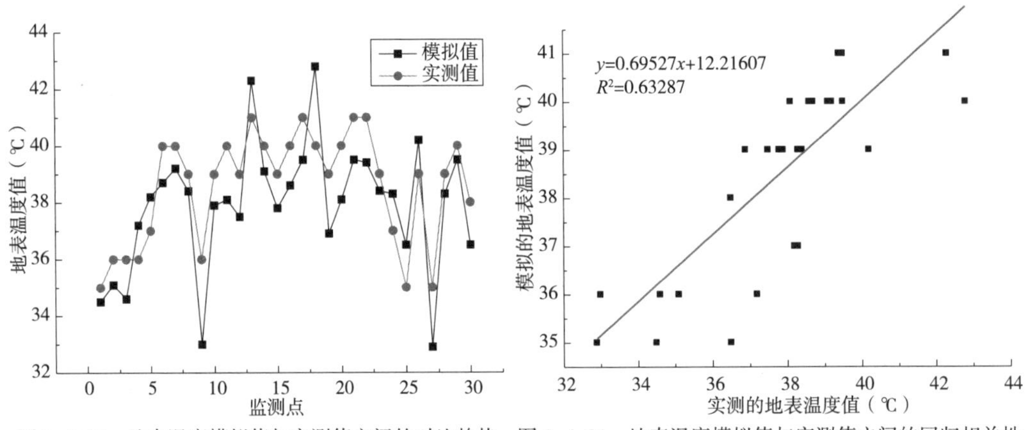

图 3-4-30　地表温度模拟值与实测值之间的对比趋势　图 3-4-31　地表温度模拟值与实测值之间的回归相关性

上述验证结果表明 FLUENT 软件模拟的地表温度与 O_2 浓度结果与实测值相对误差较小，满足城市尺度模型模拟的精度，CFD 模型对城市绿地释氧效应场的模拟是有效和可行的。

3.4.5　小结

从宏观城市尺度、中观公园尺度和微观住区三个尺度，运用 FLUENT 软件对沈阳市绿地释氧效应场进行动态模拟，得出在城市风环境影响下的不同尺度的绿地氧气扩散范围及空间分布状况并对 FLUENT 软件模拟精度进行评价；此外，结合 GIS 的空间统计和空间分析功能，释氧效应分级并矢量化，得出城市尺度和住区尺度各氧气浓度等级在水平和垂直方向上的影响范围以及变化特征，释氧浓度共分为 5 个等级，由等级 1 到等级 5 氧气浓度递增，其中等级 1 为等于或接近空气中氧气本底浓度。根据不同尺度下、不同城市区域、不同等级绿地释氧浓度影响范围的统计分析结果，对不同区域中的绿地景观结构优化提出了相应的建议与优化策略，为城市绿地系统的量化规划提供了方法借鉴。

3.5　GIS适宜性分析与绿地空间布局优化

3.5.1　GIS适宜性分析

1.适宜性分析的概念及应用

适宜性分析的概念最早是用于土地研究上，土地适宜性被定义为某一特定地块的土地对于某一特定使用方式的适宜程度（Food and Agriculture Orgnization of United Nations，1977年），美国林业局提出了另外一种适宜性分析的定义，指“由经济和环境价值分析所决定的、针对特定区域土地的资源管理利用实践”（u.s. Congress，1979年），适宜性分析在此定义中被看作是确定某一特定地块对某一特定使用方式的适宜性过程。我国学者况平（1996）对适宜性分析也提出类似定义，他指出“适宜性分析（Suitability Analysis）是指土地资源针对某种特殊利用合适程度的确定过程。这种特殊利用包括农业应用、城市建设的选址、道路的选线、植物生长地块的选择等”。

基于以上概念，适宜性分析可简单理解为针对某区域的特定使用方式的适宜程度分析过程。适宜性分析法是景观生态规划的核心与重要传统（郑度，2002），其目标是根据区域自然资源与环境性能，根据发展要求与资源利用要求，划分资源与环境适宜性等级，并通过选取研究区域内社会、经济、生态等方面的代表因子进行评价，利用GIS的数据处理及空间分析功能得出各项因子的评价结果，以此作为城市绿地建设适宜度的判断依据。

况平（1996）指出城市园林绿地系统是城市生态系统的子系统，是生态的关键影响因素，绿地系统与土地利用规划联系密切，因此需要生态规划中的适宜性分析，他将适宜性分析的方法应用到实际的项目中来，取得较好的效果。欧阳志云（1996）针对当前使用的适宜性分析方法中存在的单因子简单叠加的不足，尝试依据各单因子对区域发展的不同影响，及其与现状条件之间的关系，建立生态位适宜度模型。傅伯杰等（2001）从景观生态学的角度出发对生态适宜性分析做出了总结，刘康、李团胜等（2004）比较了国内外适宜性分析的不同程序，结合欧阳志云的总结，具体介绍了形态分析法、因子组合法、因素叠置法、生态位适宜度模型、逻辑组合法等五种方法。随着适宜性分析的发展，越来越多的学者将其运用于城市绿地的研究中，方晓玉（2007）探讨了适宜性分析在生态园林建设中的运用，并以风景区和森林公园的规划为例作详细解析，叶明武等（2009）以上海黄浦区公园绿地为例探讨了城市绿地公园防灾避难适宜性评价，孔阳（2010）基于适宜性分析以罗田县凤山城为例探讨了城市绿色生态网络的构建，申世广（2010）结合可达性理论和适宜性分析方法研究了3S支持下的城市绿地系统研究，试图通过3S技术的引用建立完善的、科学的绿地系统规划理论及方法。

2.基于GIS的适宜性评价方法

（1）评价方法

适宜性分析是一种评价方法，评价方法的研究旨在减小误差。根据评价对象和目标的不同，分析方法也不同，国内外先后发展了多种分析方法。结合目前实例，将常用的几种方法归纳如下。

1）经验指数法

本方法将各参评因子按其对土地适宜性贡献或限制的大小进行经验分级或统计分级并赋值，然后用各参评因子指数之和来表示土地适宜性的高低。用经验法确定参评因子等级指数，并用层次分析法确定各参评因子的权重系数；各参评因子指数求和。

2）层次分析法（Analytic Hierarchy Process，简称 AHP），是美国匹茨堡大学运筹学家（Satty. T. L）于 20 世纪 70 年代初提出的一种系统分析方法，20 世纪 80 年代以来在我国经济管理、能源系统分析、城市规划等各方面广泛应用。（赵焕臣，1986）AHP 是对定性问题进行定量分析的一种简便、灵活而又实用的多准则决策方法。它的特点是把复杂问题中的各种因素通过划分为相互联系的有序层次，使之条理化，根据对一定客观现实的主观判断结构（主要是两两比较）把专家意见和分析者的客观判断结果直接而有效地结合起来，将每一层次元素两两比较的重要性进行定量描述。而后，利用数学方法计算反映每一层次元素的相对重要性次序的权值，通过所有层次之间的总排序计算所有元素的相对权重并进行排序。该方法自 1982 年被介绍到我国以来，以其定性与定量相结合地处理各种决策因素的特点，以及其系统、灵活、简洁的优点，迅速地在我国社会经济各个领域内，如能源系统分析、城市规划、经济管理、科研评价等，得到了广泛的重视和应用。

层次分析法的步骤如下。

①通过对系统的深刻认识，确定该系统的总目标，弄清规划决策所涉及的范围、所要采取的措施方案和政策、实现目标的准则、策略和各种约束条件等，广泛地收集信息。

②建立一个多层次的递阶结构，按目标的不同、实现功能的差异，将系统分为几个等级层次。

③确定以上递阶结构中相邻层次元素间相关程度。通过构造两两比较判断矩阵及矩阵运算的数学方法，确定对于上一层次的某个元素而言，本层次中与其相关元素的重要性排序——相对权值。

④计算各层元素对系统目标的合成权重，进行总排序，以确定递阶结构图中最底层各个元素的总目标中的重要程度。

⑤根据分析计算结果，考虑相应的决策。应用层次分析法的注意事项。如果所选的要素不合理，其含义混淆不清，或要素间的关系不正确，都会降低 AHP 法的结果质量，甚至导致 AHP 法决策失败。为保证递阶层次结构的合理性，需把握以下原则：分解简化问题时把握主要因素，不漏不多；注意相比较元素之间的强度关系，相差太悬殊的要素不能在同一层次比较。

3）模糊综合评价模型

综合评判是对受到多个因素制约的事物或对象作出一个总的评价，这是在日常生活和科研工作中经常遇到的问题，如产品质量评定、科技成果鉴定、某种作物种植适宜性的评价等，都属于综合评判问题。由于从多方面对事物进行评价难免带有模糊性和主观性，采用模糊数学的方法进行综合评判将使结果尽量客观，从而取得更好的实际效果。

4）多因素综合评价模型

多因素综合评价是指选择对各种不同类型用地有影响的因素，计算各因素作用分值，在整个评价范围内，划分评价单元，计算各影响因素对评价单元的影响分值，根据评价单元总分值及其统计频率，初步划分质量级别，验证质量级别，确定质量级别圈。

5）多目标适应性评价法

多目标适宜性评价是针对每一个评价单元，选择不同的土地利用类型为评价目标，根据土地质量的差异以及土地利用方式的要求，分析适宜性的过程。对于特定区域内的不同的土地利用类型都可以找出影响其土地适宜性的主导因素，这些主导因素反映了土地的特性或土地质量的差异，从而决定了某种土地类型的适宜性。多目标适宜性评价结果在利用时，考虑以可持续利用为目的，在多宜的情况下选择高效利用方式，以发展经济为目的进行经济评价，在较高效益的前提下进行最佳利用的选择，不仅要发展经济，而且要改善环境，维持生态平衡，提高生产、生活的质量。

（2）绿地适宜性评价原理与模型构建

在城市绿地适宜性评价过程中，影响因子的选取和标准化、权重的确定以及如何将 GIS 和决策过程结合，是评价方法成功的关键。通常，绿地适宜性评价过程主要包括以下 5 个步骤。

1）选取影响因子。通过解译遥感影像数据获取地表的土地利用现状等信息；通过野外实地调查和查找资料获取植被、地质等信息；通过资源分析获取生态敏感区、热岛分布等信息；然后经过 GIS 软件处理获得每一个评价因子专题图（周建飞等，2007）。

2）单影响因子评价。根据单因子评价标准，逐一对每一影响因子图中图形单元打分，得到单因子适宜性评价图。评价分值采用 9、7、5、3、1 等不同等级，确定影响因子权重时有德尔菲法、层次分析法（AHP）、主成分分析法、成对明智比较法等（郑宇等，2005）。本书将 AHP 和成对明智比较法相结合来确定绿地布局适宜性评价因子的权重。

3）根据各影响因子中不同要素对生态适宜性重要程度的不同，对其赋予不同的等级值（不适宜、较不适宜、较适宜、很适宜、最适宜）。为了便于在地理信息系统分析模块中迅速获取计算结果，将描述性的等级信息转换成土地适宜性指数并建立等级评价体系（汪成刚和宗跃光，2007）。

4）采用基于 GIS 的多因子加权叠加分析功能评价绿地空间布局的适宜性。评价的最大问题是有些因子对于绿地布局的适宜性影响是正面的而有些因子的影响是负面的，因此，在叠加分析时把影响因子分为潜力性因子（适宜性因子）、限制性因子（不适宜性因子）两大类（宗跃光等，2007）。

5）构建绿地适宜性评价模型。GIS 空间分析分为空间拓扑叠加分析、空间网络分析、空间缓冲区分析三个层次。本文首先通过 GIS 空间拓扑叠加，实现输入特征的属性合并以及特征属性在空间上的连接；然后进行 GIS 的空间网络分析，找出各影响因子的相互作用区域和边界，最后利用 GIS 的空间缓冲区分析功能对城市用地中适合布局绿地的点、线、面周围划定范围界限，从而找出城市绿地适宜布局的区域。绿地适宜性评价模型基本公式的表达形式可以用下式表示：

$$S=f(x_1, x_2, x_3, \cdots, x_n) \quad (3\text{–}14)$$

式中：S 是绿地适宜性等级，x_i（i=1，2，3，…，n）是用于评价的一组影响因子。利用权重修正后的绿地适宜性评价模型得到的评价模型如下：

$$S=\sum_{i=1}^{n} W_i X_i \quad (3\text{–}15)$$

式中：X_i 为各影响因子的评分值，W_i 为该影响因子的权重。

3. GIS 空间分析方法

GIS 空间分析主要通过空间数据和空间模型的联合分析来挖掘空间目标的潜在信息。它是地理信息系统区别于一般信息系统的主要功能特征。ArcGIS Toolbox 中集成了大量的空间分析工具。本研究主要用到的空间分析方法包括空间叠置分析和空间数据统计。空间叠置分析是 GIS 最常用的提取空间隐含信息的手段之一。它是基于两个或两个以上的图层来进行空间逻辑的交、并、差等运算，并对叠合范围内的属性进行分析评定（范大昭、雷蓉，2005）。空间叠置分析图层的数据结构可以是栅格数据或者矢量数据。

空间数据的统计主要包括数据分类与分级、分区统计等，本文主要是根据氧气浓度的三季动态变化及空间分布计算出同氧气浓度等级的面积统计及空间分布。基于矢量数据与栅格数据相结合进行空间叠置，用以将 CFD 模拟的释氧效应场矢量化，按照氧气浓度分成不同的等级，确定其空间分布及范围，然后与绿地适宜性分析结果进行空间叠置分析和空间数据统计，计算出研究区最适宜建绿地与最需要建绿地的区域。

3.5.2 结合释氧效应场的城市绿地适宜性分析

1. 评价因子的选择

在城市绿地适宜性分析中，影响因子的选择、标准化、权重的确定以及如何将 GIS 和决策过程相结合，是评价方法成功的关键。基于多因素评价的城市绿地适宜性分析主要包括几个步骤：影响因子的选择、单影响因子评价、影响因子等级评价体系、基于多因子评价的绿地适宜性分析、构建绿地适宜性评价模型。本文以城市绿地建设适宜性分析作为主要的研究对象，还需要从两个方面来考虑分析的过程。

一方面，在指标体系的选择过程中，考虑到城市是一个复合生态系统，城市绿地作为其中重要的生态组成部分，它的建设不仅与自然因子相关，部分社会、经济因子也是需要考虑的重要因素。同时，为了能客观准确地反映不同因子对绿地建设适宜性的生态影响，把影响因子变量分为适宜性因子与限制因子两大类。

另一方面，在所有的因子中，各因子对城市绿地适宜性评价的重要程度不同，因此对每个因子赋予不同的等级值。为了能准确地反映各个因子对绿地建设的重要程度，本书结合层次分析法（AHP）以及成对明智比较法来共同确定影响因子的权重。因此，在对城市绿地进行生态调研、收集相关图件以及文本资料的基础上，依据可计量、代表性、可操作性、主导性的原则，从地形地貌、水文、土地利用、交通、对城市绿地布局影响的显著性等诸多因素中，选取了对绿地建设影响显著的城市人口、水体、道路、公园、坡度、坡向、热岛等七个因子对城市绿地进行研究，如图 3-5-1 所示。

（1）人口分布因子

从以人为本的角度讲，城市绿地服务的主体就是生活在城市中的人们，人口聚集的地方对城市绿地的需求较大，人口稀疏的地方就相对需求低一些，因此城市中人口的分布也是影响城市绿地分布的主要因素。根据沈阳市统计局的人口统计资料，以街道或乡镇为单位在 ArcGIS 中建立矢量空间数据，经过空间数据分析及栅格化后获取沈阳城市人口密度空间数据。将人口分布平均分为 5 个等级，就得到了沈阳市人口分布分级图。

（2）道路系统因子

沈阳市拥有铁路、高速公路、国道、省道，并与城市道路一起组成了我国路网密度较大的地区之一。但就道路绿化而言，除了个别道路或个别路段绿化较好，道路绿地率整体偏低，垂直复合绿化少且量不足，地方特色不明显。通过对沈阳 QuickBird 高分辨率遥感影像的目视解译获取城市道路用地，利用 ArcGIS 软件的空间分析功能对道路作缓冲分析，可获取城市道路绿化分析图。

（3）水体分布因子

河流在改善城市环境质量、维持正常水循环等方面发挥着重要作用。河流廊道不仅能维持生态系统的平衡，也是城市生态格局安全的重要廊道。因此，水系网络绿地系统对提升沈阳市绿地系统布局质量至关重要。沈阳市的河流主要属辽河、浑河两大水系，河流流向基本上是从东北向西南，西部河流是从西北向东南，总长约 924.2km。流经市区的有浑河、

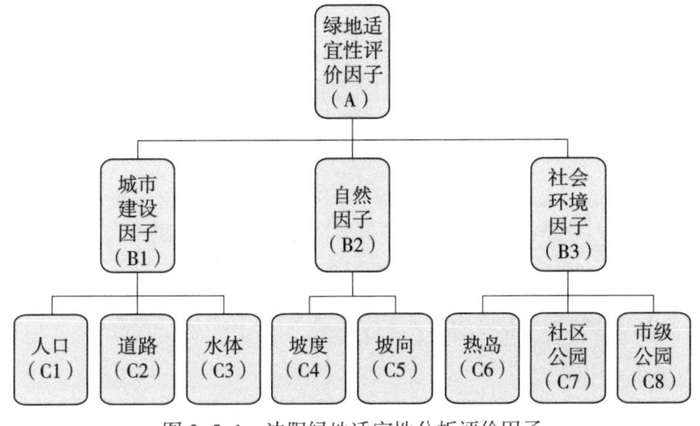

图 3-5-1　沈阳绿地适宜性分析评价因子

新开河、南运河，流经市郊及两县的有辽河、蒲河、养息牧河、绕阳河、秀水河、北沙河等。沈阳市三环内的主要水体为南北运河及浑河组成的水系，现有大小河渠 18 条、湖库 16 座。从遥感解译的土地利用现状图得到沈阳市主要水体分布图，沿主要水体分布建立一定范围缓冲区作为城市绿化用地，用以优化沈阳市绿地空间布局。

（4）坡度、坡向因子

城市的地形要素坡度、坡向对于城市用地的建设是十分重要的，坡度和坡向不满足城市建设其他用地的标准时，用其建设绿地却是十分好的利用方式，因此城市的坡度、坡向也是制约城市绿地布局的因素之一。

（5）热岛效应因子

1）城市热岛效应形成的原因

热岛效应是城市气候中典型的特征之一。沈阳市城市热岛高温区主要位于沈阳市二环以内的中心区域，低温区主要分布在二环到三环之间特别是浑河一带。研究表明，城市绿化覆盖率与热岛强度成反比，绿化覆盖率越高，热岛强度越低，因此在沈阳市热岛中心布局规模化的集中绿地是最能直接削弱热岛效应的措施，热岛效应成为影响城市绿地布局的一个重要因素。

城市热岛效应（Urban Heat Island Effect）是指城市中的气温明显高于外围郊区的现象。在近地面温度图上，郊区气温变化很小，而城区则是一个高温区，就像突出海面的岛屿，由于这种岛屿代表高温的城市区域，所以就被形象地称为城市热岛。城市热岛效应使城市年平均气温比郊区高出 1°C，甚至更多。夏季，城市局部地区的气温有时甚至比郊区高出 6°C 以上。此外，城市密集高大的建筑物阻碍气流通行，使城市风速减小。由于城市热岛效应，城市与郊区形成了一个昼夜相反的热力环流。近年来，随着城市建设的高速发展，城市热岛效应也变得越来越明显。城市热岛形成的原因主要有以下几点。

首先，是受城市下垫面特性的影响。城市内有大量的人工构筑物，如混凝土、柏油路面、各种建筑墙面等，改变了下垫面的热力属性，这些人工构筑物吸热快而热容量小，在相同的太阳辐射条件下，它们比自然下垫面（绿地、水面等）升温快，因而其表面温度明显高于自然下垫面。另一个主要原因是人工热源的影响。工厂生产、交通运输以及居民生活都需要燃烧各种燃料，每天都在向外排放大量的热量。

此外，城市中绿地、林木和水体的减少也是一个主要原因。随着城市化的发展，城市人口的增加，城市中的建筑、广场和道路等大量增加，绿地、水体等却相应减少，缓解热岛效应的能力被削弱。

当然，城市中的大气污染也是一个重要原因。城市中的机动车、工业生产以及居民生活，产生了大量的氮氧化物、二氧化碳和粉尘等排放物。这些物质会吸收下垫面热辐射，产生温室效应，从而引起大气进一步升温。

2）热红外图像的处理

随着全球城市化进程的不断加快，由其引起的城市热岛现象及其对全球气候变暖的贡献已经引起了广泛的关注。典型的城市热岛研究主要使用的是有限的地面气象站提供的地温观测资料，这种根据有限观测点的研究很难全面地掌握城市地面热岛的空间分布情况。因此，航空航天遥感图像的热红外数据得到了越来越广泛地应用。为了研究沈阳城市热岛分布状况，需要处理沈阳市遥感图像的热红外波段。本书以沈阳市 Landsat 卫星热红外图像为例，研究利用热红外图像数据来研究城市热岛的变化。

城市热岛的形成受到多种因子的制约，城市下垫面温度无疑是其中一个最重要的因素。城市下垫面温度的分布和城市气温的分布一样，呈现出热岛现象，因此可以通过研究卫星遥感热红外数据所反映的城市下垫面温度来研究城市热岛。本次研究分别选用了沈阳市 Landsat TM 的热红外图像，结合 RS 和 GIS 技术，使我们可以根据沈阳的实际需要分析城市热岛效应的空间分布特征，而 RS 数据的高时间分辨率能使我们更有效地研究城市热岛效应时空变化的规律。对 TM 影像数据进行图像纠正，形成辐射亮度影像，依据地面亮度强度的不同，将影像进行亮度的划分，从而能够反映沈阳整个城市的地面温度状况，如图 3–5–2 所示。

3）沈阳市热岛效应分析

沈阳市城市热岛高温区主要位于沈阳市二环以内的中心区域，低温区主要分布在二环到三环之间特别是浑河一带。研究表明，城市绿化覆盖率与热岛强度成反比，绿化覆盖率越高，热岛强度越低，因此在沈阳市热岛中心布局规模化的集中绿地是最能直接削弱热岛效应的措施，热岛效应成为影响城市绿地布局的一个重要因素。

（6）公园分布因子

根据公园的可达性标准，对沈阳市的市级公园及区级公园分别作了可达性的缓冲区分析，从分析图中则可找到没有被公园服务半径覆盖的区域，而这些地方则是需要重点建设公园绿地的地方，因此公园的分布也是城市绿地布局的重要因素之一。

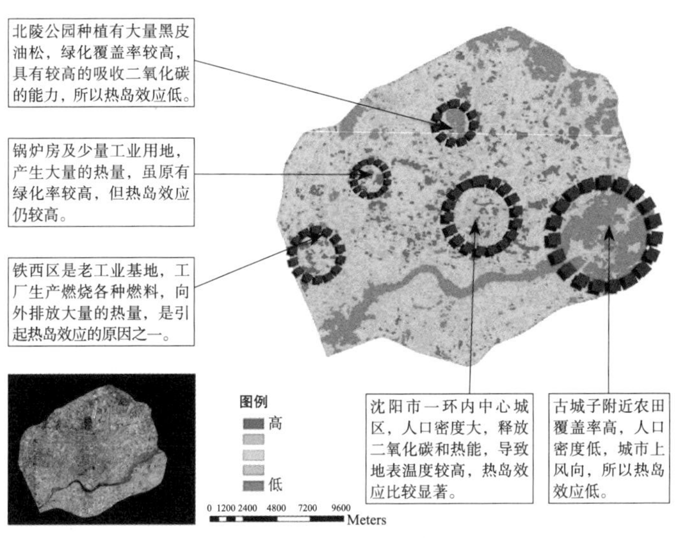

图 3–5–2　沈阳市三环以内热岛效应分析

以上各评价因子的分析结果如图 3-5-3 所示。其中 1 表示最适宜、2 表示很适宜、3 表示较适宜、4 表示较不适宜、5 表示不适宜。

2. 权重的计算

确定影响因子权重时有德尔菲法、层次分析法（AHP）、主成分分析法、成对明智比较法等，本研究采用 AHP 法和成对明智比较法相结合来确定权重。通过对指标进行层次分析以及分层次叠加，在 8 个因子之间采取成对明智比较法得到相对客观的权重。通过一致性检验，该权重成立。

（1）计算方法

采用层次分析法：层次分析法主要是根据专业人士或大多数人的意见对所选择的各评价指标的重要性程度作出判断，用 1~9 比例标度使之量化（表 3-5-1），构成两两判断矩阵。

而后，通过计算判断矩阵的最大特征根（max）及对应的特征向量（W），计算出各指标的相对重要性权值。因素间两两比较构成的判断矩阵，由于客观事物的复杂性及人的认

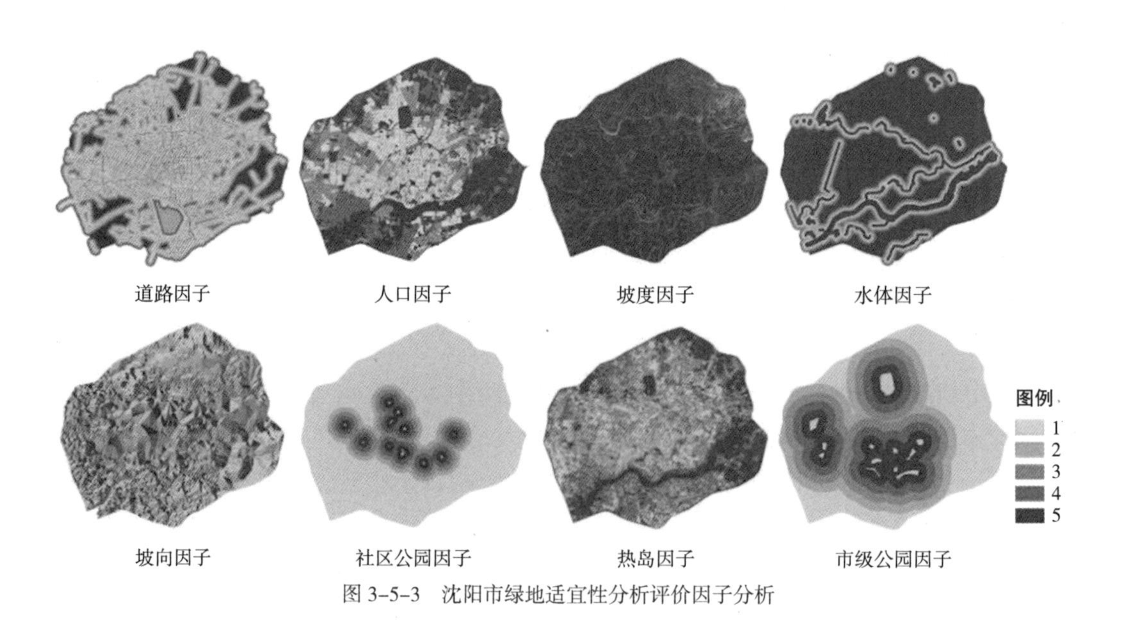

图 3-5-3　沈阳市绿地适宜性分析评价因子分析

1~9 标度方法　　表 3-5-1

标度	含义
1	表示两指标相比具有同等重要性
3	表示两因素相比，一因素比另一因素稍微重要
5	表示两因素相比，一因素比另一因素明显重要
7	表示两因素相比，一因素比另一因素强烈重要
9	表示两因素相比，一因素比另一因素极端重要
2、4、6、8	上述两相邻判断的中值
倒数	因素 i 与 j 比较得判断矩阵 b_{ij}，则 j 与 i 比较得判断 $b_{ji}=1/b_{ij}$

识的多样性，不能保证矩阵具有完全的一致性。但判断矩阵即是计算排序权向量的依据，那么要求判断矩阵大体上应具有一致性。因此应进行一致性检验，度量判断矩阵偏离一致性的指标为 *C.I.*（Consistency Index）。

$$C.I.=(A_{max}-n)/(n-1)\ (n\ 为评价指数的数目) \tag{3-16}$$

C.I. 与判断矩阵的平均随机一致性 *R.I.*（Random Index）之比值 *C.R.*（Consistency Ratio）即为判断矩阵一致性指标。

$$C.R.=C.I./R.I. \tag{3-17}$$

R.I. 值见表 3–5–2，若 $C.R.<0.1$，则认为该矩阵具有满意的一致性，否则应进行调整。

平均随机一致性指标 *R.I.*　　表 3–5–2

阶数	1	2	3	4	5	6	7	8	9	10
R.I.	0.00	0.00	0.58	0.90	1.12	1.24	1.32	1.41	1.45	1.49

（2）计算矩阵

A　B1　B2　B3

$$\begin{bmatrix} 1 & 3 & 1/3 \\ 1/3 & 1 & 1/5 \\ 3 & 5 & 1 \end{bmatrix}$$

B1　C1　C2　C3

$$\begin{bmatrix} 1 & 4 & 2 \\ 1/4 & 1 & 1/2 \\ 1/2 & 2 & 1 \end{bmatrix}$$

B2　C4　C5

$$\begin{bmatrix} 1 & 1 \\ 1 & 1 \end{bmatrix}$$

B3　C6　C7　C8

$$\begin{bmatrix} 1 & 5 & 2 \\ 1/5 & 1 & 1/4 \\ 1/2 & 4 & 1 \end{bmatrix}$$

校验一致性：$C.I._{(A)}=0.0375<0.58$；$C.I._{(B1)}=0<0.58$；$C.I._{(B2)}=0<0.58$；$C.I._{(B3)}=0.0046<0.58$，通过校验以上四个矩阵的一致性较好。

（3）计算结果

评价因子权重的计算结果见表 3–5–3，C1（人口）为 0.14759；C2（道路）为 0.03690；C3（水体）为 0.07380；C4（坡度）为 0.05237；C5（坡向）为 0.05237；C6（热岛）为 0.35435；C7（社区公园）为 0.06204；C8（市级公园）为 0.20723。

评价因子权重　　表 3–5–3

因子	C1（人口）	C2（道路）	C3（水体）	C4（坡度）	C5（坡向）	C6（热岛）	C7（社区公园）	C8（市级公园）
权重	0.14759	0.03690	0.07380	0.05237	0.05237	0.35435	0.06204	0.20723

3. 沈阳市绿地适宜性分析结果

从城市绿地适宜性因子综合叠加图的分析结果图 3-5-4、图 3-5-5、表 3-5-4 显示可知，不适宜建绿地的面积为 3128.55hm^2，占研究区的 12.1%。较不适宜用地面积为 11723.59hm^2，占研究区的 25.78%。较适宜建绿地的面积为 13468.04hm^2，占研究区的 29.61%，分布较为集中。很适宜建绿地的面积为 11661.62hm^2，占研究区的 25.64%，可以划为适建区。最适宜建绿地的面积为 5501.83hm^2，占研究区的 12.10%，在该区域内生态环境问题严重，应该利用一切可利用的空间进行城市绿化的建设。

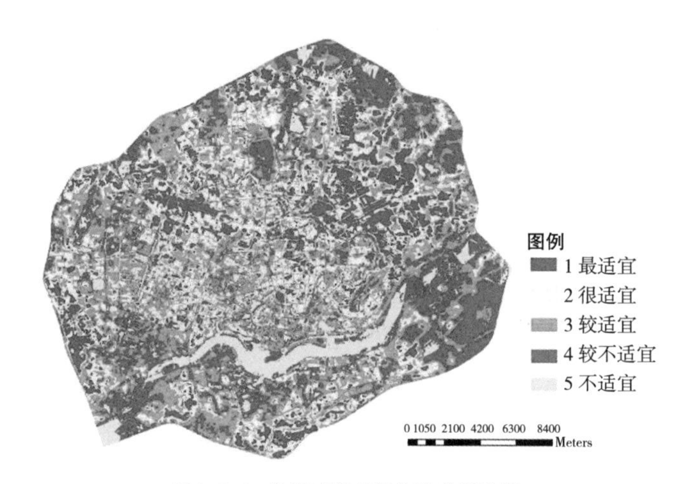

图 3-5-4　沈阳市绿地适宜性分析结果

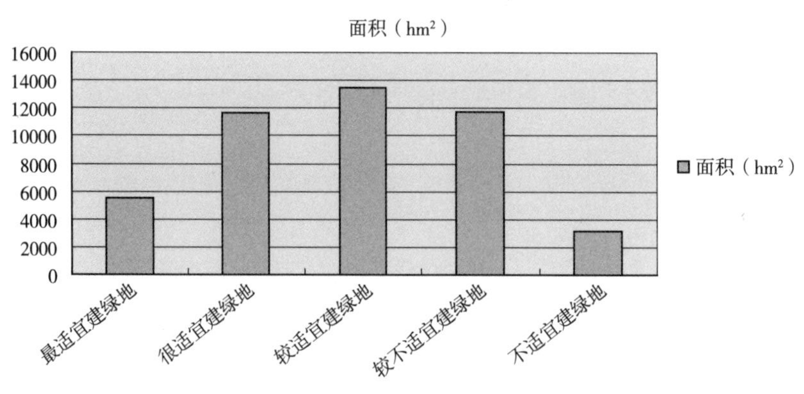

图 3-5-5　沈阳市绿地适宜性分析各等级面积

沈阳市绿地适宜性分析各等级面积　　表 3-5-4

适宜性等级	代表含义	面积（hm^2）
1	最适宜建绿地	5501.83
2	很适宜建绿地	11661.62
3	较适宜建绿地	13468.04
4	较不适宜建绿地	11723.59
5	不适宜建绿地	3128.55

因此，在城市绿地建设的空间组合上应该采取“集中与分散”相结合的空间组织模式，以实现绿地建设的优化布局。目前，以“十二运”和行政中心南迁为契机，沈阳正在大力建设“大浑南”，浑河也已然成为了沈阳的内河，在大力建设的同时，更应该注重沈阳市的绿色生态网络的建设。建议结合本研究在浑南新区三环以内城区最适宜建绿地的区域，考虑增加城市公园，加强与城区外绿地与林地的连接度，构建有效的绿色生态网络。

3.5.3　CFD 与 GIS 相结合的绿地释氧效应场分析

绿地释氧效应场 CFD 模拟结果是以空间云图的方式表达，它能够阐述计算域内空间各个点的氧气浓度值而不能进行空间数据统计。GIS 则有着强大的空间数据统计功能，能对 CFD 模拟结果进行空间数据统计。

1. 沈阳市三环以内三季释氧效应场空间叠加

上述已将 FLUENT 计算得出的各尺度绿地释氧分布图进行校正后导入 GIS 中解译，解译后将释氧浓度分为 5 个等级：1 最低、2 很低、3 较低、4 较高、5 最高。为能定量分析研究区绿地释氧扩散范围，将沈阳市三环以内三季释氧效应场的 shap 文件转换成栅格数据，利用空间分析模型中的栅格计算器将三个季节的栅格文件进行空间位置上的栅格单元的叠加，计算后得出沈阳市绿地三季综合释氧效应场分布图。叠加结果如图 3-5-6 所示。

2. 绿地适宜性分析与释氧效应场空间叠置分析

适宜性分析反映适宜建绿地的程度，在 3.5.2 中，本书对沈阳市三环内绿地进行了适宜性分析，将研究区按照适宜建绿地的程度分为了 5 个等级：1 表示最适宜、2 表示很适宜、3 表示较适宜、4 表示较不适宜、5 表示不适宜（图 3-5-4）。

绿地三季综合释氧效应场分布等级则反映绿地释氧效应，在 3.5.3 第 1 部分中，已将沈阳市三环以内绿地释氧效应场按氧气浓度分为 5 个等级：1 最低、2 很低、3 较低、4 较

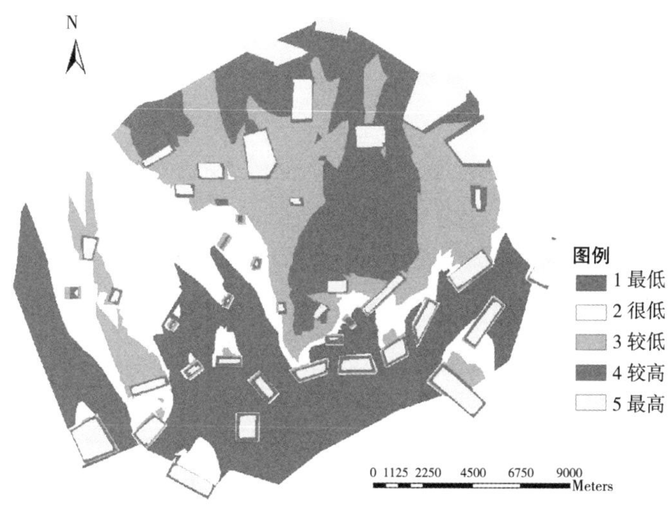

图 3-5-6　沈阳市三环以内释氧效应场等级

高、5最高（图3-5-6）。

将适宜性分析结果与释氧效应场分级结果进行空间叠加，即可得出沈阳市绿地适宜性与氧气浓度相结合的空间等级图。叠加流程：利用空间分析模型中的栅格计算器将三个季节的栅格文件进行空间位置上的栅格单元的叠加，叠加计算语言：沈阳市绿地三季综合释氧分布图+沈阳市绿地现状适宜性分析图进行空间叠加，计算后得出等级图，即：1表示最适宜且最低、2表示很适宜且很低、3表示较适宜且较低、4表示较不适宜且较高、5表示不适宜且最高（图3-5-7、图3-5-8、表3-5-5）。

3. 结合《沈阳市城市总体规划（2011—2020年）》的分析

为将理论联系实践，本研究对绿地空间布局优化综合考虑了沈阳市人民政府主持修订的《沈阳市城市总体规划（2011—2020年）》，其中结合本书的研究范围，重点分析了规划修编中的中心城区空间结构规划和中心城区绿地系统结构和布局。综合考虑本文的研究

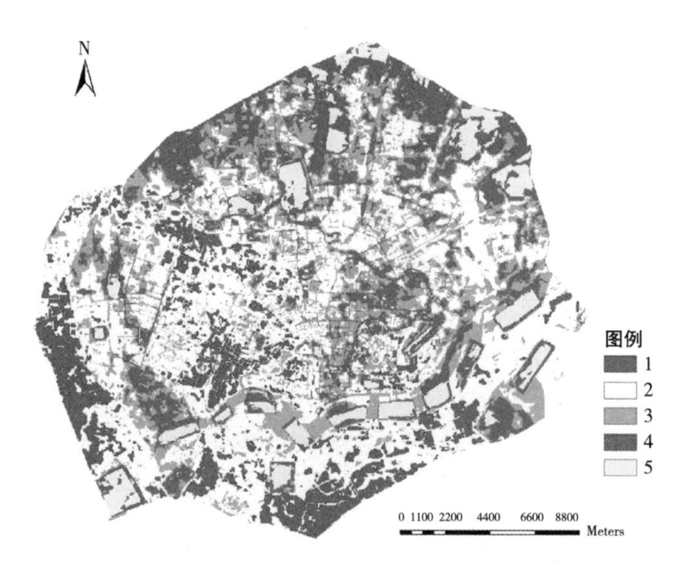

图3-5-7　沈阳市绿地适宜性与释氧效应场相结合的空间等级

备注：图例中1表示最适宜且最低、2表示很适宜且很低、3表示较适宜且较低、4表示较不适宜且较高、5表示不适宜且最高

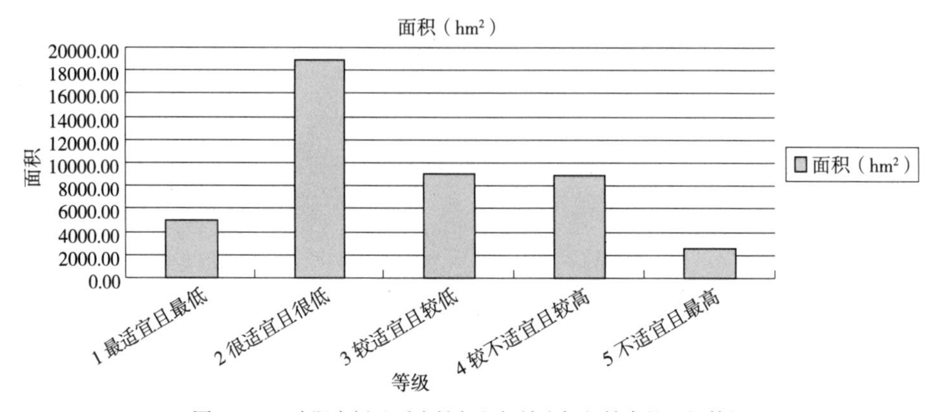

图3-5-8　沈阳市绿地适宜性与释氧效应场相结合的空间等级

沈阳市绿地适宜性分析与释氧效应场相结合的空间等级　　表 3-5-5

等级	面积（hm^2）
1 最适宜且最低	5043.75
2 很适宜且很低	18969.24
3 较适宜且较低	9134.50
4 较不适宜且较高	8983.12
5 不适宜且最高	2741.94

与规划修编的内容，对沈阳市三环以内绿地空间优化提出建议和策略。

（1）《沈阳市城市总体规划（2011—2020 年）》的中心城区空间结构规划

对于沈阳市中心城区的空间结构布局，《沈阳市城市总体规划（2011—2020 年）》提出了以“金廊、银带”为骨架，构建“两城、两区、多中心”的城市空间结构（图 3-5-9）。

其中，“两城”指浑北主城和浑南新城，是国家中心城市综合服务职能的综合体现区域。到 2020 年，主城规划建设用地约 470km²，人口约 490 万人。“两区”指西部、北部两个功能完善的新城区。“多中心”指建设多个服务区域的城市职能中心，提高城市核心功能和综合竞争力。

浑北主城重点建设区域包括金廊地区、望花地区、丁香新城、于洪新城等地区；提升改造的区域包括方城地区、太原街地区、西塔北市等地区；结合东塔机场搬迁，开发建设东塔地区；加强陵东、新立堡等地区城中村的改造。

浑南主城是沈阳未来的行政文化中心，发展商务会展、科技研发、休闲康体等现代服务业，是展示国际大都市形象的门户区域。重点建设区域包括浑南新城、新加坡工业园、出口加工区、浑南高新区、长白岛、满融、苏家屯浑河新城等地区。

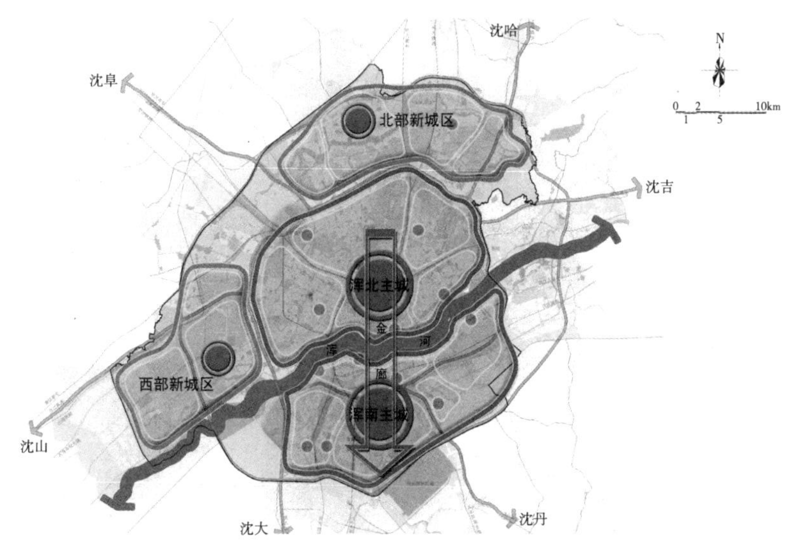

图 3-5-9　沈阳市中心城区空间结构规划

资料来源：沈阳市人民政府《沈阳市城市总体规划（2011—2020 年）》图集

（2）《沈阳市城市总体规划（2011—2020 年）》的中心城区绿地系统结构与布局

对于沈阳市中心城区绿地系统的空间结构与布局，《沈阳市城市总体规划（2011—2020 年）》提出了“一带”、“八廊”、“多核”的全域绿地布局结构和“两廊”、“三环”、“六楔”的中心城区绿地系统结构（图 3-5-10）。其中，两廊是指浑河生态廊道城市段和蒲河生态廊道城市段；三环是指浑北环城水系、浑南环城水系和三环防护带；六楔是指北部、东北部、东南部、南部、西南部和西北部六个楔形绿地。沈阳市中心城区绿地系统布局如图 3-5-11 所示。

图 3-5-10　沈阳市中心城区绿地系统结构
资料来源：沈阳市人民政府《沈阳市城市总体规划（2011—2020 年）》图集

图 3-5-11　沈阳市中心城区绿地系统布局
资料来源：沈阳市人民政府《沈阳市城市总体规划（2011—2020 年）》图集

4. 沈阳市绿地空间布局优化

（1）通过将适宜性分析结果与释氧效应场分级结果进行空间叠加，得出了适宜性与释氧效应场相结合的空间等级图（图 3-5-7），沈阳市三环以内最适宜且释氧效应最低的区域在《沈阳市城市总体规划（2011—2020 年）》的中心城区空间结构规划中位于西部新城区、浑南主城和浑北主城的西部，其中西部新城和浑南主城是沈阳市未来重点发展的区域，因此，在发展的过程中逐步形成合理的绿色生态网络既是机遇又有挑战。

浑南主城是沈阳未来的行政中心，且有一半处于本研究中最适宜且释氧效应最低的区域，在建设大浑南的过程中，应结合行政文化中心考虑加建一些市级和区级公园，既能形成城市开放空间又能与原有绿地形成生态网络，例如美国纽约的中央公园就是一个成功的案例。

西部新城区主要是工业区，同时也是生态环境较差的区域，且有很大一部分处于最适宜且释氧效应最低的区域，因此，此区域应在发展中考虑建设绿色生态工业园区，而不仅仅只是考虑作为单位附属绿地的建设。因为作为工业区的西部新城区位于沈阳秋季的主导风向，这一区域的生态环境质量的提高不仅能改善工业区的生态环境，同时对沈阳中心城区的生态环境也会起到积极的作用。

（2）《沈阳市城市总体规划（2011—2020 年）》提出了“一带”、“八廊”、“多核”的全域绿地布局结构。

其中东南楔、南楔和西南楔位于浑南主城，且处于本研究中最适宜且释氧效应最低的区域，同时又处于沈阳市春、夏、秋三季的主导风向上风向，因此，这三个绿楔将起到释氧、生物多样性、城市风道等多重生态功能。这三个绿楔在建设过程中应严格控制建成区的比例，并结合公园形成能够发挥其生态功能的绿楔，起到承接市域林地和中心城区的生态节点的作用，与市域林地、中心城区公园和绿地以及其他绿地斑块共同形成有效的绿地生态网络。

东北楔主要依托棋盘山坡地，属长白山余脉，对生物多样性保护起到积极作用，应予以保护，可以发展为风景游憩林等以保护为主的绿地类型，建成区的比例也要严格控制。

西北楔、北楔位于沈阳市冬季的主导风向，结合本研究，它们的释氧效应对中心城区影响不大，其主要功能应是形成中心城外围的防护林屏障，缓解沈阳春季沙尘暴天气，绿地建设应重点考虑防风滞尘的生态屏障功能。植被类型、树种选择、绿地空间形态以及与建成区空间相互关系尤为重要。

（3）考虑以上各因素，本研究得出以下沈阳市三环以内绿地空间优化方案，包括沈阳市三环以内新增绿地范围分析（图 3-5-12）、沈阳市三环以内公园空间分布规划（图 3-5-13）、规划前和规划后公园服务范围比较（图 3-5-14）以及沈阳市三环以内绿地空间优化方案（图 3-5-15）。

（4）虽然本研究未将城市水系廊道纳入研究范围，但是加强城市水系廊道绿地建设，完善生态网络结构，城市水系作为重要的自然廊道在城市环境建设中发挥着至关重要的作用。目前沈阳市三环以内的滨水绿地仍需加强建设，以提高滨水绿地的综合生态效益。资

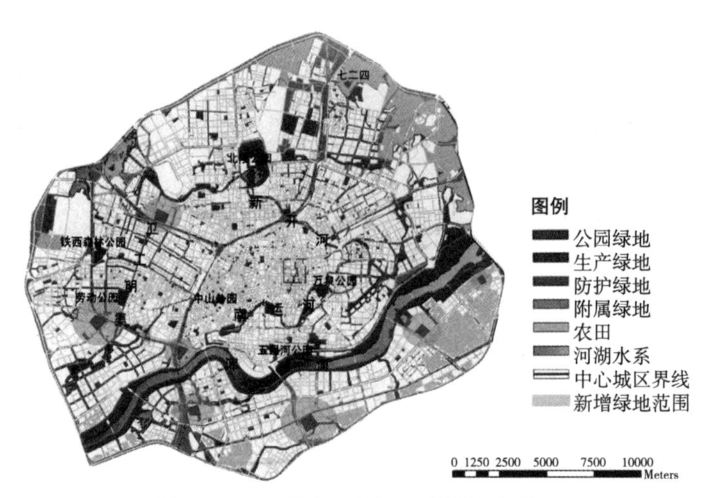

图 3-5-12　沈阳市三环以内新增绿地范围

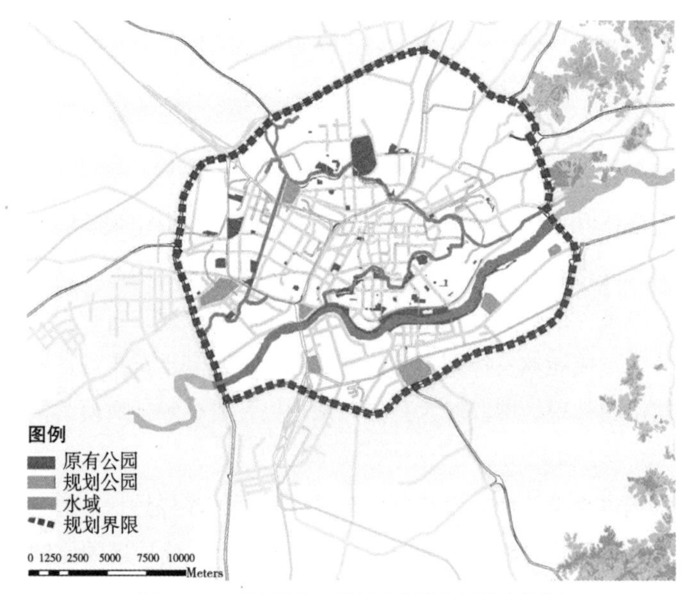

图 3-5-13　沈阳市三环以内公园空间分布规划

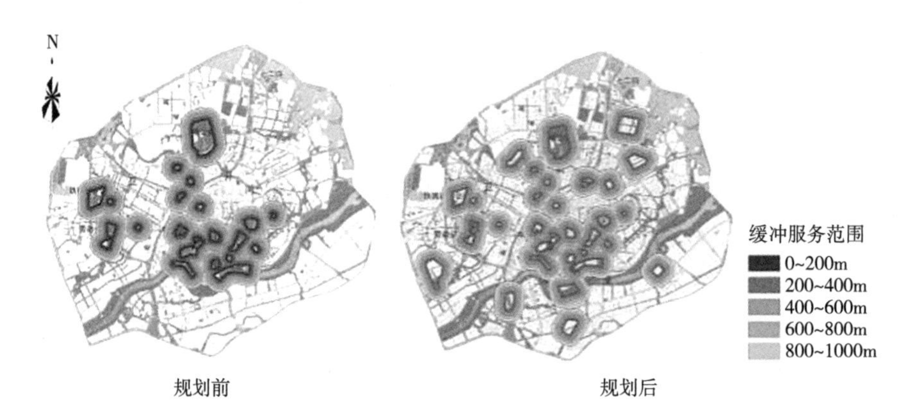

图 3-5-14　规划前和规划后公园服务范围比较

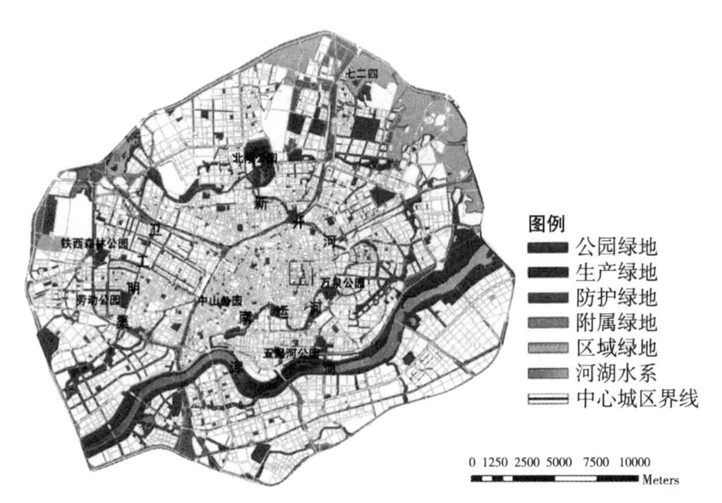

图 3-5-15　沈阳市三环以内绿地空间优化方案

源是制约城市绿化建设的重要因素，水系更是城市生态系统生存和发展的基础。结合沈阳市的水系建设，如丁香湖、南运河、北运河、浑河等，继续加强城市水系的绿地系统建设。实施辉山明渠等南北向水、绿地廊道的建设，提高绿地系统南北向的连接度，拓展廊道的垂直过程和水平过程，完善其生态服务功能。

3.5.4　小结

首先，通过综合分析，选择人口、道路、水体、坡度、坡向、热岛、社区公园、市级公园为主要评价因子，应用 AHP 法和成对明智比较法相结合确定各因子的权重，对沈阳市三环以内绿地进行适宜性评价。评价结果表明：沈阳城市绿地适宜性等级总体分布规律为北高南低，中间低外围高，且城市生态环境敏感、脆弱地区整体上较多。然后，应用 GIS 空间统计与空间分析功能将沈阳市三环以内释氧三季效应场空间叠加，获得综合释氧效应场分级图。而后，将适宜性分析结果与释氧效应场分级图进行空间叠置，从而获得沈阳市绿地适宜并需要建设绿地的区域等级图。最后，结合《沈阳市城市总体规划（2011—2020 年）》中的城市空间结构与中心城区绿地系统结构，对城市绿地空间布局提出相应的优化方案：包括提出建立西部新城绿色生态工业园区、加建公园、沈阳市三环以内公园分布规划以及沈阳市三环以内绿地空间优化方案。通过上述的空间规划分析，以期提出一种量化分析绿地释氧生态功能的规划方法，为绿地系统规划提供参考。

第 4 章

大气环境效应场与城市绿地格局优化

第4章

大气环境效应场与城市绿地格局优化

4.1 城市绿地大气环境效应模拟分析

4.1.1 数据处理与景观类型划分

1. 数据源与用途

研究所使用的数据包括：2010 年 5 月 26 日的 QuickBird 高分辨率遥感影像，空间分辨率为 0.61m；2010 年 8 月 27 日沈阳市 Landsat/TM 影像，影像轨道号为 119-31，包括 7 个波段，空间分辨率为 30m，第 6 波段（热红外波段）为 120m；1980 年沈阳市数字地形图、沈阳市城市总体规划图（1996—2010 年）、沈阳市绿地系统规划图（2002—2010 年）。社会经济数据来源于 2009、2010 年的沈阳市统计年鉴、沈阳市 2001—2005、2009 年环境质量报告书（表 4-1-1）。

数据来源及主要用途 表 4-1-1

数据源	获取时间	数据分辨率	主要用途
沈阳市城区 QuickBird 卫星影像	2010 年 5 月	0.61m	土地利用类型图、绿地分布图等专题信息的提取
沈阳市城区 Landsat/TM 影像	2010 年 8 月	30m	城市热环境、植被分析
地形图	1980 年	1 ∶ 100000	辅助影像校正和解译
DEM	—	25m	获取坡度、坡向、坡位图层
沈阳城区详图	2000 年 4 月	1 ∶ 10000	辅助土地利用类型图、绿地分布图等专题信息的提取
沈阳大城区图	2005 年 2 月	1 ∶ 30000	
沈阳市地图	2010 年 7 月	1 ∶ 210000	
沈阳市城市规划资料	1996—2010，2006—2020（修）	1 ∶ 200000	
沈阳市土地利用总体规划图	2006—2020（修）	1 ∶ 200000	
社会经济统计年鉴和地方志	2000—2010		辅助分析
政府规划与公报资料	2000—2010		辅助分析
沈阳市环境质量报告书和相关的环境监测数据	2001—2005、2009		沈阳市空气环境质量分析

续表

数据源	获取时间	数据分辨率	主要用途
GPS 野外采点 371 个	2010 年 7 月—8 月		解译精度验证，绿地植被信息的获取
GPS 污染点源采点 78 个	2010 年 8 月		插值分析，模型模拟精度验证，CFD 模拟分析的基础数据
GPS 地表温度采点 78 个	2010 年 8 月		插值分析，模型模拟精度验证，CFD 模拟分析的基础数据

2. 城市土地利用分类

在进行研究之前，首先要将景观根据研究的目的进行类型的划分。在进行野外的大规模踏勘和搜集资料的基础上，根据土地的用途、利用方式、覆被特征等，参考《城市用地分类与规划建设用地标准》GB 50137—2011 和全国《土地利用现状分类》GB/T 21010—2017，并根据城市景观的特性（曹传新，2002；刘滨谊和姜允芳，2002），结合研究区实际情况和研究目的，建立了沈阳市三环内土地利用系统（表 4-1-2）。在该系统中，将研究区的土地利用分成 9 种类型：居住用地、工业用地、对外交通用地、道路广场用地、城市绿地、公共设施用地、弃置和在建地、水域、耕地。

土地利用 / 覆被分类标准　　表 4-1-2

土地利用 / 覆被类型	含义
居住用地（R）	居住小区、居住街坊、居住组团和单位生活区等各种类型的成片或零星的用地、集镇、村庄等农村居住点生产和生活的各类建设用地
工业用地（M）	工矿企业的生产车间、库房及其附属设施等用地，包括专用的铁路、码头和道路等用地、仓储企业的库房、堆场和包装加工车间及其附属设施等用地
对外交通用地（T）	铁路、公路、管道运输、港口和机场等城市对外交通运输及其附属设施等用地
道路广场用地（S）	市级、区级和居住区级的道路、广场和停车场等用地
城市绿地（G）	包括城市绿地分类中的公园绿地、防护绿地、生产绿地 、附属绿地、其他绿地
公共设施用地（C）	包括行政办公用地、商业金融业用地、文化娱乐用地、体育用地、医疗卫生用地、教育科研设计用地、文物古迹用地、其他公共设施用地等
弃置和在建地（O）	尚未利用的土地、包括建设中的用地（因为是先楼后绿化，但是建设中的单个建筑不算）
水域（W）	江、河、湖、海、水库、苇地、滩涂和渠道等水域，不包括公共绿地及单位内的水域
耕地（F）	指种植农作物的土地，包括农田、果园、菜地、温室大棚等

3. 城市绿地分类

2002 年《城市绿地分类标准》CJJ/T 85—2002 的颁布结束了我国长期以来城市绿地缺少行业标准的混乱局面。标准采用分级代码法将绿地分为大类、中类、小类三个层次，共 5 大类、13 中类、11 小类。标准的颁布协调了城市规划和城市绿地系统规划之间的关系，也为研究的规范化提供了保证。但是，该标准与其他现行标准的衔接尚存在一些问题。例如在城市用地统计中将居住区中的社区公园计入居住用地，而在绿地统计中将其计入城市公园绿地，应算作城市绿地（李俊英，2011）。考虑沈阳市三环内城市绿地具体情况及研究目的，参考《城市绿地分类标准》CJJ/T 85—2002 和《城市用地分类与规划建设用地标准》GB 50137—2011，将沈阳市三环内公共绿地分为公园绿地、防护绿地、生产绿地、附属绿地、其他绿地 5 大类。其中公园绿地不包括规范中的社区公园，仅包括综合公园、带状公园和街头绿地。城市绿地分类结果见表 4-1-3。

沈阳城市绿地景观类型　　表 4-1-3

绿地类型		解译标志
公园绿地（G1）	综合性公园（G11）	呈多边形，面积较大，设施类型丰富，斑块较为集中，自然和人工植被结合，生物多样性高，生境类型丰富
	带状公园（G12）	沿城市河流两岸分布的狭长形绿地，呈条状或带状，具有一定休息设施，自然和人工植被结合，生物多样性高，生境类型丰富
	街旁绿地（G13）	呈三角形、多边形，面积较小，人工植被为主，生物多样性较低
生产绿地（G2）		多为苗圃、花圃、草圃等圃地
防护绿地（G3）		城市中具有卫生、隔离和安全防护功能的绿地。包括卫生隔离带、道路防护绿地、城市高压走廊绿带、防风林、城市组团隔离带等
附属绿地（G4）		城市建设用地中绿地之外各类用地中的附属绿化用地。包括居住用地、公共设施用地、工业用地、仓储用地、对外交通用地、道路广场用地、市政设施用地和特殊用地中的绿地
其他绿地（G5）		对城市生态环境质量、居民休闲生活、城市景观和生物多样性保护有直接影响的绿地。包括水源保护区、郊野公园、 森林公园、自然保护区、风景林地、风景名胜区、自然保护区等

4. 遥感影像解译

在 ERDAS IMAGINE9.2 遥感处理软件支持下，利用 1 ： 10000 地形图对 2010 年的 QuikBird 卫星遥感影像进行几何精纠正，RMS 值小于 0.5 个像元。采用假彩色合成以及边缘锐化增强等遥感图像增强方法对遥感影像进行预处理。依据土地利用分类系统以及绿地分类系统，运用 ArcGIS 软件对卫星遥感影像进行初步人工目视解译，获得城市土地利用类型、绿地类型的矢量图，对于不确定的类型用 GPS 测定位置，进行野外踏勘、校正。将野外调研的 GPS 实测点与人工目视解译的土地利用图空间连接起来评价 2010 年影像解译精度，解译结果总精度为 90.15%，将野外 GPS 实测点与绿地类型图空间连接起来评价 2010 年影像解译精度为 89.47%，均达到科研与应用的标准。

4.1.2 RS-GIS-CFD 耦合分析方法

1. 基于 RS-GIS 的城市热岛效应分析

TM 数据的第 6 波段为热红外波段，空间分辨率为 120m，很适合用来进行城市尺度的热环境研究。本研究中将通过 TM6 波段所接收到的地面各处的热辐射值（在图像中以灰度值表示）进行定量反演，采用覃志豪等（2001）的单窗算法可以求算出对应的地表温度。地表温度的反演分三个步骤：

（1）将 TM6 波段的 DN 数据按以下方程转换为辐射亮度（伍卉等，2010），即：

$$L_\lambda=L_{min}+(L_{max}-L_{min})/255\times DN \tag{4-1}$$

式中：L_{max}、L_{min} 分别为该波段探测器可探测的最高和最低辐射值，均可在影像头文件中查到。对于 TM6，L_{max}=1.56mw · cm^{-2} · sr^{-1} · μm^{-1}，L_{min}=0.1238mw · cm^{-2} · sr^{-1} · μm^{-1}。

（2）将辐射亮度转化为地物的亮度温度（T6），计算公式为（伍卉等，2010）：

$$T_6=K_1/\ln[K_2/L_\lambda+1] \tag{4-2}$$

式中：K_1、K_2 为校正常数，对于 TM6 为已知常数，K_1=1260.56mw · cm^{-2} · sr^{-1} · μm^{-1}，K_2=60.776mw · cm^{-2} · sr^{-1} · μm^{-1}。

（3）采用提出的单通道算法（覃志豪等，2001）反演地表的真实温度。该算法需要三个参数：大气等效温度、大气透射率和地表比辐射率。计算公式为：

$$LST=\{a_6(1-C_6-D_6)+[b_6(1-C_6-D_6)+C_6+D_6]T_6-D_6\times T_a\}/C_6 \tag{4-3}$$

式中：LST 为真实地表温度；T_a 为大气等效温度，a_6 和 b_6 是系数（a_6=−67.355351，b_6=0.458606）；ε 为地表比辐射率；C_6 和 D_6 是中间变量，$C_6=\varepsilon\tau$；$D_6=(1-\tau)[1+(1-\varepsilon)\tau]$，$T_a=16.011+0.92621T_0$；当 $0.4<\omega<1.6$g · cm^{-2}，$\tau=0.974290-0.08007\omega$；当 $1.6<\omega<3.0$g · cm^{-2}，$\tau=1.031412-0.11536\omega$。$T_0$ 为近地表空气温度；ω 为大气总水分含量；τ 为大气透射率。T_0 与 ω 可以从气象站点数据中得到。

比辐射率 ε 的计算公式为（岳文泽等，2006）：

$$\varepsilon=1.0094+0.047\ln(NDVI) \tag{4-4}$$

式（4-4）是在自然地表上总结出来的，所取 $NDVI$ 范围为 0.157~0.727（江樟焰等，2006；张新乐等，2008），对于 $NDVI$ 在 0.157~0.82 范围内的像元，ε 按式（4-4）计算；对于城市而言，$NDVI<0.157$ 的地表主要由裸地和水体组成，城市裸地的 ε 为 0.92，水体的 ε 为 0.99（Masuda et al.，1988；宫阿都等，2005）。将 $NDVI$ 和预处理后的沈阳市 TM6 代入上述公式（4-3 和 4-4），在 ERDAS 中利用空间建模工具完成上述运算，获得陆地表面温度（LST）图。

由于缺乏卫星过境时研究区域的地面实测数据，本研究不能对反演结果进行有效检验以及精度评价，但通过许多学者（Weng et al.，2004；肖荣波等，2005；王修信等，2010）利用单窗算法研究城市地表温度的反演结果验证表明针对 TM6 影像的单窗算法具有较高的反演精度，反演精度可以满足大多数应用精度需求。根据反演结果可以看出大面积水体、农田、绿地、广场下垫面等较均匀，在遥感图像中呈现纯净像元，表面温度空间差异相对较小且易于观测，可验证遥感反演值的准确性。

2. 基于 GIS 的城市空气污染物质空间插值分析

克里格插值（Kriging）又称空间局部插值法，是以变异函数理论和结构分析为基础，在有限区域内对区域化变量进行无偏最优估计的一种方法，是地统计学的主要内容之一（汤国安和杨昕，2006）。Kriging 是法国地质统计学家 Matheron 提出的，以纪念南非矿业工程师 Krige 在 1951 年首次将统计学技术运用到地矿评估中（Davis，2002）。它是地质统计学的主要内容之一，由于地质统计方法是基于统计特征的，所以用它进行插值不仅可以获得预测结果，而且能够获得预测误差，这样有利于评估预测结果的不确定性。克里格法从统计的意义上说，是从变量相关性和变异性出发，在有限区域内对区域化变量的取值进行无偏最优估计的一种方法；从插值的角度来讲是对空间分布的数据求线性最优、无偏内插估计的一种方法。其核心技术就是用半变异函数模型代表空间中随距离变化的函数，再以无偏估计与最小估计变异数的条件下，决定各采样点的权重系数，最后再以各采样点与已求得的权重线性组合，来求空间任意点或块的内插估计值（弓小平和杨毅恒，2008）。克里格方法的适用范围为区域化变量存在空间相关性，即如果变异函数和结构分析的结果表明区域化变量存在空间相关性，则可以利用克里格方法进行内插或外推；否则反之。克里格方法是根据未知样点有限邻域内的若干已知样本点数据，在考虑了样本点的形状、大小和空间方位，与未知样点的相互空间位置关系，以及变异函数提供的结构信息之后，对未知样点进行的一种线性无偏最优估计（汤国安和杨昕，2006）。克里格方法是通过对已知样本点赋权重来求得未知样点的值，可统一表示为：

$$Z(x_0)=\sum_{i=1}^{n}\lambda_i Z(x_i) \tag{4-5}$$

式中，$Z(x_0)$ 为未知样点的值，$Z(x_i)$ 为未知样点周围的已知样本点的值，λ_i 为第 i 个已知样本点对未知样点的权重，n 为已知样本点的个数。

普通克里格法属于克里格插值方法的一种，它需要两个基本步骤才能完成：第一步用钻孔信息求得区域化变量的空间变异规律——半变异函数或协方差函数；第二步用半变异函数的理论模型按普通克里格估值的模式进行估值并求出克里格方差。一个普通算例的成功与否，由原始数据的选择和审议、信息的搜索、异向性套合、降低克里格方程组的维数、减少解算方程组的次数、选择省时的方程组解算方法等多种因素决定（弓小平和杨毅恒，2008）。在本研究中，利用普通克里格插值方法对沈阳市城市 SO_2 污染进行插值分析。所采用的 SO_2 污染数据主要包括：沈阳市各个监测站点对 SO_2 的监测数据、对沈阳市特定工业区、一般工业区、商业区、居住区、文化区、清洁区内进行实地样点监测获得的数据，所选择的监测样点如图 4-1-1 所示。

3. 基于 RS-GIS 分析的 CFD 仿真模拟

（1）城市数字模块的建立

1）城市数字模块建立的基本方法

将复杂的城市转化为可在 CFD 中进行仿真模拟的数字模型是整个模拟分析关键的一

个步骤，在城市尺度上，我们需要对复杂城市中的不同地块进行一定的区块划分。主要是利用 CAD 软件根据城市的现有布局情况，以城市主要干道、山体、河流、湖泊等各种条件为界限，将城市分为不同的区域地块（模型中的 Block）后分别导入计算机，再将其转化成 CFD 软件中可识别的数字体块，并按地物类别分别赋予特性参数（李鹍，2008）。以沈阳市为例，在建立城市数字模型的过程中，在 CAD 软件中将以数字地图为底图，提取出城市的主要街道、建筑群体和功能区，将他们分别整合，并形成闭合体块，高度根据实际情况合理设定。至于水体和绿地，根据其外围的形状，形成闭合多边形。最后将建立的数字体块导入 CFD 模拟软件中，进行整理和调节，初步得到沈阳市的数字模型。

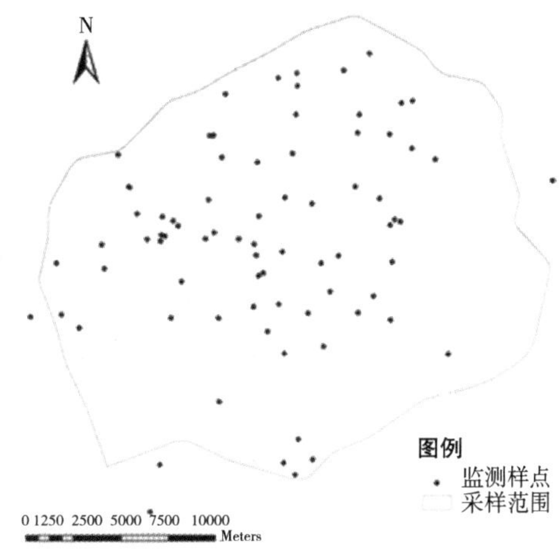

图 4-1-1　污染点源采样点分布

2）基于 GIS-RS 的模型参数校正的城市数字模块的建立

为了尽可能减少主观性误差，在上述工作的基础上，参照国内外的城市密度分区方法对沈阳市的分区情况进行修改。唐子来等（2003）在《城市密度分区研究——以深圳经济特区为例》一文中介绍了日本、新加坡、我国上海等国家和地区的城市密度分级方法，我们以此为参考，结合前述的工作，提出沈阳市城市分区所对应的建筑密度、植被覆盖程度、容积率、地表温度等指标。在建模过程中，考虑到不同区域的建筑密度、植被覆盖程度、容积率、地表温度、SO_2 污染程度、人口密度等因素组成的数字模型在模拟仿真计算过程中可能表现出的不同特性，将整个研究区域内分为 5 个等级。在区域分级过程中，可以根据不同区域内的实际情况，综合考虑区域内建筑密度、植被覆盖程度、容积率、地表温度、SO_2 污染程度、人口密度因素的基础上进行级别的划分，级别由低到高的划分过程中，其区域内的建筑密度由小到大，绿化覆盖程度由高逐渐到低，容积率由低到高，地表温度由低到高，SO_2 污染程度由低到高，人口密度由小到大。根据以上区域分区、分级方法，将沈阳市分为 5 个等级（表 4-1-4，图 4-1-2）。

城市分级对应参数　　　表 4-1-4

	建筑密度（%）	植被覆盖程度	容积率	地表温度（℃）	SO_2 污染（mg/m^3）	人口密度（人 /hm^2）
一级	0	很好	＜ 0.4	31~35	0~0.0258	0~200
二级	0~15	好	0.4~2.5	35~37	0.0258~0.0527	200~400
三级	15~30	一般	2.5~5.0	37~39	0.0527~0.1034	400~600
四级	30~50	差	5.0~7.0	39~40	0.1034~0.1551	600~800
五级	＞ 50	很差	＞ 7.0	40~49	0.1551~0.2068	＞ 800

图 4-1-2　沈阳城市三维模块

相应的，这五级的具体设置方法如下：

1）一级区域为植被大量覆盖的区域，基本上没有建筑，同时城市的空气质量良好，SO_2 空气质量达到国家一级标准，城市地表温度较低，多在 35℃以下。其中包括大面积的绿地、水体。

2）二级区域中有一定程度的建筑，但是密度也不是很大，植被的破碎系数较低，城市的空气质量较好，SO_2 空气质量达到国家二级标准；地表温度处于 35℃ ~37℃区间的市区，城市热环境较好，属于建筑体块中的低温区域。

3）三级区域中植被比较少，建筑密度显著增加，容积率相对较高，与城市中心区的容积率还有一定差距；地表温度处于 37℃ ~39℃之间；城市的空气质量一般，SO_2 空气质量超出了国家二级标准。该区域属于热岛效应较为明显的区域与城市低温区的一个过渡区域，其建筑密度、人口密度属于中等水平。

4）四级区域中建筑密度大，建筑容积率高，人口密集，植被较少且破碎系数高；城市的空气质量差，SO_2 空气质量大大超出了国家二级标准；地表温度处于 39℃ ~40℃之间，城市热岛效应相对明显。

5）五级区域中建筑密度最大，建筑容积率也高，人口分布最多，植被非常稀少；城市的空气质量非常差，SO_2 空气质量严重超出了国家二级标准，对周边的城市居民的生活造成了严重的影响；地表温度在 40℃ ~49℃的区域，该区域属于热岛的核心，这是城市热环境最差、热岛效应最强烈的核心区。

（2）CFD 模拟参数设置

在 CFD 数值模拟中，城市尺度上的三维模拟分析主要需要设置三个方面的参数：城市分级模块参数的设置、自然下垫面参数的设置以及气候设置。CFD 模拟时，首先创建一个城市空间的 Zoom，确定 Zoom 在 CFD 中的长、宽、高尺寸，一般要适当的大于整个城市模型，用于进行 CFD 的仿真环境模拟；其次，在几何模型相应的位置建立进风口和出风口，用于模拟城市在大气候环境下的季节风向。本研究中，采用 1 ∶ 1 的模型进行研究，建立的沈阳市数字模型的 Zoom 尺度为 $50000 \times 50000 \times 200m^3$。在 CFD 中完成模型创建后，输入要进行模拟仿真的城市所在的经度、纬度，所要进行计算的月份、时间和与太阳辐射相关的入射角度、空气折射指数等参数，作为模拟计算的初始条件；设置混合层流模型来模拟大气的流动。

模型地块选用热辐射模型以及污染物扩散模型，对于不同级别的地块模块，根据不同区域的实际情况，实测的地表温度、SO_2 浓度，反演的地表温度与 SO_2 插值分析的结果，设置不同模块的初始温度以及污染源浓度。以沈阳市一级模块为例，在一级地块区域内，建筑密度小、容积率低、人口密度小、绿化程度好，其初始温度低，一般设置为 28℃；如四级地块模型，其建筑密度大、容积率高、人口密度大，其初始温度高，一般设置为 40℃。河流、湖泊模块，由于其温度受季节变化较大，在进行仿真模拟计算时，根据计算的季节不同，设置不同的初始温度。

气候主要通过大气运动对城市产生影响，大气运动在城市边界层主要反映为风的作用。因此风环境的设置是 CFD 模拟的一个重要的步骤。风环境的设置主要包括风速、风向两个方面。在 CFD 模拟计算中，主要通过设置进风口和出风口的不同位置和参数，并附加其他有关参数，达到模拟城市不同季节的自然气候条件的目的。以沈阳市为例，考虑到沈阳市的气候环境特点即春、秋季节历时较短，夏季是植物生长最旺盛的季节，其吸收 SO_2 的能力也最强。因此，模拟的气候条件则设定为夏季。夏季三个月的平均风速为 3m/s，主导风向为南风，模拟时将具体的温度和风速值，设置为模拟边界中进风口和出风口的初始参数，模拟城市数字模型在该时段中受到的气候环境影响。

城市风速的模拟是根据大气边界层理论及当地的气象参数设置风速边界，不同地形的风速梯度如图 4-1-3 所示。

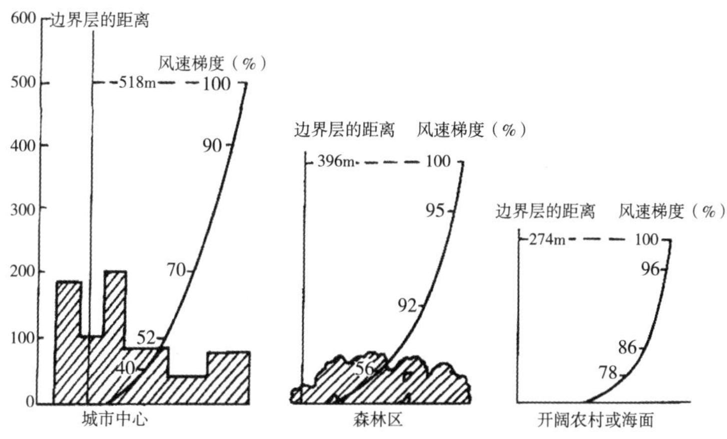

图 4-1-3　不同地形大气边界层曲线

不同高度的风速不同，高度与风速的幂指函数计算公式如下（Liu et al.，2010）：

$$\frac{U}{U_{ref}}=\left(\frac{Z}{Z_{ref}}\right)^{\alpha} \tag{4-6}$$

式中：U 是在高度 Z 处的平均风速（m/s）；U_{ref} 是在基准高度 Z_{ref} 的平均风速（m/s）；Z 是从地面往上的垂直高度（m）；α 是幂指数，通常市区 α 值取 0.2~0.5；空旷或临海地区 α 值取 0.14 左右，本研究处于沈阳市三环范围内，建筑较为密集，在模拟计算时 α 值选取为 0.4。城市风速的设置是根据沈阳市气象站的风速的监测数据，因为气象站监测的风速取 10m 高度处的风速（气象站观测高度），根据这个数据将会运用风速的幂指函数公式来计算出在不同高度处的风速。

（3）CFD 模型运算过程

在参数设置好以后，即可开始模型的计算。它将模拟出在城市绿地空间布局下的城市风速、SO_2、地表温度等大气环境因子的空间运行状况。

1）划分网格

计算的第一步就是为数字模型划分计算网格，网格代表计算精度的大小。网格越细，精度越高，但计算速度则会大大降低。此外网格划分过程中对于不规则物体和相互距离太接近的物体往往会产生错误，导致计算被强行中止。此时就需要根据错误报告，调整网格或是模型参数。对于城市分析来说，属于大尺度的研究，网格需要选择合适的精度，在模拟中根据数字模型的重要等级和体块结构来定义模型的网格大小，必要时还需要对局部网格进行加密（李鹍，2008）。

2）计算原理

人们日常生活环境处于空气之中，其流场一般是具有非压缩、湍流和黏性的特点，并且常常是非等温的。其非压缩、非等温流场的基础方程式如下所示（Robitu et al.，2006；李鹍，2008）。

$$\frac{\partial(u_i)}{\partial x_i}=0 \tag{4-7}$$

$$\frac{du}{dt}=-\frac{1}{\rho}\frac{\partial P}{\partial x_j}+\frac{\partial\left(\nu\frac{\partial(u_i)}{\partial x_j}\right)}{\partial x_j}-g_i\beta\Delta\theta \tag{4-8}$$

$$\frac{d\theta}{dt}=\frac{\partial\left(\alpha\frac{\partial\theta}{\partial x_j}\right)}{\partial x_j} \tag{4-9}$$

$$\frac{\partial(C_i)}{\partial t}+\frac{\partial(u_i)(C_i)}{\partial x_i}=\frac{\partial}{\partial x_i}\left(D\frac{\partial(C_i)}{\partial x_i}-(u_i'C_i')\right) \tag{4-10}$$

其中，符号 u_i 为瞬时速度（m/s）；x_i 为空间坐标（m）；t 为时间（s）；ρ 为密度（kg/m^3）；P 为瞬时压力（N/m^2）；v 为分子运动黏度（m^2/s）；g_i 为重力加速度（m/s^2）；β 为容积膨胀系数（1/℃）；θ 为瞬时温度（℃）；θ_0 为代表温度（℃）；α 为分子热扩散系数（m^2/s）。

3）收敛

每组 CFD 试验都需要经过对设置方程的反复计算。在流体力学里，这样的计算只有当运算因子趋于稳定或达到某个区间时才算计算完成，这个过程就是收敛。不同的软件，表示收敛的方式有不同。所有的实验都需要对收敛问题进行考虑并随时调整参数。

4）计算结果分析

一般的计算结果需要进行多次的调试和反复计算才能达到比较理想的状态。计算完成后可以按照风速、SO_2、地表温度等因子进行分项的数值显示。可以按照模型的高度和位置选择水平剖面和竖直剖面的数值显示图。CFD 软件一般可根据数值大小用不同的颜色来直观显示城市大气环境状况。

4.1.3 基于 CFD 的城市大气环境效应分析

从表 4-1-5 中可以看出，根据《环境空气质量标准》GB 3095—2012，沈阳市清洁的城市空气环境质量仅占 0.53%，达到国家二级标准的面积为 17.03%。城市空气环境质量较差的区域占沈阳城市面积的一半以上。地表温度大部分集中于 33℃ ~39.5℃之间，城市热岛效应在局部区域明显，且面积比例达到了 10% 左右。城市内部风速多为 0.75m/s 及以下，城市通风状况较差，将不利于城市热岛效应的减弱及污染物质的有效扩散。

图 4-1-4（*a*）显示了在 1.5m 高度处的城市风速的水平扩散状况，当城市平均风速为 3m/s、主导风向为南风的时候，城市内部空间的风速是小于 3m/s，而城市风速明显受到城市建筑布局以及城市风的流动的影响。在城市建筑密度低的浑南新区、于洪区等区域，城市风速相对较大，沿着浑河形成了一定的城市通风廊道，利于周边污染物质的空间扩散及城市热岛效应的缓解，在城市建筑密度较高的沈河区、和平区、铁西区、皇姑区等区域，

城市绿地现状下的大气环境效应因子对比分析　　表 4-1-5

风速（m/s）	面积百分比	SO_2 浓度（mg/m^3）	面积百分比	地表温度（℃）	面积百分比
0~0.375	31.35	0~0.02585	0.53	20~23.25	0
0.375~0.75	23.57	0.02585~0.05170	17.03	23.25~26.5	0
0.75~1.125	9.69	0.05170~0.0775	44.35	26.5~29.75	0
1.125~1.5	5.5	0.0775~0.1034	20.16	29.75~33	3.6
1.5~1.875	3.16	0.1034~0.1292	9.5	33~36~25	33.66
1.875~2.25	7.07	0.1292~0.1551	6.35	36.25~39.5	51.14
2.25~2.625	12.53	0.1551~0.1809	1.87	39.5~42.75	5.71
2.625~3	7.13	0.1809~0.2068	0.22	42.75~46	5.88

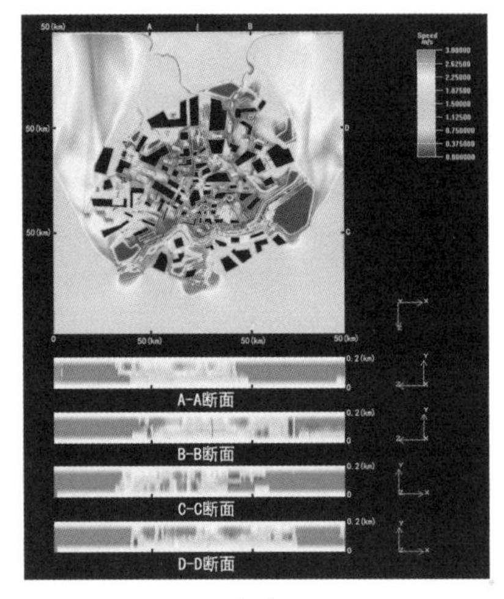

（*a*）

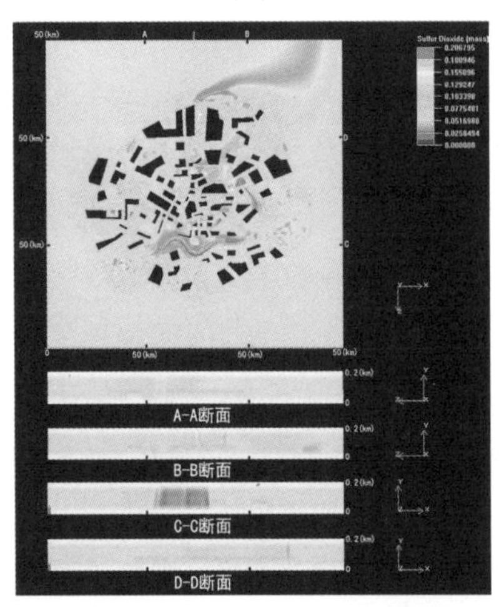

（*b*）

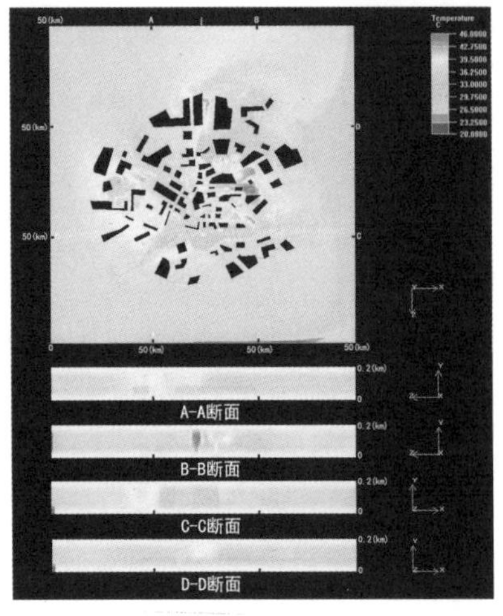

（*c*）

图 4-1-4　城市绿地现状下的城市风速（*a*）、SO_2（*b*）、地表温度（*c*）模拟分析平面及断面分析

城市风速相对较低，由于城市建筑物的影响，城市风速明显降低。从空间平面上的分析可以看出，沈阳市城市内部尤其是高建筑密度的区域通风环境较差，这将会导致城市空气污染物的流通不畅，城市热岛效应在大东及铁西部分区域表现明显。

我们选择 4 个典型的断面来反映城市风速在不同高度上的垂直扩散状况。从不同的断面可以看出，城市风速随着高度的增加也逐渐增加。同时，随着高度的增加，城市建筑物的密度不断降低，它们对风的扩散具有较大的影响。

图 4-1-4（*b*）显示在 1.5m 高度处 SO_2 水平空间扩散格局。可以看到 SO_2 污染物从污染点源排出，并在主导风的影响下向空中扩散。SO_2 的浓度在城市主导风向的影响下，随着风速的增加浓度逐渐降低，城市建筑物及城市绿地对城市风速、风向以及污染物质的扩散具有重要的影响。在沈阳市大东区、铁西区、于洪区，工业污染源较多，城市绿地较少，其污染物浓度最高，且不易向外扩散，而沈河区、和平区的污染浓度也相对较高，其主要原因是由于沈河区及和平区位于城市中心区，人口密度高、建筑密度高，其污染物不易扩散。综合分析可以看出，在沈阳市三环范围内，城市空气环境质量相对较差，污染最严重的区域主要集中在大东区、铁西区、于洪区等工业分布较多的区域，城市中心区的热岛效应也较为明显，污染物质不易向周边地区扩散。

从 4 个典型断面的垂直扩散图上可以看出，SO_2 以污染源为中心向四周扩散，随着高度的增加，在 200m 的高度范围内，SO_2 的浓度有一定程度的降低，因此，在城市主导风的影响下，SO_2 的扩散是同时向水平及垂直方向进行三维扩散的，我们在 SO_2 的扩散中，应采用各种措施对 SO_2 进行吸收或稀释，这样才能有效地减少 SO_2 对城市生态环境质量的影响，仅仅靠建立城市通风廊道来引导 SO_2 的扩散并不是解决 SO_2 空气污染的有效方法，因此，在后文中，将结合城市绿地对 SO_2 的吸收效益及城市通风廊道的建立等措施来治理城市空气污染状况。

图 4-1-4（*c*）显示了在 1.5m 高度处的地表温度的水平扩散格局。结合沈阳市数字地图分析，在夏天，沈阳市的平均温度为 37℃左右，在城市中建筑密度比较高的商业街和居住地、工业、大型交通枢纽等区域温度较高，城市地表温度高达 40℃以上，而学校、城市绿地、水体等地域，城市地表温度较低，它们对缓解城市热岛效应具有重要的意义。浑河对城市的有益影响和调温作用比较明显。因为浑河长年保持较低的水温，在主导风的带动下，将温度较低的空气带入城市中的炎热地区，改善了大面积的气候环境。城市中的河流水体对热岛效应的调节起到了重要的作用。沈阳市的河、湖等水体在城市主导风向的影响下对城区的空气温度具有一定的调节作用，处于上风向的水体对空气流通速度的影响较小，因此可以将水体较好的环境要素、较低温度的空气带往城市。但是风在吹过城市后风速的降低非常明显，而且在城市内部，风的流通非常缓慢，可见城市中的建筑对空气流通产生了较大的阻碍作用，对城市的风环境运行造成非常不利的影响。湖泊和植被等生态资源由于温度较低，在城市主导风向的影响下都会对周边一定区域产生较好影响。从各图上看，城市中的热环境分布不是分段、陡然形成的，从核心开始向外部逐渐发散，直至到市郊温度较低的地方，这是一个连续的过程，体现了风环境的连续发散特征。城市风向、植被、水体对城市最热区域的改善作用都较为有限，说明缺乏合理的城市规划方式，水体、植被等自然区域的作用没有较好发挥出来。

城市热环境 4 个典型断面反映了城市地表温度在不同高度上的垂直扩散状况。从不同的断面我们可以看出，城市的地表温度以热源为中心向四周扩散，并且随着高度的增加，温度逐渐降低。根据城市热环境的垂直扩散分析及土地利用分析图，可以看到，影响城市热环境运行状况的主要因素包括城市绿地的结构、城市建筑物的高度、建筑密度、人口密度以及城市风环境等。通过综合分析，沈阳市的热环境较差，需要利用 CFD 软件的优势从风流动的角度分析城市绿地、水体与城市的内在机制关系，并进行概念性的设计，此外还需要提出一定的优化措施并进行仿真模拟研究，如建立城市通风廊道以改善城市热环境状况。

4.1.4　不同高度范围的城市大气环境效应分析

随着城市高度的增加，城市建筑密度及容积率不断降低，城市风速、地表温度及 SO_2 空间扩散的阻力减少，空间扩散阻力与扩散高度成反比。在 0~200m 的不同高度范围内，定义 0~10m（含 10m）的高度范围为底部效应场、10~50m（含 50m）的高度范围为中部效应场、50~200m 的高度范围为顶部效应场。

1. 不同高度范围的城市风速分析

从不同垂直高度上城市风速的水平扩散分析图（图 4-1-5）可以看出，在低于建筑物高度的底部（1.5m，10m）和中部（30m，50m）的风速度场中，迎风面的速度值大于背风面的速度值，而高于建筑物高度的顶部（100m）速度场中，速度场分布相对较为均匀，

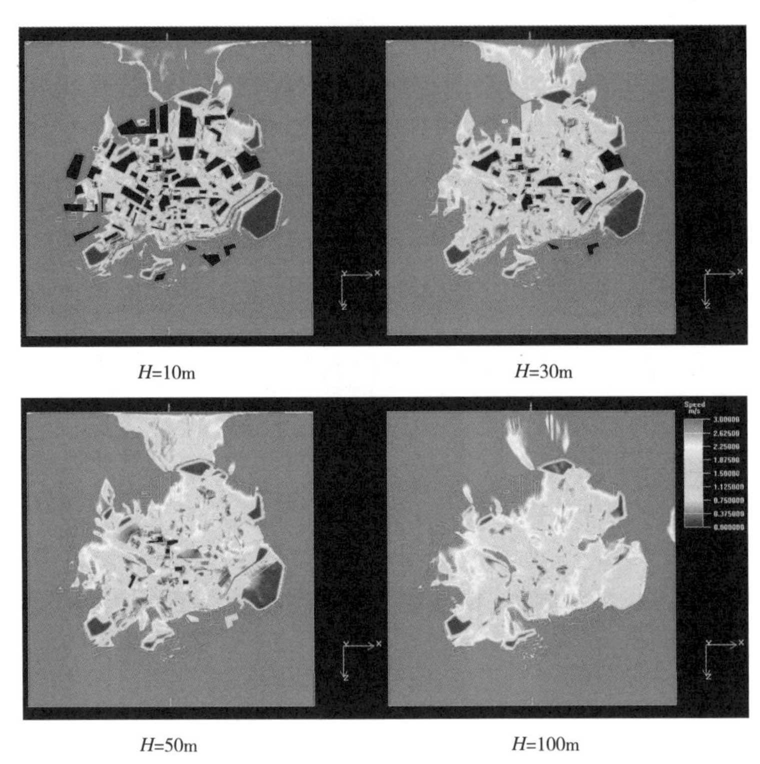

图 4-1-5　沈阳市城市不同高度上的风速扩散模拟分析平面图

因此，速度值的大小主要取决于城市建筑物的高度，建筑物越高，对应区域的速度值越大，其空间扩散阻力降低。在 1.5m 的底部风速场中，城市风以低风速运行，2.625~3m/s 的风速的面积比率仅占 7.13%，随着高度的增加，在 10m 的底部风速场中，城市微风区域降低，2.625~3m/s 风速的城市区域的面积比率增加到 23.38%，随着高度的不断增大，2.625~3m/s 风速的城市区域面积比率呈现逐渐增大的趋势，但是增加的区域较为平缓（图 4-1-6）。因此，可以推断出，城市风速的大小与高度值密切相关，随着高度的增加，建筑物的密度逐渐降低，风速逐渐增大，建筑物对城市风速的影响就逐渐减小。

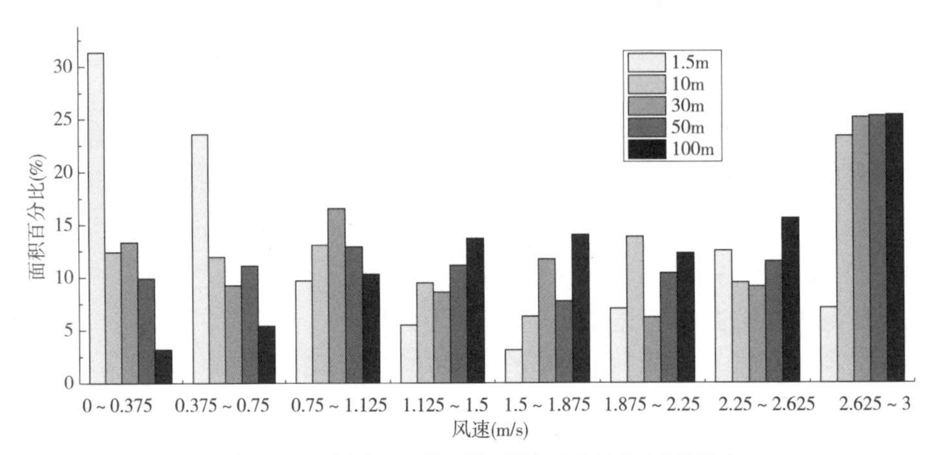

图 4-1-6　城市绿地现状下的不同高度的风速对比分析

2. 不同高度范围的 SO_2 污染物浓度空间扩散分析

从不同垂直高度上城市 SO_2 浓度的水平扩散分析图（图 4–1–7）可以看出，对整个城市的建筑群体而言，迎风面的 SO_2 浓度低于其背风面的 SO_2 浓度，且随着高度的增加，建筑物对 SO_2 浓度场分布的影响逐渐减弱，具体表现为：一方面底部浓度场中的浓度差最大，中部浓度场次之，顶部浓度场浓度差最小；另一方面最高浓度也出现在底部浓度场中，顶部浓度场中的最高浓度小于底部和中部浓度场；随着高度的增加，城市高浓度 SO_2 集中分布的区域并没有发生较大的改变，主要是大东区以及铁西区的 SO_2 污染较重。在 1.5m 的底部浓度场中，浓度值集中在 0.05170~0.0775mg/m^3 之间，超过了国家的二级标准，随着高度的增加，在中部浓度场（30m，50m）中，最大浓度值为 0.1809mg/m^3，在 100m 的顶部浓度场中，则最大浓度值为 0.1551mg/m^3（图 4–1–8）。

3. 不同高度范围的城市地表温度分析

从不同垂直高度上城市地表温度的水平扩散分析图（图 4–1–9）可以看出，随着高度的增加，建筑物对温度场分布的扩散阻力逐渐减弱，但是城市热岛效应明显的区域并未随着高度的增加出现明显的降低趋势，主要集中分布在铁西区、大东区以及皇姑区；同城市风速、SO_2 空间扩散规律相类似，底部温度场中的温差最大，中部温度场次之，顶部温度场温差最小。在 1.5m 的底部温度场中，温度值集中在 33℃ ~39.5℃之间，随着高度

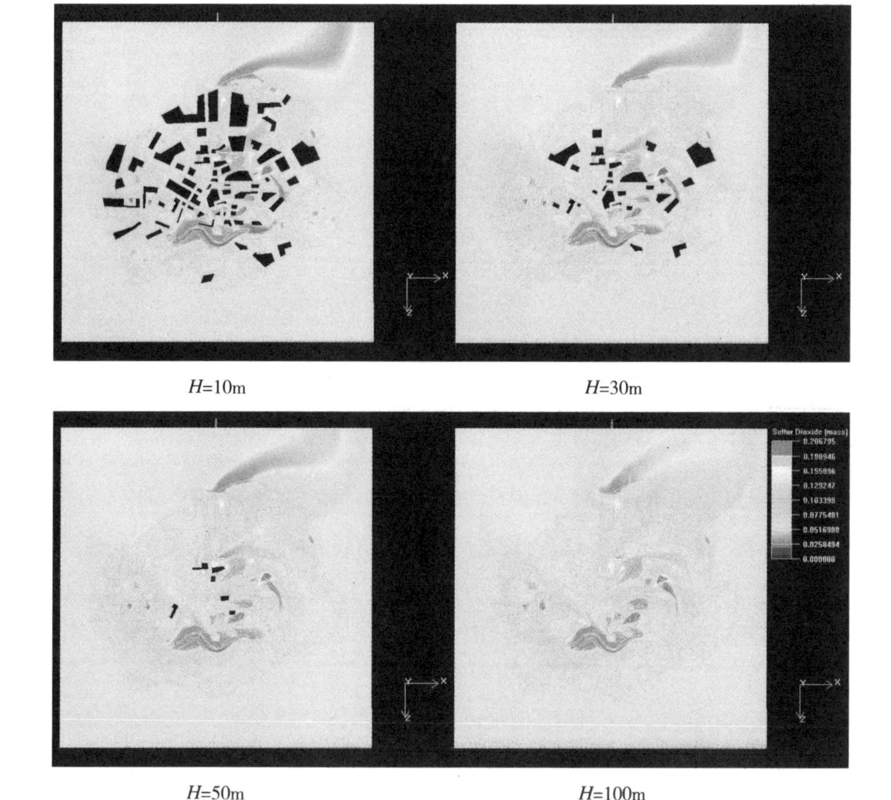

图 4–1–7　沈阳市城市不同高度上的 SO_2 扩散模拟分析平面图

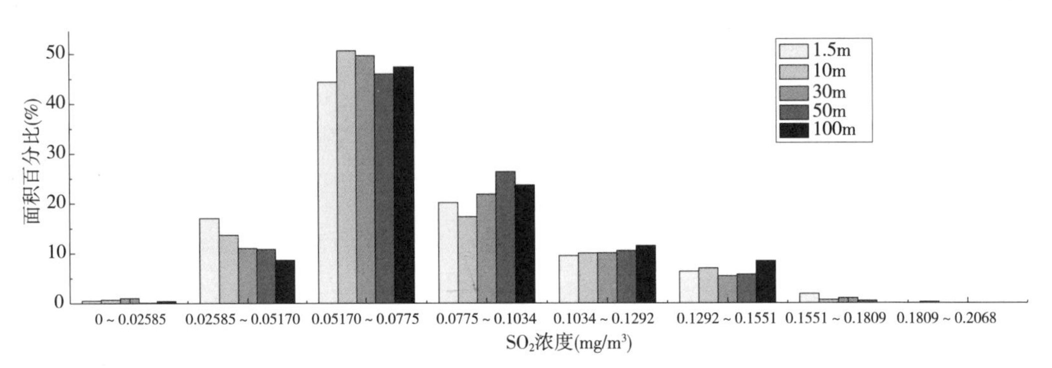

图 4-1-8　城市绿地现状下的不同高度的 SO_2 对比分析

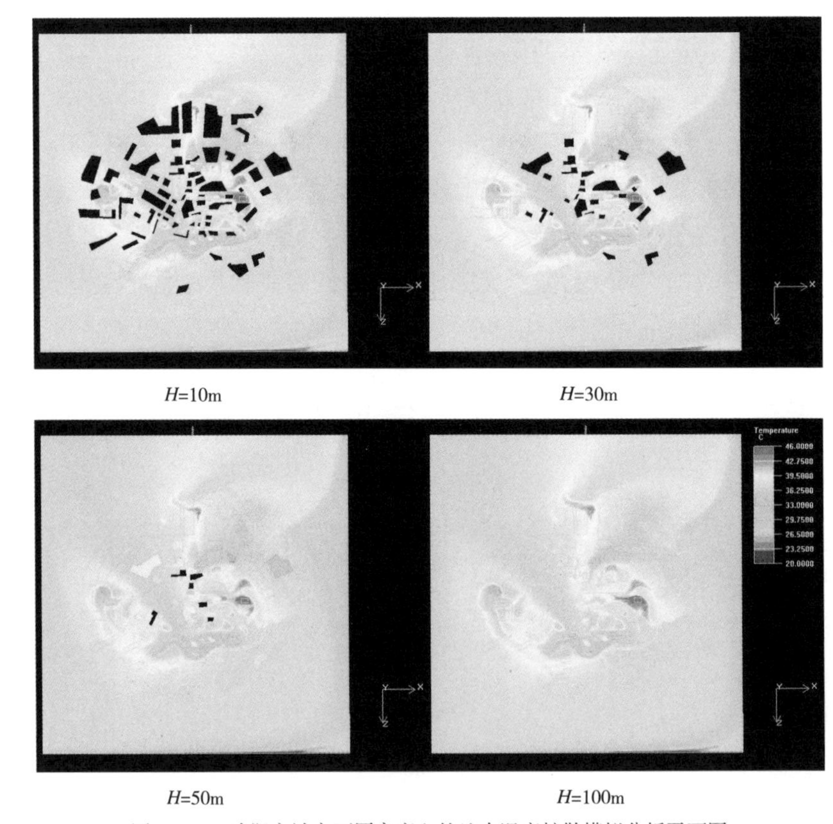

图 4-1-9　沈阳市城市不同高度上的地表温度扩散模拟分析平面图

的增加，在中部温度场（30m，50m）中，虽然温度值也集中在 33℃ ~39.5℃之间，但最高温度值有所下降，在 39.5℃ ~42.75℃之间，在 100m 的顶部温度场中，最高温度值在 39.5℃ ~42.75℃之间，相对其他高度而言，所占的面积比率相对较低（图 4-1-10）。

4.1.5　小结

（1）借助遥感（RS）的热红外波段反演地表温度，对沈阳市三环内的城市热环境进行分析研究；综合利用沈阳市各环境监测点对 SO_2 的监测数据以及对城市各类型用地 SO_2

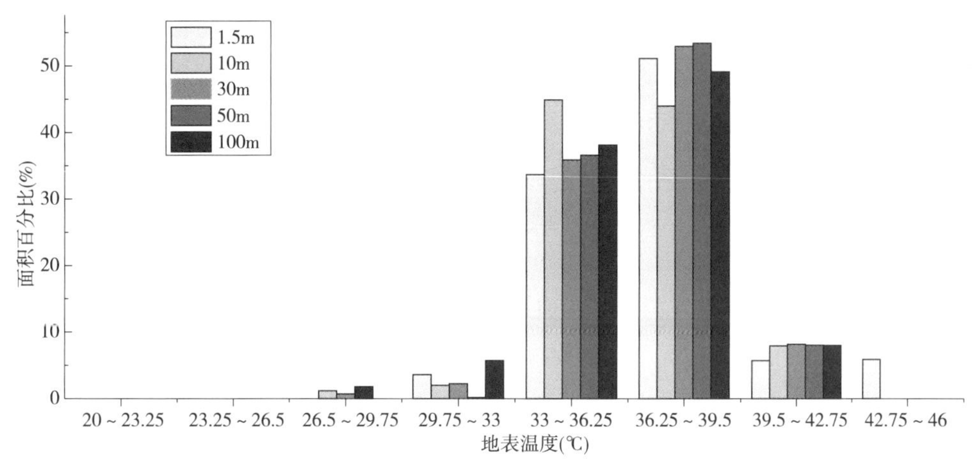

图 4-1-10　城市绿地现状下的不同高度的地表温度对比分析

浓度的实地监测，利用地理信息系统技术（GIS）中的普通克里格插值方法获得沈阳市三环内的 SO_2 浓度空间分布分析图。在综合分析城市建筑密度、植被覆盖程度、容积率、城市热岛效应、城市 SO_2 污染程度、人口密度的基础上，建立沈阳市 5 个不同等级的城市数字模块分析图。

（2）利用 CFD 计算流体力学仿真模拟技术对沈阳市三环范围内夏季的城市大气环境效应进行模拟分析，主要通过城市风速、SO_2 浓度、地表温度的三维空间扩散模拟结果对城市绿地景观格局影响下的大气环境效应运行状况进行分析评价。

（3）在 1.5m 高度的水平空间范围内，城市风环境的水平扩散与城市建筑密度紧密相关，在城市高建筑密度区域，城市风速较低，静风区域面积比率高，浑河及周边区域形成了明显的城市通风廊道，它对周围城市热岛效应的缓解及污染物的空间扩散具有重要的作用。SO_2 的浓度在城市主导风向的影响下，随着风速的增加浓度逐渐降低，城市建筑物及城市绿地对城市风速、风向以及污染物质的扩散具有重要的影响。在沈阳市大东区、铁西区、于洪区，工业污染源较多，城市绿地较少，其污染物浓度最高，且不易向外扩散；沈河区、和平区位于城市中心区，人口密度高，建筑密度高，城市风速相对较低，因此其污染物浓度也相对较高。在夏天，沈阳市的平均温度为 37℃左右，在城市中建筑密度比较高的商业街和居住地、工业、大型交通枢纽等区域温度较高，城市地表温度高达 40℃以上，而学校、城市绿地、水体等地域，城市地表温度较低，它们对缓解城市热岛效应具有重要的意义。

（4）从典型断面的分析可以看出，城市风速随着高度的增加，建筑密度及建筑高度对其空间扩散阻力减小，风速逐渐增大；SO_2 垂直方向上的空间扩散以污染源为中心向四周扩散，随着高度的增加，浓度逐渐降低，但降低趋势不明显；地表温度的垂直空间扩散以热源为中心向四周扩散，并且随着高度的增加，温度逐渐降低，但高温区域降低的趋势也不明显。影响城市大气环境效应的主要因素包括城市绿地的空间布局、城市建筑物的高度、建筑密度、人口密度等。目前，沈阳市缺乏良好的通风廊道，加之本身建筑密度较高，城市通风状况较差，热环境运行状况不良，SO_2空气污染严重，尤其是在铁西区、大东区以及皇姑区；在其他区域，城市的热岛效应不是很明显，主要是因为这些区域的绿化覆盖率相对较高，浑河等水系改善城市热岛效应状况具有明显的作用。

（5）从不同垂直高度上的城市大气环境因子的水平扩散分析图可以看出，无论是城市风速、SO_2浓度还是城市地表温度，在低于建筑物高度的底部效应场（1.5m，10m）和中部效应场（30m，50m）中，迎风面的值大于背风面的值，而高于建筑物高度的顶部效应场中（100m），场分布相对较为均匀，值的大小与城市建筑物的高度密切相关。底部浓度场中的差值最大，中部场次之，顶部场差值最小；另外，最高值也出现在底部场中，顶部场中的最高值小于底部和中部场。对整个城市的建筑群体而言，且随着高度的增加，建筑物对各因子分布的扩散阻力逐渐减弱。

（6）为了验证数值模拟仿真技术的精确性，将CFD仿真模拟的结果与实测值进行对比分析，并利用相关性分析来验证两者之间的相互关系。结果表明，模拟值与实测值之间的相对误差较小，满足城市尺度模型模拟的精度，CFD模型对城市大气环境效应因子的模拟是有效和可行的。

4.2 基于大气环境效应的城市绿地适宜性分析

4.2.1 影响因子选择与评分

1. 影响因子选择

在对城市绿地进行生态调研、收集相关资料的基础上，选取对绿地建设影响较大的城市植被、水体、基本农田、城市建筑用地、城市道路用地、城市人口密度、热岛效应、城市污染分布、地形地貌等12个影响因子作为城市绿地适宜性分析的主要影响因子（图4-2-1），并将12个影响因子分为适宜性因子、限制性因子两大类。其中，绿地适宜性因子主要包括：地形因子、植被因子、城市空气污染因子、城市热岛效应、城市道路用地、城市人口密度、城市水域。限制性因子包括：基本农田、城市公共绿地、城市建筑用地。

2. 因子评分

将选定的12个因子作为ArcGIS软件中的分析图层，用德尔菲法确定单因子内部的适宜性评价值分为5级。需强调的是，城市公共绿地、基本农田以及城市建筑用地是城市绿地适宜性分析的限制性因子，这三类空间看作是城市绿化不可利用土地，也就不参与加权叠加。根据单因子评价标准，逐一对每一影响因子图中的图形单元打分。

4.2.2 影响因子权重确定

本研究采用AHP法和成对明智比较法相结合来确定权重。通过对指标进行层次分析

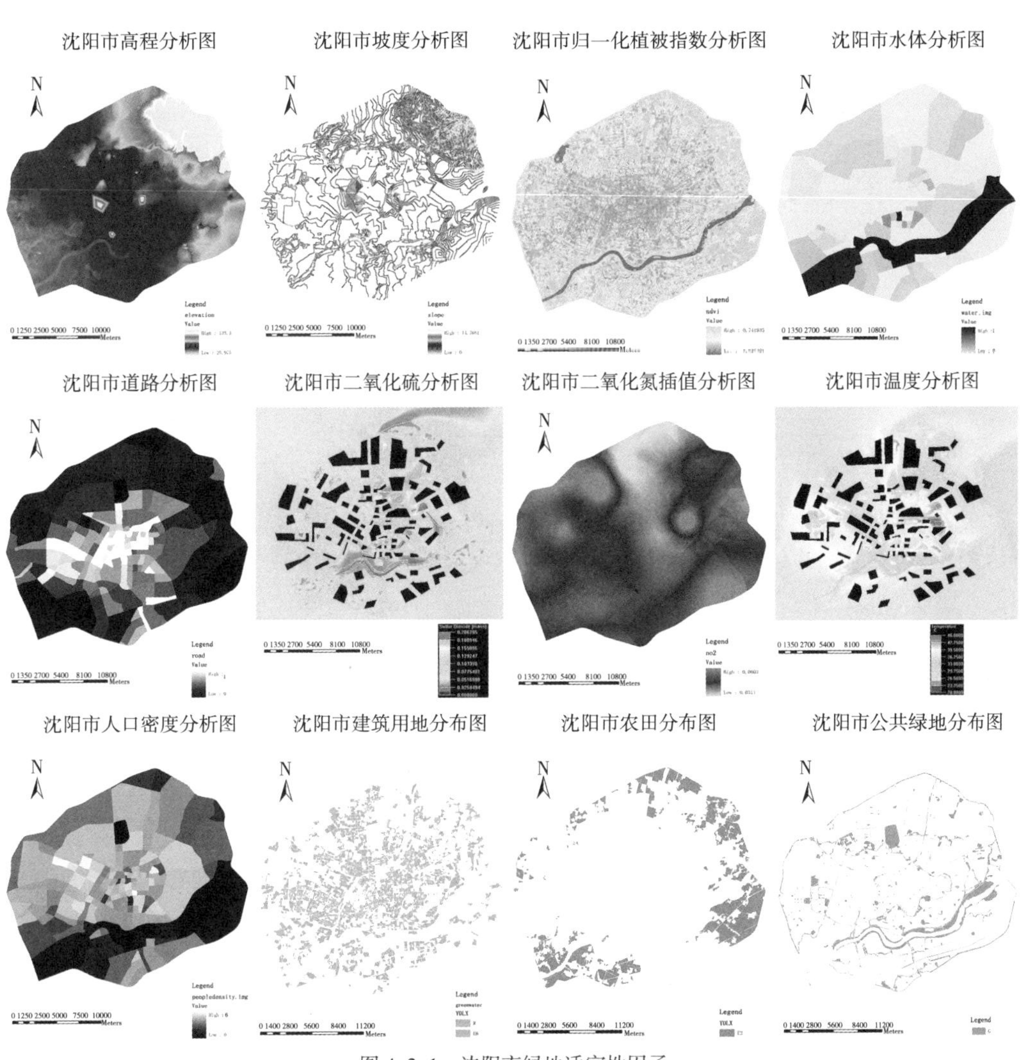

图 4-2-1　沈阳市绿地适宜性因子

以及分层次叠加，在 12 个因子之间采取成对明智比较法得到相对客观的权重。通过一致性检验，该权重成立，各图层权重如图 4-2-2 所示。

4.2.3　绿地适宜性综合评价

绿地适宜性评价模型基本公式的表达形式可以用下式表示（宗跃光等，2007）：

$$S=f(x_1, x_2, x_3, \cdots, x_n) \tag{4-11}$$

式中：S 是生态适宜性等级；x_i（$i=1, 2, 3, \cdots, n$）是用于评价的一组变量，目前常用的基本模型是权重修正法，即：

$$S=\sum_{i=1}^{n} W_i X_i \tag{4-12}$$

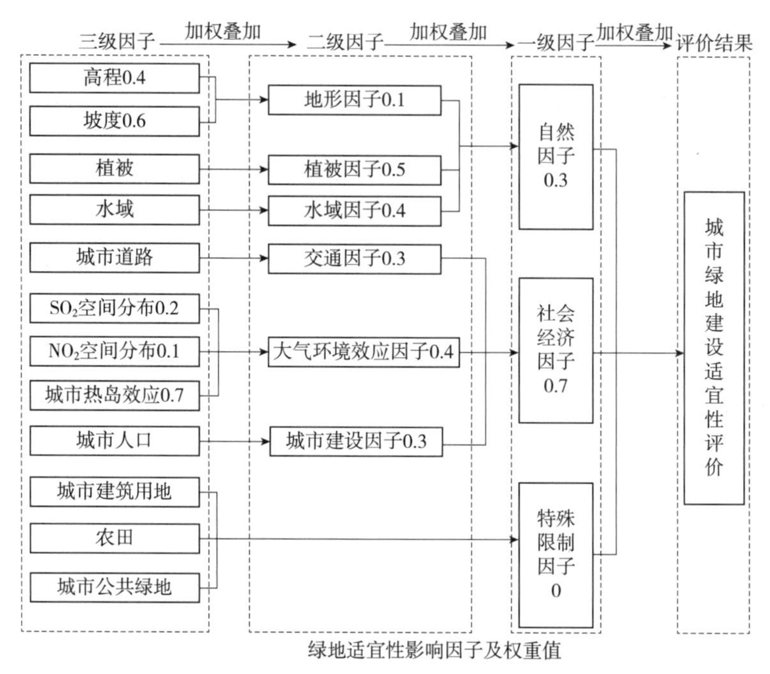

图 4-2-2　因子权重与叠加分析

式中：S 是生态适宜性等级；X_i 为变量值即各因子的评分值；W_i 为权重（i 同上）。

在 ArcGIS 9.3 空间分析技术的支持下，利用绿地适宜性评价模型及影响因子分值和权重进行栅格图层的叠加分析，得到沈阳市多因子加权叠加的最适宜城市绿化的绿地空间分布图。综合适宜性评价值 S 为 1.09~4.24，采用 K-means 聚类法分为 5 类：最适宜用地、适宜用地、基本适宜用地、不适宜用地和不可用地，其中不可用地是指城市绿地不可建设区域，如林地、耕地、公共绿地、城市建筑用地等。根据绿地适宜性评价结果，结合沈阳市空间结构现状及城市发展战略方向等政策因素，提出沈阳市绿地系统空间布局优化建议。

从沈阳市绿地适宜性多因子叠加分析图（图 4-2-3）的分析结果可得知，沈阳城市

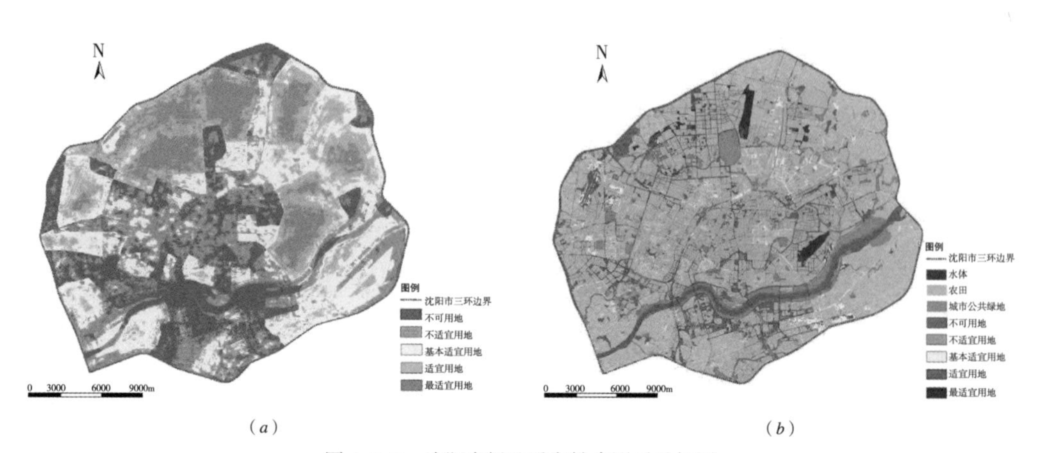

（*a*）　（*b*）

图 4-2-3　沈阳市绿地适宜性多因子叠加图

（*a*）适宜性因子加权叠加分析图；（*b*）绿地适宜性评价图

最适宜建设城市绿地的范围主要集中分布在三环北部，南部区域相对较少，而外围绿地的建设适宜性高于城市中心区域。不可用地面积为 77.16km^2，占研究区的 16.5%，主要为水体、林地、耕地等用地；不适宜用地面积为 138.38km^2，占研究区的 29.5%，主要分布在建筑密度相对较高的城市中心区，存在一定面积的城市绿地；基本适宜用地面积为 109.43km^2，占研究区的 23.3%，分布较为集中，多为建筑密度相对较低的城市建筑用地，可进行一定程度的城市绿地建设。适宜用地面积为 90.65km^2，占研究区的 19.2%，主要为城市的工业用地，生态环境问题凸显，需要通过建设相应的绿地景观来缓解城市环境问题。最适宜用地面积为 52.81km^2，占研究区的 11.1%，在该区域内人口密度大，空气污染较为严重，是城市绿地重点建设区域（图 4-2-4）。

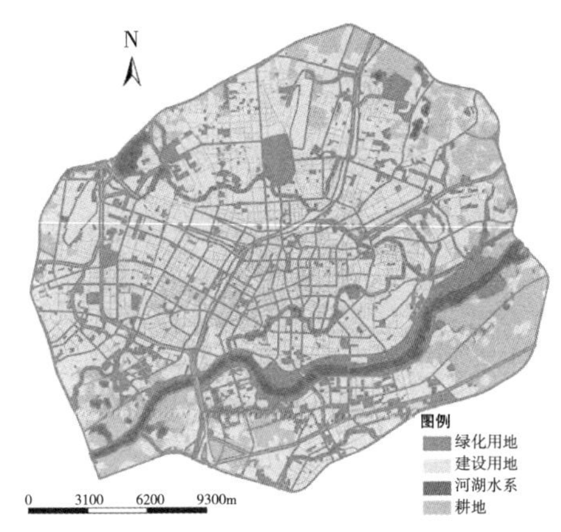

图 4-2-4　沈阳市绿地系统优化布局图

4.2.4　城市绿地空间布局建议

基于沈阳市绿地现状以及绿地适宜性分析结果，对沈阳市绿地系空间布局提出相关的优化措施。

（1）城市通风廊道的设置。为了缓解城市大气环境效应问题，考虑建立一定数量的城市通风廊道，缓解热岛效应，加速污染物质的空间扩散运动。城市通风廊道主要包括水系、广场、高压走廊、道路廊道和绿地等。城市通风廊道的布置由城市主导风向在城市不同空间中的风向和风速、城市建筑密度、人口密度以及城市地形特征等因素来共同确定。在建筑密度大的城市区域，应尽量避免在城市通风廊道区域增大城市建筑密度，尽可能地增加城市绿化。在建筑密度相对较低的城市区域，应该在城市通风廊道区域限制城市的发展，并且尽可能地建立大中型绿地。

（2）强化城市水网道路绿地景观系统。城市水系与滨水绿地景观息息相关，它们既是城市生物迁移廊道，也是天然的城市风道。在绿地建设过程中，应利用城市现有的水系，建立生态水网绿道系统。如一环与二环城市主干道绿化带最少应控制 20~50m，三环高速与城市河流绿化带最少应控制 60~100m，并且采用乔灌草组合搭配的复层式绿地结构体系。在城市中，将水网、道路网、绿地网相互串联，形成完善的城市绿地生态网络结构，以充分发挥其调节城市小气候、隔声降噪、净化空气等生态功能。

（3）以合理的绿地布局减缓城市热岛效应。沈阳市城市热岛效应集中分布在工业区，而中心商业区的热岛效应相对较弱。因此，可以基于城市热岛效应的分布特征，采取“集中与分散穿插组合”的绿地布局模式，在绿地与城市建筑间产生微风，形成大气环流，稀释污染空气，从而有效地降低城区污染。从城市绿地建设适宜性分析中可以看出沈阳市工业园区是城市绿化需要重点建设的区域，可充分利用一切可利用的用地进行附属绿地的建设，如果工业园区内无进行绿地建设的区域，则考虑在工业园区附近建立大中型的绿地，以减缓城市热岛效应。

（4）城市组团绿地建设。根据城市行政分区、生态环境质量、城市人口、经济发展等因素将大规模的城市划为小的城市组团，并在组团之间合理地布局生态绿地，以便改善生态环境质量。从城市生态环境质量状况来看，沈阳市于洪区、大东区、皇姑区以及铁西区的空气污染较为严重；从自然和社会发展条件看，沈阳市三环内的区域被分成五个行政分区。综合考虑之下，将城市划分为 5 个城市组团。综合考虑城市空气污染、大气环流以及城市热岛等影响因素，在每个城市组团中心形成大型“绿心”，从而有效降低空气污染浓度以及污染强度。同时，可利用浑河、南运河等河岸带以及城市主干道等在城市组团之间设置绿化分隔带，从而最终形成“散点式的绿心 + 绿网”的城市绿地空间网络布局形式（图 4-2-4）。

（5）构建市域绿地生态网络系统。从城市绿地的“面积—效益—位置”三方面入手，考虑在沈阳中心城区应尽可能地建设更多的生态绿地，增加绿量；同时在城市三环外营建具有一定游憩休闲功能的环城绿带，建立不同形式的楔形绿地，将城市近远郊的各类绿地、河流水系等引入城市中，从而形成市域范围内的“绿心 + 绿网 + 绿楔”的绿色生态网络系统。

4.2.5 小结

城市绿地建设适宜性分析是进行城市绿地空间布局的必要前提。本节从气象学、环境工程学角度，利用遥感影像快速准确地提取多种生态环境方面的基础信息，结合城市现状绿地景观格局影响下的大气环境效应的模拟结果，以沈阳市三环作为研究对象，在现状调研以及基础资料整理的基础上，通过多因子加权叠加评价方法从三个大的方面来衡量影响城市绿地空间布局的环境问题因子，采用层次分析法和成对明智比较法来综合确定权重进行绿地适宜性分析，进而更科学地确定城市绿地适宜性等级，通过 ArcGIS 的空间分析模块对沈阳市城市绿地建设用地进行定性定量评价，识别区域内需要进行绿地建设的土地资源，以确定沈阳城市绿地空间布局及发展方向。结果表明：最适宜用地占 11.1%，适宜用地占 19.2%，基本适宜用地占 23.3%，不适宜用地占 29.5%，不可用地占 16.5%。该方法与已有的方法的不同之处在于通过选择较为全面的影响因子，并且充分考虑了城市生态环境的重要性，在适宜性因子的叠加分析以及综合评价中的叠加方法和权重分配上都遵循“生态优先”的原则，同时对限制绿地建设影响较大的农田、耕地、建筑用地的等因子也合理体现其影响。

利用遥感影像以及 GIS 分析技术能够快速准确地对不同生态因子的空间数据信息进行处理，同时结合 CFD 仿真技术对城市的大气环境效应评价因子的模拟分析，能够准确、简单、直观、全面和快速地实现城市绿地适宜性评价，识别城市区域内生态敏感、脆弱、必须进行城市绿地重点建设和保护的区域，为城市绿化用地科学合理的选择提供有效的方法和模式。根据分析结果可知：建设城市绿地适宜地区主要分布在皇姑区、大东区、于洪区以及铁西区，而工业用地则是进行城市绿地建设的重点。提出构建城市通风廊道、城市组团绿地、绿地生态网络等空间布局的建议。通过该方法较为科学地划定城市绿地建设的范围，对城市绿地空间布局的规划提供了技术支撑。需注意的是，本研究中并未考虑政策等因子对区域环境的影响，有些数据以及相关的定量分析还需要进一步探讨，但对城市绿地系统的规划仍具有重要的参考价值。

4.3　不同绿地景观格局的大气环境效应

在城市化过程中，城市中大量的植被和裸露的地面被以不透水面为主的沥青、水泥以及金属等城市人为景观所取代，地表与大气之间的水分、热量等循环过程随之改变，从而促进了城市热岛效应的加剧（岳文泽等，2006；张春玲等，2008）。随着遥感技术的发展，研究者开始利用遥感影像反演地表温度（*LST*）并探讨城市热岛的空间分布规律，以及引入归一化植被指数（*NDVI*）来表征植被覆盖度，探讨植被覆盖度与地表温度之间的关系等（Gillies et al.，1997；Lo et al.，1997；Wilson et al.，2003）。同时，国内外很多学者对 *LSI*、*NDVI* 以及土地利用之间的关系进行大量的研究（Chen，2006；Xiao et al.，2007；武鹏飞等，2009）。如 Gallo and Tarpley（1996）利用 AVHRR 遥感数据比较了城市热岛强度与植被指数之间的关系；Weng 等（2001，2004）分析珠江流域陆地表面温度与土地覆盖之间的关系；Chen（2006）利用植被指数等评价因子研究城市热岛和土地利用与覆盖变化的关系；岳文泽等（2006）通过引入多样性指数（*SHDI*）分析地表温度（*LST*）、植被指数（*NDVI*）在不同土地利用类型之间的差异以及二者之间的定量关系，并讨论了不同土地利用的空间组合下，*LST* 和 *NDVI* 的空间差异及相互关系；Xiao 等（2007）分析了北京城市不透水面的空间格局对陆地表面温度的影响。目前，大部分学者都是在一个空间尺度上研究基于城市土地利用类型的 *LST* 与 *NDVI* 之间的关系，然而，地表温度与植被指数是典型的空间连续分布变量，两者之间的关系应该具有一定的空间尺度依赖性，因此，我们可以根据 *LST* 与 *NDVI* 之间的空间尺度关系探讨建立城市绿地建设的适宜面积大小。

大气中 SO_2 污染是当前城市面临的日益严重的大气环境问题之一，它不仅严重危害居民的身心健康，也影响了城市的可持续发展。SO_2 对植物有一定的毒性，同时植物也能吸收、转化、累积和利用一部分 SO_2，对大气污染具有一定的净化作用。城市中植物分布较多的地方污染物浓度低（符气浩，1995），但不同种类的植物对 SO_2 的吸收和净化能力不同。大量的研究表明，叶片中含硫量高的植物，其吸收 SO_2 的强度大，转化 SO_2 的能力也强，净化大气中 SO_2 的能力也强；而叶片中含硫量低的植物，吸收和净化 SO_2 的能力小。在城市绿地规划中，可以采取经济而有效的治理污染的措施，利用园林植物净化 SO_2 的功能来改善城市大气环境问题（李维平，1988；张西萍等，1988；李一川，1991，邹晓东，

2007）。沈阳市是典型的老工业基地，SO_2 的污染问题严重，为了改善这一环境问题，应该充分利用植物来吸收 SO_2 的生态效益缓解城市大气问题。国内外学者对植物吸收 SO_2 量进行了大量的研究（梁淑英，2005；李永杰，2007；孙向武等，2008）。日本在大阪市曾通过对 130 多种树叶吸收、分解氮氧化物的能力以及树木的含硫量进行分析，表明多数落叶树要比常绿树的能力强，落叶树的吸收量是常绿树的 2~3 倍；落叶树吸硫能力最强，常绿阔叶树次之，针叶树吸硫能力较弱（黄晓鸾，1998）。罗红艳等（2000）研究了北京市房山区 32 种主要绿化树种对 SO_2 的吸收、累积特点及其指示与净化作用。结果表明：树木对 SO_2 吸收具有累积的作用，但不同树种之间差异较大，树木吸收、积累 SO_2 的能力表现为落叶乔木＞灌木＞常绿针叶树（罗红艳，2000）。周坚华等（1995）修正了用于计算总树冠体积绿量的逻辑斯蒂方程，并以平面模拟立体量的方法测算绿量，同时，他们提出了模式林的概念并估算了绿化植被固碳释氧、吸收 SO_2、滞尘及夏季降温等环境效益。陈自新等（1998）经过对北京常见的 37 种园林植物进行实地测定，根据不同植物个体的叶面与胸径、冠高或冠幅的相关关系，建立了计算不同植株个体绿量的回归模型。运用这些回归模型，可以计算各种植物在一定株高或者冠幅下的单株总叶面积绿量，进而对植物的吸收 SO_2 量进行研究。

因此，作为城市复杂生态系统的重要组成部分，城市绿地在改善城市生态环境质量（Avissar，1996）、调节城市微气候、吸收空气中的污染物质、缓解城市热岛效应（Givoni，1991；黄光宇和陈勇，2002；Lam et al，2005）、促进城市可持续发展等方面发挥了重要作用（Yang，2003;李峰和王如松，2004）。随着城市化进程的加速发展以及人口的不断增长，越来越多的城市绿地被转化成为不透水的混凝土表面（石崧，2002），导致城市生态环境的退化并不利于人居环境的可持续发展。城市绿地的作用不容忽视，在缺乏绿地的人口高密度地区、空气污染严重地区、热岛效应明显地区、建筑密度大的地区、城市高强度发展地区显得尤为重要。城市绿地的优化选址是一个多目标的综合问题，多目标的优化模式是进行城市绿地空间布局优化的必要手段。

城市绿地空间布局优化的实质是绿地的区位合理配置问题。区位配置模型（Location-Allocation Model，LA）主要用于优化某种服务设施在空间上的配置。优化配置问题不仅指在一定空间范围内所需要的服务设施的数量最优，还应该确定这些服务设施所处的位置或区位最优（Cooper，1963）。自 20 世纪 60 年代起，区位配置模型得到了广泛研究，并在设施布局或项目评价中得到应用和推广（Rushton，1979；Ghosh and Rushton，1987；Ghosh and Harche；1993），但区位配置模型却受到数据可用性的限制。随着地理信息系统（GIS）的发展，这一局限性得到了改善。GIS 具有空间数据的获取、存储、显示、编辑、处理、分析、输出和应用等功能，已成为解决空间问题最有效的技术与方法（Buitrago et al，2005；Densham，1994）。LA 与 GIS 的结合成为解决空间资源配置与优化选址问题的最佳工具之一，通过 GIS 的空间数据处理、模型建立与运算、图形图像交互操作等功能，可以方便灵活地调整 LA 模型中的实现目标、约束条件、模型参数和模型结论的输出，从而为选择最佳的资源配置和区位位置提供可靠的科学依据（Cooper，1963；周小平，2005）。国外学者从理论方面对公共服务设施区位选择进行了深入探讨，并结合 GIS 技术对公共服务设施布局进行了大量研究。20 世纪 70 年代开始，LA 与 GIS 技术相结合被用于最优选址问题的实践，如美国马里兰州的电厂选址（Church，1999）等。Taylor（1999）等利用 GIS 对北卡罗莱那州约翰斯顿县的学校和社区进行整体规划，成功降低了交通的影响程度。Yeh 和 Chow（1996）结合 GIS 与 LA 模型对城市开放空间服务设施进行规划。周小平（2005）结合 GIS 与 LA 模型对天门市医院空间布局优化进行研究。孟庆艳等（2005）研究了大城市公共交通设施布局与人口空间分布的关系。迄今，基于 LA 模型的单因子分析已被研究人员广泛应用于城市问题以及城市公共服务设施的选址（叶嘉安等，2006；Rakas et al，2004；Yang et al，2007），但应用 GIS 与 LA 模型相结合的多目标因子综合分析方法对城市绿地空间布局选址的研究较少。

为了能准确对城市绿地景观格局进行优化研究，本节从"面积—效益—位置"三方面入手，设计不同的绿地预案，以进行多方案布局的对比分析。首先，以沈阳市三环以内的范围作为研究区域，基于各种城市用地类型的 *LST* 与 *NDVI* 之间的空间关系及尺度依赖性，寻找建立城市绿地的适宜面积大小。其次，结合沈阳城市绿地植被的实地调研，根据沈阳市植物吸收 SO_2 的生态效益以及城市 SO_2 排放量，推算出不同植被覆盖类型以及绿地覆盖率预案下所需增加的城市公园数量。最后，基于 6 个相对独立的目标因子函数（城市公园绿地到高密度人口区域的最短加权距离、城市公园绿地到高 SO_2 污染地区的最短加权距离、城市公园绿地到高热岛强度地区的最短加权距离、城市公园绿地到无公园绿地区域的最短加权距离、城市公园绿地到高 PM10 污染地区的最短加权距离和城市公园绿地到高建筑密度区域的最短加权距离），结合 GIS 与 LA 模型寻找不同预案下建立城市公园绿地的优化选址区域，以完成基于"面积—效益—位置"的预案的设计。

4.3.1　基于面积因子的城市绿地预案分析

1. 数据处理与指数分析

（1）以沈阳市 Landsat/TM 影像（2010）作为数据源。应用影像的第 3、4 波段提取研究区的植被指数（*NDVI*），同时利用第 6 波段反演研究区的陆地表面温度（*LST*）。结合 QuickBird 高分辨率遥感影像（2010）获取城市土地利用分类图（图 4-3-1）。从城市的用地布局来看，在沈阳三环城区范围内，城市建筑用地面积比重较大，且在城市中心区域相对集中；工业用地主要分布在城市的二环与三环之间，并以组团方式存在；城市绿地、水体以及耕地等透水地面的面积从一环到三环逐渐增大，城市绿化覆盖率也逐渐增加。同时，在 QuickBird 遥感影像的解译过程中发现，沈阳市的植被覆盖类型主要以乔草、灌草疏林为主，占所有植被类型的 80% 以上，乔灌草密林的植被类型较少，因此，不同的植被覆盖类型所对应的 *LST* 及 *NDVI* 值的大小也将会有所差异。

（2）归一化植被指数提取（图 4-3-2*a*）：归一化植被指数可以较为准确地反映植被覆盖状况和陆地辐射温度。利用绿色植物在红光波段和近红外波段反射光谱的明显差异，计算归一化值得到植被指数 *NDVI*。*NDVI* 的值介于 -1~1，一般认为生长季节 $NDVI > 0$ 表示有植被覆盖，其值增加表示绿色植被的增加，超过 0.5 表明植被生长状态好，覆盖密度大。*NDVI* 的计算公式如下（Lo，et al.，1997）：

$$NDVI=(TM4-TM3)/(TM3+TM4) \quad (4-13)$$

式中：*TM*3、*TM*4 分别表示红光波段 Band3 和近红外波段 Band4 的灰度值。

（3）获取城市陆地表面温度（图 4-3-2*b*）：本研究中将通过 TM6 波段所接收到的地面各处的热辐射值（在图像中以灰度值表示）进行定量反演，采用覃志豪等（2001）的单窗算法可以求算出对应的地面温度。

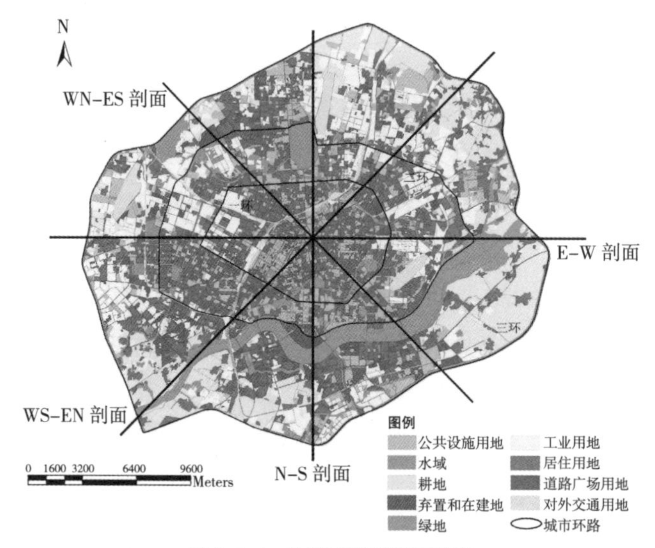

图 4-3-1　沈阳市特征剖面示意

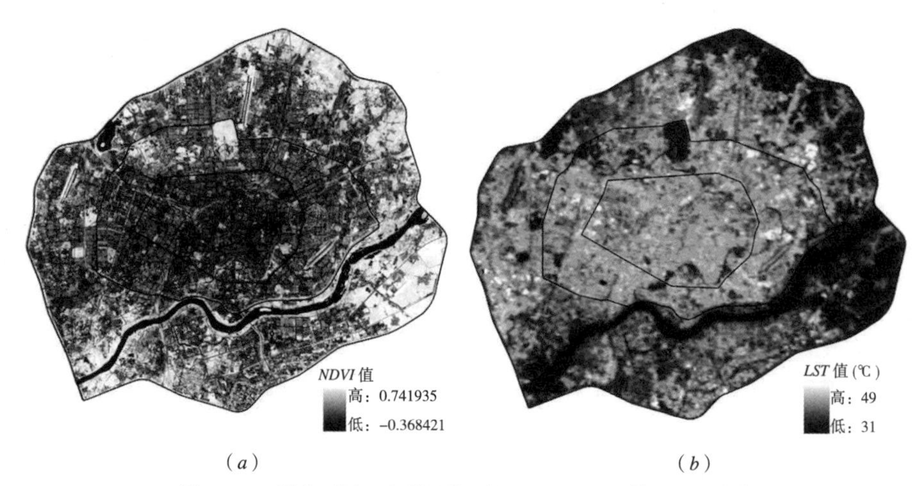

图 4-3-2　城市不同土地利用类型的 *LST* 和 *NDVI* 值的空间分布

（4）构建特征剖面及分析 *LST* 与 *NDVI* 的关系：为了能描述不同城市用地类型在不同方向上 *LST* 与 *NDVI* 的空间趋势，以市府广场（41°48′07″N，123°25′40″E）为坐标原点，在空间上建立直角坐标系，构建南—北和东—西向的两个特征剖面；同时，以坐标原点为中心，分别沿顺时针和逆时针的方向旋转 45°，在东北—西南和西北—东南方向选取两个特征剖面来共同研究 *LST* 和 *NDVI* 在空间上的差异，剖面线如图 4-3-1 所示。利用分类区统计分析以及多重比较的方法来研究不同土地利用类型下的 *LST* 与 *NDVI* 的相互关系。最后，采用邻域统计分析的方法，以不同大小的邻域分析窗口作为移动窗口，获取城市土地利用类型栅格图像的 *LST* 与 *NDVI* 在不同空间尺度下的相互关系。*LST* 和 *NDVI* 的平均值分别从 1×1、2×2、4×4、8×8、16×16、32×32、64×64、128×128、256×256 的邻域分析窗口中获得，与窗口相对应的空间分辨率水平分别为 30、60、120、240、480、960、1920、3840、7680m。根据这些栅格图，在 4 个特征剖面方向上每间隔 300m 设置一个样点以获取不同点位的 *LST* 和 *NDVI* 值，求取两者之间的 Pearson 相关性，并进行线性回归分析，以探究 *LST* 与 *NDVI* 之间的相关性的尺度依赖。

2. *LST* 与 *NDVI* 空间关系量化分析

（1）不同特征剖面上 *LST* 与 *NDVI* 的空间分布特征

城市热环境与植被紧密相关，而 *NDVI* 是表征地表植被覆盖特征的一种常用的植被指数，可作为研究植被覆盖状况和辐射温度关系的指标，同时，在一定程度上可反映植被覆盖情况与地表温度（*LST*）的关系（潘竟虎等，2008；张新乐等，2008；张楚和陈吉龙，2009）。图 4-3-2 提供了沈阳市三环内城市地表温度与植被覆盖的遥感反演结果。通过对比，可以看出 *LST* 与 *NDVI* 二者具有显著相反的空间格局，对于 *LST*，沈阳中心城区要远远高于城市三环边缘区，而 *NDVI* 则是三环边缘区要明显高于中心城区。对于城市建筑，*LST* 对应高值，*NDVI* 则为低值。如沈阳主城区 *LST* 与 *NDVI* 的空间变化趋势大致相反，城市居住用地、公共服务设施用地、道路广场用地、工业用地等表现为 *LST* 高值区域，对应的 *NDVI* 值则较低；城市绿地、耕地等则表现为 *LST* 低值区域，对应的 *NDVI* 值较高。而对应于水面则是一个特例，二者都是低值。同时，还应该注意的是，由于不同绿地的植被类型不同，且乔灌草混合不均，绿地之间的 *LST* 与 *NDVI* 值也具有较大的差异，如以乔灌草密林为主的北陵公园与以乔草混搭为主的青年湖公园的 *LST* 与 *NDVI* 值也具有显著的差异，前者对城市热岛的缓解作用明显优于后者。

为了揭示不同土地利用类型的 *LST* 和 *NDVI* 在不同方向上变化趋势的差异，分别提取了 *LST* 和 *NDVI* 值在东—西、南—北、东南—西北以及东北—西南方向上的每一个像元的值，将这些像元值相连接就得到了不同剖面的剖面线（图 4-3-3、图 4-3-4）。从图 4-3-3、图 4-3-4 可以看出，不论在哪个方向上，*LST* 和 *NDVI* 的值都具有明显相反的变化趋势，其变化都与城市土地利用类型密切相关。宏观上，对于 *LST*，在城市工业区，形成一个高值区，也就是城市热岛的范围，说明沈阳市夏季具有明显的热岛效应，而这个区间恰好是 *NDVI* 的低值区。在微观上，*LST* 的高值区域正好与 *NDVI* 的低值区相对应，

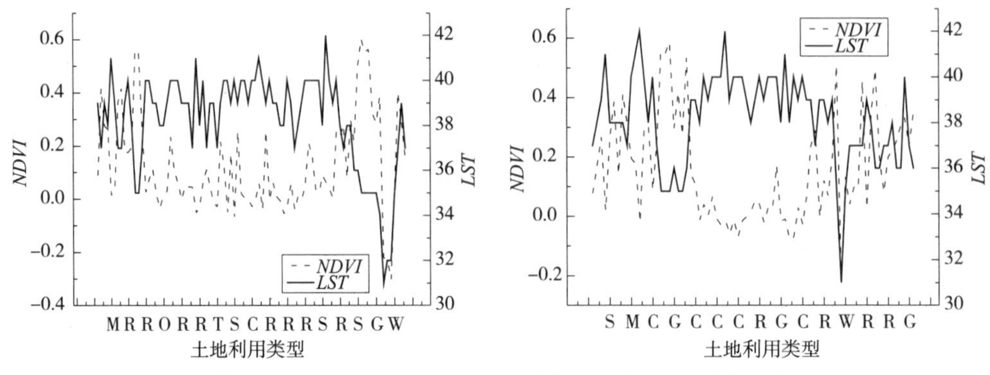

图 4-3-3　南—北向、东—西向剖面线上 *LST* 与 *NDVI* 变化对比

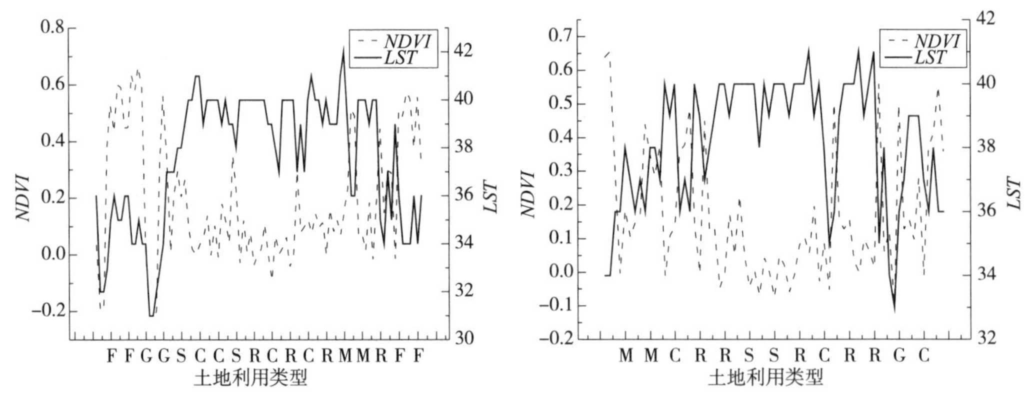

图 4-3-4　西北—东南向、东西—南北向剖面线上 *LST* 与 *NDVI* 变化对比

例如城市的工业、居住以及公共设施用地、绿地、耕地等都具有这个特征，由此还可以说明对于 *LST* 和 *NDVI* 来说，植被越丰富的区域也就是二者对比越强烈的区域。对于水体来说是个例外，因为二者都是低值区，在 4 个剖面方向上，当经过浑河以及其他水面时，*LST* 和 *NDVI* 都是低值区。相对于城市中心，*LST*、*NDVI* 都表现为，东—西方向，西北—东南，东西—南北的对称性明显好于南—北方向。因此，在城市中心区，土地利用类型以建筑用地为主，城市化水平高，*NDVI* 值较低，具有明显的热岛现象；相反，边缘剖面则以林地、耕地为主（图 4-3-1），城市化程度相对较低，*NDVI* 值较大，地表温度相对较低。

（2）不同城市土地利用类型的 *LST* 与 *NDVI* 统计分析

在 GIS 的空间分析中通过分类区统计对 *LST* 与 *NDVI* 在不同土地利用类型上的分布特征进行分析。城市不同土地利用类型的 *LST* 与 *NDVI* 的均值及标准差见表 4-3-1。地表温度均值最高的是工业用地，达 39.23℃，绿地为 36.12℃，耕地为 35.52℃，水域的地表温度均值最低为 33.26℃。水体的地表温度标准差最大，达 2.02。耕地的 *NDVI* 的均值最高为 0.45，其次为绿地 0.34，同时，水体的 *NDVI* 平均值最低，其标准差也最大，达到 0.24。因此，不同土地利用类型对 *LST* 及 *NDVI* 的影响作用不同，各土地利用类型地表温度平均值排序为工业用地＞公共设施用地＞居住用地＞道路广场用地＞对外交通用地＞弃置和在建地＞绿地＞耕地＞水域。总的来说，城市用地类型的不同导致了地表温度的分布不均衡。

不同土地利用类型的 *NDVI* 和 *LST* 的平均值　　表 4-3-1

土地利用类型	LSTa（℃）	NDVIa
绿地（G）	36.12 ± 1.58	0.34 ± 0.21
公共设施用地（C）	38.94 ± 1.64	0.13 ± 0.16
水域（W）	33.26 ± 2.02	（–0.04）± 0.24
耕地（F）	35.52 ± 1.27	0.45 ± 0.16
弃置和在建地（O）	37.46 ± 1.25	0.20 ± 0.19
工业用地（M）	39.23 ± 1.67	0.14 ± 0.15
居住用地（R）	38.78 ± 1.34	0.12 ± 0.12
道路广场用地（S）	38.56 ± 1.68	0.13 ± 0.16
对外交通用地（T）	38.01 ± 1.57	0.24 ± 0.20

城市绿地和城市建设用地的地表温度表现明显不同：前者总体上来说 *LST* 较低，*NDVI* 值较高（Gallo et al.，1993）。相反，后者则显示出较高的 *LST*，较低的 *NDVI* 值。工业用地由于大量人为热的释放以及缺乏绿地而对应最高的 *LST*；公共设施用地以及居住用地也具有较高的 *LST*，它们与工业用地一起形成城市热岛的主体。同时在耕地以及绿地类型上由于主要以树林、草地以及其他植被类型为主导，较高的植被覆盖表明一个较高的水分蒸发与蒸腾率，有利于地表和大气中潜热和感热的交换（岳文泽等，2006），其对应的 *LST* 较低，而 *NDVI* 均值较大。由于在三环内的各个公园绿地都较为零散地分布在城市内部，多数绿地面积较小且分布不均匀，它对城市热岛效应的缓冲效应较低，而浑河、南运河等河流分布相对集中，其蒸发蒸腾作用明显，且具有最大的热容量，因此，平均 *LST* 最低值出现在水域上。对于 *NDVI* 来说，缺乏植被的土地类型和水体往往具有较低的值，在耕地、绿地、对外交通和未利用以及在建用地中，植被分布相对较多，值也相对较高。

（3）不同城市土地利用类型的 *LST* 与 *NDVI* 多重比较分析

从表 4-3-1 可以看出，对应于不同的土地利用类型上 *LST* 和 *NDVI* 的平均值具有明显差异。但是，它并不能明确地说明土地利用类型两两之间差异的显著程度。为了深入了解 *LST* 和 *NDVI* 在任意两种土地类型间的差异状况，采用 Tamhane T2 post-hoc 多重比较来揭示 *LST* 和 *NDVI* 在不同土地利用类型上的差异显著度。其原理是对任意两种土地类型上 *LST* 和 *NDVI* 均值差进行多重比较，得到两两之间统计对象差异的显著程度（Hochberg and Tamhane，1987）。

表 4-3-2 和表 4-3-3 分别是对 *LST* 和 *NDVI* 在两两土地类型之间均值差的 post-hoc 检验结果。带有 * 标记的表明对于给定的两种类型上均值差在 $p<0.0001$ 的置信水平上，具有统计意义的显著差异。在所有类型的 36 对组合中，对于 *LST* 来说有 19 对之间表现为显著差异；对于 *NDVI* 则有 15 对。对于 *LST* 与 *NDVI*，工业用地与居住用地、工业用地与公共设施用地以及居住用地与道路广场用地等差异都不显著。工业用地、居住用地、道路交通用地等都属于不透水地面，相互之间的地面比辐射率差异较小，它们之间 *LST* 和 *NDVI*

LST 均值差在不同土地利用类型上的 Tamhane T2 检验的多重比较　　表 4-3-2

	绿地（G）	公共设施用地（C）	水域（W）	耕地（F）	弃置和在建地（O）	工业用地（M）	居住用地（R）	道路广场用地（S）
公共设施用地（C）	-0.2775*							
水域（W）	-0.3816*	-0.1041*						
耕地（F）	0.1311	0.4086*	0.5127*					
弃置和在建地（O）	-0.1849	0.0926*	0.1966*	-0.3160*				
工业用地（M）	-0.2091*	0.06846	0.1725*	-0.3402*	-0.0241			
居住用地（R）	-0.2159*	0.06157	0.1656*	-0.3470*	-0.0310	-0.0067		
道路广场用地(S)	1.7030*	-1.4766*	5.1205*	2.7544*	0.4145	-1.0114	-0.796	
对外交通用地(T)	1.8504	-1.3292	5.2679*	2.9018	0.5619	-0.864	-0.6486	0.1474

* 均值差在 $p<0.0001$ 的置信度水平上是显著的

$NDVI$ 均值差在不同土地利用类型上的 Tamhane T2 检验的多重比较　　表 4-3-3

	绿地（G）	公共设施用地（C）	水域（W）	耕地（F）	弃置和在建地（O）	工业用地（M）	居住用地（R）	道路广场用地（S）
公共设施用地(C)	-0.2775*							
水域（W）	-0.3816*	-0.1041*						
耕地（F）	0.1311	0.4086	0.5127*					
弃置和在建地(O)	-0.1849	0.0926*	0.1966*	-0.3160*				
工业用地（M）	-0.2091*	0.0685	0.1725*	-0.3402*	-0.0241			
居住用地（R）	-0.2159*	0.0616	0.1656*	-0.3470*	-0.031	-0.0069		
道路广场用地(S)	-0.1720	0.1055	0.2096*	-0.3031*	0.013	0.0371	0.044	
对外交通用地(T)	-0.2207	0.05682	0.1609	-0.3518	-0.0358	-0.01164	-0.0048	-0.0487

* 均值差在 $p<0.0001$ 的置信度水平上是显著的

的差异都不显著。除了耕地与弃置和在建地外，绿地对应的 *LST* 与其他所有类型的差异都是显著的。因此，城市绿地、耕地等植被覆盖率较高的土地利用类型与城市建设用地等不透水面对热辐射的敏感程度具有显著差异，它们对城市热岛具有明显的降温作用。同时，绿地所对应的 *NDVI* 则与耕地、弃置和在建地、道路广场用地和对外交通用地的差异并不显著，其主要原因是这些用地类型之中都存在着一定的植被覆盖面积，它们对热辐射的敏感程度差异不显著。

（4）不同土地利用类型的 *LST* 与 *NDVI* 的定量关系

为了直观、定量化研究城市不同土地利用类型 *LST* 与 *NDVI* 的关系，在研究区域内沿着 4 个剖面方向每隔 300m 进行采样，在 ArcGIS 软件中统计出每个样点的土地利用类型和 *LST*、*NDVI* 值，将统计结果导入 SPSS 软件进行分析。对每个剖面的不同土地利用

类型的 *LST* 与 *NDVI* 值进行线性回归分析，*Y* 代表 *LST*，*X* 代表 *NDVI*，结果表明所有剖面上 *LST* 与 *NDVI* 值具有显著的相关关系（表 4–3–4）。各剖面的各个用地类型的回归方程均在 $p<0.01$ 置信水平上显著，说明 *LST* 与 *NDVI* 存在明显的相关关系。由表 4–3–4 可知，除水体外，居住用地、工业用地、城市绿地、耕地等用地的 *LST* 与 *NDVI* 呈负相关，各种类型的城市建设用地对城市热岛的形成起到了促进作用，而城市绿地是缓解城市热岛效应的重要途径（张楚等，2009），增加城市建设用地中的绿化面积对降低地表温度将发挥重要的作用。同时，还注意到，城市绿地低 *NDVI* 值区域对 *LST* 的影响低于绿地高 *NDVI* 值区域，主要原因是复合植被群落的绿地结构要优于单一的草坪和灌草等植被群落结构。因此，为了充分发挥绿地对城市热岛的缓解作用，在城市绿地景观规划中，应该加强复合植被群落的构建，以提高绿化覆盖度水平。由图 4–3–2 可以看出，水体的 *LST* 与 *NDVI* 值变化趋势一致，且水体 *LST* 与 *NDVI* 具有正相关关系，因此，水体对温度的影响有限，但是，由于水体的热容性较强，能够产生明显的低温效应，它对缓解城市热岛效应也具有重要作用，在城市景观规划中，应该在适宜的区域适当增加水体面积，以最大化地发挥其生态效益。

基于土地利用类型的 *LST* 与 *NDVI* 的线性回归分析结果　　表 4–3–4

土地利用类型	回归函数	样本数（*n*）	相关系数（*r*）	R^2	显著度系数（*Sig*）	显著度
绿地（G）	$Y=-5.65X+38.306$	40	−0.677	0.44	1.59E−06	**
公共设施用地（C）	$Y=-5.749X+39.908$	58	−0.531	0.27	1.78E−05	**
水域（W）	$Y=6.932X+33.427$	17	0.781	0.58	2.17E−04	**
耕地（F）	$Y=-5.363X+37.905$	25	−0.675	0.43	2.14E−04	**
弃置和在建地（O）	$Y=-5.002X+38.500$	23	−0.664	0.41	5.51E−04	**
工业用地（M）	$Y=-3.825X+39.690$	30	−0.328	0.08	0.07655	*
居住用地（R）	$Y=-7.222X+39.853$	89	−0.643	0.41	1.10E−11	**
道路广场用地（S）	$Y=-6.256X+39.151$	39	−0.594	0.34	6.70E−05	**
对外交通用地（T）	$Y=-6.259X+37.659$	12	0.805	0.3	4.05E−01	*

** 在 $p<0.01$ 的置信度水平上相关性是显著的；* 在 $p<0.05$ 的置信度水平上相关性是显著的。

从表 4–3–4 还可以看出，在回归函数中一次项系数最大的是居住用地，最小的是工业用地。也就是说随着 *NDVI* 增加，居住用地的地表温度降低最慢，而工业用地温度降低最快，随着植被覆盖的变化，城市工业用地的地表温度要远比居住用地敏感。同时，所有回归结果的相关系数检验发现，除了工业用地与对外交通类型在 $p<0.05$ 置信水平上显著，其他的都是在 $p<0.01$ 置信水平上显著。

3. *LST* 与 *NDVI* 之间的空间尺度特征

按照尺度上推，利用邻域统计分析，从原始分辨率开始，通过设置与不同空间分辨率水平相对应的邻域分析窗口获得研究区 9 个空间尺寸的栅格图，分别统计 4 个特征剖面方向上各样点所对应的 *LST* 与 *NDVI* 平均值，然后制作两者的散点图，计算两者之间的 Pearson 相关性系数。为了反映植被对应的 *LST* 与 *NDVI* 的关系，剔除 *NDVI*<0 的值后，再次计算相关性，得到相关性系数，并进行显著性检验。9 种空间尺度水平上的统计量见表 4-3-5，随着尺度的变化，地表温度与植被指数之间的关系呈现出了特有的尺度依赖性。从原始尺度 30m 开始，随着粒度尺度的增加，两者之间的相关关系呈现显著的负相关。在空间尺度为 480m 时，两者之间的负相关性降低，且显著性也逐渐降低；在空间尺度为 1920m 时，两者之间的负相关性呈现出不断增大的趋势，其负相关的显著性也逐渐增大。

在不同空间尺度上的 *LST* 与 *NDVI* 的相关性系数　　　表 4-3-5

分辨率水平（m）	30	60	120	240	480	960	1920	3840	7680
Pearson	−0.724	−0.736	−0.743	−0.779	−0.689	−0.643	−0.789	−0.872	−0.930
R^2	0.523	0.540	0.550	0.606	0.473	0.412	0.622	0.760	0.865

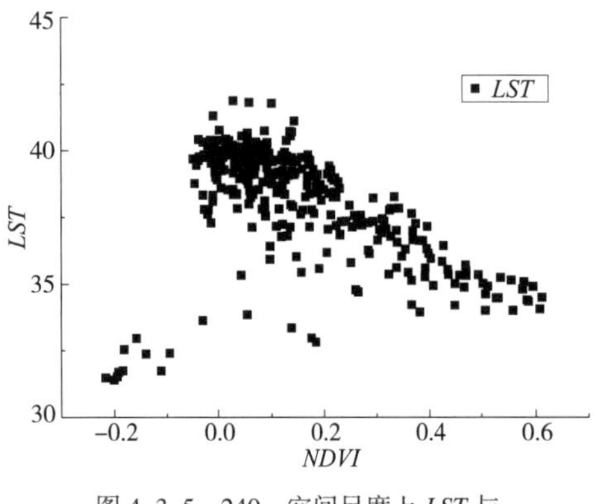

图 4-3-5　240m 空间尺度上 *LST* 与 *NDVI* 之间的样点散点图

通过对 9 种空间尺度推绎的结果表明，*LST* 与 *NDVI* 呈现负相关，无论相关性是显著还是不显著，在两者的散点图上，30~960m 的空间尺度上均表现出了十分稳定的“三角形”，但当空间尺度为 1920m 时，稳定的“三角形”关系不明显。以相关性最强的 240m 尺度为例，统计得到的散点图（图 4-3-5）发现，在“三角形”的三个方向上，分别代表了水域、绿地和耕地、建设用地。其中，“三角形”第一个方向代表是水域，其 *LST* 较低，*NDVI* 为负值；“三角形”的另外一个方向代表绿地和耕地，其 *LST* 较低，对应的 *NDVI* 值最大；“三角形”的第三个方向代表建设用地，*LST* 高而 *NDVI* 小，由于沈阳三环区域的建设用面积占绝对优势，所对应的散点数量也是最多的。在相关系数检验为显著的空间尺度水平上，通过回归分析，两者之间并没有显著的简单线性或非线性关系，其原因可能是城市是由多因素组成的复杂的生态环境系统，植被虽然能通过蒸腾和蒸散作用起到降温的作用，植被指数越大则表明植物的郁闭度高，降温调节作用越强，但是，其他因素如周围建筑物高度、建筑密度、道路的材质等也会对其产生重要的影响。

4.3.2　基于吸收 SO_2 效益因子的城市绿地预案分析

根据沈阳市历年的城市大气污染状况以及排放行业情况，设定沈阳市三环内的 SO_2 排放 10.04 万 t/a。

1. 沈阳绿地吸收 SO_2 效益计算

根据对公园绿地植被的调研数据，结合对沈阳 QuickBird 高分辨率遥感影像（2010）的城市绿地景观分类解译数据，将每个样地内的树木按照 Nowak（1994）模拟公式进行沈阳市各树种叶面积的模拟计算，获得样方内单株植被的叶面积，最终计算出样方内植被的总叶面积绿量。

利用 Nowak 1994 年得出的城市树木叶面积回归模型（单株植物叶面积的求算法）进行沈阳城市绿地的叶面积的计算。

$$Y=\mathrm{Exp}(-4.3309+0.2942H+0.7312D+5.7217Sh-0.0148S)+0.1159\ (r^2=0.91) \quad (4-14)$$

式中，Y 为总叶面积（m^2）；H 为树冠高（m）；D 为树冠直径（m）；$S=\pi D(D+H)/2$；Sh 为遮阴系数，某一植物树冠垂直投影面积所占地面面积的比例（朱文泉等对沈阳树木园的研究采用各树种组合后的平均值 0.83，标准差为 0.049）（刘常富，2006）。

查阅相关的文献（罗红艳等，2000；韩素梅，2001；韩阳等，2002；韩焕金，2002；鲁敏，2002；邹晓东，2007；李永杰，2007；孙向武等，2008），获得沈阳市主要树种单位叶面积吸收 SO_2 的吸收效益，见表 4-3-6。

沈阳市主要树种单位叶面积吸收 SO_2 量　　表 4-3-6

序号	树种	单位叶面积吸收 SO_2 量（$g/m^2\cdot d$）	序号	树种	单位叶面积吸收 SO_2 量（$g/m^2\cdot d$）
1	油松 *Pinus tabulaeformis*	0.238	16	榆树 *Ulmus pumila*	0.306
2	圆柏（丹桧）*Sabina chinensis*	0.165	17	刺槐 *Robinia pseudoacacia*	0.369
3	红皮云杉 *Picea koraiensis*	0.27	18	旱柳 *Salix matsudana*	1.275
4	沙松冷杉 *Abies holophylla*	0.245	19	京桃 *Prunus davidiana*	0.211
5	红松 *Pinus koraiensis*	0.217	20	黄檗 *Phellodendron amurense Rupr*	0.461
6	日本落叶松 *Larix kaempferi*	0.214	21	垂柳 *Salix babylonica Linn*	0.656
7	樟子松 *Pinus sylvestris*	0.185	22	桑 *Morus alba*	0.503
8	臭冷杉 *Abies nephrolepis*	0.262	23	银杏 *Ginkgo biloba*	0.864
9	白扦云杉 *Picea meyeri*	0.258	24	火炬树 *Rhus typhina*	0.31
10	长白落叶松 *Larix olgensis*	0.194	25	水曲柳 *Fraxinus mandshurica Rupr*	0.469
11	西安桧 *Sabina chinensis var*	0.268	26	山里红 *Crataegus pinnatifida Bge. var. major N*	0.425
12	侧柏 *Platycladus orientalis*	0.168	27	国槐 *Sophora japonica*	0.409
13	紫杉 *Taxus cuspidata*	0.27	28	臭椿 *Ailanthus altissima*（*Mill.*）*Swingle*	0.283
14	沙地云杉 *Picea mongolica*	0.258	29	小叶朴 *Celtis bungeana*	0.503
15	白皮松 *Pinus bungeana Zucc. et Endi*	0.227	30	稠李 *Prunus padus*	0.3

续表

序号	树种	单位叶面积吸收 SO_2 量（$g/m^2 \cdot d$）	序号	树种	单位叶面积吸收 SO_2 量（$g/m^2 \cdot d$）
31	复叶栾树 *Koelreuteria bipinnata*	0.343	56	金银忍冬 *Lonicera maackii*	0.267
32	糠椴 *Tilia mandshurica*	0.444	57	珍珠绣线菊 *Spiraea thunbergii*	0.337
33	紫椴 *Tilia amurensis*	0.421	58	茶条槭 *Acer ginnala*	0.114
34	核桃楸 *Juglans mandshurica*	0.184	59	金钟连翘 *Forsythia viridissima*	0.227
35	假色槭 *Acer pseudo–sieboldianum*	0.125	60	黄刺玫 *Rosa xanthina*	0.193
36	蒙古栎 *Quercus mongolica*	0.442	61	鸡树条荚蒾 *Viburnum sargentii*	0.130
37	大叶朴 *Celtis koraiensis*	0.503	62	接骨木 *Sambucus williamsii*	0.259
38	加杨 *Populus canadensis*	0.319	63	蔷薇 *Rosa glauca*	0.171
39	元宝槭 *Acer truncatum*	0.147	64	京山梅花 *Philadelphus pekinensis*	0.233
40	山皂角 *Gleditsia japonica*	0.312	65	小叶黄杨 *Buxus sinica*	0.203
41	银中杨 *Populus alba*	0.27	66	紫叶小檗 *Berberis thunbergii var. atropurpurea*	0.155
42	梓树 *Catalpa ovata*	0.325	67	小叶丁香 *Syringa microphylla*	0.232
43	辽东栎 *Quercus wutaishanica Blume*	0.412	68	东北连翘 *Forsythia mandschurica*	0.347
44	枫杨 *Pterocarya stenoptera*	0.201	69	珍珠梅 *Sorbaria sorbifolia*	0.106
45	杏 *Prunus armeniaca*	0.288	70	十姊妹 *Rosa multiflora cv. Platyphylla*	0.178
46	桃叶卫矛 *Euonymus bungeanus*	0.219	71	红瑞木 *Cornus alba*	0.337
47	花曲柳 *Fraxinus rhynchophylla*	0.414	72	锦带花 *Weigela florida*	0.267
48	暴马丁香 *Syringa amurensis Pistacia，hybrid*	0.266	73	大花园锥绣球 *Hydrangea paniculata*	0.359
49	毛白杨 *Populus tomentosa*	0.319	74	风箱果 *Physocarpus amurensis*	0.274
50	新疆杨 *Populus alba var.pyramidalis*	0.319	75	鸾枝（重瓣榆叶梅）*Prunus triloba*	0.241
51	龙爪槐 *Sophora japonica f. pendula*	0.239	76	短梗五加 *Lespedeza cyrtobotrya*	0.143
52	金叶复叶槭 *Acer negundo ‘Aurea’*	0.196	77	胶东卫矛 *Euonymus kiautschovicus*	0.219
53	水蜡 *Ligustrum obtusifolium*	0.232	78	白鹃梅 *Exochorda racemosa（Lindl.）Rehd*	0.336
54	紫丁香 *Syringa oblata*	0.215	79	大花水桠木 *Hydrangea paniculata ‘Grandiflora’*	0.337
55	紫穗槐 *Amorpha fruticosa*	0.419			

通过计算得出沈阳市调研样方的吸收 SO_2 量为 94.68t/d，结合对沈阳市 QuickBird 高分辨率遥感影像中城市绿地的目视解译，并按照植被覆盖类型进行分类，根据相似植被覆盖类型吸收 SO_2 量推算出沈阳市城市绿地吸收 SO_2 的总量为 185.4t/d，见表 4–3–7。

设定 2009 年沈阳市三环内释放 SO_2 量为 275.2t/d，与沈阳市城市绿地吸收 SO_2 的总量为 185.4t/d 相比，两者之间相差 89.8t/d。因此，需要增加更多的城市绿地来吸收 SO_2 以改善城市生态环境质量。

沈阳城市绿地吸收 SO_2 量　　表 4-3-7

名称	SO_2 总量（g/d）	单位面积 SO_2 量（g/m^2d）
公园绿地	83.3	6.08
附属绿地	24.5	5.57
生产绿地	41.2	5.20
防护绿地	36.4	5.85
总计	185.4	

2. 新增城市公园绿地数量计算

结合对沈阳市公园绿地的实地调研分析，在新增绿地规划预案设计中，根据植被覆盖类型以及绿化覆盖率的不同，分别设计针叶乔木林公园绿地、阔叶乔木林公园绿地、针阔乔灌混交林公园绿地、针叶乔灌木林公园绿地、阔叶乔灌木林公园绿地共计五种植被类型，根据 4.3.1 节的分析结果，考虑城市绿地发挥的生态功能效应，可以设定城市公园绿地的适宜面积大小为 $1920 \times 1920m^2$ 即 $368.64hm^2$，根据不同的绿化覆盖率设定不同绿地预案下各个公园绿地对应平均面积大小为：

预案一，绿化覆盖率为 30%（针叶乔木类），对应面积为 $110.592hm^2$；

预案二，绿化覆盖率为 45%（阔叶乔木类），对应面积为 $165.888hm^2$；

预案三，绿化覆盖率为 60%（针阔乔灌混交类），对应面积为 $221.185hm^2$；

预案四，绿化覆盖率为 15%（针叶灌木类），对应面积为 $55.296hm^2$；

预案五，绿化覆盖率为 45%（阔叶乔木灌木类），对应面积为 $165.888hm^2$。

利用 Nowak 1994 年得出的城市树木叶面积回归模型，结合城市绿地的调研结果以及绿地需要吸收的 SO_2 量，对这五种预案所增加的公园绿地的面积进行推算，其中，各植物吸收 SO_2 效益及植被冠幅情况见表 4-3-8~ 表 4-3-10，各绿地预案所对应的各种类型的植被组合所需增加的公园绿地的面积及公园数量见表 4-3-11。

针叶乔木的吸收 SO_2 效益及冠幅表　　表 4-3-8

序号	树种	单株平均叶面积（m^2）	单位叶面积吸收 SO_2 量（$g/m^2 \cdot d$）	单株吸收效益（g）	冠幅长（m）	冠幅面积（m^2）
1	油松 *Pinus tabulaeformis*	82.95	0.238	19.742	4.34	59.143
2	圆柏（丹桧）*Sabina chinensis*	26.97	0.165	4.452	2.86	25.683
3	红皮云杉 *Picea koraiensis*	49.76	0.27	13.435	2.68	22.552
4	沙松冷杉 *Abies holophylla*	15.271	0.245	3.741	2.68	22.552
5	红松 *Pinus koraiensis*	182.768	0.217	41.488	5.75	103.816
6	日本落叶松 *Larix kaempferi*	97.58	0.214	20.882	3.1	30.175
7	樟子松 *Pinus sylvestris*	25.054	0.185	4.635	3.2	32.153
8	臭冷杉 *Abies nephrolepis*	31.344	0.262	8.462	2.7	22.890

续表

序号	树种	单株平均叶面积（m^2）	单位叶面积吸收 SO_2 量（$g/m^2 \cdot d$）	单株吸收效益（g）	冠幅长（m）	冠幅面积（m^2）
9	白扦云杉 *Picea meyeri*	58.250	0.258	15.028	2.65	22.050
10	长白落叶松 *Larix olgensis*	38.877	0.194	7.542	3.7	42.986
11	西安桧 *Sabina chinensis var*	26.625	0.268	7.135	0.75	1.766
12	侧柏 *Platycladus orientalis*	36.083	0.168	6.062	4.25	56.716
13	紫杉 *Taxus cuspidata*	15.927	0.27	4.300	1.72	9.289
14	沙地云杉 *Picea mongolica*	35.42	0.258	9.138	2.68	22.552
15	白皮松 *Pinus bungeana Zucc. et Endi*	169.433	0.227	38.461	6.27	123.442

阔叶乔木的吸收 SO_2 效益及冠幅 表 4-3-9

序号	树种	单株平均叶面积（m^2）	单位叶面积吸收 SO_2 量（$g/m^2 \cdot d$）	单株吸收效益（g）	冠幅长（m）	冠幅面积（m^2）
1	榆树 *Ulmus pumila*	89.4	0.306	27.356	7.31	167.789
2	刺槐 *Robinia pseudoacacia*	149.61	0.369	55.206	4.3	58.058
3	旱柳 *Salix matsudana*	115.01	1.275	146.637	5.35	89.874
4	京桃 *Prunus davidiana*	79.24	0.211	16.719	3.15	31.156
5	黄檗 *Phellodendron amurense Rupr*	127.31	0.461	58.689	6.86	147.767
6	垂柳 *Salix babylonica Linn*	70.13	0.656	46.061	5.62	99.175
7	桑 *Morus alba*	158.5	0.503	79.820	3.6	40.694
8	银杏 *Ginkgo biloba*	64.31	0.864	55.563	2.9	26.407
9	火炬树 *Rhus typhina*	25.62	0.31	7.942	3.76	44.392
10	水曲柳 *Fraxinus mandshurica Rupr*	158.72	0.469	74.582	2.68	22.552
11	山里红 *Crataegus pinnatifida Bge. var. major N.*	17.99	0.425	7.654	2.91	26.589
12	国槐 *Sophora japonica*	143.95	0.409	58.875	8.18	210.104
13	臭椿 *Ailanthus altissima*（*Mill.*）*Swingle*	72.73	0.283	20.582	3.98	49.738
14	小叶朴 *Celtis bungeana*	139.42	0.503	70.211	5.3	88.202
15	稠李 *Prunus padus*	26.41	0.3	7.923	1.39	6.066
16	复叶栾树 *Koelreuteria bipinnata*	81.105	0.343	27.819	4.88	74.777
17	糠椴 *Tilia mandshurica*	203.145	0.444	90.196	9.55	286.375
18	紫椴 *Tilia amurensis*	103.145	0.421	43.424	9	254.34
19	核桃楸 *Juglans mandshurica*	98.183	0.184	18.085	3.63	41.375
20	假色槭 *Acer pseudo-sieboldianum*	12.404	0.125	1.5505	1.75	9.616
21	蒙古栎 *Quercus mongolica*	95.904	0.442	42.581	7.77	189.570
22	大叶朴 *Celtis koraiensis*	76.385	0.503	38.467	4.93	76.317

续表

序号	树种	单株平均叶面积（m^2）	单位叶面积吸收 SO_2 量（$g/m^2 \cdot d$）	单株吸收效益（g）	冠幅长（m）	冠幅面积（m^2）
23	加杨 *Populus canadensis*	217.59	0.319	69.411	6.65	138.858
24	元宝槭 *Acer truncatum*	68.007	0.147	9.997	5.42	92.241
25	山皂角 *Gleditsia japonica*	71.56	0.312	22.383	3.48	38.026
26	银中杨 *Populus alba*	69.67	0.27	18.810	4.05	51.503
27	梓树 *Catalpa ovata*	52.940	0.325	17.205	3.58	40.243
28	辽东栎 *Quercus wutaishanica Blume*	84.893	0.412	37.692	7.5	176.625
29	枫杨 *Pterocarya stenoptera*	80.46	0.201	16.220	4.5	63.585
30	杏 *Prunus armeniaca*	33.71	0.288	9.728	3.95	48.991
31	桃叶卫矛 *Euonymus bungeanus*	89.13	0.219	19.519	4.28	57.519
32	花曲柳 *Fraxinus rhynchophylla*	32.5104	0.414	13.472	2.1	13.847
33	暴马丁香 *Syringa amurensis Pistacia，hybrid*	19.272	0.266	5.140	2.72	23.230
34	毛白杨 *P.tomentosa*	27.16	0.319	8.664	1.73	9.397
35	新疆杨 *Populus alba var.pyramidalis*	15.12	0.319	4.823	3.34	35.028
36	龙爪槐 *Sophora japonica f. pendula*	9.57	0.239	2.287	1.78	9.948
37	金叶复叶槭 *Acer negundo*‘*Aurea*’	11.443	0.196	2.244	1.72	9.289

灌木的吸收 SO_2 效益及冠幅　　表 4-3-10

序号	树种	单株平均叶面积（m^2）	单位叶面积吸收 SO_2 量（$g/m^2 \cdot d$）	单株吸收效益（g）	冠幅长（m）	冠幅面积（m^2）
1	水蜡 *Ligustrum obtusifolium*	8.34	0.232	1.940	1.25	4.906
2	紫丁香 *Syringa oblata*	12.45	0.215	2.897	1.9	11.335
3	紫穗槐 *Amorpha fruticosa*	5.14	0.419	2.153	2.18	14.922
4	金银忍冬 *Lonicera maackii*	12.06	0.267	3.220	3.86	46.784
5	珍珠绣线菊 *Spiraea thunbergii*	6.06	0.337	2.042	1.28	5.144
6	茶条槭 *Acer ginnala*	14.53	0.114	1.666	1.97	12.186
7	金钟连翘 *Forsythia viridissima*	18.49	0.227	4.197	1.95	11.939
8	黄刺玫 *Rosa xanthina*	25.19	0.193	4.861	3.02	28.638
9	鸡树条荚蒾 *Viburnum sargentii*	4.47	0.130	0.584	1.75	9.616
10	接骨木 *Sambucus williamsii*	16.88	0.259	4.371	0.64	1.286
11	蔷薇 *Rosa glauca*	8.29	0.171	1.417	1.7	9.074
12	京山梅花 *Philadelphus pekinensis*	5.26	0.233	1.225	2.75	23.746
13	小叶黄杨 *Buxus sinica*	3.05	0.203	0.619	1.25	4.906
14	紫叶小檗 *Berberis thunbergii var. atropurpurea*	4.48	0.155	0.694	1.16	4.225
15	小叶丁香 *Syringa microphylla*	2.7	0.232	0.628	1.85	10.746
16	东北连翘 *Forsythia mandschurica*	8.74	0.347	3.032	1.75	9.616

续表

序号	树种	单株平均叶面积（m^2）	单位叶面积吸收 SO_2 量（$g/m^2 \cdot d$）	单株吸收效益（g）	冠幅长（m）	冠幅面积（m^2）
17	珍珠梅 *Sorbaria sorbifolia*	10.13	0.106	1.073	1.23	4.750
18	十姊妹 *Rosa multiflora cv. Platyphylla*	9.96	0.178	1.772	0.69	1.494
19	红瑞木 *Cornus alba*	10.550	0.337	3.555	1.6	8.038
20	锦带花 *Weigela florida*	12.59	0.267	3.361	1.4	6.154
21	大花园锥绣球 *Hydrangea paniculata*	12.2831	0.359	4.409	1.26	4.985
22	风箱果 *Physocarpus amurensis*	5.83	0.274	1.597	0.56	0.984
23	鸾枝（重瓣榆叶梅）*Prunus triloba*	16.93	0.241	4.080	2.15	14.514
24	短梗五加 *Lespedeza cyrtobotrya*	1.94	0.143	0.279	1.35	5.722
25	胶东卫矛 *Euonymus kiautschovicus*	9.7699	0.219	2.139	0.95	2.833
26	白鹃梅 *Exochorda racemosa*（*Lindl.*）*Rehd*	4.944	0.336	1.664	1.2	4.521
27	大花水桠木 *Hydrangea paniculata* ‘*Grandiflora*’	6.69	0.337	2.254	1.1	3.799

不同绿地预案增加的公园数量　　表 4-3-11

植被类型	所需增加的绿地面积（hm^2）	绿化覆盖率	平均面积大小（hm^2）	公园数量
针叶乔木类（预案一）	1611.46	30%	110.592	15
阔叶乔木类（预案二）	1464.65	45%	165.888	9
针阔乔灌混交类（预案三）	1297.80	60%	221.185	6
针叶灌木类（预案四）	1756.55	15%	55.296	31
阔叶灌木类（预案五）	1658.88	30%	165.888	10

4.3.3 基于位置因子的城市绿地预案分析

1. 数据来源与处理

本节资料主要包括：沈阳市人口统计资料（2010）、污染监测数据（2009）、行政区划图（2009）、数字地形图（1999）、沈阳 Landsat TM 影像（2010）和沈阳 QuickBird 高分辨率遥感影像（2010）。将沈阳市三环以内的建成区以街道为单位划分为 159 个街区单元，根据从统计部门获得的人口普查数据，在 GIS 中建立以街道为基本统计单元的街区及人口图形数据和属性数据，然后进行投影设置、图像配准等预处理，使各种地理数据具有空间属性并能方便地进行空间分析与运算。利用 GIS 的空间分析工具将街区数据的多边形图层转换为点图层。在街区点属性层中，建立人口密度等级、SO_2 污染等级、城市热岛强度等级、土地利用格局、PM10 污染等级、建筑密度等级的属性字段值，并将其转化成 coverage 格式。

2. 评价因子适宜性等级划分

根据 6 个不同的评价因子数据集，运用 GIS 与 MOLA 模型分析城市公园的最优选址。各个目标因子均划分为 5 个等级，每个适宜性等级都对应一个唯一的权重（表 4-3-12），

多目标区位配置模型的评价因子、因子适宜性等级及权重　　表 4-3-12

评价因子	评价标准	适宜性等级	评价标准	权重
人口密度（人/hm^2）	很高密度人口聚集区	很高	＞800	1
	高密度人口聚集区	高	600~800	2
	中等密度人口聚集区	中等	400~600	3
	低密度人口聚集区	低	200~400	4
	很低密度人口聚集区	很低	0~200	5
SO_2（mg/m^3）	空气污染程度很高的区域	很高	0.1551~0.2068	1
	空气污染程度高的区域	高	0.1034~0.1551	2
	空气污染程度中等的区域	中等	0.0517~0.1034	3
	空气污染程度低的区域	低	0.0258~0.0517	4
	空气污染程度很低的区域	很低	0~0.0258	5
城市热岛（℃）	城市热岛很明显的区域	很高	40~49	1
	城市热岛明显的区域	高	39~40	2
	城市热岛中等的区域	中等	39~37	3
	城市热岛不明显的区域	低	37~35	4
	无城市热岛的区域	很低	35~31	5
土地利用	没有城市公园、工业和道路的区域	很高	A1	1
	商业用地、居住用地	高	A2	2
	水域	中等	A3	3
	空地和政府预留地	低	A4	4
	现有的公园绿地	很低	A5	5
PM10（mg/m^3）	很高浓度的 PM10 分布区域	很高	0.1238~0.1446	1
	高浓度的 PM10 分布区域	高	0.1121~0.1238	2
	中等浓度的 PM10 分布区域	中等	0.1002~0.1121	3
	低浓度的 PM10 分布区域	低	0.0891~0.1002	4
	很低浓度的 PM10 分布区域	很低	0.0305~0.0891	5
建筑密度（%）	很高密度城市建设区域	很高	＞50%	1
	高密度的城市建设区域	高	30%~50%	2
	中等密度的城市建设区域	中等	15%~30%	3
	低密度的城市建设区域	低	3%~15%	4
	很低密度的城市建设区域	很低	0%~3%	5

以反映其重要性（Neema and Ohgai，2010）。

3. 设置模拟的城市公园绿地数量

根据 4.3.2 节确定的不同绿地预案下所需要增加的城市公园绿地的数量作为模型模拟的初始数据。实际规划中，在相同公园面积大小的情况下，公园长、宽尺度不一样，它们对周围环境也将产生不同影响。沈阳是一个比较拥挤的城市，规划者会根据实际的土地利用情况、现状公园绿地、其他绿地、城市土地利用布局等，以不同的解决方法来灵活地确定公园的长、宽尺寸。本研究只考虑6个相对独立的目标因子，应用模型来寻找适宜的公园绿地的最佳选址，公园长、宽尺度的大小对周围环境的影响不在本研究范围之内。

4. 研究方法

（1）区位配置模型

区位配置模型一般分为两种类型，即连续型区位配置模型和网络型区位配置模型。连续型区位配置模型所要定位的服务设施可以在区域空间内连续变动，设施的最优位置也最大可能地被选择，而网络型区位配置模型所定位的服务设施位置则从预先给定的点中选择产生（唐少军，2008）。本文选用连续型中值区位配置模型，并利用交互探索式算法进行计算。假设研究区域是一个二维连续的平面，有 n 个需求点在这个空间中离散分布，并且有 m 个服务设施将被建立以为所有的需求点提供服务。Rushton（1979）提出的交互探索式算法主要包括以下步骤。

1）随机选择若干个需求点作为各服务设施点的起始位置。

2）将所有需求点分成若干组，使每个需求点 j 都被分配给与其距离最近的服务设施点 i，然后计算 f，其目标是使 f 值最小。

$$f=\sum_{i=1}^{m}\sum_{j=1}^{n}a_{ij}\times d_{ij}w_j \tag{4-15}$$

式中：i 为服务设施的位置（i 为 1–m）；j 为需求点的位置（j 为 1–n）；a_{ij} 为服务设施 i 和需求点 j 的分配决策变量，当需求点分配给服务设施时，a_{ij}=1，否则 a_{ij}=0；w_j 为每个需求点的权重；d_{ij} 为需求点 j 与服务设施 i 之间的欧式距离：

$$d_{ij}=\sqrt{(x_i-x_j)^2+(y_i-y_j)^2} \tag{4-16}$$

式中：x_i 为服务设施 i 的 x 轴坐标；y_i 为服务设施 i 的 y 轴坐标；x_j 为需求点 j 的 x 轴坐标；y_j 为需求点 j 的 y 轴坐标。

3）对每一组需求点，按照单设施区位问题的解决办法，计算新的服务设施最优区位：

$$x_i^*=\frac{\sum_{j=1}^{n}\frac{a_{ij}w_jx_j}{d_{ij}}}{\sum_{j=1}^{n}\frac{a_{ij}w_j}{d_{ij}}}\quad y_i^*=\frac{\sum_{j=1}^{n}\frac{a_{ij}w_jy_j}{d_{ij}}}{\sum_{j=1}^{n}\frac{a_{ij}w_j}{d_{ij}}} \tag{4-17}$$

式中：x_i^* 为每次循环计算的服务设施 i 的 x 轴坐标；y_i^* 为每次循环计算的服务设施 i 的 y 轴坐标。

4）如果 x_i^* 与 x_i 之间以及 y_j^* 与 y_j 之间的差距均小于事先设定好的容许差值，则运算中止；否则回到步骤2）再继续循环运行，最终得到最优区位的坐标值。从子区域内所有需求点到最优区位服务设施点的加权距离之和为最小，且每个需求点的权重值 w_j 与该需求点所代表的评价因子等级相关。与每次循环求得的 x_i^* 和 y_j^* 值相对应，目标函数 f 的值将呈逐步下降趋势，向最小值逼近（Rushton，1979；周小平，2005；叶嘉安等，2006）。

（2）多目标的区位配置模型（MOLA）

根据城市公园的服务对象、生态功能等原则所确定的 6 个目标因子（城市人口密度等级、SO_2 污染等级、城市热岛强度、城市土地利用格局、PM10 污染等级、建筑密度等级）与城市公园的优化选址密切相关。各目标功能函数的定义如下。

因为城市公园的优化位置对于居民的生活质量具有重要的影响意义，它们应该建立在高人口密度的区域以为人们提供更多的服务。因此，我们根据人口最短加权距离函数来寻找建立公园的优化位置。

计算人口最短加权距离：

$$f_1 = \sum_{i=1}^{m}\sum_{j=1}^{n} a_{ij} \times d_{ij} P_j \tag{4-18}$$

式中，P_j 为需求点的人口密度等级。

城市工业的发展将会导致释放越来越多的有毒气体（如 SO_2、NO_X 等）。然而，不同种类的植被在一定程度上具有吸收污染物质的功能。考虑到城市的 SO_2 污染，可以根据其污染程度的不同来寻找公园的优化位置以发挥净化空气的功能。

SO_2 污染程度最短加权距离：

$$f_2 = \sum_{i=1}^{m}\sum_{j=1}^{n} a_{ij} \times d_{ij} AQ_j \tag{4-19}$$

式中，AQ_j 为需求点的污染等级。

城市热岛效应与城市生态环境质量密切相关，它与城市居民的舒适度息息相关，而城市绿地的空间布局对城市热岛效应的减缓具有重要的作用。

城市热岛最短加权距离：

$$f_3 = \sum_{i=1}^{m}\sum_{j=1}^{n} a_{ij} \times d_{ij} RD_j \tag{4-20}$$

式中，RD_j 为需求点的城市热岛效应等级。

城市土地利用现状是公园优化规划的重要因素，不根据城市土地利用现状进行的规划是没有任何意义的规划。比如，在现有的公园绿地或者是河湖旁边修建绿地则不能有效地发挥绿地的生态功能。我们应该在没有城市公园但又必须增加城市公园的地方建立绿地来改善环境以提高生活质量。城市公园还应该位于没有公园绿地的居住区附近。城市土地利用最短加权距离：

$$f_4 = \sum_{i=1}^{m}\sum_{j=1}^{n} a_{ij} \times d_{ij} LU_j \tag{4-21}$$

式中，LU_j 为需求点的土地利用格局。

在城市空气污染重，PM10 是造成沈阳市生态环境质量差的重要因素。不同的植被也具有吸滞 PM10 的重要生态功能，因此，在城市公园的优化选址中，为了改善城市空气质量，应该将公园建在 PM10 污染严重的区域。

PM10 最短加权距离：

$$f_5 = \sum_{i=1}^{m}\sum_{j=1}^{n} a_{ij} \times d_{ij} PM_j \tag{4-22}$$

式中，PM_j 为需求点的 PM10 等级。

城市建筑密度是影响城市热岛效应、空气污染扩散、城市风速的主要因子，同时在建筑密度较大的区域已经没有更多的区域建设公园绿地，它也是影响城市绿地优化建设的重要因素。

建筑密度最短加权距离：

$$f_6 = \sum_{i=1}^{m}\sum_{j=1}^{n} a_{ij} \times d_{ij} BD_j \tag{4-23}$$

式中，BD_j 为需求点的建筑密度等级。

将各个单目标因子赋权重，进行综合计算：

$$FW = \sum_{h=1}^{k} f_h w_h \tag{4-24}$$

式中，FW 为多目标因子综合最短加权距离；W_h 为单因子权重；h 为各个目标因子。

（3）模型的执行与应用

本节运用 GIS 与 MOLA 模型相结合的方法，模拟沈阳市城区公园绿地的最佳区位以及公园绿地的合理解决空间。在 ArcInfo 软件中，将 GIS 中以街区为单位的数据输入至 LA 模型，LA 模型计算出来的最优区位坐标值再输回至 GIS 数据库。然后，利用 GIS 对各个最佳位置供应点进行缓冲区分析，以获得其解决空间。GIS 与 LA 模型的结合由 ArcInfo 的宏命令语言 SML 操作完成。在模型执行过程中，将每个街区的中心点转化为相应的坐标值（x，y），每个点为 LA 模型中的需求点，根据该街区的人口密度等级、空气污染等级、城市热岛效应等级、土地利用格局、PM10 污染等级、建筑密度等级来确定需求点的权重 W_h。将公园数量输入 LA 模型，以计算各个公园的最优区位。一旦找到最优区位，其坐标值就传输给 ArcInfo，并将最佳用地区位存储在一个新的图层中（叶嘉安等，2006）。模型模拟的最优区位在现实中有可能是一些不适宜的地点（如道路、水面或其他城市用地类型），因此利用 GIS 的空间分析功能在每个选址周围生成一个缓冲区，作为城市公园的解决空间，只要城市公园的实际位置在这个解决空间之内，就可以认为公园的选址合理。本文设定缓冲区的半径（即人们步行可达的服务半径）（周小平，2005）为 0.4km。

5. 结果与分析

（1）单目标因子的优化

不同预案下的图 4-3-6、图 4-3-8、图 4-3-10、图 4-3-12、图 4-3-14（a）是通过最短人口加权距离获得的公园优化位置，与适宜性等级图进行叠加发现，大部分点位都与人口稠密地区毗邻，这类地区能够为居民增加更多的休憩空间，同时也为人们提供了更多交流的绿色空间环境。然而，沈阳市许多居住区只有简单的宅间绿地，居住区周围公园绿地较少，公园在城市中没有合理分布，同时，部分居住区与公园距离较远，可达性较差，居民不能便利地到达公园。随着城市人口密度的持续增加，城市公园的建设却不能满足城市人口的增长。从最短人口距离因子（f_1）获得的公园位置能够从公园服务对象的角度对公园布局进行优化。当公园位置与人口密集地区相邻时，它们将能更好地发挥使用功能。

不同预案下的图 4-3-6、图 4-3-8、图 4-3-10、图 4-3-12、图 4-3-14（*b*）显示了 SO_2 污染的空间分布以及根据 SO_2 污染最短加权距离获得的城市公园的优化位置。从图中可以看出，沈阳市 SO_2 空气污染严重的区域主要分布在大东区、铁西区以及于洪区，而这些区域的人口也较密集。沈阳市作为一个空气严重污染的工业城市，不规律的工业污染的排放将会导致城市空气环境质量的降低。城市公园的植被具有吸收和过滤 SO_2 有毒物质的功能。根据城市 SO_2 污染等级进行城市公园的优化设计，它能够有效地改善城市空气环境质量。模拟结果中公园都位于或邻近 SO_2 污染等级高的区域。沈阳作为一个工业城市，无规律的工业排放将导致城市空气质量的恶化。从最短空气质量距离因子（f_2）获得的结果能从城市绿地改善城市空气质量的生态功能角度出发对公园绿地的选址进行优化。

不同预案下的图 4-3-6、图 4-3-8、图 4-3-10、图 4-3-12、图 4-3-14（*c*）显示了城市热岛效应的空间分布以及根据城市热岛效应最短加权距离获得的城市公园的优化位置。沈阳城市热岛效应在工业区较明显，热岛效应明显的区域面积比例达到 7%，它将加剧城市空气污染，对居民的生活及健康产生严重影响。城市公园对城市热岛效应的减缓具有重要的作用。城市公园中包括有草地以及乔灌木组成的绿色植被，植被的类型、绿地的面积、空间结构不同，对城市热岛效应的减缓作用也明显不同。模拟结果中大部分公园分布在高城市热岛强度区域。因此，考虑最短城市热岛距离因子（f_3）来进行公园选址将会减少沈阳的城市热岛效应。

不同预案下的图 4-3-6、图 4-3-8、图 4-3-10、图 4-3-12、图 4-3-14（*d*）显示了城市土地利用格局空间分布以及根据城市土地利用格局最短加权距离获得的城市公园的优化位置。城市公园是土地利用中的一种类型，它们能够增加周边其他土地的活力。可以看出，模拟结果的大部分公园分布在缺少公园绿地的区域。目前，沈阳市的公园主要集中在和平区、沈河区，铁西区、皇姑区的工业污染比较严重，但是公园绿地却比较少，沈阳市三环内没有公园绿地的工业区的区域面积比例达到了 20%，且大东区和于洪区特别明显。沈阳市公园绿地分布总体上较为分散，景观可达性较差，而高强度的城市建设也已经没有足够的空间来建设更多的集中绿地以建立连通性高的绿地生态网络结构。在目前的城市公园规划中，一般都是依据规划标准即绿地覆盖率、人居公园绿地面积等指标进行规划，但规划标准只强调需要增加城市公园绿地，很少强调应该在什么地方合理有效地建设公园绿地。因此，考虑最短土地利用距离因子（f_4）可以从城市土地利用可行性的角度进行公园绿地的优化选址。

不同预案下的图 4-3-6、图 4-3-8、图 4-3-10、图 4-3-12、图 4-3-14（*e*）显示了 PM10 空间分布以及根据 PM10 污染等级最短加权距离获得的城市公园的优化位置。

PM10 是沈阳主要的空气污染物，污染严重的区域主要分布在皇姑区、铁西区以及大东区。PM10 将会对城市居民的健康产生重要的影响。城市植被在吸收和吸滞 PM10 方面具有重要的作用。模拟结果表明大部分的公园都位于 PM10 高浓度的区域。因此，考虑最短 PM10 距离因子（f_5）可以从改善城市 PM10 污染程度的角度进行公园绿地的优化选址。

不同预案下的图 4-3-6、图 4-3-8、图 4-3-10、图 4-3-12、图 4-3-14（f）显示了城市建筑密度等级以及根据城市建筑密度最短加权距离获得的城市公园的优化位置。沈阳市具有建筑密度高、人口密度高、城市绿化率低的特点。建筑密度越高，建设城市绿地的困难也就越大。在高建筑密度的区域应该根据当地的情况采用不同的绿化措施，比如屋顶绿化等措施有效地提高绿化生态质量。为了改善城市生态环境质量，大型以及中型的城市公园应该建立在低建筑密度的区域。同时应该尽可能地在城市高建筑密度的区域利用一切可利用的城市空间进行绿化建设，如水平绿化和垂直绿化。模拟结果表明大部分的公园都位于建筑密度较低的区域。因此，考虑最短建筑密度距离因子（f_6）可以从城市实际建设用地的角度出发进行公园绿地的优化选址。

（2）多目标因子的加权优化

本研究中，分配给各个因子的权重见表 4-3-13。根据权重的大小，f_2 被认为是 6 个目标因子中的首要目标因子，以确保通过公园绿地优化位置的规划来更好地改善城市生态环境质量。对基于多目标和单目标因子模拟的公园优化位置进行对比可以发现，基于 f_2 获得的公园优化位置与基于多目标分析获得的公园优化点位具有明显区别，这是因为前者的优化解决方案与高 SO_2 空气污染等级区域相邻近，沈阳市 SO_2 污染较为严重，它是影响城市公园选址的关键因素；而后者是将 6 个单目标因子相叠加获得的公园最优位置，是综合叠加获得的解决方案。基于单目标因子获得的公园优化位置仅仅是从单一角度出发来考虑公园的合理选址，只能解决影响公园优化选址的单一问题，而城市绿地的选址是一个多目标的问题。在城市复杂的生态环境中，各种目标因素相互矛盾，相比之下，考虑多目标的优化可以综合考虑各个目标因素之间相互协调的问题。因此，基于多目标因子综合叠加分析所获的公园优化位置比单目标因子的模拟结果更具有优势，而后者的模拟结果也会优先考虑在城市 SO_2 污染等级较高的区域合理地建立公园。根据城市的生态环境数据赋予不同目标因子不同的权重能够提高公园位置规划的效率。模拟结果表明区位配置模型能够成功地运行以为期望的目标函数提供适宜的优化位置。

图 4-3-6~ 图 4-3-15 是基于绿地的适宜面积大小、吸收 SO_2 效益的生态因子分析结果下获得的不同绿地预案模式下需增加的城市公园绿地的最优位置及其合理的解决空间，同时根据城市土地利用现状，对城市绿地进行优化调整之后得到不同绿地预案的城市绿地空间布局方案。

各评价因子权重　　表 4-3-13

评价因子	f_1	f_2	f_3	f_4	f_5	f_6
权重	0.1	0.3	0.2	0.1	0.2	0.1

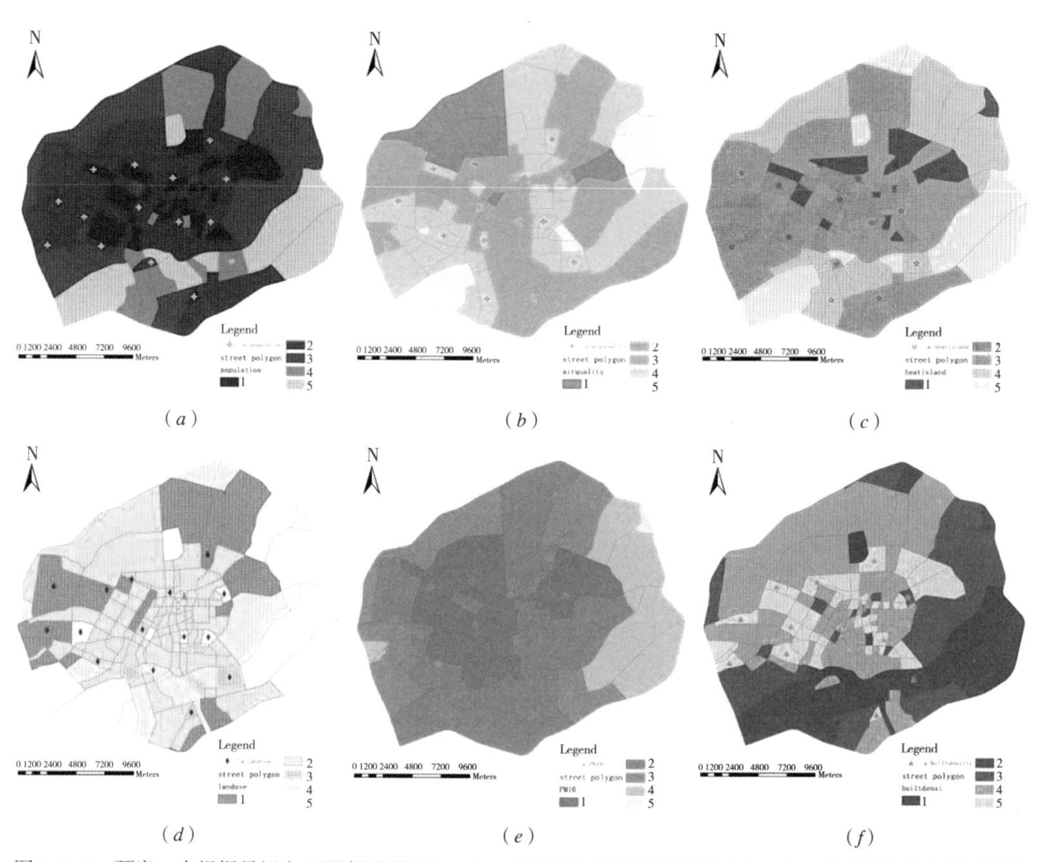

图 4-3-6　预案一中根据最短人口距离因子（f_1，a）、最短 SO_2 污染距离因子（f_2，b）、最短城市热岛距离因子（f_3，c）、最短土地利用距离因子（f_4，d）、最短 PM10 距离因子（f_5，e）和最短建筑密度距离因子（f_6，f）的城市公园优化选址

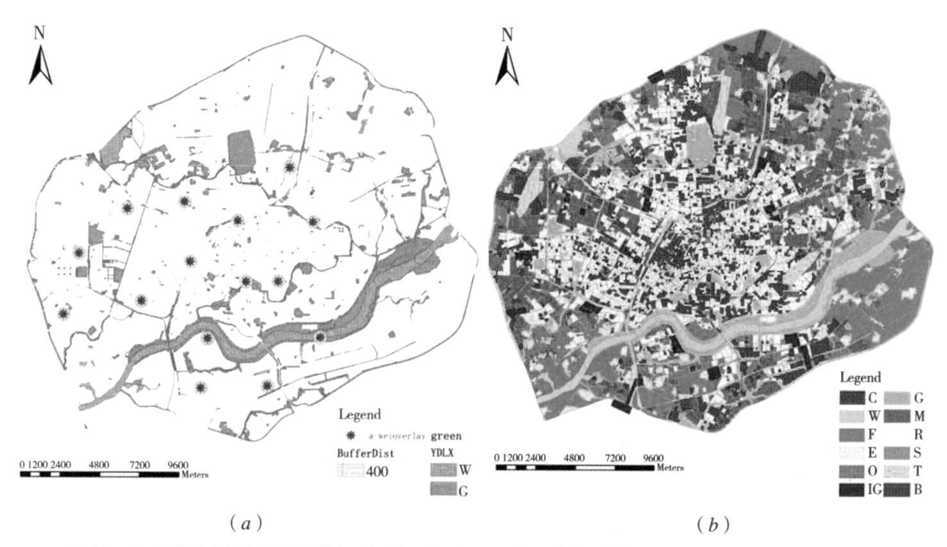

图 4-3-7　预案一中优化公园的位置及其解决空间（a），预案一中与城市土地利用协调后的优化公园位置（b），IG 为增加的公园绿地

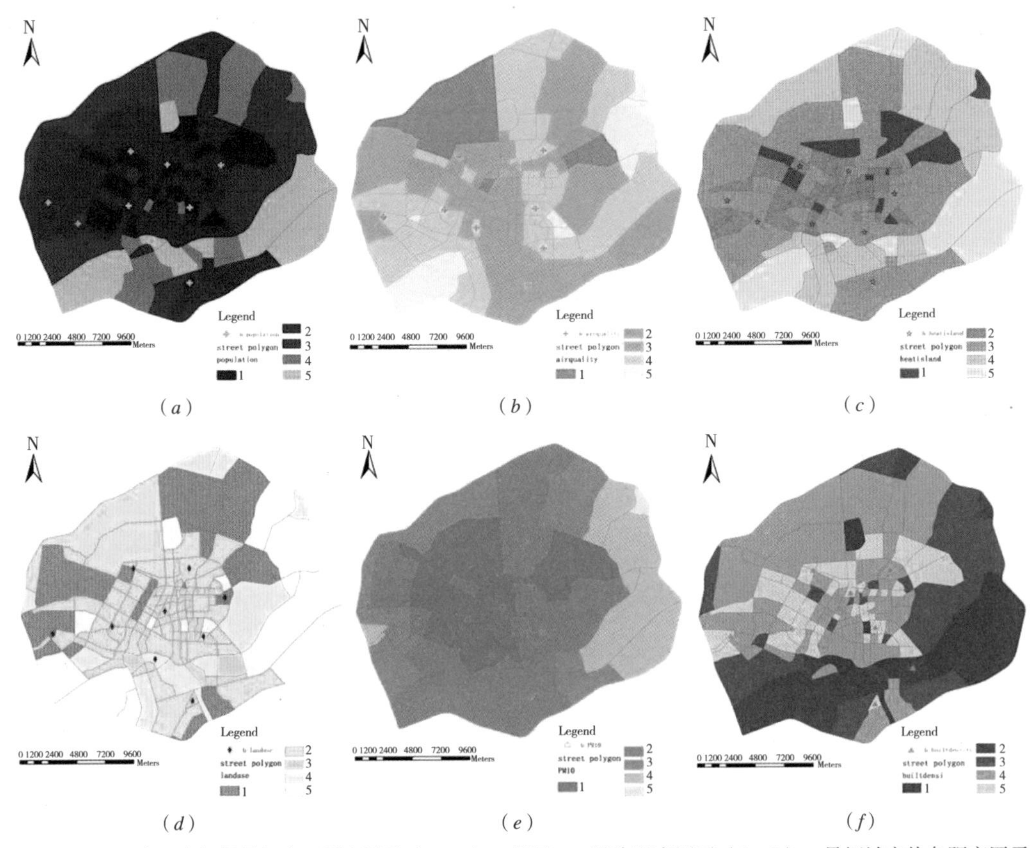

图 4-3-8 预案二中根据最短人口距离因子（f_1，a）、最短 SO_2 污染距离因子（f_2，b）、最短城市热岛距离因子（f_3，c）、最短土地利用距离因子（f_4，d）、最短 PM10 距离因子（f_5，e）和最短建筑密度距离因子（f_6，f）的城市公园优化选址

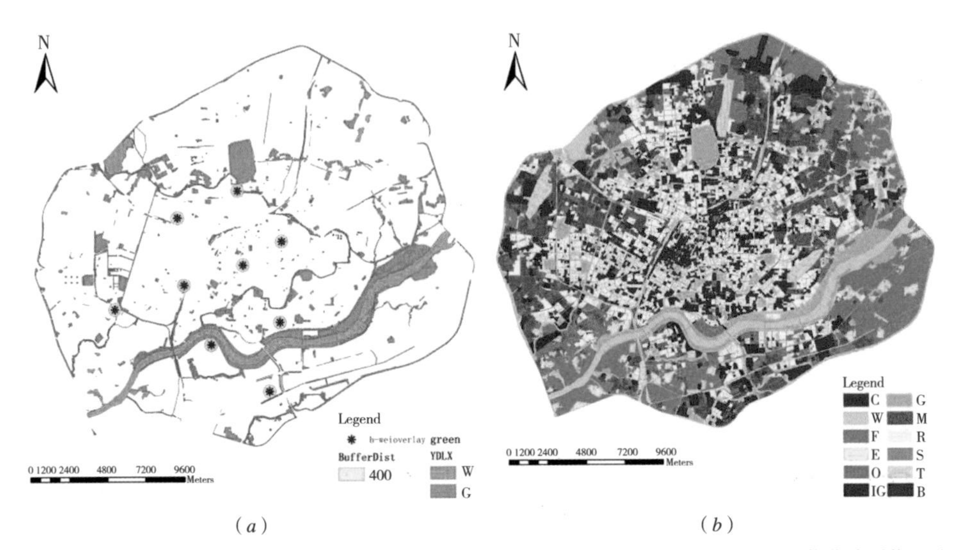

图 4-3-9 预案二中优化公园的位置及其解决空间（a），预案二中与城市土地利用协调后的优化公园位置（b），IG 为增加的公园绿地

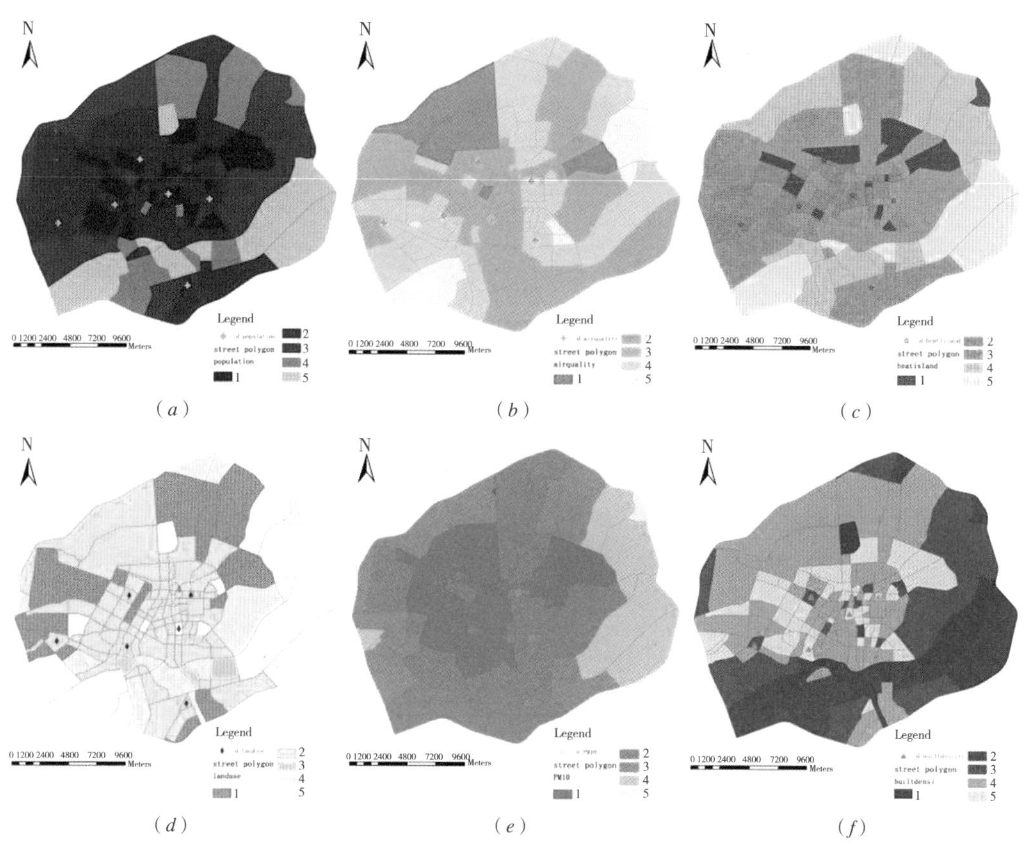

图 4-3-10　预案三中根据最短人口距离因子（f_1，a）、最短 SO_2 污染距离因子（f_2，b）、最短城市热岛距离因子（f_3，c）、最短土地利用距离因子（f_4，d）、最短 PM10 距离因子（f_5，e）和最短建筑密度距离因子（f_6，f）的城市公园优化选址

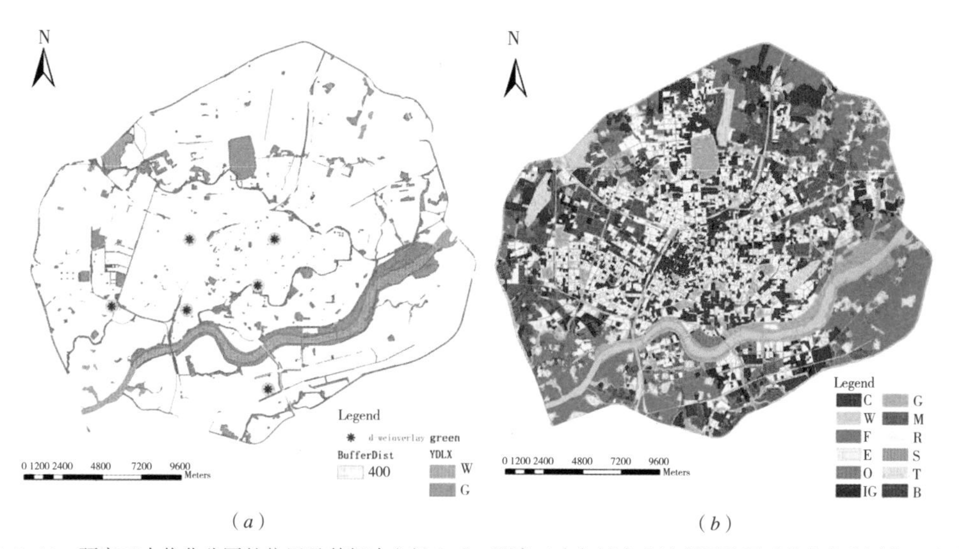

图 4-3-11　预案三中优化公园的位置及其解决空间（a），预案三中与城市土地利用协调后的优化公园位置（b），IG 为增加的公园绿地

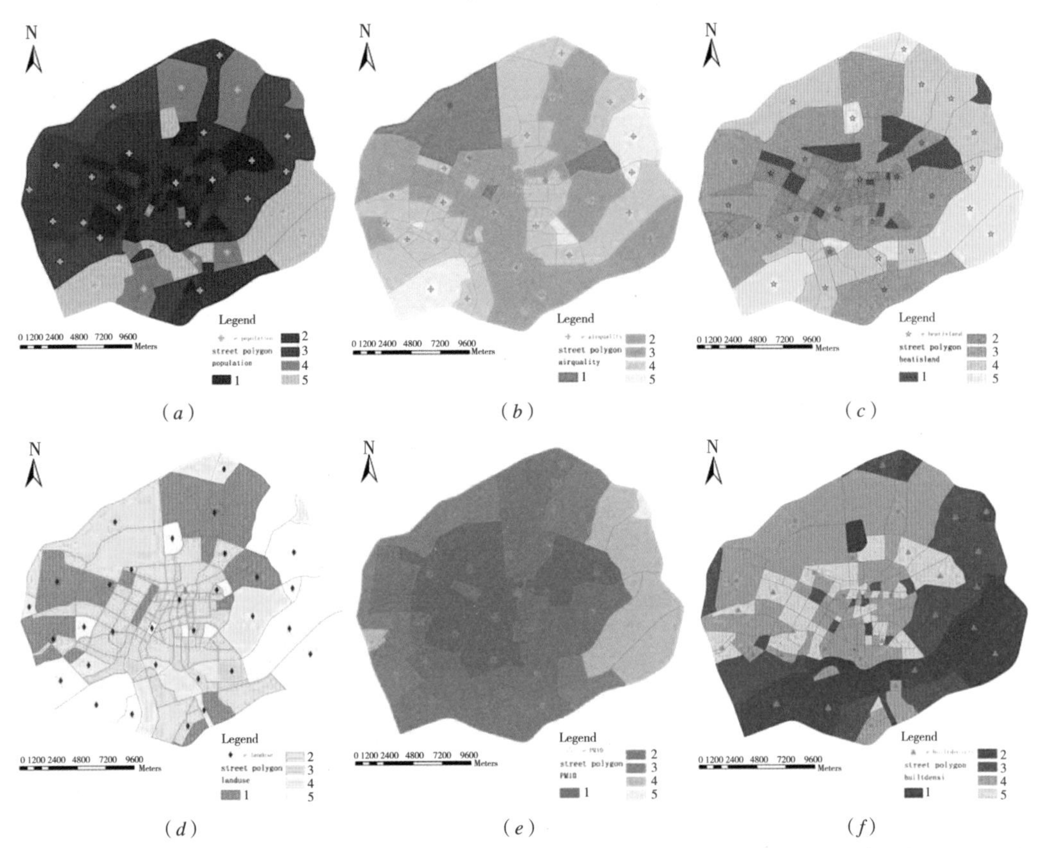

图 4-3-12　预案四中根据最短人口距离因子(f_1, a)、最短 SO_2 污染距离因子(f_2, b)、最短城市热岛距离因子(f_3, c)、最短土地利用距离因子（f_4, d）、最短 PM10 距离因子（f_5, e）和最短建筑密度距离因子（f_6, f）的城市公园优化选址

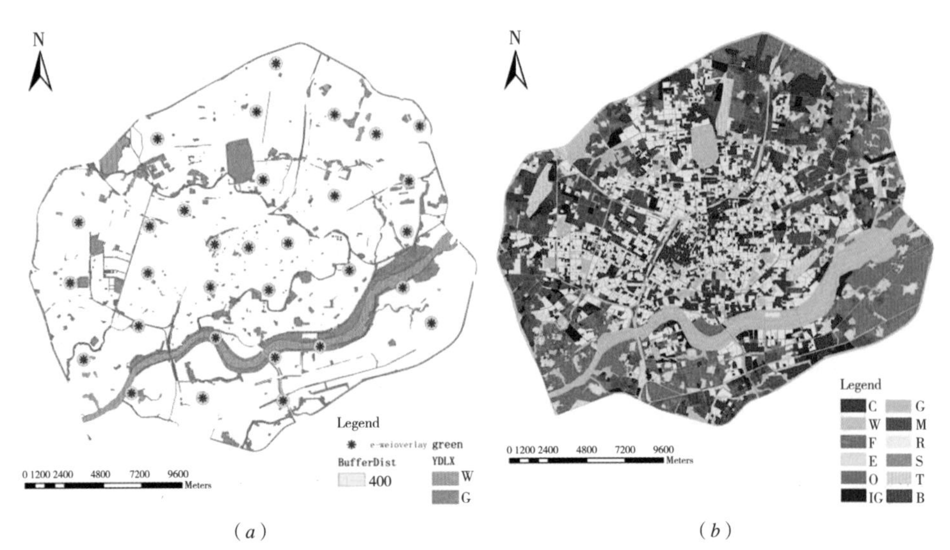

图 4-3-13　预案四中优化公园的位置及其解决空间（a），预案四中与城市土地利用协调后的优化公园位置（b），IG 为增加的公园绿地

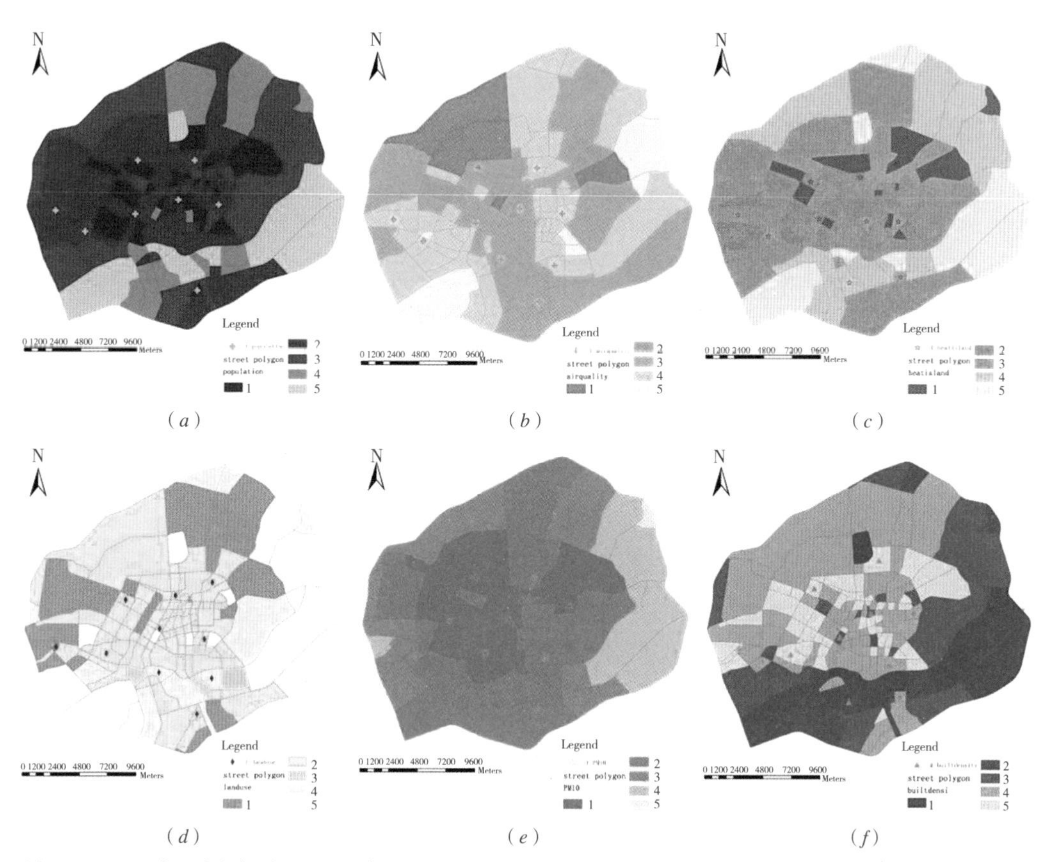

图 4-3-14　预案五中根据最短人口距离因子（f_1，a）、最短 SO_2 污染距离因子（f_2，b）、最短城市热岛距离因子（f_3，c）、最短土地利用距离因子（f_4，d）、最短 PM10 距离因子（f_5，e）和最短建筑密度距离因子（f_6，f）的城市公园优化选址

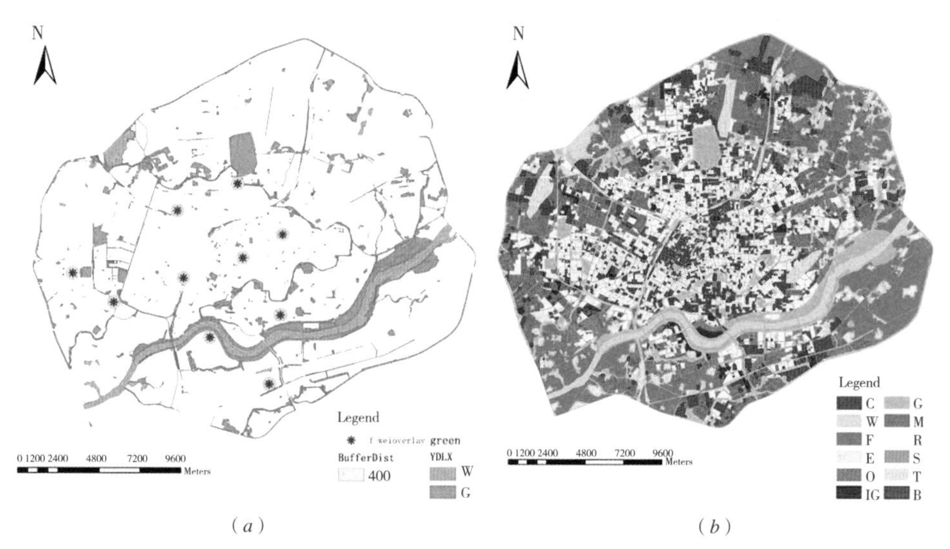

图 4-3-15　预案五中优化公园的位置及其解决空间（a），预案五中与城市土地利用协调后的优化公园位置（b），IG 为增加的公园绿地

4.3.4 多种绿地格局模式下的环境效应分析

1. 城市尺度上的城市风环境分析

图 4-3-16（*a*）显示了预案一在 1.5m 高度处的城市风速的水平扩散状况，当城市平均风速为 3m/s、主导风向为南风的时候，城市内部空间的风速是大部分区域仍然小于 3m/s，但是在城市南北向形成了一条明显的城市通风廊道，风速相对较大，它有利于污染物质的空间扩散及缓解城市热岛效应。同时，风速为 2.625m/s 以上的风速的影响范围增大。整体而言，在预案一中的城市绿地布局对城市大气环境质量的改善有一定的作用，但是效果不明显。在城市建筑密度较高的区域，由于城市建筑物的影响，城市的风速明显降低。4 个典型的城市风速的断面图可以看出随着空间高度的不断增加，城市风速有明显增大的趋势。

图 4-3-16（*b*）显示了预案二在 1.5m 高度处的城市风速的水平扩散状况，当城市平均风速为 3m/s、主导风向为南风的时候，在城市东南方向形成了一条明显的城市通风廊道，风速相对较大，它利于污染较为严重的铁西区的污染物质的空间扩散并缓解城市热岛效应，但是在大东区，城市的风速还是相对较低的。4 个典型的城市风速的断面图可以看出随着空间高度的不断增加，城市风速仍然具有增大的趋势。

图 4-3-16（*c*）显示了预案三在 1.5m 高度处的城市风速的水平扩散状况，当城市平均风速为 3m/s、主导风向为南风的时候，城市风速较大的区域仍然主要集中分布在迎风面的浑南新区、铁西区以及于洪区的部分区域，它将有利于铁西区的工业污染物质的空间扩散。处于背风面的建筑密度相对较高的皇姑区、铁西区、大东区、于洪区的部分区域、东陵区等区域的城市风速仍然很低，城市建筑物对风速的扩散产生较强烈的空间阻力作用。同时，在整个城市范围内并未形成明显的城市通风廊道，城市绿地空间布局在城市风速较低的区域是不利于污染物质的有效扩散及城市热岛效应的缓解。在垂直高度上，随着空间高度的不断增加，城市风速具有增大的趋势。

图 4-3-16（*d*）显示了预案四在 1.5m 高度处的城市风速的水平扩散状况，当城市平均风速为 3m/s、主导风向为南风的时候，虽然在城市的西南及东南方向形成了两条明显的城市通风廊道，但是东南方向的通风廊道的衰减效应比较明显。由于城市其他区域的城市风速仍然较低，它不利于城市污染物质以及热环境的空间扩散。处于迎风面的浑南新区的风速较大，但是处于背风面的主要的空气环境质量较差的皇姑区、铁西区、大东区等区域的城市风速相对较低。在垂直高度上，随着空间高度的不断增加，城市风速具有增大的趋势，但是城市风速的空间扩散并不明显。整体而言，在预案四下的城市绿地布局对城市大气环境质量的改善有一定的作用。

图 4-3-16（*e*）显示了预案五在 1.5m 高度处的城市风速的水平扩散状况，当城市平均风速为 3m/s、主导风向为南风的时候，在城市的东西、东南方向形成了两条明显的城市通风廊道，城市风速较大的区域主要集中分布在通风廊道覆盖的浑南新区、铁西区、皇姑区等，它将利于污染物质以及城市高温区域的空间扩散，而其他区域的城市风速相对较低，

加上建筑的空间密度，这些区域的污染物质以及城市高温的空间扩散能力相对减弱。在垂直高度上，随着空间高度的不断增加，城市风速具有增大的趋势。

将不同预案下的城市风环境的模拟分析与现状下的城市风环境的模拟分析进行对比可以看出（图 4–3–17），通过增加城市绿地，并对其位置进行优化布局的不同预案的风环境

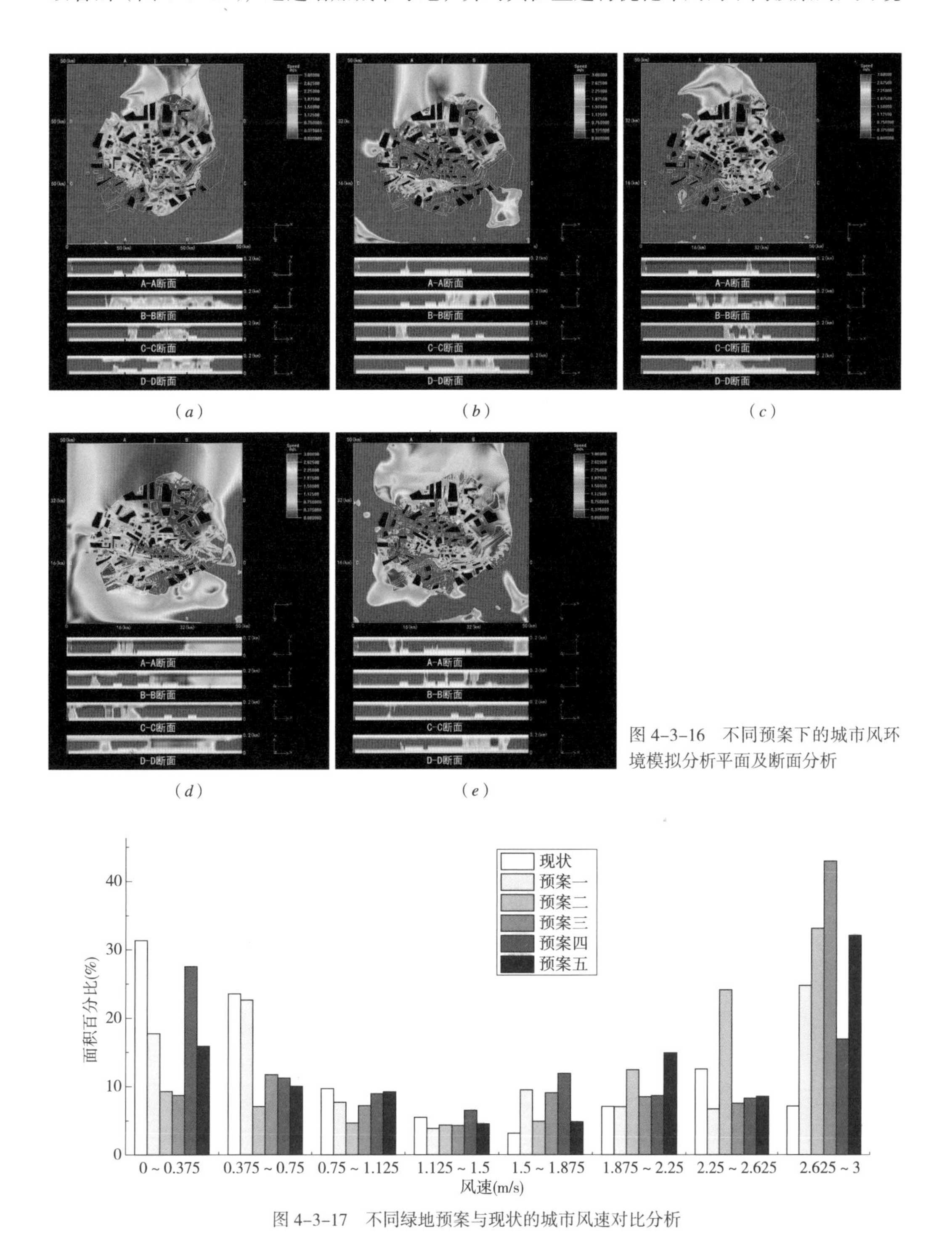

图 4–3–16　不同预案下的城市风环境模拟分析平面及断面分析

图 4–3–17　不同绿地预案与现状的城市风速对比分析

运行状况较现状都有所提高，在现状中，城市大部分区域的风速都是集中在0.75m/s以下，面积比率达到54.92%，城市最高风速区域的面积比率仅为7.13%。在模拟的各优化预案中，城市低风速的区域面积比率都有所下降，其中，在预案二中，0.75m/s以下的城市区域仅占16.39%。在城市高风速区域的面积比率中，预案三的面积比率达到了42.94%。最后，通过综合权衡之后可以发现，虽然预案三中并未形成明显的城市通风廊道，但是城市风环境的运行状况还是相对较为良好的。

2. 城市尺度上的城市SO_2空间扩散分析

图4-3-18（*a*）显示预案一在1.5m高度处SO_2水平空间扩散格局。可以看到在主导风向的引导下，SO_2污染物从污染点源排出，在空中扩散的扩散能力增强，尤其是在铁西区表现明显。同时SO_2浓度的最大值降低，沈阳市的整个空气环境质量有明显的改善。从4个典型断面的垂直扩散图上可以看出，SO_2以污染源为中心向四周扩散，随着高度的增加，在200m的高度范围内，SO_2的浓度出现了逐渐降低的趋势。

图4-3-18（*b*）显示预案二在1.5m高度处SO_2水平空间扩散格局。可以看到SO_2污染物的污染点源主要分布在大东、铁西及皇姑区，在主导风向的引导下，污染物质在空中扩散的扩散能力增强，污染物质能够有效地向周围扩散，整个城市的污染状况有所改善。同时SO_2浓度值大都集中在0~0.05170mg/m^{3}的浓度范围内，该浓度基本上能满足国家二级标准的要求，沈阳市的整个空气环境质量有明显的改善。从4个典型断面的垂直扩散图上可以看出，SO_2在垂直高度上的浓度大小出现逐渐降低的趋势。

图4-3-18（*c*）显示预案三在1.5m高度处SO_2水平空间扩散格局。可以看到SO_2污染物的污染点源主要集中分布在建筑密度较高的大东区、铁西区以及皇姑区，且污染物的浓度相对较低，铁西区的空气污染在城市主导风的引导下，空气污染物质能够有效地向城市外围扩散，扩散状况较好，其他区域次之。SO_2浓度的最大值有所降低，SO_2浓度值大都集中在0~0.05170mg/m^{3}的浓度范围内，该浓度基本上能满足国家二级标准的要求。在该模式下，在城市迎风面区域的空气污染程度较轻，在城市背风面，空气污染相对严重一些，但是，并未出现在污染源处进行积聚的现象，在城市风环境的引导下，污染物质还是能够有效地向城市外围进行扩散，整个城市的空气环境质量有一定程度的改善。在垂直方向上的扩散分布可以看出SO_2的浓度随着高度的增加浓度大小出现逐渐降低的趋势，同时在城市风速的影响下，空间扩散能力不断增强。

图4-3-18（*d*）显示预案四在1.5m高度处SO_2水平空间扩散格局。可以看到SO_2污染物的污染点源主要集中分布在建筑密度较高的大东区以及皇姑区，在城市主导风的引导下，扩散状况较差，由于城市通风廊道覆盖的范围较小，对城市污染严重的铁西区、大东区以及皇姑区的影响范围较小，和平区的空气污染物质在城市通风廊道的影响下的空间扩散状况相对较好，而其他区域的SO_2的空间扩散作用则不太明显，尤其是大东区的点源污染严重，且污染物的浓度相对较高，虽然在城市主导风向的引导下也能向城市外围扩散，但在点源污染物质的排放过程中，它将对周边的城市居民造成严重的影响。SO_2浓度值大

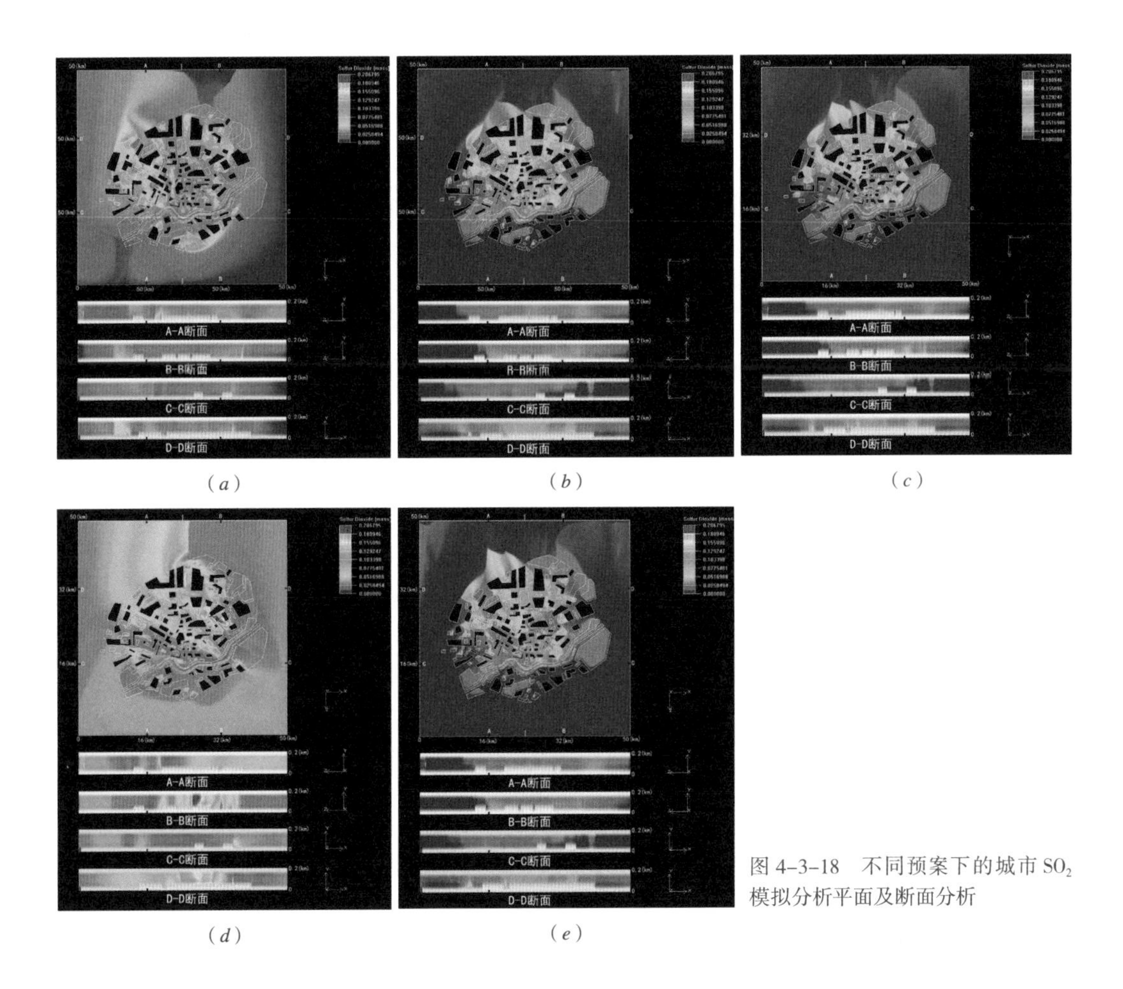

图 4-3-18　不同预案下的城市 SO_2 模拟分析平面及断面分析

都集中在 0.02585~0.05170mg/m^3 的浓度范围内，该浓度基本上能满足国家二级标准的要求。在该模式下，城市的空气污染物部分区域能较好地向城市外围扩散，但整个城市的空气环境质量仍然不能得到有效地改善。在垂直方向上的扩散分布可以看出 SO_2 的浓度随着高度的增加出现逐渐降低的趋势，同时在城市风速的影响下，空间扩散范围增大的趋势不明显。

图 4-3-18（*e*）显示预案五在 1.5m 高度处 SO_2 水平空间扩散格局。可以看到 SO_2 污染物的污染点源主要集中分布在大东区、铁西区以及皇姑区，且污染物的浓度相对较低，铁西区、皇姑区的空气污染在城市主导风的引导下，扩散状况较好，且扩散范围相对其他预案有所增大，但大东区相对较弱。SO_2 浓度的最大值有所降低，SO_2 浓度值大都集中在 0~0.05170mg/m^3 的浓度范围内，该浓度基本上能满足国家二级标准的要求。在该模式下，城市的空气污染物能较好地向城市外围扩散，整个城市的空气环境质量得到一定得改善。SO_2 浓度在垂直方向上的扩散分布随着高度的增加浓度大小逐渐降低，空间扩散能力不断增强。

将不同预案下的城市 SO_2 空间扩散状况的模拟分析与现状下的城市 SO_2 空间扩散的模拟分析进行对比可以看出（图 4-3-19），在现状中，城市 SO_2 污染较为严重，城市区域的 SO_2 浓度为 0.05170~0.1034mg/m^3 的城市面积比率达到了 64.51%，而 SO_2 浓度为 0.1809~0.2068mg/m^3 的城市面积比率达到了 0.22%。在城市绿地不同预案中，一方面通过

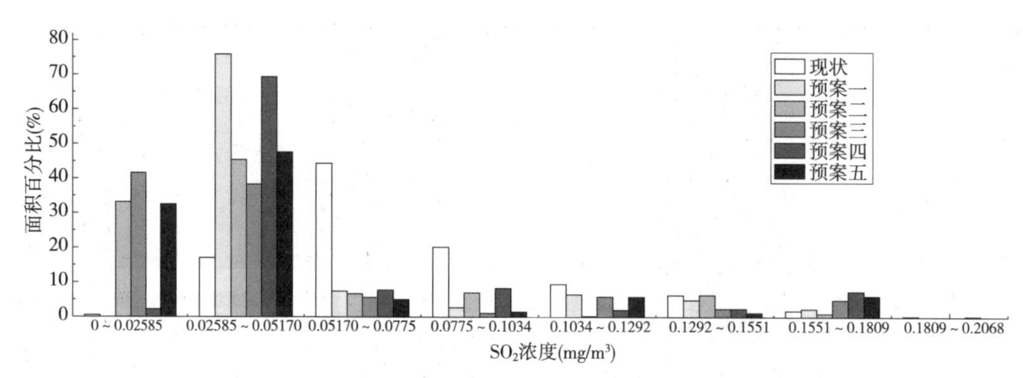

图 4-3-19　不同绿地预案与现状的 SO_2 对比分析

增加城市绿地，利用植物对 SO_2 进行吸收之外，还需要通过城市通风廊道的引导，有效地向城市外围扩散，从各个预案的模拟分析可以看出，在预案一中，城市的 SO_2 浓度为 0.02585~0.05170mg/m^3 的城市面积比率达到了 75.85%，同时，最大 SO_2 的浓度也有所降低，城市的 SO_2 浓度为 0.1551~0.1809mg/m^3 的城市面积比率为 2.43%；在预案二中，城市中 SO_2 污染也得到了有效地改善，其中，SO_2 浓度在 0.05170mg/m^3 以下的城市面积比率达到了 78.48%，但是，最大 SO_2 的浓度 0.1809~0.2068mg/m^3 的城市面积比率仍然有 0.009%。在预案三中，SO_2 浓度在 0.05170mg/m^3 的城市面积比率达到了 79.83%，城市 SO_2 污染的最大浓度也有所降低，SO_2 浓度为 0.1551~0.1809mg/m^3 的城市面积比率为 4.96%，整个城市的空气环境质量有所改善。在预案四中，城市空气环境污染状况相对于现状而言，并未有太明显的改善，可见在预案四模式下的城市绿地布局是不利于城市 SO_2 污染物质的有效扩散的。在预案五中，SO_2 浓度在 0.05170mg/m^3 以下的城市面积比率达到了 80.06%，城市 SO_2 污染的最大浓度也有所降低，城市的 SO_2 浓度为 0.1551~0.1809mg/m^3 的城市面积比率达到了 6.12%。因此，通过综合的比较可以看出预案三模式下的城市绿地空间优化布局对城市 SO_2 污染物质的扩散是最具有优势的。

3. 城市尺度上的城市热环境扩散分析

图 4-3-20（*a*）显示了预案一在 1.5m 高度处的地表温度的水平扩散格局。通过增加城市绿地及优化其空间布局，可以看到沈阳市的地表温度有所降低，浑河对城市的调温作用还是比较明显的。在预案一下，城市的热岛效应有所减缓，但是存在城市热岛效应的区域仍然比较明显。从城市热环境 4 个典型断面可以看出，城市的地表温度以热源为中心向四周扩散，并且随着高度的增加，温度也是呈现逐渐降低的趋势。

图 4-3-20（*b*）显示了预案二在 1.5m 高度处的地表温度的水平扩散空间格局。从模拟分析图上可以看到沈阳市的地表温度有所降低，在整个城市范围内，东陵区城市热岛效应相对比较明显，在城市迎风面区域的城市热岛效应得到了明显的改善，在城市主导风向的引导下，城市热岛效应比较明显的区域在向城市外围扩散的过程中不断地减弱。从城市热环境 4 个典型断面可以看出，随着高度的增加，温度也呈现出逐渐降低的趋势。

图 4-3-20（*c*）显示了预案三在 1.5m 高度处的地表温度的水平扩散空间格局。从模

拟分析图上可以看到沈阳市地表温度的高温区域主要集中分布在铁西区，但是在城市风速的影响下，高温现象能较好地向城市外围扩散，对城市不会产生较大的影响。在城市其他区域，城市高温现象不明显，中心城区的热岛效应得到了有效地缓解。在整个城市范围内，城市绿地、浑河及周边的绿地对城市的调温作用比较明显的，城市热环境相对较好。在垂直方向上，随着高度的增加，温度也呈现出逐渐降低的趋势，同时高度增加，城市风速增加，其扩散能力也逐渐增强。

图 4-3-20（*d*）显示了预案四在 1.5m 高度处的地表温度的水平扩散空间格局。从模拟分析图上可以看到沈阳市的地表温度的高温区域的分布同 SO_2 污染的空间分布类似，高温地区主要集中分布在沈河区、和平区、大东区以及铁西区，除浑河及周边邻近区域的温度较低之外，整个城市的热环境运行状况较差。在整个城市范围内，虽然浑河对城市的调温作用还是比较明显的，但是它仍然不能改善城市中心区的高温聚集的现象，在该预案下城市风环境运行较差，它直接影响了城市的空气污染及城市热环境的空间扩散状况。在垂直方向上，随着高度的增加，城市的地表温度也呈现出逐渐降低的趋势，同时高度增加，城市风速增加，其扩散能力也逐渐增强。

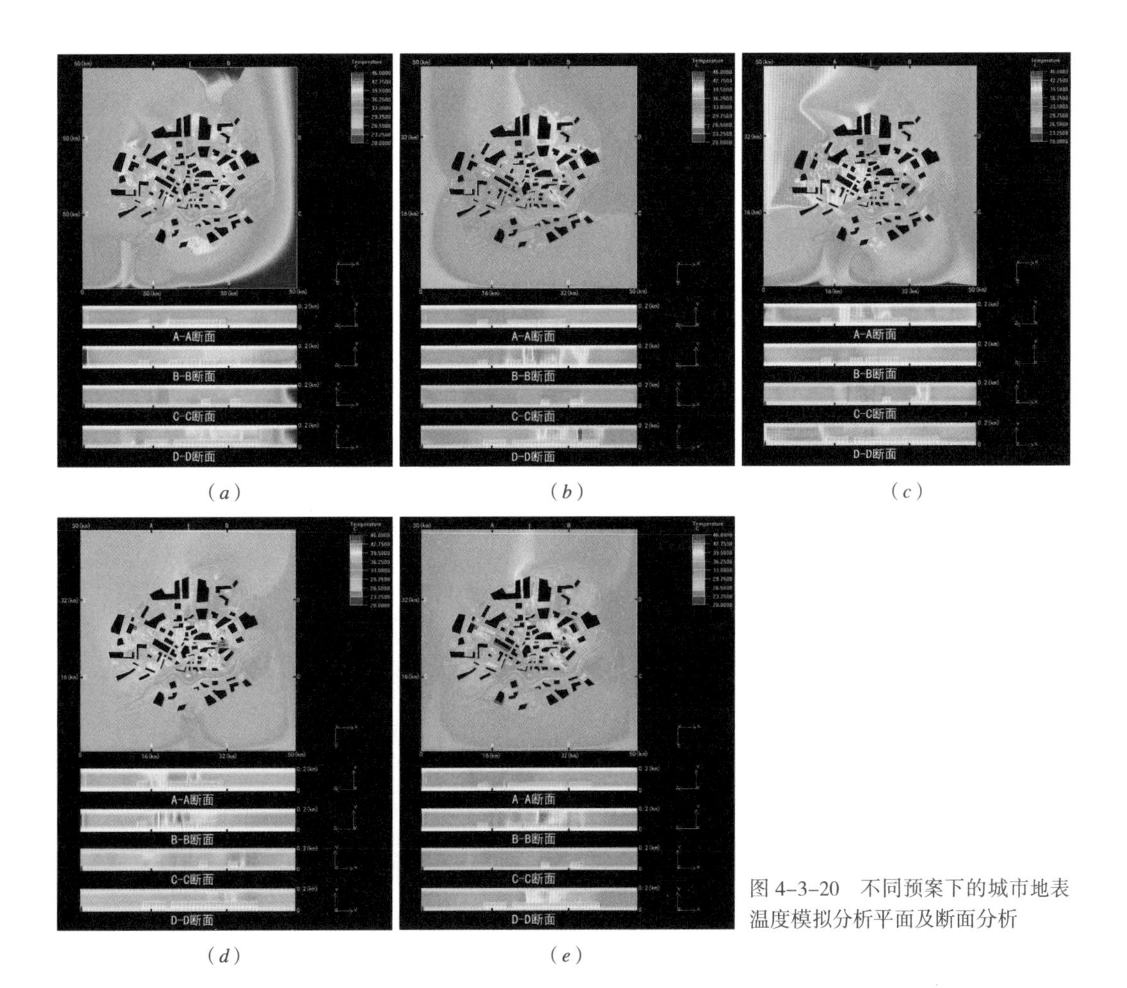

图 4-3-20　不同预案下的城市地表温度模拟分析平面及断面分析

图 4-3-20（*e*）显示了预案五在 1.5m 高度处的地表温度的水平扩散空间格局。从模拟分析图上可以看到沈阳市的地表温度的高温区域主要集中分布在大东区、铁西区以及皇姑区，在城市风速的影响下，铁西区虽然处于城市通风廊道的范围内，但是建筑密度相对较高，也不易向城市外围扩散，皇姑区的城市风速相对较低，高温现象也不能较好地向城市外围扩散，对城市将产生较明显的城市热岛效应。东陵区的建筑密度相对较低，能较好地向城市外围扩散，地表温度相对较低。在整个城市范围内，城市绿地、浑河及周边的绿地对其周边地区的调温作用比较明显，在城市主导风的引导下，城市高温出现递减的趋势，但是整体上城市热环境运行状况并不良好。在垂直方向上，随着高度的增加，城市的地表温度也呈现出逐渐降低的趋势，同时高度增加，城市风速增加，但是其空间扩散能力逐渐增强的趋势并不明显。

将不同预案下的城市热环境扩散状况的模拟分析与现状下的城市热环境扩散的模拟分析进行对比可以看出（图 4-3-21），在现状中，城市最低温度在 29.75~33℃之间，42.75~46℃之间区域的面积比率达到了 5.88%，城市温度在 36.25~39.5℃之间区域的面积比率达到了 51.14%，因此，整个城市范围内的热岛效应还是相对比较明显。在预案一中，城市的最低温度在 23.25~26.5℃之间，达到了 5.52%，其中 42.75~46℃之间区域的面积比率仅占 0.005%，城市范围内的温度主要集中在 33~39.5℃之间，面积比率达到了 75.28%，在该预案中，城市热岛效应较现状有一定的缓解。在预案二中，城市的最低温度为 26.5~29.75℃之间，面积比率仅为 0.06%，其中最高温度 42.75~46℃的面积比率为 0.09%，城市温度主要集中在 33~36.5℃之间，面积比率为 46.59%，在该预案中，城市地表高温地区所占的比率较小，城市温度分布比较均衡，城市热岛效应也得到了进一步的缓解。在预案三中，城市的最低温度为 23.25~26.5℃之间，面积比率达到了 5.62%，其中最高温度有所下降，为 39.5~42.75℃的面积比率为 17.37%，同时城市温度集中在 33~39.5℃之间的面积区域达到了 74.69%，因此，该预案下的城市热岛效应得到了有效地缓解，但是在铁西区的城市温度还是相对较高，因此，需加强铁西区的城市生态绿地的建设。在预案四中，城市最低温度为 23.25~26.5℃之间，面积比率达到了 3.64%，其中最高温度为 42.75~46℃

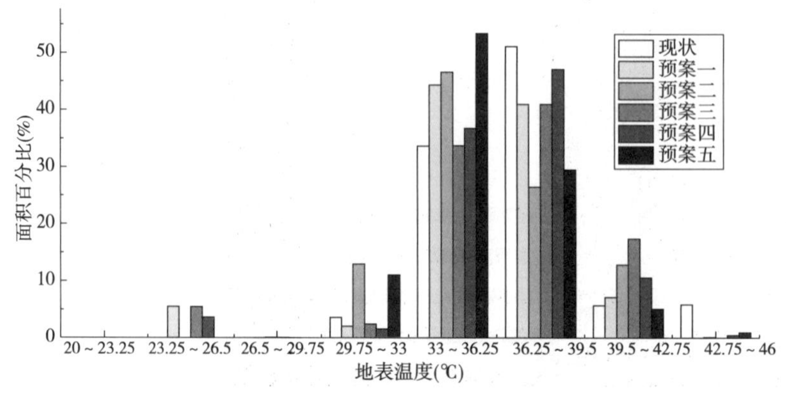

图 4-3-21　不同绿地预案与现状的城市地表温度对比分析

的面积比率为 0.43%，城市温度集中在 33~39.5℃之间的面积区域达到了 83.83%，因此，城市热岛效应有一定的改善，但是相对其他预案而言，其热岛效应明显的区域相对较大，还需要采取相应的措施改善热岛效应明显的区域环境。在预案五中，城市的最低温度为 29.75~33℃之间，面积比率为 11.04%，最高温度在 42.75~46℃的面积比率为 0.93%，城市中，大部分区域的温度集中在 33~36.25℃之间，面积比率为 53.42%。因此，相对于其他预案而言，该预案的城市平均温度相对较低，在局部区域存在明显的热岛效应，需加强热岛效应明显区域的绿地优化，城市热岛效应才能得以有效的缓解。综合考虑，预案三模式下的城市绿地空间布局是最有效的缓解城市热岛效应的方式。

4. 城市尺度上不同高度范围的城市风环境分析（图 4–3–22~ 图 4–3–31）

在预案一模式下，随着高度的增加，城市南北向的通风廊道的影响范围逐渐增大，同时城市风速也呈现逐渐增大的趋势，在 10m 的底部风速场中，建筑物对城市风速具有较大的影响，但相对 1.5m 的底部风速场而言，2.625~3m/s 的风速具有较大的提高，面积比率由 24.75% 增加到了 41.91%；在中部风速场（30m，50m）中，城市最大风速也出现增加的趋势，由 41.91% 增加到了 50.88%，在 100m 的顶部风速场中，城市最大风速的面积比率增加到了 57.56%。由此可见，随着城市高度的增加，风速在城市不同的高度范围内也不断增大。高度越高，建筑物对城市风速的扩散的阻力就越小。

在预案二中，随着高度的增加，城市最大风速覆盖的区域则越大，城市的通风状况比较良好。在城市 10m 的底部风速场中，建筑物对城市风速具有较大的影响，相对 1.5m 的底部风速场而言，2.625~3m/s 的风速具有较大的提高，面积比率由 33.1% 增加到了 63.79%；在城市的中部风速场（30m，50m）中，城市最大风速也出现增加，面积比率由 63.79% 增加到了 70.45%，在 100m 的顶部风速场中，城市最大风速的面积比率增加到了 78.18%。由此可见，在该预案中，整个城市范围内，只有大东区的城市通风状况稍差一点，但城市整体的通风状况还是比较良好的。

在预案三中，城市通风状况较差的区域主要集中在皇姑区、和平区，其他区域的通风状况相对较好。相对 1.5m 的底部风速场而言，10m 的底部风速场中，2.625~3m/s 的风速具有较大的提高，面积比率由 42.94% 增加到了 56.47%；在城市的中部风速场（30m，50m）中，城市最大风速的面积比率也不断增大，由 59.47% 增加到了 62.78%，在城市 100m 的顶部风速场中，城市最大风速的面积比率增加到了 76.1%。在该预案中，城市风速随着高度的增加也在逐渐增大，与城市风速垂直扩散的规律保持一致。

在预案四中，城市形成了明显的东南方向的通风廊道，廊道效应的影响范围随着城市高度的增加也逐渐增大。城市通风状况较差的区域主要集中在皇姑区、大东区，其他区域的通风状况相对较好。相对 1.5m 的底部风速场而言，10m 的底部风速场中，2.625~3m/s 的风速具有较大的提高，面积比率由 16.88% 增加到了 39.79%，在城市的中部风速场（30m，50m）中，城市最大风速也逐渐增加，面积比率由 39.79% 增加到了 56.03%，在城市 100m 的顶部风速场中，城市最大风速的面积比率增加到了 64.51%。在该预案中，虽然城市风

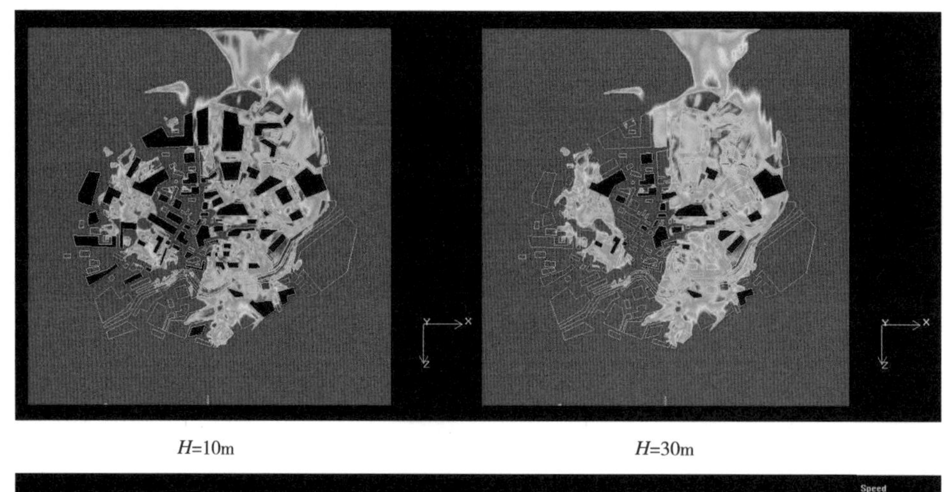

H=10m　　*H*=30m

H=50m　　*H*=100m

图 4-3-22　预案一模式下的城市不同高度下的风速扩散模拟分析

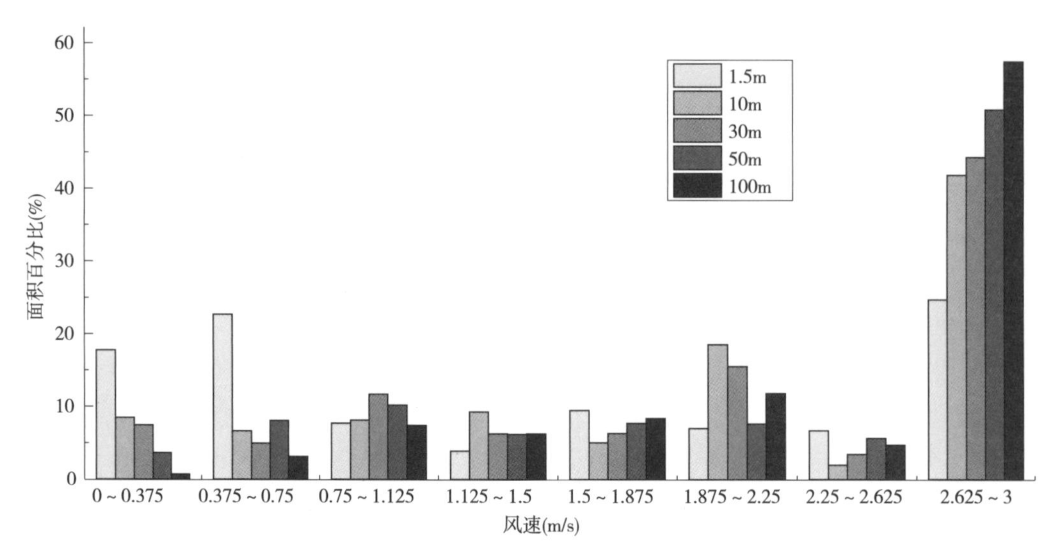

图 4-3-23　预案一模式下的不同高度的风速对比分析

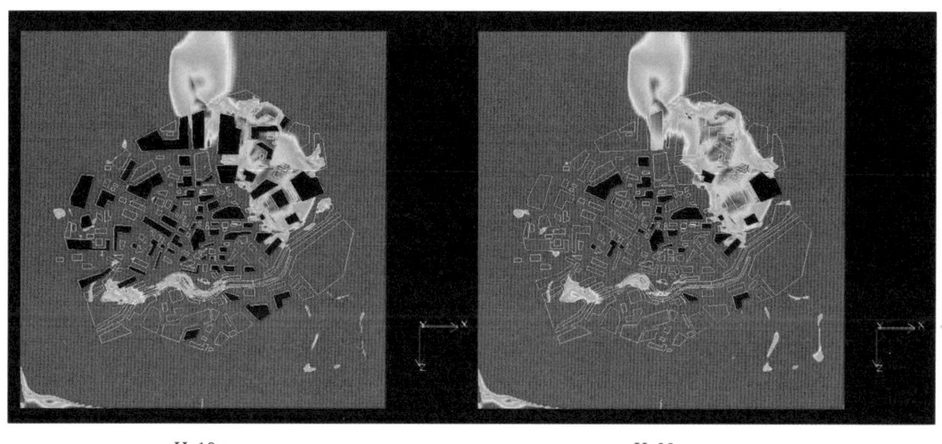

H=10m　　　　*H*=30m

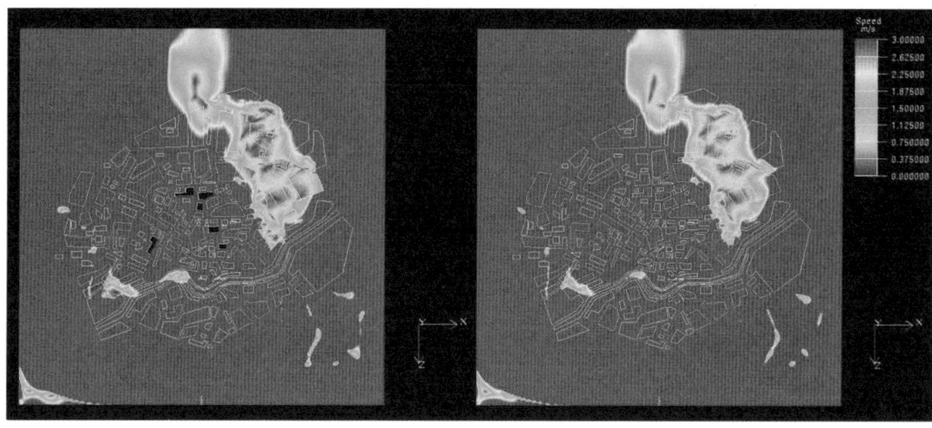

H=50m　　　　*H*=100m

图 4-3-24　预案二模式下的城市不同高度下的风速扩散模拟分析

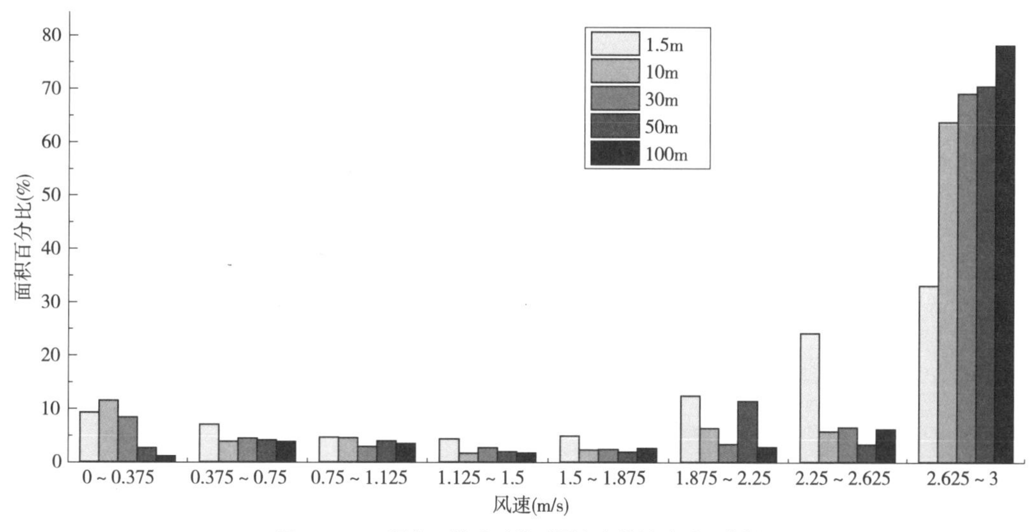

图 4-3-25　预案二模式下的不同高度的风速对比分析

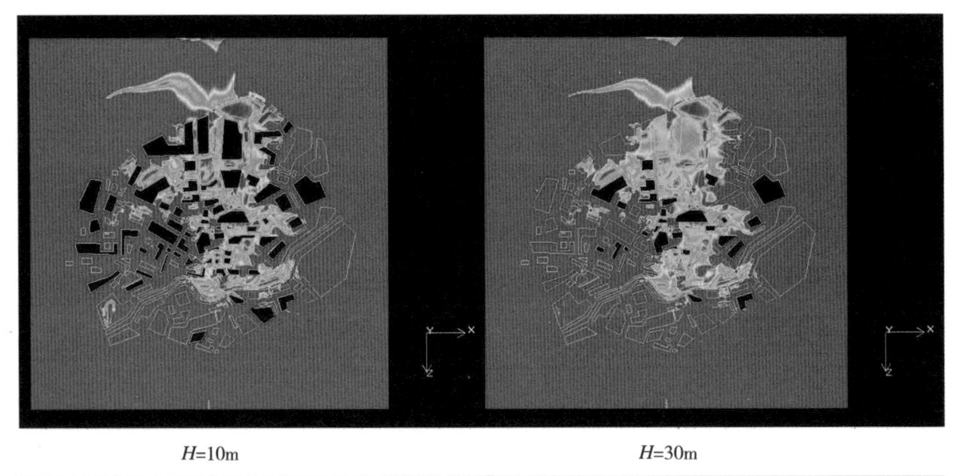

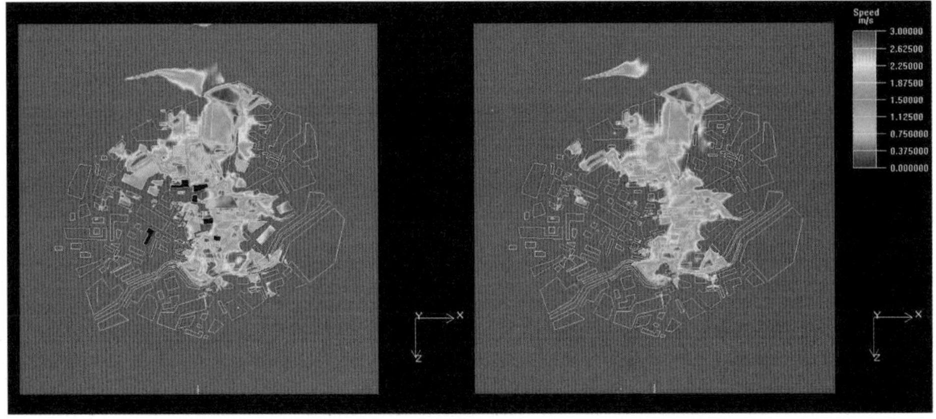

图 4-3-26　预案三模式下的城市不同高度下的风速扩散模拟分析

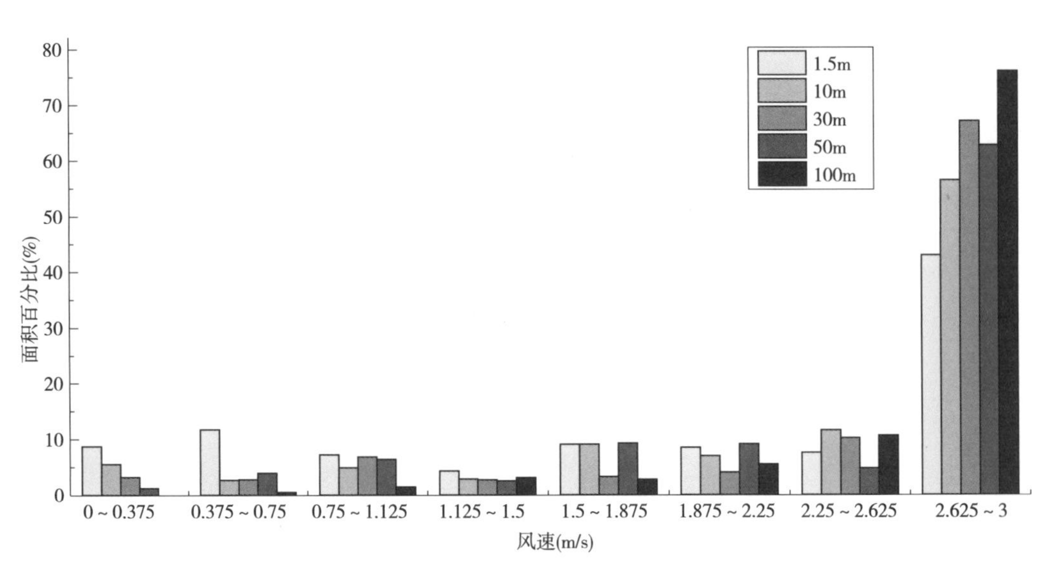

图 4-3-27　预案三模式下的不同高度的风速对比分析

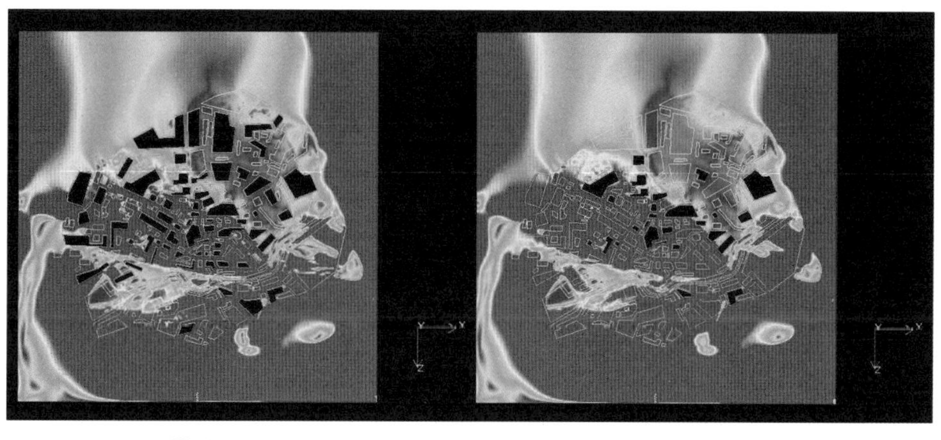

H=10m　　　　*H*=30m

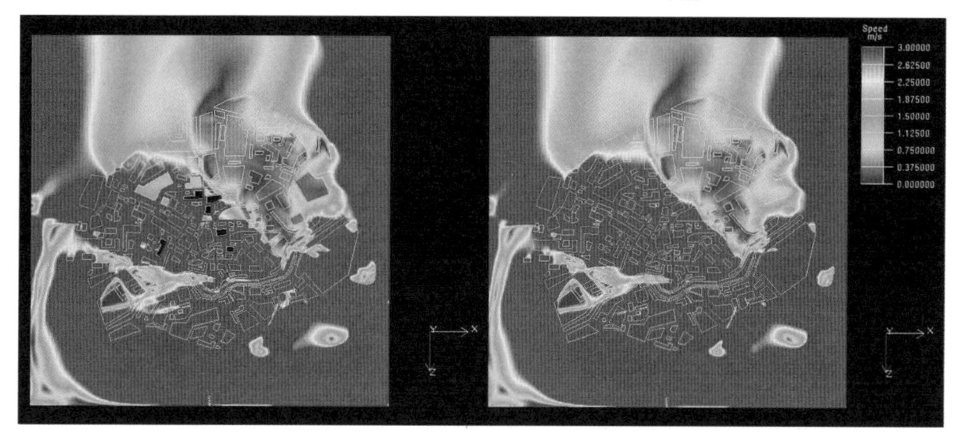

H=50m　　　　*H*=100m

图 4-3-28　预案四模式下的城市不同高度下的风速扩散模拟分析

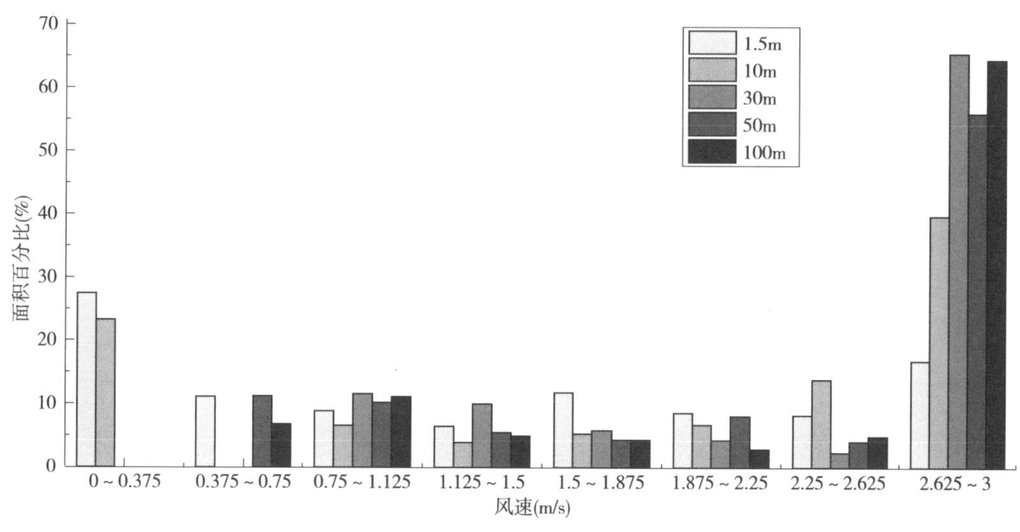

图 4-3-29　预案四模式下的不同高度的风速对比分析

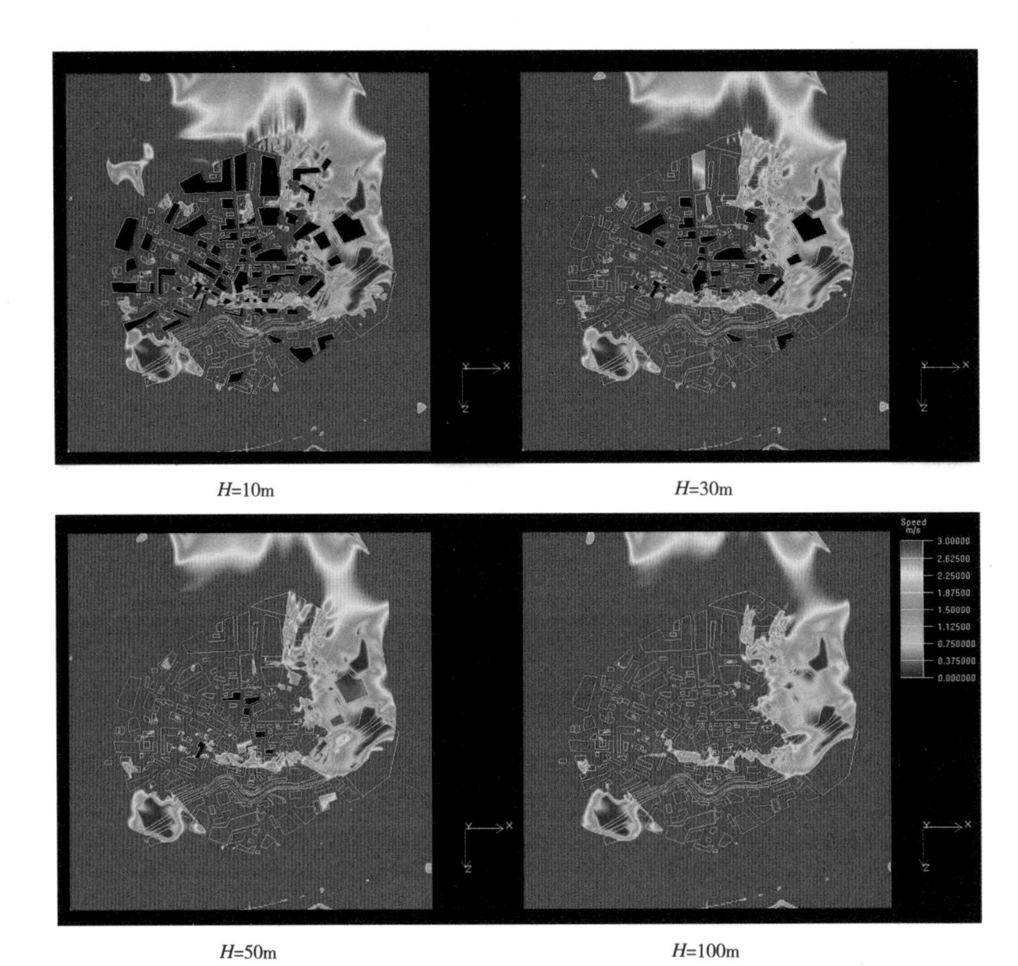

图 4-3-30　预案五模式下的城市不同高度下的风速扩散模拟分析

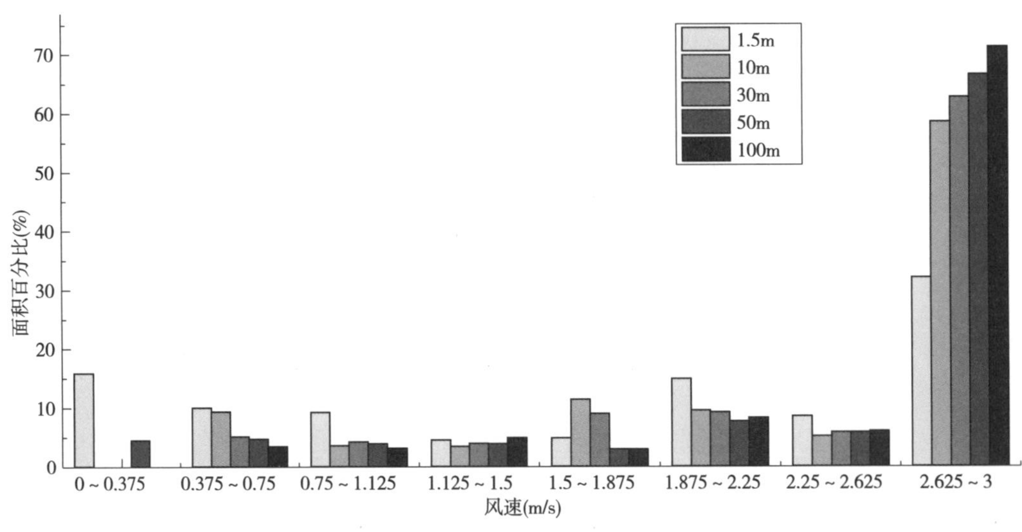

图 4-3-31　预案五模式下的不同高度的风速对比分析

速随着高度的增加在不断增大，但是相对其他预案而言，在与居民生活环境质量密切相关的低高度区域，其城市最大风速覆盖面积的比率相对较小，城市通风状况一般，因此，该预案的城市通风环境质量一般。

在预案五中，城市通风状况较差的区域主要集中在大东区，其他区域的通风状况相对较好。相对 1.5m 的底部风速场而言，10m 的底部风速场中，2.625~3m/s 的风速具有较大的提高，面积比率由 32.06% 增加到了 58.55%，在城市的中部风速场（30m，50m）中，城市最大风速也出现增加，面积比率由 58.55% 增加到了 66.55%，在城市 100m 的顶部风速场中，城市最大风速的面积比率增加到了 71.3%。在该预案中，城市风速随着高度的增加也在不断增大，在与城市居民密切相关的低高度区域，城市最大风速覆盖面积的比率相对较大，城市通风状况相对较好。

通过对不同预案下的不同高度范围内的城市风速的模拟分析可以看出，在不同的预案模式下，城市的风速的扩散都具有一定的扩散规律：随着高度的增加，建筑密度不断降低，城市风速也在不断地增加，因此，建筑密度以及建筑高度成为影响城市风速扩散的主要因素。

5. 城市尺度上不同高度范围的城市 SO_2 空间扩散分析（图 4-3-32~ 图 4-3-41）

在预案一中，从不同垂直高度上的城市 SO_2 浓度的水平扩散分析图可以看出，随着城市高度的增加，建筑物对 SO_2 浓度场分布的影响逐渐减弱，具体表现为：一方面在城市底部浓度场中的 SO_2 浓度差最大，中部浓度场次之，顶部浓度场浓度差最小；另一方面最高浓度也出现在底部浓度场中，顶部浓度场中的最高浓度小于底部和中部浓度场。在 1.5m 的底部浓度场中，浓度值集中在 0~0.05170mg/m^3 之间，面积比率为 75.85%，基本上能满足国家的二级标准，随着高度的增加，在 10m 的底部浓度场中，低于 0.05170mg/m^3 的面积比率为 78.36%，最大浓度值为 0.1551~0.1809mg/m^3 的面积比率为 3.99%；在 30m 的中部浓度场中，最大浓度值为 0.1292~0.1551mg/m^3，面积比率为 3.53%，在 50m 的中部浓度场中，最大浓度值为 0.1292~0.1551mg/m^3，面积比率为 3.36%，在 100m 的顶部浓度场中，最大浓度值为 0.1292~0.1551mg/m^3，面积比率为 3.01%。同时，我们还可以看到，随着城市高度的不断增加，城市 SO_2 低浓度值的范围也在逐渐增大，浓度值为 0~0.05170mg/m^3 的面积比率由 1.5m 高度值时 75.85% 增加到了 94.32%，因此，随着高度的增加，城市的空气环境质量也在不断改善。

在预案二中，在 1.5m 的底部浓度场中，浓度值集中在 0~0.05170mg/m^3 之间，基本上能满足国家的二级标准，随着高度的增加，10m 的底部浓度场中，0~0.05170mg/m^3 的浓度值的面积比率达到了 82.72%，在 50m 的中部浓度场中，其面积比率达到了 89.29%，在 100m 的顶部浓度场中，其面积比率为 89.91%，低浓度值出现在顶部浓度场中。在 10m 的底部浓度场中，最大浓度值为 0.1809~0.2068mg/m^3，面积比率为 0.01%，在 30m 的中部浓度场中，最大浓度值为 0.1551~0.1809mg/m^3，面积比率为 5.32%，在 50m 的中部浓度场中，最大浓度值为 0.15292~0.1551mg/m^3，面积比率为 5.32%，在 100m 的顶部浓度场中，最大

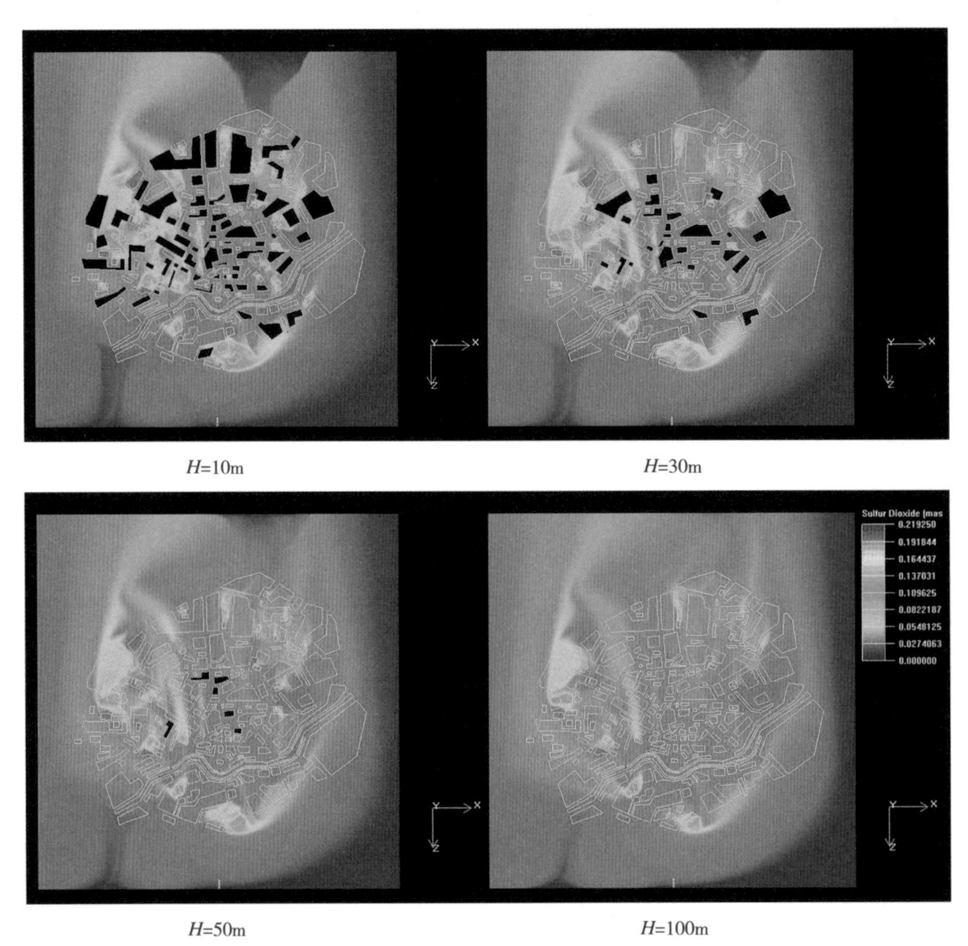

图 4-3-32　预案一模式下的城市不同高度下的 SO_2 扩散模拟分析

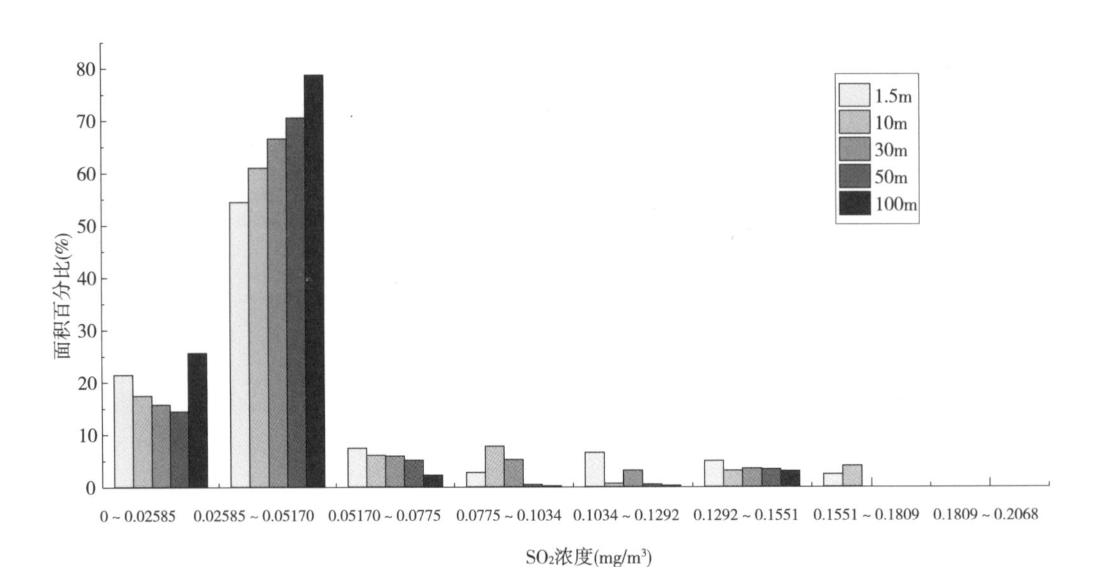

图 4-3-33　预案一模式下的不同高度的 SO_2 对比分析

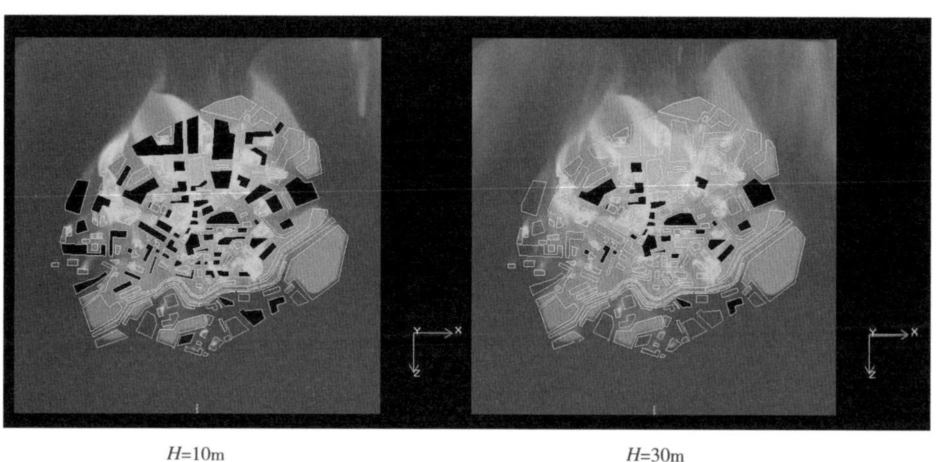

H=10m　　　　H=30m

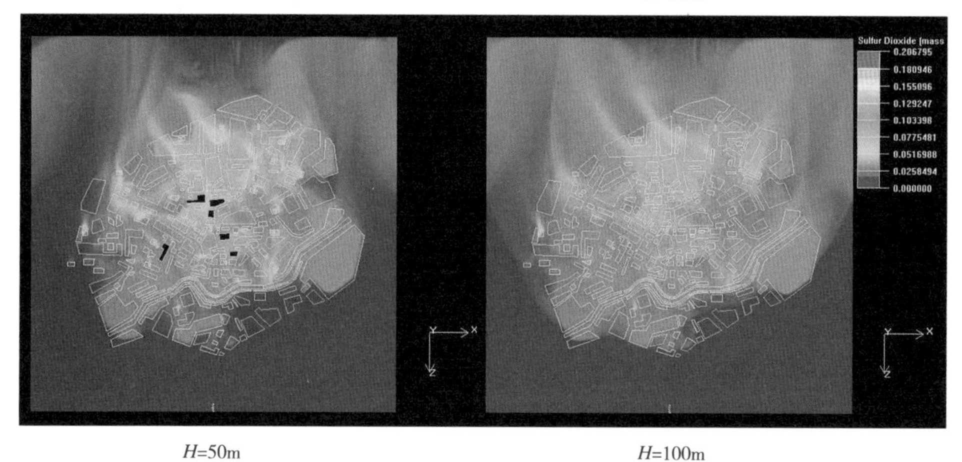

H=50m　　　　H=100m

图 4-3-34　预案二模式下的城市不同高度下的 SO_2 扩散模拟分析

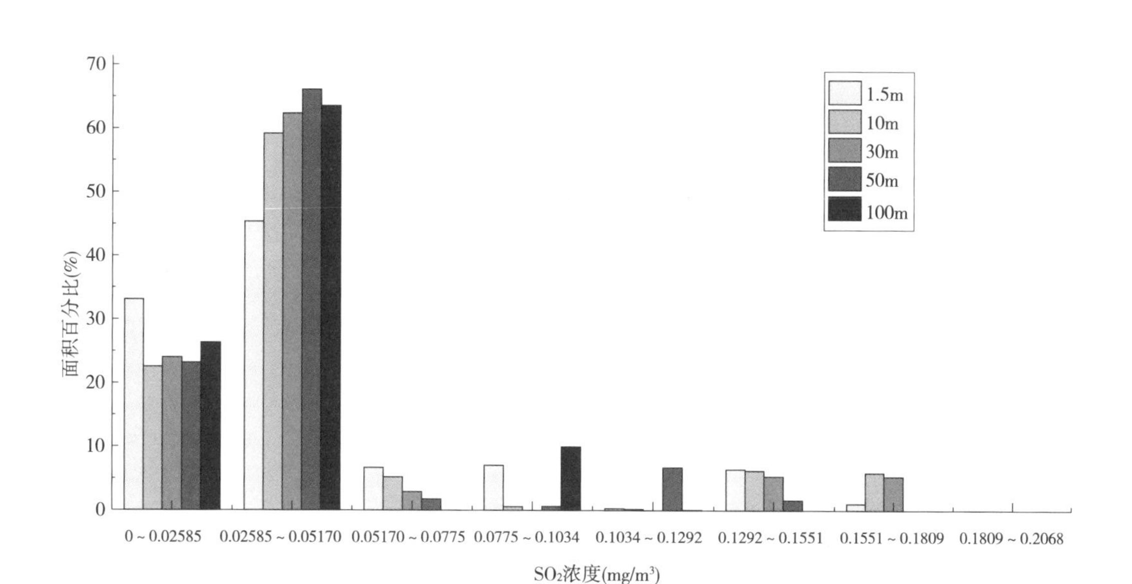

图 4-3-35　预案二模式下的不同高度的 SO_2 对比分析

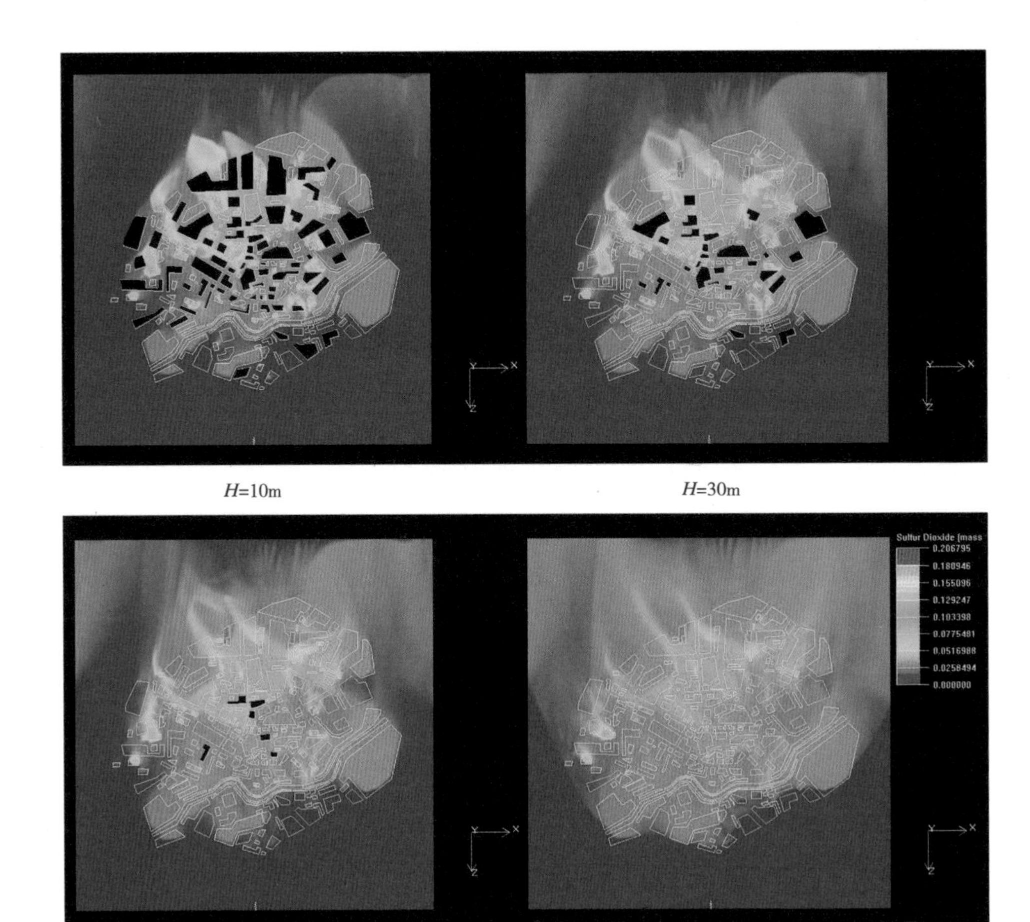

图 4-3-36　预案三模式下的城市不同高度下的 SO_2 扩散模拟分析

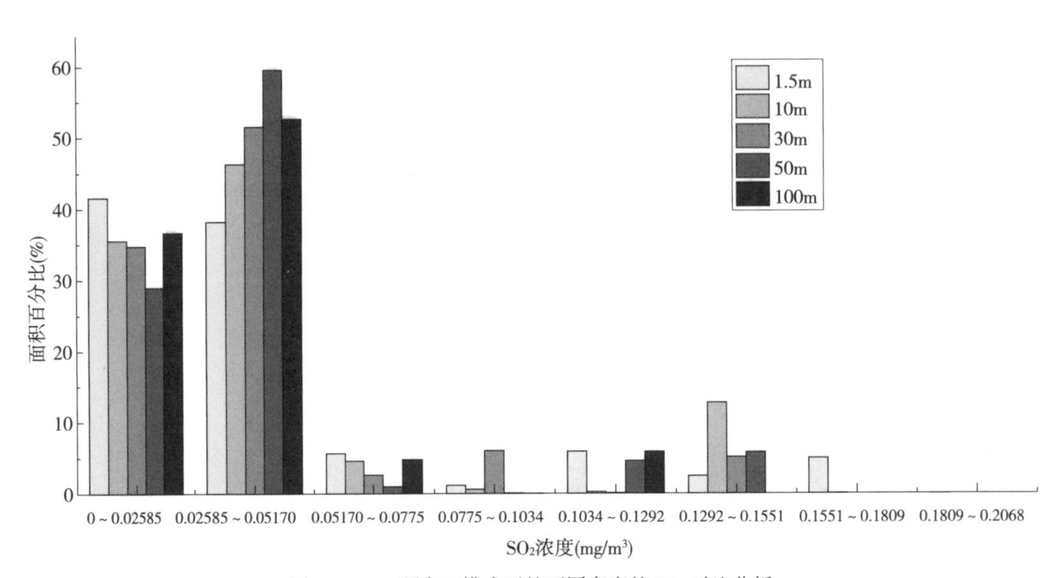

图 4-3-37　预案三模式下的不同高度的 SO_2 对比分析

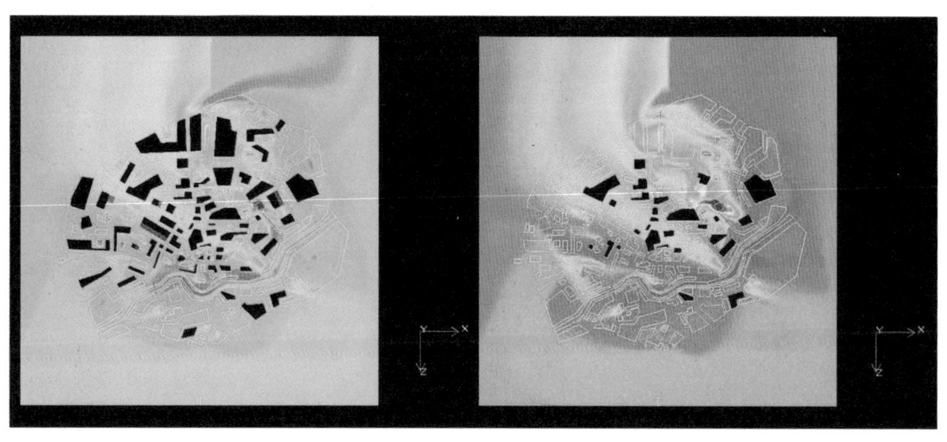

H=10m　　　　*H*=30m

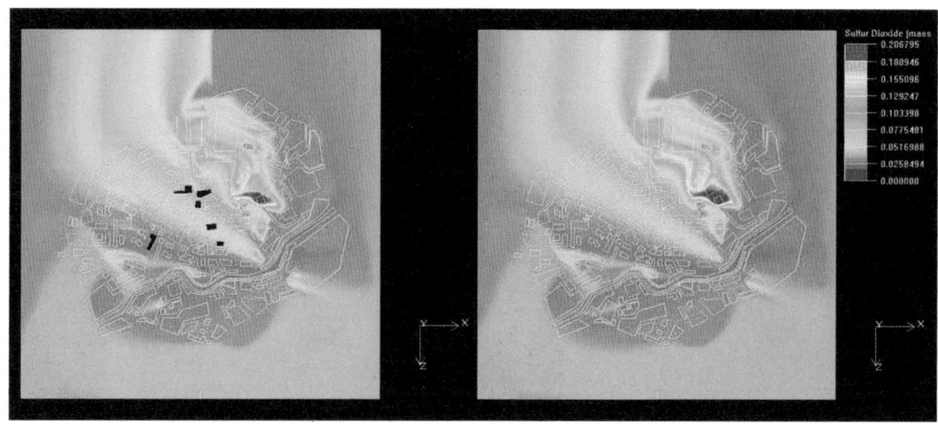

H=50m　　　　*H*=100m

图 4-3-38　预案四模式下的城市不同高度下的 SO_2 扩散模拟分析

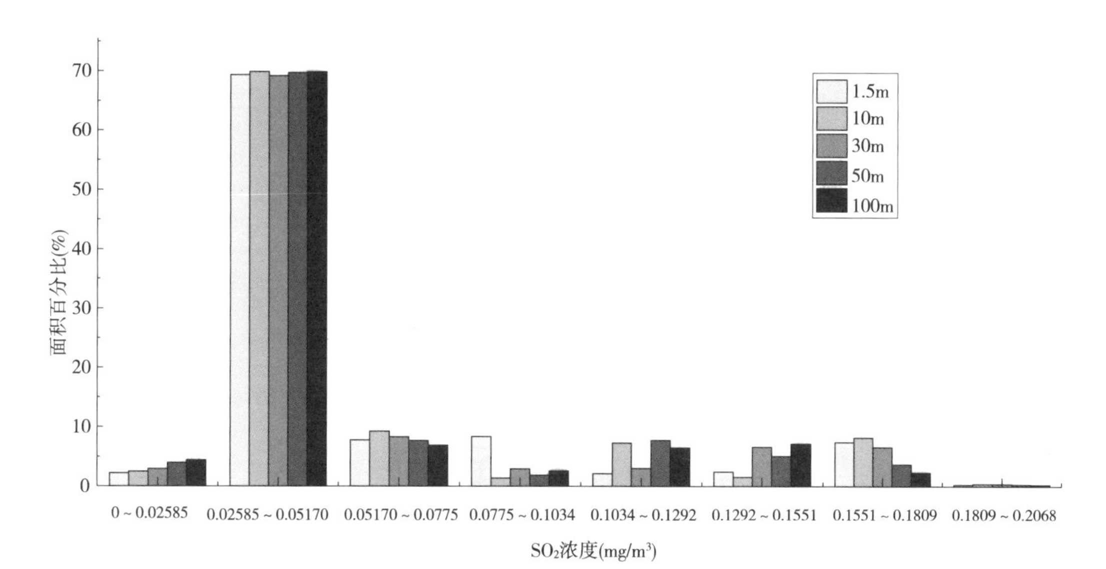

图 4-3-39　预案四模式下的不同高度的 SO_2 对比分析

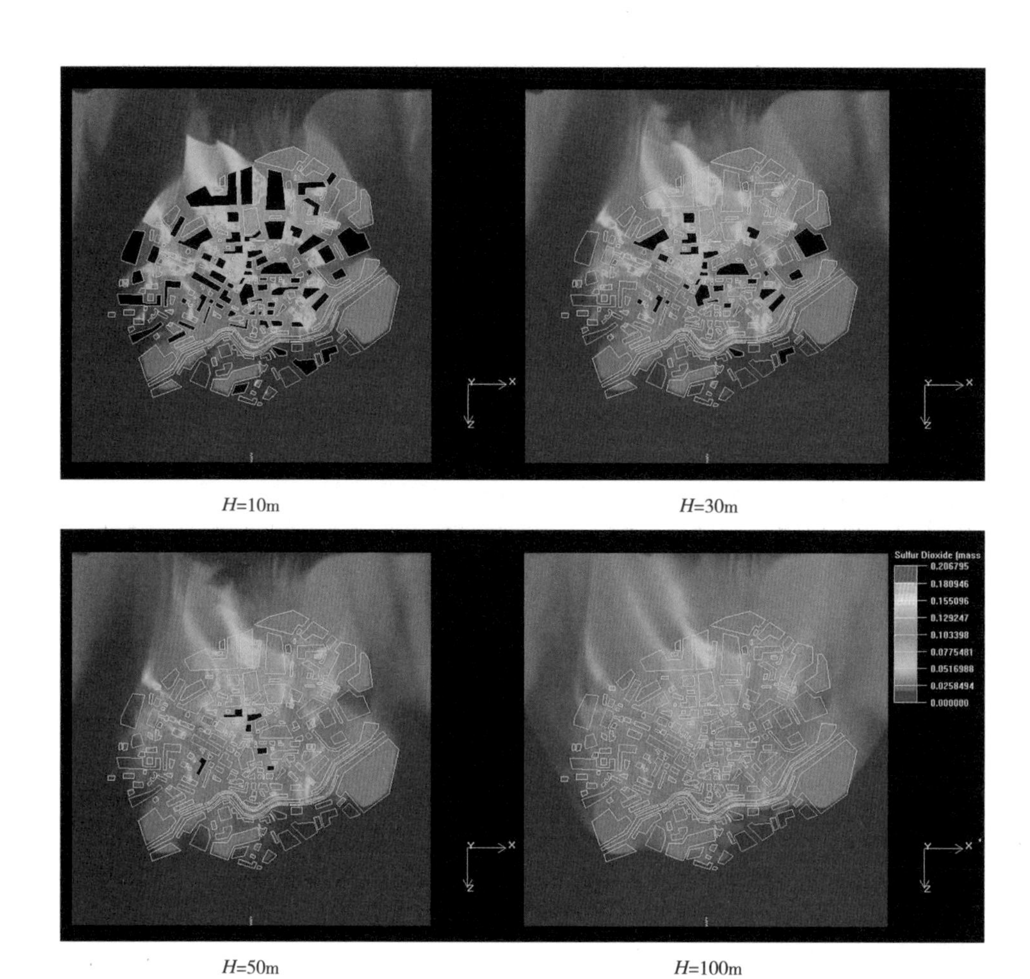

图 4-3-40　预案五模式下的城市不同高度下的 SO_2 扩散模拟分析

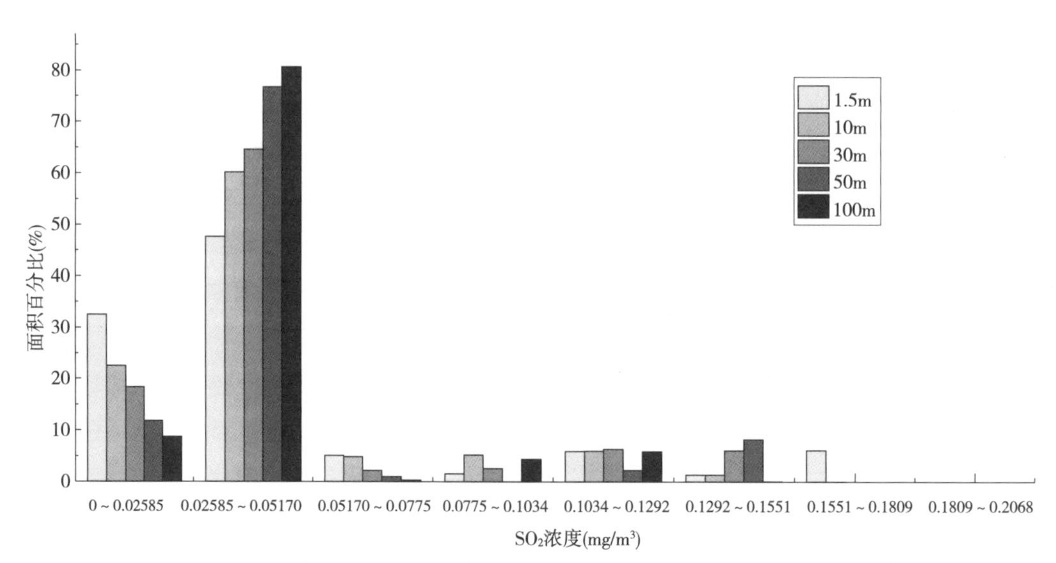

图 4-3-41　预案五模式下的不同高度的 SO_2 对比分析

浓度值为 0.1034~0.1292mg/m^3，面积比率为 0.09%。同时，我们还可以看到，随着城市高度的不断增加，城市 SO_2 低浓度值的范围也在逐渐增大，浓度值为 0~0.05170mg/m^3 的面积比率由 1.5m 高度值时的 78.48% 增加到了 100m 时的 89.91%，因此，在该预案模式下的绿地布局对城市 SO_2 的扩散具有一定的益处。

在预案三中，随着断面高度的不断增加，SO_2 的空间扩散能力显著增强，城市空气环境污染得到了进一步的改善。在 1.5m 的底部浓度场中，浓度值集中在 0.05170mg/m^3 以下，基本满足国家的二级标准，随着高度的增加，在 10m 的底部浓度场中，0.05170mg/m^3 以下的浓度值的面积比率达到了 81.81%，在 50m 的中部浓度场中，其面积比率达到了 88.51%，在 100m 的顶部浓度场中，其面积比率为 89.28%。在 1.5m 的底部浓度场中，最大浓度值为 0.1809~0.2068mg/m^3，面积比率为 0.005%，在 50m 的中部浓度场中，最大浓度值为 0.1292~0.1551mg/m^3，面积比率为 5.79%，在 100m 的顶部浓度场中，则最大浓度值为 0.1034~0.1292mg/m^3，面积比率为 5.88%。从整个城市范围上来看，该预案下的城市绿地空间布局对空气污染物质的扩散具有一定的促进作用。

在预案四中，随着高度的不断增加，SO_2 的空间扩散能力显著增强，但是城市的 SO_2 点源污染非常严重，随着高度的增加，污染并未得到有效地控制。在 1.5m 的底部浓度场中，浓度值集中在 0~0.05170mg/m^3，面积比率达到了 71.55%，但是在大东区的点源污染非常严重，随着高度的增加，10m 的底部浓度场中，浓度值集中在 0~0.05170mg/m^3，面积比率达到了 71.39%，在 50m 的中部浓度场中，其面积比率达到了 73.64%，在 100m 的顶部浓度场中，其面积比率为 74.24%。在 10m 的底部浓度场中，最大浓度值为 0.1809~0.2068mg/m^3，面积比率为 0.26%，在 50m 的中部浓度场中，其面积比率为 0.3%，在 100m 的顶部浓度场中，其面积比率为 0.28%。从整个城市范围上来看，随着高度的增加，SO_2 浓度值的最高值并未发生明显的改变，仅仅是所占的面积比率降低，低浓度值的面积比率随着城市高度的增加而不断地增大。因此，该预案下的空气污染物质的扩散作用并不是很理想。

在预案五中，随着高度的不断增加，SO_2 的空间扩散明显，从城市的整个空间扩散来看，城市整体的空气环境质量相对较好。在 1.5m 的底部浓度场中，浓度值集中在 0.05170mg/m^3 以下，面积比率达到了 80.06%，10m 的底部浓度场中，浓度值也是集中在 0.05170mg/m^3 以下，面积比率达到了 82.66%，在 50m 的中部浓度场中，其面积比率达到了 88.54%，在 100m 的顶部浓度场中，其面积比率为 89.4%。在 1.5m 的底部浓度场中，最大浓度值为 0.1551~0.1809mg/m^3，面积比率为 6.12%，在 50m 的中部浓度场中，最大浓度值为 0.1292~0.551mg/m^3，面积比率为 8.22%，在 100m 的顶部浓度场中，最大浓度值为 0.1292~0.1551mg/m^3，面积比率为 0.06%。在该模式下，城市空气污染物在城市主导风向的引导下，有效地向城市外围扩散，城市空气环境质量相对良好。

6. 城市尺度上不同高度范围的城市热环境分析（图 4-3-42~ 图 4-3-51）

在预案一中，从不同垂直高度上的城市地表温度的水平扩散分析图可以看出，对整个城市的建筑群体而言，迎风面的温度低于其背风面的温度，且随着高度的增加，建筑物对

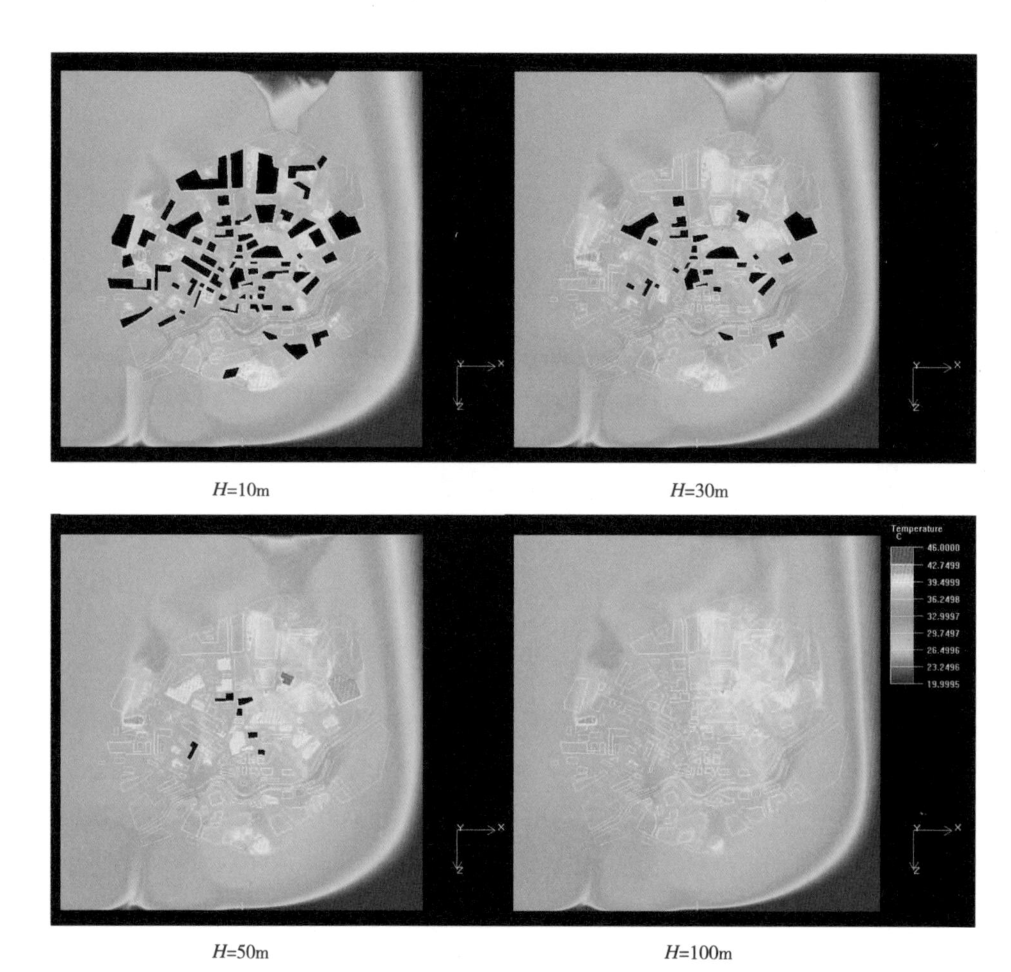

图 4-3-42　预案一模式下的城市不同高度下的地表温度扩散模拟分析

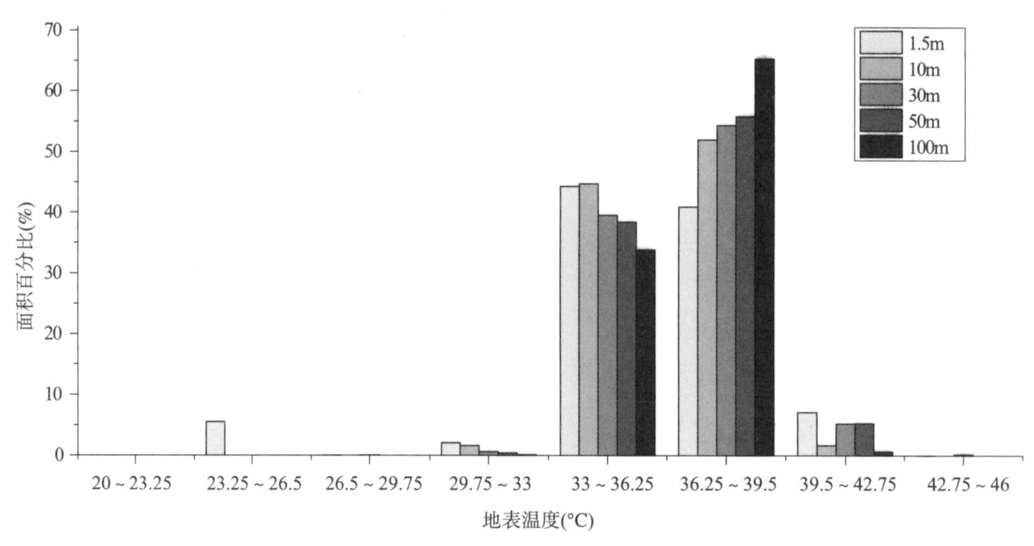

图 4-3-43　预案一模式下的不同高度的地表温度对比分析

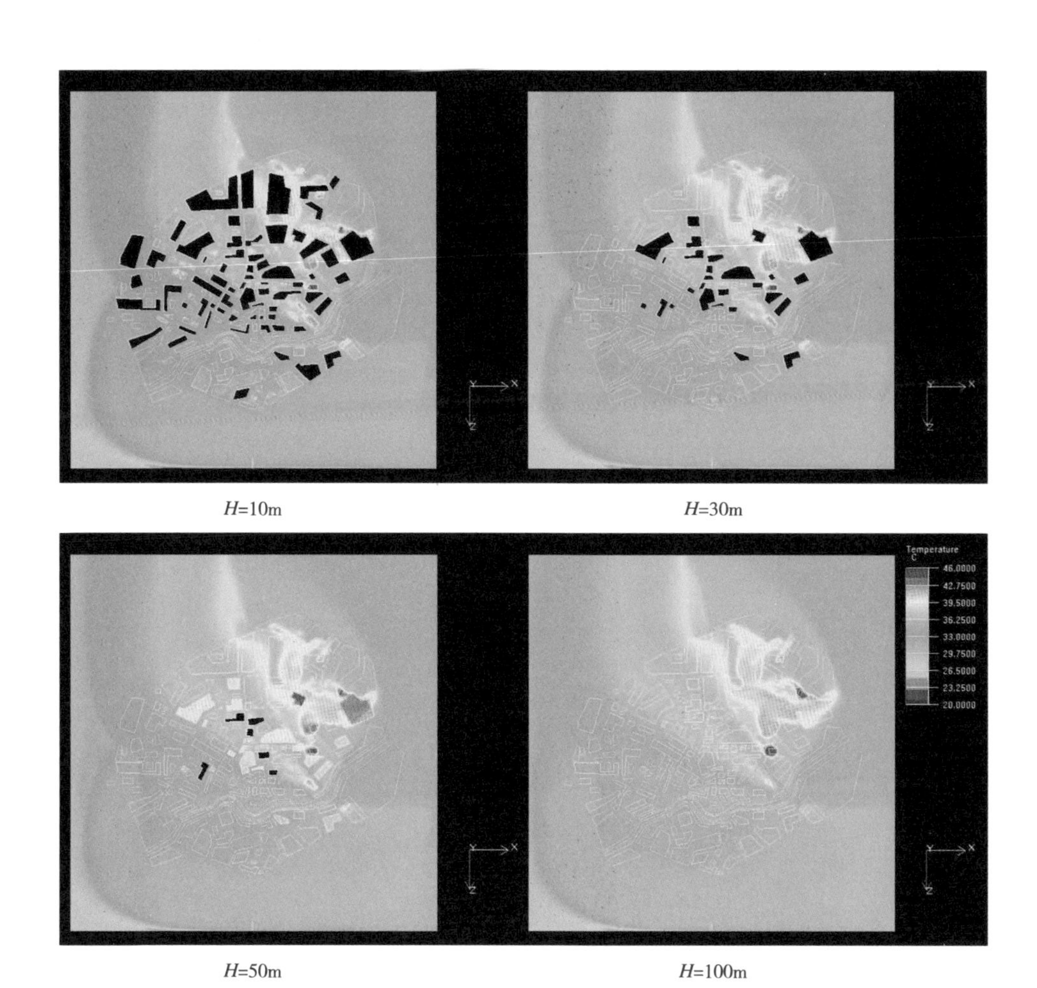

图 4-3-44　预案二模式下的城市不同高度下的地表温度扩散模拟分析

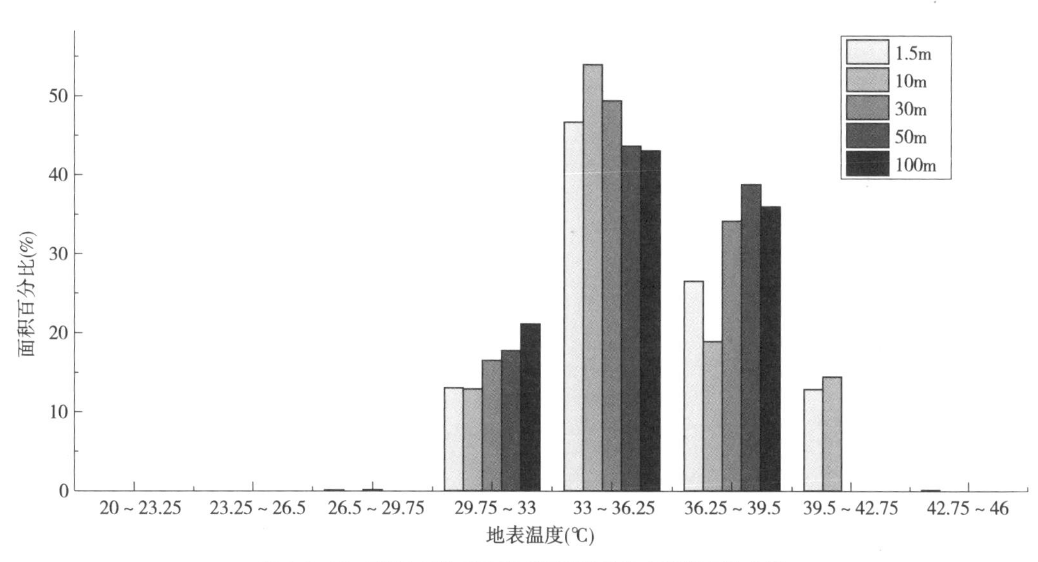

图 4-3-45　预案二模式下的不同高度的地表温度对比分析

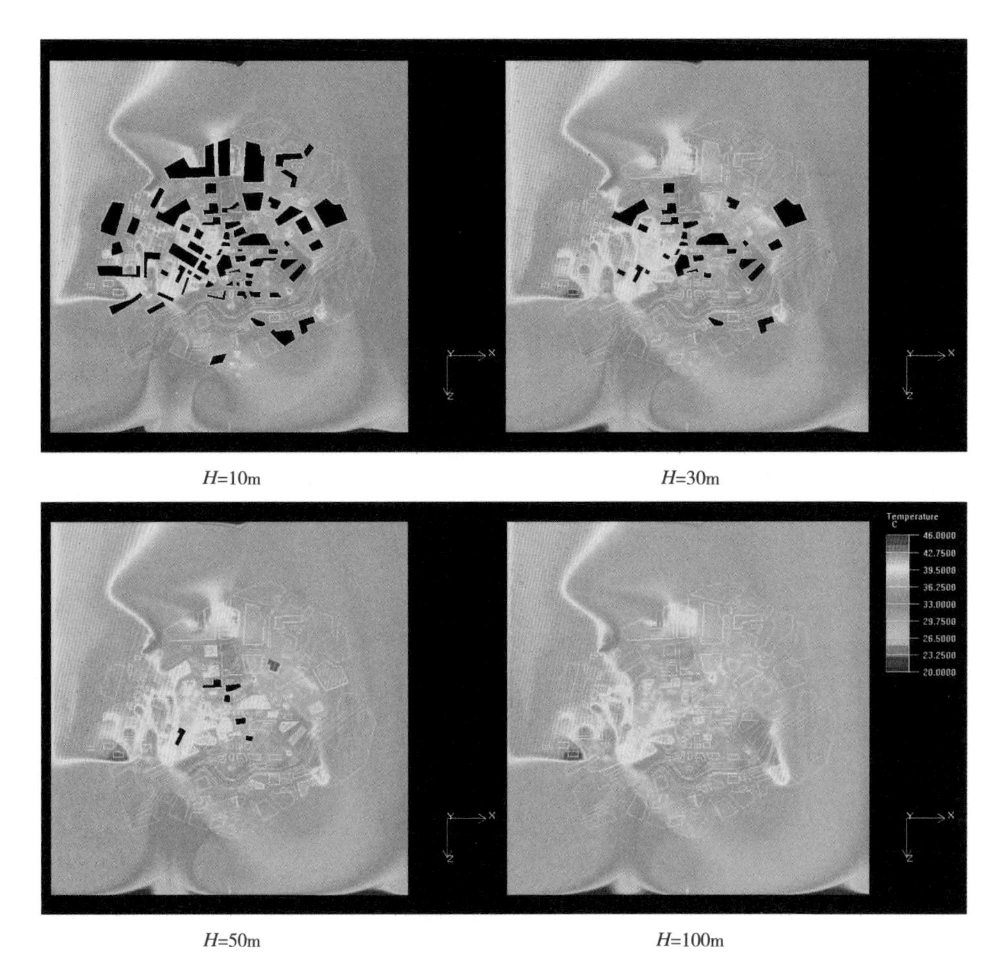

图 4-3-46　预案三模式下的城市不同高度下的地表温度扩散模拟分析

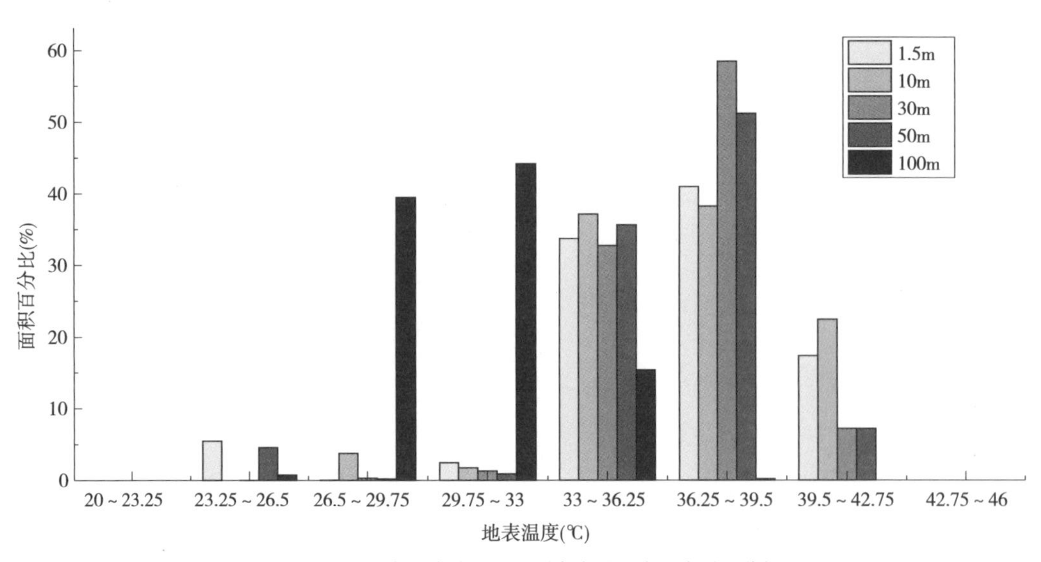

图 4-3-47　预案三模式下的不同高度的地表温度对比分析

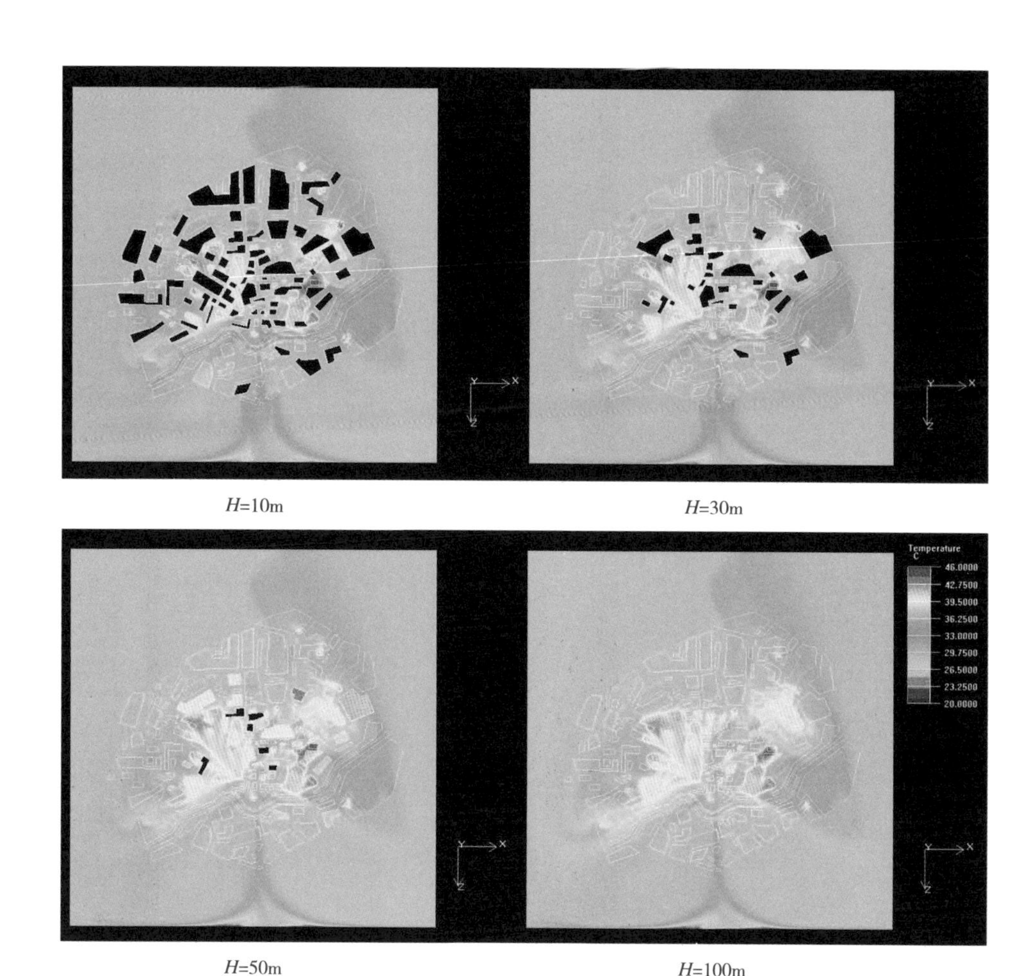

图 4-3-48　预案四模式下的城市不同高度下的地表温度扩散模拟分析

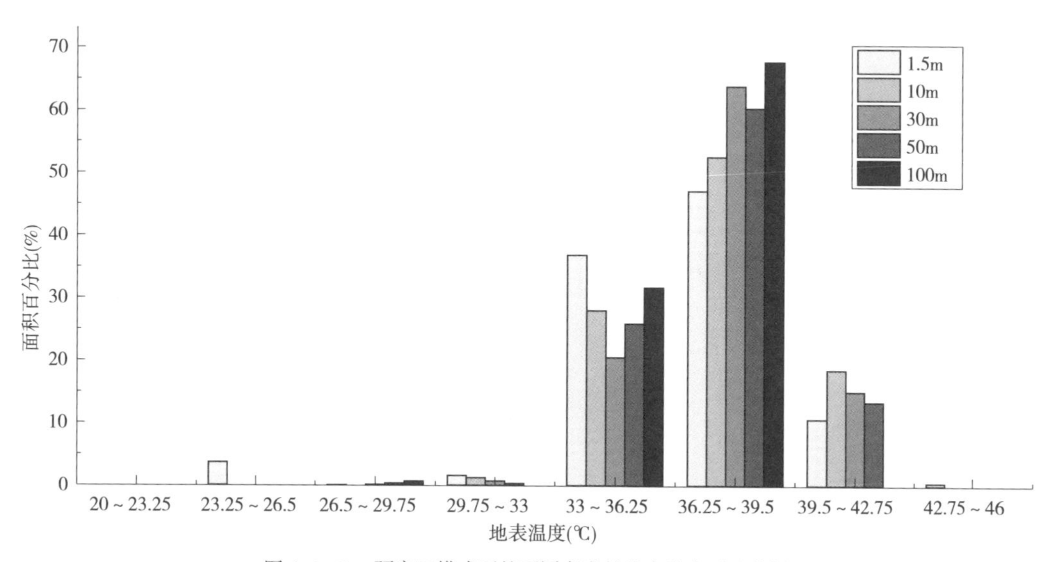

图 4-3-49　预案四模式下的不同高度的地表温度对比分析

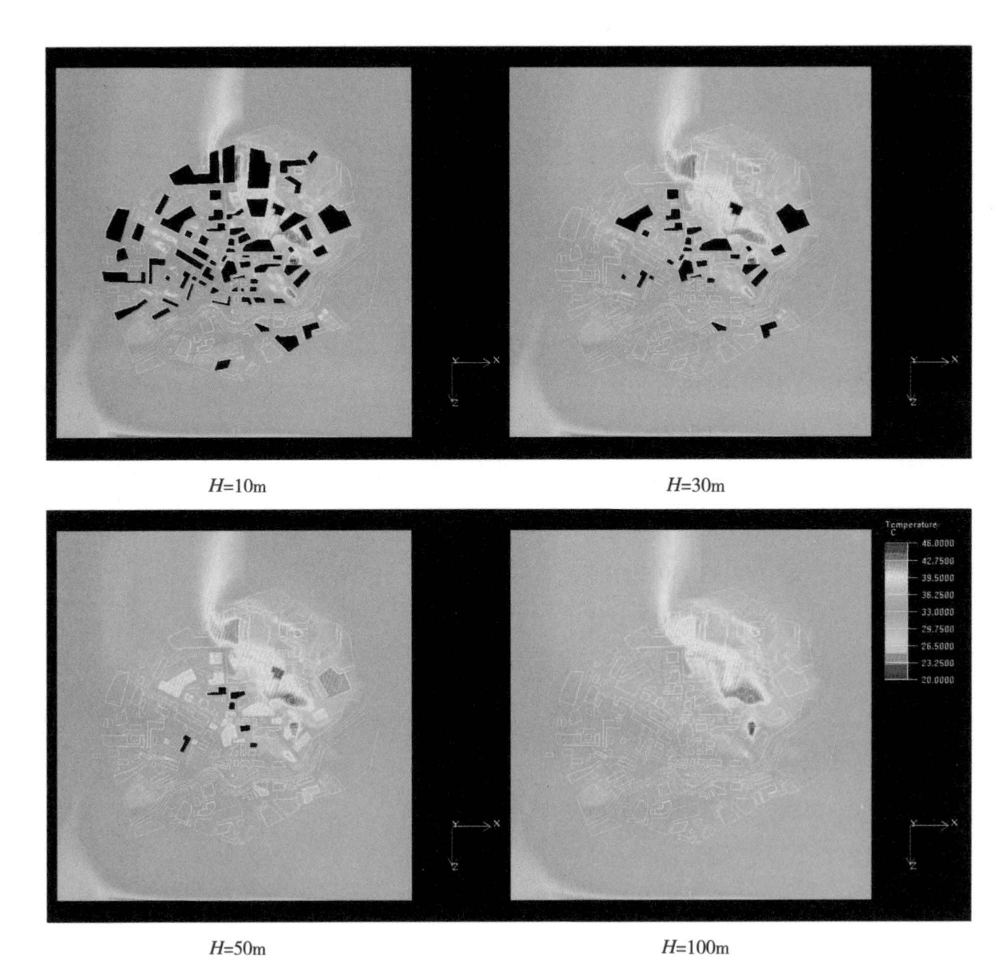

图 4-3-50　预案五模式下的城市不同高度下的地表温度扩散模拟分析

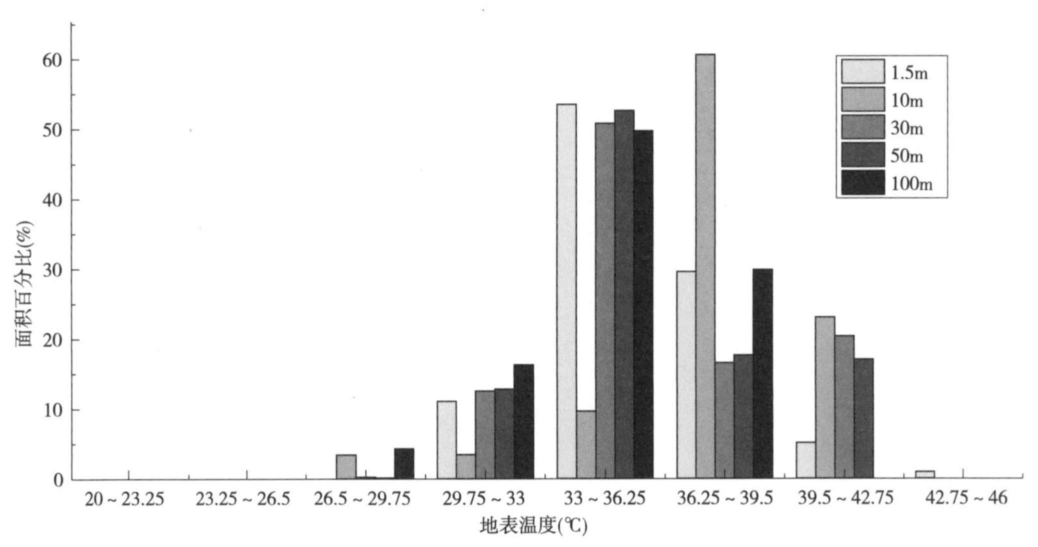

图 4-3-51　预案五模式下的不同高度的地表温度对比分析

温度场分布的影响逐渐减弱，具体表现为一方面底部温度场中的温差最大，中部温度场次之，顶部温度场温差最小。在 1.5m 的底部温度场中，城市温度主要集中在 33~39.5℃之间，面积比率达到了 85.28%，在 30m 的中部温度场中，城市温度也主要集中在 33~39.5℃之间，面积比率达到了 94.29%，在 100m 的顶部温度场中，城市温度也主要集中在 33~39.5℃之间，面积比率达到了 99.2%。另一方面，1.5m 的底部温度场中，最高温度在 42.75~46℃之间，面积比率为 0.005%，30m 的中部温度场中，最高温度在 39.5~42.75℃之间，面积比率为 5.29%，100m 的顶部温度场中，最高温度也在 39.5~42.75℃之间，面积比率仅为 0.66%。在整个城市范围内，城市的热岛效应得到了进一步的缓解。

在预案二中，城市的热岛效应主要集中在东陵区，浑河对城市热岛效应的缓解发挥了很好的作用。随着城市高度的增加，城市的高温区域所占的面积比率在不断地降低，在城市主导风向的引导下，形成了良好的城市热环境扩散通道。一方面在 1.5m 的底部温度场中，城市温度主要集中在 33~39.5℃之间，面积比率达到了 73.08%，在 30m 的中部温度场中，城市温度集中分布在 33~39.5℃之间，面积比率达到了 83.41%，在 100m 的顶部温度场中，城市温度也主要集中在 33~39.5℃之间，面积比率达到了 78.93%。另一方面，1.5m 的底部温度场中的最高温度在 42.75~46℃之间，面积比率为 0.09%，50m 的中部温度场中的最高温度在 36.25~39.5℃之间，面积比率为 38.73%，100m 的顶部温度场中的最高温度也在 36.25~39.5℃之间，面积比率仅为 35.93%。在整个城市范围内，随着城市高度的增加，热岛效应得到了有效的缓解，同时在中、高温度场中，虽然最高温度范围相同，但是最高温度所占的面积比率也随着高度的增加而逐渐降低。

在预案三中可以看出，城市的高温地区主要分布在铁西区，一方面在 1.5m 的底部温度场中，最高温度在 39.5~42.75 之间，面积比率为 17.37%，在 50m 的中部温度场中，城市温度最高温度主要集中在 39.5~42.75℃之间，面积比率达到了 7.17%，在 100m 的顶部温度场中，城市温度也主要集中在 36.25~39.5℃之间，面积比率仅为 0.2%，另一方面，底部温度场的最高温度较其他的景观模式下的最低温度低。1.5m 的底部温度场中，最低温度在 23.25~26.5℃之间，面积比率为 5.46%，50m 的中部温度场中，最低温度在 26.5~29.75℃之间，面积比率为 4.56%，100m 的顶部温度场中，最低温度在 26.5~29.75℃之间，面积比率为 0.74%。因此，在该预案下，虽然随着城市高度的增加，最低温度的面积比率有所降低，但是城市整个的温度却在逐渐降低，城市的热环境运行状况相对良好。

在预案四中，虽然随着城市高度的增加，城市的热岛效应具有一定的缓解，但是同 SO_2 的空间扩散类似，该模式下的城市热岛效应在建筑物密度较高的中心城区聚集，虽然在城市主导风向的引导下，不断地向城市外围扩散，但它对城市中心区的居民的生活仍然产生较大的影响。一方面，在 1.5m 的底部温度场中，城市温度主要集中在 36.25~39.5℃之间，面积比率达到了 47.07%，在 50m 中部温度场中，城市温度也主要集中在 36.25~39.5℃之间，面积比率达到了 60.23%，100m 的顶部温度场的城市温度也主要集中在 36.25~39.5℃之间，面积比率达到了67.71%。另一方面，1.5m的底部温度场中的最高温度在42.75~46℃之间，面积比率为0.43%，50m的中部温度场中的最高温度在39.5~42.75℃之间，面积比率为13.33%，100m的顶部温度场中的最高温度也在36.25~39.5℃之间，面积比率仅为67.71%。从整个城市范围来看，城市热岛效应虽然有一定的缓解，但是该模式下中心城区的城市热岛效应比较严重，因此，这样的绿地景观布局是不可取的。

在预案五中，城市的高温地区主要分布在大东区，随着高度的增加，这一状况仍然显著存在。一方面，在1.5m的底部温度场中，城市温度主要集中在33~36.25℃之间，面积比率达到了53.42%，在中部温度场（50m）中，城市温度也主要集中在33~36.25℃之间，面积比率达到了52.54%，100m的顶部温度场的城市温度也主要集中在33~36.25℃之间，面积比率达到了49.64%。另一方面，底部温度场（1.5m）的最高温度在42.75~46℃之间，面积比率为0.93%，最低温度在29.75~33℃之间，面积比率为11.04%，中部温度场（50m）的最高温度在39.5~42.75℃之间，面积比率为23.02%，最低温度在26.5~29.75℃之间，面积比率为0.11%，顶部温度场中的最高温度在36.25~39.5℃之间，面积比率为29.8%，最低温度在26.5~29.75℃之间，面积比率为4.28%。在整个城市范围内，除了大东区局部区域存在城市高温状况外，城市的热环境较为良好。

4.3.5 小结

（1）通过对*LST*与*NDVI*的空间分析表明，沈阳市城区范围内的热岛效应不是发生在中心区，而是工业区最为明显。水体、绿地、耕地等表面形成了明显的“冷岛”区域，该现象浑河、三环周边区域最明显。通过对*LST*与*NDVI*空间尺度依赖性的分析表明，在不同的景观空间格局水平上，*LST*与*NDVI*之间随着空间尺度的增加，其相关性呈现先增加后降低再增加的趋势。*LST*与*NDVI*之间的关系在240m的空间尺度上，负相关性达到一个高值，即降低地表温度的生态功能是较显著的。在空间尺度为1920m时，两者之间的负相关性呈现出不断增大的趋势，其负相关的显著性也逐渐增大。在城市绿地的建设中，绿地的面积越大，其降温增湿的调节作用也会增大，城市的发展空间是有限的，不可能建设大面积集中分布的绿地。通过对绿地减缓热岛效应的生态功能以及*LST*与*NDVI*空间尺度关系的分析，我们考虑240m×240m即5.76hm^{2}是有限的城市空间中建设附属绿地的适宜面积的一个合理参考尺度，而1920m×1920m即368.64hm^{2}则是有限城市空间中建设城市公园绿地的适宜面积的一个合理参考尺度。

（2）结合实地调研，通过计算得出沈阳市调研样方的吸收SO_2量为0.9468t/d，并推算出沈阳市城市绿地吸收SO_2的总量为185.4t/d。设定沈阳市三环内释放SO_2量为275.2t/d，与沈阳市城市绿地每天吸收SO_2的总量相比，差额为89.8t/d。因此，需要增加更多的城市绿地来吸收SO_2以改善城市生态环境质量。根据植被覆盖类型以及绿地覆盖率设计了针叶乔木林公园绿地、阔叶乔木林公园绿地、针阔乔灌混交林公园绿地、针叶灌木林公园绿地、阔叶乔木灌木林公园绿地五种预案类型，并确定不同绿地预案需要增加的公园绿地的个数。

（3）结合地理信息系统（GIS）与多目标区位配置模型（MOLA），综合考虑 6 个相对独立的目标因子（人口密度等级、SO_2 污染等级、城市热岛效应等级、土地利用格局、PM10 污染等级、建筑密度等级）对沈阳市三环内城市公园进行优化选址。结果表明：与其他因子相比，SO_2 污染因子对研究区城市绿地的选址具有重要影响。与单目标因子相比，多目标综合加权分析的结果能够合理地为城市绿地提供优化的空间选址。GIS 与 MOLA 相结合的方法为城市绿地的空间优化选址提供了新思路。

（4）利用 CFD 模型对沈阳市五个不同的预案进行模拟对比分析。结果表明：①在增加相同公园绿地面积的前提下，城市绿地不同位置的分布对城市风速、SO_2 浓度以及城市地表温度的空间扩散具有明显的影响；②在不同的预案中，可以明显地看到在城区范围内形成了不同方向的城市风道，它将外围较低的冷空气引入城中，缓解城市热岛效应，加速 SO_2 等污染物质的空间扩散；③通过对不同预案的综合分析，可以看出在预案三模式下，城市风环境的运行、城市热环境的状况以及 SO_2 空气污染物质的扩散状况相对良好。在预案四模式下，城市大气环境评价因子的扩散状况最不理想。其主要原因与公园绿地的植被类型、绿地覆盖率以及公园的优化位置具有密切的联系。预案三中的植被类型为针阔乔灌混交林、绿地覆盖率为 60%，植被类型丰富，覆盖程度高，虽然该模式下的绿地对城市风速具有一定的影响，但对缓解城市热岛效应、吸收 SO_2 具有较明显的优势；而预案四中的植被类型为针灌混交林、绿地覆盖率为 15%，植被类型相对较为单一，覆盖程度低，虽然利于城市风速的运行，但缓解城市热岛效应、吸收 SO_2 的能力则大大减弱。因此，在城市绿地景观格局优化研究中，可以在确定为城市通风廊道的区域，采用较为单一的植被类型，且种植稀疏，这有利于城市风环境的运行，而在其他区域布置城市绿地时，应该尽量采用复合植被类型合理布局，以营造良好的城市生态环境。

4.4　基于大气环境效应的城市绿地景观格局优化

景观生态学是研究在一个相当大的区域内，各景观要素的空间结构、相互作用、协调功能及动态变化的一门生态学新分支（Forman and Godron，1986）。它为景观规划尤其是绿地网络的规划提供了理论基础与方法指导（Aspinall and Pearson，2000；McHarg，1995；Mortbergetal.，2007）。景观生态学原理能够使我们获得对景观发展的整体认识。景观生态学原理主要应用于土地利用规划以及景观规划中场地的大小、数量以及位置的确定；边缘参数（如边缘结构的边界以及形状）、廊道以及网络结构的连通性等要素的分析（Hersperger，2006）。

绿地结构是根据绿地的组成和形态对其进行合理的空间布局。城市绿地的组成主要包括绿地存在的类型以及它们的形状、大小、空间分布。国内外许多研究根据景观生态学原理进行城市绿地的生态规划。Forman and Godron（1986）提出了“斑块—廊道—基质”的景观模式。斑块是不同于周围背景的、相对均质的非线性区域；基质是面积最大、连通性最好、在景观功能上起控制作用的景观要素；而廊道则是线性的不同于两侧基质的狭长景观单元。廊道和基质是在各个斑块之间的连接体，它们共同组成了一个明显的绿地网络结构。Wu and Hobbs（2002）支持 Forman and Godron 的观点并增加了廊道和基质的网络结构，它能够为要素提供更好的连接性并保证不同的生态系统之间的连接。斑块—廊道—基质是许多景观中最基本的组成部分。Flores 等（1998）研究了纽约市域范围内的绿地系统规划，他们指出生态内容、环境、动态、等级性以及异质性是建设城市绿地基本的生态原则。Leitão and Ahern（2002）提出运用生态知识进行城市景观的规划并形成了规划的基本框架。Jim and Chen（2003）运用景观生态学原理对南京市绿地进行生态规划。Li 等（2005）形成了北京城市绿地规划的生态概念。他们提出在三个空间尺度包括市域尺度、城市尺度以及邻里尺度上进行绿地生态规划。此外，他们还提出在城市绿地规划中，应该根据景观生态学原理，将绿楔、绿廊包括在绿地网络结构中。Yokohari and Amati（2005）提出城市公园需要被看作是城市的核心区域，外部的绿带应该环绕整个城市，沿着河流以及道路的绿廊连接核心区域以及外部空间。因此，城市绿地的空间组织应该根据景观生态学原理，考虑采用线性（如绿道）以及非线性要素（如公园）以实现景观单元之间的连通性，在城市区域的绿地网络结构将比单独的城市绿地能更好地发挥生态功能。根据景观生态学原理建立的绿地结构是一个连续的绿地网络，包括绿楔、绿带、绿道、核心绿地以及绿地的延伸区域。他们与单独的城市绿地相比，能更好地阻止城市发展的无序扩张，同时增加生物多样性。运用景观生态学原理进行城市绿地结构的规划也形成了“自然在城中，城在自然中”的景观空间格局（Bryant，2006；Miller et al.，1998）。

绿楔以及绿廊能够通过连接整个城市、森林公园、山体以及周围的空间形成一个整体的生态网络（Li et al.，2005）。Jim and Chen（2003）指出在绿楔内部或临近绿楔的区域能够限制或制止开发建设活动。绿楔比传统的绿带更加有效。在城市绿地结构或者城市绿地的网络中，绿道是比较重要的概念。绿道最初是用来阻止城市的扩张，分隔居住点，增加市民的娱乐机会并且改善城市中工业区的空气质量（Haaren and Reich，2006），目前，绿道在城市规划中得到了广泛的应用，如 Yu 等（2006）将绿道的概念引入中国，Tan（2006）进行了新加坡绿道网络的规划。Ahern（1995）指出绿道是包括线性要素组成的网络结构，它具有包括生态、娱乐、文化、美学或者与其他功能相协调的可持续的土地利用。同时，绿道也与未来的其他规划和功能相协调，比如大城市经常结合绿道的概念发展绿带。在绿地结构规划中运用景观生态学规划原理将能够更好地满足城市可持续发展的需求，尤其是在生态保护、美学价值、娱乐、经济以及环境保护等方面（Leitão and Ahern，2002；Jim and Chen，2003；Li et al.，2005）。

4.4.1　市域尺度上的城市绿地景观格局优化

在沈阳市应该建立起一定数量的“通风廊道”，在主导风向的影响下，将郊区较低温度的空气通过风的作用引入城市，降低城市密集区的温度，减轻沈阳市的夏季炎热、热环境差的问题，同时达到节约能源的目的。通风廊道能在三个方面起到作用：①传输作用，可以传输新鲜空气，平衡城市温度，降低城市高温；②切割作用，用绿廊、水廊切割城市热场，缓解热场环流，消除热岛的规模效应、叠加效应；③综合作用，通风廊道也是城市的一部分，应该紧密融入城市，并起到多种功能的综合作用（陶康华等，1999）。

一方面，根据文中各预案对城市风环境的模拟分析，可以看出在沈阳市形成了五条通风廊道绿楔（东楔、东南楔、南楔、西南楔、西北楔），它们既可以作为城市绿楔来进行建设，引导新鲜的空气进入城市中，同时还能加强周边地区与城区的联系，根据通风廊道的影响效应及城市建设用地的性质量化计算绿楔的面积、位置及宽度；另一方面，在沈阳的北边和东北方向（东北楔、北楔），可以建立两条生态绿楔以便于与周围的棋盘山等山体及农田相连接，达到将“自然引入城市”的目的，根据景观生态学原理及城市建设用地的性质对其面积、位置及宽度进行量化计算，如图 4–4–1 所示。为了能够改善城市的空气环境质量，避免城市热岛的压力，城市风的循环不应该受到阻碍。在确定建立城市通风廊道的区域，为了确保城市通风的顺畅，①不能在此区域进行城市建设（尤其是在风的主导方向上建立高楼）；②在通风廊道的轴线上不应该种植高密度的植物。遵从这些原则将能确保城市良好的通风，从而对城市温度以及空气环境质量产生积极效应。中等以及大型的城市公园绿地能够改善其周边的大气环境质量，同时能过滤许多空气污染物。因此，保护城市中现存的绿地，在有足够的空间的前提下应尽量建立新的绿地，新建的城市绿地应该具有多样化的内部结构。

在市域尺度上，绿楔可以被认为是增加城市绿地面积的有效的方法。在本规划中，确定建立七条绿楔来有效地连接城市外围与城市内部的绿地空间。根据城市绿地建设适宜性的分析结果以及景观生态学原理表明这七条绿楔能够紧密地将城市外部与内部的城市绿地联系在一起，这些绿楔是由连续的公园、农田、河流、湿地等组成。绿楔及城市内部的绿色廊道通过城市中心、森林公园、山体以及外部空间共同

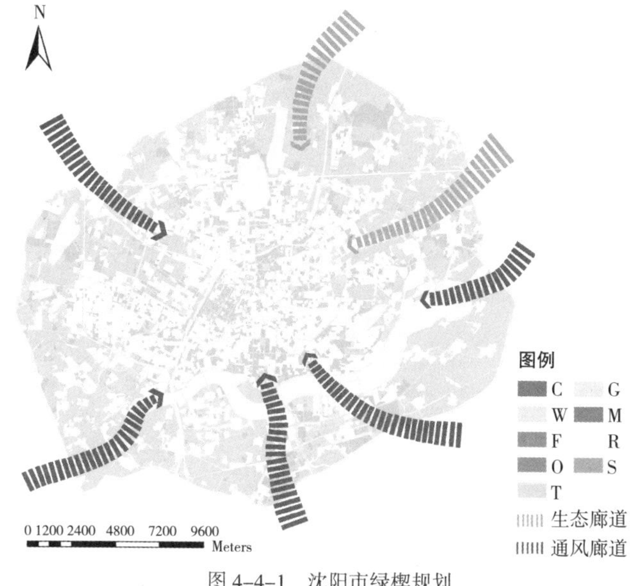

图 4–4–1　沈阳市绿楔规划

组成了一个整合的生态网络结构。廊道与斑块的连接可以通过自然或者人工的廊道，或者是人行绿道来连接以获得更高的生态性能。在市域尺度上建立城市绿楔可以选用特定的植物种类，这些植物应该是能够快速生长，耐旱性较强，同时能够抵抗强风的树种。如榆树（*Ulmus pumila Linn*）、国槐（*Sophora japonica Linn*）、旱柳（*Salix matsudana Koidz*）、毛白杨（*Populus tomentosa Carr*）、油松（*Pinus tabuliformis Carr*）、侧柏（*Platycladus orientalis*（*Linn.*）*Franco*）、枫杨（*Pterocarya stenoptera C. DC*）、臭椿（*Ailanthus altissima*（*Mill.*）*Swingle*）、刺槐（*Robinia pseudoacacia L*）、火炬树（*Rhus typhina Nutt*）、加杨（*Populus canadensis Moench*）、辽东栎（*Quercus liaotungensis Koidz*）、蒙古栎（*Quercus mongolica Fisch*）、新疆杨（*Populus bolleana Lauche*）、圆柏（*Sabina chinensis*（*Linn.*）*Ant*）、梓树（*Catalpa ovata G. Don*）、杜梨（*Pyrus betulaefolia Bunge*）、杜仲（*Eucommia ulmoides Oliv*）等，它们都是能够实现绿楔生态功能的适宜树种。

4.4.2 城市尺度上的城市绿地景观格局优化

在城市尺度上，通过模拟分析可以看到在城市的高建筑密度区域，城市风速降低的速率较大，同时建筑物的高度及建筑表面的粗糙度对城市风速的影响也比较大。城市高建筑密度的区域主要包括城市的中心城区，这些地方的开放空间相对较少，在这些区域建设城市通风廊道的原则包括：①在城市地势相对较低区域应该避免增加建筑密度；②应该保证建筑物的高/宽比应该尽量小于1；③应该尽量增加绿地植被面积，包括屋顶绿化等；④当对建筑物进行改造时，应该尽量采用低热的建筑材料等。城市低以及中等建筑密度的区域建设城市通风廊道的原则包括：①在城市地势相对较低区域应该限制城市的发展；②确保建筑的高/宽比小于1;③建立适宜面积大小的城市绿地。在城市的风速未受到阻碍的区域，城市化进程相对缓慢的区域，应该尽量采取各种措施以防止城市热岛效应的产生以及城市高空气污染区域的产生。因此，在这些区域建设的原则包括：①应该避免增加城市的建筑密度（建筑高/宽比应该小于1）；②在城市内部或沿着城市道路建立城市通风廊道；③在新建的建筑单元附近应该建立大的城市绿地。

在城市尺度上，为了防止城市的无限蔓延及扩张，同时防止工业污染对中心城区的影响，将围绕着沈阳三条主环路建设环城绿带，绿带的宽度建议为1~4km不等，同时加强对沈阳市各环城水系的绿带建设，包括浑河、新开河、南运河、卫工明渠在内的四条滨水景观带，如图4-4-2所示。根据Li等（2005）的建议，不应该只建立单独的一个绿带来限制城市的发展，因为它很容易被城市扩张的进程破坏。根据这一观点，应该完善沈阳市中心城区内部的绿带建设，在增加市民娱乐空间的同时，有效地阻止城市的过快发展。城市尺度上的城市绿带的建立具有以下几点优势：①建立一个保护圈；②构建一个抑制城市蔓延扩张的过渡圈；③限制城市的发展，维持生物多样性并增加居民的娱乐空间。虽然，沈阳大部分的工业区都已搬至城市的三环外，但铁西区、大东区以及皇姑区的工业区还在城市三环内，这些区域对城市的空气污染造成了严重的影响。因此，建立内部的环城绿带对提高城市的空气环境质量具有重要的意义。在内部的环城绿带中应该建立公园节点以有效地提供发展城市公园以及其他公共绿地的机会。这些公园以及公共绿地空间通过廊道紧密地联系在一起，如绿道等。这些公园根据尺度和功能被划分成两种类型：大尺度和小尺度的公园。大尺度的公园将提供更高的生态价值，小尺度的公园将能改善生态系统的功能，尤其是在城市高建筑密度以及高人口密度的区域。这些公园是城市居民社会活动的节点区域，同时也为居民提供了更多的娱乐空间。在城市尺度上的公园植被应该是具有高的美学价值同时要为居民提供遮阴的功能。如黄檗（*Phellodendron amurense Rupr*）、茶条槭（*Acer ginnala Maxim*）、重瓣棣棠（*Kerria japonica cv pleniflora*）、垂丝海棠（*Malus halliana Koehne*）、黄栌（*Cotinus coggygria*）、花楸（*Sorbus pohuashanensis*（*Hance*）*Hedl*）、红松（*Pinus koraiensis Sieb. et Zucc*）、青扦云杉（*Picea wilsonii Mast*）、黄檗（*Phellodendron amurense Rupr*）、黄榆（*Ulmus macrocarpa Hance*）、鸡爪槭（*Acer palmatum Thunb*）、李（*Prunus salicina Lindl*）、杏（*Prunus armeniaca L*）、栾树（*Koelreuteria paniculata Laxm*）、桑树（*Morus alba L*）、稠李（*Prunus padus L*）、沙梨（*pyrus pyrifolia*（*Burm. f.*）*Nakai*）、山里红（*Crataegus pinnatifida Bunge*）、山桃（*Prunus davidiana*（*Carr.*）*Franch*）、山皂角（*Gleditsia japonica Miq*）、无患子（*Sapindus mukurossi Gaertn*）、香椿（*Toona sinensis*（*A.Juss*）*Roem*）、榆叶梅（*Amygdalus triloba Lindl*）、元宝槭（*Acer truncatum Bunge*）、梓树（*Catalpa ovata G. Don*）、紫椴（*Tilia amurensis Rupr*）等都是较好的绿化树种。

图 4-4-2　沈阳市绿带规划

4.4.3　邻里尺度上的城市绿地景观格局优化

1. 城市通风廊道建设模式

除了在市域尺度以及城市尺度上通过城市通风廊道的建立来引导空气的对流之外，在邻里尺度上，也应该建设城市内部通风廊道。对于城市内部通风廊道而言，最简单的模式就是将街道扩宽，在行使交通功能的同时作为城市通风廊道使用。光滑的下垫面相比粗糙的下垫面更适宜风等流体的运动，因此在这种通风廊道模式下，风速比较快而且风的运行不受阻挡，温度较低的空气比较容易进入温度较高的城区，在理想状况下，这种通风廊道模式也是最为有效的。通风廊道可以有以下主要的模式。

（1）城市街道的多样布局

城市街道是建立城市内部通风廊道的有效途径。为了达到通风廊道的要求，在布置街道时可以考虑整合多种城市功能，使通风廊道同时具有生态、娱乐、休闲等多种作用。比如在街道两旁布置一定宽度的绿化带或是一定面积的绿地公园，从而满足通风道的宽度要求（李鹍，2005），绿地植被也是调节城市热环境、吸收或滞留空气污染物质的有效手段之一。同时，还可以在道路周围建立活动区，为人们提供休憩的场所。在以后的研究中，还可以通过建立不同宽度的城市绿化通风廊道，以寻找建立城市通风廊道的最适宜宽度。

（2）生态绿地空间连通性的增强

在城市内部通风廊道的建设中，应该将城市内部与近郊的湖泊、森林相连通，通过内外生态绿地的连通，它们将能更好地提高大气环境质量，降低城市温度，能为城市产生更多的凉风。因此，需要尽量将城市外部的生态用地相互整合成一个整体以提高对气候条件的适应性，通过绿楔、廊道等景观要素向城市中延伸，并与其他通风廊道相连接。

（3）其他形式的通风廊道

在城市中，建筑密度是影响内部通风的重要因素，因此，在整个城市建设中，应该尽量降低建筑密度，拉大建筑的间距，从而使风能够进入城区当中，起到降温排热的作用。而降低建筑密度可以有很多的方式，比如将多层建筑类型改为高层低密度的高层建筑类型；采取高低层建筑结合的模式；沿街的高层建筑应退后一定距离，留出一定的空间。这些方式留出了风流动的空间和渠道，客观上起到了通风廊道的作用。

2. 城市绿地空间布局的优化

在邻里尺度上，将综合考虑不同预案下的大气环境评价因子空间扩散结果，结合不同预案中增加公园绿地的优化选址进行城市绿地的优化布局，同时加强道路绿道的建设，以形成城市绿地生态网络结构，如图 4-4-3 所示。

图 4-4-3　沈阳市绿道及绿地规划

附属绿地：城市是由居住区、工业区、商业区等组成的综合空间，每一个分区内都分配了一定面积的空间用来建设城市绿地。目前，绿地不均匀地分布在城市中，运用 Wu and Hobbs（2002）和 Uy and Nakagoshi（2008）提出的生态原则，在沈阳市，应该建立包括道路绿道以及绿地斑块的网络结构，这些绿地不仅为居民提供了更多与自然接触的机会，同时也能够提高本地的美学质量，为居住区的发展提供较好的生态背景。在有限的城市发展空间中，增加城市绿化的方法包括屋顶绿化、阳台绿化、墙体绿化等。在绿地规划中，应该选用具有遮阴、具有观赏价值的植物。

道路绿化：道路绿化是城市绿道网络的重要组成部分。在沈阳市已经建成的部分较窄的道路中，在道路旁边很难再种植或者增加区域进行绿化建设。而沈阳新建的大部分道路比较宽阔，这为建立绿地提供了较好的机会。同时在对道路进行改造的过程中，也将为绿地建设提供机会。在城市道路的两边可以建立密度较高的绿化带以隔离交通和居住空间，绿化带的宽度应该为 20~30m。如果城市道路是通风廊道，在高密度的绿带后应该种植稀疏和较低的植被。

水体绿化：沈阳市存在着较多的河流湖泊，它们在维持城市生态环境质量中发挥了重要的作用，同时它们还具有娱乐的功能，具有栖息、过滤、源汇的廊道功能。河岸区域在控制洪水以及为野生动物提供重要栖息地方面也发挥了重要的作用。因此，在沈阳河岸的绿地建设中，应该沿着河床岸边以及洪水淹没的区域进行不同层次的滨水景观带的建设。

因此，本研究从“面积—效益—位置”三方面入手，构建 RS—GIS—CFD 综合方法技术体系，结合景观生态学原理以及沈阳城市未来发展形态共同构建了城市绿地景观格局优化方案，形成了“四带、三环、七楔、网络连接”的绿地网络空间结构（图 4-4-4）。“四带”即浑河、新开河、南运河、卫工明渠的滨水景观带。浑河横贯城区中心，是沈阳市一条重要的生态轴线，对于改善城区环境，增加生物异质性，为人们提供休憩旅游的空间具有重要意义。新开河、南运河、卫工明渠不仅是市区重要的场所空间，同时也担负着城市绿脉的功能，在一定程度上调节了城市的生态环境。“三环”即城市三条环路两侧的生态绿环。“七楔”分别是东北楔、北楔、东楔、东南楔、南楔、西南楔、西北楔。其中，东北楔、北楔是基于景观生态学原理，通过对城市气候、周边自然生态环境、城市布局结构等因素的综合分析来确定；东楔、东南楔、南楔、西南楔、西北楔则是通过对“面积—效益—位置”三个方面的综合量化分析得到的不同的绿地预案形成的 5 条城市通风廊道。通过对城市通风廊道的影响效应、生态功能的定位以及城市布局结构，能准确地获得城市通风廊道绿楔的面积、大小、位置。最后，在改善城

图 4-4-4　沈阳市城市绿地规划结构

市大气环境问题的目标下，通过对 *LST* 与 *NDVI* 空间尺度的分析，确定了在城市中心城区建立大型公园绿地以及其他类型绿地的适宜面积大小，根据不同植被吸收污染物质的生态效益计算以及多目标区位配置模型的合理选用，最终确定建立城市公园绿地的数量及位置。对于城市其他类型绿地的空间优化，则根据景观生态学原理，采用“集中与分散”相结合的空间布局模式，协调与城市布局结构的空间关系，最终构建一个完善的城市绿地生态网络结构，以改善城市生态环境质量，促进城市的可持续发展。

4.4.4 城市尺度上的城市绿地景观格局优化方案的大气环境效应评价

从三个方面对城市尺度上的城市绿地景观格局优化方案的大气环境效应进行评价，如图 4-4-5~ 图 4-4-11 所示，见表 4-4-1。

1. 城市尺度上的城市大气环境效应分析

图 4-4-5（*a*）显示了优化方案在 1.5m 高度处的城市风速的水平扩散状况，当城市平均风速为 3m/s、主导风向为南风的时候，城市内部空间的风速为 0~0.375m/s 的面积比率为 15.87%，风速为 2.625~3m/s 的风速的面积比率为 32.06%，城市风速较大的区域仍然主要集中分布在迎风面的浑南新区、铁西区以及大东区的部分区域，它将利于城市空气污染物质的空间扩散，同时，在整个城市范围内形成了西南、东南方向的城市通风廊道，虽然在建筑密度的影响下城市通风廊道的影响范围具有衰减效应，但是它对城市空气污染物质及高温区域的扩散具有重要的作用。处于背风面的建筑密度相对较高的皇姑区、铁西区、和平区等区域的城市风速仍然相对较低，城市建筑物对风速扩散产生的空间阻力作用不可避免。在垂直高度上，随着空间高度的不断增加，城市风速具有增大的趋势，但是空间扩散范围逐渐增大的趋势并不明显。

图 4-4-5（*b*）显示优化方案在 1.5m 高度处 SO_2 水平空间扩散格局。可以看到 SO_2 污染物的空间扩散能力增强，且污染物的浓度相对较低，仅仅铁西区、大东区以及皇姑区存在较少的点源污染，但是在城市主导风的引导下，空气污染物质能够有效地向城市外围扩散，扩散状况较好。SO_2 浓度的最大值有所降低，SO_2 浓度值为 0.1292~0.1551mg/m^3 的面积比例为 10.06%，SO_2 浓度值大都集中在 0~0.05170mg/m^3 的浓度范围内，面积比率为 68.08%，该浓度能满足国家二级标准的要求。该模式下，在城市风环境的引导下，污染物质能够有效地向城市外围进行扩散，整个城市的空气环境质量有一定程度的改善。在垂直方向上的扩散分布可以看出 SO_2 的浓度随着高度的增加出现逐渐降低的趋势，同时在城市风速的影响下，空间扩散能力不断增强。

图 4-4-5（*c*）显示了优化方案在 1.5m 高度处的地表温度的水平扩散空间格局。从模拟分析图上可以看到沈阳市的地表温度的高温区域主要分布在铁西区、大东区及皇姑区，但是在城市风速的影响下，高温现象能较好地向城市外围扩散，对城市不会产生较大的影响。在城市其他区域，城市高温现象不明显，中心城区的热岛效应得到了有效的缓解。在

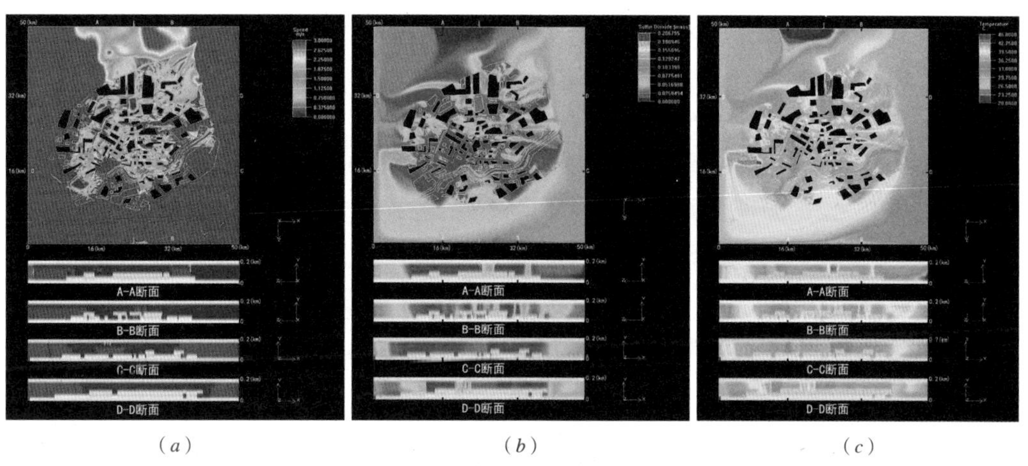

（a）　　（b）　　（c）

图 4-4-5　优化方案模式下的城市风速、SO_2、地表温度模拟分析平面及断面分析

优化方案模式下的大气环境效应因子对比分析　　表 4-4-1

风速（m/s）	1.5m	SO_2 浓度（mg/m^3）	1.5m	地表温度（℃）	1.5m
0~0.375	15.87	0~0.02585	37.19	20~23.25	0
0.375~0.75	10.02	0.02585~0.05170	30.99	23.25~26.5	0
0.75~1.125	9.24	0.05170~0.0775	17.67	26.5~29.75	0
1.125~1.5	4.54	0.0775~0.1034	3.39	29.75~33	7
1.5~1.875	4.84	0.1034~0.1292	0.16	33~36.25	27.1
1.875~2.25	14.89	0.1292~0.1551	10.6	36.25~39.5	52.8
2.25~2.625	8.54	0.1551~0.1809	0	39.5~42.75	13.16
2.625~3	32.06	0.1809~0.2068	0	42.75~46	0

整个城市范围内，城市绿地、浑河及周边的绿地及其他水体对城市的调温作用比较明显，它们对缓解城市热岛效应具有重要的意义。同时，该预案下的城市温度的最大值有所降低，39.5~42.75℃的高温区域的面积比率为 13.16%，温度范围主要集中在 36.25~39.5℃之间，面积比率为 52.8%。在垂直方向上，随着高度的增加，城市的地表温度也呈现出逐渐降低的趋势，同时高度增加，城市风速增加，其扩散能力也逐渐增强。

2. 城市尺度上不同高度范围的城市大气环境效应分析

在优化方案中，随着高度的增加，城市最大风速覆盖的区域不断增大，城市的通风状况比较良好。在城市 10m 的底部风速场中，建筑物对城市风速具有较大的影响，相对 1.5m 的底部风速场而言，2.625~3m/s 的风速具有较大的提高，面积比率由 32.06% 增加到了 56.64%；在中部风速场（30m，50m）中，城市最大风速也出现增加，面积比率由 56.64% 增加到了 77.72%，在 100m 的顶部风速场中，城市最大风速的面积比率增加到 79.71%，由此可见，在优化方案中，在整个城市范围内，只有皇姑区的城市通风状况稍差一点，但城市整体的通风状况还是比较良好的。

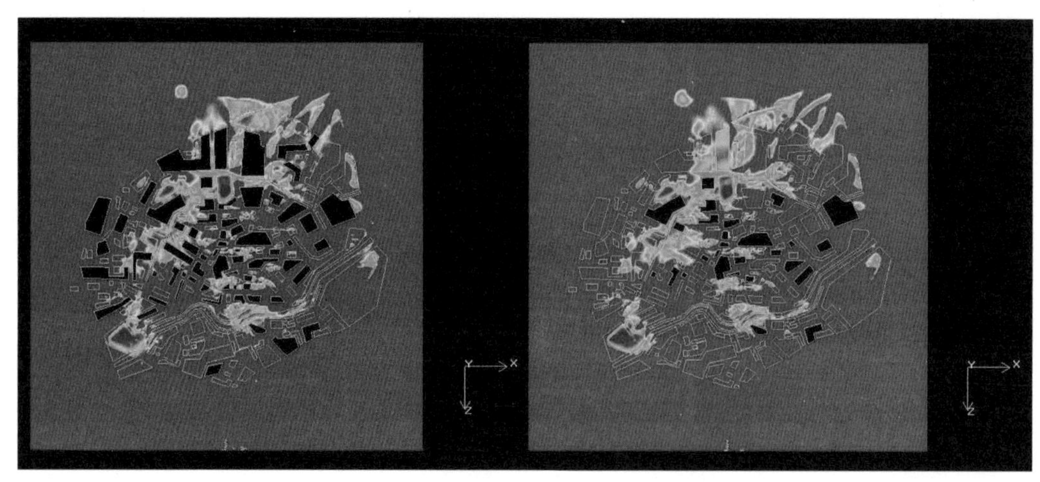

H=10m　　*H*=30m

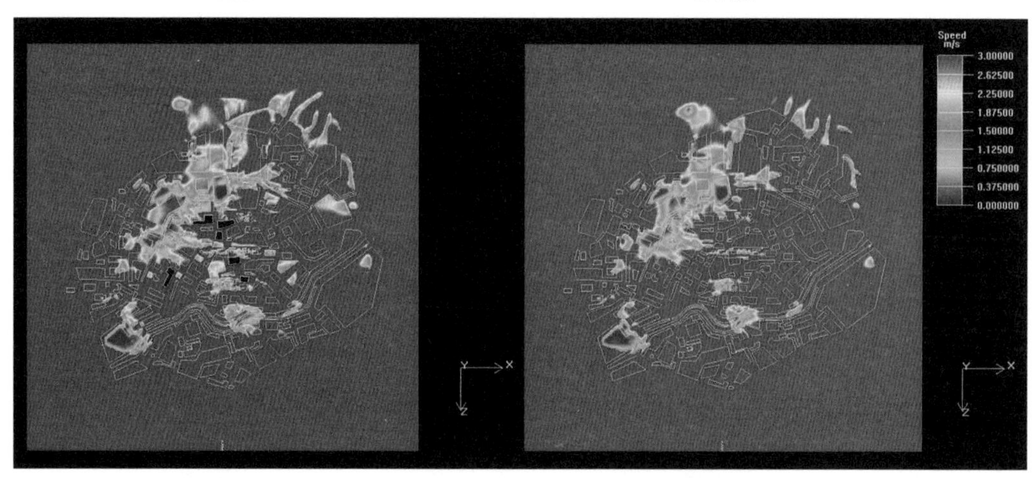

H=50m　　*H*=100m

图 4-4-6　优化方案模式下的城市不同高度风速扩散模拟分析平面

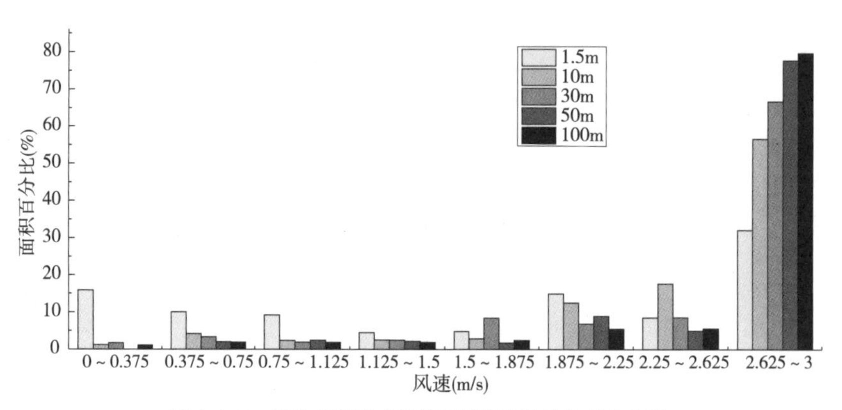

图 4-4-7　优化方案模式下的不同高度的风速对比分析

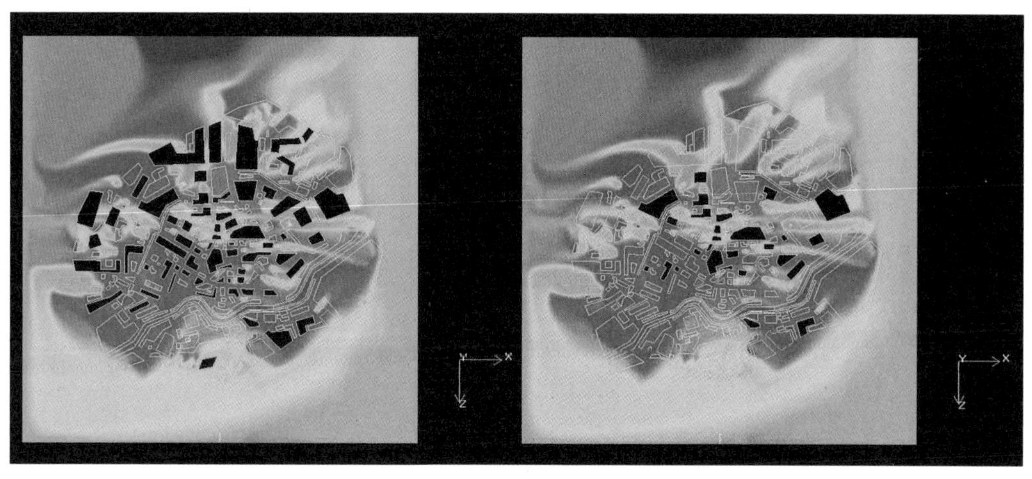

H=10m　　H=30m

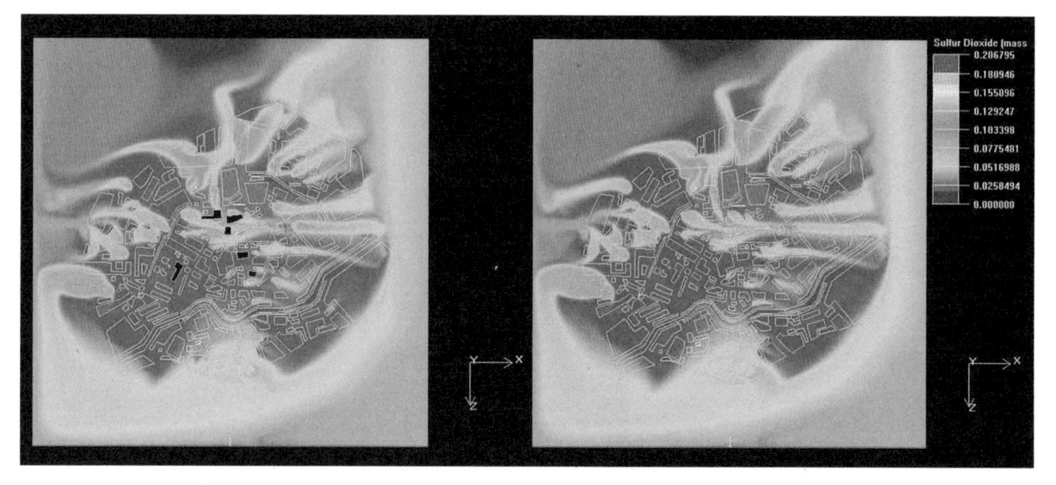

H=50m　　H=100m

图 4-4-8　优化方案模式下的城市不同高度 SO_2 扩散模拟分析平面

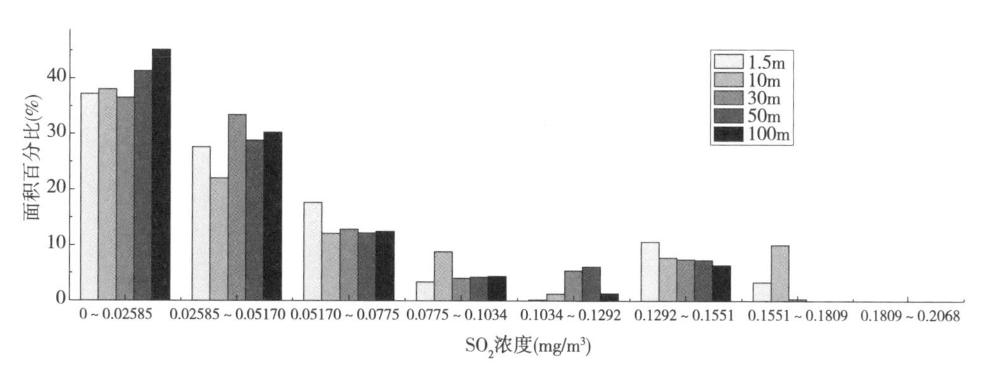

图 4-4-9　优化方案模式下的不同高度的 SO_2 对比分析

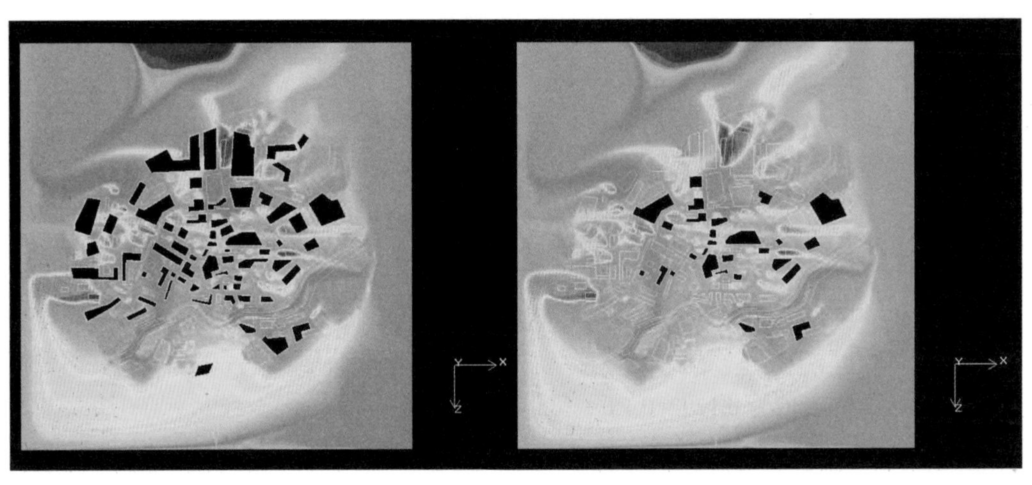

H=10m　　　　*H*=30m

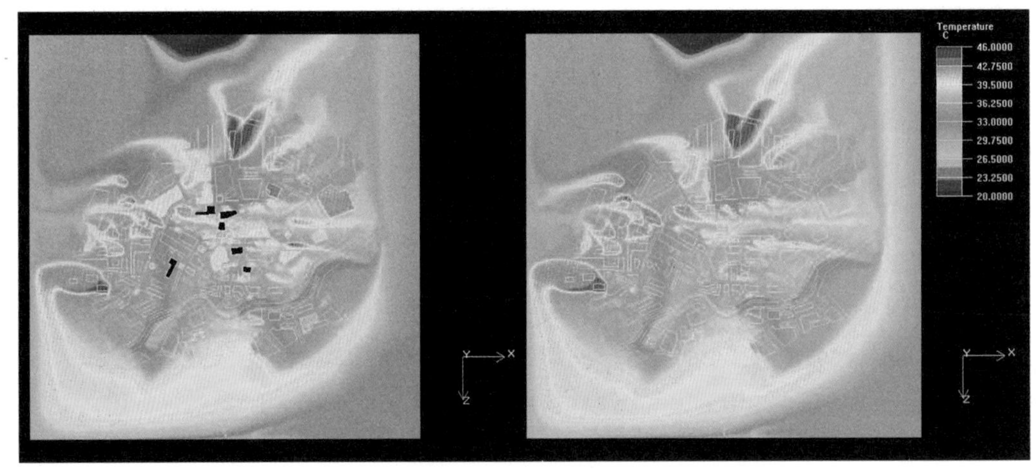

H=50m　　　　*H*=100m

图 4-4-10　优化方案模式下的城市不同高度地表温度扩散模拟分析平面

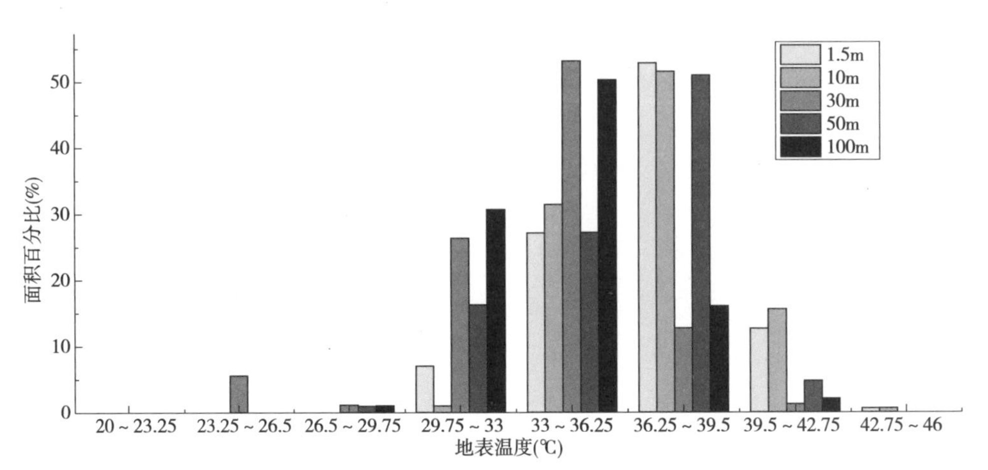

图 4-4-11　优化方案模式下的不同高度的地表温度对比分析

在优化方案中，随着城市高度的不断增加，SO_2 的空间扩散能力显著增强，城市空气环境污染得到了进一步的改善。虽然在该优化方案中，在铁西区、大东区及皇姑区存在着较多的点源污染源，但是它们在城市主导风向的引导下，能较好地向城市外围扩散，对城市的空气环境质量不会造成太大的影响。在 1.5m 的底部浓度场中，浓度值集中在 0.05170mg/m^3 以下，面积比率为 62.82%，满足国家的二级标准，随着高度的增加，10m 的底部浓度场中，0.05170mg/m^3 以下浓度值的面积比率达到了 60.07%，在 50m 的中部浓度场中，面积比率达到了 69.13%，在 100m 的顶部浓度场中，面积比率为 75.4%。在 1.5m 的底部浓度场中，最大浓度值为 0.1551~0.1809mg/m^3，面积比率为 5.36%，在 50m 的中部浓度场中，最大浓度值为 0.1292~0.1551mg/m^3，面积比率为 7.3%，在 100m 的顶部浓度场中，最大浓度值为 0.1034~0.1292mg/m^3，面积比率为 6.4%。从整个城市范围上来看，该方案下的城市绿地空间布局对空气污染物质的扩散具有一定的促进作用。

在优化方案中可以看出，城市的高温地区零散分布在铁西区、大东区以及皇姑区，在 1.5m 的底部温度场中，最高温度在 42.75~46℃之间，面积比率为 0.56%，在 50m 的中部温度场中，城市最高温度主要集中在 39.5~42.75℃之间，面积比率达到了 4.72%，在 100m 的顶部温度场中，城市最高温度也主要集中在 39.5~42.75℃之间，面积比率仅为 2.07%。在 1.5m 的底部温度场中，最低温度在 29.75~33℃之间，面积比率为 7%，50m 的中部温度场中的最低温度在 26.5~29.75℃之间，面积比率为 0.95%，100m 的顶部温度场中的最低温度在 26.5~29.75℃之间，面积比率为 1.01%。因此，在该方案下，虽然随着城市高度的增加，最低温度的面积比率有所增加，同时城市整个的温度却在逐渐降低，城市的热环境运行状况相对良好。

3. 不同绿地预案模式下的大气环境效应因子对比分析

将沈阳城市绿地现状、不同绿地预案、城市绿地优化方案下的大气环境效应进行对比分析，以对优化方案进行评价，结果表明，沈阳市优化方案在促进 SO_2 污染物质的扩散、降低地表温度等方面具有良好的效果，如图 4-4-12 所示。通过对比分析，可以看到，在优化方案中，城市最大风速为 2.625~3m/s 的面积比率为 43.46%，是所有预案中面积比率

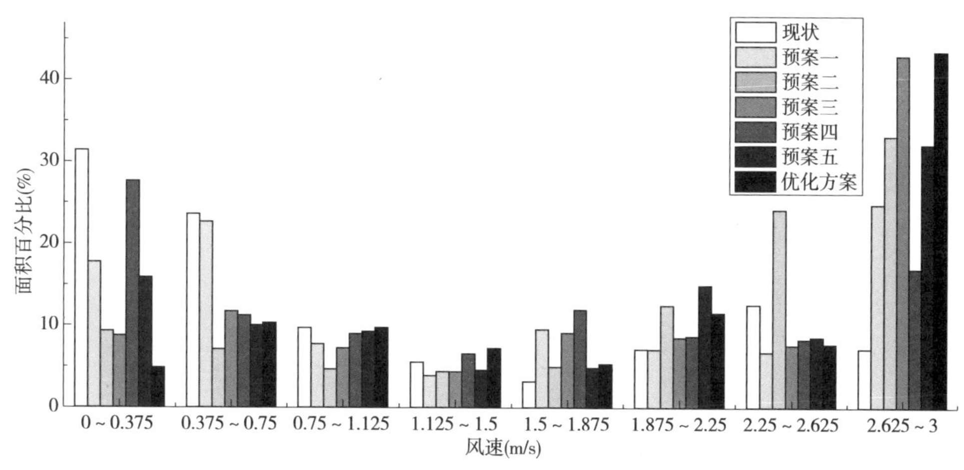

图 4-4-12　基于风速的各预案对比分析

最高的，而城市最低风速为0~0.375m/s的面积比率为4.85%，也是所有预案中面积比率最低的。因此，优化方案相对其他预案而言，在城市范围内，城市风环境的运行状况较好，利于城市空气污染物质及城市高温区域的空间扩散。

通过图4-4-13对比分析可以看到，在优化方案中，城市SO_2浓度最大值为0.1551~0.1809m/s的面积比率为3.36%，虽然不是所有预案中面积比率最低的，但是它的空间扩散能力是最强的。城市最低SO_2浓度值为0~0.05170m/s的面积比率为82.82%，是所有预案中面积比率最高的。因此，优化方案相对其他预案而言，在城市范围内SO_2的空间扩散状况是相对较好的。

通过图4-4-14对比分析可以看到，在优化方案中，城市地表温度最大值为42.75~46℃的面积比率为0.56%，而城市最低地表温度值为29.75~33℃的面积比率为7%，它不是所有预案中面积比率最高的。在城市地表温度的扩散中，优化方案的高温区域较多，但是空间扩散能力相对较强。在城市范围内，优化方案相对其他预案而言，城市地表温度的

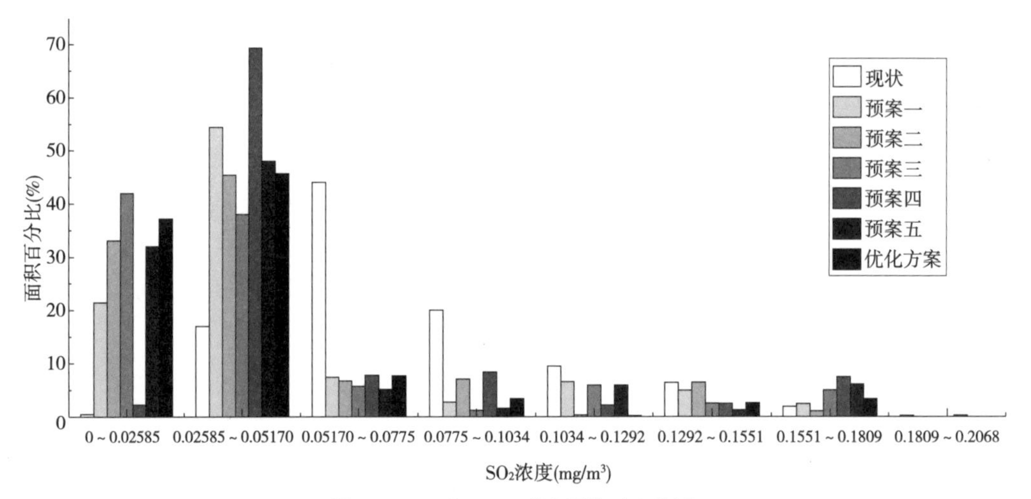

图4-4-13　基于SO_2的各预案对比分析

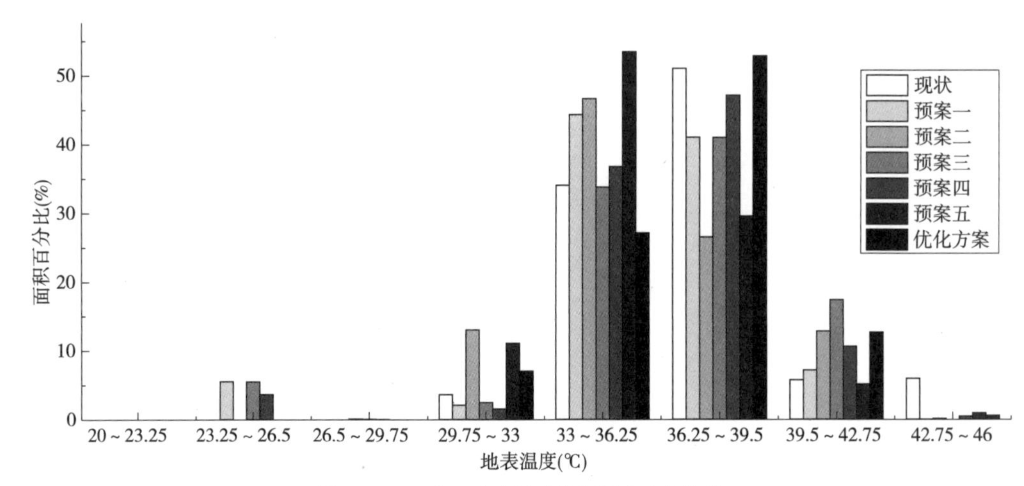

图4-4-14　基于地表温度的各预案对比分析

空间扩散状况不是很理想，但是综合考虑城市风环境以及 SO_2 空气污染物质的空间扩散能力，因此，该优化方案下的城市绿地布局还是较为合理的。

4.4.5　小结

（1）在综合分析沈阳城市气候、沈阳城市未来发展形态、城市布局结构的基础上，结合景观生态学原理以及城市绿地生态规划方法，从市域尺度、城市尺度、邻里尺度三个尺度上对沈阳市城市绿地空间布局进行优化设计。在市域尺度上，营建五条城市通风绿楔廊道将城市外围的自然风引入城市内部，构建两条生态绿楔将城市外围的自然林地与城市绿地相连接，以将自然景观引入城市之中；在城市尺度上，建立多层的城市绿带，在减缓城市扩张的同时，增强城市绿地斑块之间的连续性；在邻里尺度上，通过附属绿地、道路绿地以及水体绿化缓冲带将城市中分离的绿地连接在一起，最终构建了“四带、三环、七楔、网络连接”的城市绿地网络空间结构。因此，本研究将城市大气环境效应与绿地景观格局相互影响的“格局—效应”机制的量化分析结果尝试性地应用到城市绿地系统规划中，为城市绿地系统规划提供了技术支撑和方法借鉴。

（2）利用 CFD 仿真模拟软件对沈阳城市绿地优化方案进行分析评估，评价结果表明优化方案能较好地改善城市的大气环境问题。在 1.5m 的高度范围内，在整个城市范围内形成了西南、东南方向的城市通风廊道，它对城市空气污染物质及高温区域的扩散具有重要的作用。SO_2 污染物的空间扩散能力增强，且污染物的浓度相对较低，仅仅铁西区、大东区以及皇姑区存在较少的点源污染，但是在城市主导风的引导下，空气污染物质能够有效地向城市外围扩散，扩散状况较好。沈阳市的地表温度的高温区域主要分布在铁西区、大东区及皇姑区，但是在城市风速的影响下，高温现象能较好地向城市外围扩散，对城市不会产生较大的影响。在城市其他区域，城市高温现象不明显，中心城区的热岛效应得到了有效的缓解。城市绿地、水体等地域，城市地表温度较低，它们对缓解城市热岛效应具有重要的意义。

（3）在优化方案中，随着高度的增加，城市最大风速覆盖的区域不断增大，城市的通风状况比较良好。随着高度的增加，SO_2 的浓度出现逐渐降低的趋势，空间扩散能力不断增强。从整个城市范围上来看，该方案下的城市绿地空间布局对空气污染物质的扩散具有较好的促进作用。随着城市高度的增加，地表温度也呈现出逐渐降低的趋势，其空间扩散能力也逐渐增强。城市的热环境运行状况相对良好。将绿地现状、不同绿地预案、城市绿地优化方案的大气环境效应进行对比分析，结果表明，优化方案能有效地提高城市风速、促进 SO_2 污染物质的空间扩散，相对其他预案而言，虽然城市高温区域的面积所占的百分率不是最小的，但在城市风速的影响下，高温区域能及时地向四周扩散，不会对城市的热环境运行状况带来不利的影响。综合分析之下，优化方案的城市绿地景观格局对城市大气环境问题的改善具有良好的促进作用。

第5章

滞尘效应场与居住小区空间布局——以沈阳市城建东逸花园为例

第 5 章

滞尘效应场与居住小区空间布局
——以沈阳市城建东逸花园为例

5.1　研究对象概况与分析

5.1.1　东逸花园概况

（注：“沈阳市城建东逸花园”以下简称“东逸花园”。）

1. 东逸花园简介

本文选择研究东逸花园是因为其小区地理位置在沈阳市一环内，规模中等，建筑多层高层错落，户型从 60 到 200 平方米不等，具有一定的代表性（图 5-1-1）。

沈阳市城建东逸花园位于沈阳市大东区小河沿路六十六号，项目占地面积 21 万平方米，建筑面积 51 万平方米。项目分三期开发建设，其中一期工程包括四幢小高层住宅及一幢蝶形高层住宅，2002 年六月开工建设，2003 年底竣工进住，建筑面积 13 万平方米，共 643 户。二期工程包括四组团共八座小高层住宅及八幢高层住宅，建筑面积 38 万平方米，共两千一百余户。沈阳市城建东逸花园容积率 1.92，绿化率 42%。

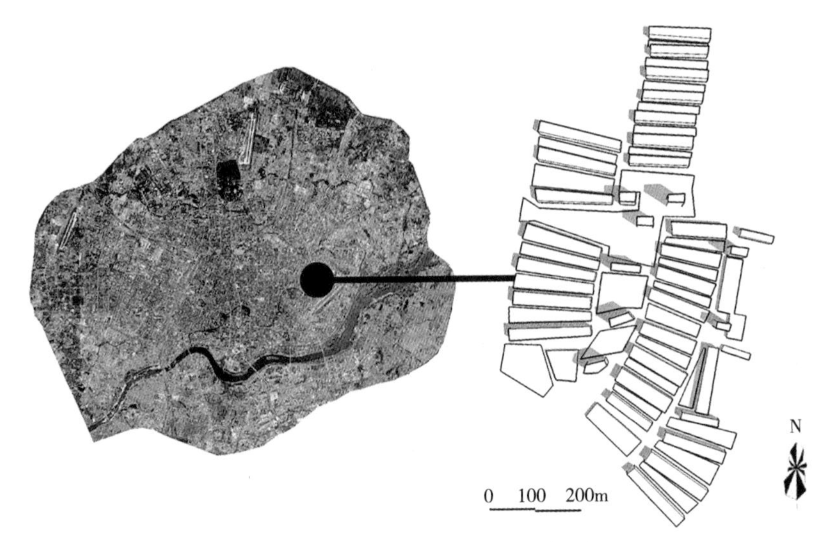

图 5-1-1　沈阳市城建东逸花园区位分析
资料来源：作者自绘

2. 居民概况

由于东逸花园小区主要以 140~200m^2 的大户型为主，所以小区里面的居民大多为三世同堂或者四世同堂的大家庭。祖辈通常和孙辈住在一起，经常能见到东逸花园小区内孩子们在家长陪同下嬉戏打闹。正是基于以上两类居民的特殊生理特点，即这两类人群易受大气可吸入颗粒物 PM10 影响的特点，所以东逸花园小区急需做滞尘设计，东逸花园的滞尘设计研究就更具有急迫性和现实的意义。

3. 气象概况

（1）春季 4 月份温度

之所以选择春季进行研究，是因为考虑到春季风力大、风沙强，再者绿植多在此季节萌发，所以本文重点研究比较有代表性的季节——春季 4 月份的温度、湿度和风向风速。从中央气象局历史气象资料可以看出，位于沈阳市区一环内的城建东逸花园 4 月份温度情况：最高温度 23℃，最低温度零下 3℃，平均气温 14℃。

（2）春季 4 月份湿度

四月份东逸花园室外湿度保持在 34% 至 46% 之间，室内湿度在 38% 至 58% 之间徘徊，可以说这个湿度是非常舒适的。

（3）春季 4 月份风向风速

从中央气象局历史气象资料可以看出，四月份的沈阳，一个最主要的特征是风沙大、风力强。而来自内蒙古或者北京等西北方向的沙尘天气常常在这个时候袭击沈阳，从而给东逸花园居住小区带来更加严重的大气可吸入颗粒物 PM10 污染问题，给居民的日常生活蒙上一层灰。此时的沙尘天气的风向以西南风为主。若能关闭居室西南方向或者是西北方向的窗户，则可以在一定程度缓解飘尘问题。考虑到以上因素，所以，本文主要的研究是以春季 4、5 月份的东逸花园为主。

东逸花园 2012 年 2 月至 2012 年 5 月份之间，春夏季节之交的时节。观测的角度大致保持一致，以更方便直观地观察沈阳市城建东逸花园的景观季节性变化。显而易见，在 4 月份的下旬，景观的变化是最明显的。在 4 月中旬，毛桃、李树和杏树争相开花，先叶而开，小区的景观从而开始变化。在这之后的十天，桃李杏等树种开始凋落并发绿芽，之后小区的其他乔灌木便纷纷开枝散叶，绿意盎然。综上所述，研究 4 月份的东逸花园具有更加重要的意义。

5.1.2　东逸花园环境概况

沈阳市城建东逸花园位于一环路滂江街边上，东临滂江街，南面小河沿路。小区分为三期建成。其中，高层建筑共十二幢，小高层建筑共十八幢，其余为多层建筑。从东逸花园的模型示意图（图 5-1-2、图 5-1-3）能看出，小区是以多层建筑为主，坐北朝南，总体呈现扇形分布，而高层建筑，则比较少，主要位于小区的中部。四月份的沈阳风沙大、

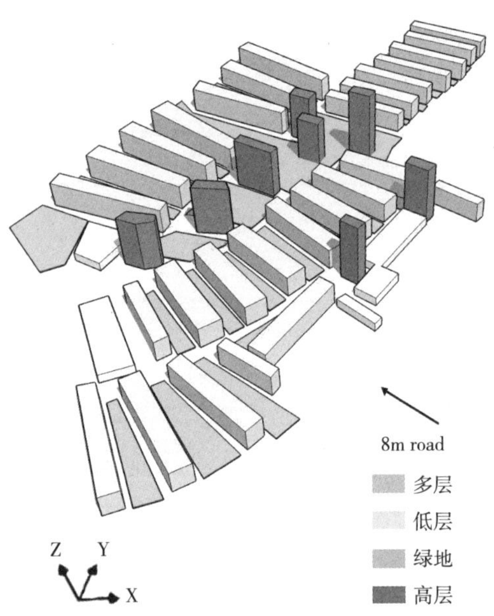

图 5-1-2　沈阳市城建东逸花园空间分布意向图
资料来源：作者自绘

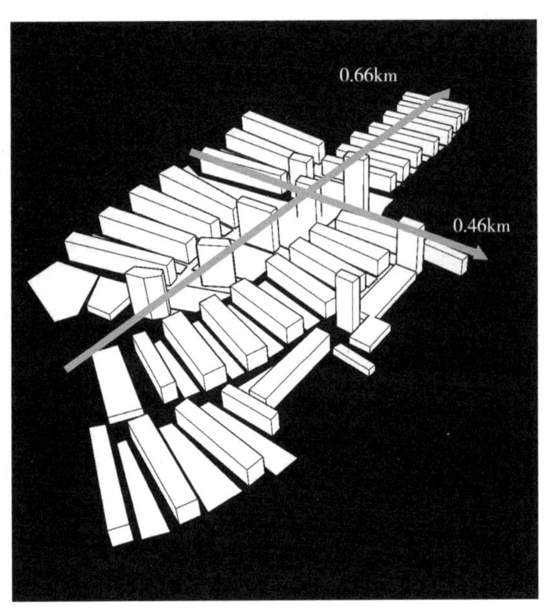

图 5-1-3　沈阳市城建东逸花园南北距离意向图
资料来源：作者自绘

大气可吸入颗粒物 PM10 含量高，而且植物变化明显，尤其在四月下旬。沈阳市城建东逸花园现存的问题：潮州城入口处人流量比较大，同时大气可吸入颗粒物 PM10 质量浓度含量也高，所以滞尘设计研究是势在必行的；肯德基入口处同上；中心景观区的水景不流动，并且几近枯竭；位于滂江街一边的居民觉得室内灰大；一期的硬质铺装如果能和二期的铺装一样，用塑胶地垫铺装，可能会更佳。沈阳市城建东逸花园共有四个主要节点，分别为三个入口节点和一个中心绿地节点。

5.1.3　东逸花园居民基于 PM10 心理舒适度调查

通过实地派发和网络论坛两种形式，针对 18~80 周岁之间的沈阳市城建东逸花园小区居民进行问卷调查，分别从小区绿化、小区空间布局、室内空气质量三个方面选取有代表性的几个问题，随机抽样人数 100 人，有效问卷达 87 份，其中男 38 人，女 49 人，实际有效率为 87%，符合预计期望值。对于小区大气可吸入颗粒物 PM10 环境的意见或建议统计如下。

在图 5-1-4 中，对于东逸花园居民对小区绿地景观的舒适度调查图表中，有一个人选择了 A 选项——非常不舒适；两个人选择了 B 选项——不舒适；7 个人选择了 C 选项——一般；45 个人选择了 D 选项——舒适；32 个人选择了 E 选项——非常舒适。这说明了居民对于东逸花园的绿地景观的满意度和舒适度很高。

在图 5-1-5 中，东逸花园居民对小区入口设计的舒适度调查图表中，有 54 个人选择了 A 选项——绿化太少，挡不住大气可吸入颗粒物 PM10；7 个人选择了 B 选项——车流量太大，对行人不安全；22 个人选择了 C 选项——入口过于隐蔽，寻找不易；16 个人选

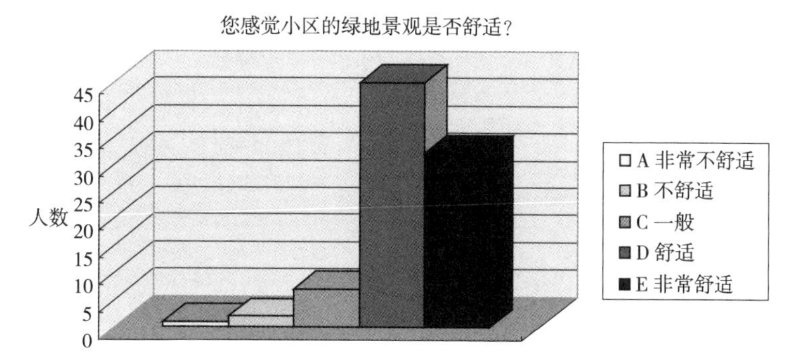

图 5-1-4　东逸花园居民对小区绿地景观的舒适度图表
资料来源：作者自绘

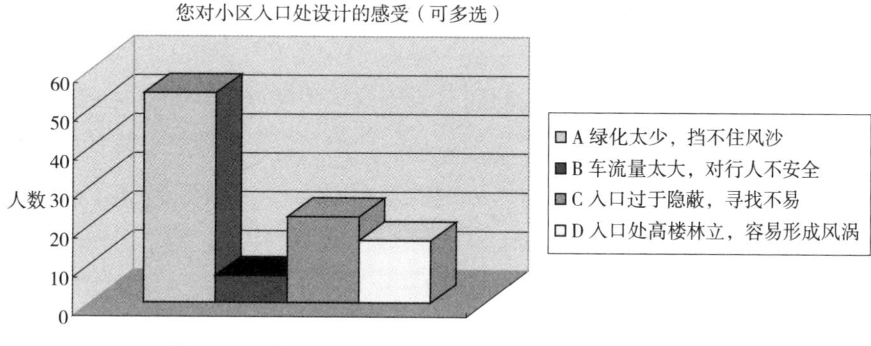

图 5-1-5　东逸花园居民对小区入口设计的感受图表
资料来源：作者自绘

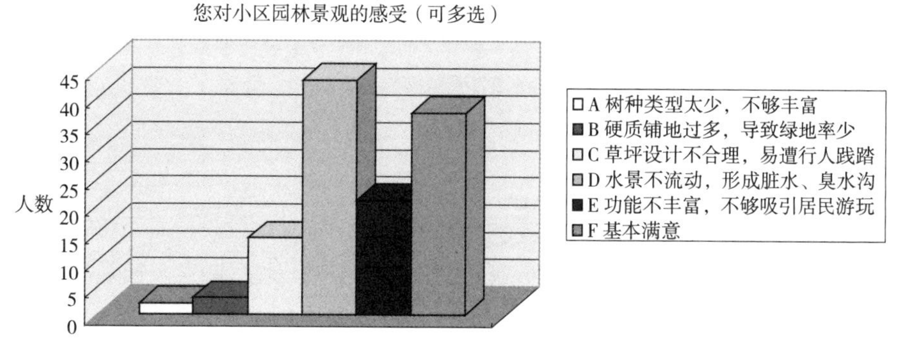

图 5-1-6　东逸花园居民对小区园林景观的感受图表
资料来源：作者自绘

择了 D 选项——入口处高楼林立，容易形成风涡。这说明了居民对于东逸花园入口的感受倾向于绿化少、风沙大。

在图 5-1-6 中，对于东逸花园居民对小区园林景观的感受调查图表中，有两个人选择了 A 选项——树种类型太少，不够丰富；三个人选择了 B 选项——硬质铺地过多，导致绿地率少；14 个人选择了 C 选项——草坪设计不合理，易遭行人践踏；43 个人选择了 D 选项——水景不流动，形成脏水、臭水沟；21 个人选择了 E 选项——功能不丰富，不够吸引居民游玩；37 个人选择了 F 选项——基本满意。

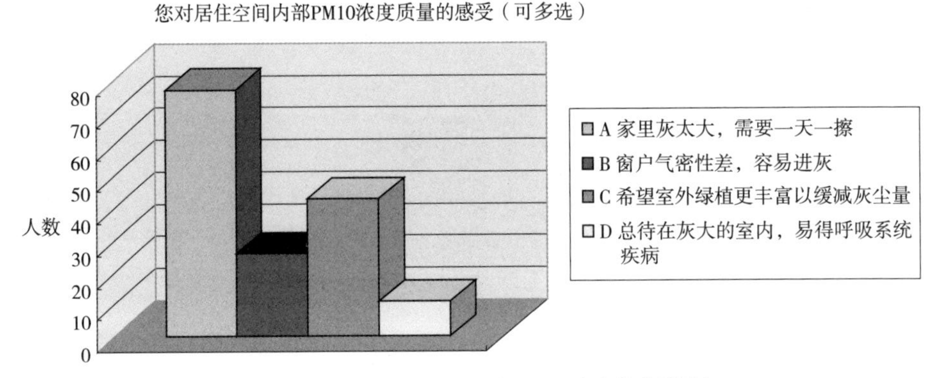

图 5-1-7　东逸花园居民对室内 PM10 浓度的感受图表
资料来源：作者自绘

在图 5-1-7 中，东逸花园居民对居住空间内部大气可吸入颗粒物 PM10 质量浓度感受的调查图表中，有 77 个人选择了 A 选项——家里灰太大，需要一天一擦；26 个人选择了 B 选项——窗户气密性差，容易进灰；43 个人选择了 C 选项——希望室外绿植和绿量更丰富以缓减灰尘量；11 个人选择了 D 选项——总待在灰大的室内，易得呼吸系统疾病。这说明了居民对于东逸花园的内部居住空间普遍倾向于大气可吸入颗粒物 PM10 含量太高。

5.1.4　小结

本节主要介绍了沈阳市城建东逸花园的自然概况、周边环境、气象条件、居民特征分析、小区现状分析和现存问题；调查了沈阳市东逸花园小区居民对于大气可吸入颗粒物 PM10 环境心理舒适度。

得出结论如下：

（1）四月份的沈阳风沙大、大气可吸入颗粒物 PM10 含量高，而且植物变化明显，尤其在四月下旬。沈阳市城建东逸花园现存的问题有：潮州城入口处人流量比较大，同时大气可吸入颗粒物 PM10 含量也大，所以滞尘设计研究是势在必行的；肯德基入口处同上；中心景观区的水景不流动，并且几近枯竭；位于滂江街一边的居民觉得室内灰大；一期的硬质铺装如果能和二期的铺装一样，用塑胶地垫铺装，可能会更佳。

（2）沈阳市城建东逸花园居民对于小区空气大气可吸入颗粒物 PM10 环境的意见或建议统计如下：一是希望小区绿化丰富一点，尤其是中心绿化；二是个别小区的绿化被居民用作其他用处，希望能还原绿化功能；三是小区入口处普遍存在大气可吸入颗粒物 PM10 浓度含量比较大，风力也大的问题；四是有些居民认为小区的楼密度过大、高层多，居住于其中有压抑的感觉；五是居民同时认为小区的飘尘大，导致室内的灰尘也大，甚至家具地板等得一天一擦；六是有居民认为小区的水景观没打理好，形成臭水沟，不如直接种树来得生态环保；七是小区入口处设计不合理，例如花岗岩、大理石等硬质铺地容易导致老年人滑到；有些小区没有实行人车分流，而车辆直接停在草地上，很破坏绿地；八是居民普遍认为需要还原小区绿地本来的生态功能；九是小区的树种比较单调，搭配也比较单一，居民希望能引入更多乔灌草，增加三维绿量。

5.2　沈阳市城建东逸花园 PM10 浓度与扩散

5.2.1　东逸花园 PM10 概况

PM10（Particulate Matter）也称飘尘、大气可吸入性颗粒物，是指能在大气中长期漂浮的悬浮物质，其粒径主要是小于 10μm 的微粒。可吸入颗粒物的浓度以每立方米空气中可吸入颗粒物的毫克数表示。飘尘是从事环境科学工作者所注目的研究对象之一。国家环保总局 1996 年颁布修订的《环境空气质量标准》GB 3095—1996 中将飘尘改称为可吸入颗粒物，作为正式大气环境质量标准。

大气可吸入颗粒物 PM10，通常来自于材料的破碎碾磨处理过程以及被风扬起的尘土在未铺沥青或者水泥的路面上行使的机动车的微粒。同时，城市燃煤是影响沈阳市大气环境质量，大气可吸入颗粒物 PM10 污染指数的一个重要内在因素之一。据相关资料研究统计，沈阳市燃煤排放对大气可吸入颗粒物 PM10 颗粒物的贡献在夏季可达三成，冬季也高达一半以上。自 20 世纪 80 年代以来，沈阳市针对大气污染严重的现象，采取了多种管理管制措施，五年来共拆除各类烟囱四千多根，新建热源厂二十座，三环内棚户区居民型煤普及率 100%，全市灰堆和煤堆覆盖率九成以上，机动车尾气合格率达到八成，这些管理措施有效地发挥了集中供热和能源管制的作用，对大气环境质量的改善具有巨大的推动作用。从图 5-2-1 能看出，沈阳市大气可吸入颗粒物 PM10 排放源有煤烟尘、土壤风沙尘、扬尘、机动车尾气、建筑尘、钢铁尘以及其他沙源。其中，煤烟尘所占的比例最大，在冬季可达 65%，夏季在三成左右。而钢铁尘在几种沙源中所占的比例最小，这可能与沈阳市重工业比率下降有关，导致钢铁尘比率在 2%~3% 左右（图 5-2-1）。

沈阳地区大气可吸入颗粒物 PM10 污染具有明显的季节变化。主要特征为冬季＞春季＞夏季＞秋季。可吸入颗粒物 PM10，2006 年、2007 年冬季的浓度最高为 194.02μg/m^3 和 169.29μg/m^3，2007 年春季浓度次之，但沙尘天气时的浓度非常高，为 338.36μg/m^3，2006 年和 2007 年秋季的浓度最低分别为 132.04μg/m^3 和 78.02μg/m^3（程昕等，2009 年）。平均日浓度超过国家标准的有 2007 年冬季、春季和夏季，只有 2006 年和 2007 年的秋季不超标。程昕等的研究表明，从沈阳市降尘月际变化来看，沈阳市市区四月份出现降尘量最高峰，多年四月月均降尘量达到 40.5t · km^{-2} · month^{-1}，而全年最低值出现在八月份，多年月均降尘量仅为四月份的 30%。相对于降尘量月季变化不大的南方城市荆门市，沈阳市与锦州市降尘量月变化趋势基本一致，但沈阳市年内出现两个峰值，分别出现在 1 月（26.95t · km^{-2} · month^{-1}）和 5 月（29.32t · km^{-2} · month^{-1}）。

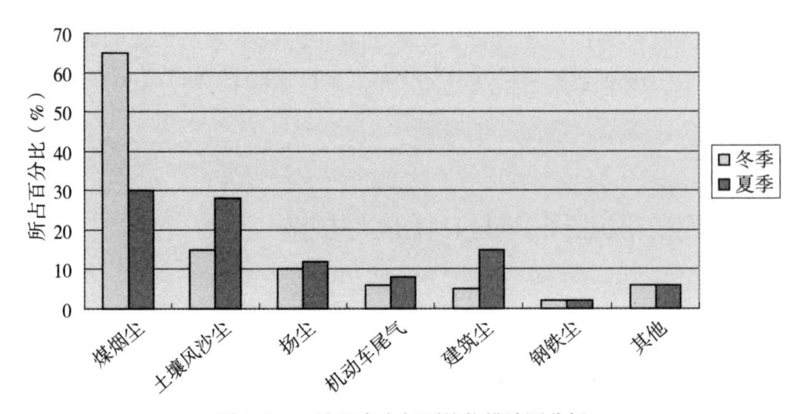

图 5-2-1　沈阳市大气颗粒物排放源分析

资料来源：程昕等 . 沈阳市降尘时空分布特征及影响因素分析 [J]. 环境保护科学，2009，35（6）.

5.2.2　东逸花园 PM10 质量浓度分析

1. 东逸花园周边环境分析

东逸花园位于沈阳市大东区的西南位置，在沈阳市一环区域内部。从图 5-2-2 的沈阳市绿地滞尘量分布图可以看出，得益于万泉公园的滞尘生态功能，东逸花园的总体绿地滞尘量是比较好的。

同时，东逸花园西面滂江街，滂江街是沈阳市的一环主干道，所以车流量比较大，大气可吸入颗粒物 PM10 通常来自在未铺沥青、水泥的路面上行使的机动车、材料的破碎碾磨处理过程以及被风扬起的尘土，所以受到机动车尾气影响，会有一定的扬沙现象。而东逸花园南面小河沿路，北临大东路，虽然小河沿路以及大东路并非沈阳市主干道，但是多条公交线路交错于小河沿路，所以机动车尾气也是不容忽视的。东逸花园的西南角，临小河沿路和管城二街交汇处，有一块建筑工地，来源于此的建筑尘也是比较可观的。除此之外，东逸花园周边并无其他明显的大气可吸入颗粒物 PM10 沙源，如热源厂、工业用地等。

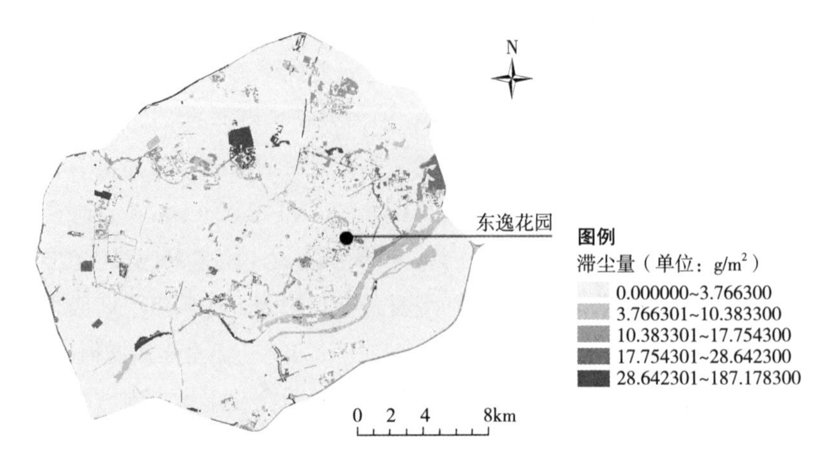

图 5-2-2　沈阳市绿地滞尘量分布图

资料来源：国家自然科学基金面上项目：基于动态释氧效应场的城市绿地空间布局研究（项目批准号：51178274）

沈阳市城建东逸花园位于沈阳市大东区小河沿路六十六号，地处滂江街和小河沿路之间。地理位置位于沈阳市一环的东面，大东区的西南角。东逸花园东面是一条车流量比较大的城市主干道；南面是道路宽度小但车流量非常大的小河沿路。可以说，机动车排放的尾气对东逸花园有一定影响；而小区的南面对面是沈阳市万泉公园，地处下风口处的东逸花园受益于万泉公园，能多少缓解小河沿路车流量带来的尾气问题；东逸花园的西面是居住区；北面是正在施工的造币厂，由于小区位于上风口，所以施工产生的飘尘对小区影响不大。

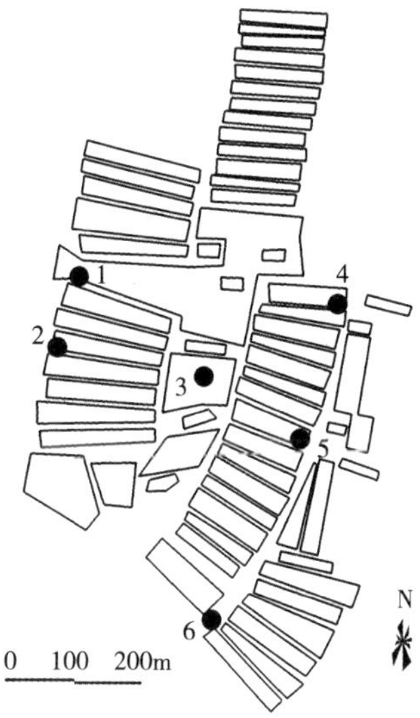

图 5-2-3　沈阳市城建东逸花园 PM10 监测点示意图
资料来源：作者自绘

2. 样点布设和 PM10 样品采集

（1）样点布设

样点按照东逸花园小区现状进行布设，共六个监测点位，其中东门（1 个）、北门（1 个）、南门（1 个）、东门潮州城（1 个）、西门（1 个）和 F 座前中绿地（1 个）（图 5-2-3）。

（2）采集方法

剪裁用透明胶带一段，粘成环状，粘贴在东逸花园各个大气可吸入颗粒物 PM10 监测点上。靠着空气中的可吸入颗粒物（飘尘）自然重力作用沉降在透明胶带上，空气湿度小于 80%，进行全程采样。

为了说明春季东逸花园的大气可吸入颗粒物 PM10 的实地质量浓度，采集样品的时间自 2012 年 4 月，每周采集一次，一次 24 小时，总共采集 10 次。采集的具体时间分别是：2012 年 3 月 18 日、3 月 25 日、4 月 1 日、4 月 8 日、4 月 15 日、4 月 22 日、4 月 29 日、5 月 6 日、5 月 13 日、5 月 20 日。选取这 10 天的主要原因是 4 月份风沙大、温度变动剧烈，而且植物普遍在这个时节萌芽。

所以，采集样品这 10 天的数据基本能说明春季东逸花园的大气可吸入颗粒物 PM10 扩散概况，具有一定的代表意义。

（3）采集原则

一般而言大气可吸入颗粒物采样器的设置原则包括以下几点：

1）采样器应设置高于地面 1m 以上；

2）距主要建筑物（如墙壁等）的距离应为障碍物高度的二倍以上；

3）距采样器 10m 范围内不应有局地污染排放源，如锅炉、烟囱等；

4）采样器距绿化乔木或灌木绿化带的距离应大于 1m；

5）采样器不应直接在污染源的下风处采样。

（4）干扰因素

1）人为干扰指在采样过程中选址和操作不当引起的人为干扰；

2）挥发物质的损失指颗粒物样品在采集、运输和保存过程中易挥发性物质的挥发损失；

3）透明胶带的损坏指胶带在采样前称重后，在采样、运输和保存过程中损坏；

4）运输过程中颗粒物的损失指采样胶带在采样后运输过程中颗粒物从胶带上脱落的损失；

5）相对湿度的影响指颗粒物采样前后空气相对湿度的变化对样品分析的影响。

3. 采集结果分析

2012年春季采集的样品结果如图5-2-4所示。

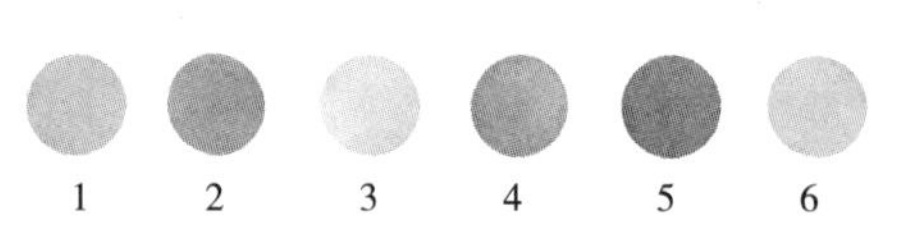

图5-2-4　采集的大气可吸入颗粒物样品示意
资料来源：作者自绘
（注：采集大气可吸入颗粒物PM10春季样品图是经过取平均值后的图。）

从图5-2-5看出，3号样品颜色上是最浅的，而5号样品颜色最深。说明小区中心景观区的大气可吸入颗粒物PM10质量浓度最小，而潮州城入口处的大气可吸入颗粒物PM10量最大。其他样品则是越中心的地块，飘尘最少；而越位于下风处的大气可吸入颗粒物PM10质量浓度含量最高。这个结果可以说是和第4章大气可吸入颗粒物PM10动态模拟的结果相吻合的。

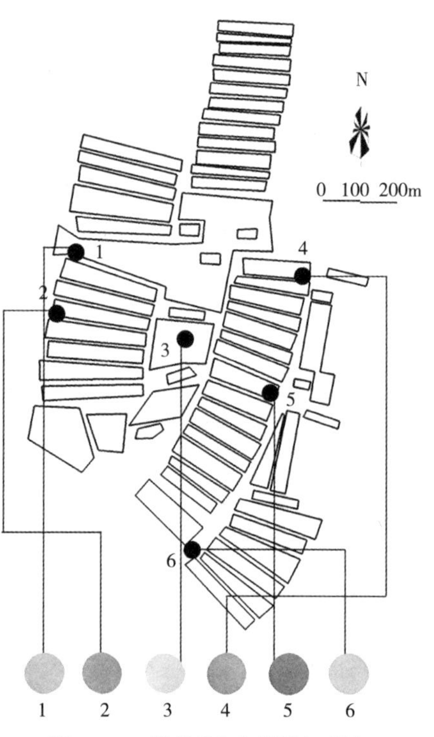

图5-2-5　样品采集与监测点对照
资料来源：作者自绘

5.2.3　东逸花园绿地滞尘效应分析与计算

1. 东逸花园绿地地块分析

东逸花园共有25个绿地块，如图5-2-6所示。平均每个绿地块的面积有2305.998032m²，绿地24号面积最小，为1035.83m²；面积最大的绿地块为13号，6506.7376m²。总绿地面积为57649.9508m²，见表5-2-1。

2. 东逸花园树种资料

利用GIS软件进行模拟，结合东逸花园小区绿地的服务半径来考虑宅旁绿地的分布。对不同服务功能的宅旁绿地的服务半径进行计算分析，考虑宅旁绿地服务半径为基准，东逸花园的各类功能绿地的服务范围并不能辐射东逸花园的范围。通过对东逸花园小区宅旁绿地的调研，得知所有的小区宅旁绿地基本能满足东逸花园居民的需要。其中，东逸花园在规划之后新增了四块中心绿地，分别分布于东南西北四个角落。同时，中心区域新添一块绿地，增添了两块面积较大的宅旁绿地，以此满足东逸花园居民的需要。同时在调研东逸花园的绿地树种时，存在几个问题：有些种类的灌木由于成片种植，导致作者在清点数量时只能取其概数，株数并不精确；由于作者在植物认知方面的缺乏，对于某些树木并不认识，所以没有把它们记录在案；而某些季节性的树种，则因为不到开枝茂叶的节气，可

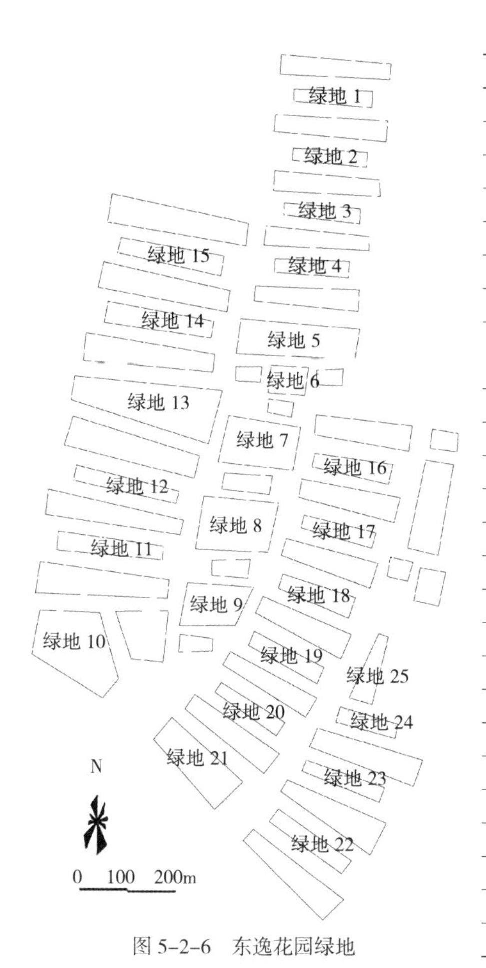

图 5-2-6　东逸花园绿地

东逸花园绿地面积　　表 5-2-1

绿地块	单位：平方米（m^2）
绿地 1	1258.0646
绿地 2	1142.5783
绿地 3	1165.3209
绿地 4	1255.1091
绿地 5	4449.7965
绿地 6	1171.1984
绿地 7	3867.7434
绿地 8	4341.8152
绿地 9	2847.4919
绿地 10	5659.2604
绿地 11	1966.5069
绿地 12	1679.715
绿地 13	6506.7376
绿地 14	2347.4813
绿地 15	2133.4193
绿地 16	1521.682
绿地 17	1205.5127
绿地 18	1586.7152
绿地 19	1463.3217
绿地 20	1178.7926
绿地 21	3631.9035
绿地 22	1621.8073
绿地 23	1272.0474
绿地 24	1035.83
绿地 25	1340.0996
绿地总	57649.9508

能认知有误。所以，本书的东逸花园植物调研表仍然是有待商榷的。

沈阳市东逸花园有几个主要的绿地地块，在方案图中很明显能看出，东逸花园的多层建筑之间，绿地的覆盖面积是比较小的。尤其是东逸花园东西两个区的大部分面积，是很缺少居住区绿地覆盖的。总体看来，东逸花园小区绿地分布比较零碎，几个主要绿地的可达性和连续性较差，中心区域绿地的服务半径未能辐射到东逸花园大部分区域。其中中心园区占用面积最大的是水景，环绕在东逸花园几栋高层建筑周边。高大的乔木树种主要分布在东逸花园小区主干道两侧，但是其连续性较差。草坪绿地则星罗棋布在东逸花园各个居住用地里面。同时，东逸花园的绿地分布较合理，绿化覆盖率还是比较高的，银杏数量多，树木养护管理好，但缺少季节性树种。

根据沈阳市绿地滞尘能力分析中，计算得出东逸花园绿地滞尘量。数据如下：东逸花园夏季的绿地总滞尘量为 96173.6g，而总的绿地面积为 57650m^3，每平方米的绿地能滞尘量为 1.668g；东逸花园滞尘量最大的树种为绣线菊，滞尘量最小的树种为金银木；东逸花园绿地平均滞尘量为 2186g/ 株。

东逸花园植物调研　　表 5-2-2

标号	树种名称	植物类型	数量（株）	说明
1	银杏	乔木	130	—
2	毛桃	乔木	87	—
3	榆叶梅	灌木	67	—
4	小檗	灌木	109	株数为概数
5	旱柳	乔木	27	—
6	白榆	乔木	34	—
7	红瑞木	灌木	105	—
8	锦带花	灌木	53	—
9	元宝槭	灌木	59	—
10	丁香	灌木	89	株数为概数
11	枫杨	乔木	37	—
12	国槐	乔木	25	—
13	金银忍冬	乔木	74	—
14	加杨	乔木	16	—
15	垂柳	乔木	8	—
16	金银木	灌木	64	—
17	油松	乔木	41	—
18	铺地柏	草本	55	株数为概数
19	圆柏	灌木	33	—
20	华北珍珠梅	灌木	59	—
21	辽东栎	乔木	12	—
22	刺槐	乔木	20	—
23	一串红	灌木	58	株数为概数
24	小叶榆	乔木	16	—
25	冬青	灌木	86	—
26	卫矛	灌木	63	株数为概数
27	皂角	乔木	32	—
28	杏树	乔木	40	—
29	绣线菊	灌木	112	株数为概数
30	稠李	乔木	22	—
31	毛白杨	乔木	19	—
32	华北红豆杉	乔木	7	—
33	细叶小檗	灌木	95	株数为概数
34	悬铃木	乔木	9	—
35	小叶朴	乔木	11	—
36	椴树	乔木	6	—
37	河柳	乔木	2	—
38	风箱果	灌木	82	株数为概数

续表

标号	树种名称	植物类型	数量（株）	说明
39	多花蔷薇	灌木	38	—
40	鸡爪槭	灌木	43	—
41	连翘	灌木	33	—
42	女贞	灌木	81	株数为概数
43	梓树	乔木	16	—

东逸花园树木滞尘量一览　　表 5-2-3

树种名称	数量（株）	单株植物滞尘量（g/株）	总滞尘量（g）
椴树	6	293.548	1761.288
辽东栎	12	218.8404	2626.0848
枫杨	37	170.0533	6291.9721
国槐	25	143.9216	3598.04
小叶朴	11	110.8331	1219.1641
元宝槭	59	73.8056	4354.5304
加杨	16	60.708	971.328
旱柳	27	50.2686	1357.2522
丁香	89	32.9286	2930.6454
白榆	34	29.429	1000.586
刺槐	20	28.1062	562.124
毛桃	87	23.1242	2011.8054
垂柳	8	21.3663	170.9304
银杏	130	9.4432	1227.616
金银忍冬	74	4.9777	368.3498
榆叶梅	67	4.3655	292.4885
连翘	33	3.7319	123.1527
锦带花	53	1.4195	75.2335
红瑞木	105	1.2304	129.192
风箱果	82	1.1431	93.7342
金银木	64	0.4205	26.912

5.2.4　影响 PM10 质量浓度因子

1. 大气污染与扩散

大气污染扩散，指的是大气中的污染物在湍流的混合作用下逐渐分散稀释的过程。这个过程主要受到风向、气流温度分布、大气稳定度、风速等气象条件以及地形条件的影响。为合理治理和预防大气污染，需要正确预测计算大气污染物质在大气中的质量浓度，所以必须弄清大气污染物质在空气中的运动轨迹。排放在大气中的污染物随风输送，即所谓湍流扩散，侵袭到近地面层，当其质量浓度超过所能容许的水平或是高于环境标准值的时候，就发生了污染。

扩散到大气中的污染物还会被降水冲下，沉降和聚集在地面的物体上，此外，大气污染物在扩散过程中，受紫外线照射时，还会产生光化学污染。只有把大气污染物广义扩散的过程，即包括沉降、降雨清洗、层流、湍流扩散、光化学反应等过程分析清楚，才有可能推算和预测大气污染物的质量浓度。因此这种扩散过程是进行环境评价的基础，随着污染源的运动轨迹、高度、位置、排放方式等排放条件不同，与扩散有关的气象条件不同和大气结构的不同，这种扩散过程也会产生很大的变化。影响大气污染物输送和扩散的主要因素有平均风、温度的垂直梯度、混合层高度、风的湍流等气象条件以及污染源实际高度、污染物质的排放量等污染源条件。

由于风的不规则的运动轨迹而发生的灰尘等微粒在大气中的扩散过程，大气湍流扩散的扩散系数要比静止空气中分子扩散的扩散系数大 10 的四次方以上，湍流扩散系数与湍流的大小是成正比的。为求出扩散系数和飘尘的扩散系数，就要明确它们与风的湍流之间的关系，同时，也有必要掌握风的湍流与气象条件之间的关系。对大气污染扩散过程的研究，目前主要有两种途径：一种是理论方法，即运用湍流交换的理论建立描写大气污染扩散稀释过程的模式，找出浓度分布与气象参数的关系；另一种是实验方法，就是针对给定的排放源，测定污染物的浓度分布，并找出浓度分布的空间、气象条件变化、时间的关系，并探索其规律，这种方法也可以在实验室内用风洞模拟的方法实施。

2. 风向风速

沙尘天气发生的必要条件之一就是众所周知的大风，以沈阳为例，春季九成以上的大风天伴有沙尘天气，所以作好沙尘预报的前提，就是作好大风的预报。其中，大风偏北时应着重看上游的沙尘天气的漂移，如果上游无沙尘，那么会很少出现沙尘天气。图 5-2-7 是 1951~2007 年沈阳市年平均风速变化曲线。曲线显示 20 世纪 50 年代初至 60 年代风速

图 5-2-7　沈阳市年平均风速曲线

资料来源：国家自然科学基金面上项目：基于动态释氧效应场的城市绿地空间布局研究（项目批准号：51178274）

较大，其间大风灾害、沙尘天气、沙尘暴等灾害出现的频率较高。随后风速明显减弱，20 世纪 90 年代虽出现了 20 世纪初期的次高峰，但 2002 年至今风速明显减小，所以风沙天气也随之减弱。1959~2005 年沈阳市区和四县市的平均风速均显著减小，其减幅分别为 –0.13（$m \cdot s^{-1}$）/10a 和 –0.30（$m \cdot s^{-1}$）/10a，将市区常年平均风速与四县市加以比较，沈阳市区平均风速比四县市小 0.8m/s。1970 年之后沈阳市区平均风速急剧下降，这与沈阳气候变暖及城市快速发展有很大关系。

春季沙尘天气与地面气旋的活动息息相关，西南和南面来的地面倒槽只有降水，不会带来沙尘天气。西、西北、北来的气旋，中心强度小于 1000hpa，大多带有沙尘天气，或者在气旋前的西南风中，或者于气旋底部的西风中，或者在气旋后部、高压前部的北风中都有沙尘天气发生的记录，因此预报沙尘天气应注意与冷空气相伴而来的西、西北、北来的气旋的活动。飘尘污染物危害的程度和受污染的时间及浓度有关，所以居住区、作物生长区都希望能设在受污染时间短、污染浓度低的位置，因而居住小区的相对位置要考虑风向、风速两个因素。其中污染系数表示风向、风速综合作用对空气污染物扩散影响程度。其表达式为：污染系数 = 风向频率 / 该风向的平均风速。某风向污染系数小，表示该风向吹来的风所造成的污染小，因此污染源可布置在污染源在污染系数最小风向的上侧，这样一来居住区和作物生长区能免受沙尘影响。

3. 季节与植物

沈阳的春季沙尘多、风力大。但是乔灌草在休眠了一冬季之后开始萌芽。所以不同于冬季的裸地，春季的下垫面能多多少少吸附住空气中的飘尘。由于冬春季干旱区降水甚少，地表异常干燥松散，抗风蚀能力很弱，在有大风刮过时，就会将大量沙尘卷入空中，从而形成沙尘暴天气。

沈阳地区属于一年一熟型的耕作模式，春夏季四至九月是作物的生长季，植被完全覆盖时间为夏季六至九月，冬季十二至二月大地冰封，春季三月至五月天气回暖，冰封的大地开始解冻，裸露地表的沙粒因春季降水少，蒸发量较大而处于干燥疏松的状态，加之初夏四至五月耕种时节，大量的耕地翻土晒田，为沙尘天气提供了大量的沙源。春季的冷、暖空气活动也是沙尘发生的一个信号，当温度急剧升高或温度持续回升或持续温度偏高或温度骤降时都应注意沙尘天气的袭击。由于一般的污染物扩散是在距地面几米高范围内进行的，所以离地面几百米范围内的大气稳定度对污染物的扩散稀释过程有重要影响，选居住区、作物生长区必须注意收集逆温层的厚度、强度、出现频率和持续时间等资料，要特别注意逆温的同时出现静风或微风的情况。

当含沙尘的气流经过树冠时，一部分颗粒比较大的灰尘被树叶阻挡而降落，另一部分则滞留在枝叶表面。而植被枝叶对粉尘的截留和吸附作用是暂时的，随着下一次降雨的到来，粉尘会被雨水冲洗掉。在这个间隔的时期内，有的粉尘可由于风力或其他外力的作用而重新返回空气中，所以不同植物的滞尘能力和滞尘积累也有差异，植被滞尘作用具有一定的可塑性。

5.2.5 小结

本部分内容主要介绍了沈阳市大气可吸入颗粒物 PM10 的概念、来源、成因、变化规律和浓度质量；对沈阳市城建东逸花园大气可吸入颗粒物 PM10 环境进行调查研究，通过布设和采集样品，分析样品对东逸花园的大气可吸入颗粒物 PM10 质量浓度进行现状分析；同时收集了沈阳市城建东逸花园绿地的基础资料；分析了沈阳市东逸花园的绿地滞尘能力，并且计算了东逸花园绿地的滞尘量；同时简要介绍了大气污染与扩散理论，分析了影响小区大气可吸入颗粒物 PM10 环境的各种因素，包括风速风向、季节、植被因素等。得出结论如下。

（1）沈阳地区大气可吸入颗粒物 PM10 冬季的浓度最高为 194.02μg/m^3 和 169.29μg/m^3，但沙尘天气时的浓度非常高，为 338.36μg/m^3，秋季的浓度最低，分别为 132.04μg/m^3 和 78.02μg/m^3。越上风处的地方，如小区的南部，飘尘量越小；越处于植被量大的中心景区，灰尘也越小；东逸花园小区中心景观区的可吸入颗粒物质量浓度最小；而潮州城入口处的飘尘量最大。

（2）根据沈阳市绿地滞尘能力分析，计算得出东逸花园绿地滞尘量。数据如下：东逸花园夏季的绿地总滞尘量为 96173.6g，而总的绿地面积为 57650m^3，每平方米的绿地能滞尘量为 1.668g；东逸花园绿地平均滞尘量为 2186g/ 株。

5.3 基于滞尘效应场的居住空间布局

5.3.1 PM10 扩散效应场模拟

本文利用了 FLUENT 软件里面的污染物生成模型（煤灰生成模型），模拟湍流的流动现象。对建筑小区周围空气流场问题模拟的首要步骤是网络的生成，即对空间中连续的计算区域进行划分，剖分成许多个相连的子区域，再通过相应的算法来进行相应的计算。许多研究表明流动问题结果的精度以及计算的效率，都主要取决于所生成的网格的质量及所采用的算法。网格质量的好坏是由网格的生成方法决定的。现在有多种网格生成办法，如结构网格的贴体坐标法，非结构网格的基于有限元方法的网格生成技术、基于网格剖分方法和波前法等，但是各种生成网格的方法在一定的条件下都有其优越性及不足之处。如前所述，各种求解流场的算法也有其各自的适应范围。综合来看，要建立一个成功高效的数值模拟，只有当生成的网格和求解的算法达到良好的匹配时才能实现。

对沈阳市东逸花园而言，模拟大气可吸入颗粒物 PM10 环境相当于对一个空间环境做湍流模拟分析。对于地面上的建筑，由于风沙自正面吹过来，所以只要计算一侧的流动即可。故这是一个三维二相流动问题。对于风沙问题的求解，策略是先求不含大气可吸入颗粒物 PM10 的空气流动，再求含有沙尘的风沙问题。对于空间流动区域的选择问题，为了减小边界的影响，区域应该尽量大，但这会带来计算量的增大。因此，选择适当的流动空间是一个经验问题。在这里，选取的空间如下：建筑物前方80m、后方80m、上方400m、侧方80m，这样相当于建立一个计算区域，其边界面有入口、出口、地面、侧面和顶部六个面。东逸花园的大气可吸入颗粒物PM10软件模拟流程如图5-3-1所示。

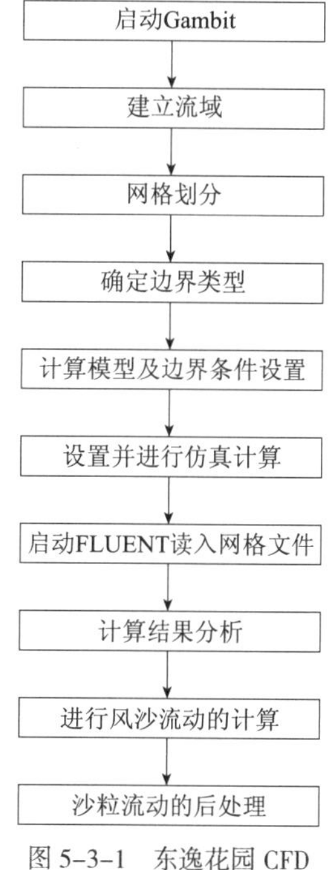

图5-3-1　东逸花园CFD软件模拟流程图
资料来源：作者自绘

1. 模型的网格生成和边界设定

东逸花园网格生成的工作可分为三个步骤：一是建立模型，二是划分网格，三是定义边界。这三个部分分别对应着Operation作业区域中的前三个命令按钮Geometry（几何体）、Mesh和Zones（区域）。对于平面及轴对称流动问题，只需要生成面网格。对于三维问题，也可以先划分面网格，作为进一步划分体网格的网格种子。本次的东逸花园网格生成中，采用Tri Primitive方法，将一个三角形区域划分为三个四边形区域并划分规则网格（表5-3-1）。

FLUENT软件的初始条件是在初始化过程中完成的，而边界条件则需要单独进行设定。边界条件，就是流场变量在计算边界上应该满足数学和物理条件。边界条件与初始条件一起并称为定解条件，只有在边界条件和初始条件确定后，流场的解才存在，并且是唯一的。FLUENT软件中的入口和出口边界包括下列形式。

速度入口条件：在入口边界给定速度和其他标量属性的值，当气流穿过不同的地区和地形带，如山地、陆地、平原、海洋、森林、城市等时，会产生摩擦力而使风的能量减少，风速降低，其本身的结构，如湍流度、旋涡尺度等，也发生变化，其变化的程度随着距离高度的增加而降低，直到达到一定高度时，地面粗糙度的影响可以忽略，这一受到地球表面摩擦力影响的大气层成为大气边界层。大气边界层的高度随着气象条件、地形和地面粗糙度的不同而有差异，一般情况下，地以上300m，不超过1000m，范围内均属于大气边界层的范围，所以这个范围以上风速才不受地表的影响，可以在大气梯度的作用下自由流动。为使模拟计算更接近实际情况，必须考虑风速随高度的变化（表5-3-2）。

2. 模型的参数设置

在建立数学模型中非常关键的一步便是正确设定所研究物质的物性参数。在FLUENT软件里，物性参数的设定是在Materials材质面板中完成的。对于固体材料来说，需要定义

网格信息　　表5-3-1

Grid Size				
Level	Cells	Faces	Nodes	Partitions
0	110936	167509	56518	1

东逸花园 FLUENT 边界类型设定　　表 5-3-2

NAME（名称）	TYPE（类型）
Inlet	Velocity-inlet（速度入口）
Outlet	Pressure-outlet（压力出口）
Body	Wall（固壁）
Ground	Wall（固壁）
Top	Wall（固壁）
Wall	Wall（固壁）

材料的密度、热传导系数和比热。如果模拟半透明物质，还需要设定物质的辐射属性。固体物质热传导系数的设置很灵活，既可以是常数值，也可以是随温度变化的函数，甚至由用户自定义函数来定义。如果使用分离求解器，除非在模拟非定常流或者运动的固体区域，对于固体材料可以不需定义其密度和比热。

在默认情况下，Materials 材质列表仅包括一种流体物质空气和一种固体物质。如果要计算的流体物质恰恰是空气，那么可以直接使用默认的物性参数，当然也可以修改后再使用。但绝大多数情况下，我们都需要从数据库中调用其他的物质或者定义自己的物质。举一个简单的例子，如果要研究的流体是水，那么可以有两种选择，一种是从数据库中调用现有的材料数据，并且根据需要决定是否修改其物性参数如密度、粘度等；另一种方法则是建立自己全新的水，并定义其所有的物性参数（表 5-3-3）。

东逸花园 FLUENT 参数设置表　　表 5-3-3

参数名称	设置数值（单位）
风速	3.0m/s
大气压强	101325Pa
粘度	$1.7894 \times 10^{-5}kg/m^{-s}$
导热系数	$0.0242W/m^{-K}$
比热	$1006.43J/kg^{-K}$

（1）风环境设置

风环境的设置是 CFD 模拟的重要一环。风环境的设置主要包括风速、风向两个方面（图 5-3-2）。利用建筑概念设计和分析软件，通过软件分析命令栏中的 Ecotect 风玫瑰可以对沈阳市的风气候参数进行输出，得到不同季节以及每天不同时段的风玫瑰图，通过这些风玫瑰图可以得出沈阳市春、夏、秋三个季节中全天、白天、夜间等多个时段的风频率、风速、风向等各种指标参数的统计状况。

①秋季主导风向为东南风和东北风，主要风速集中在 9~20m/s。部分最大风速达到 20m/s 以上，表现为东北风；②春季主导风向为南风和西南风，主要风速集中在 9~14m/s。部分最大风速达到 20m/s 以上，表现为西南风；③夏季主导风向为南风和西南风，主要风

速集中在 11~20m/s。部分最大风速达到 20m/s 以上，表现为南风；④模拟风速为常年平均风速，选择边界风速为 3.0m/s 的东风。本研究采用 Soot Model（烟尘模型）。

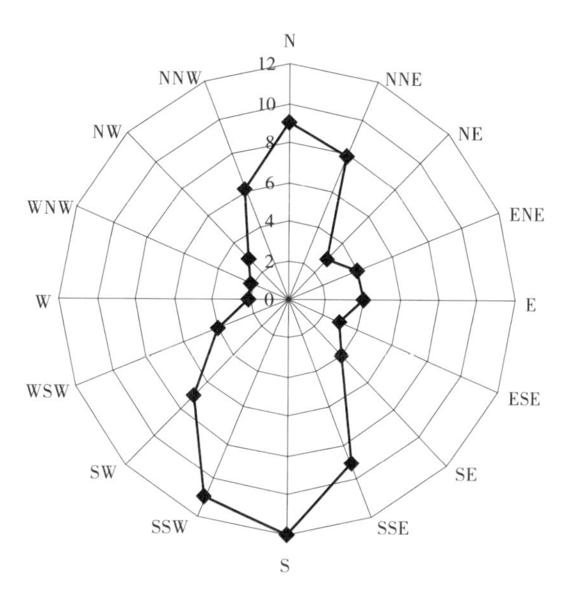

图 5-3-2　沈阳多年风向频率图

资料来源：《建筑设计资料集 1》（第二版）

（2）密度设置：在 Material 面板中，从 Density（密度）右边的下拉列表中选择 Boussinesq 选项，指定密度定义方式为 Boussinesq 近似。为了正确计算密度，要正确定义 Thermal Expansion Coefficient（热膨胀系数）和相应的操作温度。采用 Boussinesq 模型的原因是，与将密度定义为温度的函数相比，Boussinesq 模型的收敛速度更快，因为该模型在计算过程中把密度作为常数。压强的数值为一个标准大气压，即 101325Pa。

（3）粘度设置：在所有计算中，粘度都是在 Materials（材料）面板中定义的。FLUENT 中动力粘度的单位是 kg/m^{-s}（国际单位制）或 lb^{-m}/ft^{-s}（英制单位）。FLUENT 不需要输入运动粘度。如果将流体粘度定义为常数，首先在 Materials 材质面板中 Viscosity（粘度）右边的下拉列表中选择 Constant（常数），然后输入流体的粘度值即可。系统默认的流体为空气，其粘度默认值为 $1.7894 \times 10^{-5} kg/m^{-s}$。

（4）导热系数设置：当计算中涉及热传导时，必须定义导热系数。在求解能量方程和粘性流动时也需要定义导热系数。如果要定义常数导热系数，首先在 Materials 材质面板 Thermal Conductivity（导热系数）右边的列表中选择 Constant（常数），然后输入导热系数的值即可。对于缺省设置的流体——空气，其导热系数默认为 $0.0242W/m^{-K}$。

（5）比热设置：在计算能量方程时必须定义比热。FLUENT 中所说的比热，指的是定压比热，单位为 J/kg^{-K}（国际单位制）或者 BTU/lbm^{-R}（英制）。在 Materials 面板中右边的下拉列表中选择 Constant（常数）并输入相应的比热值即可。系统默认流体（空气）的比热为 $1006.43J/kg^{-K}$。

（6）烟尘和粒子对吸收系数的影响：在计算烟尘辐射模型时，如果在 Discrete Phase Model（弥散相模型）面板中激活 Particle Radiation Interaction（粒子辐射相干作用）选项，FLUENT 将在吸收系数的计算中考虑大气可吸入颗粒物 PM10 粒子对吸收系数的影响。如果需要计算烟尘构成，并考虑烟尘对于吸收系数的影响，则在 Soot Model（烟尘模型）面板中打开 Soot Radiation Interaction（烟尘辐射相干作用）下面的 Generalized Model（一般模型）选项。在计算组元相关吸收系数时，可以在任何一个辐射模型中考虑大气可吸入颗粒物 PM10 的影响。

3. FLUENT 求解

FLUENT 软件求解大致流程如下：启动相关的求解器；定义流场的几何参数并进行网格划分；输入网格；检查网格；选择求解器格式；选择求解所用的基本方程，层流还是湍流，有没有化学反应，是否考虑传热，是否需要其他的物理模型，比如是否使用多孔介质模型，是否使用风扇模型，是否使用换热器模型；定义物质属性；定义边界条件；调整解的控制参数；初始化流场；开始求解；计算结束后检查计算结果；保存结果；如果结果不理想，可以考虑调整网格或者物理模型重新进行计算（表 5-3-4）。

FLUENT 计算步骤及对应菜单项　　表 5-3-4

求解步骤	对应菜单项
1. 输入网格	File
2. 检查网格	Grid
3. 选择求解器格式	Define
4. 选择基本方程	Define
5. 物质属性	Define
6. 边界条件	Define
7. 调整解的控制参数	Solve
8. 初始化流场	Solve
9. 计算求解	Solve
10. 检查结果	Display 或 Plot 或 Report
11. 保存结果	File
12. 根据结果对网格做适应性调整	Adapt

在 FLUENT 软件中对下述问题只能使用国际单位制进行输入：自定义场变量；边界函数分布文件；源项；由外部绘图软件生成的数据；用户自定义函数（UDF）。如果在计算过程中使用温度的多项式定义材料性质，则温度的单位必须是开氏温度或兰氏温度。如果使用兰氏温度和华氏温度，则多项式的系数必须采用兰氏温度。如果采用摄氏温度和开氏温度作为温度单位，则在使用温度多项式进行计算时，多项式的系数必须采用开氏温度。每组 FLUENT 软件模拟都需要经过对设置方程的反复计算。在流体力学里，这样的计算只有当运算因子趋于稳定或达到某个区间时才算计算完成，这个过程就是收敛。不同的软件，表示收敛的方式有不同，所有的动态模拟都需要对收敛问题进行考虑并随时调整参数。

4. PM10 扩散效应场模拟结果及分析

根据沈阳市的气候条件，PM10 含量和沈阳市春季城建东逸花园树种滞尘效应现状，经过 FLUENT 软件模拟，得出结果如图 5-3-3 所示。图中，颜色为红色者，意味着大气可吸入颗粒物 PM10 的质量浓度含量高，而颜色为蓝色者，则正好相反，意味着大气可吸入颗粒物 PM10 的质量浓度含量低。从图 5-3-3，能很明显地看出来，东逸花园的各个主要入口处存在较为严重的大气可吸入颗粒物 PM10 含量过高的问题。这也与实际中的情况

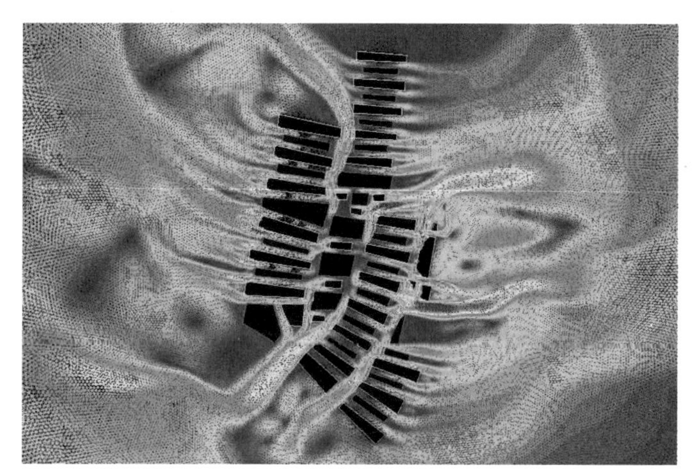

图 5-3-3　东逸花园 PM10 动态模拟图（春季）
资料来源：作者自绘

相吻合。其中大气可吸入颗粒物 PM10 问题最为严重的是东逸花园潮州城入口处。从颜色能看出来，越是红色就意味着大气可吸入颗粒物 PM10 浓度含量越高。

导致这个问题和现象的产生，主要可能与周边的高层建筑林立，产生的湍流有关；第二，也与沈阳市的风力风向有关，沈阳受西伯利亚气压带影响，主导风向是西北风和东北风，所以位于小区偏东方位的潮州城入口处飘尘问题最为严重。同时，从图上能看出，第二严重的是东逸花园东北方位的入口处。这个模拟结果将在接下来很好地指导该如何做滞尘设计。

5.3.2　东逸花园住宅群体空间组合形式条件界定

居住是城市重要的功能和组成部分，居住空间则是城市空间的细化和延续。居住区空间是以居住建筑为主的群体组合而成，为了各种功能的需要有意识地分割或围合，组成不同大小、形状、特征、色彩的空间。这个空间环境应能保持个人、家庭、社会的特点，又有足够的手段保持互相不受干扰，又能进行面对面的交往。

1. 用地红线、用地面积和建筑容积率的界定

沈阳市城建东逸花园项目占地面积二十一万平方米，建筑面积五十一万平方米。项目分三期开发建设，其中一期工程包括四幢小高层住宅及一幢蝶形高层住宅，2002 年六月开工建设，2003 年底竣工进住，建筑面积十三万平方米，共六百四十三户。二期工程包括四组团共八座小高层住宅及八幢高层住宅，建筑面积 38 万平方米，共两千一百余户。沈阳市城建东逸花园容积率 1.92，绿化率 42%。

规划建设用地面积是指项目用地红线范围内的土地面积，一般包括建设区内的道路面积、绿地面积、建筑物（构筑物）所占面积、运动场地等。在东逸花园的住宅群体空间组合形式的条件界定中，规划建设用地范围是不可变的，如图 5-3-4 所示。

在研究东逸花园的几种典型空间组合形式之前，本文需要对东逸花园小区的用地面积和建筑面积毛密度做一个界定。其中，规定东逸花园用地面积保证在 319621.1m^2，总建筑面积为 613672.512m^2，上下做 5% 浮动。

2. 建筑朝向的界定

从满足居住者身心健康的角度，在沈阳地区南北朝向的住宅较好。在东逸花园的五个平面布置图中能看出建筑朝向大体是坐北朝南的，范围在南偏东 30 度和南偏西 25 度之间为宜，这样使得东逸花园的居住房间都能“迎朝阳起居，送晚霞入眠”，是符合健康住宅标准的建筑朝向。

图 5-3-4 东逸花园用地范围航拍图
资料来源：网络 + 作者自绘

3. 建筑间距的界定

《沈阳市居住建筑间距和住宅日照管理规定》：

“第九条 住宅建筑高度在 40m 以下时，面宽不大于 80m；住宅建筑高度在 40m 以上时，面宽不大于 60m。第十条 多层建筑遮挡相邻住宅，当两幢建筑平行布置或相互夹角在 30 度以下时，建筑间距按下列标准执行：在三环路以内地区，当遮挡建筑计算高度小于 18m 时，建筑间距系数不得小于 1.5，且建筑间距不得小于 9m；当遮挡建筑计算高度大于 18m 时，建筑间距系数不得小于 1.7。第十三条 高层建筑遮挡相邻住宅，当建筑高度与建筑面宽之比小于 1.2 时，按遮挡建筑计算高度确定建筑间距系数：在三环路以内地区，建筑间距系数不得小于 1.7；第十八条 公共建筑与遮挡建筑之间的建筑间距按下列标准执行：（一）多层建筑遮挡公共建筑主采光面，两幢建筑平行布置时，建筑间距系数按建筑高度确定，不得小于 2.0；两幢建筑垂直布置时，建筑间距系数按遮挡建筑面宽确定，不得小于 1.5。（二）高层建筑遮挡公共建筑主采光面，当遮挡建筑高度与建筑面宽之比小于 1.2 时，建筑间距系数按遮挡建筑高度确定，不得小于 2.0；当遮挡建筑高度与面宽之比大于 1.2 时，建筑间距系数按遮挡建筑面宽确定，不得小于 1.6。”

在东逸花园的五个平面布置图中，建筑间距在 1.2 和 2.0 之间，是符合《沈阳市居住建筑间距和住宅日照管理规定》要求的。

4. 风向角的界定

在界定东逸花园的几个住宅群体空间组合布局中，舒适性是创造良好居住环境的必要条件，随着生活质量的提高，人们对居住环境的舒适性将提出更高的要求，室外环境的舒适性将成为人们对建筑规划设计的首选要求，对室外 PM10 环境的考虑也将成为人们要求舒适性的一个重要方面。住宅小区 PM10 环境对人的舒适性的影响主要表现在两个方面：PM10 对人的行为产生的影响、PM10 对人的舒适性产生的影响。由于 PM10 引起的对居民身体健康伤害事例的增多，PM10 带来的 PM10 环境污染问题也将成为人们对居住小区 PM10 环境关注的焦点之一。而 PM10 与风速大小和风速的变化率是息息相关的，也是影响人对 PM10 的感觉的主要因素，但周围环境空气的温度、湿度等也影响人对 PM10 的感觉。

如果综合考虑所有因素的影响将是一个十分复杂的问题。因此在本文的研究中将主要考虑风速及其变化大小对居住小区舒适性的影响。

住宅小区是中国现代建筑群的主要形式，住宅小区室外 PM10 流动情况对小区内的微气候有着重要的影响，局部地方（尤其是高层）风沙太大可能对人们的生活、行动造成不便。因此从居住小区的规划设计阶段开始，对住宅小区进行 PM10 环境模拟分析，及时消除不利因素，改善小区 PM10 环境和我们生活的环境具有重要的意义。同时舒适的室外 PM10 环境也会促进室内环境的改善，提高室内自然通风状况。然而小区内良好的室外 PM10 环境与诸多因素有关，例如小区所处的地形地貌、建筑群布局方式、建筑体型、建筑间距、风向角等。本文利用 FLUENT 模拟软件，从风向角的角度分析风向角对五种简单布局的住宅小区室外 PM10 环境的影响，通过模拟结果分析可以对小区布局及前期规划作出指导。

春季风频率图（图 5–3–5），从全天的范围来看，主导风向为南风和西南风。主要风速集中在 9~14m/s。部分最大风速达到 20m/s 以上，表现为西南风。

本文选取沈阳市的有代表性小区东逸花园为住宅小区 PM10 环境模拟的参考对象，沈阳地区属于严寒地区，春季大气可吸入颗粒物含量高，因此春季主导风向对住宅小区 PM10 环境的研究极其重要。

参考东北三省地区各个典型城市的风玫瑰图及气象资料，可得知在沈阳地区春季频率较大的风向主要有西南偏南向（SSW）、南向（S）、西南偏西向（SW），本文就这三种风向对东逸花园小区和五种典型的小区布局 PM10 环境影响进行模拟分析研究。

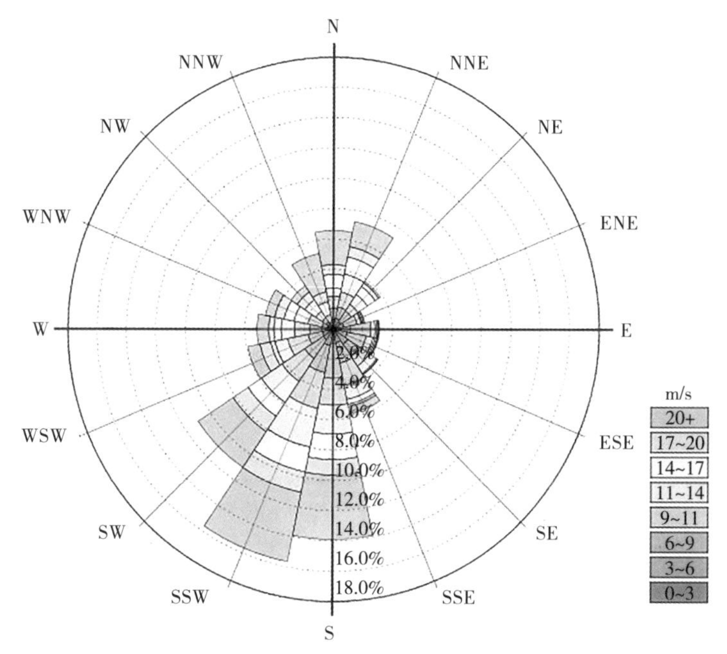

图 5–3–5　沈阳市春季风玫瑰

资料来源：国家自然科学基金面上项目：基于动态释氧效应场的城市绿地空间布局研究（项目批准号：51178274）

5. 其他规范的要求

《城市居住区规划设计规范（2002 年版）》GB 50180—1993 里面对容积率、建筑密度和绿地率做了如下的解释："7.0.2.3 绿地率：新区建设不应低于 30%；旧区改建不宜低于 25%。8.0.2.1 居住区道路：红线宽度不宜小于 20m。8.0.2.2 小区路：路面宽 6~9m，建筑控制线之间的宽度，需敷设供热管线的不宜小于 14m；无供热管线的不宜小于 10m。8.0.2.3 组团路：路面宽 3~5m；建筑控制线之间的宽度，需敷设供热管线的不宜小于 10m；无供热管线的不宜小于 8m。8.0.2.4 宅间小路：路面宽不宜小于 2.5m。8.0.5.1 小区内主要道路至少应有两个出入口；居住区内主要道路至少应有两个方向与外围道路相连；机动车道对外出入口间距不应小于 150m。沿街建筑物长度超过 150m 时，应设不小于 4m×4m 的消防车通道。人行出口间距不宜超过 80m，当建筑物长度超过 80m 时，应在底层加设人行通道。"

本书在对东逸花园的五种住宅群体空间组合布局中，综合考虑了用地红线、用地面积和建筑容积率，以及建筑朝向、建筑间距、风向角等因素，同时满足《城市居住区规划设计规范（2002 年版）》（GB 50180—1993）里面对容积率、建筑密度和绿地率等的规定。

5.3.3 东逸花园五种住宅群体空间组合形式（图 5-3-6~ 图 5-3-10、表 5-3-5）

1. 行列布置

建筑按一定朝向和合理间距成排布置的形式。这种布置形式能使绝大多数居室获得良好的日照和通风，是各地广泛采用的一种方式。但如果处理不好，会造成单调、呆板的感觉，容易产生穿越交通的干扰。为了避免以上的缺点，在规划布置时常采用山墙错落、单元错开拼接以及用矮墙分割等手法。

其中，高层建筑层数统一为 24 层；多层建筑层数统一为 6 层；而低层建筑层数统一为 2 层，做商业网店使用。在行列布置中，高层建筑有 4 栋，多层建筑有 29 栋，低层建筑有 3 栋；绿地面积是 96275m^2，绿地率 30.12%，建筑基底面积 97491m^2，建筑密度是 30.5%。

2. 周边布置

这种布置是建筑沿街坊或院落周边布置的形式。这种布置形式形成较封闭的院落空间，便于组织公共绿化休息园地，对于寒冷及多风沙地区，可阻挡风沙及减少院内积雪。周边布置的形式还有利于节约用地，提高居住建筑面积密度。但是这种布置形式有相当一部分的朝向较差，因此对于湿热地区很难适应，有的还采用转角建筑单元，使结构、施工较为复杂，不利于抗震，造价也会增加，另外对于地形起伏较大的地区也会造成较大的土石方工程。

其中，高层建筑层数统一为 24 层；多层建筑层数统一为 6 层；而低层建筑层数统一为 2 层，做商业网店使用。在行列布置中，高层建筑有 3 栋，多层建筑有 29 栋，低层建筑有 3 栋；绿地面积是 75384m^2，绿地率 23.59%，建筑基底面积 115333m^2，建筑密度是 36.08%。

3. 混合布置

为以上两种形式的结合形式，最常见的往往以行列式为主，少量住宅或公共建筑沿道路或院落周边布置，以形成半开敞式院落。

其中，高层建筑层数统一为 24 层；多层建筑层数统一为 6 层；而低层建筑层数统一为 2 层，做商业网店使用。在行列布置中，高层建筑有 12 栋，多层建筑有 18 栋，低层建筑有 3 栋；绿地面积是 108865m^2，绿地率 34.06%，建筑基底面积 85992m^2，建筑密度是 26.9%。

4. 自由式布置 1

建筑结合地形，在照顾日照、通风等要求的前提下，成组自由灵活的布置。住宅群体的组合方式，有成组团的组合方式、成街坊式的组合方式、整体式组合方式。住宅群体的组合可以由一定规模和数量的住宅组合成组或成团。

其中，高层建筑层数统一为 24 层；多层建筑层数统一为 6 层；而低层建筑层数统一为 2 层，做商业网店使用。在行列布置中，点式高层建筑有 8 栋，板式高层建筑有 4 栋，多层建筑有 17 栋，低层建筑有 3 栋；绿地面积是 122511m^2，绿地率 38.33%，建筑基底面积 69345m^2，建筑密度是 21.67%。

5. 自由式布置（高层）

这种布置中，考虑到近些年中新建的住宅小区大多数以高层形态为主，所以本文做了一个高层形态的小区。

其中，高层建筑层数统一为 24 层；多层建筑层数统一为 6 层；而低层建筑层数统一为 2 层，做商业网店使用。在行列布置中，点式高层建筑有 16 栋，板式高层建筑有 4 栋，多层建筑有 2 栋，低层建筑有 3 栋；绿地面积是 172169m^2，绿地率 53.87%，建筑基底面积 41777m^2，建筑密度是 13.07%。

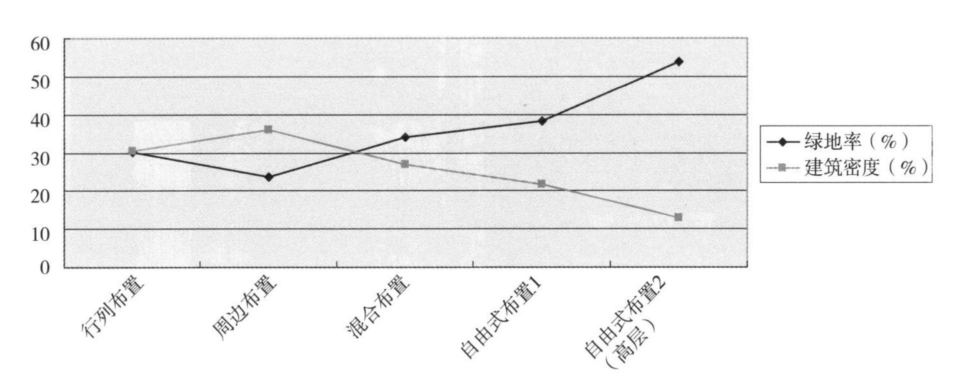

图 5-3-6　东逸花园五种空间布局技术指标

资料来源：作者自绘

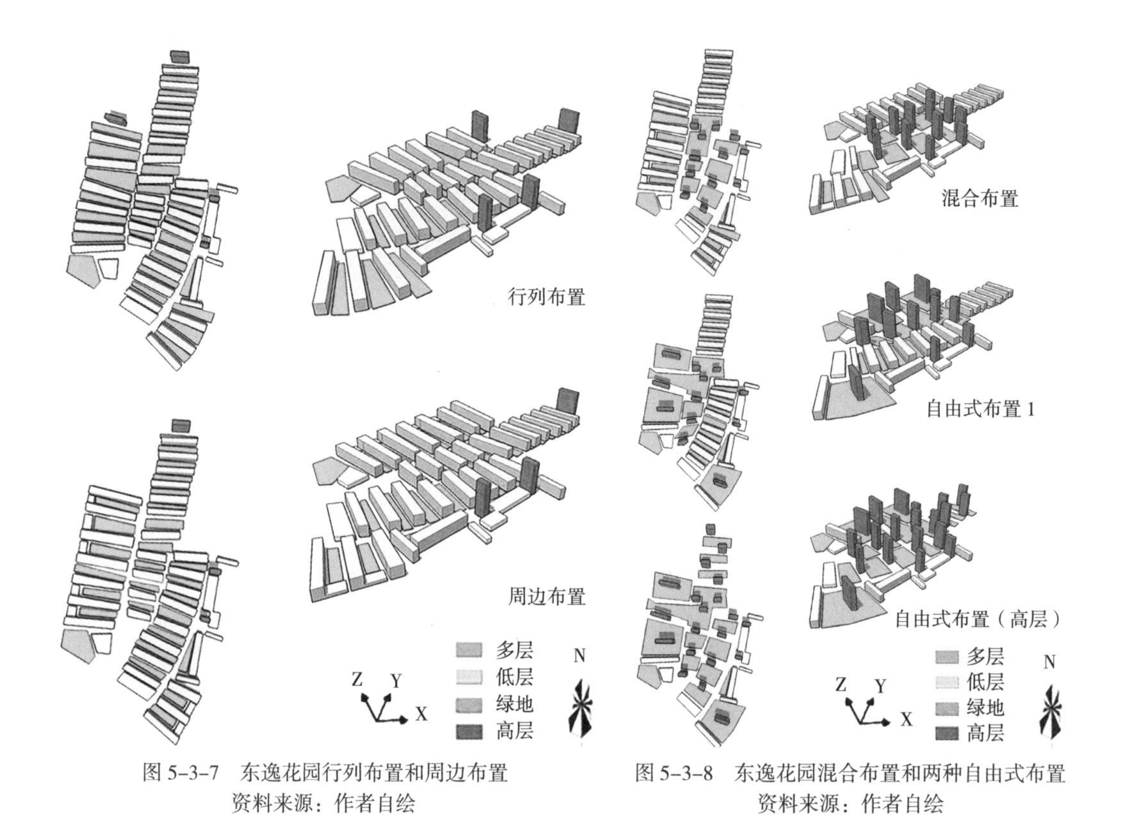

图 5-3-7　东逸花园行列布置和周边布置
资料来源：作者自绘

图 5-3-8　东逸花园混合布置和两种自由式布置
资料来源：作者自绘

现存布置　行列布置　混合布置

自由式布置 1　周边布置　自由式布置（高层）

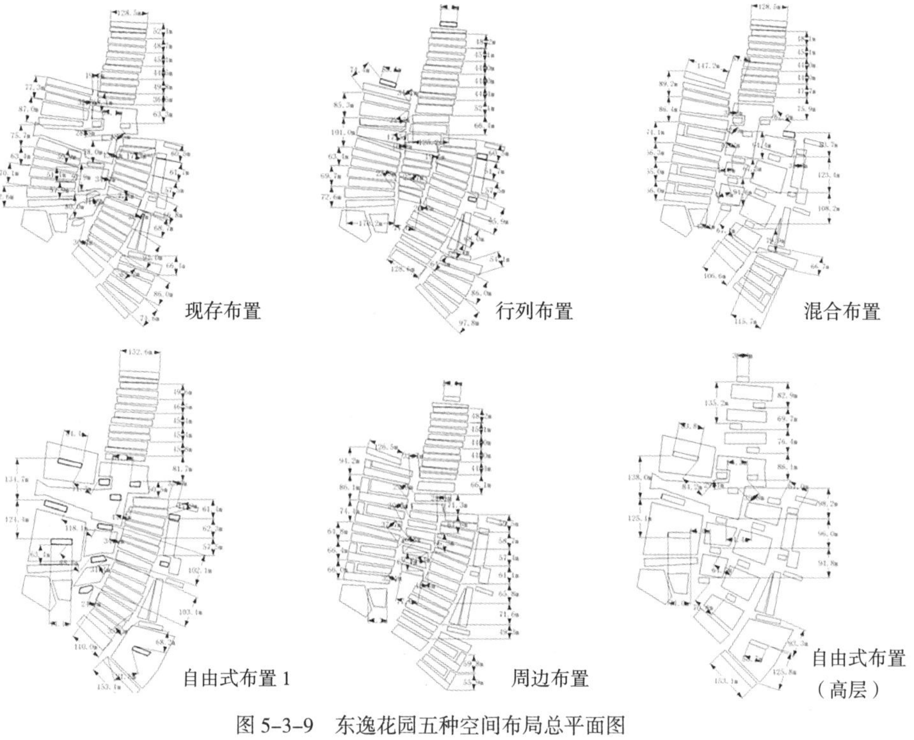

图 5-3-9　东逸花园五种空间布局总平面图
资料来源：作者自绘

东逸花园五种空间布局技术指标一览　　表 5-3-5

	行列布置	周边布置	混合布置	自由式布置 1	自由式布置 2（高层）
建筑基底面积（m^2）	97491	115333	85992	69345	41777
绿地面积（m^2）	96275	75384	108865	122511	172169
绿地率（%）	30.12	23.59	34.06	38.33	53.87
建筑密度（%）	30.5	36.08	26.9	21.67	13.07

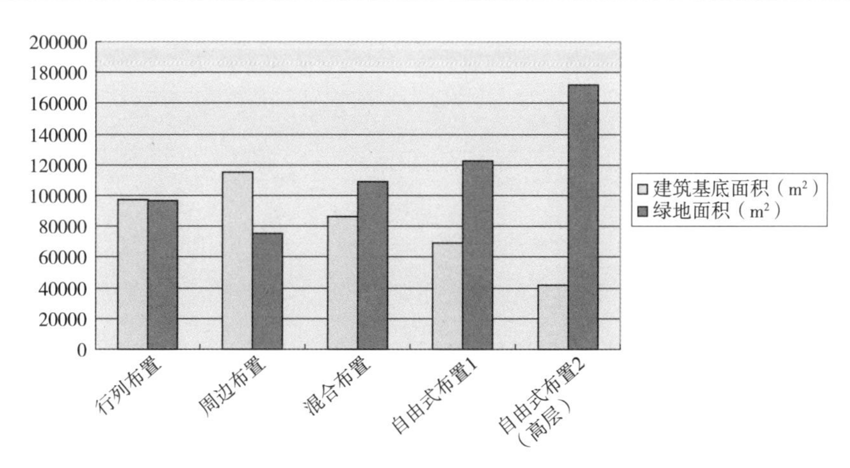

图 5-3-10　东逸花园五种布局的绿地面积和建筑基底面积图
资料来源：作者自绘

5.3.4　基于滞尘效应场的东逸花园空间布局优化

1. 优化方案的模拟

通过前面的五个空间布局方案和现存布局的技术指标，作者对东逸花园进行 PM10 环境的模拟。具体包括网格生成、边界设定、参数设置、FLUENT 软件求解，最后模拟出了东逸花园的动态大气可吸入颗粒物 PM10 环境，通过模拟结果分析将对小区布局及前期规划作出指导。结果如图 5-3-11 所示。

2. 五种布局之适宜性比较与取舍

图 5-3-12 中深色区域意味着可吸入颗粒物含量高，相对不适宜居住；浅色区域是适宜居住的。之所以出现这种现象，可能是因为位于小区中部区域的位置，多为高层所致。另外，可吸入颗粒物一般从西北方向吹来，在经过高层后，在多层错落的滂江街一侧入口处形成涡流，滞留住了大部分的可吸入颗粒物，导致潮州城入口和肯德基入口两个地方相对不适宜居住。在行列布置、周边布置、混合布置和自由式布置 1 中，南门之所以出现不适宜居住的深色区域，恐怕和其位置有关，南门的西面的一处业主会所，东临商业网店和几栋多层住宅，而北面是 24 层高楼，这个地方风的压力大。单从图 5-3-12 来看，东逸花园五种布局适宜性区域中，浅色的适宜区域面积相对比较大的是自由式布置（高层），浅色区域较小的是行列布置。

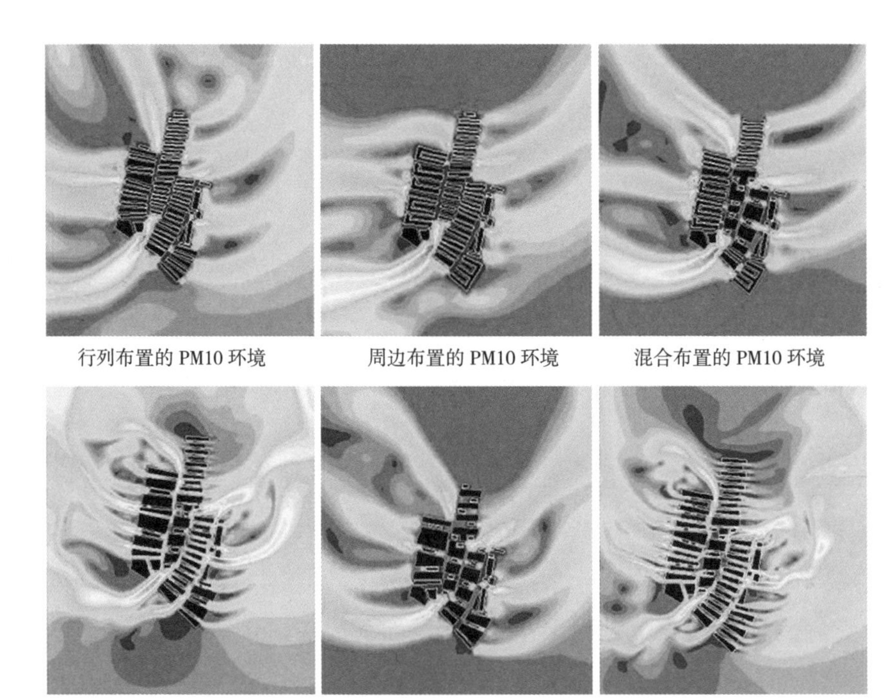

图 5-3-11　东逸花园五种空间布局模拟
资料来源：作者自绘

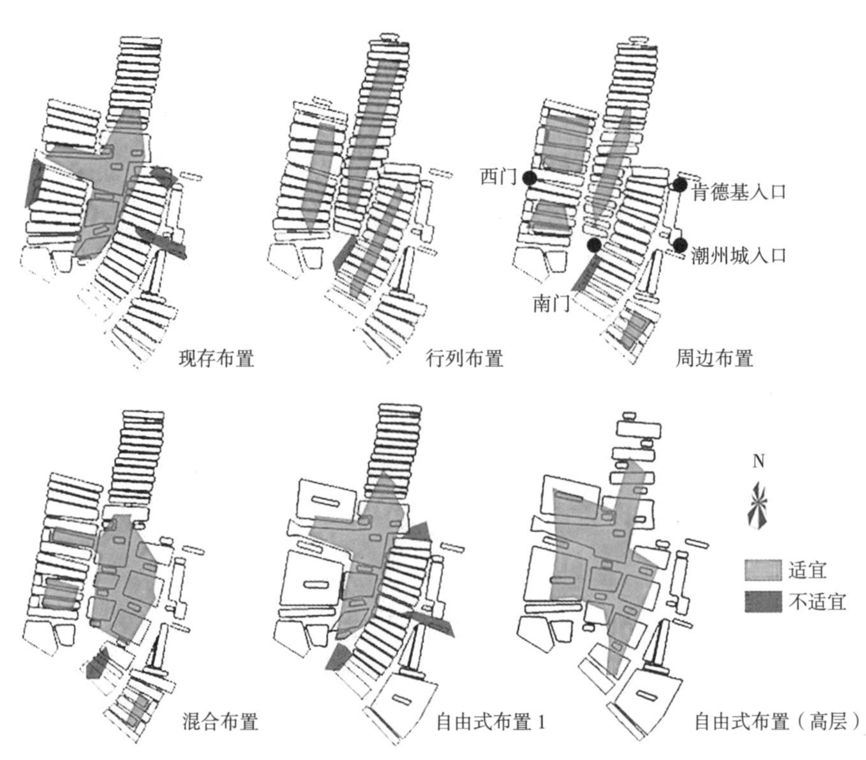

图 5-3-12　东逸花园五种布局适宜性区域比较
资料来源：作者自绘

不适宜区域（深色）有以下几个位置：

①西门；②南门；③肯德基入口；④潮州城入口。

其中西门作为不适宜区域的次数最多，潮州城次之，西门只出现一次。

3. 五种布局之建筑周边 PM10 环境比较与取舍

（1）行列布置

在行列布置中，当风向为西南偏南向时，建筑排与排之间的横向通道内的 PM10 效应场活跃，风压较低，PM10 环境良好。但由于前几排建筑的横向遮挡屏蔽作用加剧，前几排建筑之间的横向通道内 PM10 环境急剧下降，风压增大，PM10 舒适区不足通道面积的四成，PM10 得不到很好扩散，难以达到室外舒适度的要求。当 PM10 的运动轨迹流动到后几排建筑时，后排建筑的排与排之间通道内，PM10 环境进一步恶化，PM10 阴影区的面积大幅增加。由于沈阳市春季风向为西南向的频率大，因此比较适宜在东逸花园的小区内设置行列式布局。对于其他风向非西南向的地区，仍然可以通过改变建筑正南朝向与春季主导风向之间的夹角，来改善行列式布局的小区内 PM10 环境。

（2）周边布置

在周边式布局中，随着建筑楼栋数量的增加，建筑围合度的增大，间距的减小，PM10 通道有所减小，PM10 的舒适区也随着风压的增大得不到一定的改善，同时 PM10 阴影区仍占整个周边式布局内部区域面积的六成至七成，特别是周边式布局中建筑围合的区域周边，容易形成 PM10 涡流，导致 PM10 在此区域难以得到有效的扩散，因而在东逸花园的小区布局中布置周边式时要慎重。然而当建筑朝向为西南角度和主导风向形成垂直关系时，一定程度上能改善周边布置内部的 PM10 环境。由于沈阳市的春季风向为西南偏南向的频率较高，因此在这些风向角度相像的城市的住宅小区内布置周边式时，同样需要谨慎对待。而对于春季主导风向不是上述方向的地区，可以通过适当改变建筑的朝向，使春季主导风向与建筑正南朝向基本垂直，一定程度上也能改善周边布局的小区内的 PM10 环境。

（3）混合布置

在混合布置中，由于高层建筑的增多，随着建筑间距的增加，建筑排与排之间的通道内的 PM10 环境良好，PM10 得到有效扩散，通道内大部分区域满足室外舒适度的要求。高层建筑排与排之间的 PM10 通道内舒适区大约占七成左右，而周边式布局的区域则大部分淹没在 PM10 阴影区内，且这些区域风流动复杂，PM10 运动轨迹表明回流现象明显，严重影响布局内部的 PM10 环境质量。因此应尽量使小区的布局中减小或者去除周边式的布局，这样能在一定程度上改善混合布置的东逸花园小区内的 PM10 环境。

（4）自由式布置 1

在自由式布置 1 中，由于周边式布局的消除，同时高层的进一步增多，建筑排与排之间的通道内均能形成良好的 PM10 环境，且整个 PM10 运动轨迹流动平稳，没有明显的涡流产生。位于东逸花园小区中部的几排建筑之间的通道内 PM10 环境良好，PM10 舒适区占布局内部的面积大约为八成，布局内部大部分区域没有淹没在 PM10 阴影区内，PM10

流动比较好，但是小区东路与西路的行列式多层建筑后侧的涡流现象明显，PM10 有回流现象。因此应尽量使春季主导风向与行列式的多层建筑之间保持平行的关系，能在一定程度上改善自由式布置 1 小区内的 PM10 环境。

（5）自由式布置（高层）

在自由式布置（高层）中，由于几乎大部分由点式高层建筑组合而成，这种空间布局设置无论哪种风向角，自由式布置（高层）内部几乎均能形成较好的室外 PM10 环境，PM10 运动轨迹显示其流动良好，而且 PM10 舒适区几乎可占整个布局的八成以上，但是在做居住小区规划设计时，自由式布置（高层）应当注意建筑与建筑之间的合理间距，避免过大风沙的出现。

综上所述，对于行列布置，可以通过改变建筑正南朝向与春季主导风向之间的夹角，来改善行列布置的小区内风压区域和 PM10 环境；对于周边布置，同样需要谨慎对待。而对于春季主导风向不是上述方向的地区，可以通过适当改变建筑的朝向，使春季主导风向与建筑正南朝向基本垂直，一定程度上也能改善周边布置的小区内的风环境和 PM10 环境；混合布置与自由式 1 在对应的风向下，风环境相似，均应尽量使小区的布局中减小或者去除周边，这样能在一定程度上改善混合布置的东逸花园小区内的 PM10 环境；对于自由式布置（高层），PM10 流动最顺畅，风环境和室外舒适度也最好，但应注意单体建筑之间的合理布局，避免过大风速和风沙的出现。

4. 五种布局之总滞尘量比较与取舍

根据沈阳市绿地滞尘能力分析中，计算得出东逸花园绿地滞尘量。数据如下：东逸花园夏季的绿地总滞尘量为 96173.6g，而总的绿地面积为 57650m^3，每平方米的绿地能滞尘量为 1.668g；东逸花园滞尘量最大的树种为绣线菊，滞尘量最小的树种为金银木；东逸花园绿地平均滞尘量为 2186g/ 株。从表 5-3-6、图 5-3-14 中看出，周边布置的空间布局的值是最小的，也意味着最不利于滞尘，而自由式（高层）布置的滞尘量是最大。

具体数据如下：

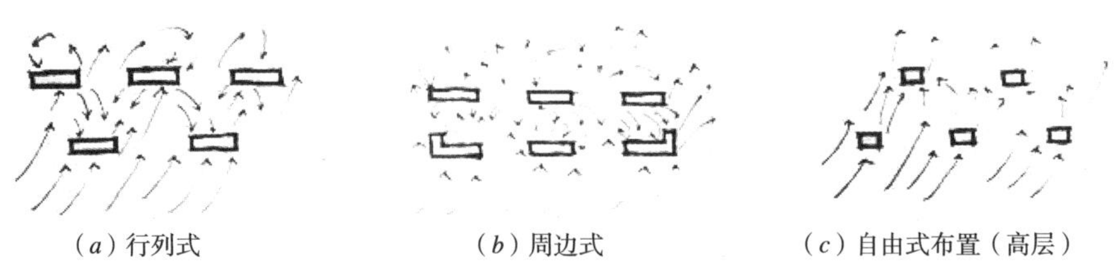

（*a*）行列式　　（*b*）周边式　　（*c*）自由式布置（高层）

图 5-3-13　东逸花园三种布局 PM10 运动轨迹

资料来源：作者自绘

东逸花园五种布局总滞尘量一览　　表 5-3-6

	行列布置	周边布置	混合布置	自由式布置 1	自由式布置 2（高层）
总绿地滞尘量（g）	160586.7	125740.5	181586.8	204348.3	287177.9

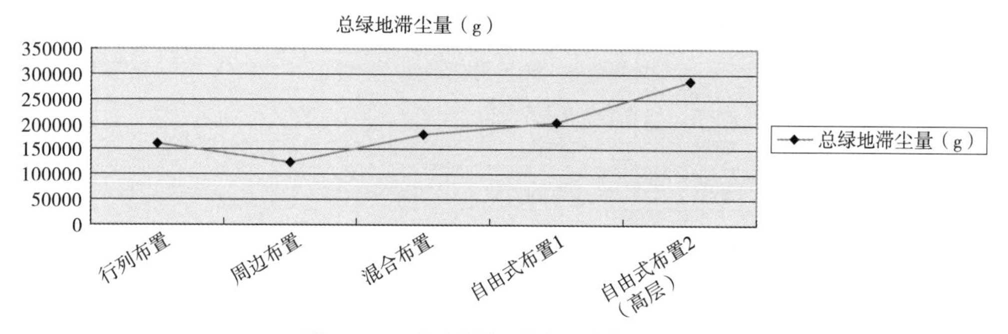

图 5-3-14　东逸花园五种布局总滞尘量比较
资料来源：作者自绘

①行列布置，160586.7g；②周边布置，125740.5g；③混合布置，181586.8g；④自由式布置 1，204348.3g；⑤自由式布置 2（高层），287177.9g。

其中，高层形态的居住空间其滞尘量是最大，原因是高层建筑占地面积小，从而绿地面积大，导致绿地滞尘量随之增加。周边布置则是因为建筑基底占地面积大，所以绿地面积小，导致的总滞尘量减小。

5. 五种布局之单位面积建筑造价比较与取舍

考虑到建筑设计的三原则“经济、实用、美观”，其中经济是最重要的，本文也不得不考虑东逸花园五种空间布局的经济实用性，以下对五种空间布局的建筑造价做简单的比较，由于作者在建筑造价方面的局限性，具体数据恐与现实有较大出入。

从建造成本上讲，普通多层住宅为砖混结构，每建筑平方米造价约为 800~1000 元；而高层住宅通常为钢筋混凝土结构，建筑成本约为 1800~2000 元每建筑平方米。由于成本对价格的制约，一般情况下，高层建筑的住宅价格较高；从面积和实际使用率看，多层要高于高层住宅。众所周知，购房时的计算面积为销售面积，其中包括了对公共部分，如电梯间、楼梯间等面积的分摊。所以高层住宅由于有电梯等待间、地下室等，需分摊的公用面积较多层要多，故而实际得房率低。所以，有些客户为争取到更多的实际面积，往往选择多层住宅;从建筑质量看，高层建筑由于全为钢筋混凝土现浇，抗震性能好，折旧年限长，如将建筑物在银行抵押，高层建筑应得到更多的抵押贷款；从房型格局看，目前多数新建多层住宅的户型设计都有长足的进步；由于构造上的原因，多层住宅往往南北通风、室内无效面积少，室内动线合理，隔墙易于敲打，有利于装修。而高层住宅往往采用框架剪力墙结构，室内户型往往较局促，且不易装修；从物业管理收费看，高层住宅由于多设有电梯，楼层居民也多，一般物业管理费要高于多层住宅。

根据 2012 年普通住宅楼建筑工程造价综合指标参考表（部分）（表 5-3-7），具体参考数据为多层框架 896.32 元和高层框架 1675.29 元。计算东逸花园五种空间布局的建筑造价如下（注：不包括地下人防工程）。

（1）行列布置：高层建筑有 4 栋，多层建筑有 29 栋，低层建筑有三栋；其中，多层和高层建筑结构皆为框架结构，多层建筑占八成，高层建筑占二成，多层建筑总造价为

2012年普通住宅楼建筑工程造价综合指标参考（部分） 表5-3-7

建筑类型	建筑层数	建筑结构	工程造价 单位：元/平方米建筑面积	备注
普通住宅楼	多层	砖混	785.6	1. 多层是指7层及7层以下建筑
		框架	896.32	2. 小高层是指7层以上12层及12层以下建筑
	小高层	框架/框剪	1368.7	3. 高层是指12层以上30层及30层以下建筑
	高层		1675.29	4. 超高层是指30层以上40层及40层以下建筑
	超高层		2212.3	5. 该造价指标不包含二次装修费用、电梯费用

440027729元，高层建筑总造价为205615881元，总的建筑造价估计为645643610元，合每平方米1052.098元。

（2）周边布置：高层建筑有三栋，多层建筑有29栋，低层建筑有三栋；其中，多层和高层建筑结构皆为框架结构，多层建筑占八成半，高层建筑占一成半，多层建筑总造价为467539895元，高层建筑总造价为154211910元，总的建筑造价估计为621751805元，合每平方米1013.1655元。

（3）混合布置：高层建筑有12栋，多层建筑有18栋，低层建筑有三栋；其中，多层和高层建筑结构皆为框架结构，多层建筑占六成，高层建筑占四成，多层建筑总造价为330028161元，高层建筑总造价为411231761元，总的建筑造价估计为741259922元，合每平方米1207.908元。

（4）自由式布置1：点式高层建筑有8栋，板式高层建筑有4栋，多层建筑有17栋，低层建筑有三栋；其中，多层和高层建筑结构皆为框架结构，多层建筑占五成，高层建筑占五成，多层建筑总造价为275023468元，高层建筑总造价为514039701元，总的建筑造价估计为789063169元，合每平方米1285.805元。

（5）自由式布置（高层）：点式高层建筑有16栋，板式高层建筑有4栋，多层建筑有两栋，低层建筑有三栋；其中，多层和高层建筑结构皆为框架结构，多层建筑占一成，高层建筑占九成，多层建筑总造价为55004693.5元，高层建筑总造价为925271462元，总的建筑造价估计为645643610元，合每平方米1597.393元。

综上所述，从每平方米的建筑造价来看，行列布置为每平方米1052.098元，周边布置为每平方米1013.1655元，混合布置为每平方米1207.908元，自由式布置1为每平方米1285.805元，自由式布置（高层）为每平方米1597.393元。显而易见的，自由式布置（高层）的建筑造价最高，而周边布置则最低最经济（图5-3-15）。

6. 五种布局之建筑形式美比较与取舍

在建筑设计三原则中，居住小区的规划设计也应该符合"美观"形式美的原则，所谓建筑的形式美法则主要包括：变化与统一、对比与和谐、比例与尺度、对称与均衡、节奏与韵律、空白与虚实（图5-3-16）。

（1）行列布置：三栋高层建筑，其余大多为多层建筑，缺乏变化的美感与韵律。

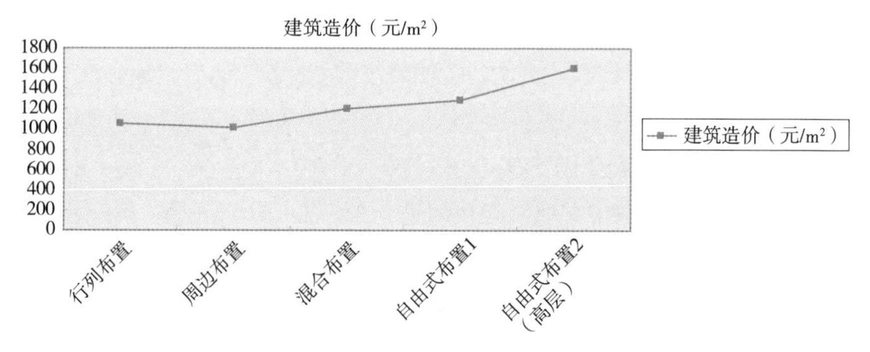

图 5-3-15　东逸花园五种布局每平方建筑造价比较
资料来源：作者自绘

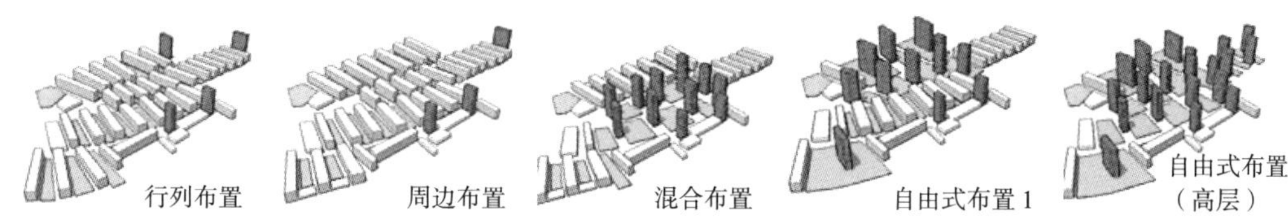

图 5-3-16　东逸花园五种布局形式美比较
资料来源：作者自绘

（2）周边布置：同行列布置，但优于行列布置的是周边布置有围合的美感。

（3）混合布置：共有十栋高层建筑，集中于小区中部，符合建筑群体对比与和谐的形式美原则。

（4）自由式布置 1：高层建筑较混合布置多了三栋，错落布置在小区的西门附近，有一定的节奏和韵律。

（5）自由式布置（高层）：大部分由高层建筑组合而成，高层之间山墙错落，前后交错，美中不足的是缺乏多层建筑点缀其中，形成一定的对比与统一关系。

综上所述，从建筑形式美的比较上来看，自由式布置 1 的美观度是最好的，而美观度最差的是行列布置和周边布置。

7. 相对最优布局方案

（1）适宜性比较：自由式布置（高层）>自由式布置 1 >混合布置>行列布置 = 周边布置。

（2）建筑周边 PM10 环境比较：自由式布置（高层）>自由式布置 1 >混合布置>行列布置>周边布置。

（3）总滞尘量比较：自由式布置（高层）>自由式布置 1 >混合布置>行列布置>周边布置。

（4）建筑造价比较：周边布置>行列布置>混合布置>自由式布置 1 >自由式布置（高层）。

（5）建筑形式美比较：自由式布置 1 >混合布置>自由式布置（高层）>行列布置 = 周边布置（图 5-3-17）。

5.3.5 几种典型住宅小区平面布局的滞尘效应比较

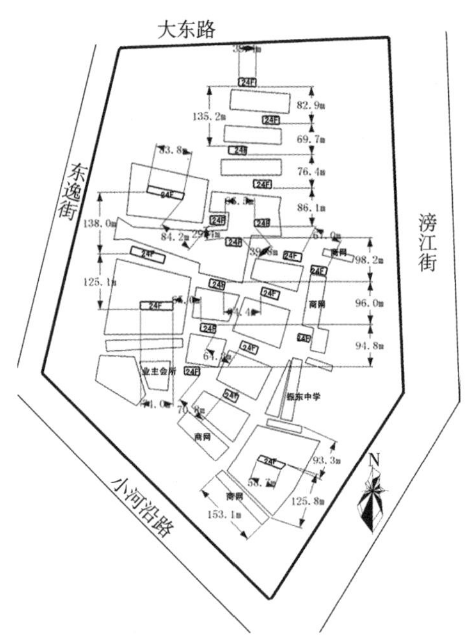

图 5-3-17 东逸花园最佳滞尘方案平面
资料来源：作者自绘

1. 单一组团空间布局模拟（图 5-3-18）

（1）围合式：当 PM10 随着风垂直迎风面进入，由于前排建筑的迎 PM10 面积相同，因此形成的滞留区域也基本相同，滞留区的形成影响前排建筑前侧的 PM10 环境。同样建筑之间的间距成为 PM10 进入围合式内部的主要通道，由于风通道较多，因此通道入口并没有突变，沿下风向 PM10 含量逐渐减弱，但是满足室外 PM10 舒适度的通道并没有延续到后排建筑之间。在后排建筑的后侧，形成两个明显的涡流，且该区域处于 PM10 阴影区内，因此严重影响该区域的 PM10 环境质量。

（2）行列式：由于前排建筑迎 PM10 面积增加到最大，因此 PM10 撞击形成的滞留区也变为最大，且形成的区域大小基本相同。前几排建筑之间的通道有一定的 PM10 进入，但是前两排建筑之间的横向通道内，由于前排建筑的遮挡，PM10 流动产生分离与再附，基本上均为 PM10 阴影区，严重影响该区域的 PM10 环境。后两排建筑的横向通道虽然有大面积的 PM10 舒适区，但是风速相对有所减弱。

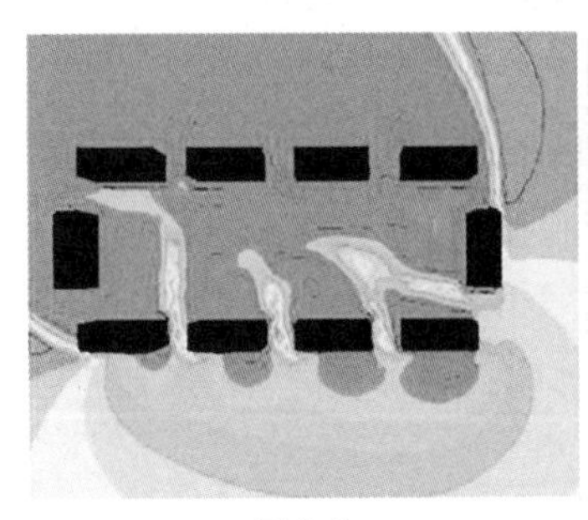
围合式

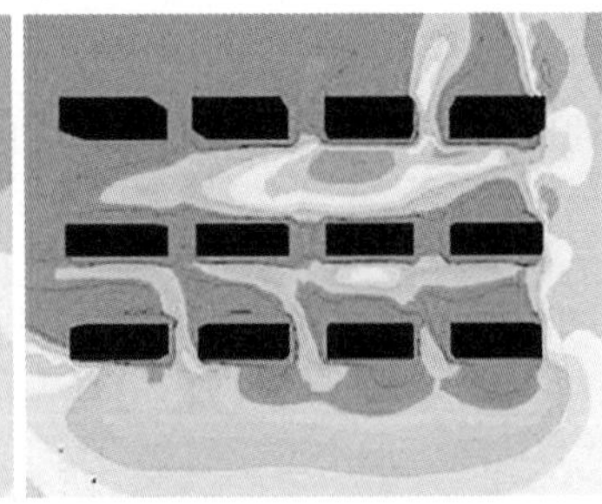
行列式

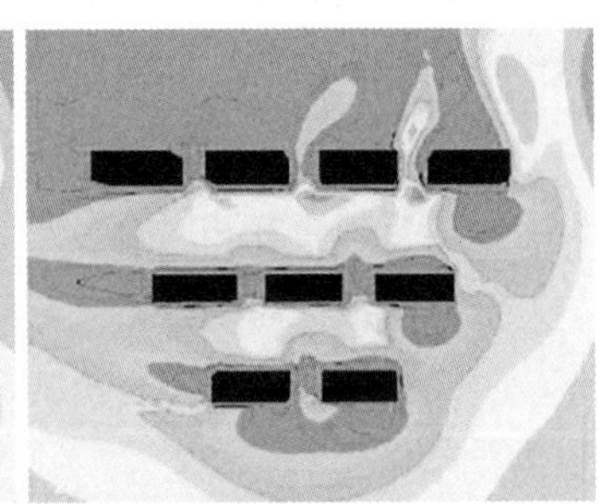
错列式 1

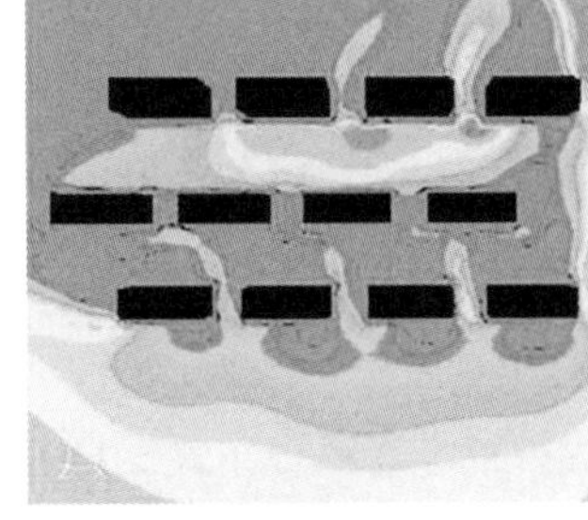
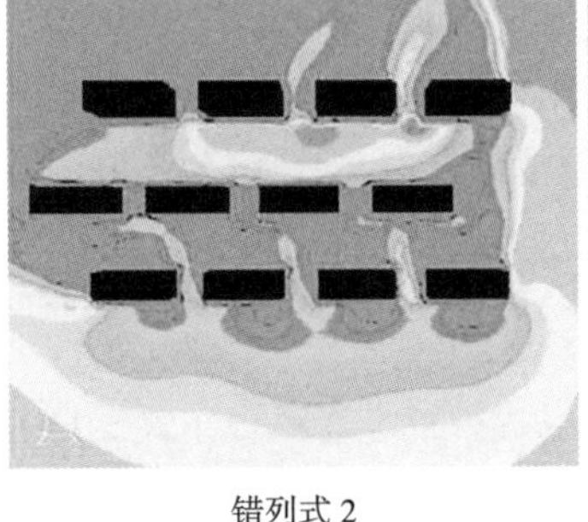
错列式 2

点式高层式

图 5-3-18 几种典型的单体建筑布局模拟
资料来源：作者自绘

建筑后几排之间的间距处均处于PM10阴影区内。从图5-3-18可以看出，后排建筑后侧形成了两大涡流区，使得后排建筑后侧区域的PM10环境更加恶劣。

（3）错列式1：PM10垂直进入布局内部，前排建筑壁面的迎PM10面积最大，因此形成的PM10滞留区也最大，以至于仅建筑前两排之间的通道内有少量PM10进入。建筑后排在各自的左前侧出现了一定面积的PM10舒适区，然而前两排建筑的主通道内PM10阴影区较大，只有小面积的PM10舒适区。建筑后几排之间的通道处PM10舒适区沿下风向延伸的范围加大，一定程度上改善了后排建筑后侧的PM10环境。从图5-3-18可以看出，后排建筑的后侧形成了两个较大的涡流区，建筑主通道内的PM10场比较复杂，影响此区域的PM10环境质量。

（4）错列式2：前排建筑的迎PM10壁面达到最大，因此因PM10流动撞击壁面引起的PM10滞留区也达到最大，影响前排建筑前侧的PM10环境。同样由于前排建筑的遮挡，前排建筑的背风面处也同样受到影响，几乎全部淹没在PM10阴影区内。建筑前四排之间的通道内PM10流动活跃，贯穿整个通道，并在后排建筑之间的通道处分离，分别进入后排建筑之间的通道内，后两排建筑的横向通道内，建筑的后部形成了一定面积的PM10舒适区，其次建筑之间的通道仍有少量的PM10沿下风向继续流入该区域内，其他大部分区域均处于PM10阴影区内，因此该区域的PM10环境恶劣。后排建筑的周围区域内均处于PM10阴影区内，并且在这些建筑的后部形成非常大的PM10阴影区。从图5-3-18可以看出，建筑排与排之间的流动复杂，后排建筑后侧的涡流现象仍然明显。

（5）点式高层式：当PM10垂直于迎风壁面进入点式布局内部时，在建筑前侧形成了PM10滞留区，然而由于建筑迎PM10壁面的面积较小，因此PM10滞留区较小。对室外PM10环境影响较小。建筑背风面形成了非常规则的PM10阴影区,阴影区的面积基本相同。形成的PM10阴影区相对也略有提高。两两建筑之间的通道内形成了较大面积的PM10舒适区。建筑前部的迎风拐角处形成了一定面积的PM10滞留区。

2. 多组团（行列）空间布局模拟

本文的组团布局模拟研究中,以几种典型的群体建筑布局为主。其中有A-1、A-2、B-1、B-2、C-1、C-2、D-1、D-2、E-1、E-2十种布局（图5-3-19、图5-3-20）。这几种布局以四个组团组合而成，按一定的规律排列组合。

采用FLUENT软件模拟方法研究了图5-3-19、图5-3-20中A-1、A-2、B-1、B-2、C-1、C-2、D-1、D-2、E-1、E-2十种布局的住宅小区室外PM10环境。首先利用前人的风洞模型进行数值模拟，并将模拟结果与风洞试验结果进行比较，发现数值模拟结果虽然与风洞试验结果有一定的误差，但总体而言，本书采用的湍流模型及数值模拟理论能较好地预测群体建筑周围的PM10环境。

结果分析：

（1）当东北组团布置点式、斜列组团时，由于建筑之间的相互遮挡减少，因此该区域能形成较好的PM10环境，区域内部约七成的面积PM10环境满足室外舒适度要求，右侧上游布置错列组团时，由于建筑之间的相互影响加剧，因此 PM10 环境相对较差，区域内部约三成的面积其 PM10 运动轨迹不流畅。

（2）东北组团的布局对西南和东南组团的影响较小，主要是由于风向与建筑的朝向有一定的角度，使风能沿建筑之间的通道斜向压入，因此东北组团的布局对西南和东南组团布局影响较小，即使东北组团的布局发生了一定的变化，但是北侧联排建筑的 PM10 环境均较好，大约有八成的区域 PM10 环境满足室外舒适度要求。

（3）当西北组团布置点式组团时，仍能在该区域形成较好的 PM10 环境，然而西北组团布置斜列组团时，并没有形成像东北组团那样好的 PM10 环境，这主要是东北和东南区

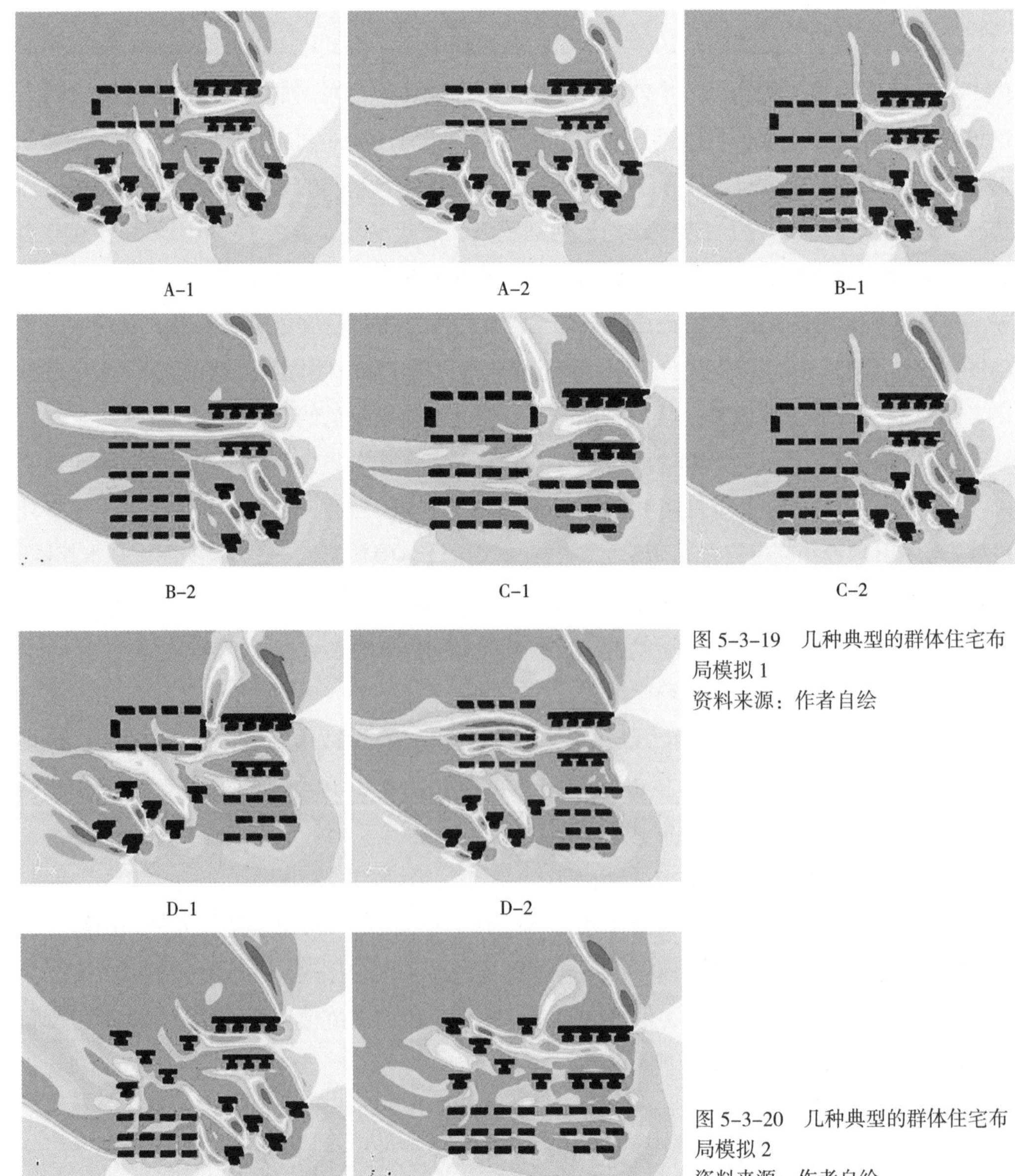

图 5-3-19 几种典型的群体住宅布局模拟 1
资料来源：作者自绘

图 5-3-20 几种典型的群体住宅布局模拟 2
资料来源：作者自绘

PM10 模拟对象组团形式一览表 1　　　　表 5-3-8

	编号	东南组团	西南组团	西北组团	东北组团
西北组团　东北组团 西南组团　东南组团	A-1	点式高层	点式高层	围合式	板式高层
	A-2	点式高层	点式高层	行列式	板式高层
	B-1	点式高层	行列式	围合式	板式高层
	B-2	点式高层	行列式	行列式	板式高层
	C-1	斜列式	行列式	围合式	板式高层
	C-2	斜列式	行列式	行列式	板式高层
	D-1	错列式	点式高层	围合式	板式高层
	D-2	错列式	点式高层	行列式	板式高层
	E-1	点式高层	行列式	点式高层	板式高层
	E-2	斜列式	行列式	点式高层	板式高层

域对西北和西南区域的遮挡，一定程度上影响了南侧区域的PM10环境。西北组团布置错列、行列组团时，形成的 PM10 环境较差，大部分区域均处于 PM10 阴影区内，然而东北组团布置点式、斜列组团时，一定程度上能改善西北组团布置行列、错列组团时的 PM10 环境。东北组团布置点式组团时的改善效果强于东北组团布置斜列组团。

（4）西南组团布置围合组团时，PM10 环境均恶劣，布局内部几乎全部淹没在 PM10 阴影区内，然而西北组团布置点式组团时，围合组团内部的 PM10 环境有一定的改善。西南组团布置点式组团时，西北组团的变化对其影响较小，约有七成的面积，PM10 环境满足要求。西南组团布置行列、错列组团时，均能在北侧建筑之间的通道内形成较好的 PM10 环境，这主要是西北组团的联排建筑与行列、错列组团之间能形成一致的风通道，因此西北组团布局变化的对其影响减弱。

3. 多组团（错列）空间布局模拟

在组团布局模拟研究中，以几种典型的群体建筑布局为主。其中有 A′-1、A′-2、B′-1、B′-2、C′-1、C′-2、D′-1、D′-2、E′-1、E′-2 十种布局。这几种布局以四个组团组合而成，按一定的规律排列组合（图 5-3-21、图 5-3-22）。

采用 FLUENT 软件模拟方法研究了图 5-3-21、图 5-3-22 中 A′-1、A′-2、B′-1、B′-2、C′-1、C′-2、D′-1、D′-2、E′-1、E′-2 十种布局的住宅小区室外 PM10 环境。首先利用前人的风洞模型进行数值模拟，并将模拟结果与风洞试验结果进行比较，发现数值模拟结果虽然与风洞试验结果有一定的误差，但总体而言，本书采用的湍流模型及数值模拟理论能较好地预测群体建筑周围的 PM10 环境。

结果分析：

（1）当西北组团布置点式组团时，仍能在该区域形成较好的 PM10 环境，然而西北组团布置斜列组团时，并没有形成像东北组团那样好的 PM10 环境，这主要是东北和东南区域对西北和西南区域的遮挡，一定程度上影响了南侧区域的PM10环境。西北组团布置错列、

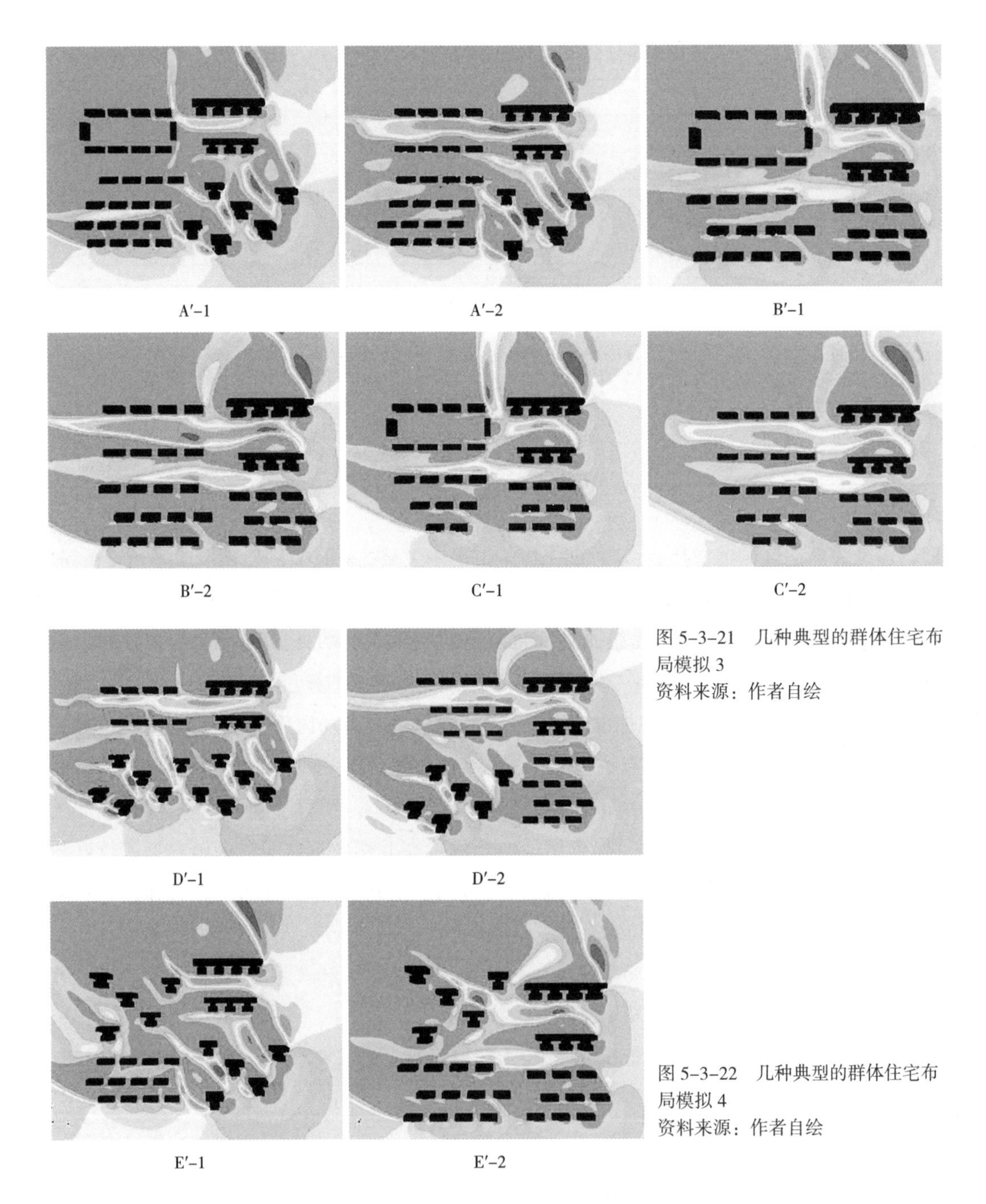

图 5-3-21　几种典型的群体住宅布局模拟 3
资料来源：作者自绘

图 5-3-22　几种典型的群体住宅布局模拟 4
资料来源：作者自绘

行列组团时，形成的 PM10 环境较差，大部分区域均处于 PM10 阴影区内，然而东北组团布置点式、斜列组团时，一定程度上能改善西北组团布置行列、错列组团时的 PM10 环境。东北组团布置点式组团时的改善效果强于东北组团布置斜列组团。

（2）东北组团的布局对西南和东南组团的影响较小，主要是由于风向与建筑的朝向有一定的角度，使风能沿建筑之间的通道斜向压入，因此东北组团的布局对西南和东南组团布局影响较小，即使东北组团的布局发生了一定的变化，但是北侧联排建筑的 PM10 环境均较好，大约有八成的区域 PM10 环境满足室外舒适度要求。

PM10 模拟对象组团形式一览表 2　　表 5-3-9

	编号	东南组团	西南组团	西北组团	东北组团
	A′-1	点式高层	错列式	围合式	板式高层
	A′-2	点式高层	错列式	行列式	板式高层
	B′-1	错列式	错列式	围合式	板式高层
	B′-2	错列式	错列式	行列式	板式高层
西北组团 东北组团 西南组团 东南组团	C′-1	错列式	斜列式	围合式	板式高层
	C′-2	错列式	斜列式	行列式	板式高层
	D′-1	点式高层	点式高层	错列式	板式高层
	D′-2	错列式	点式高层	错列式	板式高层
	E′-1	点式高层	错列式	点式高层	板式高层
	E′-2	错列式	错列式	点式高层	板式高层

（3）西南组团布置围合组团时，PM10 环境均恶劣，布局内部几乎全部淹没在 PM10 阴影区内，然而西北组团布置点式组团时，围合组团内部的 PM10 环境有一定的改善。西南组团布置点式组团时，西北组团的变化对其影响较小，约有七成的面积，PM10 环境满足要求。西南组团布置行列、错列组团时，均能在北侧建筑之间的通道内形成较好的 PM10 环境，这主要是西北组团的联排建筑与行列、错列组团之间能形成一致的风通道，因此西北组团布局变化的对其影响减弱。

（4）当东北组团布置点式、斜列组团时，由于建筑之间的相互遮挡减少，因此该区域能形成较好的 PM10 环境，区域内部约七成的面积 PM10 环境满足室外舒适度要求，右侧上游布置错列组团时，由于建筑之间的相互影响加剧，因此 PM10 环境相对较差，区域内部约三成的面积其 PM10 运动轨迹不流畅。

在居住区空间布局的纵向比对中，西北组团围合式、西南组团高层式、东南组团错列式、西南组团行列式的组团形式，或者类似于此的居住组团形式是比较利于 PM10 扩散的。

5.3.6　建筑与植物相对位置与滞尘效应

1. 建筑方向的研究

建筑方案：删减六幢多层建筑，增加三幢板式高层。此方案是为了增加下垫面的绿地面积，以达到减沙滞尘的目的。

根据沈阳市绿地滞尘能力分析中，计算得出东逸花园绿地滞尘量。数据如下：东逸花园夏季的绿地总滞尘量为 96173.6g，而总的绿地面积为 57650m^2，每平方米的绿地能滞尘量为 1.668g。修改后的方案中，绿地面积增加了 10000m^2，总的绿地面积达到 67650m^2，比之前增加了 14.78%。修改前的滞尘量为每平方米 1.668g，所以修改后的方案增加了 16680g，而总滞尘量增加到 112853.6g，较之前增加了 14.8%。可以说，大大提高了东逸花

东逸花园滞尘设计方案一之前后数据比对表　　表 5-3-10

	修改前	修改后
绿地面积（m^2）	57650m^2	67650m^2
绿地总滞尘量（g）	96173.6g	112853.6g

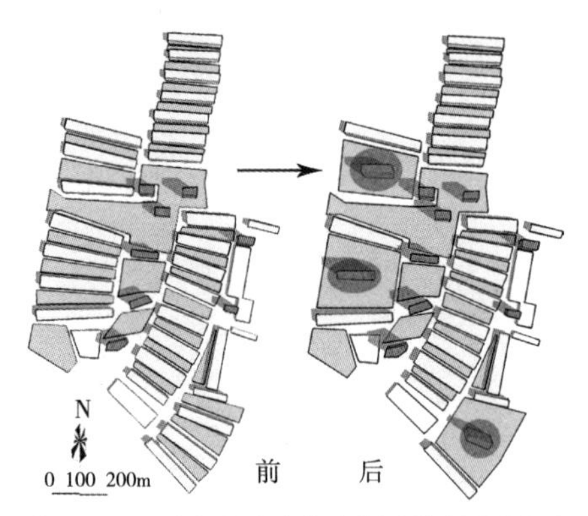

图 5-3-23　沈阳市城建东逸花园滞尘设计方案对比
资料来源：作者自绘

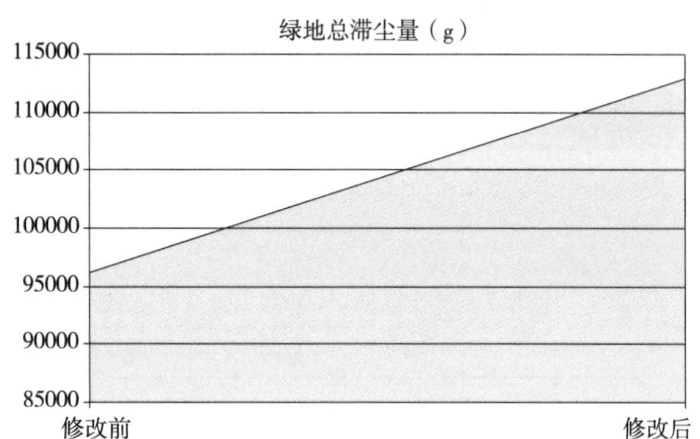

图 5-3-24　东逸花园滞尘方案一
资料来源：作者自绘

园的绿地滞尘能力（表 5-3-10、图 5-3-23、图 5-3-24）。

2. 植物方向的研究

在植物方案中，在不改变现有建筑布局前提下，在兼顾美观的同时，多栽植滞尘能力强的树种，裁剪滞尘能力弱的树种；其中，银杏树滞尘能力弱而数量多，所以要适当削减；而椴树中的紫椴，滞尘能力强，所以增加到一百株。修改前的总滞尘量为 96173.6g，修改之后能达到 151998.4g，较之前增加了 55824.8g，增加率为 37.73%。之前的每平方米的绿地能滞尘量为 1.668g，之后为 2.637g（表 5-3-11、表 5-3-12）。

东逸花园的主要树种有银杏、毛桃、毛白杨等，其中银杏树株数最多，而河柳株数最少。沈阳市东逸花园有几个主要的绿地地块，在方案图中很明显能看出，东逸花园的多层建筑之间，绿地的覆盖面积是比较小的。尤其是东逸花园东西两个区的大部分面积，是很缺少居住区绿地覆盖的。

3. 两种方向方案的比较与取舍

东逸花园的两种滞尘方案：一是在不改变树种种类的前提下，将多层建筑改为高层建筑，来增加地面的绿地面积，达到滞尘效果；二是在不改变建筑现有格局的前提下，将滞尘能力弱的树种削减，增加滞尘能力强的树种株数，来达到滞尘效果。方案一的绿地总滞尘量为 112853.6g，而方案二的为 151998.4g；方案一的滞尘量增加率为 14.8%，而方案二的为 37.73%。从两种方案的动态模拟对比图显示，方案二比方案一的滞尘效应效果更佳（图 5-3-25~ 图 5-3-27、表 5-3-13）。

综上所述，如果仅考虑滞尘效果的话，应该选择滞尘效果好、可操作性强的植物方向的滞尘方案。

东逸花园滞尘设计方案二之前后数据比对　　　　表 5-3-11

树种名称	修改后的株数	单株植物滞尘量（g/ 株）	总滞尘量（g）
金银木	50	0.4205	21.025
风箱果	60	1.1431	68.586
红瑞木	40	1.2304	49.216
锦带花	30	1.4195	42.585
连翘	30	3.7319	111.957
榆叶梅	30	4.3655	130.965
金银忍冬	40	4.9777	199.108
银杏	20	9.4432	188.864
垂柳	10	21.3663	213.663
毛桃	60	23.1242	1387.452
刺槐	30	28.1062	843.186
白榆	40	29.429	1177.16
丁香	60	32.9286	1975.716
旱柳	40	50.2686	2010.744
加杨	50	60.708	3035.4
元宝槭	70	73.8056	5166.392
小叶朴	40	110.8331	4433.324
国槐	50	143.9216	7196.08
枫杨	70	170.0533	11903.731
辽东栎	80	218.8404	17507.232
椴树	100	293.548	29354.8

东逸花园滞尘设计方案二之前后数据比对　　　　表 5-3-12

	修改前	修改后
绿地面积（m^2）	57650m^2	57650m^2
树种株数（株）	2102 株	2063 株
绿地总滞尘量（g）	96173.6g	151998.4g

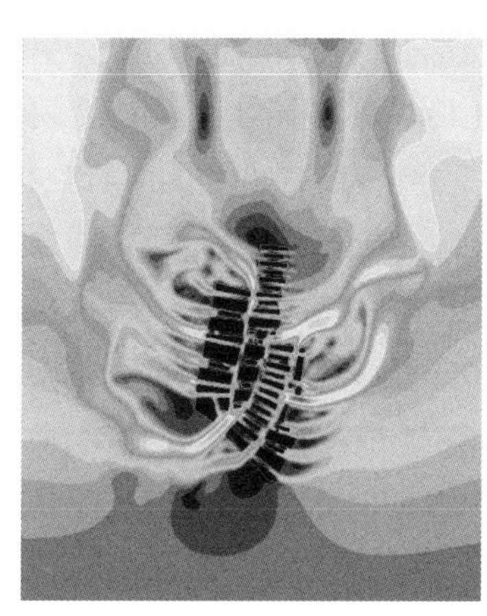

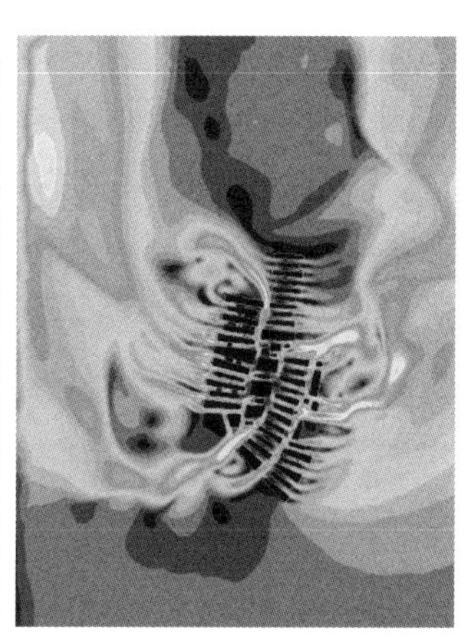

图 5-3-25　两种方案的 PM10 动态模拟对比图（春季）
资料来源：作者自绘

方案一 PM10 动态模拟　　方案二 PM10 动态模拟

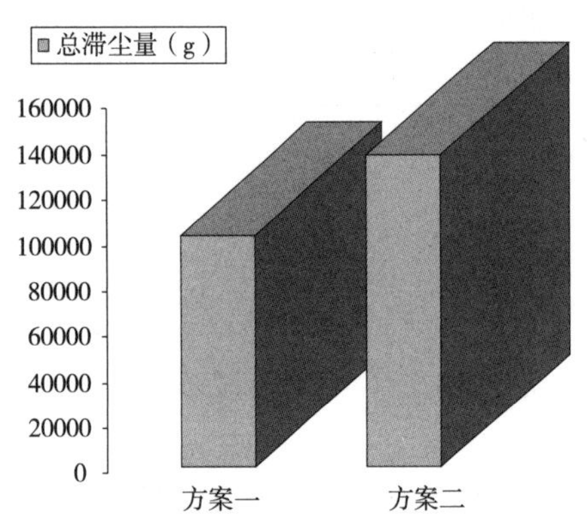

图 5-3-26 东逸花园两种滞尘方案总滞尘量对比
资料来源：作者自绘

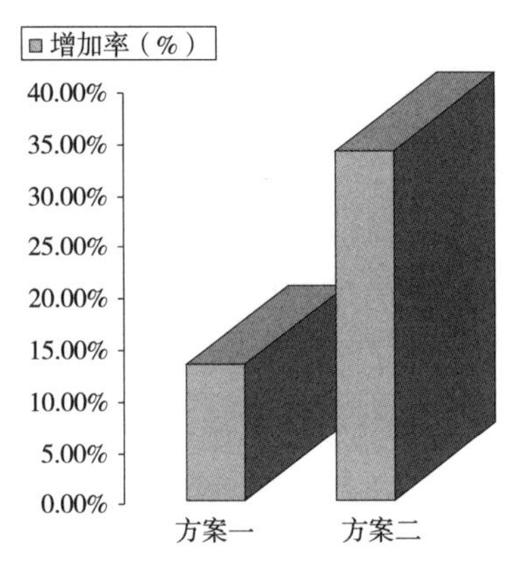

图 5-3-27 东逸花园两种方案滞尘量增加率对比
资料来源：作者自绘

东逸花园两种滞尘设计方案数据对比 表 5-3-13

	建筑方案	植物方案
绿地总滞尘量（g）	112853.6	151998.4
滞尘量增加率（%）	14.8	37.73

5.3.7 小结

（1）在五种布局的 PM10 环境比对方面，对于行列布置，可以通过改变建筑正南朝向与春季主导风向之间的夹角，来改善行列布置的小区内风压区域和 PM10 环境；对于周边布置，同样需要谨慎对待；混合布置与自由式布置 1 在对应的风向下，均应尽量使小区的布局中减小或者去除周边布置，这样能在一定程度上改善混合布置的东逸花园小区内的 PM10 环境；对于自由式布置（高层），PM10 流动最顺畅，舒适度也最好，但应注意单体建筑之间的合理布局，避免过大风沙的出现。

（2）在五种布局的总滞尘量比较方面，高层形态的居住空间其滞尘量是最大，原因是高层建筑占地面积小，从而绿地面积大，导致绿地滞尘量随之增加。周边布置则是因为建筑基底占地面积大，所以绿地面积小，导致的总滞尘量减小。

（3）在五种布局的单位平方米建筑造价来看，行列布置为每平方米 1052.098 元，周边布置为每平方米 1013.1655 元，混合布置为每平方米 1207.908 元，自由式布置 1 为每平方米 1285.805 元，自由式布置（高层）为每平方米 1597.393 元。由此可见，自由式布置（高层）的建筑造价最高，而周边布置则最低最经济。

（4）由于本书的研究以 PM10 扩散为主，所以在上面的几个比较中，以 PM10 环境和总滞尘量二者的权重最大，再综合比较之后，得出东逸花园最佳滞尘方案，即自由式布置（高层）方案；而最差的滞尘空间布局方案，当属周边布置。

（5）东逸花园最佳滞尘自由式布置（高层），虽然滞尘量能达到 287177.9g，但若能

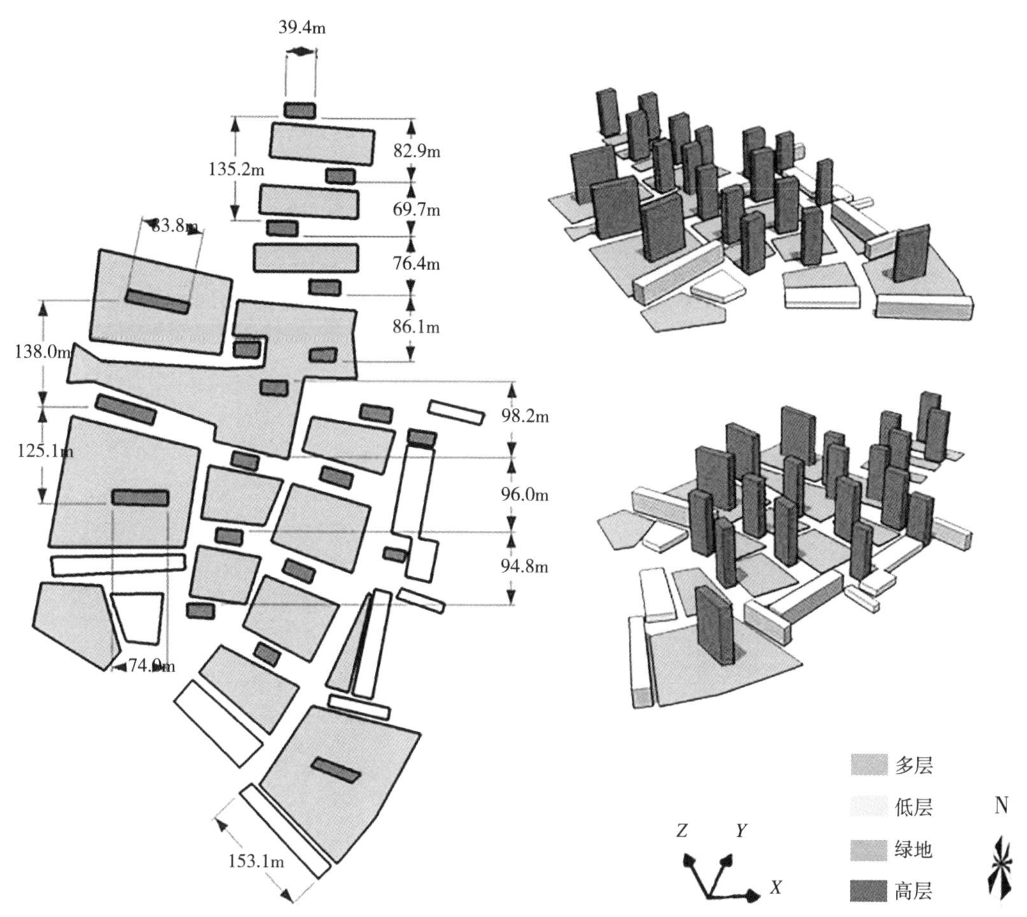

图 5-3-28　东逸花园自由式布置（高层）
资料来源：作者自绘

同时将此布局的绿植做选择性替换，将能大大提高其总滞尘量，在植物滞尘方案中得出结论：之前的每平方米的绿地能滞尘量为 1.668g，之后为 2.637g。所以在自由式布置（高层）方案中，替换绿植后的滞尘量能达到 453936g，相较以前提高了 37.7%，可见其滞尘效应增加。

（6）在居住区空间布局的纵向比对中，得出结论：西北组团围合式、西南组团高层式、东南组团错列式、西南组团行列式的组团形式是比较利于 PM10 污染物扩散的。

此外，如果有买房、选居住小区的需要的人群，同时又对可吸入颗粒物 PM10 比较敏感的话，作者建议选择点式高层的、小区三维绿量丰富的、植物方面以辽东栎和元宝槭等为主的居住区。

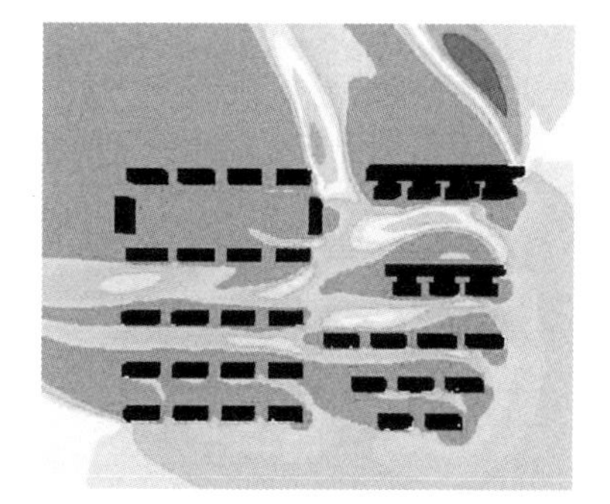

图 5-3-29　东逸花园两种方案滞尘量增加率对比
资料来源：作者自绘

第6章

案例与实践：绿地生态效应介入绿地生态设计

第6章

案例与实践：绿地生态效应介入绿地生态设计

6.1　辽阳市绿地生态规划

6.1.1　辽阳市基本概况

辽阳市位于辽东半岛城市群的中部，地处东经122035′04″~123041′00″，北纬40042′19″~41036′32″。全市南北长约101km，东西宽约92km，总面积为4731km²。东与本溪市本溪县为邻；东南与凤城、岫岩相依；南接鞍山市；西及西北与台安、辽中隔水相望；北和东北与沈阳市毗连（图6-1-1）。截至2009年末，全市总人口183万人，其中市辖区人口70.8万人，县（市）人口119.4万人，非农人口80.1万人。

辽阳市山水资源丰富，拥有国家A级以上的旅游景区8处，汤河风景区、龙石风景区、首山风景区、太子岛风景区、金宝湾自然保护区、双河自然保护区、核伙沟自然保护区生态价值突出（图6-1-2）；辽阳市历史文化旅游资源特色明显，广佑寺、辽代白塔、东京城和东京陵、燕州城等人文资源是辽金文化，高句丽文化中影响力较大的资源，是历史文化中的精品。

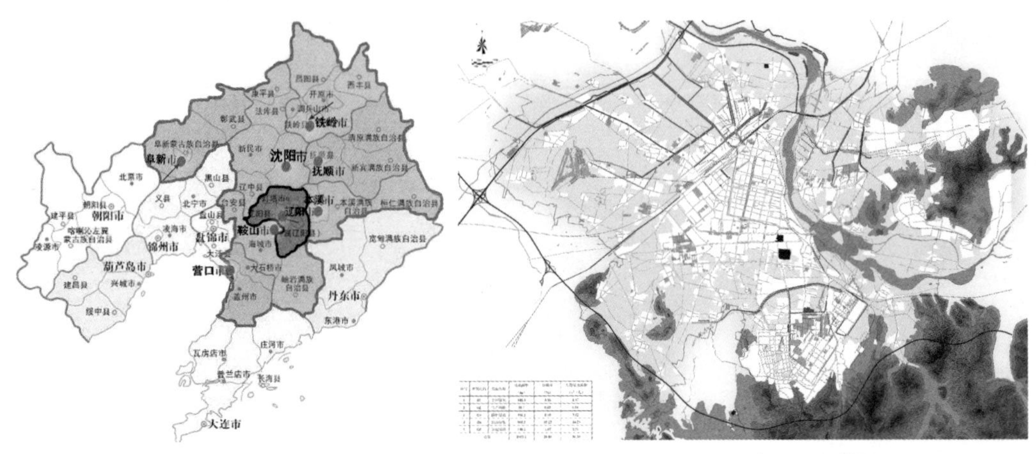

图6-1-1　辽阳市区位图
资料来源：《辽阳市城市绿地系统规划》

图6-1-2　辽阳市绿地现状图
资料来源：《辽阳市城市绿地系统规划》

1. 绿地系统建设优势分析

（1）优越而独特的山水构架。

（2）拥有国家级风景区多处。

（3）历史遗产丰富，文化底蕴深厚。

（4）古城区绿化框架初步形成。

2. 存在问题

（1）中心城区各类绿地连通性差，相互渗透少。

（2）游憩绿地连续性差，空间分布不均匀。

（3）乡土文化遗产保护较弱，有待恢复。

（4）农田生态系统与城市生态系统缺乏过渡带，景观多样性单一。

（5）铁路沿线用地布局混乱，未形成连续有效的防护林体系。

（6）城区碳氧平衡率不足，未合理利用周边天然氧源。

（7）新城区绿地尚未系统化。

6.1.2　规划总则

以生态原理和可持续发展理论为指导，利用“山城相依，城水蜿蜒”的格局，注重对现有的山体、水系的保护和建设，加强城市、县（县级市）生态环境建设，挖掘地域历史和人文资源，创造良好的人居环境，构建山、水、城、人和谐共生的，具有不同城市特色的绿地系统。

1. 指导原则

（1）系统性原则

遵循“城市大园林”、“大地园林化”、“城乡一体复合生态系统”的思想。将郊区的山林、田园、水体、湿地和风景区与辽阳市内的各类绿地结合成一个有机整体，构建一个有利于维护区域生态平衡和形成一个优良的大生态环境的城乡统筹的绿地系统。

（2）生态性原则

以生态学原理为指导，注重自然环境和资源的保护，努力创造一个稳定、安全、有力、有效的城市及郊区生态环境和人居环境。绿地的结构、布局以及设计符合生态学原理，适应生态学规律，维护生物多样性。并加强对山林、田园、水体、湿地、风景区、森林公园、防护林的保护与建设，为辽阳市及县城发展创造良好环境。在植物材料选择方面综合考虑生物物种、遗传、生态系统和景观的多样性。

（3）地域性原则

充分利用山地的自然条件和历史文化条件，合理组织城市内外的各种资源，体现辽阳市的景观格局和风貌。充分发挥城市的山体、河流的特殊性，规划建设有特色的绿地系统。

2. 规划目标

根据辽阳的城市性质、结构布局和现状条件，绿地系统的规划总体目标为：以生态学原理和可持续发展理论为指导，高起点、高标准、因地制宜地构筑布局合理、层次丰富、生物多样、景观优美的绿地系统，通过规划、布局，使周围绿地逐步向城区延伸，外围防护、生态绿带紧密环绕，建成生态平衡、环境宜人、具有辽阳山水风光特色的最适宜人类居住的国家生态园林城市，实现“蓝天、碧水、青山、绿色家园”的总体构想，使城市生态环境与社会、经济协调发展，实现城市的可持续发展。因此着力打造国家园林城市，积极创建国家生态园林城市，以发展低碳城市为新高度是我们本次辽阳市绿地系统规划总的期望与目标。

绿地率：2015 年绿地率达到 27.9%；2020 年绿地率达到 32.4%；2030 年绿地率达到 38.78%。

绿化覆盖率：2015 年绿化覆盖率达到 30.2%；2020 年绿化覆盖率达到 35.9%；2030 绿化覆盖率达到 42.54%。

人均公共绿地：2015 年人均公共绿地面积 8.85m^2；2020 年人均公共绿地面积 9.07m^2；2030 年人均公共绿地面积 12.65m^2。

6.1.3 规划战略

1. 建立市域大环境绿化基础设施网络

绿色基础设施强调空间结构的完整性和生态服务功能的综合性。它将生态系统的各种服务功能，包括旱涝调节、生物多样性保护、休憩与审美启智，以及遗产保护等整合在一个完整的景观格局中，落实在土地上。建立一个融合了微气候调节、生物多样性保护、休憩与审美启智，以及历史文化遗产保护等，具有综合服务功能的，具有辽阳地域特色的绿色基础设施网络系统（GI）是辽阳市居民持续获得自然生态服务的保障。

2. 维护和强化整体山水格局的连续性

辽阳市是一座依山傍水的历史文化名城。城市是区域山水基质上的一个斑块，城市扩展过程中，维护区域山水格局和大地机体的连续性和完整性，是维护城市生态安全的一大关键。

3. 保护和建立多样化的乡土生境环境

在保护辽阳市内的风景名胜区和自然保护区的同时，也不能忽视物种的生境的保护，这样才会是一个可持续的、健康的国土生态系统。如均质的农田景观，它们往往是各类小动物和鸟类的最后的栖息地。不宜农耕或建房的荒地，往往具有非常重要的生态和休闲价值，是农业景观中难得的异质斑块，保留这种景观的异质性，对维护城市及国土的生态健康和安全具有重要意义。

4. 充分开发现有河道和风景区的生态价值

河流水系是城市的发展源头，在利用现有河道的基础之上，要充分开发现有河道和风景区的生态价值。形成多种多样的生境组合，为各种生物提供适宜的环境。增强河道和风景区的连续性，使各种生物的迁徙和繁衍过程顺畅无阻。

5. 建立市域范围内文化遗产保护廊道

文化遗产廊道是集生态与环境、休闲与教育及文化遗产保护等功能为一体的线性景观元素，体现着一座城市文化的发展历程。辽阳市有许多节点已被列为保护文物零星散布，通过绿地将与同样重要的线性自然与人文景观元素联系起来，可以构成城市与区域尺度上价值无限的廊道。

6. 保护和利用高产农田作为城市有机部分

保护高产农田是未来中国可持续发展的重大战略，大面积的乡村农田将成为城市功能体的溶液，高产农田渗透入市区，城市机体延伸入农田之中，农田将与城市的绿地系统相结合，成为城市景观的绿色基质。既改善城市的生态环境，为城市居民提供可以消费的农副产品，同时也提供了一个良好的休闲和教育场所。

7. 缓解城市工业污染与噪声污染

加强对城市工业污染与噪声污染的防治，保护和改善生活环境，保障人体健康，促进经济和社会的和谐发展。辽阳市主要的污染物质集中在辽化和铁西工业园区，通过建立防护林带、公园绿地、生产绿地，并与水系廊道相结合，形成绿化隔离屏障，对各种污染物质及噪声污染进行隔离净化，以达到最大的生态价值。

6.1.4　规划的量化依据

生态绿地规划的基本数量指标的科学依据就是生态平衡规律。现代生态学认为：所谓平衡的生态系统，是系统的组成和结构相对稳定，系统功能得到发挥，物质和能量的流入、流出协调一致，有机体和环境协调一致，系统保持高度有序状态。对于人居环境的生存和发展而言，其中最重要的就是碳氧循环和水循环。

1. 碳循环与氧平衡

在生态系统的各个组成部分之中，对于城市地区人居环境影响最大的一对因子，就是碳循环与氧平衡。城市地区生态绿地系统的保护与发展，是维持和改善区域近地范围大气碳循环与氧平衡的主要途径，通过在绿地与城镇之间不断调整制氧与耗氧关系的基础上实现城市化地区人居环境空气中的碳氧平衡。如果以成年人每日呼吸需消耗氧气0.75kg，排出二氧化碳0.9kg计算,则每人有10m^{2}的森林面积就可以消耗掉他呼吸所排出的二氧化碳，并供给需要的氧气。以10m^{2}的森林面积乘以6.5左右的倍数及陆生植物大气氧平衡贡献系数0.6可以得出的森林绿地量的规划合理指标——人均约40m^2，然后再按照不同绿地绿量的等效功能级差系数，即可算出各类实用绿地的理论规划面积（图6-1-3）。

2. 水循环与水域绿地

水循环是地球上由太阳能推动的各种物质循环中的一个中心环节，水域绿地对于城市化地区人居环境的建设具有重要的生态意义。

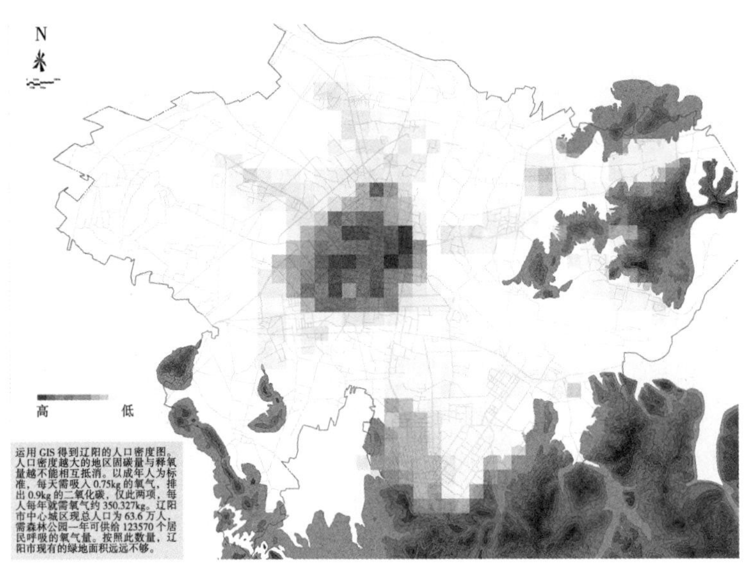

图 6-1-3　人口耗氧量分析图
资料来源：《辽阳市城市绿地系统规划》

生态平衡存在于一定的范围并具有一定的条件，这个能够自动调节的界限称为阈值。在阈值以内，系统能够通过负反馈作用，校正和调节人类和自然所引起的许多不平衡现象。若环境条件改变或越出阈值的范围，生态负反馈调节就不能再起作用，系统因而遭到改变、伤害以致破坏。阈值越高，系统对外界压力和干扰的抵抗力越大。

3. 基于红外影像的热岛效应分析

城市热岛效应（Urban Heat Island Effect）是指城市中的气温明显高于外围郊区的现象。在近地面温度图上，郊区气温变化很小，而城区则是一个高温区，就像突出海面的岛屿，由于这种岛屿代表高温的城市区域，所以就被形象地称为城市热岛。城市热岛效应使城市年平均气温比郊区高出 1℃，甚至更多。夏季，城市局部地区的气温有时甚至比郊区高出 6℃以上。此外，城市密集高大的建筑物阻碍气流通行，使城市风速减小。由于城市热岛效应，城市与郊区形成了一个昼夜相反的热力环流（图 6-1-4）。

近年来，随着城市建设的高速发展，城市热岛效应也变得越来越明显。城市热岛形成的原因主要有以下几点。

首先，是受城市下垫面特性的影响。城市内有大量的人工构筑物，如混凝土、柏油路面，各种建筑墙面等，改变了下垫面的热力属性，这些人工构筑物吸热快而热容量小，在相同的太阳辐射条件下，它们比自然下垫面（绿地、水面等）升温快，因而其表面温度明显高于自然下垫面。另一个主要原因是人工热源的影响。工厂生产、交通运输以及居民生活都需要燃烧各种燃料，每天都在向外排放大量的热量。

此外，城市中绿地、林木和水体的减少也是一个主要原因。随着城市化的发展，城市人口的增加，城市中的建筑、广场和道路等大量增加，绿地、水体等却相应减少，缓解热岛效应的能力被削弱。

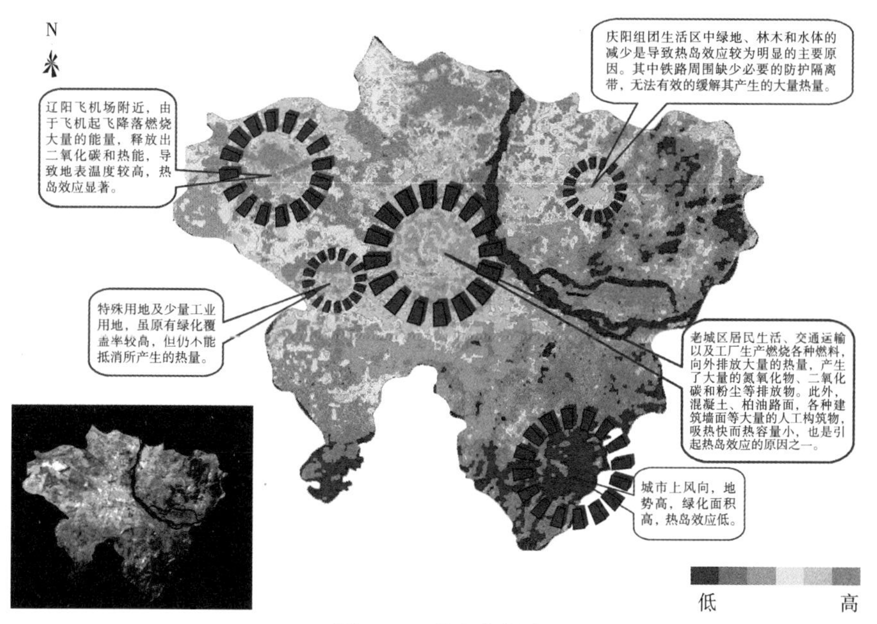

图 6-1-4　热岛分布图
资料来源：《辽阳市城市绿地系统规划》

当然，城市中的大气污染也是一个重要原因。城市中的机动车、工业生产以及居民生活，产生了大量的氮氧化物、二氧化碳和粉尘等排放物。这些物质会吸收下垫面热辐射，产生温室效应，从而引起大气进一步升温。

RS 和 GIS 的结合使我们可以根据一个地区实际需要分析城市热岛效应的空间分布特征，而 RS 数据的高时间分辨率能使我们更有效地研究城市热岛效应时空变化的规律。根据热岛效应的特征和空间分布，调整改造市区企业和建筑的不合理布局以减缓辽阳市热岛效应强度。

从绿化城市及周边环境方面：

（1）选择高效美观的绿化形式，包括街心公园、屋顶绿化和墙壁垂直绿化及水景设置，可有效地降低热岛效应，获得清新宜人的室内外环境。

（2）居住区的绿化管理要建立绿化与环境相结合的管理机制，并且建立相关的地方性行政法规，以保证绿化用地。

（3）要统筹规划公路、高空走廊和街道这些温室气体排放较为密集的地区的绿化，营造绿色通风系统，把市外新鲜空气引进市内，以改善小气候。

（4）应把消除裸地、消灭扬尘作为城市管理的重要内容。除建筑物、硬路面和林木之外，全部地表应为草坪所覆盖，甚至在树冠投影处草坪难以生长的地方，也应用碎玉米秸和锯木小块加以遮蔽，以提高地表的比热容。

（5）建设若干条林荫大道，使其构成城区的带状绿色通道，逐步形成以绿色为隔离带的城区组团布局，减弱热岛效应。

在现有的条件上，应考虑：

（1）控制使用空调器，提高建筑物隔热材料的质量，以减少人工热量的排放；改善市区道路的保水性性能。

（2）建筑物淡色化以增加热量的反射。

（3）提高能源的利用率，改燃煤为燃气。

（4）此外，"透水性公路铺设计划"，即用透水性强的新型柏油铺设公路，以储存雨水，降低路面温度。

（5）形成环市水系，调节市区气候。

4. 景观生态指标

（1）景观格局分析指数

运用遥感和地理信息系统技术，以景观生态学理论为指导，选取了绿地景观构成、景观多样性指数、斑块密度、斑块数、景观连通度等景观生态指标对城市绿地景观的结构和格局进行了分析（表 6–1–1、表 6–1–2）。

LANDSCAPE 景观水平上的景观格局分析　　表 6–1–1

LSI 景观形状指数	*COHESION* 景观连通度	*DIVISION* 分离度指数	*SHDI Shannon* 多样性指数	*NP* 斑块数	*PD* 斑块密度	*CONTAG* 蔓延度指数	*AI* 聚集度指数
27.0232	97.9866	0.9587	1.7333	2219	7.7640	60.0248	90.5504

CLASS 斑块水平上的景观格局分析　　表 6–1–2

用地类型	*LSI* 景观形状指数	*COHESIN* 景观连通度	*DIVISIN* 分离度指数	*PLAND* 斑块类型面积百分比	*PD* 斑块密度	*FRAC_MN* 平均分维数
农田用地	17.5372	98.9048	1.5355	31.6359	0.2939	1.0921
风景用地	10.0135	98.9050	0.9731	29.0877	0.5423	1.0788
水体	22.0121	96.3867	0.9999	2.2568	0.6998	1.0660
公园绿地	4.8636	89.9494	1.0000	0.1542	0.0490	1.0589
生产绿地	12.0263	88.3852	1.0350	1.0834	0.2939	1.0674
附属绿地	14.7927	80.3130	0.8403	0.5475	0.4863	1.0523
公共设施绿地	4.5370	86.7344	0.9512	0.2313	0.0630	1.0338
道路绿地	22.1294	77.9774	1.2649	0.5742	0.8642	1.0523
其他绿地	8.9785	89.6434	0.9603	0.7187	0.1644	1.0715

结果表明，辽阳市绿地存在着景观结构不合理、破碎度高、景观类型分布不平衡、斑块连通度较低等问题，针对这些问题，提出了辽阳市绿地景观建设对策。

（2）景观格局特征

从最小距离指数计算结果可以看出，在各类绿地中，公园绿地、生产绿地、其他绿地这三类绿地基本呈随机分布；农田用地、道路绿地、附属绿地、风景林地的最小距离指数较小，说明这四类绿地基本呈团聚状分布，其中农田用地团聚状分布特征最明显。究其原因，主要是受自然条件等影响，辽阳市的农田用地集中分布于市区西部；生产绿地数量少，为收到规模效益，客观上要求集中连片分布；防护绿地因害设防，相对集中分布利于防护功能的发挥。

景观连通度计算结果表明，农田用地、风景林地景观连通度分别为 95.9048% 和 92.9050%，说明这两类绿地斑块间空间联系较为紧密，景观连通度大；公园绿地、生产绿地景观连通度则分别只有 59.9494% 和 48.3852%，景观连通度小。究其原因，主要是这两类绿地斑块破碎度大，斑块散布所致。

5. 基于 FLUENT 软件的氧源服务范围分析

采用 FLUENT 系列软件来模拟计算规划之前与规划之后的辽阳市的中心城区的氧源服务范围（图 6–1–5）。FLUENT 系列软件可用来模拟从不可压缩到高度可压缩范围内的复杂流动，在本规划中，主要是模拟的氧气的散发量，主要有山体、绿地、农田，模拟的起始浓度（浓度单位：fraction）分别是 0.35，0.25，0.3。风向：南风，风速 2.9m/s，高度为 20m（因为这个模型比较大，如果看 2m 高的话，氧气还没来得及扩散）。

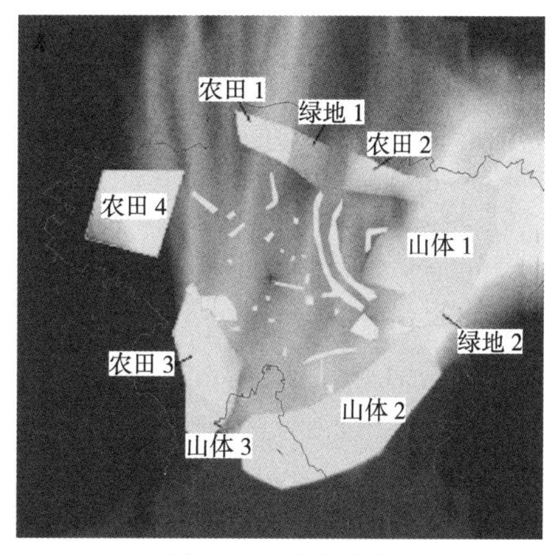

图 6–1–5　氧源分布
资料来源：《辽阳市城市绿地系统规划》

经模拟计算，得出如下结论：

农田 1 上方的氧气浓度大概是 0.275~0.3，绿地 1 上方的氧气浓度大概是 0.225~0.25，山体 1 上方的氧气浓度大概是 0.3~0.325，农田 2 上方的氧气浓度大概是 0.275~0.3，绿地 2 上方的氧气浓度大概是 0.225~0.25，山体 2 上方的氧气浓度大概是 0.3~0.325，农田 3 上方的氧气浓度大概是 0.25~0.275，山体 3 上方的氧气浓度大概是 0.3~0.325，农田 4 上方的氧气浓度大概是 0.25~0.275。由于风的作用，山体 1、2、3 产生的氧气随着风飘向下游。

从模拟结果分析可知，规划之后的辽阳市中心城区的各类绿地所释放的氧量能够基本覆盖整个中心城区，能满足城市生态发展的需要。

6. 氧源服务半径分析

对不同服务功能的公园绿地的服务半径进行计算分析（图 6–1–6），得出如下结论。

（1）城市公园绿地服务半径的大小，根据其服务功能的影响范围来确定更加合理。

城市公园绿地是为城市居民提供绿色服务的，其影响范围说明了能够为周边居民提供服务的能力大小，这种影响范围的大小与服务半径的分布相吻合。

（2）城市阻力影响城市公园绿地服务半径的大小，居民对绿地进行休闲游憩的选择受城市阻力的影响而改变，城市阻力较大的区域相对于城市阻力较小的区域，公园绿地的服务半径更短、服务范围更小。

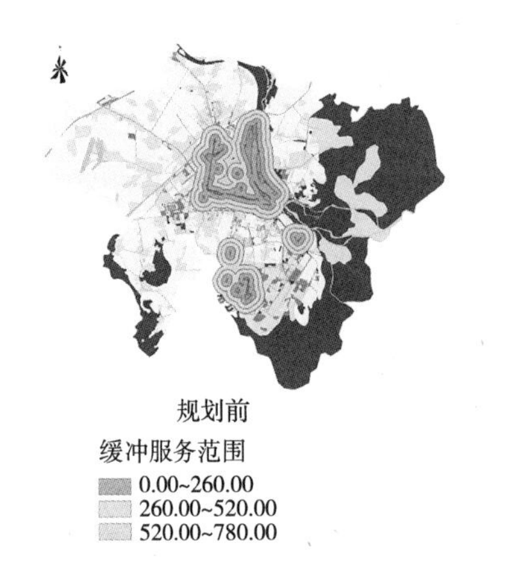

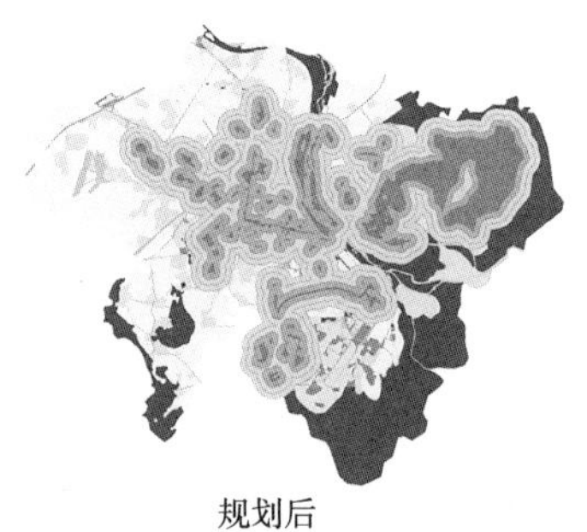

利用 GIS 软件进行模拟，结合公园绿地的服务半径来考虑城市公园绿地的分布。对不同服务功能的公园绿地的服务半径进行计算分析。考虑公园绿地以 800 米的服务半径为基准，规划之前辽阳市的各类公园绿地的服务范围并不能辐射辽阳市的范围，即不能满足人均的要求。通过对辽阳市公园绿地的重新规划，规划之后的公园绿地，其服务半径仍以 800 米为基准，所有的公园绿地基本能满足辽阳市民的需要。

图 6-1-6 服务半径

资料来源：《辽阳市城市绿地系统规划》

（3）城市人口分布与城市公园绿地服务半径关系密切，城市人口的密度在一定程度上决定了城市公园绿地的使用率，人口密集区域的公园使用率高，效能发挥大，服务半径就越长。

（4）城市公园绿地服务半径为不规则形状分布。通过对老河口市公园绿地服务半径的分析得知，影响服务功能的因素越多的区域，服务半径越短，反之越长，服务半径的边缘呈现不规则曲线状分布。

（5）城市公园绿地景观质量及景观可达性大小影响着服务半径的大小，景观质量高及可达性好的城市公园绿地的服务半径较长，反之则较短。

（6）城市公园绿地由于具有多种服务功能，每一种服务功能的服务半径各不相同，即同一城市公园绿地存在着多种服务半径。总体来说，综合性较高的城市公园绿地含有两种或两种以上的服务半径，而性质单一的城市公园绿地以一种服务功能为主，服务半径单一。

因此，研究城市绿地服务半径可以更有效地评价城市绿地空间分布的合理性，可以最大化地实现城市绿地的生态效益。

6.1.5 城市绿地系统规划结构布局与分区

中心城区绿地系统规划以打造绿色生态环境为目标，利用城区主要河流太子河、护城河以及规划外河，周围龙鼎山、首山等山体，共同构筑由“两环、八楔、玉带织网、碧翠镶金”的山水一脉的空间格局（图 6-1-7）。

（1）中心城区绿地系统框架已经初步形成，大规模修建的可行性不大，所以采用“大分散小集中”的原则。在原有节点的基础上，根据可达性，利用棚户区改建机会增建社区公园，结合现有绿化基础建设街头绿地，增加公园节点，同时增加东京城和东京陵等文物保护单位外围绿地，使自然生态与人文生态完美结合，从而共同优化绿地网络。

（2）太子河以突出生态内涵为主要内容，利用其临水开敞空间，建设滨河绿带景观，开辟观江平台，加强堤防绿化，形成开放式的观光绿地景观轴。护城河以突出历史文化内涵为主要内容建设沿河绿化带，为市民提供可游赏的带状生活公园。

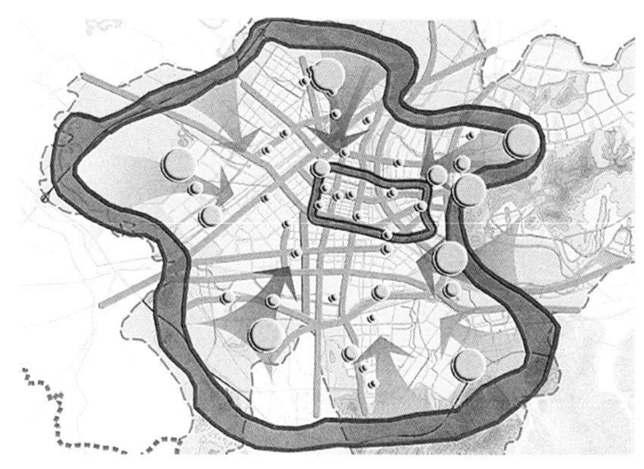

图 6-1-7　中心城区规划结构
资料来源：《辽阳市城市绿地系统规划》

（3）结合社区建设，进一步提高各居住区绿化水平；在工厂、企业、机关、学校、医院、部队、社会团体等单位内，按规定的较高绿地率指标控制其单位附属绿地。

（4）太子河和新开河，长沟沿交汇河口等网络节点应考虑多景观组合，乔、亚乔、灌木、草本、湿生、挺水、浮水以及水生生物，共同组成稳定的生态系统。

（5）农田和城市交接处，既有利于增加生物多样性，同时也能防止城市扩张，是重要的生态交错带，也是重要的自然生物廊道，需加强防护林带。在城市环线附近和重要的交通性干道（如国道等）两侧，控制一定宽度的防护绿地。城市常年主导风向为东南风，南北方向上，为疏导气流，树种搭配建议为常绿∶落叶为 1 ∶ 3。东西方向上，为阻挡西北风，树种搭配建议为常绿∶落叶为 3 ∶ 1，同时以针叶树种为主。

（6）在辽化工厂与住宅区之间，根据污染源产生污染的种类、程度和范围，按国家要求建设不同宽度和间距的卫生隔离防护绿化带。增加现有防护林体系数量，使整个防护林体系连成一个整体。

（7）同时开发庆阳兵工厂、龙鼎山、首山、太子岛等建设工业游园、森林公园、植物园、郊野工业以及风景区。采用指状楔入模式，通过自然到半自然再到人工景观的过渡，逐步将周边风景区的天然氧源渗透到城市主城区。

（8）可以考虑和林业局合作使用现有的林业局苗圃，适当扩大规模，以满足以后城市绿化建设的苗木需求。

6.1.6　小结

随着辽阳市城镇化进程的不断深入，辽阳市生态环境的构建面临着新的机遇与挑战。本书以辽阳市绿地系统规划为基础，通过借鉴国内外有关绿地生态网络规划的理论及在保护生态环境、展开对生态网络绿地的研究，整合空间职能，提高城市环境等方面的先进建设实践经验的基础上，在景观生态学、生态廊道、城市绿色廊道、绿道等相关理论的指导下，针对辽阳市绿地生态网络规划进行研究，构建绿地生态网络，并提出相应的绿地生态网络的规划策略。结论如下。

第一，城市生态网络包含城市绿地的各种类型。其范围不仅仅在城市建成区内部，还包括城市建成区外围的周边环境。

第二，分析总结出辽阳市绿地存在基础薄弱、缺乏统一规划、绿地文化缺失等问题，针对辽阳市生态网络规划的必要性进行阐述，为辽阳市绿地生态网络构建提供依据。

第三，确定辽阳市绿地生态网络的规划目标及规划原则，在综合考虑辽阳市自然生态、河流水系、交通资源、各层级公园绿地、城市景观道路以及相关规划等绿地生态网络影响要素的情况下，提出辽阳市绿地生态网络"一江三廊"、"两带六环"、"四横三纵"的布局。

6.2 湘潭市城市绿地生态网络规划研究

6.2.1 湘潭市基本概况

1. 区域概况

湘潭市地处湖南省中偏东部，湘江中下游，与长沙、株洲共同构成湖南省政治、经济、文化最发达的"金三角"城市群。湘潭东西横宽 108km，南北纵长 81km，土地总面积 5015km^2（图 6-2-1、图 6-2-2）。

湘潭市在长株潭三市中位于最西部，较之长沙、株洲更加贴近湖南省的中西部区。在省内区域格局中湘潭市起着承东启西的节点作用。湘潭市是湖南融入"泛珠角"的前沿重镇，是东部产业向中西部梯度转移的最佳传承地。

2. 现状条件

湘潭市绿地系统规划范围为雨湖区、岳塘区、国家高新区、九华国家经济开发区、昭山示范区、天易示范区和现湘潭县的河口镇、杨嘉桥镇的行政辖区范围，编制规划范围总面积约为 1069km^2。现阶段，湘潭市绿地布局结构和网络体系不够完善，现状绿地基本呈

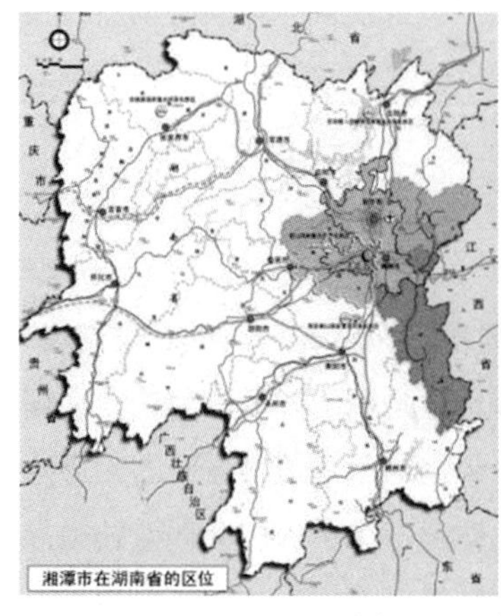

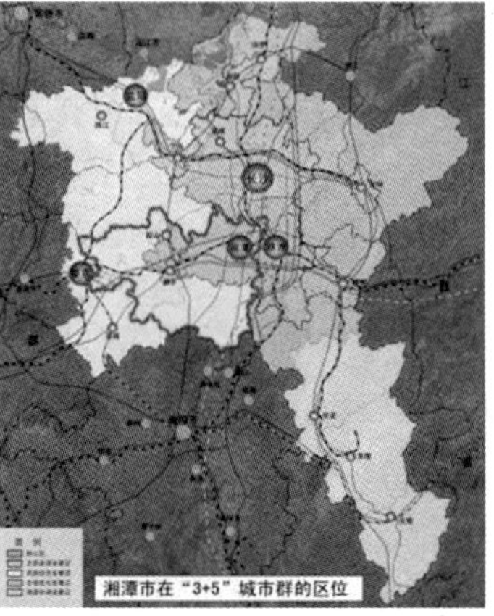

图 6-2-1 湘潭市区位
资料来源：《湘潭市绿地系统规划》

图 6-2-2 湘潭市空间影像
资料来源：《湘潭市绿地系统规划》

点状零散分布，相互之间缺乏必要的联系，没有很好地展示湘潭的地域性特色。绿地单调，色彩单一；绿地分布不均，布局凌乱；公共绿地少，休息场所少；植物种类单一。对于绿地生态网络缺乏统一规划与整合，公园绿地之间缺少联系，没有形成良好的网络构架。下面针对不同类型生态绿地现状进行分析。

（1）湘江风貌带

湘江是湘潭市主要的河流资源，因此对湘江风貌带的规划不仅是对湘潭市的整体城市的风貌提升，也是长株潭湘江绿地总体布局的重要组成。湘潭市内的自然资源丰富，在湘江两岸，分布着包括法华山森林公园、金霞山森林公园、桃园森林公园、九华西部森林公园、昭山风景名胜区等在内的自然资源。此外，湘潭市的历史文化资源主要分布在湘潭古城，沿湘江西岸临江排列。其中包括：望衡亭、陶侃墓、唐兴寺、唐兴桥、秋瑾故居、鲁班殿、万楼、文庙、关圣殿等历史文化保护单位及遗址故居。

目前，湘潭市的滨江绿地建设在空间布局、环境组织上都存在着一些不足。最明显的是没有对湘江的岸线风貌有一个统一的规划部署，缺少各个绿色空间的衔接。其次，对湘江水源保护的意识淡薄，缺乏城市生态角度与可持续发展角度的考虑。第三，对于湘潭文化缺少展示，没有形成湘潭文化的展示长廊。改造和建设湘潭湘江风光带，使之与长沙湘江风光带、株洲湘江风貌带形成整体是非常有必要的。

（2）城市公园绿带

根据对湘潭市绿地的实地调研发现，目前湘潭市中心城区公园绿地以点状和带状绿地为主，5个综合公园，3个专类公园以及社区公园、街旁绿地若干，还有极具地域特色的各类附属绿地。总体看，湘潭市已具备多种类型的绿地，初步形成了园林绿地系统雏形。然而，绿地布局结构和网络体系不够完善，现状绿地基本呈点状零散分布，相互之间缺乏必要的联系。

（3）生态防护绿带

目前，湘潭市规划区的生产绿地达到151.33hm^2，规划范围内设苗木生产基地12处，主要包括荷塘苗圃、上马苗圃、九华苗圃、昭山苗圃等。苗木品种以香樟、桂花、玉兰、枫树、石楠、红花檵木、苏铁、雪松、银杏、杜英、罗汉松、女贞、杜鹃等为主，城市各项绿化工程所需苗木自给率达86.46%以上。

城市防护绿带主要包括沿湘江两岸，堤内、堤外设置了不少于20m宽的风景防护绿地；沿涟水、涓水设置了不少于10m宽的风景防护绿地。在居住与工业用地之间设置绿化隔离带，但质量较差。沿市区的交通干线设置绿化隔离带，具体设置如下：沿京珠高速连接线两侧各设置20m宽的风景隔离带，沿上瑞高速公路连接线两侧各设置20m宽的风景隔离带，沿湘黔铁路两侧各设置20m宽的风景隔离带，与相邻城市连接的主要交通干线两侧各设置20m宽的风景隔离带。城市一些主要道路设置了防护绿地，例如九华大道25~60m、响水大道20m、吉利路10m。留有城市高压走廊的防护绿地，但质量较差。

湘潭市现状防护绿带存在如下问题：①湘潭市现状建成区范围内防护绿地建设未全部

引起足够重视，部分工业区与居住区之间，高压走廊下防护绿地设置不够；②湘潭市现有的防护绿地从数量、质量、景观等方面尚不能满足城市的需求，还未形成完整的防护体系，还需大力完善，使其更加生态化、园林化。

（4）交通链接带

湘潭市旧城区路网基本饱和，以岳塘区和雨湖区这两个紧临湘江的城区最为明显。韶山路、人民路、雨湖路、熙春路、建设路、车站路等为主的旧城中心区道路已经不能满足城市发展的需要。在城市道路的支路规划上，缺乏完善的道路体系，机非混行的情况非常严重。对于跨越湘江的桥梁建设，缺少桥头部分的交通组织，在桥头地段经常发生拥堵现象，严重阻碍了越江的通行能力。

城市道路的路网密度较低，结构缺乏整体性。目前湘潭市路网指标低，人均道路面积 6.95m^2/ 人，远低于全国平均水平（12m^2/ 人）。针对城市特色，缺乏对道路景观的规划与体现城市植物景色的景观大道的规划。目前河西旧城片区与北侧的通道只有建设路、富洲路，河东中心城区与东侧的联系通道仅有芙蓉路，与北侧的联系通道仅有芙蓉大道。目前的联系通道明显不足，不足以支撑城市空间的拓展。

对于道路的种植片区设计缺乏统一思考。在针对道路两侧的绿地设计时，选择的树种与种植方式和植物搭配方式较为单一，缺乏在城市层面上的整体把握。

6.2.2 湘潭市城市生态网络构建

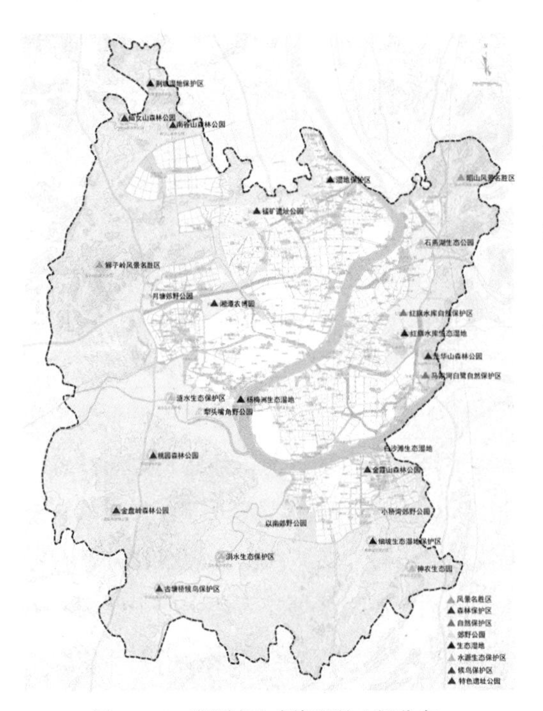

图 6-2-3 湘潭市生态资源的空间分布
资料来源：作者自绘

1. 规划目标

充分利用湘潭市的自然地理条件，按照生态学原理和可持续发展的要求，结合城市总体规划中确定的城市布局与绿地系统规划“城在林中、街在绿中、人在园中”的城市绿色环境，构建湘潭市城市绿地生态网络结构。以城市绿地生态网络为研究的主要目标，突出城市绿地文化为宗旨，提出城市绿地生态网络结构的总体布局，突出绿地生态网络化的特点，将独立分散的绿地斑块联系起来，形成连续的城市绿色廊道，对于城市绿地系统规划进行补充与完善（图 6-2-3）。

2. 规划原则

湘潭市绿地生态网络是城市绿地系统的重要组成部分，在进行规划时不仅要考虑到绿地系统的布局，更应该注意的是从实际出发，处理好绿色空间与周边建筑、交通与公共设施以及城市自然要素的关系。规划应遵循的基本原则：系统性原则、地域性原则、自然生态学原则以及以人为本的可操控性原则。

3. 影响要素解析

（1）自然生态走廊要素

自然生态要素主要包括山体、河流水系、农业田园等。这些自然要素是生物多样性、物种多样性、景观特性较为集中的地区，也是人们日常休闲生活向往的场所。因此，绿地生态网络应该优先考虑将这些地带串联起来，形成点线结合的绿色布局。湘潭市在长株潭三市中位于最西部，在长株潭生态绿心的辐射范围内，有着良好的自然资源。

（2）河流水系要素

湘潭市境内水系资源较为丰富，水资源总量达到 40.92 亿立方米。在湘潭市建成区内，主要有湘江、涓水、涟水三条主要河流。其中，湘江呈“C”形穿过城市市区，并在市区内形成 42km 的回湾，而涓水、涟水与湘江相接，三水汇聚。除了河流水系外，湘潭市境内的湖泊、池塘分布广泛，形成较为复杂的水系系统，同时在水系周边有着丰富的生物物种资源，为形成良好的生态景观提供基础。

此外，丰富的河流资源为湿地的形成提供良好的条件。湿地作为生态系统中重要的组成部分，它是绿地生态系统与水生态系统之间重要的过渡性的自然综合体。湘潭市的湿地建设也随着城市发展在不断完善中（表 6-2-1）。

湘潭市水源生态湿地　　表 6-2-1

资源点名称	位置	面积（hm^2）
涟水湿地公园	雨湖区	947.36
红旗水库湿地公园	岳塘区	113.01
白沙洲湿地公园	天易示范区	72.14
开发区湿地公园	九华经济开发区	17.6
杨梅洲湿地公园	雨湖区	62.59
荆塘湿地保护区	响塘乡靳江河周	
河口湿地保护区	湘潭县河口镇	
细坡湿地保护区	湘潭县	

（3）交通廊道要素

交通资源主要包括高速公路、快速路、干线公路、城际铁路、轻轨、高速铁路以及交通枢纽等设施，交通网络是绿地生态网络构成成分的重要组成部分。湘潭市规划区范围内，交通网络丰富（表 6-2-2），以高速公路、快速路为主要骨架，形成现代综合交通体系。

根据湘潭市交通分布与道路走向，绿地生态网络根据道路等级，分布于高速公路、城市快速路、铁路等轨道交通两侧。同时利用景观条件良好的园区道路、废弃道路等，共同形成湘潭市绿地生态网络。

湘潭市主要交通资源统计　　表 6-2-2

类型	名称	
铁路	普铁	湘黔铁路
	高铁	沪昆高速客运铁路，武广高铁
	城际铁路	长株潭、娄底至湘潭城际铁路
	专线	九华港铁路专用线，锰矿铁路专用线
高速公路	横向	沪昆高速公路，上端高速南北线
	纵向	京珠高速、京珠高速西线

（4）历史文脉

历史文化要素主要包含历史名胜古迹遗址、传统村落街区，城市人文资源等方面的内容。湘潭是一座历史文化底蕴深厚的文化古城。湘潭山连衡岳，水接潇湘，钟灵毓秀，名扬天下。以陶侃任湘州刺史，驻节湘潭，并在今窑湾一带建屋算起，距今已有一千六百多年的历史。根据 2010 年的调查，规划范围有 5 处国家级名胜古迹、16 处省级名胜古迹、21 处市级名胜古迹（图 6-2-4）。

（5）多层次城市公园

城市公园作为反映城市绿化建设的重要标志和指标，不仅对城市生态环境具有优化的作用，同时也为城市居民提供良好的休闲活动场所。湘潭市城市公园绿地以大型的、特色鲜明的市区级综合公园、专类公园为重点，以沿湖泊、河流、道路的带状公园、带状小区游园为脉络，以散布于城市中的街旁绿地为基础，形成遍布全市、服务广大市民的公园绿地体系（图 6-2-5）。

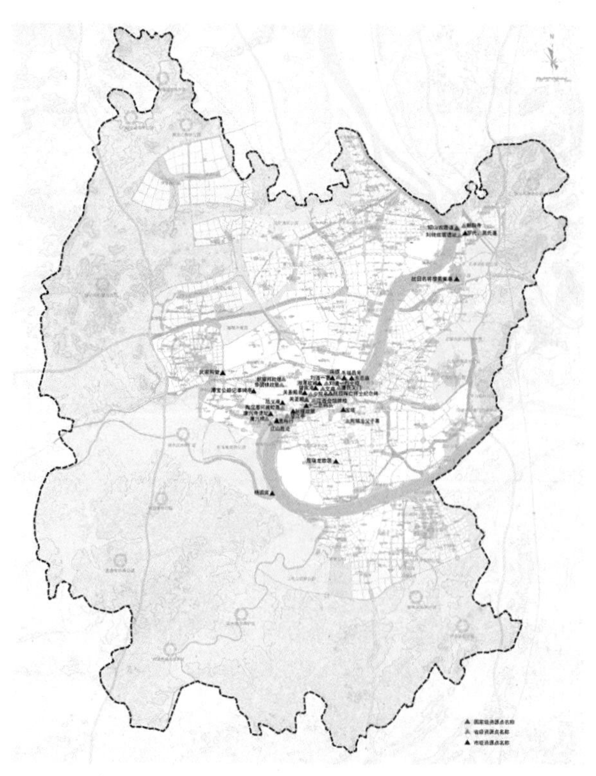

图 6-2-4　湘潭市历史文化资源分布图
资料来源：作者自绘

通过城市绿地系统规划可以发现，湘潭市存在着相对丰富的绿地资源，绿地整体的服务性较差。绿地总量虽然能够满足需求，但明显看出老城区绿地不足，存在着分布不均的特点。绿地与绿地之间的连接性较差，没有形成分布均匀、服务广泛的网络结构。

（6）城市景观道路

城市道路是城市线性空间的重要组成，一般情况下，道路的主要作用是疏导交通，体现连通性，但景观道路与林荫道路则是体现城市特色的重要部分。道路附属绿地一般由线性、带状绿地组成，是组成道路绿地网络的主要因子。因此对于湘潭市主要景观路、次要景观路以及林荫大道的规划是绿地生态网在城区内的重要研究内容。

在城区内，主要景观道路 15 条（表 6–2–3），次要景观路 38 条（表 6–2–4），林荫路 33 条（表 6–2–5）。

（7）相关规划

上位规划以及各个专项规划在一定程度上影响着湘潭市绿地生态网络的规划布局。在参考和借鉴上位规划的成果的基础上，实现湘潭市城市绿地生态网络规划布局是更加合理可行的。

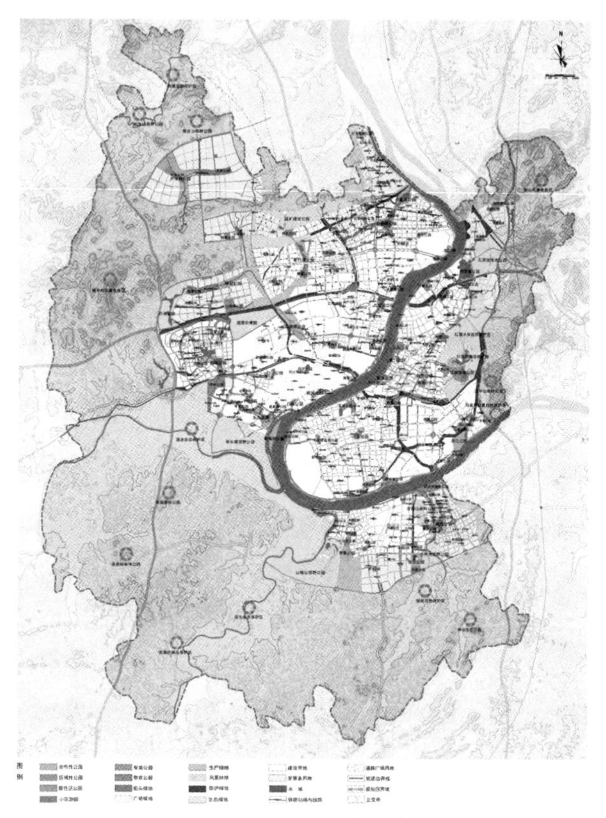

图 6–2–5 湘潭市公园绿地规划图
资料来源：作者自绘

《长株潭城市群区域规划》

注重集约化、生态型和开放式开发，形成“一心双轴双带”的空间结构（图 6–2–6）。

主要景观道路 **表 6–2–3**

分类	方向	名称
主要景观道路	横向	湘鹤路 – 长株潭中横线、长城西路 – 长城中路 – 长城东路、沪昆高速、湘大路 – 北二环路、横 –11、横 –1、芙蓉西路芙蓉中路 – 芙蓉东路、海鸥路
	纵向	伏林大道、鹤岭大道 – 潭锰路 – 建设北路 – 建设中路 – 建设南路 – 电工路 – 湘莲大道、长潭西线 – 富州路 – 双拥北路 – 双拥中路 – 双拥南路、滨江路、东二环、京珠高速、芙蓉大道 – 吉安路 – 海棠路

次要景观道路 **表 6–2–4**

分类	方向	名称
次要景观道路	横向	万家丽路、横 –2、荷花路、横 –12、高铁北路、奔驰路、横 –6、横 –4– 伏林路、横 –3、羊牯大道 – 韶山中路 – 韶山东路、白合大道、横 –15– 滨江大道 – 景观大道、团竹路、板塘 7 号路、板马路、岚园路 – 河东大道 – 东站南路 – 中兴路、钢城路 – 书院西路 – 书院东路、大鹏路 – 天易大道、黄莺路、武广大道
	纵向	香樟路、杨柳路、纵 –4、桃园路、杨柳路、铁牛路、茶园路、板塘十一号路、上瑞高速联络线、芳荷路、纵 –2、京港澳西线、纵 –1– 横 –14、纵 –13、响水大道、和平大道 – 泗州路、众泰路 – 九华大道、湘江路

林荫道路　　表 6-2-5

分类	方向	名称
林荫路	横向	横 -5、学院路、九昭路、横 -13、吉利西路－吉利东路、横 -5、学府路、横 -7、横 -8、韶山 22 号路、板塘 16 号路、板塘 8 号路、福星东路－福星中路－福星西路、霞光西路－霞光中路－霞光东路、晓塘西路－晓塘东路、阳塘路、凤凰路、云龙路
	纵向	含羞草路、金银花路、云水路－东梅路、东泗路－潭下路、月华南路、月华北路、青年路、沃土路、响塘大道、纵 -12、科大路－横 -9、江南大道、纵 -3、兴隆路－干塘路、沪昆大道

《长株潭城市群生态绿心地区总体规划》

在遵循生态优先理念、满足生态安全格局的前提下，采用周边式、组团状的空间布局模式，规划形成“一心四带六团多点”的空间整体结构（图 6-2-7）。

《长株潭城市群绿道总体规划（2012—2020）》

长株潭城市群绿道网结构（图 6-2-7）：环网状结构——两环三纵三横

两环：环都市区生态休闲绿道；环绿心生态绿道。

三纵：湘江都市风情绿道；湘东生态田园绿道；名人故里、红色经典绿道。

三横：韶山—浏阳河红色溯源绿道；沩水青铜印象、捞刀河丹桂闻香绿道；涟水—渌江湿地觅芳绿道。

4. 湘潭市城市绿地生态网络总体布局

湘潭市绿地生态网络规划在综合考虑自然生态资源、历史人文环境、道路交通构成等基本要素以及相关规划政策要求的基础上，根据城市自身情况进行要素叠加分析，形成整体的绿地生态网络布局结构。

湘潭市绿地生态网络规划根据规划目标、规划原则，构成“一江三廊”、“两带六环”、“四横三纵”的布局结构（图 6-2-8）。

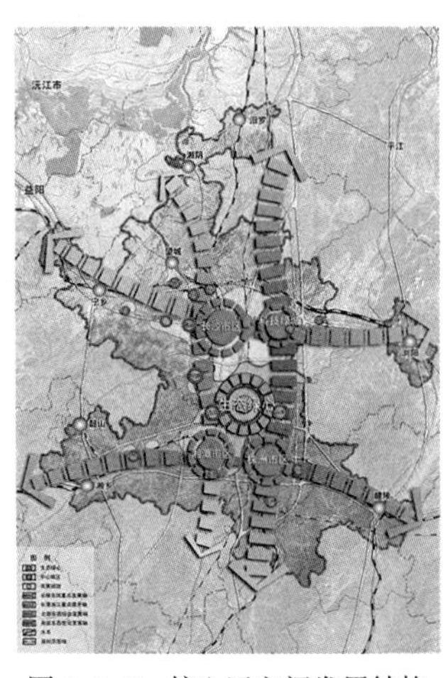

图 6-2-6　核心区空间发展结构
资料来源：长株潭城市群区域规划

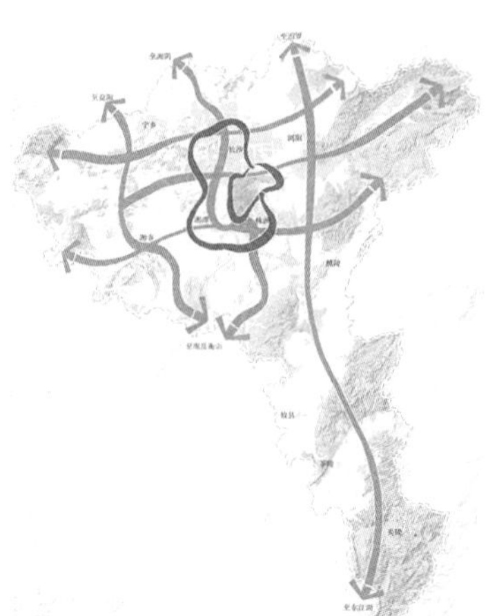

图 6-2-7　长株潭城市群绿道网结构
资料来源：长株潭城市群绿道总体规划

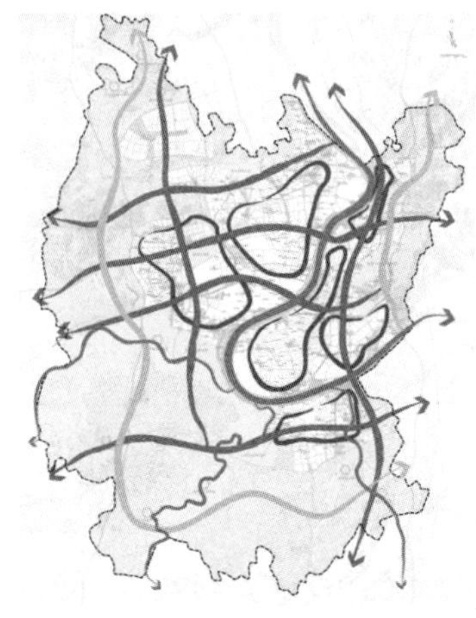

图 6-2-8　湘潭市绿地生态网络规划总体布局
资料来源：作者自绘

“一江三廊”：“一江”指的是穿过湘潭市城区的湘江形成的湘江两岸线性绿地风貌带；“三廊”指的是由湘江分流而出的涟水、涓水、紫荆河形成的三条滨水河流线性绿地。

“两带六环”：“两带”指的是在湘潭市城区周边串联各个自然资源点的线性绿带。即城区东侧，毗邻长株潭绿心，由马家河白鹭自然保护区—法华森林公园—红旗植物园—红旗水库湿地公园—红旗水库自然保护区—石燕湖生态公园—昭山风景名胜区为主要节点，通过线性绿地连接而成的线性绿带；城区西侧，形成由荆塘湿地保护区—南古山森林公园—仙女山森林公园—狮子岭风景名胜区—涟水生态保护区—桃园森林公园—金盘岭森林公园—古塘桥候鸟保护区—涓水生态保护区—细坡湿地保护区—神农生态公园为主要节点组成的，对湘潭市城区形成半包围态势的线性绿带。“六环”是指在城区内部，针对各个城区，形成城区内部的公园串联线性绿地，并针对各城区的特色与公园分布及用地性质，赋予城市特色等功能内涵。

“四横三纵”：针对主要的道路交通系统而言。“四横”是对于穿过城区的沪昆高铁、上端高速公路、湘黔线铁路、环城南路四条交通道路组成的线性绿地；“三纵”是指环城西路、富洲路、芙蓉大道三条城市快速路组成的线性绿地。

6.2.3　小结

随着湘潭市城镇化进程的不断深入，湘潭市生态环境的构建面临着新的机遇与挑战。本书以湘潭市绿地系统规划为基础，通过借鉴国内外有关绿地生态网络规划的理论及在保护生态环境、展开对生态网络绿地的研究，整合空间职能，提高城市环境等方面的先进建设实践经验的基础上，在景观生态学、生态廊道、城市绿色廊道、绿道等相关理论的指导下，针对湘潭市绿地生态网络规划进行研究，构建绿地生态网络，并提出相应的绿地生态网络的规划策略。结论如下。

第一，城市生态网络包含城市绿地的各种类型。其范围不仅仅在城市建成区内部，还包括城市建成区外围的周边环境。

第二，分析总结出湘潭市绿地存在基础薄弱、缺乏统一规划、绿地文化缺失等问题，针对湘潭市生态网络规划的必要性进行阐述，为湘潭市绿地生态网络构建提供依据。

第三，确定湘潭市绿地生态网络的规划目标及规划原则，在综合考虑湘潭市自然生态、河流水系、交通资源、各层级公园绿地、城市景观道路以及相关规划等绿地生态网络影响要素的情况下，提出湘潭市绿地生态网络“一江三廊”、“两带六环”、“四横三纵”的布局。

6.3　沈阳建筑大学庭院生态功能改造

校园的室外空间环境是构成大学教育建筑的重要组成部分，随着人们对教学环境重要性的不断认识，知道教学环境不只局限于教室内，任何可以使学生获取知识的地方，都属于教学环境的范畴，校园室外环境的优化与建设问题正日益引起教育工作者、建筑设计人员的广泛关注。建筑富氧空间研究正是基于生态校园建设理念而提出，提高空间当中的氧气浓度，改善空间氧环境。

运用 CFD 技术，探讨其应用在建筑工程领域模拟氧气扩散的一般方法，并且通过实测和计算，同时对研究区域氧环境进行动态模拟，研究绿地释放氧气在城市风的作用下的空间分布，并以沈阳建筑大学庭院空间为例，定量分析评价建筑外部空间的氧环境（使用的工具及方法），针对沈阳建筑大学庭院空间氧环境出现的问题，对庭院空间进行了优化，主要从建筑单体、绿地布局和形式、空间分隔这三个方面着手。着重于提高空间当中的氧气浓度，使氧气空间分布更均匀，并通过计算机模拟对现状优化改善方案进行了论证。通过优化后的庭院空间氧环境明显改善。最终总结出改善庭院空间氧环境的原则与方法。

6.3.1 沈阳建筑大学教学区庭院现状

沈阳建筑大学教学区的整体性设计思路是以方格网的形式，将各个学院、各种教学设施都布置其中。教学区的建筑平面是以 80m × 80m 的“口”字形平面作为基本单元组合而成的网格状布局。教学区北侧的三个庭院由教学楼与长廊围合成，形成了三个三角形平面庭院，因此建筑大学教学区的庭院平面分为方形和三角形两种形式，如图 6–3–1 所示。

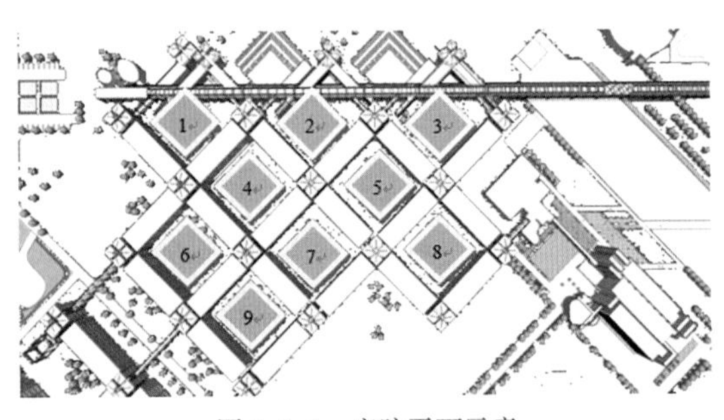

图 6–3–1　庭院平面示意
资料来源：作者自绘

教学区共有 9 个庭院，北面的 1、2、3 号庭院为等边三角形庭院，等边长为 80m，庭院的界面形式北侧为三层高的长廊，其余两侧则是 5 层楼高的建筑单体，空间尺度较大，较为开阔。其余 6 个庭院都是由教学楼围合而成，都为 80m × 80m，高度为 20m 的方形庭院，内部空间较为空旷。

6.3.2 沈阳建筑大学庭院空间氧环境的动态模拟与分析

1. 富氧空间评价

庭院空间的二氧化碳扩散较为复杂，但又是有规律可循的。分析总结特点，从利于庭院空间碳环境的角度提出改进的策略。首先通过“3S”技术结合实地调研对校园空间信息进行提取，利用 FLUENT 软件模拟庭院空间二氧化碳扩散的动态过程，经过上文的模拟运算过程，得出以下结果。

在现状模拟氧气浓度分布云图中，绿地周边区域的氧环境最好，氧气受风速、风向等作用下向外扩散。氧环境质量处于好和较好（4~5 级）区域较少，大部分为绿地本身，其他用地绝大部分处于中等 3 级，但也有部分区域处于较差浓度范围（表 6-3-1）。

氧环境质量等级　　　　表 6-3-1

等级	氧气质量百分数	氧环境质量等级	图例
5	0.235	好	
4	0.2338~0.2344	较好	
3	0.2326~0.2332	中等	
2	0.232~0.2326	较差	
1	0.232	差	

2. 庭院空间的氧气三维空间扩散分析

（1）水平方向的氧气扩散浓度场分析（图 6-3-2~ 图 6-3-5）

在地面高度 z=0m 处模拟计算显示出的云图来看，植被所释放的 O_2 从绿地点源释放，并在主导风的影响下在庭院空间中进行扩散。从教学区整体来看，由于教学区庭院布置主要分为西南方向和东南方向，庭院的东北角和西北角的氧气扩散较好。从各个庭院的氧气分布情况来看，1 号庭院与 2 号庭院由于处于庭院空间的下风向，且绿地布置都在其上风

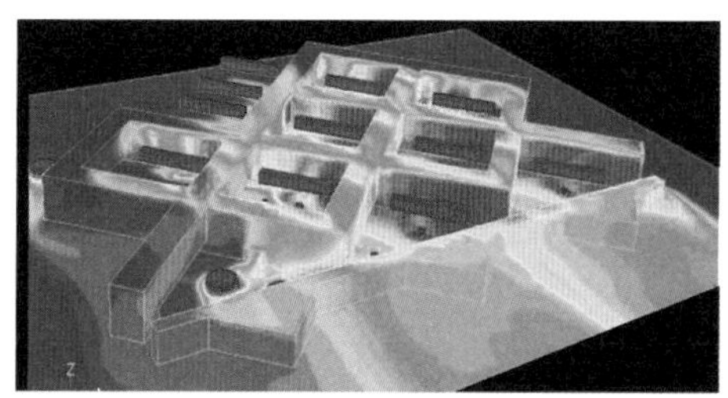

图 6-3-2　氧气浓度轴测云图 a
资料来源：作者模拟

图 6-3-3　氧气浓度轴测云图 b
资料来源：作者模拟

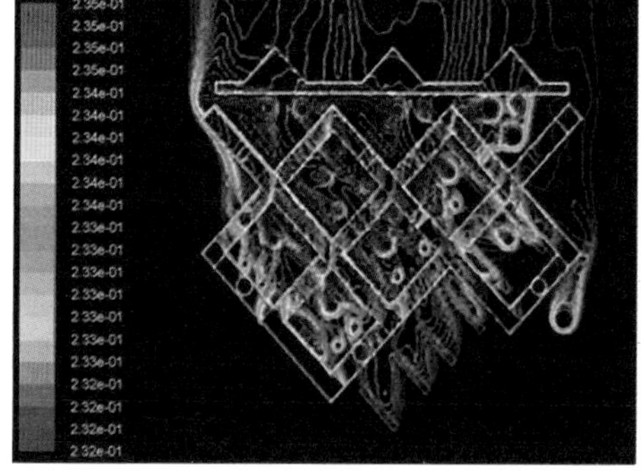

图 6-3-4　氧气浓度等值线图
资料来源：作者模拟

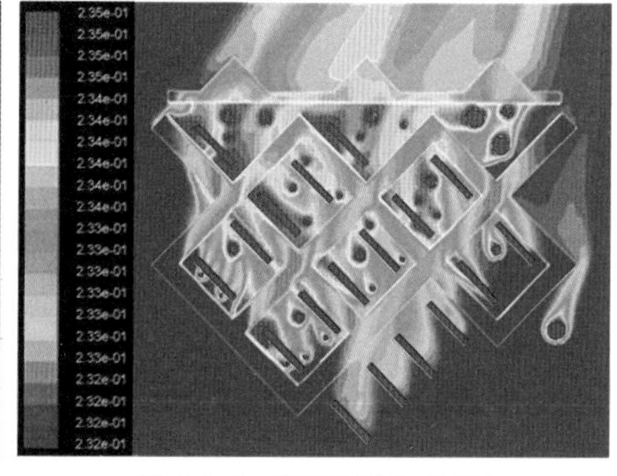

图 6-3-5　氧气浓度分布云图
资料来源：作者模拟

向侧，植被释放的氧气受风的作用扩散至此，在两个庭院内部形成聚集，氧气浓度较高，相反,8号庭院和9号位于整个庭院的上风向,庭院内部的绿地布置都处于该庭院的下风侧，受绿地释放的氧气覆盖面积较少，空间的氧气浓度较低，氧环境最差，其余几个庭院的氧气分布情况各有不同，但较差的区域均分布在各庭院空间的南向区域；通过计算模拟出的结果我们可以看出，植被释放的氧气沿主导风向进行扩散，氧气浓度较好的区域多分布在氧气扩散可以充分发展的区域；对于底部架空的庭院，由于其底部对风的阻碍较小，风压较小，风速较快，其氧气扩散的效果要好于底部架空较少或者封闭的庭院。

（2）不同高度的氧气扩散浓度场分析（图6-3-6）

以上各个氧气浓度分布云图分别反应不同高度的水平方向氧气扩散范围，从各个高度的氧气浓度分布对比来看，氧气扩散范围随高度增加而减少，在0~5.4m范围内，灌木和小型乔木的氧气扩散较为明显，而在5.4m以上区域，起服务功能的植被类型主要为乔木，而各个庭院空间的乔木分布主要位于东西方位的教学楼南北两侧，而东西两侧的教学楼前后并没有分布乔木，所以氧气浓度较好的区域多集中在东西方位教学楼的两侧，而相比较南北两侧的乔木释氧范围，北侧的乔木释放的氧气服务范围更大，分布更均匀。而庭院的中间区域由于受植被高度的影响，氧气浓度较低，接近于空气的本底浓度。

（3）垂直方向氧气扩散浓度场分析（图6-3-7）

从X方向和Y方向的剖面模拟结果图上，我们可以总结出以下几方面结论：首先在底部架空位置由于空气流通较好，风速较大，氧气的扩散效果较好，氧气沿主导风向进行扩散，而对于空间封闭性较强的区域，由于空气流通性较差，氧气扩散不充分，氧气扩散

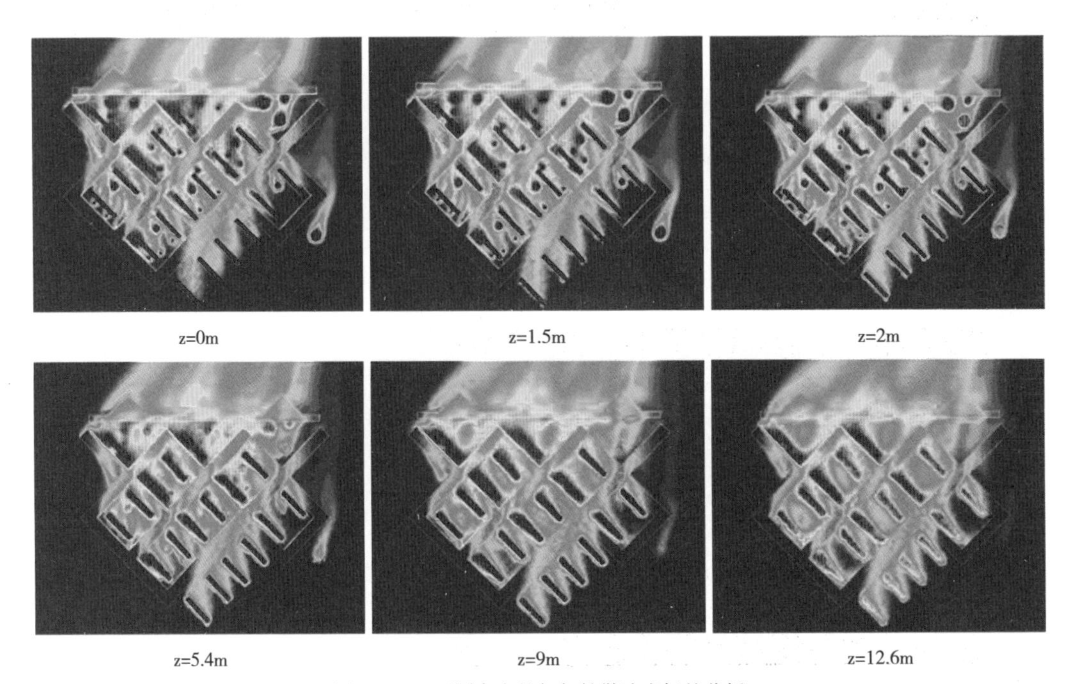

图6-3-6　不同高度的氧气扩散浓度场的分析

资料来源：作者模拟

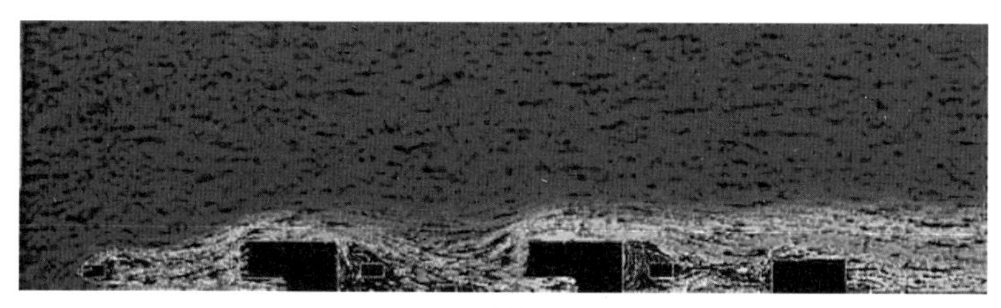

X 剖面

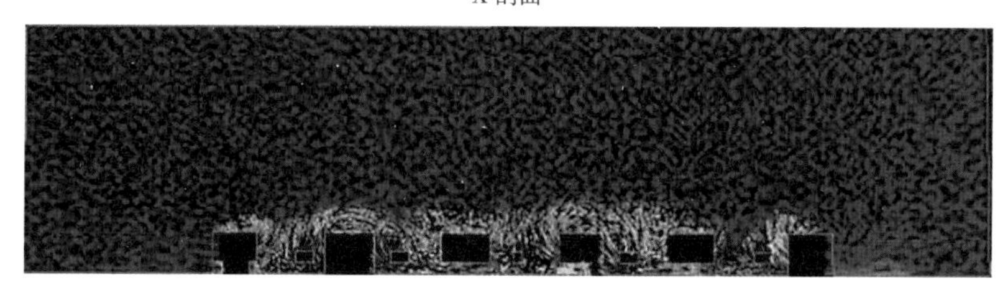

Y 剖面

图 6-3-7　氧气扩散剖面
资料来源：作者模拟

所能覆盖的区域较小，因此生态效益发挥较差，这一点可以通过东西朝向教学楼的南北两侧氧气扩散的效果明显看出；对比建筑迎风面与背风面的氧气扩散区域，由于风绕过建筑运动时，会在其屋顶发生分离，背风区会形成较大的涡流区域，背风区种植的植被所释放的氧气受涡流影响，会形成局部聚集，氧气扩散效果不好；同时迎风面由于对风的阻碍产生的回流对氧气扩散也产生了阻碍，周边区域氧气浓度较低；通过 X 方向上的剖面我们还能明显看出在后排建筑不受前排建筑风影区影响的情况下，沿主导方向前高后低的建筑组合方式的氧气扩散效果明显好于同等高度建筑组合方式的氧气扩散效果。

3. 氧气空间扩散量化分析

FLUENT 模拟结果数值云图的表达方式，可以用颜色表达氧气浓度在空间中的分布以及空间中任意一点的氧气浓度值，但不能对各等级的覆盖范围进行量化，GIS 则有较强的空间统计和空间分析功能，两者相结合就能准确地确定各等级氧气浓度的覆盖量。

利用 GIS 分析软件对沈阳建筑大学庭院空间的氧气扩散模拟结果进行解译，通过计算得到各个等级的覆盖面积（表 6-3-2）。

不同高度氧气浓度等级百分比　　表 6-3-2

释氧效应等级	等级 1	等级 2	等级 3	等级 4	等级 5
z=0m 的面积百分比	0.08	0.18	0.31	0.24	0.19
z=1.5m 的面积百分比	0.08	0.17	0.31	0.25	0.19
z=2m 的面积百分比	0.07	0.22	0.30	0.23	0.18
z=5.4m 的面积百分比	0.12	0.27	0.27	0.19	0.15
z=9m 的面积百分比	0.13	0.24	0.39	0.14	0.10
z=12.6m 的面积百分比	0.16	0.22	0.40	0.13	0.09

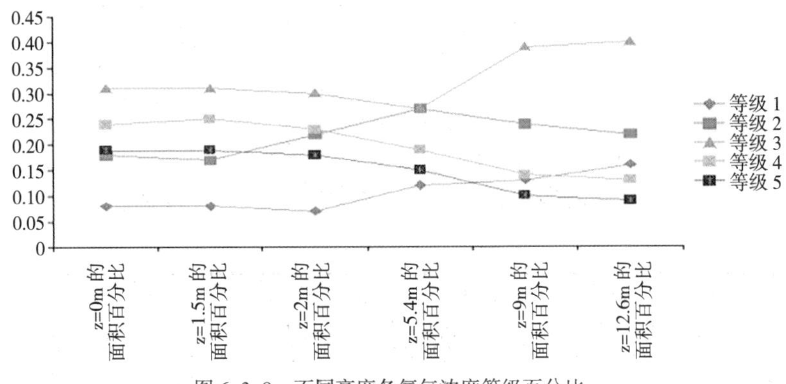

图 6-3-8　不同高度各氧气浓度等级百分比
资料来源：作者自绘

图 6-3-8 为沈阳建筑大学教学区庭院夏季释氧效应的分级与在各垂直高度的分布面积比率，其中氧气浓度从高到低排列为：等级 5 ＞等级 4 ＞等级 3 ＞等级 2 ＞等级 1。研究结果表明，等级 5 为氧气浓度最高的等级，其面积在空间上的梯度变化为高度越高，面积越小，即该等级氧气浓度随高度递减；等级 4 为氧气浓度较高的等级，其面积在空间上的梯度变化在 0~5.4m 范围内变化不大，5.4~12.6m 之间则随高度递减；等级 3 为氧气浓度中等的等级，其面积在空间上的梯度变化为随高度呈波动性递增趋势；等级 2 为氧气浓度较低的等级，其面积在空间上的梯度变化为随高度也呈波动性递增趋势；等级 1 为氧气浓度最低的等级，等于或接近空气中氧气的本底浓度，其面积在空间上的梯度变化总体上为随高度呈上升趋势。总而言之，以沈阳建大学教学区庭院为例可以得出：绿地释氧效应在垂直梯度上为递减趋势，即高度越高，释氧效应场越小。在所有梯度变化趋势图中，等级 4（释氧效应较好的等级）在 5.4m 的高度往上呈突然递减趋势，因此，在城市风环境的影响下，架空区 5.4m 以上的高度，绿地释氧效应开始减弱，园区绿地释氧效应对架空区以上的空间影响较小。

因此，从绿地释氧效应的角度改善庭院空间氧环境的角度来看，像沈阳建筑大学庭院空间，要想创造更好的校园室外环境，除了建设园区地面层次的绿地之外，还应该结合屋顶、建筑墙面、露台、建筑构筑物在三维空间上种植植被，才能达到更好的释氧效应，尤其是对楼层高的区域。同时，在春、夏、秋三季的主导风向上风向，结合园区规划尽可能的多布置一些释氧能力较高的绿地，也能够有效地改善住区的绿地释氧效应。

6.3.3　沈阳建筑大学庭院生态改造

1. 沈阳建筑大学庭院空间富氧优化策略

本节分别从水平和垂直两个方向对建筑单体和绿地的空间布局进行改造和调整，通过对建筑空间和绿地空间的优化，以改善整个庭院内部空间环境，使其具有良好的富氧环境，以提高庭院空间环境的舒适度，并改善对庭院空间的使用状况。

（1）水平方向的富氧优化策略

从上一节对沈阳建筑大学教学区庭院空间的氧气空间分布模拟图中可知，该庭院空间氧气分布存在一些问题。如氧气浓度较高的空间分别集中在 1 号庭院和 2 号庭院，而这两个庭院在日常的使用率较低，学生主要的活动区域大多集中在 4 号、5 号和 7 号三个庭院，但由于该三个庭院的围合形式为南北架空，且平行于主导风向，风速较快，流通性较好，氧气在风的作用下被迅速带走，氧气浓度较高的区域集中在教学楼两侧的乔木带附近，而中间的活动区域氧浓度较低；当氧气扩散到 1 号和 2 号庭院时，由于受建筑阻碍的影响，改变风的流动状态，在两个庭院内部形成聚集，致使庭院内部空间的氧气浓度较高，氧环境较好。

为了改善整体教学区庭院内部空间的氧环境，使氧气扩散分布更均匀，采用以下三种措施对庭院空间进行优化。

1）底部架空形式优化

庭院内部空间的气体流通状态将直接影响氧气的空间分布，而庭院底部架空的形式是影响空间内部气体流通的主要因素之一，为了改善目前庭院内部的氧气空间分布，需对庭院底部架空的形式进行调整，改变底部架空的位置和大小，如图 6-3-9 所示，右图表示原底部架空的形式，左图表示调整后的架空形式，调整后的方案可以使庭院内部空间的气体流通路径更长，在空间的滞留时间更长，氧气分布更均匀，并且通过对南北方向教学楼进行底部架空设计，增加楼体迎背风面的压差，使房间具有更好的通风效果。同样在架空区域可以增加一些辅助设施，如可以转动调节方向的转板，通过转板的方向调节，来改变进风和出风角度，这样既能避免因阻碍而产生不利风环境，同时又能改变氧气的空间分布；除此之外，还可以在架空区上方设置顶棚或出挑平台，达到延长送风距离的目的，考虑到建筑迎风面对风的阻碍产生的下冲旋涡风对氧气扩散的影响，建议在背风面出口位置上方进行设置顶棚和出挑平台，使底部空间气流更加稳定，进而改善庭院内部空间的风氧环境。

2）绿地空间分布优化

结合 1~9 号庭院的使用功能和用地现状，对绿地空间分布进行调整，如图 6-3-10 所示，4 号、5 号、7 号三个庭院位于教学区中心，为学生的主要活动区域，供学生学习、讨论、休憩、娱乐健身等，4 号庭院为雷锋庭院，主要供学生参观和举行活动使用，绿地布局保证场地规整，满足在举办活动期间场地的使用，4 号雷锋庭院在举办活动时，学生需站在

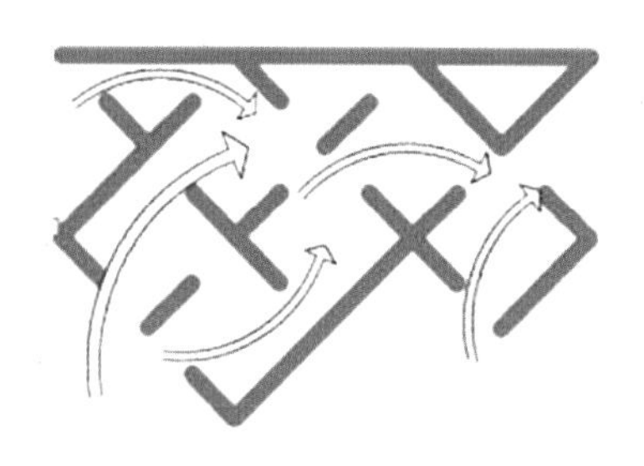
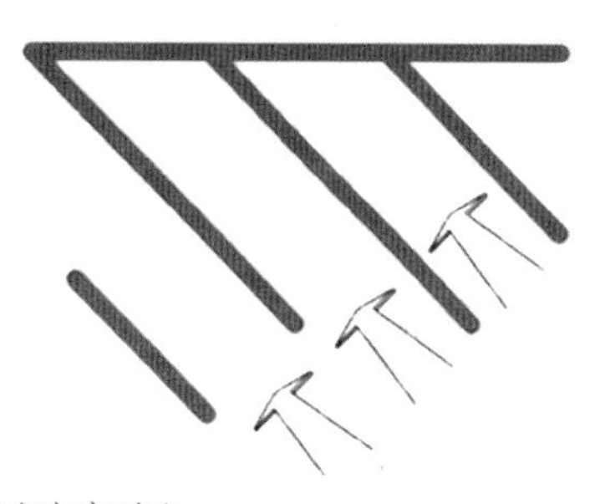

图 6-3-9　底部架空方案对比
资料来源：作者自绘

南向区域的绿地当中，对植被进行了很大程度破坏，从氧气分布的模拟结果图来看，该区域氧气扩散效果较差，说明该区域不宜种植植被，对现存的绿地应予以取消，改为学生活动区域，满足日常使用，同时应对该庭院北侧的羽毛球场地周边利用灌木和小型乔木进行围合，减少风对场地的干扰，同时应在庭院通风性较好的东南角和东北角区域布置绿地，使空间的氧气可以充分地扩散，以达到富氧目的。5号庭院是9个庭院当中设施最为齐全的庭院，同时也是人员最集中的庭院，庭院的使用效率较高，可以对现有场地和设施进行保留，在庭院通风性较好的区域西北角和东南角布置绿地，取消东北角的三角形绿地，释放中心活动场地，使场地平面更规整，更有利于使用者对场地的利用。7号庭院从功能角度来看属于游赏型庭院，庭院内部植被种植较密集，同时植被生长状况良好，但庭院内部的设施较为单一，仅设置了几个座椅供使用者观赏休息，并且绿地布局凌乱，绿地结构单一，空间缺少层次，功能上也较为单一，庭院的利用率很低，因此在满足氧环境需要的同时应尽量减少绿地面积，增加使用面积，在庭院西南角的通风处布置带状绿地，利于氧气扩散，同时为了避免在庭院西北角处产生涡流，通过布置绿地降低风速，改善局部微环境。6号庭院由于其位于整个庭院的上风向，其氧气的扩散效果将影响其下风向的各个庭院，因此将6号庭院作为整个庭院的主氧源，需增加其庭院内部的绿地面积，并且将绿地布置在庭院内部较为开敞的空间，因此采用中心式绿地来满足富氧需求。对于8、9号两个庭院，其空间的使用主要用于展示，绿地布局在满足氧气扩散效果的同时尽量保证场地的规整，便于日常使用。

从风环境模拟矢量图（图6-3-11）来看，建筑迎风面产生的回流现象较严重，影响氧气沿主导风向扩散，因此对于南向种植的乔木应予以保留，同时还应考虑在底部进行灌木密植，增强对回流的阻碍。背风区由于受涡流影响，氧气扩散效果较差，但又考虑冬季防风滞尘等因素，增大绿地与楼体之间的距离，植被类型应由常绿针叶植被，如沈阳桧柏、铺地柏等，替代原有落叶植被。

基于富氧空间的绿地布局研究，应遵循以下原则：

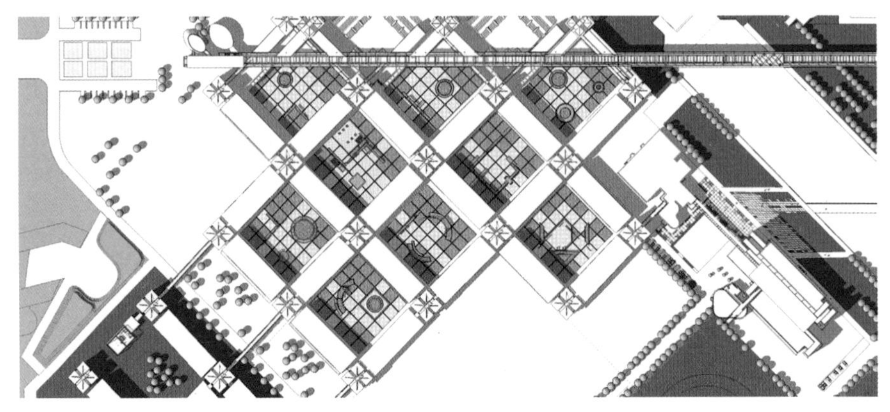

图6-3-10 绿地布局优化方案
资料来源：作者自绘

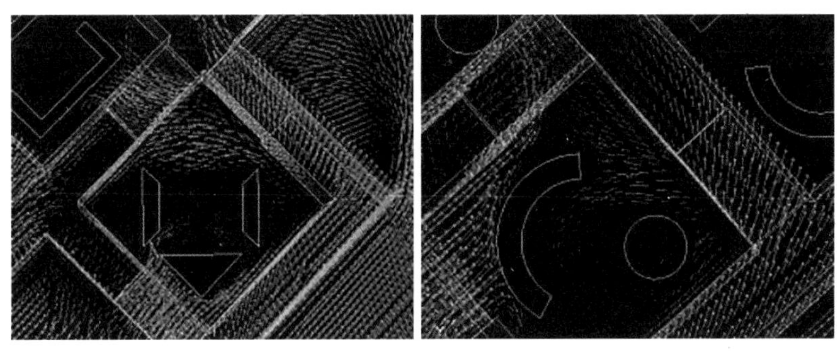

图 6-3-11　风环境模拟矢量图
资料来源：作者模拟

①绿地应布置在主导风向的上风向，且周围空间尽量开敞，结合庭院内部风的主要流动路径，布置不同形式绿地；对于不同覆盖类型的绿地分布，也应该遵循前低后高的分布方式，减少相互之间的影响，这样更有利于氧气的空间扩散。

②在下风口区域布置绿地应尽量采用分散式布置，需保证下风口的气流通畅，避免因绿地对风的阻碍产生回流或涡流。而受建筑阻碍而产生的回流现象应沿建筑迎风面一侧前方布置周边式带状绿地，减少回流对氧气扩散的影响。背风区由于受涡流影响，氧气扩散效果较差，但又考虑冬季防风滞尘等因素，增大绿地与楼体之间的距离，减小风影区的影响，植被类型也应由常绿针叶植被，如沈阳桧柏、铺地柏等，替代原有落叶植被。

③在形式上应结合庭院功能进行设计，可以根据场地使用需要，选择带状、中心式、分散式等绿地形式进行布置。

A. 使用功能为主的庭院，由于受场地限制，应多采用带状绿地，其占地面积较小，布置较分散，种植路径较长，氧气扩散覆盖区域较大，同时带状绿地在场地布置上更为灵活，有利于空间的分隔和围合，场地划分更加规整，方便使用者使用，并且对场地内的风也可起到围挡和诱导作用。

B. 景观为主的庭院可采用中心式绿地或分散式绿地进行布置。对于空间较为封闭，空气流通较差的庭院可采用分散绿地，通过绿地的布置改善局部环境；而开敞性较强的庭院应布置中心式绿地，由于其内部空间风环境不稳定，氧气扩散不受绿地的边界形式影响，更有利于氧气多方向扩散，并且风在绕过绿地过程中产生的涡流区较小。

3）庭院空间分隔方式优化

对庭院内部空间的组织我们可以通过墙体、廊架、花坛、水池等建筑、构筑物对空间进行分隔和穿插，也可利用绿篱进行围合，其主要目的是创造私密、舒适的空间，改善局部微环境，我们可以利用围挡、诱导等方式改变局部的氧气扩散状态，形成局部的富氧空间，供人们学习、观赏、休息等。

（2）垂直方向的富氧优化策略

1）屋顶绿化

屋顶，不管是平屋顶、人字形或斜截头屋顶、半圆形屋顶等，通常在其屋脊、四周屋檐及拐角处出现负风压峰区。尤其平屋顶的周沿及拐角，其负压峰值较大。防护与改善方法是在平屋顶边缘处进行屋顶绿化，使拐角区域的旋涡抬离屋顶面。试验资料表明，这一措施可使最大吸力急剧下降；扰动分离旋涡也达到减轻局部区域最大吸力的目的。并且通过对前排建筑屋顶绿化可以适当增加建筑高度，增强建筑物下洗作用，使植被释放的氧气迅速扩散至地面，在底部形成高浓度区域。

在增加空气含氧量的同时，减少建筑背风区的涡流效应，提高空间的通风性，利于氧气的空间扩散。屋顶进行绿化时需注意应选择根系较浅、耐热、抗寒、抗风的植物种类，例如攀缘、匍匐类，植物体量较轻，占用种植面积小，蔓延面积大。在有限土壤容积、有限承载力的屋顶上，利用攀缘、匍匐植物绿化是经济有效的绿化途径之一，如果相关条件不允许，屋顶绿化也可采用容器绿化、棚架式绿化等形式。

2）建筑立面绿化

根据压力分布的模拟结果图，选取立面压力较小、通风性较好的区域，可采用带有吸盘或气生根的植物进行墙面绿化，这样既提高竖向空间的氧气浓度，又丰富了空间的界面种类，使坚硬的建筑界面成为富有自然情趣的软界面。同时对于严寒地区，墙体绿化又有很好的隔热节能效果，植被的选取应采用叶面积较大、覆盖程度较高的植被类型，覆盖得越密，隔热效果越明显，节能效应也随之增大。

3）阳台、窗台、露台绿化

阳台、窗台、露台绿化是垂直绿化的重要内容，目前很多建筑在建造时都考虑了花槽、花架的设置，便于绿化与美化。阳台、窗台、露台绿化除摆设盆花外，常用绳索、竹竿、木条或金属线材等构成网棚、支架，选用缠绕或攀缘型植物攀附形成绿屏或绿棚。如不设花架，也可在花槽或花盆中栽种蔷薇、藤本月季、凌霄、鸟萝、花叶蔓长春花等植物攀缘或悬垂于窗台、阳台、露台外，起到绿化、美化建筑立面的作用。同时，也可在阳台的顶部或窗框上加设若干吊钩，挂上数盆枝蔓悬垂的盆栽、攀缘、匍匐植物，可丰富阳台、窗台的上层空间，增加建筑室内外过渡空间的绿量。

4）构筑物及小品绿化

为了提高庭院三维空间的氧气浓度，也可以利用场地当中的构筑物、支架和设备等，选用缠绕茎或攀缘茎的植物进行种植，在有限空间中提高绿化种植面积。

5）地面起坡和下沉

为了扩大植被释放氧气所覆盖的空间范围，可以通过地面起坡或下沉两种方式纵向延伸人们的活动空间，氧气由于密度较大，会在庭院底部聚集，同时通过抬高地面，可以增加绿地的种植高度，改善垂直方向的氧气扩散效果。

2. 基于氧气扩散的沈阳建筑大学庭院空间优化设计

根据前文中对沈阳建筑大学庭院空间提出的富氧优化策略，针对不同庭院的使用功能和特点，对庭院内部空间进行了优化，主要从建筑单体、绿地布局和形式、空间分隔这三个方面进行着手。着重于提高空间当中的氧气浓度，使氧气空间分布更均匀，并且优化后

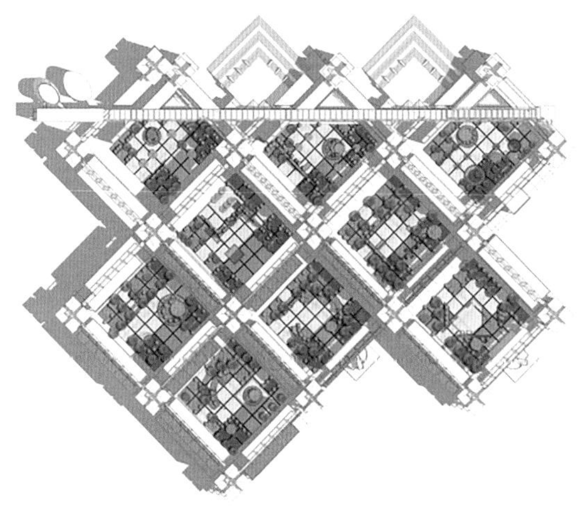

图 6-3-12　沈阳建筑大学教学区庭院空间富氧优化设计平面图
资料来源：作者自绘

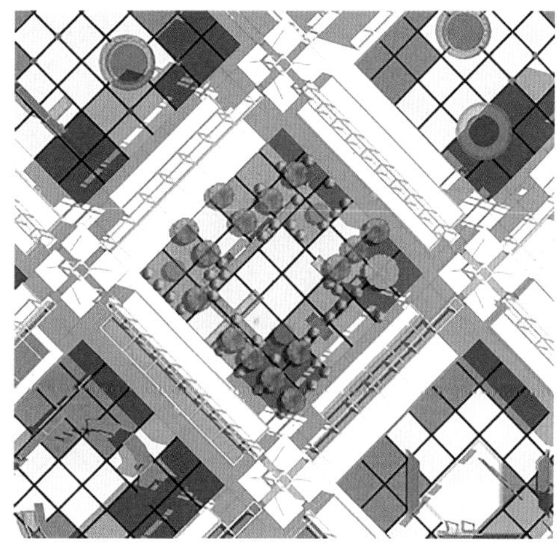

图 6-3-13　5 号庭院空间富氧优化设计平面图
资料来源：作者自绘

的庭院空间环境更为舒适，更满足使用者心理和生理的需求，使广大师生更愿意驻足于庭院进行交流学习和运动休息（图 6-3-12）。

（1）开敞式围合形式（5 号庭院）

根据水平和垂直两个方向的优化策略，对 5 号庭院内部空间进行调整。首先，对庭院底部架空进行改造，将原有的四周式底部架空改造为对角方式架空，减小底部架空区面积，同时可以保证庭院内部空气流通路径更长，庭院内部通风性更好，更有利于庭院内部的氧气扩散，在庭院内部的绿地也是结合更有利于氧气扩散的方式进行布置，通过布置带状绿地，使庭院内部空间场地的划分更加规整。庭院中心为硬质铺装，保留原有场地设施，为学生的主要活动场地，庭院四周为庭院内部风环境较差区域，配合着分散式景观类型进行布置，保留了原有的网格形式，同时庭院空间增加了水池对庭院空间的分隔，使庭院内部空间更富有变化。在垂直方向上，通过对廊架顶部进行绿化，改善垂直方向上氧环境，提高空间当中的氧气浓度（图 6-3-13）。

（2）三面架空围合形式（4、6 号庭院）

4 号和 6 号庭院为三面底部架空的围合形式，在庭院底部架空设计上也是以增加氧气流通的绝对长度，多方向诱导流动，提高氧气在空间上的滞留时间，避免单方向扩散和局部聚集为原则，绿地布置结合场地功能和利于氧气扩散为原则进行布置（图 6-3-14）。4 号庭院为雷锋庭院，学校会组织学生进行参观学习，场地需满足学生活动期间的使用，并且在庭院的北部为羽毛球活动场地，这两个主要的功能区使绿地布置上应结合场地的需要而进行绿地形式的选择，由于两片场地均为较规整的矩形空间，因此布置带状绿地较为合理，在教学楼迎风面底部非架空区布置了乔木林，减少因受建筑阻碍而产生的回风影响，在教学楼背风面架空处同样布置乔木林，增强氧气的扩散效果，同时利用建筑、构筑物景观墙对庭院内部气流可以起到诱导和遮挡的作用。6 号庭院为展示型庭院，且庭院空间位

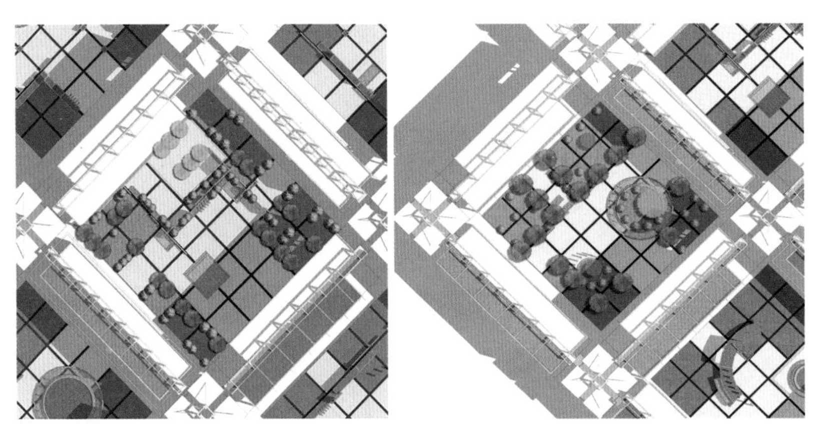

图 6-3-14　4 号和 6 号庭院空间富氧优化设计平面图
资料来源：作者自绘

于整个教学区庭院的上风向，因此在绿地布置上应适当增加绿地面积，采用中心式乔灌草覆盖类型的绿地，提高单位绿地面积释氧量的同时，增加氧气的扩散覆盖面积。

（3）南北架空围合形式（7、8、9 号庭院）

7、8、9 号三个庭院为底部南北架空的围合形式，其底部架空改造同样遵循上述原则，绿地布置结合场地功能和利于氧气扩散进行设计。7 号和 9 号庭院主要用途为供学生休息和教学展示，其场地布置可以较为灵活，通过绿化种植和景观构筑物的围合，使庭院空间更有围合感，空间更为亲切，并且景观设计尽量做到与功能相结合、相统一，既要考虑景观小品的实际功用，又要满足空间的富氧需求，增加空间的三维绿量，在满足绿化景观作用同时，充分发挥植被的生态效益。8 号庭院在空间富氧策略上，区别于其他庭院在地面设计上采用了局部下沉，纵向延伸人们的活动空间，氧气由于密度较大，会在庭院底部聚集，同时通过抬高地面，可以增加绿地的种植高度，改善垂直方向的氧气扩散效果。

（4）三面围合形式（1、2、3 号庭院）

1、2、3 号三个庭院为三面围合、平面形式为三角形的庭院，3 号庭院为教学区的主入口，在庭院的入口处布置了以圆形绿地为中心的入口广场，不但满足庭院的交通需求，并且采用的中心式绿地具有良好的释氧效益，起到空间富氧的作用，1 号和 2 号庭院在富氧优化设计上同样遵循其他各个庭院的优化办法，提高空间的氧气浓度，使庭院环境更加舒适、健康，并且庭院内部空间更为规整。

3. 优化方案模拟与分析

（1）水平方向的氧气扩散浓度场分析

从图 6-3-15 可以看出，通过对庭院空间优化调整后，其庭院内部空间氧气分布情况有所改善。尤其是 4 号、5 号、7 号庭院，对于学生来说是最常停留的地方，经过优化后，不仅改善了空间当中的氧气分布，还提高了空间的氧气浓度，同时也改善了庭院内部的风环境，减少了不利风影响的区域，提高了人体舒适度，使得学生乐于驻足在教学区进行学习、休息和活动，改善了他们的学习环境和生活环境。优化调整后的氧气绿地分布更有规律，庭院空间更规整，改善庭院氧环境的同时，也能够提高场地的利用率，增强庭院空间的围合感，使空间更亲切。根据对不同绿地几何形式氧气扩散的影响，圆形中心式绿地，绿地的氧气扩散范围较大，受绿地边界形式的影响较小，适合布置在多方向来流区域，这样更有利于氧气的空间扩散，但由于绿地形式较集中，破坏了庭院空间的完整性，对场地的利用较差。对于主导风向明显的区域，宜适合布置带状绿地，在满足氧气扩散的同时，可以对庭院空间进行分隔，4 号和 5 号庭院由于使用功能需求，活动场地面积较大，因此布置带状绿地对庭院空间和氧环境都有了很好地改善。而分散式绿地布置，主要适合于场地中心为活动区域的庭院，例如 8 号庭院和 7 号庭院，绿地围合区域氧环境较好，但庭院周边受风环境影响，部分区域氧气分布较差，如 8 号庭院东北角，受回流的影响，上风向的氧气不能充分扩散，因此局部区域氧气浓度较低，可适当布置带状绿地或者采取对建筑单体进行底部架空，减小应对风的阻碍产生的回流影响。

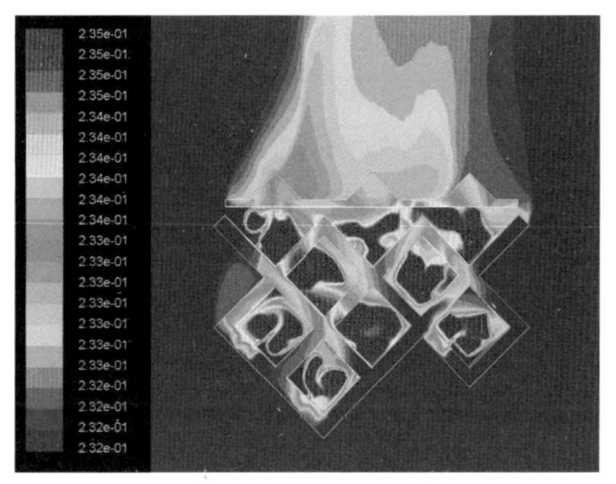

图 6-3-15　氧气扩散平面图
资料来源：作者模拟

（2）不同高度的氧气扩散浓度场分析（图 6-3-16）

对比优化方案前后不同高度氧气浓度分布模拟结果，优化方案前氧气浓度较高区域多分布在庭院的东北角和西北角。而通过建筑庭院底部架空形式的调整和绿地布局的优化，

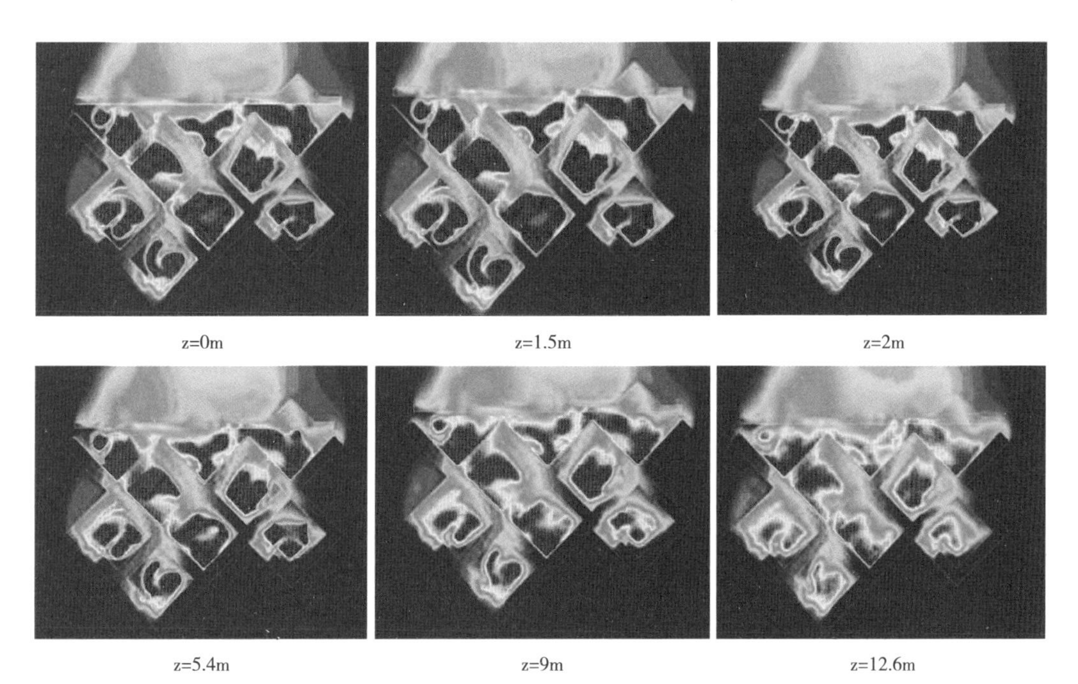

图 6-3-16　不同高度的氧气扩散浓度场的分析
资料来源：作者自绘

氧气空间分布明显均匀，各庭院空间氧气浓度明显提高，虽然氧气浓度高的区域面积同样随高度的增加而减少，但是各个高度氧气高浓度区域面积均有所提高，z=0m 高度上 5 级区域面积比率从 0.44 提高到 0.68，z=2m 高度上 5 级区域面积从 0.39 提高到 0.67，z=5.4m 高度上 5 级区域面积比率从 0.37 提高到 0.63，使学生主要活动区域在水平和竖直两个方向上都可以基本达到富氧水平。

（3）垂直方向氧气扩散浓度场分析（图 6–3–17）

通过对建筑底部架空形式的调整和绿地分布的优化，在庭院空间垂直方向上氧气浓度明显提高，优化前背风区绿地释放的氧气出现的聚集问题得以明显解决，提高了背风区氧气的扩散范围，同时在 0~5m 之间的氧气浓度明显提高，明显地改善了使用者活动区间的氧环境。对比不同架空形式的庭院空间，前排建筑底部架空的庭院，其底部空间氧气浓度较高的区域大于后排建筑底部架空的庭院。底部架空的庭院由于空气流通较好，风速较大，氧气的扩散效果较好。

（4）氧气空间扩散量化分析

同样利用 GIS 分析软件对沈阳建筑大学庭院空间的优化方案的氧气扩散模拟结果进行解译，通过计算得到各个等级的覆盖面积（表 6–3–3）。

图 6–3–18 为沈阳建筑大学教学区庭院优化方案的夏季释氧效应分级与在各垂直高度的分布范围，其中氧气浓度从高到低排列为：等级 5 >等级 4 >等级 3 >等级 2 >等级 1。

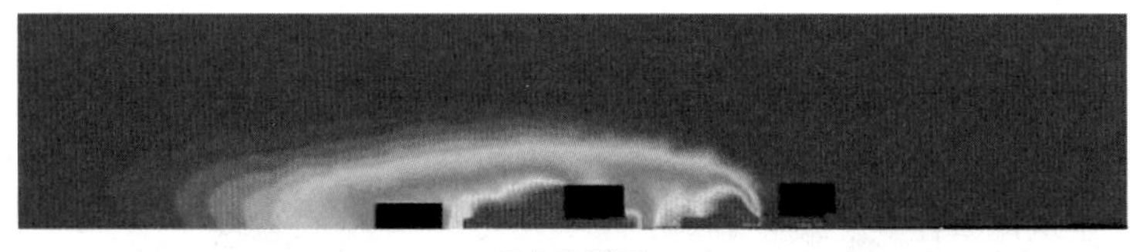

X 方向剖面

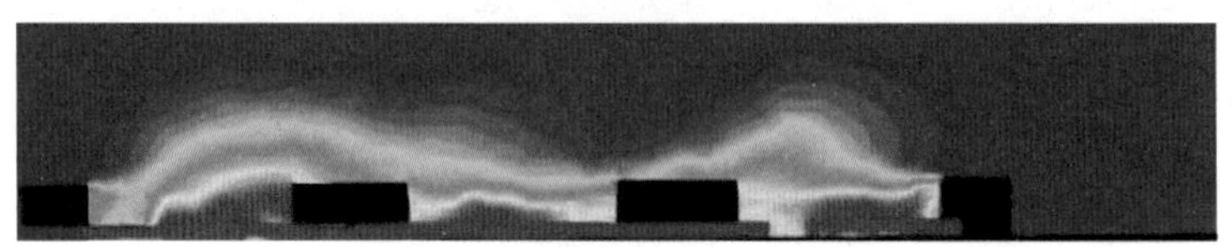

Y 方向剖面

图 6–3–17 氧气扩散剖面图

资料来源：作者自绘

不同高度氧气浓度等级百分比 表 6–3–3

释氧效应等级	等级 1	等级 2	等级 3	等级 4	等级 5
z=0m 的面积百分比	0.02	0.02	0.21	0.24	0.51
z=1.5m 的面积百分比	0.02	0.03	0.21	0.25	0.49
z=2m 的面积百分比	0.03	0.02	0.20	0.26	0.49
z=5.4 的面积百分比	0.02	0.04	0.27	0.22	0.45
z=9m 的面积百分比	0.02	0.07	0.31	0.27	0.33
z=12.6m 的面积百分比	0.02	0.09	0.40	0.23	0.26

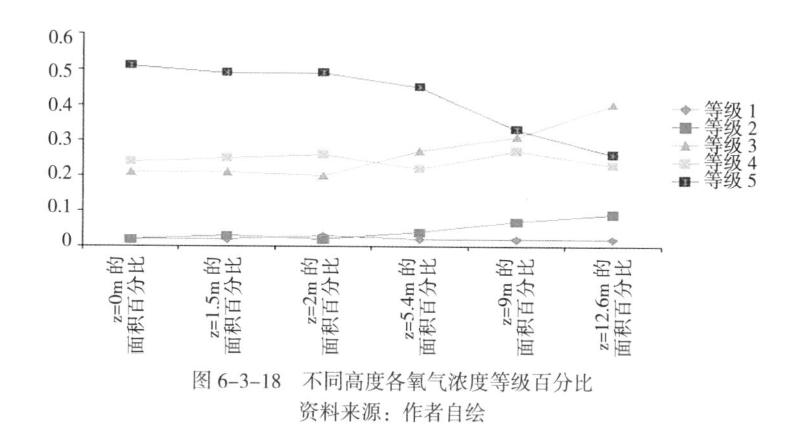

图 6-3-18　不同高度各氧气浓度等级百分比
资料来源：作者自绘

通过对建筑单体的改造、庭院内部空间的调整、建筑庭院内部绿地的空间布局优化，庭院空间氧环境明显改善，氧气浓度较低的等级 1 和等级 2 区域明显减少，在 0~5.4m 范围内氧气浓度在等级 3 以上的区域面积明显增加，并且各个庭院的氧气浓度大部分空间都处于等级 4 以上，且氧气浓度空间分布较均匀；对比不同高度各氧气浓度等级变化，受绿地植被高度影响，在 5.4~12.6m 之间，氧气浓度较高的区域面积减少明显。因此，应该结合屋顶、建筑立面、露台、建筑构筑物在三维空间上种植植被，提高空间中的氧气含量，改善空间氧环境。

6.3.4　小结

CFD 计算流体力学技术应用于生态建筑领域研究较少，目前属于前沿的研究技术。在后续研究中，建筑模型建立、网格划分、参数的设定等方面还需要深入探索，在降低计算门槛的同时提高计算的精度。

目前进行的研究是对建筑空间总体环境的研究，主要考虑绿地植被释放氧气在城市风的作用下，建筑内部空间的氧分布。在微观层面仍有许多特殊的影响因素和边界条件需要研究，数值计算须进一步细化。

在绿地释氧能力研究方面，由于植被进行光合作用所产生的氧气量受时间和气候的影响，会产生不同的变化规律。因此，在对植被释放氧气能力的研究过程当中，以均值来计算动态释氧过程并不能完全反映植被释放氧气的动态变化和能力水平。故此，对于植被释氧能力的动态研究显得尤为重要。

6.4　城市商业街区可吸入颗粒物扩散模拟与街区空间布局优化研究

随着城市工业的发展，城区人口的密集以及各种燃料消耗的迅猛增长，大气环境质量日趋恶化。大气中的可吸入颗粒物近年来已逐渐成为城市空气的首要污染物，作为人类赖以生存的基本环境要素之一，不仅对人体健康产生严重危害，还能大量吸收可见光使大气能见度降低，形成酸雨与热岛效应，严重影响着城市环境。由于大气污染物中可吸入颗粒物会对人体健康产生直接的负面影响，目前已经受到全世界的高度重视。

大气颗粒物是指分散在空气中的固态或液态的物质，为大气中的不定组分之一。空气动力学当量直径在 10μm 以下的颗粒物，容易通过鼻腔和咽喉进入人体呼吸道内，因此也称作可吸入颗粒物（Inhalable Particles，PM10）。PM10 是危害环境和人体健康的主要因素。1985 年，美国国家环保局将原始颗粒物质指示物总悬浮颗粒物（TSP）项目确定为 PM10。随着认识发展，美国环保局在 1997 年又提议修改美国国家大气质量标准，规定了 PM2.5 的最高限制值，以降低这些细颗粒物对人体健康和能见度的影响。我国也在 1996 年颁布的《环境空气质量标准》GB 3095—2012 中规定了 PM10 的标准，并在空气质量日报中统一采用 PM10 指标。根据英国环境部门的研究，PM2.5 在大气中停留的时间为 7~30 天，可以长距离地传输而污染更远的地方，所造成的污染也更大。近年来，我国随着以煤炭为主的能源消耗大幅攀升、机动车保有量急剧增加，很多区域雾霾现象频发。自 2013 年 1 月开始，包括京津冀、长三角、珠三角等大气污染重点城市群的 74 个城市，实施了新的空气质量标准，新增了 PM2.5 等重要指标，其他指标也相应更加严格。我国大气可吸入颗粒物的防治已成为城市环境领域亟待解决的重要课题。

城市商业街区是城市中使用频率最高的城市公共空间之一，同时也是空气污染物最易集聚的城市空间。商业街区建筑环境的复杂性、街区下垫面的多样性、人流的多元性以及机动车保有量的激增，使临街建筑物附近和行人呼吸高度处的污染物浓度急剧提高，极大地加剧了城市商业街区空气污染的危害性。因此，商业街区往往是城市空气颗粒物污染的重灾区，商业街区空气污染防治已逐步成为城市化过程中急需应对的重要问题。

6.4.1 沈阳市太原街基本概况

如图 6-4-1 所示，为太原街三维现状模型（在实地调研的基础上对原有街区进行了高度的还原），从图中可以看出，太原街具有城市商业街典型的特征：①街区建筑形式多样，

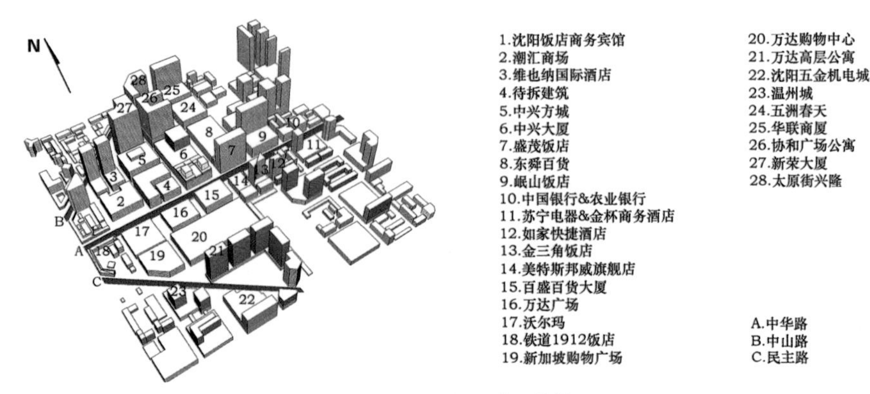

图 6-4-1　太原街三维现状模型
资料来源：作者自绘

空间结构、组合形式复杂；②高层建筑密集且无规律；③冬季时节，北侧来风，但是街区南北方向没有较为顺畅的通风廊道。在太原街区域内部，主要污染源为东西走向的中华路，以及通向沈阳站的两条道路，因此，区域内无法形成顺畅的街区流场，导致最后污染物无法排出街区内部。

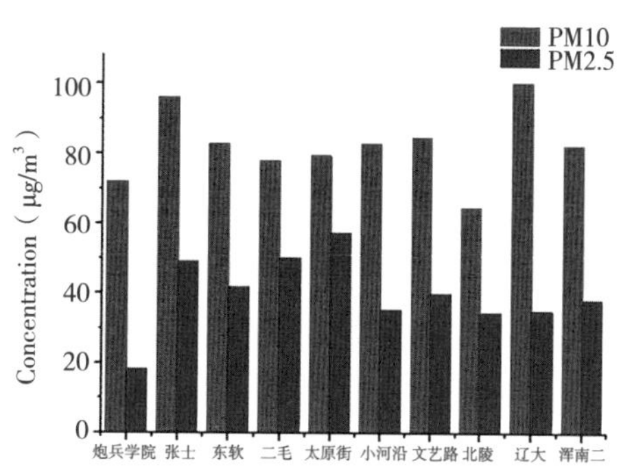

图 6-4-2　沈阳市 2013 年 1 月各个地区 PM10 和 PM2.5 的浓度对比
资料来源：作者自绘

如图 6-4-2 所示是沈阳市 2013 年 7 月各个地区 PM10 和 PM2.5 的浓度对比。从图中可以看到，各个地区 PM10 和 PM2.5 的浓度值具有明显的地区特征，PM2.5 污染最严重的地区就是太原街，这是因为：①太原街区域是沈阳市重要的经济文化中心之一，具备人流、车流量大以及街区空间结构复杂等商业街区的特点；②同时，太原街与沈阳站相邻，作为沈阳市对外交通枢纽所在的区域，使得太原街同时具备了城市商业街区以及城市交通要塞的特点，城市大气污染的主要来源是汽车尾气排放。因此，太原街可吸入颗粒物的污染较沈阳各个区域都要高。虽然太原街 PM10 的污染不是最高，但过多的汽车尾气排放和烟油气排放使 PM2.5 污染浓度值达到沈阳市各个区域的最高值 57μg/m³。

沈阳市地处暖温带半湿润季风气候区，日照强烈，风力强盛，大气环流季节性变化明显。根据沈阳市冬季时间较长，长时间的供暖需求导致城市大气污染较严重，大气中可吸入颗粒物浓度较高，城市街区通风需求强烈的特点，结合冬季常年平均风速和主导风向对东西走向的城市商业街区——太原街的典型街区空间进行模拟分析。太原街道路红线宽度为 20m，毗邻沈阳南站，街道两侧建筑形式多样，空间结构复杂，人流、车流量大，是典型的城市商业街区空间。

在太原街周边一定区域范围内，太原街区域是整个片区中建筑密度最高、污染浓度最强的街区，周边环境对太原街的影响要远远小于太原街本身对周边环境的影响，因此，重点选取太原街地块作为主要研究对象进行可吸入颗粒物扩散模拟，主要考虑街区内部的空间布局与可吸入颗粒物扩散之间的关系，分析总结可吸入颗粒物在城市商业街区内部的扩散分布情况以及街区空间布局及建筑自身形态的关联，为空间布局优化提供科学依据。

图 6-4-3 是沈阳市 2013 年 1 月风速和 PM2.5 浓度的对比。在有风条件下，气流运动在一定程度上可以改善颗粒污染物的扩散条件（图 6-4-4）。

由以上分析可得，因沈阳市地处暖温带半湿润季风气候区，日照强烈，风力强盛，大气环流季节性变化明显，PM2.5、湿度、风速等气象要素都存在一定的关联性，并且沈阳市冬季时间较长，长时间的供暖需求导致城市大气污染较严重，大气中可吸入颗粒物浓度明显高于其他季节；本书主要分析街区建筑空间布局对可吸入颗粒物扩散的影响，因此，风向、风速对污染物扩散影响较大，假定模拟中的温度、湿度处于稳定状态。综合分析，

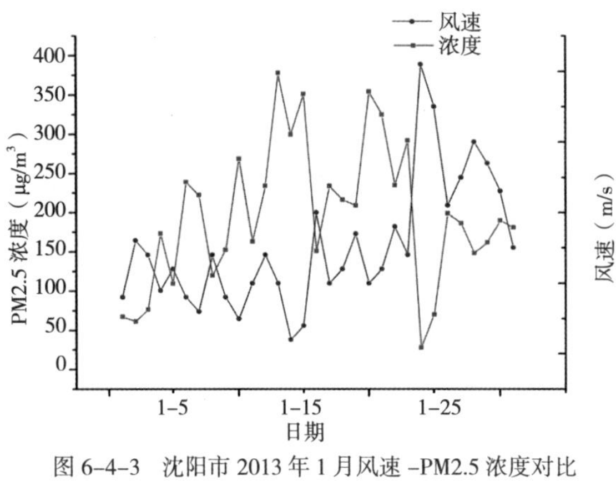

图 6–4–3　沈阳市 2013 年 1 月风速 –PM2.5 浓度对比
资料来源：作者自绘

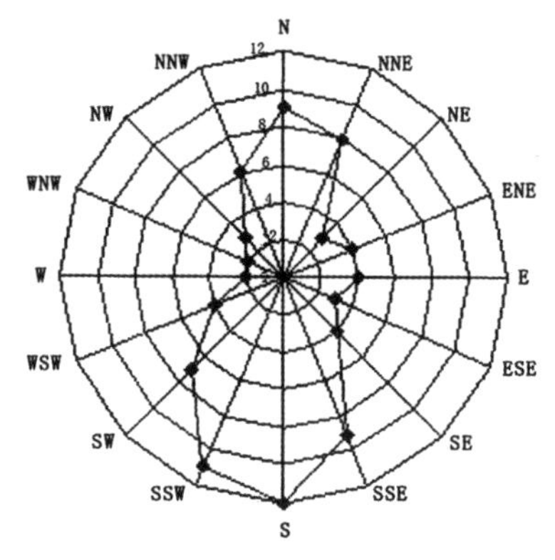

图 6–4–4　沈阳市四季风向风速频率玫瑰图
资料来源：网页截图

本书研究模型的重要气候参数值　　表 6–4–1

冬季	11、12、1 月
平均温度	–10℃
平均风速	3m/s
平均气压	1011.3 百帕
风向	北向

选择模拟的气象要素为冬季，风向为冬季主导风向北向，风速变化较大，选择冬季城市平均风速 3m/s，平均温度为 –10℃（表 6–4–1）。

图 6–4–5 是沈阳市太原街污染物浓度监测点分布图，图 6–4–6 是沈阳市太原街 2013 年 11 月 20 日 PM10 和 PM2.5 的浓度变化。根据以上分析，太原街 PM2.5 主要来源是机动车尾气排放以及人流车流的扬尘，因此，在建立商业街区典型空间以及整体街区的三维数字模型时，将街区内部线性街道设定为 PM2.5 的主要污染源，同时，在模拟中，污染源的释放速度也根据街道车流量以及尾气排放速度而定。在数值模拟的计算过程当中，设定污染源为高度为 1m 的线性污染源，污染物的排放方式和浓度是稳定的，且以 0.5m/s 的速度与地面垂直向上的方向排放，污染物浓度为 0.08mg/m³（经过实际测量所得）。

沈阳市 2012 年四个地区 PM2.5 浓度与各物质浓度的相关性　　表 6–4–2

功能区	PM2.5 与各物质的相关性系数				
	PM2.5	SO_2	NO_2	O_3	CO
北陵	0.630	0.411	0.629	–0.020	0.254
辽大	0.549	0.726	0.252	0.398	0.272
太原街	0.272	0.247	0.494	0.263	0.390
张士	0.658	0.111	0.092	–0.279	0.625

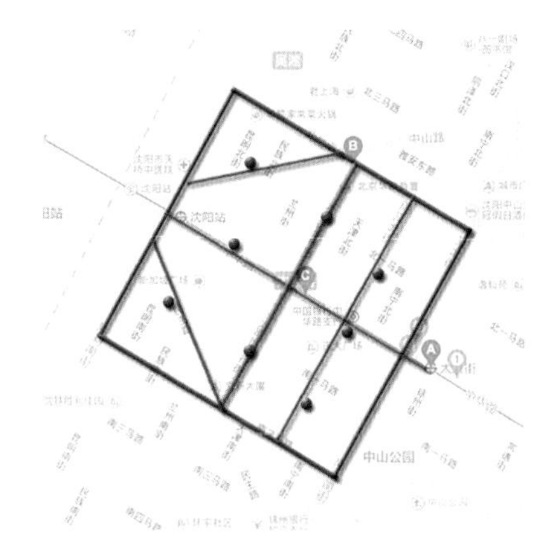

图 6-4-5　沈阳市太原街污染物浓度监测点分布图
资料来源：作者自绘

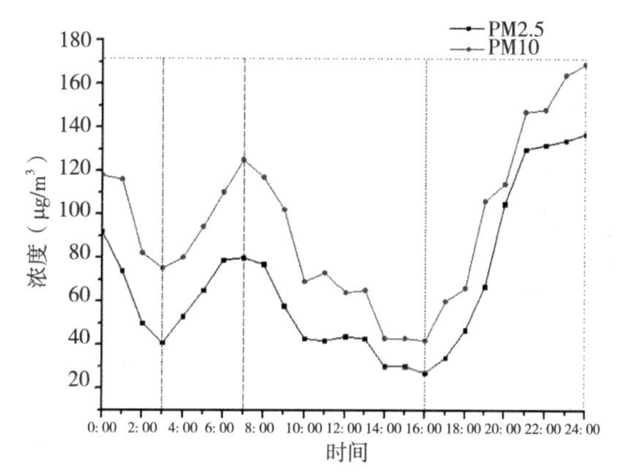

图 6-4-6　太原街 2013 年 11 月 20 日 PM10 和 PM2.5 浓度变化
资料来源：作者自绘

6.4.2　太原街可吸入颗粒物扩散模拟结果与分析

1. 不同高度水平截面污染物扩散分布特征

（1）典型水平截面的选取

如图 6-4-7 所示，在不同高度的水平截面下，1.5m，几乎无开敞空间；10m，几乎无开敞空间；30m，出现部分点状的开敞空间；50m，呈现出开敞空间的线性连续分布；80m，有大面积的开敞空间。

（2）不同典型高度水平截面下的污染物扩散分布分析

H=1.5m：人体呼吸高度，如图 6-4-8、图 6-4-9 所示，外界新鲜空气无法稀释和输送街道内部的污染物，形成污染物大面积高浓度堆积。*H*=10m：低层建筑范围，污染物浓度稍有降低，但是仍然在街区内部形成了污染物整体浓度较高并且呈现出极少间断整体连续的分布状态。*H*=30m：多层建筑以及建筑裙房范围，这一高度上的污染物浓度在街谷开口处明显降低，同时，街区整体浓度明显降低，污染物整体呈现出部分高浓度区域线段式的分布状态。*H*=50m：高层建筑范围，污染物高浓度分布区域线段性分布状态消失，呈现局部点状分布。*H*=80m：超高层建筑范围，没有高浓度污染。

（3）典型街道断面污染物扩散分布特征

H=1.5m：线性连续分布；污染物浓度高，面积大。*H*=10m：线段性分布，部分区域呈现连续；污染物浓度高，面积大。*H*=30m：部分扩散，由面积较大的团状污染逐渐变

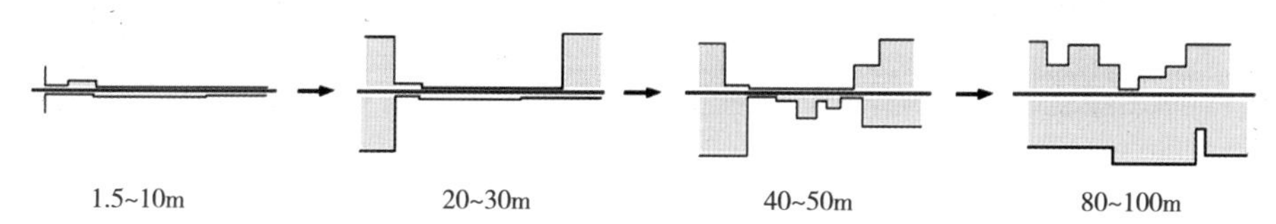

图 6-4-7　太原街不同高度水平截面下街道空间特征示意
资料来源：作者自绘

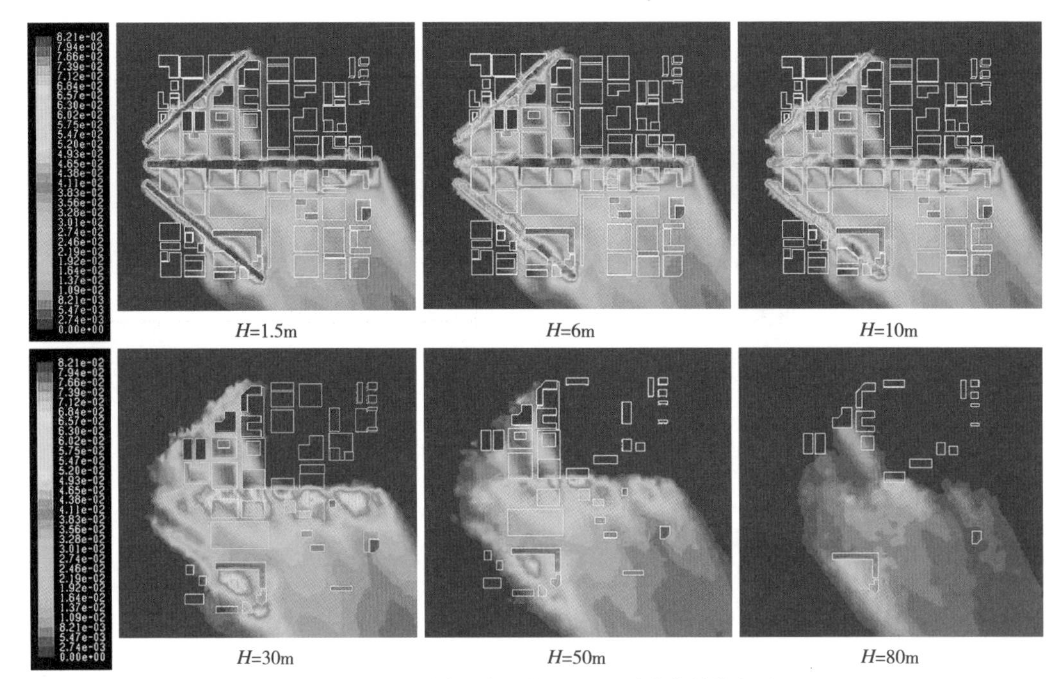

图 6-4-8　不同高度水平截面下的污染物扩散分布图
资料来源：软件模拟

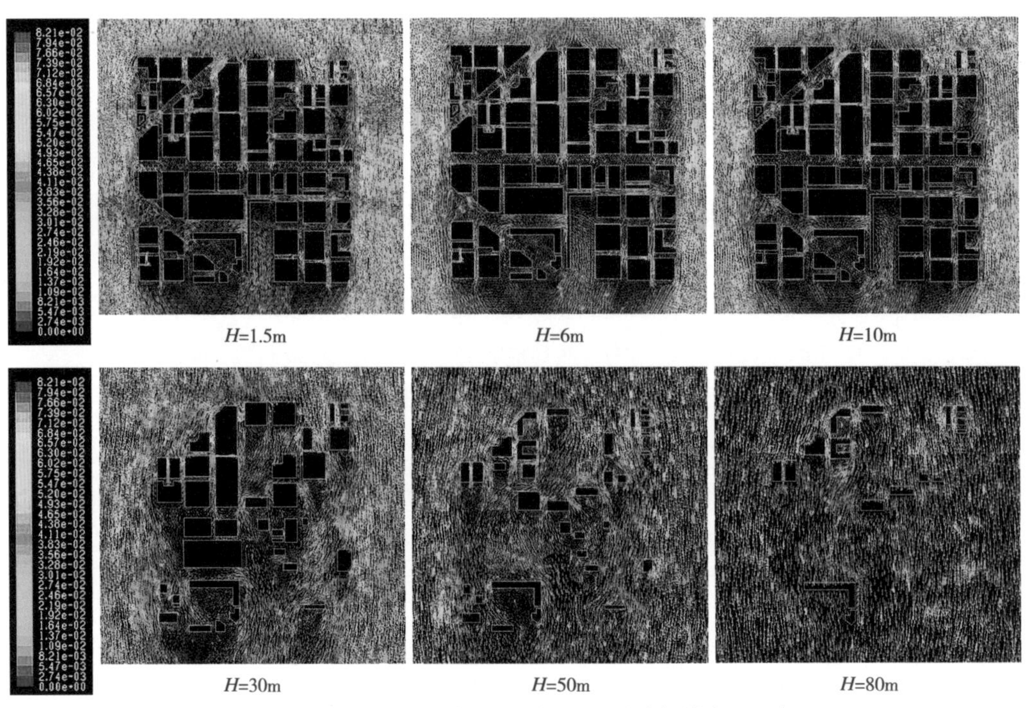

图 6-4-9　不同高度水平截面下的风速矢量图
资料来源：软件模拟

成块状污染；污染物浓度部分降低，但局部靠近污染源处污染浓度较大。H=50m：基本扩散，但仍有部分区域污染物呈现点状分布；整体污染浓度较低，少数区域有较高浓度。H=80m：完全扩散；污染基本消除。

2. 街区垂直空间下污染物分布特征

垂直空间的选取，根据之前的太原街不同高度下的空间分布特征，选取高度为 H=1.5m，6m，10m，30m，50m，80m。街区垂直空间下污染物扩散分布分析：

封闭性较强的空间 2 和 6，下层污染物浓度明显高于其他空间，在 H=1.5m~H=10m 的范围内，污染变化很小，都是高浓度的污染区；较为开敞的空间 4、5、8，在 H=1.5m~H=6m 的高度范围内，污染浓度相对偏高，在 H > 10m 的高度就呈现明显的浓度降低的趋势；空间两侧建筑差异过大的空间 1、3、8 内部的污染物分布出现明显的不均匀变化，污染物多聚集上游建筑的背风面；高层建筑围合的狭缝空间 7，由于风向以及周边建筑环境的影响，同时距离污染源较远，在高层建筑间隙间产生了狭缝效应，整体污染浓度较低（表 6–4–3、图 6–4–10、图 6–4–11）。

3. 典型街道断面污染物浓度分布特征

图 6–4–12、图 6–4–13，为街道断面示意，街道总宽度 W=40m，线型污染源宽度即为道路红线宽度 $W1$=20m，两侧商业建筑与道路红线之间的集散广场宽度 $W2$=$W3$=10m；街

街区不同典型空间垂直方向上的污染浓度值　　表 6–4–3

典型空间 / 高度	1.5m	6m	10m	30m	50m	80m
1	0.079	0.076	0.068	0.035	0.019	0.000
2	0.082	0.079	0.076	0.057	0.032	0.010
3	0.063	0.059	0.050	0.042	0.030	0.012
4	0.071	0.068	0.057	0.031	0.021	0.008
5	0.059	0.048	0.043	0.031	0.021	0.008
6	0.082	0.076	0.071	0.032	0.021	0.000
7	0.046	0.041	0.035	0.021	0.013	0.002
8	0.068	0.063	0.057	0.021	0.013	0.000

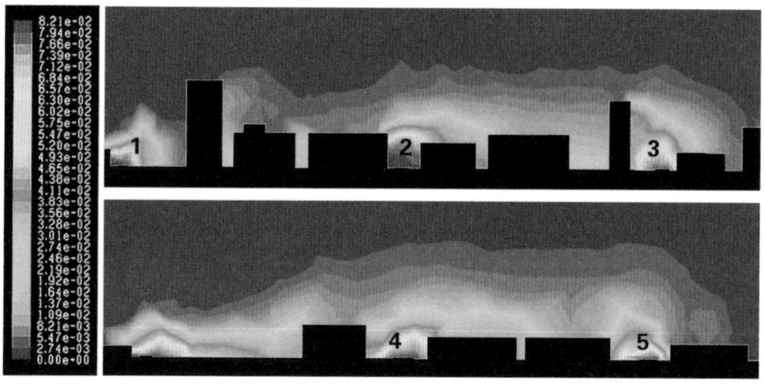

图 6–4–10　街区 x–z 方向上的污染物扩散分布图
资料来源：软件模拟

道两侧分别是风场上游和下游的建筑物，*H*1 和 *H*2 是两侧建筑高度。根据太原街整体模拟结果，选取 8 个典型断面，断面具体信息见表 6–4–4。

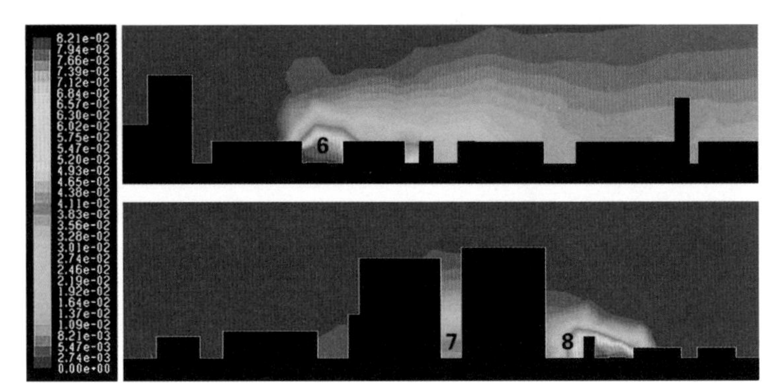

图 6–4–11　街区 y–z 方向上的污染物扩散分布图
资料来源：软件模拟

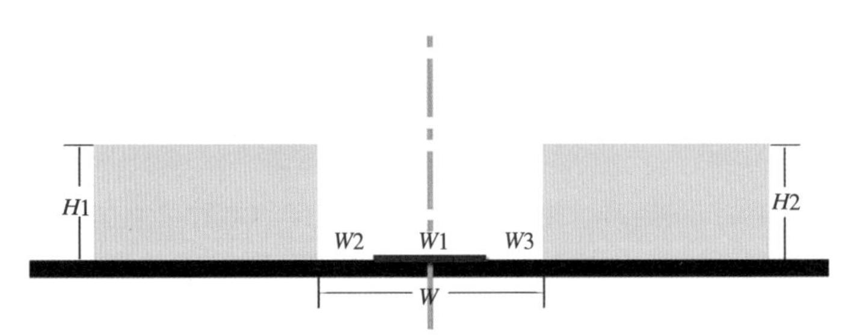

图 6–4–12　断面示意
资料来源：作者自绘

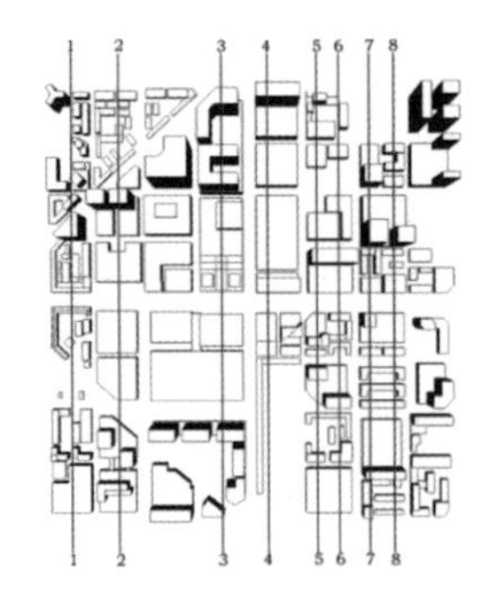

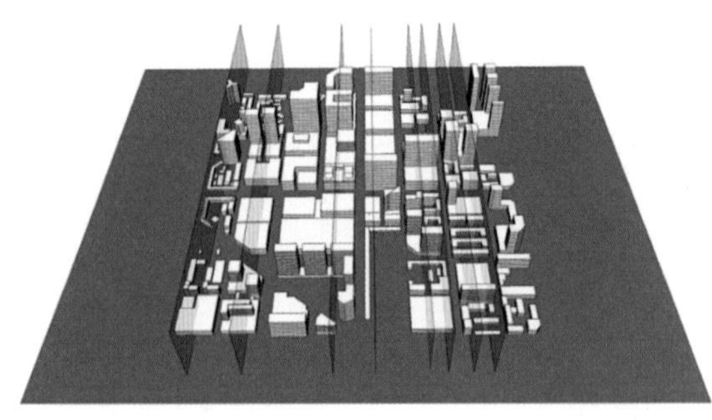

图 6–4–13　断面选取示意图
资料来源：作者自绘

典型断面具体信息　　表 6–4–4

断面	1–1	2–2	3–3	4–4	5–5	6–6	7–7	8–8
*H*1	10m	15m	50m	80m	30m（裙房）	30m（裙房）	20m	20m
*H*2	10m	12m	40m	20m	20m（裙房）	30m	60m	20m
*H*1 ：*H*2	1 ：1	5 ：4	5 ：4	4 ：1	3 ：2	1 ：1	1 ：3	1 ：1
W	40m	40m	40m	40m	40m	40m	40m	40m
H ：*W*	1 ：4	≈ 1 ：3	≈ 1 ：1	—	—	—	—	1 ：2

1）街道两侧建筑体量对颗粒物扩散的影响（图 6–4–14）

①对称型街道两侧建筑高度对颗粒物扩散的影响：气流进入街区内部较少，大部分气流集聚在建筑上部，因此在街区底部形成了明显的高浓度污染物堆积。在街道宽度一定的情况下，街道空间越开阔越有利于颗粒物的扩散。

②非对称型街道两侧建筑高度对颗粒物扩散的影响：新鲜空气进入街区内部，将街谷内部污染物带走，同时，来流在建筑迎风面形成明显的下洗，由于气流运动，使得污染物主要在街谷下部上游建筑背面堆积。当街谷两侧建筑有一定高差，且上游建筑低于下游建筑时，更加有利于污染物的扩散。

2）街道两侧建筑自身形态对颗粒物扩散的影响（图 6–4–15）

高层建筑与裙房的结合使得街谷形成上下两个层次的空间，在裙房上层的高层空间范围内，街区来流在高层区形成绕流，来流遇到高层建筑之后向下流动形成下洗和涡旋，使得颗粒物不易聚集，污染浓度不高，有明显的扩散。但是在裙房区，由于裙房的阻碍，使得下部裙房和多层建筑之间形成相对封闭的空间，上部气流无法进入街区下部空间，加之街区下部空间建筑连续性强，开口较少，形成高浓度污染物堆积的现象。

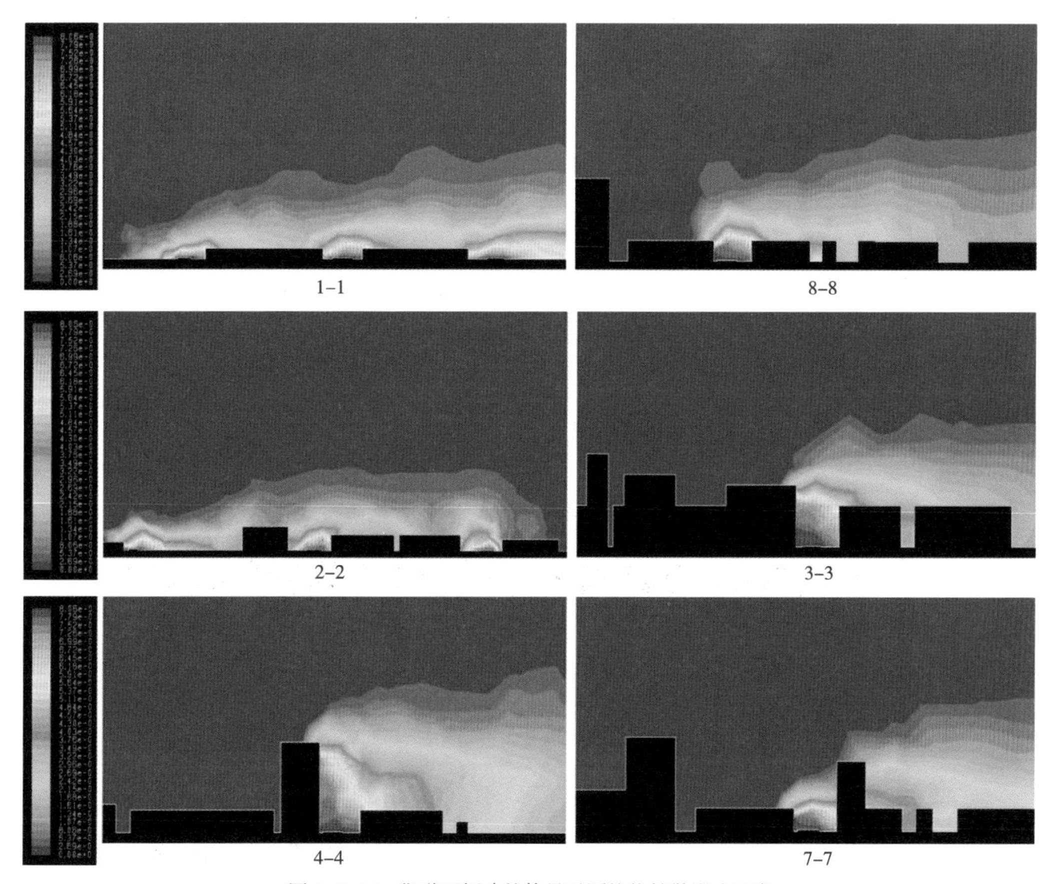

图 6–4–14　街道两侧建筑体量对颗粒物扩散影响示意
资料来源：软件模拟

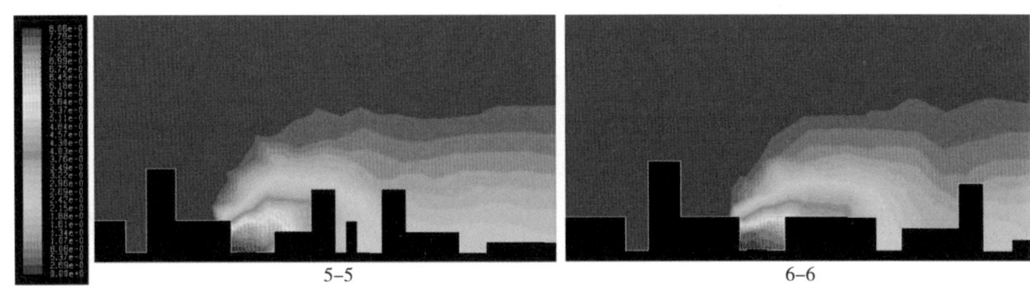

图 6–4–15 街道两侧建筑自身形态对颗粒物扩散影响示意图
资料来源：软件模拟

4. 街区整体空间下污染物扩散模拟分布特征

从三维模拟图（图 6–4–16、图 6–4–17）分析可以看出，随着高度的增加，风速逐渐加大，建筑密度及建筑高度对污染物空间扩散阻力减小；垂直方向上的空间扩散以污染源为中线向道路两侧扩散，随着高度的增加，浓度逐渐降低，但降低趋势不明显。目前，缺乏良好的通风廊道，加之本身建筑密度较高，城市通风状况较差，可吸入颗粒物空气污较为染严重。

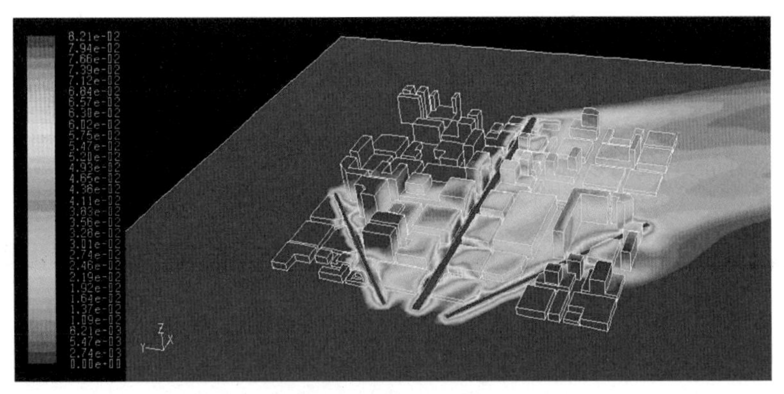

图 6–4–16 太原街三维空间下的污染物扩散分布图 1
资料来源：软件模拟

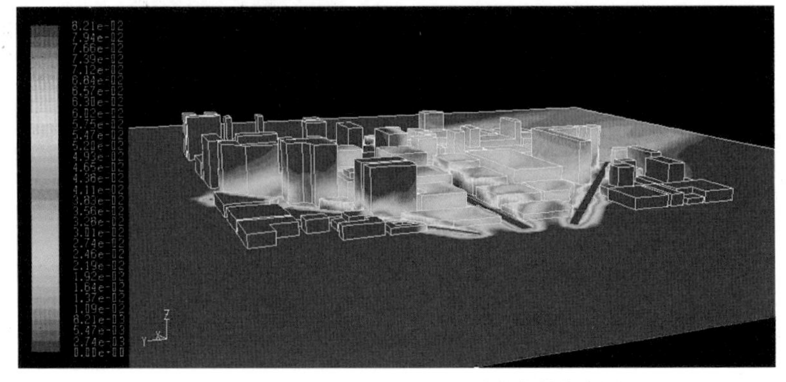

图 6–4–17 太原街三维空间下的污染物扩散分布图 2
资料来源：软件模拟

太原街建筑密度较高，成了紧凑封闭的结构，尤其是中华路以北的地区由于高层建筑的遮挡，使风和洁净的空气不能进入其内部，导致高层建筑集中区空气污染严重。由于建筑间距过小，污染气体随气流移动速度较弱，产生了污染物的聚集现象，无论是背风面还是迎风面浓度都相对较大。由于建筑群体组合的差异没有充分结合城市主导风向，当风带着污染气体进入建筑群体中时，由于建筑的阻挡，形成涡流现象，背风面的涡流易形成污染物的滞留区，导致浓度场混乱，扩散通道内部风环境急剧恶化，滞留区增大，影响了区域内的空气质量。

同时，太原街地区绿化较少，建筑密集、道路宽度较低使得这些区域污染物难以扩散，空气质量较差。在城市主导风向的影响下，随着风速的增加污染物的浓度逐渐降低，城市建筑物及城市绿地对城市风速、风向以及污染物质的扩散具有重要的影响。

6.4.3　优化策略——基于可吸入颗粒物扩散模拟的商业街区典型空间布局优化策略

1. 整体街区空间环境构建的优化策略

良好的街区空间环境布局可以形成良好的街区通风环境，首先街区空间布局形态是由道路形式、建筑密度、建筑高度、建筑形式等综合因素组合而成的区域建筑模型，街区空间布局，特别是建筑空间组合以及建筑自身形式对街区中的通风建设具有重要的影响。

将高层建筑布置在街区中心及各区域的中心，在片区边缘区布置较为低矮的建筑（图6-4-18、图6-4-19）。建筑高度由中心向外逐渐降低，有助于中心地区与边缘地区之间的热传递循环，同时，还可以加强街区整体空气流动，但是缺点是中心地带的污染物无法得到良好的扩散和稀释，可以通过绿化和水体进行滞尘。

当污染源处于街区中部位置的时候，可以设置成外部建筑高内部建筑低的形式（图6-4-20、图6-4-21）。传统意义上来说，这种空间布局不利于污染物的扩散，因为外部建筑会阻碍来流进入街区内部，但是当街区面积较大，而且风速较大的情况下，这种形式的整体布局使得街区成为一个整体，在街区上部可以形成完整的街区环流，同时将街区低矮

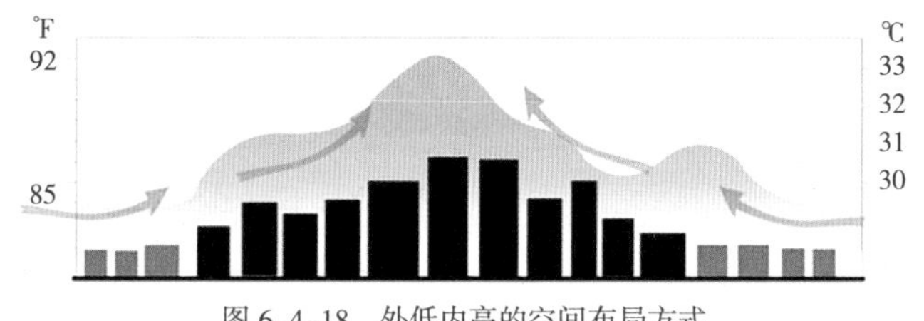

图6-4-18　外低内高的空间布局方式
资料来源：作者自绘

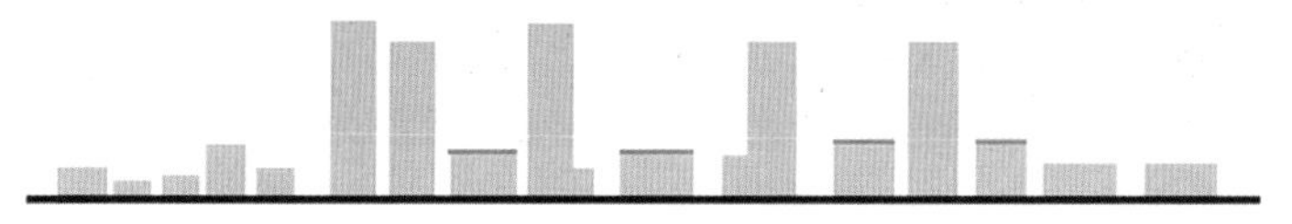

图6-4-19　中心地区设置绿化滞尘
资料来源：作者自绘

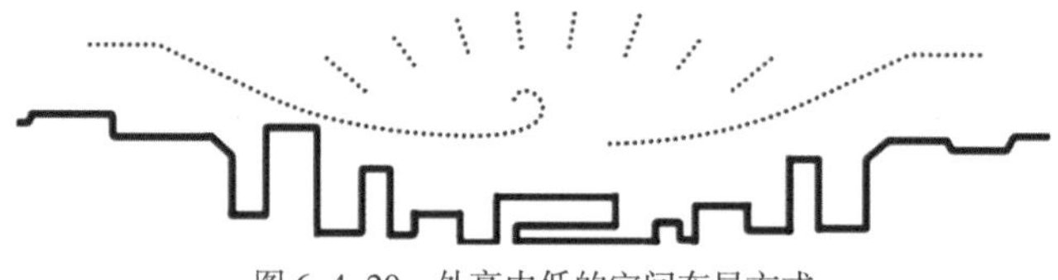

图 6-4-20　外高内低的空间布局方式
资料来源：作者自绘

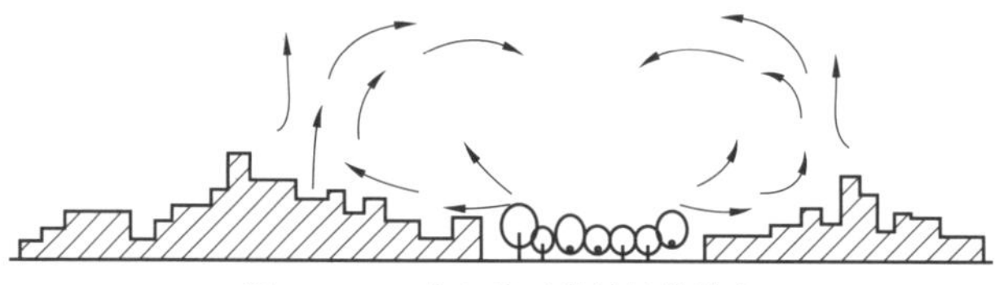

图 6-4-21　中心地区设置绿化滞尘
资料来源：作者自绘

建筑区域大面积的开放空间和廊道进行结合，同样能进入街区内部带走污染物，达到优化的效益。

总结可得，在进行街区整体空间布局形式优化时，应该尽可能将高层建筑集中布置，使得街区能够形成较完整的环流，不会因为高层建筑的阻挡使得街区内部的通风被阻碍，能够更加有效地将街区内部的污染物带出街区内部。

2. 典型街区建筑布局组合优化策略

（1）街区通风廊道的构建

在建筑密度过高的城市商业街区内，构建合理的通风廊道可以有效增强街区内部的气流运动，达到缓解可吸入颗粒物污染的目的。图 6-4-22 是根据太原街主要污染源中华路两侧——岷山饭店、中国银行、苏宁电器、如家酒店所形成的组合形式进行的优化前后污染物分析对比，优化前后相同点位置的垂直浓度分布见表 6-4-5。

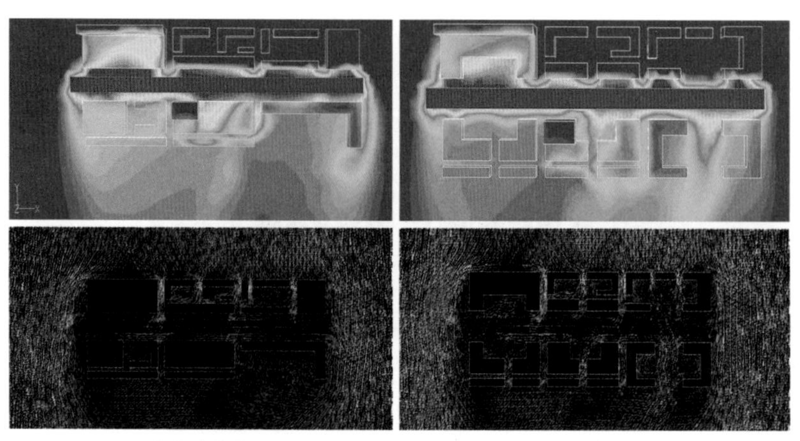

（*a*）改造前　　（*b*）改造后

图 6-4-22　街区通风廊道构建优化图
资料来源：软件模拟

优化前后相同点位置的垂直浓度分布（浓度单位：mg/m³）　　表 6-4-5

比较点 / 高度		1.5m	6m	10m	30m	50m	80m
1	优化前	0.079	0.076	0.068	0.043	0.024	0.008
	优化后	0.059	0.052	0.043	0.032	0.021	0.008
2	优化前	0.082	0.079	0.076	0.049	0.032	0.010
	优化后	0.063	0.059	0.050	0.042	0.030	0.010
3	优化前	0.068	0.063	0.057	0.024	0.013	0.000
	优化后	0.059	0.049	0.043	0.021	0.013	0.000

优化设计之后，水平方向上的污染范围减少，扩散效应明显增强，在垂直空间上，H=1.5m~H=10m 范围内的浓度明显降低，达到了优化的效果。

（2）街区开放空间的设计

街区开放空间的分布与城市商业街区的通风是密切相关的，建筑与街道的围合，建筑与建筑之间的围合方式，形成的完全开放空间，半封闭式开放空间，都会在不同程度上改变街区内部的气流运动，在污染物聚集处设置开放空间会明显地增强该处的气流运动，使得高浓度污染物得到稀释和输送。图 6-4-23 是根据太原街主要污染源中华路两侧——正建商业建筑，中兴、百盛、万达所形成的组合形式进行的优化前后污染物分析对比，优化前后相同点位置的垂直浓度分布见表 6-4-6。

从图 6-4-23 和表 6-4-6 可知，优化设计之后，水平方向上的污染范围明显减少，扩散效应明显增强，在垂直空间上，整体浓度都有明显降低，H=1.5m~H=6m 范围内的浓度明显降低，达到了良好的优化效果。

3. 典型街道断面两侧建筑形式组合优化策略

根据太原街可吸入颗粒物扩散模拟分析，由于在城市商业街区内，主要街道是主要污染源，街道两侧建筑组合形式以及建筑形态对可吸入颗粒物的扩散有着关键的影响。商业

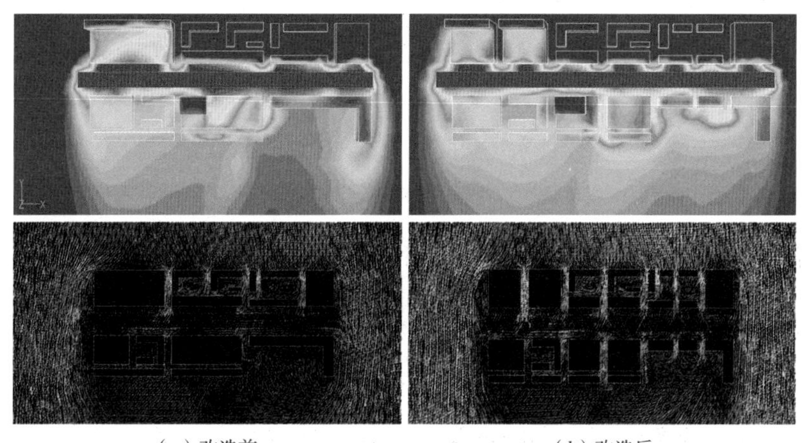

（a）改造前　　（b）改造后

图 6-4-23　街区开放空间构建优化图

资料来源：软件模拟

优化前后相同点位置的垂直浓度分布（浓度单位：mg/m³）　　表 6-4-6

比较点 / 高度		1.5m	6m	10m	30m	50m	80m
1	优化前	0.068	0.063	0.057	0.043	0.024	0.008
	优化后	0.032	0.030	0.027	0.021	0.013	0.000
2	优化前	0.071	0.068	0.057	0.043	0.032	0.010
	优化后	0.052	0.046	0.035	0.024	0.019	0.000
3	优化前	0.071	0.063	0.054	0.027	0.013	0.005
	优化后	0.071	0.049	0.041	0.021	0.013	0.000

街区内街道两侧大部分是建筑体量较大的商业建筑（H=60~80m）和裙房（H=25m）与高层建筑（H=60~80m）相组合的商业服务类建筑，这种空间由于使得街区分成上下两个层次，街区上部来流不易进入街区底部，只在街区空间上部形成涡旋，导致污染物在街区的下层空间大量地堆积，形成了污染物浓度较高的区域（图 6-4-24、图 6-4-25）。

由以上分析可以得出，街道污染源两侧的商业建筑之间，主要的污染大多聚集在底层裙房处，高层空间部分几乎没有过高浓度的污染物，因此，在优化设计研究中，重点处理高层与裙房之间的过渡空间对于缓解街区下部高浓度污染具有重要的意义。

（1）直角裙房的斜面优化设计

图 6-4-26 与图 6-4-25 相比较，在街道断面一侧直角建筑裙房形态由直角变成斜面的情况下，街区来流在街区内部顺应下游建筑裙房的斜面形成明显的下洗，并且可吸入颗

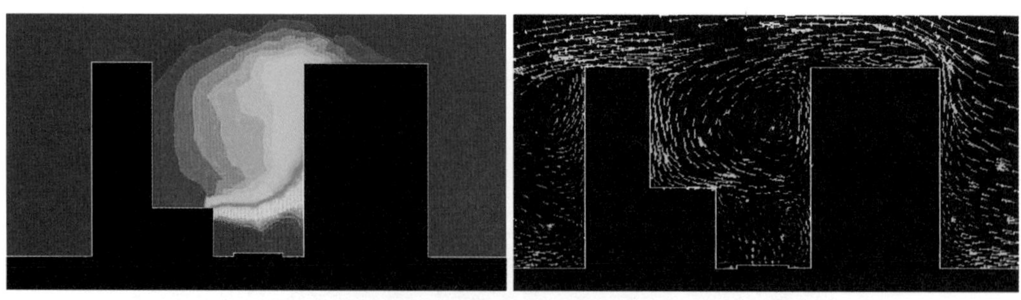

图 6-4-24　裙房建筑——大体量建筑（金三角饭店 – 世贸百货）
资料来源：软件模拟

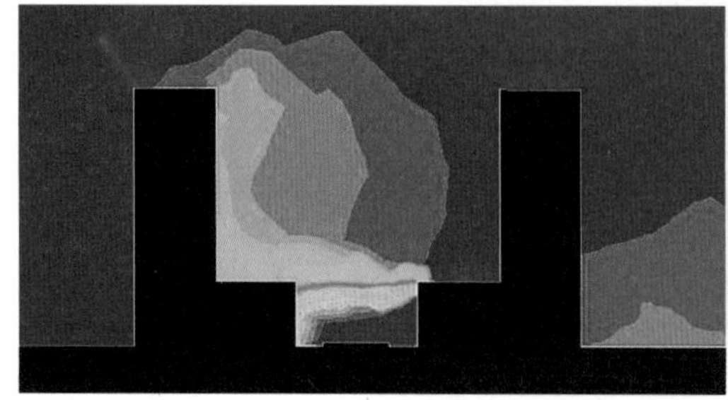

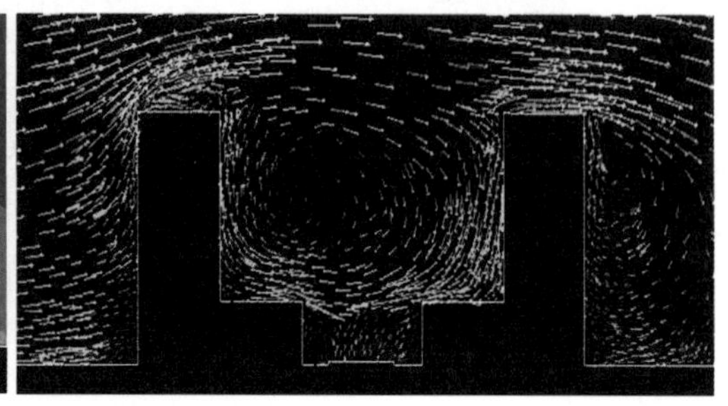

图 6-4-25　裙房建筑——裙房建筑（圣道大楼 – 岷山饭店）
资料来源：软件模拟

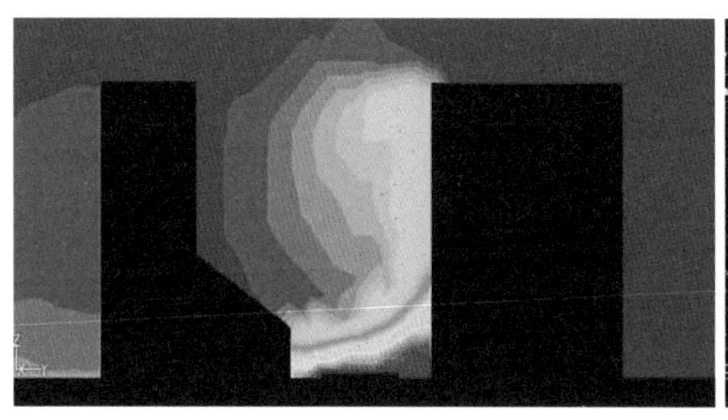
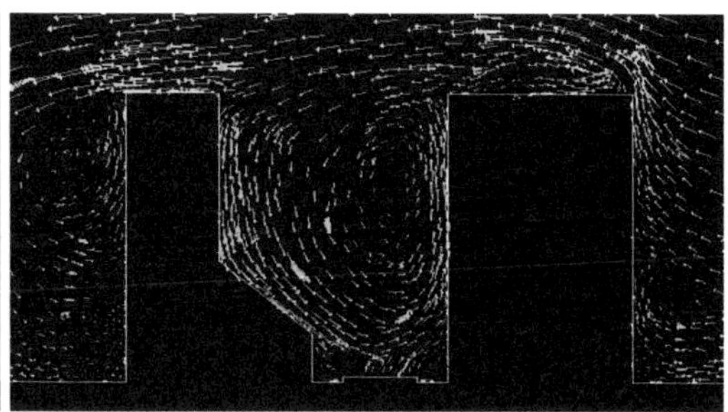

图 6-4-26　建筑直角裙房的斜面优化设计
资料来源：软件模拟

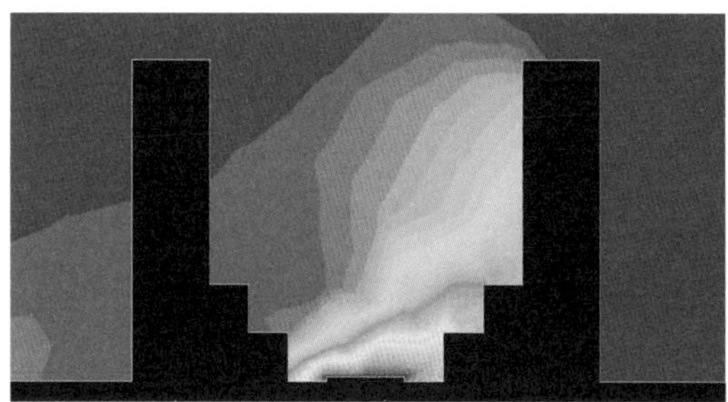
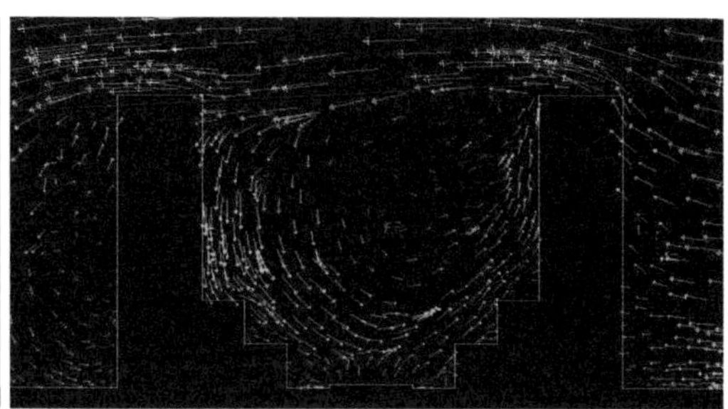

图 6-4-27　建筑直角裙房的退台优化设计
资料来源：软件模拟

粒物、污染物能够随着街区流场的运动被带出街区内部，达到街区内部可吸入颗粒物的扩散，优化效果明显。在保证建筑合理的使用功能的前提下，为了使来流顺利顺应斜面进入街区内部，裙房斜面与地面之间的角度控制在 30°~60° 最合适，斜面底部与地面之间的高度应该为改造建筑层高的倍数，以 6~12m 为宜。

（2）直角裙房的退台优化设计

图 6-4-27 与图 6-4-25 相比较，当街道断面两侧的直角建筑裙房形态由直角变成退台设计的时候，和斜面设计原理相似，街区的上部来流能够顺应建筑形式有规律地改变，被引入街区下部空间，带走并且稀释集聚在街道底部的污染物，达到一定可吸入颗粒物的扩散效应，优化效果明显。在建筑裙房进行退台设计时，每级退台的高度应该是改造建筑层高的倍数（6m 或者 12m），以便使改造之后的建筑内部空间能够得到合理的运用。

（3）建筑底部灰空间的优化设计

如图 6-4-28 所示，在街道两侧建筑裙房底层架空形成灰空间的情况下，街区来流在下游建筑迎风面形成下洗的过程中，街区内部气流顺应裙房与主体建筑之间通风廊道以及裙房底部架空形成的灰空间形成环流，这种气流能够带走街区底部污染物，使得污染达到被运输和稀释；同时，在上游建筑背风面也形成了一定的环流，虽然仍有部分污染物堆积，但是与图 6-4-25 比较，污染浓度明显降低了很多，形成了一定的扩散效应，优化效果明显。但是对于污染物扩散不完全带来的部分污染在街道背风面的堆积，可以在污染浓度较高的区域进行绿化以及水体的设计，以达到进一步优化的目的。通过对不同架空高度下的优

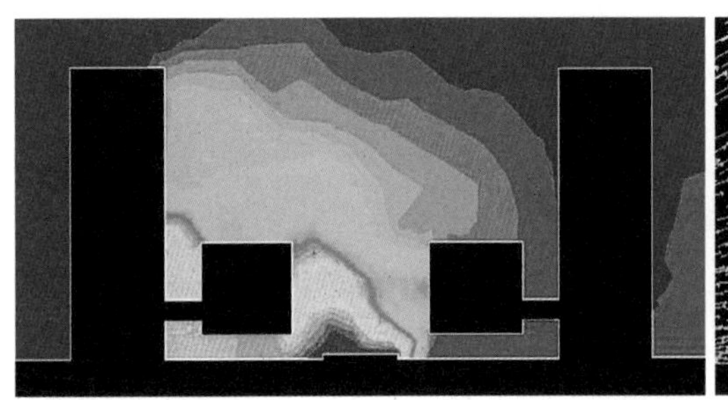
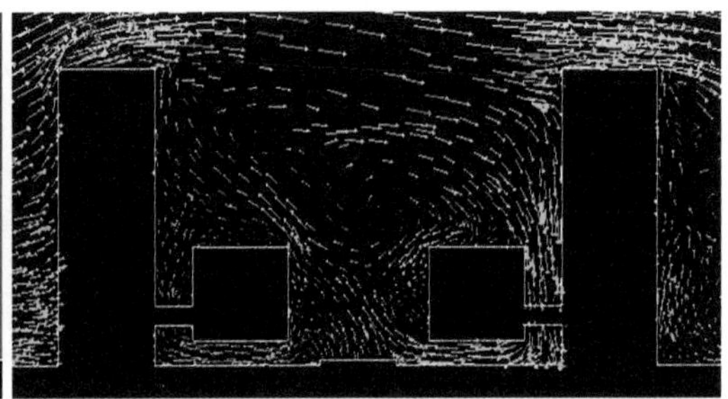

图 6-4-28　建筑底部灰空间的优化设计
资料来源：软件模拟

化设计进行比较分析，裙房底部的架空高度应该控制在 6~12m 之间。当架空高度小于 6m 时，进入街区内部的来流通过底部空间受阻，无法形成明显环流；当架空高度大于 12m 时，来流无法在灰空间内形成明显的通风效应，不易于污染物的扩散。

（4）建筑开敞式中庭空间的优化设计

如图 6-4-29 所示，在街道两侧建筑裙房形成开敞的中庭空间的情况下，来流在裙房上部空间形成明显的涡旋的同时，顺应两侧建筑下部的开敞空间再次形成环流，使得街区底部污染物能够达到扩散，但是上游建筑裙房的开敞空间由于处在背风面，污染物没能达到良好的扩散，有一定程度的堆积，同样，这种情况可以结合建筑垂直绿化的设计来进行一定程度上的缓解。考虑商业建筑的使用性质以及进入街区内部气流的运动强度，开敞式中庭空间的高度应该控制在 $H \leqslant 6$m，在保证环流的同时给人舒适的空间感受。

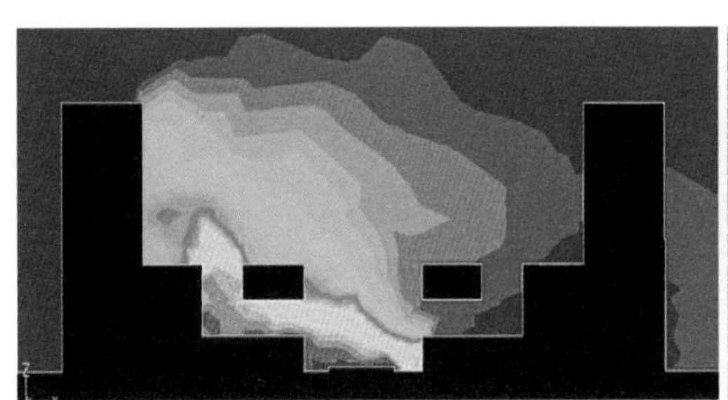
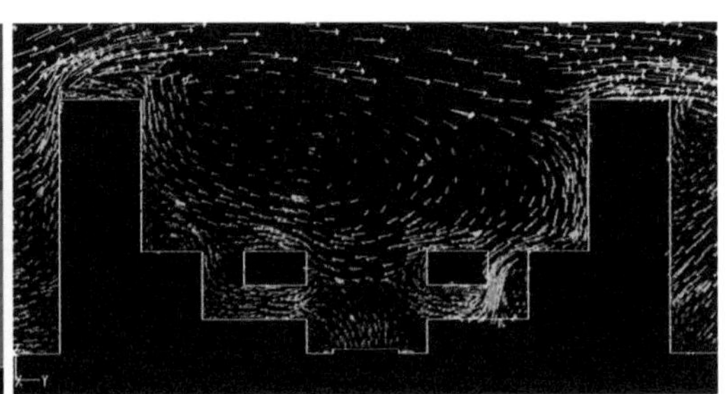

图 6-4-29　建筑开敞式中庭空间的优化设计
资料来源：软件模拟

（5）高层建筑与底层裙房间架空的优化设计

如图 6-4-30 所示，在街道两侧建筑高层部分与建筑裙房之间架空，在建筑高层部分底部形成灰空间的时候，街区来流顺应斜面进入街区底部之后，通过建筑高层部分与裙房之间的灰空间形成非常明显的扰流，在进入街区底部的气流带走底部堆积的污染物的同时，还能通过建筑自身形成的扰流将污染带离建筑内部，达到街区内部空间污染扩散的效用，优化效果很明显。只要构成明显的通风廊道，就会有环流的产生，因此，结合建筑结构和建筑使用性能，高层建筑与裙房之间的架空高度应该是改造建筑层高的倍数，两层为宜。

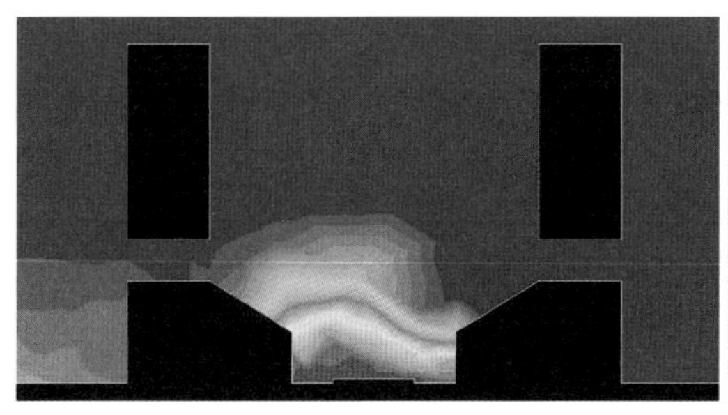
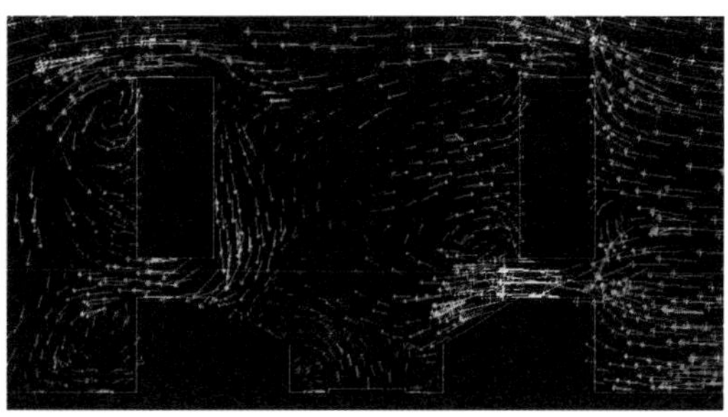

图 6-4-30　高层建筑与底层裙房间架空的优化设计
资料来源：软件模拟

6.4.4　优化策略——基于可吸入颗粒物扩散模拟与典型空间优化

1. 建立街区上层通风廊道，构建街区线性通风空间

经过太原街现状的可吸入颗粒物模拟分析以及典型街区空间布局分析，在城市商业街区建立合理的通风廊道，顺应街区主导风向，使得街区来流能够顺利地进入街区内部稀释和运输污染物，能有效地缓解街区可吸入颗粒物的污染情况。太原街污染聚集最主要的一个原因就是区域北侧多为大体量的高层商业建筑，在很大程度上阻碍了冬季街区北侧来流，街区不能形成完整环流，主要污染源街道释放的污染物得不到扩散和稀释，最终导致污染物堆积。因此，在街区整体空间布局中以及重点区域设计通风廊道，同时结合重点建筑进行通风设计，形成街区的通风系统，街区来流可以顺利进入街区空间，达到街区可吸入颗粒物的扩散效应。

对北侧大体量的高层建筑部分进行拆解、重新组合，形成了街区主要的通风廊道，打破了之前街区主导风向无法进入街区的问题；设计形成的通风廊道和民主路组成了街区最主要的一级通风系统，结合通风系统进行主要的开放空间节点以及街区绿化带的设计；垂直主要污染源中华路的方向进行二级通风廊道设计，主要分布在街区下部，结合一级通风廊道形成街区整体的通风系统（图 6-4-31）。

如图 6-4-32 所示，在优化设计中，街区的通风系统以网状的形式存在，一级通风廊道主要分成高层建筑通风区和民主路，高层建筑通风区连接了主要污染源中山路和中华路，二级通风廊道主要存在于一级通风廊道之间，大多位于街区底部空间，将主要污染源中华路分隔开来，同时连接了民主路，这样的布局方式能够使得街区形成完整的环流，使来流充分进入街区内部，达到污染物的扩散。

在太原街街区通风廊道的构建中，在污染浓度较严重的区域以及主要污染源附近的建筑进行单体建筑改建，通过增加裙房建筑引导风向，局部架空建筑底部和垂直方向形成街区内部环流以及建筑上部局部架空设计形成通风廊道的方式进行街区下层空间通风廊道的构建，形成最后的街区通风廊道系统。在构建上层空间通风廊道中建筑部分拆除加建情况见表 6-4-7。

图 6-4-31　通风廊道优化设计平面示意
资料来源：作者自绘

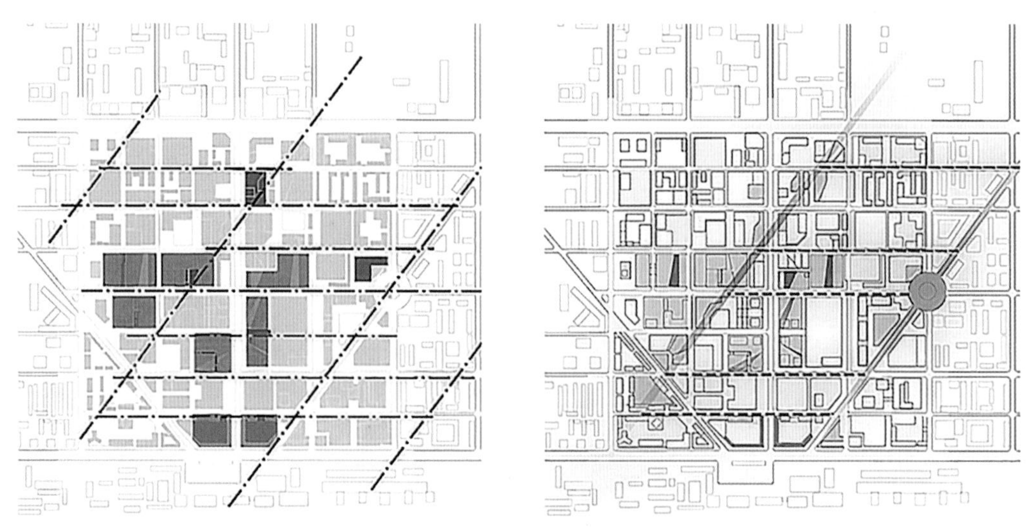

图 6-4-32　街区通风系统示意图

形成街区上层通风廊道过程中的建筑局部拆除加建情况　　表 6-4-7

改造建筑	新荣大厦	协和公寓	华联商厦	五洲春天	中兴大厦	中兴方城	东舜百货	盛茂饭店	岷山饭店	金三角	中国银行
拆除高度	20m	10m	—	—	—	—	—	20m	—	—	—
加建高度	—	—	40m	40m	10m	30m	50m	—	—	20m	40m

化整为零，整合细碎肌理（图 6–4–33）：街区下层原有建筑过于零碎，在建筑间隙中极易产生污染物的堆积现象，因此，在优化设计中，对底部的零碎肌理进行整合，以便形成完整平稳的气流运动。

化零为整，整合细碎肌理

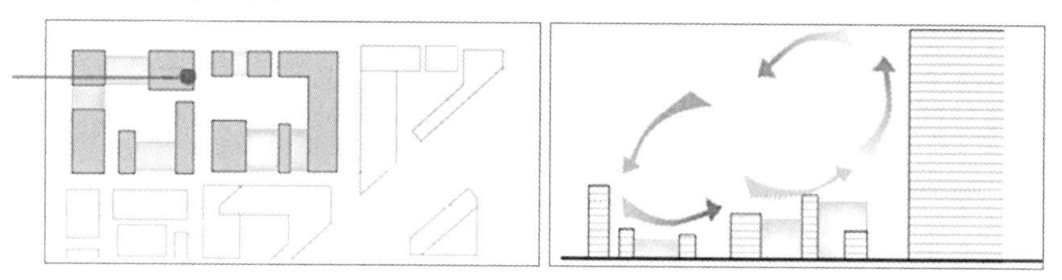

图 6–4–33　重点建筑空间组合 1
资料来源：作者自绘

退台设计，柔滑流场边界（图 6–4–34）：下层建筑区域大多是大体量的商业建筑，为了使气流能够进入街区内部，在街区来流方向上的建筑组合同样采用了迎风面建筑退台的处理方式。

退台建筑，柔滑流场边界

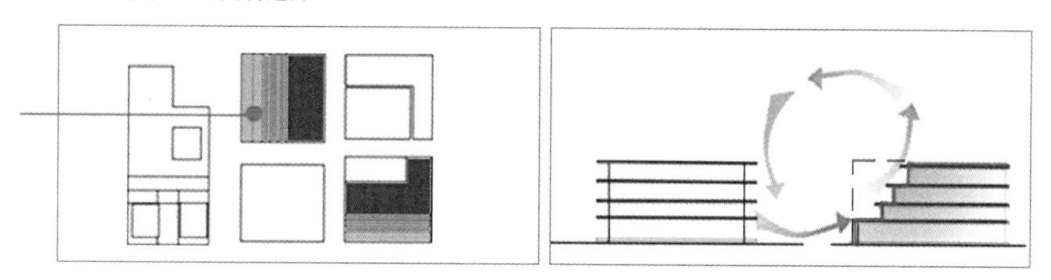

图 6–4–34　重点建筑空间组合 2
资料来源：作者自绘

烟囱效应，加速气流（图 6–4–35）：为了使街区下层空间形成较完整的通风廊道，部分大体量的建筑单体都进行了底部灰空间的设计，街区上层通风空间与下层的通风廊道结合，形成街区环流，顺利稀释和带走街区下部堆积的污染物。

烟囱效应，加速气流

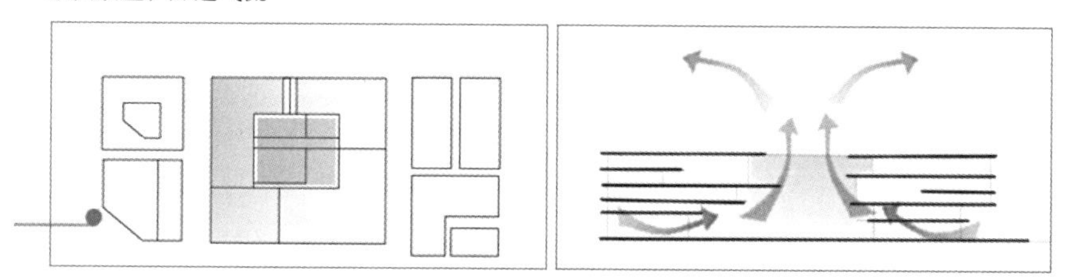

图 6–4–35　重点建筑空间组合 3
资料来源：作者自绘

垂直绿化，改善高层区风环境（图 6–4–36）：在高层建筑区域，因为建筑密度大、建筑较高，随着气流的运动污染物容易在高层区域内部堆积，因此，在易产生污染堆积的区域进行高层建筑的退台以及立体绿化的处理。

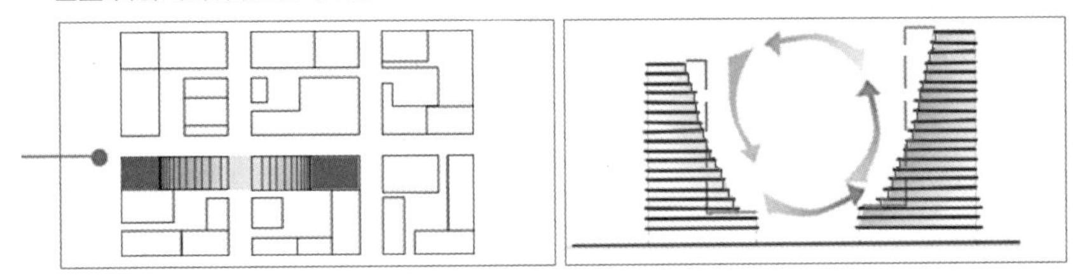

图 6-4-36　重点建筑空间组合 4
资料来源：作者自绘

增加裙房，引导气流（图 6-4-37）：街道与高层建筑围合形成的开放空间中，由于高层建筑的封闭性较强，气流运动导向性较弱，容易产生污染物的堆积，通过加建斜面或者退台式的建筑裙房，对气流进行引导，形成开放空间内的完整的环流，有利于污染物的扩散。

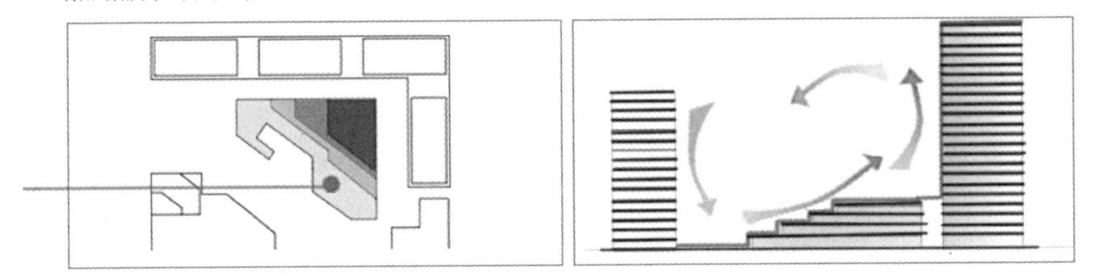

图 6-4-37　重点建筑空间组合 5
资料来源：作者自绘

2. 构建街区下层开放空间体系，形成街区多孔空间

通过太原街可吸入颗粒物扩模拟分析，在不同高度的水平截面下，随着高度的增加，建筑密度逐渐减少，区域开放空间逐渐增加，可吸入颗粒物的污染明显减少，可吸入颗粒物的扩散效应明显加强；从太原街可吸入颗粒物扩散模拟中提取的典型街道断面分析结果也表明，在街道两侧高度一定的情况下，空间越开敞，越有利于颗粒物的扩散。因此，街区内部开放空间的优化设计对于街区可吸入颗粒物的扩散具有明显的优化效果。太原街整体建筑密度较高，开放空间很少，只有万达公寓处通过高层建筑围合形成了比较明显的开放空间，主要污染源中华路两侧建筑连续性强，除了两处道路交叉口几乎没有开放空间的存在，导致街区内部气流运动较弱，污染物极易堆积，形成街道底部的高浓度污染区。因此，在优化设计中，顺应街区主导风向设计主要的开放空间，同时通过街区主要轴线将开放空间进行衔接，形成完整的街区开放空间体系，加强街区内部的气流运动，达到可吸入颗粒物的良好扩散。

整体空间布局，图 6-4-38 是开放空间优化设计的街区平面布局示意图，如图所示，进行了以下优化设计：

顺应街区主导风向，形成三条明显的街区主要轴线，加强街区整体性，打破主要污染源中华路周围空间的封闭性；针对现状分析中主要的污染区域进行一级开放空间的设计，与街区主要轴线进行结合，形成完整的街区开放空间体系，同时，针对中华路两侧建筑改造形成二级开放空间；顺应街区主轴线进行各个层次的绿化设计，形成街区绿化廊道，同时结合开放空间设计绿化节点，形成街区绿化体系；针对主要开放空间进行建筑组合的优化设计。

本次优化设计针对太原街整体空间封闭性强，空间开放性弱，通风空间少的问题进行开放空间体系和通风廊道的建设（图 6-4-39）。

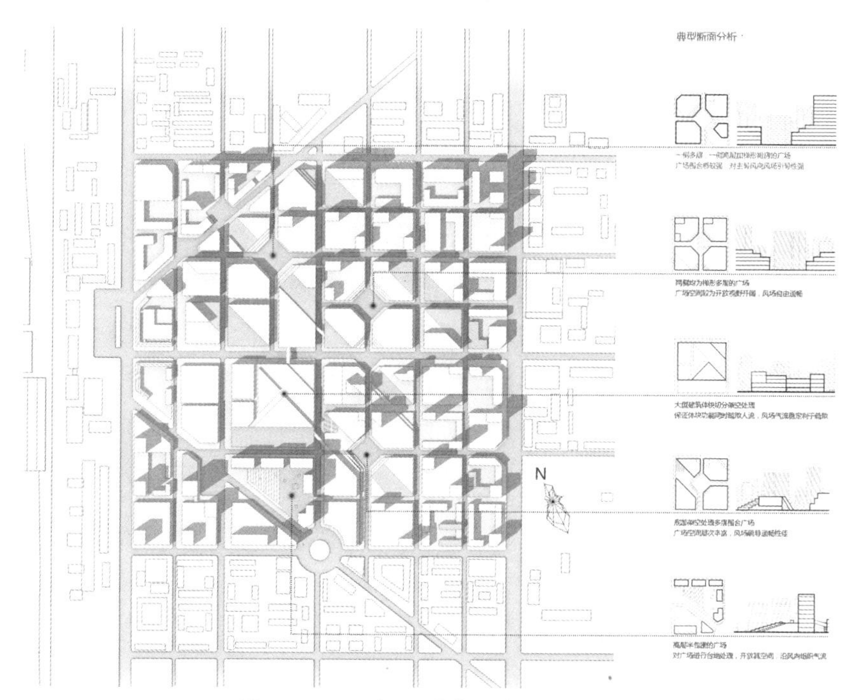

图 6-4-38　开放空间优化设计平面示意图
资料来源：作者自绘

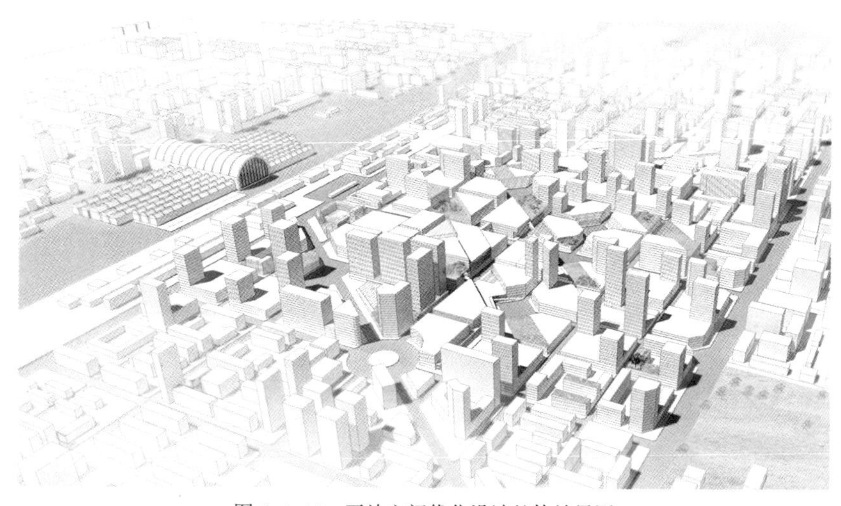

图 6-4-39　开放空间优化设计整体效果图
资料来源：作者自绘

在开放空间体系的设计中，针对污染较严重的区域进行主要一级开放空间设计：①北侧地块太原街步行街西侧的中兴大厦、中兴方城、华联等高层商业建筑空间；②北侧地块太原街步行街东侧的五洲春天大厦、东舜百货等大体块商业建筑组合空间；③南侧地块太原街步行街东侧低矮小商铺围合空间；④原有的万达公寓围合式开放空间优化。同时在中华路两侧，通过建筑组合和单体建筑优化设计，形成二级开放空间体系，通过对太原街现状肌理的整合，结合区域主导风场，形成完整的开放空间系统（图 6–4–40）。

街区开放空间体系的形成与街区主要轴线和通风廊道的构建是密切相关的，优化设计中的轴线和开放空间都与街区来流走向相结合进行布置，使街区主要来流更加顺利地进入街区内部形成环流，带走和稀释污染物。同时，在保证街区内部气流运动的基础上，街区开放空间体系的设计还保证了商圈人流疏散和引导，合理组织人流运动，减少街区扬尘（图 6–4–41、表 6–4–8）。

商业街区中的开放空间多是建筑与建筑，或者建筑与街道围合成的空间，开放空间的气流运动与其周围的建筑组合和建筑形式都密切相关（图 6–4–42、图 6–4–43）。

高层建筑和多层建筑组合形成的开放空间优化：开放空间中，一侧是多层建筑，一侧是高层建筑，一般会把高层建筑的裙房设计成梯形的形式，以便气流进入广场内部。这样广场围合感强，对主导风向的风场具有很强的引导性。

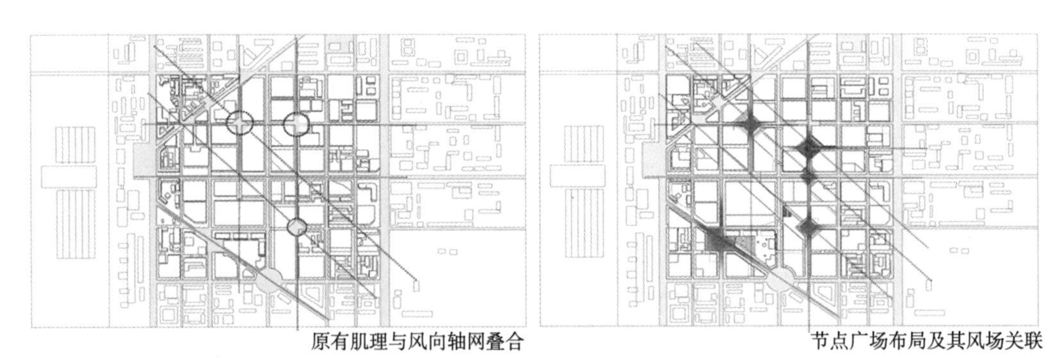

图 6–4–40　开放空间体系构建示意
资料来源：作者自绘

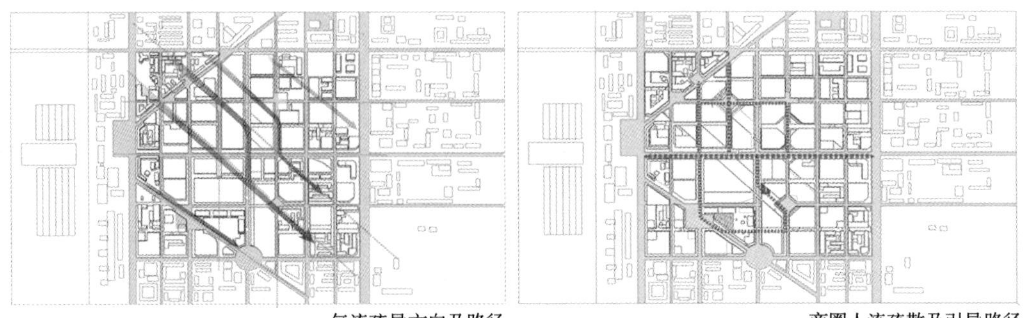

图 6–4–41　通风廊道和人流疏散的示意
资料来源：作者自绘

街区下层开放空间围合形式以及围合建筑改造尺度　　　　表 6-4-8

下层空间广场	围合建筑	围合尺寸	广场围合形式
1	新荣大厦	裙房退台设计 10m	围合式广场，通过对新荣大厦和中兴大厦的底层退台设计以及协和公寓和中兴方城的局部架空二层形成的围合式广场
	协和公寓	底层架空两层 6m	
	中兴方城	底层架空两层 6m	
	中兴大厦	裙房退台设计 12m	
2	东舜百货	裙房退台设计 10m	围合式广场，通过对东舜百货和盛茂饭店、岷山饭店的底层退台设计以及新世界百货的局部架空三层形成的围合式广场
	盛茂饭店	裙房退台设计 6m	
	岷山饭店	裙房退台设计 6m	
	新世界百货	底层架空两层 10m	
3	万达广场	建筑底层局部架空 6m	大体量商业建筑的自身拆解，底层架空与周边形成的开放性广场空间
4	如家酒店	主体建筑，高度 50m	围合式广场，加建的建筑综合体，底部裙房采用斜面设计，同时进行底部三层的局部架空，与如家和玫琳凯形成围合式广场
	玫琳凯	主体建筑，高度 70m	
	加建建筑	建筑综合体，斜面设计以及底层架空 10m	
5	万达公寓	万达公寓底部退台设计：1~20m	万达公寓围合的半围合广场，整体的退台设计

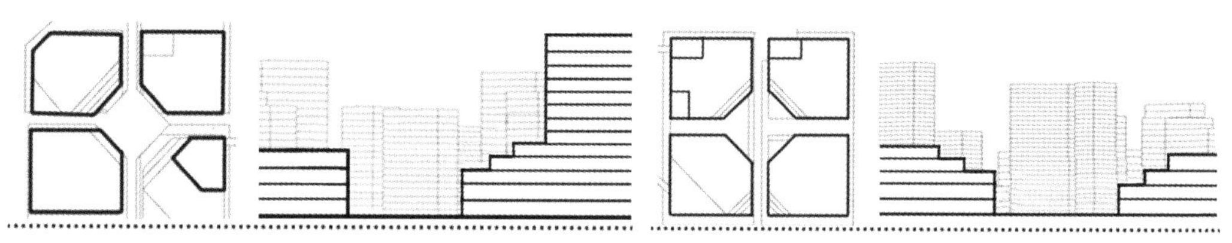

一侧多层，一侧高层加梯形裙房的广场
广场围合感较强，对主导风向风场引导性强

两侧均为梯形多层的广场
广场空间较为开放视野开阔，风场自由通畅

图 6-4-42　重要开放空间节点设计 1
资料来源：作者自绘

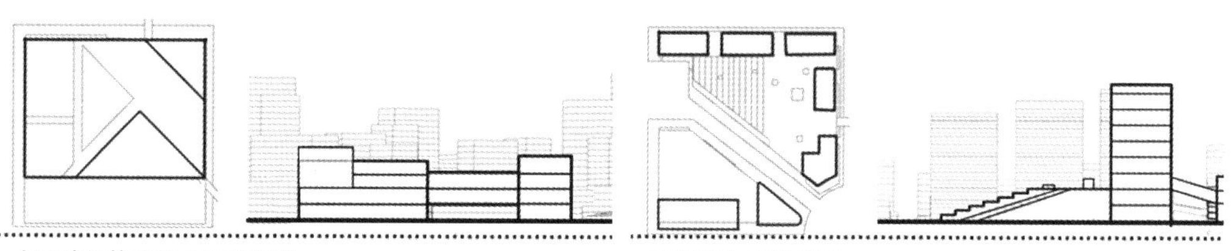

大型建筑体块切分架空处理
保证体块功能同时疏散人流，风场气流稳定利于疏散

高层半包围的广场
对广场进行台地处理，开放其空间，沿风向组织气流

图 6-4-43　重要开放空间节点设计 2
资料来源：作者自绘

多层建筑形成的开放空间优化：当广场周边都是多层建筑的时候，广场空间是较为开阔的，但是同样为了便于气流进入空间内部，将周边的建筑设计成梯形形式，使得开放空间的风场更加顺畅。

街道两侧大体块商业建筑自身优化：街道两侧也需要开放空间，当用地面积不足的时候，可以对大体块的建筑切分进行递补架空处理，在保证人流疏散的条件下使得街道空间能形成稳定的风场，有利于污染物的疏散。

高层建筑与街道围合形成的开放空间优化：充分利用高层建筑底部的裙房空间，结合广场进行台地式的处理，使得气流能够稳定顺利地进入开放空间内部，形成环流达到污染物的疏散效应。

6.4.5 小结

（1）本书的创新就是通过学科交叉，找到新的角度和方向来进行城市设计和建筑设计方向的研究。在未来的发展中，学科交叉能够使得人们看到更多在本专业的领域发现不了或者无法解决的问题，用更加科学的手段来指导设计，提高设计结果的可研究性和可信度，为设计找到科学依据，这是本专业内研究的发展趋势。

（2）本次研究运用了计算流体力学的一种新兴的建筑规划分析技术，目前，这种研究方法属于在国内比较前沿的研究思想和研究技术。在研究当中，颗粒物信息的输入和选取，不同尺度的街区和建筑模型的建造，网格的划分，计算模型的设计等方面依然需要在以后的相关的研究中进一步进行科研和探索，以提高计算的精确程度和可信度。

（3）本次研究主要以沈阳市太原街为例，通过 FLUENT 计算流体力学技术与街区空间布局的设计手法相结合，结果可以应用于东北地区相关的城市商业街区的改造和设计，对城市商业街区可吸入颗粒物的扩散与街区空间布局优化具有指导意义。

6.5 我国东北地区屋顶绿化生态功能探讨

现今城市环境不断恶化，提高城市绿地率、绿化覆盖率是改善环境有效的办法。由于城市中可建设用地十分紧张，屋顶绿化作为城市绿地系统补充的优势便体现出来。我国沈阳地区由于受气候条件的制约，屋顶绿化还尚未形成规模。本书通过运用 CFD 软件模拟的手段对东北地区的高层居住小区的环境进行模拟，根据模拟结果提出了立体绿化改造方案，并进行模拟验证。

6.5.1 城市建筑立体绿化系统

1. 城市建筑立体绿化系统与城市绿地系统

城市建筑立体绿化系统是城市绿地系统的一个组成部分，从功能上来说，它的使用功能、景观功能及生态功能与城市绿地系统一样；从属性上来说，建筑立体绿化系统可以属于城市绿地系统中的附属绿地。与其他城市绿地不同的是城市建筑立体绿化通常处于空中，其特点是将植被栽种于建构筑物的墙面、屋顶或阳台上，不占用地面面积。

2. 城市绿地系统的功能

城市绿地是维持城市景观生态平衡的重要载体，也是改善环境质量最主要的自然元素。城市绿地系统是通过植物的光合作用转化太阳能，实现能量的循环。城市绿地系统所发挥的生态效益主要是其自然服务功能。城市绿地的自然服务功能体现在对自然系统自身健康的维护、对生物多样化和生命系统的维护、对人类社会的物质和精神的服务上。

城市屋顶绿地系统的生态功能主要包括：对空气和水的净化作用，减缓洪灾和旱灾的危害，对废弃物的降解和去毒作用，对土壤肥力的创造和再生作用，生物多样性的维持，调节局部气候，缓和极端气候等。

3. 城市绿地空间的补充

城市在不断发展的过程中会出现种种问题，城市绿地系统也会受到局限。例如城市中心区人口密集，污染相对严重，但是绿地面积却最小，并且也没有可以利用的土地来扩展绿地的面积，这时，建筑立体绿化系统的优势便体现出来，利用裸露的墙面、屋顶为载体，可有效扩大绿地面积，提高城市绿化覆盖率。所以说，在用地越来越紧张的今天，城市建筑立体绿化系统不但是城市绿地空间的补充，而且也发挥着巨大的生态效益。

6.5.2　沈阳地区建筑立体绿化现状

1. 沈阳地区建筑立体绿化尚未形成规模

沈阳为改善城市环境，对城市绿地进行了系统的规划，城市绿化覆盖率要不断提高，提出城市绿地的规划目标为中心城区绿化覆盖率要达到 45% 以上，然而土地资源却十分宝贵，这样就使得可建的绿地面积越来越少，发展绿地系统就只能采取见缝插针的形式，从铺满道路楼房的城市地区能找到的绿地空间已接近极限。另外，在有限的地面上还采用了密植的方法增加绿量，树木密植的结果使得绿地景观及种植科学合理性受到影响。但随着城市的发展，这样的绿地建设无法满足环境的需要，所以发展建筑立体绿化成为提高绿化覆盖率，改善城市环境的有效方法。

沈阳市作为东北地区最大的城市，在建筑立体绿化建设方面有了一定的进展，但目前建筑立体绿化覆盖率约为 0.3‰，也没有整体性的规划目标，北京、上海等地区都将建筑立体绿化的覆盖率达到城市屋顶面积的 1% 作为目标发展着屋顶绿化，因为建筑立体绿化只有达到一定规模，才能更好地发挥其生态效益。

2. 沈阳地区建筑立体绿化尚未发挥效益

制约沈阳地区建筑立体绿化生态效益发挥的主要原因是其气候。沈阳地区冬季漫长严寒，夏季相对短促凉爽；气温年较差很大，冰冻期长，冻土深，积雪厚，冬季的半年多有大风。这种气候特征首先使得建筑立体绿化在植物选择方面很局限。本来建筑立体绿化种植在十几米甚至更高的高空上，风力要比地面大 1~2 级，再由于本身所处地区风力较大，这样高大的植物就不适宜种植在屋顶上。植物选择时须选择根系浅、矮生、生长慢、耐瘠薄、耐干旱、耐寒冷、耐风飕的植物，这样的植物在冬季时可以安全越冬，便于养护。

除去气候原因，政府的支持也是促进建筑立体绿化发展并使其发挥生态效益的重要原因。像北京、上海这样建筑立体绿化已初具规模的城市，政府都相应出台了屋顶绿化相关标准，来指导屋顶绿化的设计与施工，并且政府还有相关补助政策来支持屋顶绿化的建设。沈阳还未出台相关标准、政策，这方面的体制还不健全，有待于完善。

6.5.3 沈阳地区高层居住区立体绿化生态效益模拟分析

1. 高层居住区室外环境现状模拟分析

本文的城市模型使用 Gambit 软件绘制，建筑模型尺寸与实际尺寸 1 ：1 建立模型。为简化模型便于计算，小区内绿化依照实际情况简化为两片与实际大小相等的林地，高度为 10m。

沈阳属于严寒地区，冬季漫长严寒，植物处于休眠状态，不能发挥其生态效益，所以只讨论夏季时绿化在小区内的生态效应。沈阳地区夏季通风室外计算温度为 28.2℃，平均风速为 2.9m/s，夏季主导风向为南向，建筑外表温度根据公式、查阅相关资料以及实测取得经验值为 31.5℃。

小区内氧气浓度最高的地方为绿地及其周边 5m 的范围内，氧气浓度在 0.30327~0.30385 范围内，氧气的扩散趋势为向东北方向扩散，所以位于小区东北侧的几栋建筑氧气浓度是比较高的，氧气浓度在 0.30094~0.30230 之间；位于小于西部的建筑周边的氧气浓度是最低的，绿地所释放的氧气完全没有扩散到这个区域，这部分的氧气浓度只在 0.29997~0.30036 之间。随着高度的上升，小区内的氧气含量也越来越少，在 60m 的高度时，只有一栋建筑周边的氧气浓度有明显的提高。从模拟结果可以看出，小区内的氧气分布受风向及绿地布局的影响较大（图 6–5–1）。

从风速分布图中可以看出，在小区迎风处的风速较大，小区东边的建筑间的风速过低，有涡流现象，小区西侧的建筑间的风速适中，但是也有明显涡流，不利于污染物的排放（图 6–5–2）。

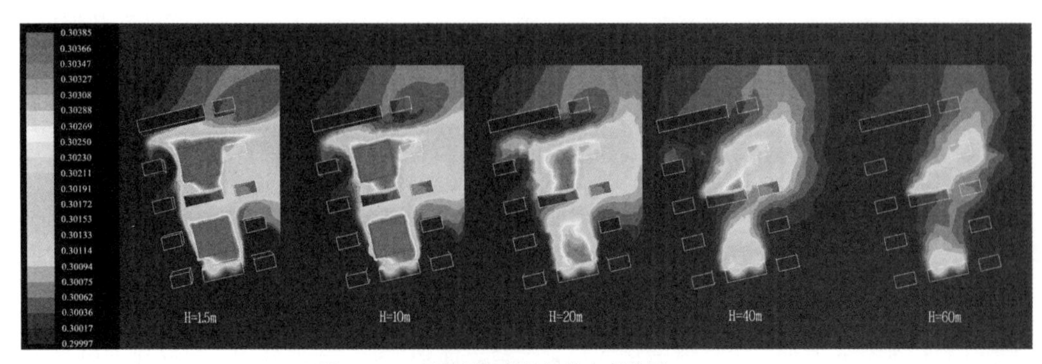

图 6–5–1 万科新里程氧气分布现状图
资料来源：作者自绘

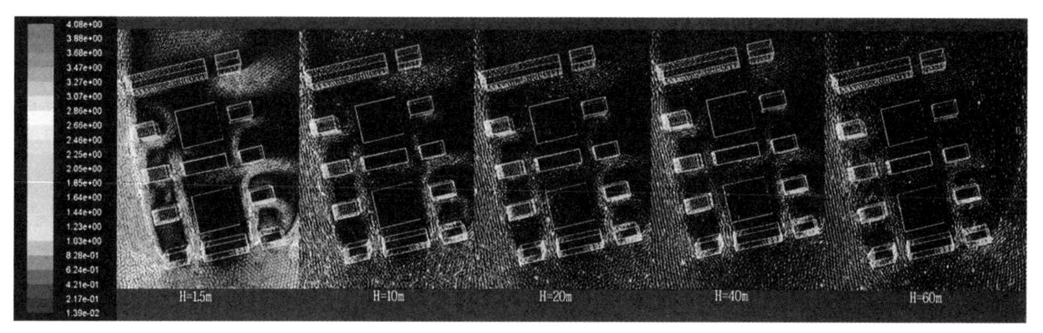

图 6-5-2　万科新里程风速分布现状图
资料来源：作者自绘

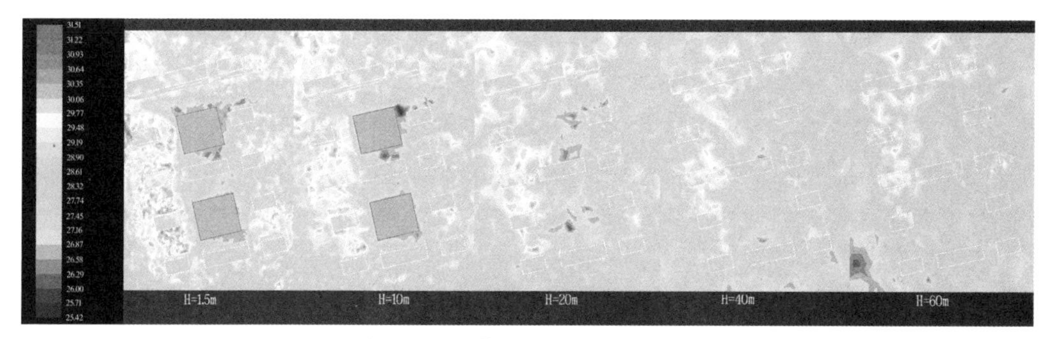

图 6-5-3　万科新里程温度分布现状图
资料来源：作者自绘

从温度的分布中可以看出绿化的降温效果十分明显，绿化及周边的温度在 26.58~27.74℃之间，但是由于风向的缘故，小区西侧的一排建筑周边的温度较高，在 30.06~31.51℃之间，无法达到舒适的效果。随着高度的升高，室外环境的温度有所降低，但是小区西侧一排的建筑周边温度仍然较高，在 29.77~30.35℃之间，在 60m 的高度时，地面绿化的降温作用已经很微弱，小区内东北部的建筑的温度在 28.61~29.77℃之间，小区内的平均温度较 10m 及 20m 高度相比还有所升高（图 6-5-3）。

从以上模拟结果来看，对于高层建筑组成的小区，建筑地面绿化对小区内的环境有一定的调节作用，但是还不完全。周边没有密集绿化的建筑环境基本得不到有效改善，并且，随着高度的上升，地面绿化对建筑环境的调节作用越来越微弱，在建筑屋顶的高度时，地面绿化基本无法起到对建筑周边的环境的调节作用。

2. 高层居住小区室外环境改造方案

根据对小区现状的模拟结果进行分析，提出了改造方案。首先在小区西侧的一排建筑增建垂直绿化和屋顶绿化，根据风速模拟图，为了改善建筑间的涡流现象，在建筑的南立面和北立面增设垂直绿化，改善这里的风环境；在小区北侧的建筑东西立面增设垂直绿化，这是为了降低冬季时吹入小区内寒风的风速；由于小区东侧的建筑受地面绿化的影响比较大，所以主要考虑建筑上空的环境改善，改造方式是增建屋顶绿化，具体方案如图 6-5-4 所示。

图 6-5-4　小区室外环境改造方案
资料来源：作者自绘

3. 高层居住小区室外环境改造模拟结果及分析

在对该小区进行改造后，在相同的边界条件下，运用 FLUENT 软件进行模拟，来检测小区内的氧、热及风环境的改善情况。

首先从氧气的分布情况来看，在 1.5m 的高度，小区内平均氧气浓度由改造前的 0.30094 提高至 0.30250；高度为 10m 时，氧气浓度提高至 0.30269；高度为 20m 时，氧气浓度提高至 0.30250；高度为 40m 时，氧气浓度提高至 0.30230；高度为 60m 时，氧气浓度提高至 0.30211。虽然随着高度的上升，氧气浓度还是有所下降，但是氧气浓度整体提升效果十分明显（图 6-5-5、图 6-5-6）。

从温度的模拟结果来看，小区内的平均温度和最高温度都有所降低。在 1.5m 的高度上，小区内的最高温度为 29.77℃，平均温度为 27.16℃；在 10m 的高度上，小区内的最高温度为 29.48℃，平均温度为 26.87℃；在 20m 的高度上，小区内最高温度为 29.48℃，平均温度为 26.38℃；在 40m 的高度上，小区内的最高温度达到 28.9℃，平均温度降为 26.29℃；在 60m 的高度上，小区内的最高温度为 28.1℃，平均温度为 26℃，小区内的平均温度在所选取的高度上均降低了 2℃左右，在 26~27℃之间，已达到了比较舒适的水平。从模拟

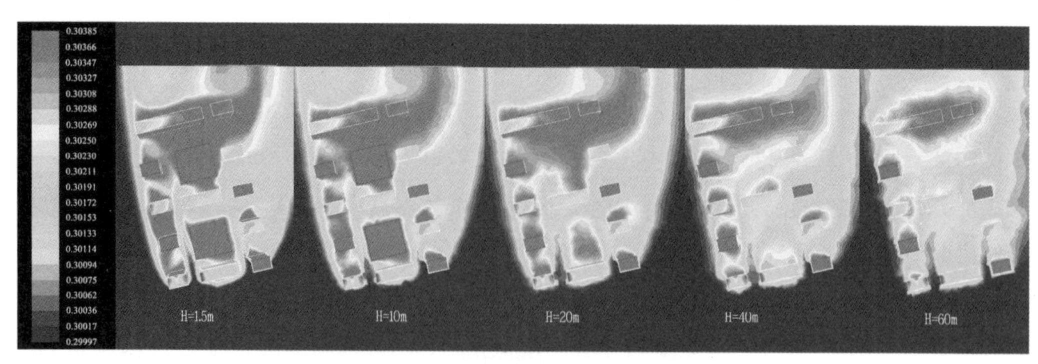

图 6-5-5　万科新里程改造后氧气分布图
资料来源：作者自绘

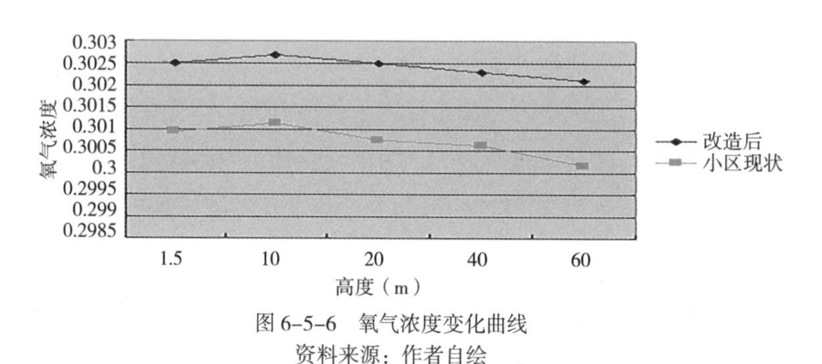

图 6-5-6　氧气浓度变化曲线
资料来源：作者自绘

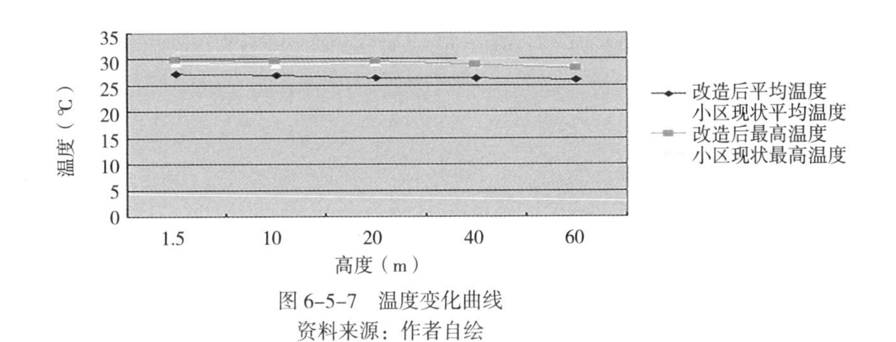

图 6–5–7　温度变化曲线
资料来源：作者自绘

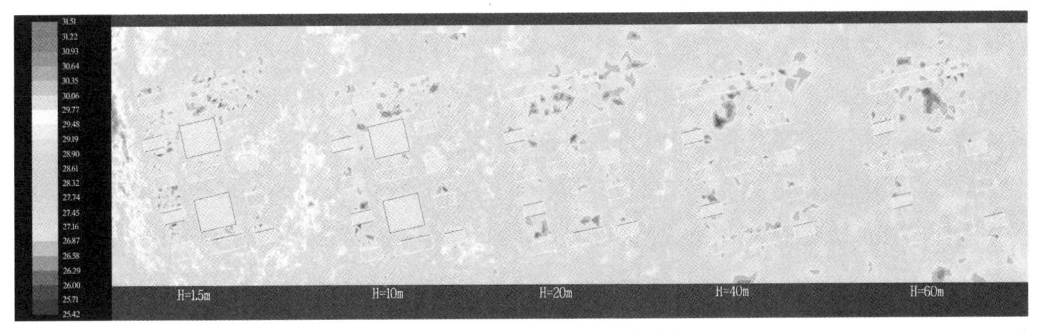

图 6–5–8　万科新里程改造后温度分布图
资料来源：作者自绘

结果得出的图表上可以看出，经过改造，小区内的最高温度曲线与小区现状的平均温度曲线基本重合，这说明改造后小区内的最高温度已降至改造前小区内平均温度的水平（图 6–5–7、图 6–5–8）。

从风环境的模拟结果来看，立体绿化的增建主要对小区内的风速有改善的作用，小区内的风速普遍降低。在人行高度 1.5m 处，经过改造后的小区普遍风速有所降低，增建立体绿化的建筑之间的涡流现象也变弱。但是立体绿化对风环境的改善作用在高空中，例如 40m 至 60m 时，更加明显，这是由于高空中的风速本来就比较大，地面的绿化无法对高空中的风环境起到任何作用，所以建筑立体绿化这时对风环境的调节作用更加明显。从模拟结果来看，在高度为 40m 时，小区内的平均风速较改造之前的 1.85m/s 降低至 0.83m/s；在高度为 60m 时，小区内的平均风速较改造之前的 2.05m/s 降低至 1.03m/s（图 6–5–9）。

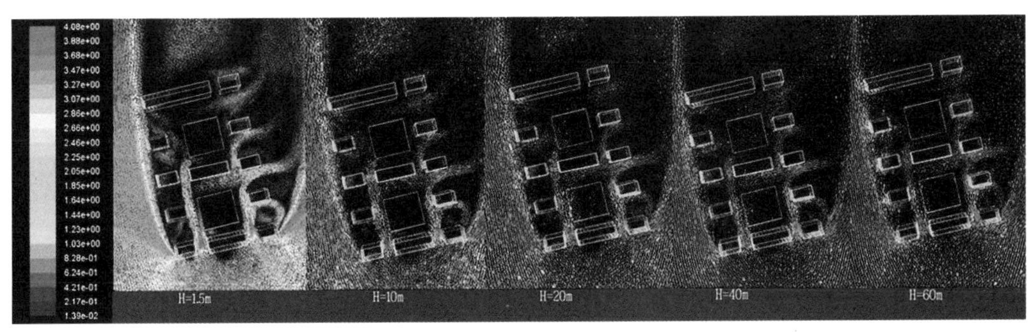

图 6–5–9　万科新里程改造后风速分布图
资料来源：作者自绘

综上所述，增建立体绿化的方法可以明显改善小区内的生态环境，立体绿化作为氧气源提升了小区内的氧气含量，并且对小区内的温度有着明显的降低作用，还明显改善小区上空的风环境。

6.5.4 小结

建筑立体绿化无论在使用上还是在生态效益方面都具有绝对的优势，在城市生态环境日益恶劣的今天，屋顶绿化更应该得到大力的推广。我国沈阳地区冬季寒冷，植物处于休眠状态，但是植物处于生长期的8个月会带来显著的生态效益。在城市空间中，多层建筑由于周边绿化达到一定绿量的原因，建筑群空间和建筑室内的热、氧、风环境相对来说比较舒适，但是到一定高度的建筑空间，例如城市高层建筑，由于地面绿化所释放的生态效应无法扩散到较高较远的地方，所以高层建筑群空间的热、氧、风环境相对较差，这时，需要靠建筑立体绿化来对建筑环境进行调节。虽然沈阳地区特殊的气候条件制约了屋顶绿化的发展，但是，只要做到合理地选择植物种类，按照构造严格施工，定期养护，屋顶绿化就能很好地建立起来。

参考文献

[1] Ahern J. Greenways as a planning strategy[J]. Landscape and Urban Planning，1995，33：131–155.

[2] Akashi Mochida，Isaac Y.F. Lun. Prediction of wind environment and thermal comfort at pedestrian level in urban area[J]. Journal of Wind Engineering and Industrial Aerodynamics，2008（96）：1498–1527.

[3] Alcoforado MJ，Andrade H，Lopes A，et al.Application of climatic guidelines to urban planning–The example of Lisbon（Portugal）[J]. Landscape and Urban Planning，2009，90：56–65.

[4] American Forest. CITYgreen：Calculating the Value of Nature（User Manual of version 3.0）[M]. Washington DC：American Forests，1999.

[5] American Forests. CITYgreen 5.0 User Manual[M]. Washington D C：American Forests，2002.

[6] Aniello C，Morgan K.，Busbey A et al. Mapping microurban heat islands using Landsat TM and a GIS[J]. Computers and Geosciences，1995，21（8）：965–969.

[7] Aspinall R，Pearson D. Integrated geographical assessment of environmental condition in water catchments：linking landscape ecology，environmental modelling and GIS[J]. Journal of Environmental Management，2000，59：299–319.

[8] Avissar R. Potential effects of vegetation on the urban thermal environment[J]. Atmospheric Environment，1996，30（3）：437–448.

[9] Baik JJ，Kim JJ.A numerical study of flow and pollutant dispersion characteristics in urban street canyons[J]. Journal of Applied Meteorology 3，1999，8：1576–1589.

[10] Ben–Do E，Saaron H. Airborne video thermal radiometry as a tool for monitoring microscale structures of the urban heat island[J]. International Journal of Remote Sensing，1997，18（4）：3039–3053.

[11] Berlin Department for Urban Development. Environmental Atlas Berlin. Retrieved April 10，2008 from Urban and Environmental Information System（UEIS），2004.Website http：//www.stadtentwicklung.berlin.de/umwelt/umweltatlas/.

[12] Bettinger，P.，J. Sessions. Spatial Forest Planning：To Adopt，or Not to Adopt[J]. Journal of Forestry，2003，101（2）：24–29.

[13] Bitan A.The high climatic quality city of the future[J]. Atmospheric Environment，1992，26（3）：313–329.

[14] Blocken B，Carmeliet J，Stathopoulos T. CFD evaluation of wind speed conditions in passages between parallel buildingsdeffect of wall–function roughness modifications for the atmospheric boundary layer flow[J]. Journal of Wind Engineering and Industrial Aerodynamics，2007，95（9–11）：941–962.

[15] Blocken B，Stathopoulos T，Saathoff P，et al. Numerical evaluation of pollutant dispersion in the built environment：comparisons between models and experiments[J]. Journal of Wind Engineering and Industrial Aerodynamics，2008，96（10，11）：1817–1831.

[16] Blocken，Roels S，Carmeliet J. Modification of pedestrian wind comfort in the Silvertop Tower passages by an

automatic control system[J]. Journal of Wind Engineering and Industrial Aerodynamics，2004，92（10）：849–873.

[17] Bradley GA. Urban Forestry Landscapes：Integrating Multidisciplinary Perspectives[M]. Seattle：University of Washington Press，1995.

[18] Britter RE，Hanna SR. Flow and dispersion in urban areas[J]. Annual Review of Fluid Mechanics，2003，35：469–496.

[19] Bryant MM. Urban landscape conservation and the role of ecological green– ways at local and metropolitan scales[J]. Landscape and Urban Planning，2006，76：23–44.

[20] Buitrago J，Rada M，Hernândez H，et al. A single–use site selection technique，using GIS，for aquaculture Planning：Choosing locations for mangrove oyster raft culture in Margarita Island[J]. Environmental Management，2005，35（5）：544–556.

[21] Cairns J P. 1997. Protecting the delivery of ecosystem service[J]. Ecosyst Health，3（3）：185–194.

[22] Capeluto IG.，Yezioro A，Shaviv E. Climatic aspects in urban design–a case study[J].Building and Environment，2003，38：827–835.

[23] Chan Andy T，So Ellen S P，Samad Subash C.Strategic Guidelines for Street Canyon Geometry to Achieve Sustainable Street Air Quality[J].Atmospheric Environment，2001（35）：561–569.

[24] Chang CH，Meroney RN. Concentration and flow distributions in urban street canyons：wind tunnel and computational data[J]. Journal of Wind Engineering and Industrial Aerodynamics，2003，91：1141–1154.

[25] Chen XL. Remote sensing image–based analysis of the relationship between urban heat island and land use/cover changes[J]. Remote Sensing of Environment，2006，104：133–146.

[26] Cheng J.，I. Masser H. Ottens. Understanding urban growth system：theories and methods，Citeseer[M].2003.

[27] Chiesura，A. The role of urban parks for the sustainable city[J]. Landscape and Urban Planning，2004，68（1）：129–138.

[28] Chu AKM，Kwok RCW，Yu KN. Study of pollution dispersion in urban areas using computational fluid dynamics（CFD）and geographic information system（GIS）[J]. Environmental Modeling and Software，2005，20：273–277.

[29] Church RL. Location Modeling and GIS[M]// Longley P，Goodchild M，Maguire D and Rhind D，（Ed）. Geographical information systems，Volume 1，Principles and Technical Issues. Second Edition. New York：John Wiley and Sons，1999.

[30] Cooper L. Location–allocation problems[J]. Operations Research，1963，11：331–343.

[31] Densham PJ. Integrating GIS and spatial modeling：visual interactive modeling and location seleetion[J]. Geographical Systems，1994，1（3）：203–219.

[32] Dvis JC. Statistics and Data Analysis in Geology[M]. 3rd Edition. New York：John Wiley and Sons，2002：57–61.

[33] Eliasson I. The use of climate knowledge in urban planning[J].Landscape and Urban Planning，2000，48（1–2）：31–44.

[34] Fanhua Kong，Haiwei Yin，Nobukazu Nakagoshi. Using GIS and landscape metrics in the hedonic price modeling of the amenity value of urban green space：A case study in Jinan City，China[J]. Landscape and Urban Planning，2007，79：240–252.

[35] Feng Li，Rusong Wang，et al. Comprehensive concept planning of urban greening based on ecological principles：a case study in Beijing，China[J]. Landscape and Urban Planning，2005，72：325–336.

[36] Flores A，Pickett STA，Zipperer WC，et al. Adopting a modern ecological view of the metropolitan landscape：the case of a greenspace system for the New York City region[J]. Landscape and Urban Planning，

1998，39：295-308.

[37] Forman R TT，Godron M. Landscape ecology [M]. New York，NY：John Wiley and Sons，1986.

[38] Forman，R. T. T. Land mosaics：the ecology of landscapes and regions[M]. Cambridge Univ Pr.1995.

[39] Gallo KP，Mcnab AL，Karl TR，et al. The use of a vegetation index for assessment of the urban heat island effect[J]. International Journal of Remote Sensing，1993，14：2223-2230.

[40] Gallo KP，Tarpley JD. The comparison of vegetation index and surface temperature composites for urban heat-island analysis[J]. International Journal of Remote Sensing，1996，17：3071-3076.

[41] Ghosh A，Harche F. Location-allocation models in the private sector：process，problems and prospects[J]. Location Science，1993，1（1）：81-106.

[42] Ghosh A，Rushton G. Spatial Analysis and Location-Allocation Models[M]. New York：Van Nostrand Reinhold Company，1987.

[43] Gillies RR，Carlson TN，Cui J，et al. A verification of the 'triangle' method for obtaining surface soil water content and energy fluxes form remote measurements of the Normalized Difference Vegetation Index（NDVI）and surface radiant temperature[J]. International Journal of Remote Sensing，1997，18：3145-3166.

[44] Givoni B. Impact of planted areas on urban environmental quality：A review[J]. Atmospheric Environment，1991，25（3）：289-299.

[45] Gómez F，Tamarit N，Jabaloyes J.Greenzones，bioclimatic studies and human comfortin the future development of urban planning[J].Landscape and Urban Planning，2001，55：151-161.

[46] Gorlé C，Beeck J，Rambaud P，et al. CFD modelling of small particle dispersion：the influence of the turbulence kinetic energy in the atmospheric boundary layer[J]. Atmospheric Environment，2009，43（3）：673-681.

[47] Gosman A D，Lderish F J K. Teach-2E[M]. London：Imperial College，1986.

[48] Gregory E，Pherson M，Rowntree R A.Energy conservation potential of urban tree planning[J]. Journal of Arboriculture，1993，19（6）：321-331.

[49] Gromke C，Ruck B. Influence of trees on the dispersion of pollutants in an urban street canyon-experimental investigation of the flow and concentration field[J]. Atmospheric Environment，2007，41：3287-3302.

[50] Gromke C，Ruck B. On the impact of trees on dispersion processes of traffic emissions in street canyons[J]. Boundary-Layer Meteorology，2009，131（1）：19-34.

[51] Gross G. A numerical study of the airflow within and around a single tree[J]. Boundary Layer Meteorology，1987，40：311-327.

[52] Haaren C，von Reich M. The German way to greenways and habitat networks[J]. Landscape and Urban Planning，2006，76：7-22.

[53] Hardin PJ，Jensen RR. The effect of urban leaf area on summertime urban surface kinetic temperatures：A Terre Haute case study[J]. Urban Forestry and Urban Greening，2007，6（2）：63-72.

[54] Hargreaves DM，Wright NG. On the use of the k－e model in commercial CFD software to model the neutral atmospheric boundary layer[J]. Journal of Wind Engineering and Industrial Aerodynamics，2007，95（5）：355-369.

[55] Harsham KD，Bennett M. A sensitivity study of the validation of three regulatory dispersion models[J]. American Journal of Environmental Sciences，2008，4（1）：63-76.

[56] Hefny MM，Ooka R. CFD analysis of pollutant dispersion around buildings：Effect of cell geometry[J]. Building and Environment，2009，44：1699-1706.

[57] Hersperger AM. Spatial adjacencies and interactions : neighborhood mosaics for landscape ecological planning[J]. Landscape and Urban Planning, 2006, 77 : 227–239.

[58] Hooff TV, Blocken B. Coupled urban wind flow and indoor natural ventilation modeling on a high-resolution grid : A case study for the Amsterdam ArenA stadium[J]. Environmental Modelling and Software, 2010, 25 : 51–65.

[59] Horan JM, Finn DP. Sensitivity of air change rates in a naturally ventilated atrium space subject to variations in external wind speed and direction[J].Energy Building, 2008, 40 (8) : 1577–1585.

[60] Hoydysh W. Kinematics and Dispersion Characteristics of Flows in Asymmetric Street Canyons[J].Atmospheric Environment, 1988 (22) : 2677–2689.

[61] Huang H, Akutsu Y, Arai M, et al. A two-dimensional air quality model in an urban street canyon : evaluation and sensitivity analysis[J]. Atmospheric Environment, 2000, 34 : 689–698.

[62] Huang H, Ookaa R, Chen H, et al. CFD analysis on traffic-induced air pollutant dispersion under non-isothermal condition in a complex urban area in winter[J]. Journal of Wind Engineering and Industrial Aerodynamics, 2008, 96 : 1774–1788.

[63] Huang LM, Li JL, Zhao DH, et al. A fieldwork study on the diurnal changes of urban microclimate in four types of ground cover and urban heat island of Nanjing, China[J].Building and Environment, 2008, 43 : 7–17.

[64] Isaac G. Capeluto, A. Yezioro, E. Shaviv. Climatic aspects in urban design–a case study[J].Building and Environment, 2003, 38 : 827–835.

[65] James P, Tzoulas K, Adams M., et al. Towards an integrated understanding of green space in the European built environment[J]. Urban Forestry & Urban Greening, 2009, 8 : 65–75.

[66] Jankonwski P, Richard L. Integration of GIS-based suitability analysis and multi-criteria evaluation in a spatial decision support system for route selection[J]. Environment and Planning Design, 1994, 21 (3) : 323–340.

[67] Jensen SS. Mapping human exposure to traffic air pollution using GIS[J]. Journal of Hazardous Materials, 1998, 61 : 385–392.

[68] Jim CY, Chen SS. Comprehensive greenspace planning based on landscape ecology principles in compact Nanjing city, China[J]. Landscape and Urban Planning, 2003, 65 : 95–116.

[69] Jin TS, Fu LX. Application of GIS to modified models of vehicle emission dispersion[J].Atmospheric Environment, 2005, 39 : 6326–6333.

[70] Jonsson P. Vegetation as an urban climate control in the subtropical city of Gaborone' Botswana[J]. International Journal of Climatology, 2004, 24 (10) : 1307–1322.

[71] Kalogirou S. Expert systems and GIS : An application of land suitability evaluation [J].Computers, Environment and Urban Systems, 2002, 26 (2–3) : 89–112.

[72] Kastner-Klein P, Plate E J.Wind-tunnel Study of Concentration Fields in Street Canyons[J].Atmospheric Environment, 1999 (33) : 3973–3989.

[73] Kato S, Yamaguchi Y. Analysis of urban heat-island effect using ASTER and ETM+ Data : Separation of anthropogenic heat discharge and natural heat radiation from sensible heat flux[J]. Remote Sensing of Environment, 2005, 99 (1–2) : 44–54.

[74] Kong, F., H. Yin, N. Nakagoshi, et al. Urban green space network development for biodiversity conservation : Identification based on graph theory and gravity modeling[J]. Landscape and Urban Planning, 2010, 95 (1–2) : 16–27.

[75] Kukkonen Jaakko, ValkonenEsko, WaldenJari, et al. A Measurement Campaign in a Street Canyon in

Helsinki and Comparison of Results with Predictions of the OSPM model[J]. Atmospheric Environment, 2001（35）: 231-243.

[76] Lam KC, Ng SL, Hui WC, et al. Environmental quality of urban parks and open spaces in Hong Kong[J]. Environmental Monitoring and Assessment, 2005, 111 : 55-73.

[77] Lambin E F, Turner B I, Geist H J. The causes of landuse and land cover change : moving beyond the myths[J]. Global Environmental Change, 2001, 11 : 261-269.

[78] Leitão AB, Ahern J. Applying landscape ecological concept and metrics in sustainable landscape planning[J]. Landscape and Urban Planning, 2002, 59 : 65-93.

[79] Li F, Wang RS, Paulussen J, et al.Comprehensive concept planning of urban greening based on ecological principles : a case study in Beijing, China[J]. Landscape and Urban Planning, 2005, 72 : 325-336.

[80] Li XX, Liu CH, Dennis YC, et al. Recent progress in CFD modelling of wind field and pollutant transport in street canyons[J]. Atmospheric Environment, 2006, 40 : 5640-5658.

[81] Lin MD, LinYC. The application of GIS to air quality analysis in Taichung City, Taiwan, ROC[J]. Environmental Modeling and Software, 2002, 17 : 11-19.

[82] Liu XP, Niu JL, Kwok KCS, et al. Investigation of indoor air pollutant dispersion and cross-contamination around a typical high-rise residential building: Wind tunnel tests[J]. Building and Environment, 2010, 45（8）: 1769-1778.

[83] Lo CP, Quattrochi DA, Luvall JC. Application of high-resolution thermal infrared remote sensing and GIS to assess the urban heat island effect[J]. International Journal of Remote Sensing, 1997, 18 : 287-303.

[84] Lütz M, Bastian O. Implementation of landscape planning and nature conservation in the agricultural landscape-a case study from Saxony[J]. Agriculture, Ecosystems and Environment, 2002, 92 : 159-170.

[85] Mahmoud AHA, El-Sayed MA. Development of sustainable urban green areas in Egyptian new cities : The case of El-Sadat City[J]. Landscape and Urban Planning, 2011, 2 : 1-14.

[86] Malezewski J. GIS-based land-use suitability analysis : Acritical overview[J]. Progress in Planning, 2004（7）: 623-651.

[87] Masuda K, Takashima T, Takayama Y. Emissivity of pure and sea waters for the model sea surface in the infrared window region[J]. Remote Sensing of Environment, 1988, 24 : 313-332.

[88] Mavroulidou M, Hughes SJ, Hellawell EE. A qualitative tool combining an interaction matrix and a GIS to map vulnerability to traffic induced air pollution[J]. Journal of Environmental Management, 2004, 70 : 283-289.

[89] McConnachie MM, Shackleton MC. Public green space inequality in small towns in South Africa[J]. Habitat International, 2010, 34（2）: 244-248.

[90] McHarg I L. Design with Nature[M]. New York : Doubleday Natural Historry Press, 1969.

[91] Mensink C, Cosemans G. From traffic flow simulations to pollutant concentrations in street canyons and backyards[J]. Environmental Modelling and Software, 2008, 23（3）: 288-295.

[92] Meroney RN, Leitl BM, Rafailidis S, et al. Wind-tunnel and numerical modeling of flow and dispersion about several building shapes[J]. Journal of Wind Engineering and Industrial Aerodynamics, 1999, 81 : 333-345.

[93] Miller W, Collins MG., Steiner FR, et al. An approach for greenway suitability analysis[J]. Landscape and Urban Planning, 1998, 42 : 91-105.

[94] Mills G. Progress towards sustainable settlements : a role for urban climatology[J]. Theoretical and Applied Climatology, 2006, 84(1-3): 69-76.

[95] Mochida A, Iwata T, Hataya N, et al. Field measurements and CFD analyses of thermal environment and pollutant

diffusion in street canyons[J]. The Sixth Asia–Pacific Conference on Wind Engineering，2005：2681–2696.

[96] Mochida A，Yoshino H，Miyauchi S，et al. Total analysis of cooling effects of cross–ventilation affected by microclimate around a building[J]. Solar Energy，2006，80（4）：371–382.

[97] Moragues A，Alcaide T. The use of geographic information system to assess the effect of traffic pollution[J]. The Science of the Total Environment，1996，189–190：311–320.

[98] Mortberg UM，Balfors B，Knol WC.Landscape ecological assessment：a tool for integrating biodiversity issues in strategic environmental assessment and planning[J]. Journal of Environmental Management，2007，82：457–470.

[99] Neema MN，Ohgai A. Multi–objective location modeling of urban parks and open spaces：Continuous optimization[J]. Computers，Environment and Urban Systems，2010，34（5）：359–376.

[100] Neema，M. N.，A. Ohgai. Multi–objective location modeling of urban parks and open spaces：Continuous optimization. Computers[J]，Environment and Urban Systems，2010，34（5）：359–376.

[101] Norton T，Grant J，Fallon R，et al. Assessing the ventilation effectiveness of naturally ventilated livestock buildings under wind dominated conditions using computational fluid dynamics[J]. Biosystems Engineering，2009，103（1）：78–99.

[102] Nowak D. J.，Crane D.E.，Stevens J. C.，et al. Assessing Urban Forest Effects and Values：Washington，D C.' s Urban Forest[M]. USA：Resource Bulletin，2006.

[103] Nowak D. J.，Stevens J. C.，Sisinni S. M. Effects of urban tree management and species selection on atmospheric carbon dioxide[J]. Journal of Arboriculture，2002，28（3）：113–122.

[104] Oh K.，S. Jeong. Assessing the spatial distribution of urban parks using GIS[J]. Landscape and Urban Planning，2007，82（1–2）：25–32.

[105] Oke TR. Boundary Layer Climates[M]. Oxford Routledge，1987.

[106] Oke TR. Towards a prescription for the greater use of climatic principles in settlement planning[J]. Energy Building，1984，7（1）：1–10.

[107] Oke TR. Towards better scientific communication in urban climate[J]. Theoretical and Applied Climatology，2006，84（1–3）：179–190.

[108] Pereira JMC，Duckstein LA multiple criteria decision making approach to GIS–based and suitability analysis[J].International Journal of Geographical Information Science，1993，7（5）：407–424.

[109] Pielke RA，Aviss a R. Influence of landscape structure on local and regional climate[J]. Landscape Ecology，1990，4：133–155.

[110] Puliafito E，Guevara M，Puliafito C. Characterization of urban air quality using GIS as a management system[J]. Environmental Pollution，2003，122：105–117.

[111] Rakas J，Teodorovic D，Kim T. Multi–objective modelling for determining location of undesirable facilities[J]. Transportation Research Part D：Transport and Environment，2004，9（2）：125–138.

[112] Reichrath S，Davies TW. Using CFD to model the internal climate of greenhouses：past，present and future[J]. Agronomie，2002，22(1)：3–19.

[113] Ries K，Eichhorn J. Simulation of effects of vegetation on the dispersion of pollutants in street canyons[J]. Meteorologische Zeitschrift，2001，10：229–233.

[114] Robitu M，Musy M，Inard C，et al. Modeling the influence of vegetation and water pond on urban microclimate[J]. Solar Energy，2006，80（4）：435–447.

[115] Rushton G. Optimal Location of Facilities[M]. Wentworth，NH：COMPress，1979.

[116] Saaty TL. Rank from comparisons and from ratings in the analytic hierarchy/network processes[J]. European Journal of Operational Research, 2006, 168（2）: 557-570.

[117] Scudo, K. Z. The Greenways of Pavia : innovations in Italian landscape planning[J]. Landscape and Urban Planning, 2006, 76（1-4）: 112-133.

[118] Shafer C.US National park buffer zones : historical, scientific, social, and legal aspects[J]. Environmental Management, 1999, 23（1）: 49-73.

[119] Small C. Comparative analysis of urban reflectance and surface temperature[J]. Remote Sensing of Environment, 2006, 104（2）: 168-189.

[120] So ESP, Chan ATY, Wong AYT. Large-eddy simulations of wind flow and pollutant dispersion in a street canyon[J]. Atmospheric Environment, 2005, 39 : 3573-3582.

[121] SpaldingDB.Mathematics and Computers in Simulation[M]. Holland : North Holland, 1981.

[122] Stathopoulou M, Cartalis C. Daytime urban heat islands from Landsat ETM+ and Corine land cover data : An application to major cities in Greece[J]. Solar energy, 2007, 81（3）: 358-368.

[123] Steiner F, McSherry L, Cohen J. Land suitability analysis for the upper Gila River watershed[J]. Landscape and Urban Planning, 2000, 50（4）: 199-214.

[124] Stock P, Beckr öge W. Klimaanalyse Stadt Essen[M]. KVR, PO15, Essen : Planungshefte Ruhrgebiet, 1985.

[125] Stock P. Climatic classification of town areas[M]// K. Höchele. Planning applications of urban and building climatology. Karlsruhe : Institut f ü r Meteorologie und Klimaforschung, 1992.

[126] Streuker DR. A remote sensing study of the urban heat island of Huston, Texas[J]. International Journal of Remote Sensing, 2002, 23 : 2595-2608.

[127] Svoray T, Bar P, Bannet T. Urban land-use allocation in a Mediterranean ecotone : Habitat heterogeneity model incorporated in a GIS using a multi-criteria mechanism[J]. Landscape and Urban Planning, 2005, 72（4）: 337-351.

[128] Tahvanainena L, Tyrvainena L, Ihalainena M, et al. Forest management and public perceptions-visual versus verbal information[J]. Landscape and Urban Plannning, 2001, 53 : 53-70.

[129] Takahashi K, Yoshida H, Tanaka Y, et al. Measurement of thermal environment in Kyoto City and its prediction by CFD simulation[J]. Energy and Buildings, 2004, 36（8）: 771-779.

[130] Tamura T, Nozawa K., Kondo K. AIJ guide for numerical prediction of wind loads on buildings[J]. Journal of Wind Engineering and Industrial Aerodynamics, 2008, 96(10, 11): 1974-1984.

[131] Tan KW. A greenway network for Singapore[J]. Landscape and Urban Planning, 2006, 76 : 45-66.

[132] Taylor RG, Vasu ML and Causby JF. Integrated planning for school and community : The case of Johnston County, North Carolina[J]. Facilities/Equipment Planning : Location, Discrete, Government Services, 1999, 29（1）: 67-89.

[133] Taylor, J., C. Paine, J. FitzGibbon. From greenbelt to greenways : four Canadian case studies[J]. Landscape and Urban Planning, 1995, 33（1-3）: 47-64.

[134] Teitel M, Ziskind G, Liran O, et al. Effect of wind direction on greenhouse ventilation rate, airflow patterns and temperature distributions[J].Biosystems Engineering, 2008, 101（3）: 351-69.

[135] Tokairin T, Kitada T. Numerical investigation of the effect of road structures on ambient air quality-for their better design[J]. Journal of Wind Engineering and Industrial Aerodynamics, 2004, 92 : 85-116.

[136] Tominaga Y, Mochida A, Shirasawa T, et al. Cross comparisons of CFD results of wind environment at

pedestrian level around a high-rise building and within a building complex[J]. Journal of Asian Architecture and Building Engineering，2004，3（1）：63-70.

[137] Tominaga Y，Mochida A，Yoshie R，et al. AIJ guidelines for practical applications of CFD to pedestrian wind environment around buildings[J]. Journal of Wind Engineering and Industrial Aerodynamics，2008，96（10，11）：1749-1761.

[138] Tsai MY，Chen KS. Measurement and three-dimensional modeling of air pollutant dispersion in an urban street canyon[J]. Atmospheric Environment，2004，38：5911-5924.

[139] Turner，T. Greenway planning in Britain：recent work and future plans[J]. Landscape and Urban Planning，2006，76（1-4）：240-251.

[140] Uy PD，Nakagoshi N. Application of land suitability analysis and landscape ecology to urban greenspace planning in Hanoi，Vietnam[J]. Urban Forestry and Urban Greening，2008，7（1）：25-40.

[141] Van RE，Tang H，Groenemans R，et al. Application of fuzzy logic to land suitability for rubber production in peninsular Thailand[J].Geoderma，1996，70（1）：1-19.

[142] Walmsley，A. Greenways：multiplying and diversifying in the 21st century[J]. Landscape and Urban Planning，2006，76（1-4）：252-290.

[143] Walter H，Carnahan，Robert C，et al. An analysis of an urban heat sink[J]. Remote Sensing of Environment，1990，33：65-71.

[144] Weber，A.，N. Fohrer，D. M ller. Long-term land use changes in a mesoscale watershed due to socio-economic factors—effects on landscape structures and functions[J]. Ecological Modelling，2001，140（1-2）：125-140.

[145] Weng Q，Lu DS，Jacquel YS. Estimation of land surface temperature-vegetation abundance relationship for urban heat island studies[J]. Remote Sensing of Environment，2004，89：467-483.

[146] Weng Q. A remote sensing-GIS evaluation of urban expansion and its impact on surface temperature in the Zhujiang Delta[J]. International Journal of Remote Sensing，2001，22：1999-2014.

[147] Willemsen E，Wisse JA. Design for wind comfort in The Netherlands：Procedures，criteria and open research issues[J]. Journal of Wind Engineering，2007：1541-1550.

[148] Williamson TJ，Evyatar E. Thermal performance simulation and the urban microclimate：measurement and prediction[C]. Proceedings of the Seventh Internal IBPSA Conference，Rio de Janeiro，Brazil，2001.

[149] Wilson JS，Clay M，Martin E，et al. Evaluating environmental influence of zoning in urban ecosystems with remote sensing[J]. Remote Sensing of Environment，2003，86：303-321.

[150] Wong NH，Yu C. Study of green areas and urban heat island in a tropical city[J]. Habitat International，2005，29（3）：547-558.

[151] Wu JG.，Hobbs R. Key issues and research priorities in landscape ecology：an indiosyncratic synthesis[J]. Landscape Ecology，2002，17：355-365.

[152] Xiao RB，Ouyang ZY，Zheng H，et al. Spatial pattern of impervious surfaces and their impacts on land surface temperature in Beijing，China[J]. Journal of Environmental Sciences，2007，19：250-256.

[153] Xie X，Liu CH，Leung DYC. Impact of building facades and ground heating on wind flow and pollutant transport in street canyons[J]. Atmospheric Environment，2007，41：9030-9049.

[154] Yang LL，Jones BF，Yang SH. A fuzzy multi-objective programming for optimization of fire station locations through genetic algorithms[J]. European Journal of Operational Research，2007，181（2）：903-915.

[155] Yang ML. Suitability Analysis of Urban Green Space System Based on GIS[D]. Master Thesis. Enschede：

International Institute for Geo-Information Science and Earth Observation，2003.

[156] Yeh AG，Chow MH. An integrated GIS and location-allocation approach to public facilities planning-An example of open space planning[J]. Computers，Environment and Urban Systems，1996，20（4-5）：339-350.

[157] Yokohari M，Amati M. Nature in the city，city in the nature：case studies of the restoration of urban nature in Tokyo，Japan and Toronto，Canada[J]. Landscape and Ecological Engineering，2005，1：53-59.

[158] Yokohari，M.，M. Amemiya，M. Amati. The history and future directions of greenways in Japanese New Towns[J]. Landscape and Urban Planning，2006，76（1-4）：210-222.

[159] Yoshida S，Ooka R，Mochida A，et al. Study on effect of greening on outdoor thermal environment using three dimensional plant canopy model[J]. Journal of Architectural Planning and Environmental Engineering，2000，536：87-94.

[160] Yoshie R，Mochida A，TominagaY，et al. Cooperative project for CFD prediction of pedestrian wind environment in the Architectural Institute of Japan[J]. Journal of Wind Engineering and Industrial Aerodynamics，2007，95(9，11)：1551-1578.

[161] Yu K.，Li D，Li N. The evolution of Greenways in China[J]. Landscape and Urban Planning，2006，76：223-239.

[162] Yu，K.，D. Li，N. Li. The evolution of Greenways in China[J]. Landscape and Urban Planning，2006，76(1-4)：223-239.

[163] 北京城市规划建设与气象条件及大气污染关系研究课题组．城市规划与大气环境 [M]. 北京：气象出版社，2004.

[164] 曹传新．对《城市用地分类与规划建设用地标准》的透视和反思 [J]. 规划师，2002，18（10）：58-61.

[165] 车生泉，宋永昌．上海城市公园绿地景观格局分析 [J]. 上海交通大学学报：农业科学版，2002，20（4）：322-327.

[166] 陈辉，阮宏华，叶镜中．鹅掌楸和女贞同化 CO_2 和释放 O_2 能力的比较 [J]. 城市环境与城市生态，2002，15（3）：17-19.

[167] 陈红梅，汪小钦，陈崇成，等．城市大气污染扩散 GIS 模拟分析 [J]. 地球信息科学，2005，7（4）：101-106.

[168] 陈辉，肮宏华，叶镜中．2002. 鹅掌楸和女贞同化 CO_2 和释放 O_2 能力的比较 [J]. 城市环境与城市生态．15（3）：17-18.

[169] 陈建智．浅谈沈阳市大气环境质量与环境政策 [J]. 中国环境监测，1999，15（4）：27-29.

[170] 陈莉，李佩武，李贵才．应用 CITYGREEN 模型评估深圳市绿地净化空气与固碳释氧效益 [J]. 生态学报，2009，29（1）：272-281.

[171] 陈爽，张皓．国外现代城市规划理论中的绿色思考 [J]. 规划师，2003，19（4）：71-74.

[172] 陈燕飞，杜鹏飞，郑筱津，等．基于 GIS 的南宁市建设用地生态适宜性评价 [J]. 清华大学学报（自然科学版），2006，46（6）：801-804.

[173] 陈玉荣．城市下垫面热特性与城市热岛关系研究 [D]. 北京：北京建筑工程学院，2008.

[174] 陈云浩，史培军，李晓兵．基于遥感和 GIS 的上海城市空间热环境研究 [J]. 测绘学报，2002，32（2）：139-144.

[175] 陈云浩，李京，李晓兵．城市空间热环境遥感分析 [M]. 北京：科学出版社，2004.

[176] 陈自新，苏雪痕，刘少宗，等．北京城市园林绿化生态效益的研究 [J]. 中国园林，1998，14：57-60.

[177] 陈玮 . 城市森林滞尘能力及其应用模式研究 [J]. 中国科学院沈阳应用生态研究所，2005.

[178] 村上周三 . CFD 与建筑环境设计 [M]. 北京：中国建筑工业出版社，2007.

[179] 翟建华 . 计算流体力学（CFD）的通用软件 [J]. 河北科技大学学报，2005，26-2（6）：160-165.

[180] 冯娴慧，周荣 . 国外城市气候特征的研究进展 [J]. 佛山科学技术学院学报（自然科学版），2010，28（1）：1-5.

[181] 符气浩，杨小波，吴庆书，等 . 海口市大气污染的特点与主要绿化植物对大气 SO_2 等污染物的净化效益研究 [J]. 海南大学学报（自然科学版），1995，13（41）：304-308.

[182] 傅伯杰 . 景观生态学原理及应用 [M]，北京：科学出版社，2001.

[183] 高芬 . 武汉城区规划改造中的城市热环境研究 [D]. 武汉：华中科技大学，2007.

[184] 高峻，杨名静，陶康华 . 上海城市绿地景观格局的分析研究 [J]. 中国园林，2001，1（16）：53-56.

[185] 戈登・B. 伯南 . 生态气候学概念与应用 [M]. 北京：气象出版社，2009.

[186] 宫阿都，江樟焰，李京，等 . 基于 LandsatTM 图像的北京城市地表温度遥感反演研究 [J]. 遥感信息，2005（3）：18-30.

[187] 宫阿都，李京，王晓娣，等 . 北京城市热岛环境时空变化规律研究 [J]. 地理与地理信息科学，2005，21（6）：15-18.

[188] 弓小平，杨毅恒 . 普通 Kriging 法在空间插值中的运用 [J]. 西北大学学报（自然科学版），2008，38（6）：878-882.

[189] 管东生，陈玉娟，黄芬芳 . 广州城市绿地系统碳的贮存、分布及其在碳氧平衡中的作用 [J]. 中国环境科学，1998，18（5）：437-442.

[190] 郭鹏，丁向阳，勇浩，等 . 南阳市三种常见草坪地被植物生态效益研究 [J]. 河南林业科学，2005，4（12）：17-19.

[191] 韩焕金 . 城市绿化植物的固碳释氧效应 [J]. 东北林业大学学报，2005，33-5（9）：68-70.

[192] 韩焕金 . 城市绿化树种生态功能研究 [D]. 哈尔滨：东北林业大学，2002.

[193] 韩素梅 . 沈阳地区主要树木净化 SO_2 潜力的研究 [J]. 辽宁大学学报自然科学版，2001，28（2）：174-179.

[194] 韩阳，李珍珍，刘荣坤 . 沈阳地区主要树木净化 SO_2 潜力及植树定额的估算 [J]. 应用生态学报，2002，13（5）：601-604.

[195] 韩占忠，王敬，兰小平 . FLUENT——流体工程仿真计算实例与应用 [M]. 北京：北京理工大学出版社，2010.

[196] 胡远满，徐崇刚，布仁仓，等 . RS 于 GIS 在城市热岛效应研究中的应用 [J]. 环境保护科学，2002，28（110）：1-3.

[197] 黄光宇，陈勇 . 生态城市理论与规划设计方法 [M]. 北京：科学出版社，2002.

[198] 黄晓鸾 . 城市生存环境绿色量值群的研究（2）——关于城市生存环境的绿色量 [J]. 中国园林，1998，2：346-350.

[199] 季斌，孔军，孔善右 . 南京城市化进程中的生态环境问题及生态城市建设 [J]. 城市规划，2007，（05）：38-41.

[200] 建设部 . 国家园林城市标准 [J]. 中国园林，2000，3：4-5.

[201] 姜晓艳，张文兴，张菁，等 . 沈阳城市化发展对市区气候影响及根据气候特点进行城市规划的建议 [J]. 环境保护与循环经济，2008.

[202] 江亿，林波荣，曾剑龙，等 . 住宅节能 [M]. 北京：中国建筑工业出版社，2006.

[203] 蒋德海，蒋维楣，苗世光 . 城市街道峡谷气流和污染物分布的数值模拟 [J]. 环境科学研究，2006，19（3）：7-12.

[204] 蒋维楣，孙鉴泞，曹文俊，等 . 空气污染气象学教程 [M]. 北京：气象出版社，2004.

[205] 金莹杉，何兴元，陈玮，等 . 沈阳市建成区行道树的结构与功能研究 [J]. 生态学杂志，2002，21（6）：24–28.

[206]（美）克莱尔·库珀·马库斯，卡罗琳·弗朗西斯 . 人性场所——城市开放空间设计导则 [M]. 俞孔坚，孙鹏，王志芳，等译 . 北京：中国建筑工业出版社，2001.

[207] 孔繁花，赵善伦，张伟，等 . 济南市绿地系统景观空间结构分析 [J]. 山东省农业管理干部学院学报，2002，18（2）：108–109.

[208] 孔繁花，尹海伟 . 济南城市绿地生态网络构建 [J]. 生态学报，2008，28（4）：1711–1719.

[209] 孔阳 . 基于适宜性分析的城市绿地生态网络规划研究 [D]. 北京：北京林业大学，2010.

[210] 冷平生，杨晓红，苏芳，等 . 北京城市园林绿地生态效益经济评价初探 [J]. 北京农学院学报，2004，19（4）：25–28.

[211] 李保峰，高芬，余庄 . 旧城更新中的气候适应性及计算机模拟研究——以武汉汉正街为例 [J]. 城市规划，2008，32（7）：93–96.

[212] 李锋，王如松，JuergenPaulussen. 北京市绿色空间生态概念规划研究 [J]. 城市规划汇刊，2004，（4）：61–65.

[213] 李锋，王如松 . 城市绿色空间生态服务功能研究进展 [J]. 2004，15（3）：527–531.

[214] 李海梅 . 沈阳城市森林环境效益的生理生态学基础研究 [D]. 沈阳：中国科学院沈阳应用生态研究所，2004.

[215] 李辉，赵卫智 . 北京五种草坪地被植物生态效益的研究 [J]. 中国园林，1998，14（4）：36–41.

[216] 李辉，赵卫智，古润泽，等 . 居住区不同类型绿地释氧固碳及降温增湿作用 [J]. 环境科学，1999，20（6）：41–44.

[217] 李俊英 . 沈阳城市绿地景观格局动态及优化 [D]. 沈阳：中国科学院沈阳应用生态研究所，2011.

[218] 李磊，胡非，程雪玲，等 . Fluent 在城市街区大气环境中的一个应用 [J]. 中国科学院研究生院学报，2004，21（4）：476–480.

[219] 李敏 . 城市绿地系统规划与人居环境规划 [M]. 北京：中国建筑工业出版社，2000：46–48.

[220] 李敏 . 城市绿地系统规划 [M]. 北京：中国建筑工业出版社，2008.

[221] 李团胜，石铁矛 . 1998. 试论城市景观生态规划 [J]. 生态学杂志，（5）：63–67.

[222] 李延明，郭佳，冯久莹 . 城市绿色空间及对城市热岛效应的影响 [J]. 城市环境与城市生态，2004，17（1）：1–4.

[223] 李一川，刘厚田，马良清，等 . 重庆某些树种对 SO_2 的耐型和净化能力的研究 [J]. 环境科学，1991，11（3）：20–23.

[224] 李永杰 . 北京市常见绿化树种生态效益研究 [D]. 保定：河北农业大学，2007.

[225] 李云平 . 寒地高层住区风环境模拟分析及设计策略研究 [D]. 哈尔滨：哈尔滨工业大学，2007.

[226] 李鹍 . 基于遥感与 CFD 仿真的城市热环境研究——以武汉市夏季为例 [D]. 武汉：华中科技大学，2008.

[227] 梁淑英 . 南京地区常见城市绿化树种的生理生态特性及净化大气能力的研究 [D]. 南京：南京林业大学，2005.

[228] 梁颢严，肖荣波，廖远涛 . 基于服务能力的公园绿地空间分布合理性评价 [J]. 中国园林，2010，（9）：15–19.

[229] 廖建军，叶勇军，李晟 . 城市大气污染机制分析及开敞空间规划研究 [J]. 环境保护，2009，（4）：62–65.

[230] 林彬，林波荣，李先庭，等．建筑风环境的数值模拟仿真优化设计 [J]. 城市规划汇刊，2002，2：57–61.

[231] 林晨．自然通风条件下传统民居室内外风环境研究 [D]. 西安：西安建筑科技大学，2006.

[232] 凌焕然，王伟，樊正球，等．近二十年来上海不同城市空间尺度绿地的生态效益 [J]. 生态学报，2011，31（19）：5607–5615.

[233] 蔺银鼎．城市绿地生态效应研究 [J]. 中国园林，2003，19（11）：36–38.

[234] 刘滨谊，姜允芳．论中国城市绿地系统规划的误区与对策 [J]. 城市规划，2002，26（2）：76–80.

[235] 刘滨谊，王鹏．绿地生态网络规划的发展历程与中国研究前沿 [J]. 中国园林，2010，（3）：1–5.

[236] 刘滨谊，温全平，刘颂．2007. 上海绿化系统规划分析及优化策略 [J]. 城市规划学刊，4（170）：108–118.

[237] 刘常富．沈阳城市森林结构研究 [D]. 沈阳：中国科学院沈阳应用生态研究所，2004.

[238] 刘常富，何兴元，陈玮，等．2008. 基于 QuickBird 和 CITYgreen 的沈阳城市森林效益评价 [J]．应用生态学报，19（9）：1865–1870.

[239] 刘常富，何兴元，陈玮，等．沈阳城市森林群落的树种组合选择 [J]. 应用生态学报，2003，14（12）：2103–2107.

[240] 刘闯，葛成辉．美国对地观测系统（EOS）中分辨率成像光谱仪（MODIS）遥感数据的特点与应用 [J]. 遥感信息，2000，（3）：45–48.

[241] 刘俊．计算流体力学在城市规划设计中的应用 [J]. 东南大学学报（自然科学版），2005，35（7）：301–304.

[242] 刘骏，蒲蔚然．城市绿地系统规划与设计 [M]. 北京：中国建筑工业出版社，2004.

[243] 刘颂，刘滨谊．城市绿地空间与城市发展的耦合研究——以无锡市区为例 [J]. 中国园林，2010，（3）：14–18.

[244] 刘晓英，林而达．东北地区农作物生长期内温度变化的时空特征 [J]. 中国农业气象，2003，24（2）：11–14.

[245] 刘志武，党安荣，雷志栋，等．利用 ASTER 遥感数据反演陆面温度的算法及应用研究 [J]. 地理科学进展，2003，22（5）：507–514.

[246] 鲁敏，李英杰．部分园林植物对大气污染物吸收净化能力的研究 [J]. 山东建筑工程学院学报，2002，17（2）：45–49.

[247] 鲁敏．北方吸污绿化树种选择 [J]. 中国园林，2002，3：86–88.

[248] 罗红艳，李吉跃，刘增．绿化树种对大气 SO_2 的净化作用 [J]. 北京林业大学学报，2000，22（1）：45–50.

[249] 罗哲贤．植被带宽度对局地环流及温度场影响的数值研究 [J]. 地理学，1994，49（1）：37–45.

[250] 马剑，陈水福，王海根．不同布局高层建筑群的风环境状况评价 [J]. 环境科学与技术，2007，30（6）：57–61.

[251] 马剑，程国标，毛亚郎．基于 CFD 技术的群体建筑风环境研究 [J]. 浙江工业大学学报，2007，35（3）：351–355.

[252] 马洁，韩烈保，江涛．北京地区抗旱野生草本地被植物引种生态效益评价 [J]. 北京林业大学学报，2006，28（6）：51–54.

[253] 马锦义．论城市绿地系统的组成与分类 [J]. 中国园林，2001（1）：23–26.

[254] 马勇刚，塔西甫拉提·特依拜，等．城市景观格局变化对城市热岛效应的影响——以乌鲁木齐市为例 [J]. 干旱区研究，2006，23（1）：172–176.

[255] 孟庆艳，陈静，郭永昌．大城市公共交通设施布局与人口空间分布关系的探讨——以上海为例[J]. 西北人口，2005，5：23-25.

[256] 魏波，张建新，吴绍华．农用地生态功能的价值评估——以宜兴农用地系统固定 CO_2 释放 O_2 生态价值评估为例[J]. 安徽农业科学，2007，35（19）：5847-5849.

[257] 潘竟虎，冯兆东，相得年，等．2008. 河谷型城市土地利用类型及格局的热环境效应遥感分析——以兰州市为例[J]. 遥感技术与应用，23（2）：202-208.

[258] 庞賨佶．城市大气风场及污染物扩散的模拟研究[D]. 包头：内蒙古科技大学，2008.

[259] 彭立华，陈爽，刘云霞，等．Citygreen模型在南京城市绿地固碳与削减径流效益评估中的应用[J]. 应用生态学报，2007，18（6）：1293-1298.

[260] 钱炜．城市户外热环境舒适性研究[D]. 重庆：重庆大学，2003.

[261] 覃志豪，Zhang MH，Arnon K，等．用陆地卫星TM6数据演算地表温度的单窗算法[J]. 地理学报，2001，56（4）：456-466.

[262] 邱巧玲，王凌．基于街道峡谷污染机理的城市街道几何结构规划研究[J]. 城市发展研究，2007（4）：77-83.

[263] 邵天一，周志翔，王鹏程，等．宜昌城区绿地景观格局与大气污染的关系[J]. 应用生态学报，2004，4（15）：691-696.

[264] 申世广，王浩，荚德平，等．基于GIS的常州市绿地适宜性评价方法研究[J]. 南京林业大学学报（自然科学版），2009，33（4）：72-76.

[265] 沈阳市环境保护局．沈阳市环境质量报告书[R]. 沈阳，2009.

[266] 沈阳市统计局．沈阳统计年鉴（2005、2009、2010）.

[267] 石崧．以城市绿地系统为先导的城市空间结构研究[D]. 武汉：华中师范大学，2002.

[268] 宋力．沈阳城市森林适宜树种选择研究[D]. 沈阳：中国科学院沈阳应用生态研究所，2006.

[269] 宋晓程，刘京，叶祖达，等．城市水体对局地热湿气候影响的CFD初步模拟研究[J]. 建筑科学，2011，27（8）：90-94.

[270] 宋治清，王仰麟．城市景观格局动态及其规划的生态学探讨[J]. 地球科学进展，2005，20（8）：840-844 .

[271] 苏铭德，黄素逸．计算流体力学基础[M]. 北京：清华大学出版社，1997.

[272] 孙向武，朱磊，王国锋，等．常见绿化树种对大气中 SO_2 的净化能力研究[J]. 湖北农业科学，2008，47（3）：293-295.

[273] 索奎霖．面积·位置·效益：城市绿地生态效益的三大柱石[J]. 中国园林，1999，15（3）：52-53.

[274] 谭丽，何兴元，陈玮，等．基于QuickBird卫星影像的沈阳城市绿地景观格局梯度分析[J]. 生态学杂志，2008，27（7）：1141-1148.

[275] 汤国安，杨昕．ArcGIS地理信息系统空间分析实验教程[M]. 北京：科学出版社，2006.

[276] 唐宏，盛业华，陈龙乾．基于GIS的土地适宜性评价中若干技术问题[J]. 中国土地科学，1999，13（6）：36-38.

[277] 唐罗忠，李职奇，严春风，等．不同类型绿地对南京热岛效应的缓解作用[J]. 生态环境学报，2009，18（1）：23-28.

[278] 唐少军．基于GIS的公共服务设施空间布局选址研究[D]. 长沙：中南大学，2008.

[279] 唐子来，付磊．城市密度分区研究——以深圳经济特区为例[J]. 城市规划会刊，2003，（4）：1-9.

[280] 陶康华，陈云浩，周巧兰，等．热力景观在城市生态规划中的应用[J]. 城市研究，1999（1）：20-63.

[281] 佟华，刘辉志，李延明，等．北京夏季城市热岛现状及楔形绿地规划对缓解城市热岛的作用[J]. 应

用气象学报，2005，16（3）：357-366.
[282] 佟华 . 城市边界层模式的建立发展和应用 [D]. 北京 ：北京大学，2003.
[283] 佟潇，李雪 . 沈阳市 5 种绿化树种固碳释氧与降温增湿效应研究 [J]. 辽宁林业科技，2010，3 ：14-16.
[284] 汪成刚，宗跃光 . 基于 GIS 的大连市建设用地生态适宜性评价 [J]. 浙江师范大学学报 ：自然科学版，2007，30（1）：109-115.
[285] 汪光焘，王晓云，苗世光，等 . 现代城市规划理论和方法的一次实践——佛山城镇规划的大气环境影响模拟分析 [J]. 城市规划学刊，2005，（6）：18-22.
[286] 汪立敏，王嘉松，谢晓敏，等 . 城市街道峡谷中气态污染物扩散数值计算方法研究 [J]. 环境科学与技术，2005，28-2（3）：9-28.
[287] 王爱萍，闫弘文 . 城镇土地评估系统发展特点及展望 [J]. 山东师范大学学报，2008，23（1）：91-93.
[288] 王宝民，柯永东，桑建国 . 城市街谷大气环境研究进展 [J]. 北京大学学报（自然科学版），2005，41 ：146-153 .
[289] 王超，邱卫国，李文孟，等 . 城市带廊道街道峡谷内气流运动及污染物扩散的数值研究 [J]. 沈阳建筑大学学报（自然科学版），2005，22（5）：782-786.
[290] 王翠云 . 基于遥感和 CFD 技术的城市热环境分析与模拟——以兰州市为例 [D]. 兰州 ：兰州大学，2008.
[291] 王捍卫 . 基于 RS 和 GIS 的武汉城市绿地景观格局分析 [D]. 武汉 ：华中科技大学，2009.
[292] 王纪武，王炜 . 城市街道峡谷空间形态及其污染物扩散研究——以杭州市中山路为例 [J]. 城市规划，2010，34（12）：57-63.
[293] 王巨斌，赵慧珠 . 提高沈阳市绿化生态效益的重要途径 [J]. 辽宁师专学报：自然科学版，2004，6（4）：86-88.
[294] 王木林，缪荣兴 . 城市森林的成分及其类型 [J]. 林业科学研究，1997（5）：531-536.
[295] 王如松 . 转型期城市生态学前沿研究进展 [J] . 生态学报，2002，20（5）：830-840.
[296] 王绍增，李敏 . 城市开敞空间规划的生态机理研究（上）[J]. 中国园林，2001，4 ：5-9.
[297] 王绍增，李敏 . 城市开敞空间规划的生态机理研究（下）[J]. 中国园林，2001，5 ：32-36.
[298] 王伟武，陈超 . 杭州城市空气污染物空间分布及其影响因子的定量分析 [J]. 地理研究，2008，27（2）：241-250.
[299] 王文杰，申文明，刘晓曼，等 . 基于遥感的北京市城市化发展与城市热岛效应变化关系研究 [J]. 环境科学研究，2006，19（2）：44-45.
[300] 王祥荣 . 生态与环境 ：城市可持续发展与生态环境调控新论 [M]. 南京 ：东南大学出版社，2000.
[301] 王晓俊 . 我国城市绿地系统规划中存在的问题及其分析 [J]. 林业研究，2009，1 ：79-82.
[302] 王晓云 . 城市规划大气环境效应定量分析技术 [M]. 北京 ：气象出版社，2007.
[303] 王修信，秦丽梅，农京辉，等 . 利用单窗算法反演喀斯特城市地表温度 [J]. 广西师范大学学报自然科学版，2010，8（3）：10-14.
[304] 王旭，孙炳南，陈勇，等 . 基于 CFD 的住宅小区风环境研究 [J]. 土木建筑工程信息技术，2009，1（1）：35-39.
[305] 王咏薇，蒋维楣，刘红年 . 大气数值模式中城市效应参数化方案研究进展 [J]. 地球科学进展，2008，23（4）：371-381.
[306] 王勇，李发斌，李何超，等 . RS 与 GIS 支持下城市热岛效应与绿地空间相关性研究 [J]. 环境科学研究，2008，21（4）：81-87.

[307] 王远飞，张超，何洪林 . GIS 支持下的上海市工业源 SO_2 污染研究 [J]. 上海环境科学，2003，22（11）：801–804.

[308] 王忠君 . 福州植物园绿量与固碳释氧效益研究 [J]. 中国园林，2011，2：1–4.

[309] 魏斌，王景旭，张涛 . 城市绿地生态效果评价方法的改进 [J]. 城市环境与城市生态，1997，10（4）：54–56.

[310] 魏波，张建新，吴绍华 . 农用地生态功能价值的评估：以宜兴农用地系统固定 CO_2 释放 O_2 生态价值评估为例 [J]. 安徽农业科学，2007，35（19）：5847–5849.

[311] 吴良镛 . 人居环境科学导论 [M]. 北京：中国建筑工业出版社，2001.

[312] 吴珍珍，鄢涛，付祥钊 . 基于 CFD 模拟技术的深圳市城市风环境分析 [J]. 工程质量，2009，27（11）：49–53.

[313] 吴婕，李楠，陈智，等 . 深圳特区城市植被的固碳释氧效应 [J]. 中山大学学报（自然科学版），2010，49–4（7）：86–92.

[314] 武鹏飞，王茂军，张学霞 . 基于归一化建筑指数的北京市城市热岛效应分布特征 [J]. 生态环境学报，2009，18（4）：1325–1331.

[315] 武文涛，刘京，朱隽夫，等 . 多尺度区域气候模拟技术在较大尺度城市区域热气候评价中的应用——以中国南方某沿海城市一中心商业区设计为例 [J]. 建筑科学，2008，24（10）：105–109.

[316] 伍卉，吴泽民，吴文友 . 基于 GIS 的合肥市热环境动态变化研究 [J]. 安徽农业大学学报，2010，37（3）：575–580.

[317] 邬建国 . 景观生态学——格局，过程，尺度与等级 [M]. 北京：高等教育出版社，2000.

[318] 邬建国 . 景观生态学——概念与理论 [J]. 生态学杂志，2000，19（1）：42–52.

[319] 邬建国 . 景观生态学中的十大研究论题 [J]. 生态学报，2004，24（9）：2074–2076.

[320] 肖荣波，周志翔，王鹏程，等 . 武钢工业区绿地景观格局分析及综合评价 [J]. 生态学报，2004，24（9）：1924–1930.

[321] 肖荣波，欧阳志云，李伟峰，等 . 城市热岛的生态环境效应 [J]. 生态学报，2005，25（8）：2056–2060.

[322] 肖笃宁，李秀珍 . 当代景观生态学的进展和展望 [J]. 地理科学，1997，17（4）：356–364.

[323] 肖笃宁 . 宏观生态学研究的特点与方法 [J]. 应用生态学报，1994，5（1）：95–102.

[324] 肖笃宁 . 景观生态学 [M]. 北京：科学出版社，2003.

[325] 肖笃宁，李团胜，石铁矛 . 2001. 景观生态学在城市规划和管理中的应用 [J]. 地球科学进展，16（6）：813–820.

[326] 邢永杰 . 建筑室外风环境模拟和分析研究 [D]. 天津：天津大学，2002.

[327] 徐竟成，朱晓燕，李光明 . 城市小型景观水体周边滨水区对人体舒适度的影响 [J]. 中国给水排水，2007，23（10）：101–104.

[328] 徐伟嘉，余志，蔡铭，等 . 街道峡谷内不同车道污染物扩散的数值模拟 [J]. 环境科学研究，2010，23（8）：1007–1012.

[329] 徐文铎，何兴元，陈玮，等 . 沈阳市植物区系与植被类型研究 [J]. 应用生态学报，2003，14（12）：2095–2102.

[330] 许浩，铃木雅和 . 3S 技术在东京都绿地分析与规划中的应用 [J]. 南京林业大学学报：自然科学版，2005，29（5）：115–118.

[331] 许克福，张浪，傅莉 . 基于城市气候特征的城市绿地系统规划 [J]. 华中建筑，2008，11（26）：177–181.

[332] 杨丽 . 恩施市县域绿地生态适宜性分析研究 [D]. 武汉 ：华中农业大学，2011.

[333] 杨丽 . 居住区风环境分析中的 CFD 技术应用研究 [J]. 建筑学报，2010：5-9.

[334] 杨士弘 . 城市生态环境学 [M]. 北京 ：科学出版社，2004.

[335] 杨学成，林云，邱巧玲 . 城市开敞空间规划基本生态原理的应用实践 - 江门市城市绿地系统规划研究 [J]. 中国园林，2003，3：69-72.

[336] 姚征，陈康民 . CFD 通用软件综述 [J]. 上海理工大学学报，2002，24（20）：137-144.

[337] 叶嘉安，宋小冬，钮心毅，等 . 地理信息系统与规划支持系统 [M]. 北京 ：科学出版社，2006.

[338] 尹海伟，孔繁花，宗跃光 . 城市绿地可达性与公平性评价 [J]. 生态学报，2008，28（7）：3375-3383.

[339] 尹海伟，孔繁花 . 济南市城市绿地可达性分析 [J]. 植物生态学报，2006，30（1）：17-24.

[340] 尹海伟，徐建刚，陈昌勇，等 . 基于 GIS 的吴江东部地区生态敏感性分析 [J]. 地理科学，2006，26（1）：64-69.

[341] 余庄，张辉 . 城市规划 CFD 模拟设计的数字化研究 [J]. 城市规划，2007，31（6）：52-55.

[342] 俞孔坚，王思思，乔青 . 2010. 基于生态基础设施的北京市绿地系统规划策略 [J] . 北京规划建设，3：54-58.

[343] 俞孔坚，张蕾 . 基于生态基础设施的禁建区及绿地系统——以山东菏泽为例 [J]. 城规划，2007，31（12）：89-92.

[344] 岳文泽，徐建华，徐丽华 . 基于遥感影像的城市土地利用生态环境效应研究——以城市热环境和植被指数为例 [J]. 生态学报，2006，26（5）：1450-1460.

[345] 曾曙才，苏志尧，谢正生，等 . 广州白云山主要林分的生产力及吸碳放氧研究 [J]. 华南农业大学学报（自然科学版），2003，24（1），17-19.

[346] 展安，宗跃光，徐建刚 . 基于多因素评价 GIS 技术的建设适宜性分析——以长汀县中心城区为例 [J]. 华中建筑，2007，26（3）：84-88.

[347] 张楚，陈吉龙 . 2009. 基于遥感的城市景观热环境效应研究——以重庆市主城区为例 [J]. 安徽农业科学，37（30）：14865-14868.

[348] 张春玲，余华，宫鹏，等 . 基于遥感的土地利用空间格局分布与地表温度的关系 [J]. 遥感技术与应用，2008，23（4）：378-385.

[349] 张辉 . 气候环境影响下的城市热环境模拟研究——以武汉市汉正街中心城区热环境研究为例 [D]. 武汉 ：华中科技大学，2006.

[350] 张惠远，饶胜，迟妍妍，等 . 城市景观格局的大气环境效应研究进展 [J]. 地球科学进展，2006，（21）10：1025-1031.

[351] 张雷，宗跃光，杨伟 . 基于 GIS 的城市建设用地生态适宜性评价——以福建省连城县为例 [J]. 山东师范大学学报（自然科学版），2008，23（3）：94-98.

[352] 张维平 . 北方几种农作物和树种对二氧化硫净化作用的研究 [J]. 中国环境科学，1988，8（4）：13-16.

[353] 张西萍，李敏，罗钟梅，等 . 检测大气二氧化硫树种的筛选及其应用 [J]. 中国环境科学，1988，8（4）：17-22.

[354] 张新乐，张树文，李颖，等 . 城市热环境与土地利用类型格局的相关性分析——以长春市为例 [J]. 资源科学，2008，30（10）：1564-1570.

[355] 张新乐，张树文，李颖，等 . 土地利用类型及其格局变化的热环境效应——以哈尔滨市为例 [J]. 中国科学院研究生院学报，2008，26（6）：756-763.

[356] 赵彬，林波荣，李先庭，等 . 建筑群风环境的数值模拟仿真优化设计 [J]. 城市规划汇刊，2002，138（2）：57-61.

[357] 赵红霞，汤庚国．城市绿地空间格局与其功能研究进展 [J]. 山东农业大学学报（自然科学版），2007，38（1）：155-158.

[358] 赵伟，邹峥嵘，余加勇．GIS 的空间分析技术在惠州市大气污染扩散模拟中的应用 [J]. 测绘科学，2008，33（5）：103-105.

[359] 郑宇，胡业翠，刘彦随，等．山东省土地适宜性空间分析及其优化配置研究 [J]. 农业工程学报，2005，21（2）：60-65.

[360] 中国科学院沈阳应用生态研究所．沈阳城市生态规划研究 [R]. 沈阳，2005.

[361] 周坚华，孙天纵．三维绿色生物量的遥感模式研究与绿化环境效益估算 [J]. 环境遥感，1995，10：163-174.

[362] 周建飞，曾光明，黄国和，等．基于不确定性的城市扩展用地生态适宜性评价 [J]. 生态学报，2007，27（2）：774-783.

[363] 周淑贞，束炯．城市气候学 [M]. 北京：气象出版社，1994.

[364] 周小平．GIS 支持下的城市医院空间布局优化研究——以天门市为例 [D]. 成都：西南交通大学，2005.

[365] 周志翔，邵天一，唐万鹏，等．城市绿地空间格局及其环境效应——以宜昌市中心城区为例 [J]. 生态学报，2004，24（2）：186-192.

[366] 朱文泉，何兴元，陈玮，等．城市森林结构的量化研究——以沈阳树木园森林群落为例 [J]. 应用生态学报，2003，14（12）：2090-2094.

[367] 朱文泉，何兴元，等．城市森林研究进展 [J]. 生态学杂志，2001，20（5）：55-59.

[368] 祝宁，李敏，柴一新．哈尔滨市绿地系统生态功能分析 [J]. 应用生态学报，2002，13（9）：1117-1120.

[369] 祝宁，李敏，柴一新．城市绿地综合生态效应场 [J]. 中国城市林业，2004，2（1）：26-28.

[370] 宗跃光，王蓉，汪成刚，等．城市建设用地生态适宜性评价的潜力 - 限制性分析——以大连城市化区为例 [J]. 地理研究，2007，26（6）：1117-1126.

[371] 宗跃光．城市土地利用生态经济适宜性评价 [J]. 城市环境与城市生态，1993，6（3）：26-29.

[372] 邹晓东．城市绿地系统的空气净化效应研究 [D]. 上海：上海交通大学，2007.

后　记

本书的成果始于十年前，是在国家自然科学基金（项目批准号 51178274）及辽宁省自然科学基金的资助下，集结了我们团队在城市生态规划、景观生态方面的课题中，应用 CFD（计算流体力学模型）进行一系列模拟分析尝试，在研究的过程中不断尝试—反思—改变—提升，将研究的问题从二维到三维、从稳态到动态、从简单的边界条件和初始条件到复杂的边界条件和初始条件，将模拟与实证结合获得分析结果，将分析与设计结合获得可应用的成果。在这个过程中，最大的魅力在于用理性的方式为人、城市、自然的关系这样复杂感性的问题做出空间诠释。

学科交叉的研究是伴随着探索过程，以 CFD 模型的选择为例，由于研究大尺度问题，我们把目前常用的软件逐一尝试，从 Airpak，FLUENT，Phoenix 到 Stream，测评其精度和适宜度，做出最优的选择以保证结果的精确。在研究的过程中，将阶段性成果用于规划设计实践，对比传统分析方法得出的结果与模拟分析研究结果的异同，做出优化判断。虽然，CFD 计算模拟分析方法应用在很多学科的研究中，但它必定有一定的局限性，在城市绿地的生态功能方面的探索还有很大的空间。

本书的研究得到许多学者和同事的指导与帮助，提出了宝贵的建议和意见，使得研究在无数十字路口给出论证和判断，书中的内容也是团队老师和学生的研究成果汇集，感谢你们的工作。

首先，感谢我的恩师肖笃宁先生。跟着您走进了景观生态学的世界，尝试从更大尺度讨论城市问题，从生态的角度建立更健康的城市系统，整个研究的过程有您的指导，更为踏实。

感谢中国科学院沈阳应用生态研究所的同事们，你们的建议和意见让我们做出更好的判断，你们是胡远满研究员、陈玮研究员、常禹研究员、朱京海教授、李秀珍教授、李月辉副研究员、熊在平副研究员、布仁仓副研究员等。

感谢研究过程做了大量工作的老师和博士、硕士研究生。陈瑞三教授、刘森研究员、付士磊教授、彭晓烈教授、李殿生教授、郗凤明研究员、李绥副教授、董雷老师、高飞老师、夏晓东老师等。李沛颖博士、曾琳博士、石范、山如黛、李鹏、赫明玉、卢冠宇、陈卓、王诗哲、宋琳奇、潘续文、路世翔、诸沉鱼、于威、鞠彩萍、李硕、朱蕾、张雅婷、刘冠男等。

还要特别感谢中国建筑工业出版社的支持与指导。

希望本书的出版能对城市绿地空间规划以及城市空间格局的发展提出多种可能性，并且在此基础上还有很多方面需要尝试，并朝着健康的城市目标前行。鉴于水平和经验有限，数据量大、信息繁杂，书中难免有疏漏和不妥之处，恳请广大读者批评指正并提出宝贵意见。

石铁矛

2018 年 4 月于沈阳

图书在版编目（CIP）数据

城市绿地生态过程与规划设计 / 石铁矛，高畅，周媛著 . — 北京：中国建筑工业出版社，2015.12
ISBN 978-7-112-19014-0

Ⅰ . ①城…　Ⅱ . ①石…②高…③周…　Ⅲ . ①城市规划—绿化规划—系统规划—研究　Ⅳ . ① TU985.1

中国版本图书馆 CIP 数据核字（2016）第 010406 号

责任编辑：杨　虹　尤凯曦
书籍设计：康　羽
责任校对：焦　乐

城市绿地生态过程与规划设计
石铁矛　高　畅　周　媛　著
*
中国建筑工业出版社出版、发行（北京海淀三里河路9号）
各地新华书店、建筑书店经销
北京雅盈中佳图文设计公司制版
天津图文方嘉印刷有限公司印刷
*
开本：787×1092毫米　1/16　印张：22　字数：462千字
2018 年 3 月第一版　2018 年 3 月第一次印刷
定价：98.00元
ISBN 978-7-112-19014-0
（28277）